丛书总主编　陈宜瑜
丛书副总主编　于贵瑞　何洪林

中国生态系统定位观测与研究数据集

农田生态系统卷

陕西安塞站

（2008—2015）

王国梁　李够霞　陈云明　姜　峻　王　兵　主编

中国农业出版社
北　京

中国生态系统定位观测与研究数据集

中国生态系统定位观测与研究数据集
农田生态系统卷·陕西安塞站

编委会

主　编　王国梁　李够霞　陈云明　姜　峻
　　　　王　兵

编　委　（按姓名笔画顺序）
　　　　王仕稳　王志波　王　兵　王国梁
　　　　王继军　许明祥　孙秋红　李够霞
　　　　吴瑞俊　张　超　陈云明　姜　峻
　　　　徐炳成　唐亚坤　曹　扬　薛　萁

PREFACE 1

序　一

进入20世纪80年代以来，生态系统对全球变化的反馈与响应、可持续发展成为生态系统生态学研究的热点，通过观测、分析、模拟生态系统的生态学过程，可为实现生态系统可持续发展提供管理与决策依据。长期监测数据的获取与开放共享已成为生态系统研究网络的长期性、基础性工作。

国际上，美国长期生态系统研究网络（US LTER）于2004年启动了Eco Trends项目，依托美国LTER站点积累的观测数据，发表了生态系统（跨站点）长期变化趋势及其对全球变化响应的科学研究报告。英国环境变化网络（UK ECN）于2016年在*Ecological Indicators*发表专辑，系统报道了英国ECN的20年长期联网监测数据推动了生态系统稳定性和恢复力研究，并发表和出版了系列的数据集和数据论文。长期生态监测数据的开放共享、出版和挖掘越来越重要。

在国内，国家生态系统观测研究网络（National Ecosystem Research Network of China，简称CNERN）及中国生态系统研究网络（Chinese Ecosystem Research Network，简称CERN）的各野外站在长期的科学观测研究中积累了丰富的科学数据，这些数据是生态系统生态学研究领域的重要资产，特别是CNERN/CERN长达20年的生态系统长期联网监测数据不仅反映了中国各类生态站水分、土壤、大气、生物要素的长期变化趋势，同时也能为生态系统过程和功能动态研究提供数据支撑，为生态学模型的验证和发展、遥感产品地面真实性检验提供数据支撑。通过集成分析这些数据，CNERN/CERN 内外的科研人员发表了很多重要科研成果，支撑了国家生态文明建设的重大需求。

近年来，数据出版已成为国内外数据发布和共享，实现“可发现、可访问、可理解、可重用”（即 FAIR）目标的重要手段和渠道。CNERN/CERN 继 2011 年出版《中国生态系统定位观测与研究数据集》丛书后再次出版新一期数据集丛书，旨在以出版方式提升数据质量、明确数据知识产权，推动融合专业理论或知识的更高层级的数据产品的开发挖掘，促进 CNERN/CERN 开放共享由数据服务向知识服务转变。

该丛书包括农田生态系统、草地与荒漠生态系统、森林生态系统以及湖泊湿地海湾生态系统共 4 卷、51 册以及森林生态系统图集 1 册，各册收集了野外台站的观测样地与观测设施信息，水分、土壤、大气和生物联网观测数据以及特色研究数据。本次数据出版工作必将促进 CNERN/CERN 数据的长期保存、开放共享，充分发挥生态长期监测数据的价值，支撑长期生态学以及生态系统生态学的科学研究工作，为国家生态文明建设提供支撑。

孙鸿烈

2021 年 7 月

PREFACE 2

序 二

科学数据是科学发现和知识创新的重要依据与基石。大数据时代，科技创新越来越依赖于科学数据综合分析。2018 年 3 月，国家颁布了《科学数据管理办法》，提出要进一步加强和规范科学数据管理，保障科学数据安全，提高开放共享水平，更好地为国家科技创新、经济社会发展提供支撑，标志着我国正式在国家层面加强和规范科学数据管理工作。

随着全球变化、区域可持续发展等生态问题的日趋严重以及物联网、大数据和云计算技术的发展，生态学进入“大科学、大数据时代”，生态数据开放共享已经成为推动生态学科发展创新的重要动力。

国家生态系统观测研究网络（National Ecosystem Research Network of China，简称 CNERN）是一个数据密集型的野外科技平台，各野外台站在长期的科学研究中，积累了丰富的科学数据。2011 年，CNERN 组织出版了“中国生态系统定位观测与研究数据集”丛书。该丛书共 4 卷、51 册，系统收集整理了 2008 年以前的各野外台站元数据、观测样地信息与水分、土壤、大气和生物监测数据以及相关研究成果的数据。该套丛书的出版，拓展了 CNERN 生态数据资源共享模式，为我国生态系统研究、资源环境的保护利用与治理以及农、林、牧、渔业相关生产活动提供了重要的数据支撑。

2009 以来，CNERN 又积累了 10 年的观测与研究数据，同时国家生态科学数据中心于 2019 年正式成立。中心以 CNERN 野外台站为基础，生态系统观测研究数据为核心，拓展部门台站、专项观测网络、科技计划项目、科研团队等数据来源渠道，推进生态科学数据开放共享、产品加工和分析应用。为了开发特色数据资源产品、整合与挖掘生态数据，国家生态科学数据中心立足国家野外生态观测台站长期监测数据，组织开展了新一版的观测与研究数据集的出版工作。

本次出版的数据集主要围绕“生态系统服务功能评估”“生态系统过程与变化”等主题进行了指标筛选，规范了数据的质控、处理方法，并参考数据论文的体例进行编写，以详实地展现数据产生过程，拓展数据的应用范围。

该丛书包括农田生态系统、草地与荒漠生态系统、森林生态系统以及湖泊湿地海湾生态系统共4卷（51册）以及图集1本，各册收集了野外台站的观测样地与观测设施信息，水分、土壤、大气和生物联网观测数据以及特色研究数据。该套丛书的再一次出版，必将更好地发挥野外台站长期观测数据的价值，推动我国生态科学数据的开放共享和科研范式的转变，为国家生态文明建设提供支撑。

2021年8月

FOREWORD

前言

陕西安塞农田生态系统国家野外科学观测研究站（安塞站）依托单位为中国科学院水利部水土保持研究所。安塞站始建于1973年，是水土保持研究所在黄土高原丘陵沟壑区建立的第一个野外试验台站，1990年入选为中国科学院中国生态系统研究网络（CERN）重点站，2000年进入科技部国家重点野外台站，是国家野外站在该类型区唯一的农业生态系统试验站。2009年入选全国中小学生水土保持教育社会实践基地，2019年成为国家农业科学农业环境安塞观测实验站。

自建站以来，安塞站瞄准国家生态建设的战略需求与国际水土保持学科前沿，将影响水土流失发生与发展的陆地表层生物地学过程及各个环境因子之间的关系作为研究重点，以生态系统恢复及其重建原理与技术为目标，研究流域生态系统结构、功能和人为活动的影响，探索流域可持续发展策略及优化管理系统；开展退化生态系统恢复重建机理、技术研究与试验示范，为区域水土流失治理、生态农业建设、流域生态系统恢复与管理提供理论依据和技术支撑。安塞站先后承担了包括“七五”至“十一五”国家科技攻关课题，“十二五”国家科技支撑项目、“十三五”国家重点研发计划项目、中科院西部行动计划项目、国家自然科学基金项目及其他国家、院、省、部各类科研任务共100余项，积累了近50年的水、土、气、生等生态要素及区域特色观测研究数据、图像资源，形成了不同尺度、较为完整的资源与环境试验研究观测体系。

为了使安塞站的数据资源规范化保存，更好地服务于黄土高原水土保持与生态建设的科研与治理，促进区域数据资源的共享服务，以及跨台站、跨时间尺度的生态学联网观测研究，在国家科技基础条件平台建设项目："生态系统网络的联网观测研究及数据共享系统建设"支撑下，按照农田生态系统研究站《野外台站科学观测与研究数据集》的编写指南，经过站科技与监测人员的多次讨论，共同编写完成了本数据集。

本数据集共分4章，基于数据资料的系统性和完整性，集成了安塞站从2008—2015年在水、土、气、生等生态要素、土壤侵蚀与水土保持、流域生态经济变化等区域特色研究数据，涵盖了科研人员和技术人员长期在黄土高原从事科学观测与研究的精华数据资源。在数据集完成之际，向他们为安塞站发展及黄土高原水土保持与生态建设所作出的无私奉献表示崇高的敬意与感谢！

参加本数据集编写的人员有王国梁、李够霞、姜峻、王兵、吴瑞俊、陈云明、徐炳成、王志波、孙秋红、许明祥、王仕稳、唐亚坤、曹扬、薛萐、王继军、张超等，由李够霞、姜峻、吴瑞俊、王国梁、陈云明、王兵审核、统稿、定稿。

本数据集可为从事水土保持、生态恢复、国土整治等相关领域的科研、技术及生产人员提供参考。在编写过程中，虽然我们力求文字表达的准确性，数据资料的系统性，但由于主、客观因素的存在，错误与不足之处仍难以避免，敬请读者指正。

本书编辑委员会

2021年9月

CONTENTS

目录

第1章 安塞站介绍

1.1 概述

中国科学院安塞水土保持综合试验站（以下简称安塞站）位于陕西省延安市安塞区墩滩，地理坐标为109°19′23″E，36°51′30″N，依托单位为中国科学院水利部水土保持研究所。安塞站始建于1973年，是中国科学院在黄土高原丘陵沟壑区设立的第一个野外长期综合试验台站。目前，安塞站是中国生态系统网络研究（CERN）野外台站（1990年）、科技部国家重点野外观测台站（2006年）、水利部第一批“国家水土保持科技示范园”（2007年）、教育部水利部全国中小学生水土保持教育社会实践基地（2009年）、农业部农业生态基础数据监测站点（2017年）和农业农村部第二批“国家农业科学观测实验站”（2019年）。

1.1.1 自然概况

安塞站位于延安市安塞区。该区年均气温为8.8℃，年均降水量为500 mm，属暖温带半湿润半干旱气候，植被分区属森林草原区，土壤类型以黄绵土为主。安塞区在地质构造上属于鄂尔多斯地台。区内有延河、大理河、清涧河3条水系。其中延河、大理河和清涧河流域面积分别占总面积的89.8%、5.7%和4.5%。水资源总量为1.557 2亿m^3。安塞区位于黄土高原中部典型丘陵沟壑区，是全球水土流失最为严重和生态环境最为脆弱的地区之一。在该区开展水土保持、旱区农业与生态环境相关的科学研究和试验示范具有代表性。

1.1.2 社会经济状况

安塞区总面积为2 950 km^2，占延安市总面积的8.04%。该区下辖3个街道、8个镇。户籍总人口19.7万人，常住人口17.71万人。其中城镇人口9.31万人、农村人口8.4万人，城镇化率52.5%。安塞区生产总值（GDP）为107.2亿元（2018年数据）。其中第一、第二和第三产业构成比为11%∶63.4%∶25.6%。安塞区矿产资源主要有石油、天然气、油页岩、煤炭、铁矿石、石灰石、石膏、陶土等。

1.1.3 代表区域与生态系统类型

安塞站的代表区域为黄土丘陵沟壑区。黄土丘陵沟壑区位于黄土高原中部，涉及7个省份，面积21.18万km^2，是我国乃至全球水土流失最为严重的地区。自建站起，安塞站的定位是：立足黄土丘陵沟壑区，面向黄土高原，重点研究土壤侵蚀和生态系统修复的过程及机制，研发水土保持、生态修复和旱地农业可持续发展技术，为国家生态建设提供战略决策和科技储备。该区生态系统类型多样性，主要包括森林生态系统、灌丛生态系统、草地生态系统和旱地农田生态系统。

1.2 研究方向

安塞站以国家和区域生态安全需求为目标，重点研究土壤侵蚀和生态系统修复过程及机制，集成研发水土保持、生态修复和旱地农业可持续发展技术，开展试验示范和推广，是集监测—研究—示范—服务为一体的野外科学观测研究平台，为国家生态建设提供战略决策和科技储备。

1.2.1 主要研究方向

（1）退化生态系统结构、功能恢复机制与优化管理

重点研究退化生态系统的组成与结构；退化生态系统的恢复过程和机制；人工调控退化生态系统恢复的原理与技术和流域生态系统优化配置与功能整体提升。

（2）侵蚀环境演变过程与调控

重点研究土壤侵蚀的过程和演变机制；开发坡面、沟道和区域水土流失机制模型；研发和集成水土保持技术措施；研究侵蚀环境演变过程及水文过程。

（3）水土保持型生态农业结构、功能与调控

重点开展农业生态环境现状、变化和发展趋势评价；农业生产力关键限制因子分析；水土保持型生态农业系统结构、功能及调控原理；农业资源的合理开发和利用。

（4）流域生态经济系统质量评价和健康诊断

重点研究流域生态—经济耦合过程和机制；研发流域生态经济模型；系统评价生态经济系统质量和开展健康诊断；流域系统整体功能提升途径；区域资源优化配置和综合开发。

1.2.2 主要研究领域

主要研究领域包括恢复生态学、土壤侵蚀与荒漠化防治、旱地农业和流域生态管理学等。

1.3 科学成果与科学贡献

建站以来，安塞站开展了系统的长期定位监测、科学研究及试验示范工作，取得了一系列重要成果，为我国水土保持和生态环境建设提供了理论依据和技术支撑。

1.3.1 科学成果

自建站以来，安塞站已取得以下重要成果。

（1）建立了不同尺度生态环境定位监测和研究体系。

（2）建立了不同尺度生态恢复模式。

（3）提出了植被建设原理与关键技术。

（4）建立了全国水土流失预报模型。

以上成果为国家退耕还林（草）政策的制定提供了重要的科学依据。目前，安塞站已获国家级及省部级奖励 35 项，其中国家科技进步一等奖 2 项，二等奖 3 项。各种专利 10 项，共发表论文 1 000 余篇，其中 SCI 论文 455 篇。

1.3.2 科学贡献

（1）促进了中国水土保持科学体系建设

长期定位监测和科学研究安塞站水土流失为我国土壤侵蚀分类体系形成、水土保持科学研究、土

壤侵蚀预报模型构建提供了基础数据和理论支持，促进了水土保持学科体系建设。

（2）建立了水保型生态农业发展模式

安塞站研发了农业、经济林果、植被恢复、水资源高效利用等关键技术体系，建立了小流域水土保持型生态农业发展模式，是我国现阶段“山水林田湖”生命共同体理念的缩影。

（3）提出了植被建设原理与关键技术

安塞站提出了《科学规划，退耕还林（草），改善生态，富民增收》的建议，得到原国务院总理朱镕基的批示。

（4）建立了不同类型区水土流失综合治理实体样板安塞站提出了适宜黄土高原不同类型区土地整治、生态恢复、产业调整和区域发展的理论和技术模式，建立了实体样板，为不同类型区水土流失治理提供了支撑。

1.4　科研能力与技术平台

1.4.1　基础设施

安塞站有综合楼 5 000 m^2，附属楼 1 300 m^2，实验楼 1 200 m^2，试验辅助用房 800 m^2，可满足 160 人同时开展工作。试验区包括山地综合观测场 75 hm^2 和川地试验场 6 hm^2，拥有纸坊沟（8.27 km^2）、县南沟（46 km^2）、马家沟（70 km^2）和铁龙湾（2.7 km^2）四个试验示范流域。

安塞站观测项目多样、监测设备齐全。观测平台主要包括山地综合观测场、川地试验场和小流域生态水文监测体系。能够为水土保持、旱区农业与生态环境建设等相关的科学研究和试验示范提供试验平台。

1.4.2　野外观测样地与设施

（1）山地综合观测场设有气象站、水碳（CO_2/H_2O）通量塔和 160 个径流观测小区。主要观测内容包括水土流失规律、全坡面土壤侵蚀特征、农田水土保持复合耕作与养分流失过程、坡耕农地养分循环过程、林地和草地水文循环及水土保持效益、植被恢复与人工调控及环境效应、水碳通量、地下水位变化等。

（2）川地试验场设有气象站和旱地农业小区。主要观测和研究内容包括作物轮作与养分循环、农业面源污染和小杂粮选育与栽培、优良牧草培育等。

（3）纸坊沟流域和宜川县松峪沟流域设有生态水文监测体系和降雨特征观测系统。主要观测内容包括天然与人工植被恢复演替过程、典型生态系统水文过程、坡耕地长期施肥与作物产量监测、流域出口设有卡口站，动态观测流域径流泥沙变化。两个流域为陕西省径流泥沙监测流域。

（4）半干旱区小流域生态水文过程科研样地。样地设在安塞站纸坊沟示范流域，由林、灌、草 3 种类型长期生态水文观测样地组成。样地包括刺槐林生态与水文过程长期观测样地（400 m^2 样地 48 个，共 4 hm^2）、柠条林生态与水文过程长期观测样地（200 m^2 样地 45 个，共 2 hm^2）、天然草地生态与水文过程长期观测样地（200 m^2 样地 57 个，共 2 hm^2），以及刺槐、柠条、天然草地不同处理标准径流小区 38 个。样地用于研究人工林草植被结构功能提升与稳定性维持机制、植被—土壤水分养分互馈机制；明确林、灌、草植被类型及其人工定向调控植被基于蒸腾耗水、水分循环、生态—水文过程等的结构与功能演变规律；揭示流域不同尺度植被—土壤—水文—产流等关键生态过程及其相互作用机制；提出黄土高原人工植被天然化培育和退耕植被人工促进演替技术体系；为国家后续生态工程建设提供科学依据，推动半干旱地区生态水文学的研究与发展。

1.5　人才培养与队伍建设

安塞站现有固定人员 21 名，其中研究员 11 人，副研究员 7 人，高级工程师/实验师 2 人，工程师 1 人。人才组成包括百千万人才 1 人、国务院政府特殊津贴 2 人、中国科学院百人计划 1 人、陕西省突田贡献专家 1 人、陕西省青年科技新星 3 人、陕西省高校青年杰出人才 1 人、西部之光人才 8 人。专业涉及土壤侵蚀、旱地农业、植被恢复和生态水文等学科领域。

自建站以来，安塞站共计培养博士和硕士 331 名。其中博士 120 名，硕士 211 名。

1.6 开放与交流

在合作交流方面，安塞站与中科院生态环境研究中心、北京师范大学、西安理工大学等科研机构和高校有密切的科研合作。同时，安塞站是中美水土保持与环境保护研究中心和中韩沙漠化防治生物技术联合研究中心的野外试验基地。安塞站与美国、荷兰、日本、韩国等国家的科研机构有密切的合作和交流。2011—2019 年，安塞站共计接待参观、考察、访问的国际同行 477 人次，国内同行上千人次。

在社会服务方面，安塞站围绕黄土丘陵沟壑区生态经济发展中的技术瓶颈，在水资源高效利用、农果生态经济模式、高效设施型农业和林草植被建设等方面开展关键技术研究和试验示范。

在水土保持型生态农业、人工林群落天然化培育、山地苹果栽培关键技术、中草药标准化生产关键技术、红枣旱作栽培技术的示范推广方面取得显著的社会、经济和生态效益，并获得国家科技进步二等奖 1 项，省部级奖励 3 项。

在科普教育方面，安塞站是全国中小学生水土保持教育社会实践基地和国家水土保持科技示范园。每年接待中小学生、政府部门和社会团体参观、访问和学习，担负着向社会宣传水土保持和生态保护方面的科普任务。

第2章

主要观测场与观测设施

2.1 概述

安塞站共设置野外试验观测场 14 个，采样地 34 个（表 2-1）。其中包括 1 个综合观测场、8 个辅助观测场、2 个气象观测点和 3 个站区调查点。综合观测场主要是进行农田生态系统水、土、气、生等规定要素的观测。辅助观测场是对综合观测场的一个补充，站区调查点是在生态站所在区域选的代表性观测点，以了解该区的生态和环境的整体变化。

表 2-1 安塞站观测场、采样地

序号	观测场名称	观测场代码	采样地名称	采样地代码
1	川地综合观测场	ASAZH01	川地综合观测场土壤生物采样地	ASAZH01ABC_01
			川地综合观测场土壤水分（中子管法）采样地	ASAZH01CTS_01
			川地综合观测场土壤水分（烘干法）采样地	ASAZH01CHG_01
			川地综合观测场水井水质采样点	ASAZH01CDX_01
2	川地土壤监测辅助观测场-空白	ASAFZ01	川地土壤监测辅助观测场-空白土壤采样地	ASAFZ01B00_01
			川地土壤监测辅助观测场-空白土壤水分（中子管法）采样地	ASAFZ01CTS_01
			川地土壤监测辅助观测场-空白土壤水分（烘干法）采样地	ASAFZ01CHG_01
3	川地土壤监测辅助观测场-秸秆还田	ASAFZ02	川地土壤监测辅助观测场-秸秆还田土壤采样地	ASAFZ02B00_01
			川地土壤监测辅助观测场-秸秆还田土壤水分（中子管法）采样地	ASAFZ02CTS_01
			川地土壤监测辅助观测场-秸秆还田土壤水分（烘干法）采样地	ASAFZ02CHG_01
4	山地辅助观测场	ASAFZ03	山地辅助观测场土壤生物采样地	ASAFZ03ABC_01
			山地辅助观测场土壤水分（中子管法）采样地	ASAFZ03CTS_01
			山地辅助观测场土壤水分（烘干法）采样地	ASAFZ03CHG_01
			山地辅助观测场蒸渗仪观测样地	ASAFZ03CZS_01
5	川地养分长期定位试验场	ASAFZ04	川地养分长期定位试验场土壤生物采样地	ASAFZ04ABC_01
			川地养分长期定位试验场土壤水分（烘干法）采样地	ASAFZ04CHG_01
6	坡地养分长期定位试验场	ASAFZ05	坡地养分长期定位试验场土壤生物采样地	ASAFZ05ABC_01
			坡地养分长期定位试验场土壤水分（烘干法）采样地	ASAFZ05CHG_01
			坡地养分长期定位试验场径流场采样地	ASAFZ05CRJ_01

（续）

序号	观测场名称	观测场代码	采样地名称	采样地代码
7	梯田养分长期定位试验场	ASAFZ06	梯田养分长期定位试验场土壤生物采样地	ASAFZ06ABC _ 01
			梯田养分长期定位试验场土壤水分（烘干法）采样地	ASAFZ06CHG _ 01
8	峙崾岘坡地连续施肥试验场	ASAFZ07	峙崾岘坡地连续施肥试验场土壤生物采样地	ASAFZ07AB0 _ 01
9	安塞墩滩延河水观测点	ASAFZ10	安塞墩滩延河水水质采样点	ASAFZ10CLB _ 01
10	峙崾岘坡地梯田观测点	ASAZQ01	峙崾岘坡地梯田土壤生物长期采样地	ASAZQ01AB0 _ 01
11	安塞纸坊沟流域观测点	ASAZQ02	安塞纸坊沟流域生物长期调查点	ASAZQ02A00 _ 01
12	峙崾岘塌地梯田观测点	ASAZQ03	峙崾岘塌地梯田土壤生物采样地	ASAZQ03AB0 _ 01
13	川地气象观测场	ASAQX01	川地气象观测场人工气象观测样地	ASAQX01DRG _ 01
			川地气象观测场自动气象观测样地	ASAQX01DZD _ 01
			川地气象观测场土壤水分（中子管法）采样地	ASAQX01CTS _ 01
			川地气象观测场土壤水分（烘干法）采样地	ASAQX01CHG _ 01
			川地气象观测场 E601 蒸发皿	ASAQX01CZF _ 01
			川地气象观测场雨水采集器	ASAQX01CYS _ 01
14	山地气象观测场	ASAQX02	山地气象观测场土壤水分（中子管法）采样地	ASAQX02CTS _ 01
			山地气象观测场土壤水分（烘干法）采样地	ASAQX02CHG _ 01

2.2 主要观测场及观测设施介绍

2.2.1 川地综合观测场（ASAZH01）

川地综合观测场位于陕西省延安市安塞墩滩，地理坐标为 109°19′24″—109°19′25″E，36°51′26″—36°51′28″N。年平均气温为 8.8℃，年平均降水量为 541 mm，>10 ℃有效积温 3 114 ℃，干燥度为 1.48，年日照时数为 2 416 h，无霜期 160 d。观测场代表土壤是黄绵土，其养分比较贫瘠，氮、磷缺乏，钾富足，无灌溉条件，属雨养农业地区，一年一熟制的黄土丘陵沟壑区。该观测场由于安塞县土地征用，于 2015 年停止观测。试验场景观见图 2-1。

该试验场是 23 m×63 m 的长方形，面积为 1 449 m^2，共 16 个小区，小区面积为 70 m^2（7 m×10 m），保护区宽度为 1.8 m。其中 1~16 区为表层土壤采样区。15 区和 4 区为剖面样品采集区（图 2-2）。

图 2-1 川地综合观测场

16 区	15 区	14 区	13 区	12 区	11 区	10 区	9 区
8 区	7 区	6 区	5 区	4 区	3 区	2 区	1 区

图 2－2　川地综合观测场小区布设图

观测场采样地包括：①川地综合观测场土壤生物采样地（ASAZH01ABC _ 01）；②川地综合观测场土壤水分（中子管法）采样地（ASAZH01CTS _ 01）；③川地综合观测场土壤水分（烘干法）采样地（ASAZH01CHG _ 01）；④川地综合观测场水井水质采样点（ASAZH01CDX _ 01）。

2.2.1.1　川地综合观测场土壤生物采样地（ASAZH01ABC _ 01）

①生物采样方法。在作物收获时，以小区为单位，在 6 个小区各选 1 m^2，进行拷种，并测定植株生物量和养分含量。根系采样：采样深度 30 cm，面积为 2 000 cm^2（40 cm×50 cm），将植物根挖出，用水冲洗干净、烘干、称重。

②生物观测内容。农作物种类与产值，农田复种指数，肥料投入，作物物候期，生物量，叶面积，根系，植株性状与产量，植株养分含量等。

③土壤采样方法。以小区为单位，采用 S 形方式，选 6 个点，进行土壤采样，混合后用四分法取样。采样深度：0～20 cm、20～40 cm。

④土壤分析项目。表层土壤速效养分：碱解氮、速效磷、速效钾，1 次/年。表层土壤养分：有机质、全氮、pH、缓效钾，每 2～3 年 1 次。表层土壤速效微量元素：有效钼、有效锌、有效锰、有效铁、有效硫、阳离子交换量，每 5 年 1 次。表层土壤容重，每 5 年 1 次。土壤养分全量（剖面有机质、全氮、全磷、全钾）、微量元素全量（剖面钼、锌、锰、铜、铁、硼），每 5 年 1 次。剖面铬、铅、镍、镉、硒、砷、汞，每 5 年 1 次；矿质全量、机械组成、容重，每 10 年 1 次。

2.2.1.2　川地综合观测场土壤水分（中子管法）采样地（ASAZH01CTS _ 01）

①观测方法。在 2、7、10、15 小区各布设中子管一个，每 5 d 1 次，全年观测；测定步长：10 cm；测定深度：0～200 cm。

②采样点编码。样地编码＋中子管编码。

2.2.1.3　川地综合观测场土壤水分（烘干法）采样地（ASAZH01CHG _ 01）

①采样方法。从中子管 1 到中子管 4，每年只在一个中子管周围测水分，以中子管为中心，在 0.5～1 m 的扇形范围内采用土钻法取 3 个点采样。测定步长：10 cm；测定深度 0～200 cm。

②观测时间。作物整个生育期，每 2 月 1 次。

③采样点编码。样地编码＋小区号。

2.2.1.4　川地综合观测场水井水质采样点（ASAZH01CDX _ 01）

观测项目及方法：地下水水质、地下水水位。每月底采样，1 次/月，全年采样 12 次。

2.2.2　山地辅助观测场（ASAFZ03）

山地辅助观测场位于陕西省延安市安塞墩山，丘陵沟壑区的坡地梯田，地理坐标为 109°18′58″—109°18′59″E，36°51′22″—36°51′23″N。观测场代表性土壤是黄绵土，养分比较贫瘠，氮、磷缺乏，钾富足，无灌溉条件，属雨养农业地区，一般牲畜耕地，一年一熟制。试验场景观见图 2－3。

该观测场面积 720 m^2（20 m×36 m），内设 4 个区组，采样区内划分 16 个小区（图 2－4），小区面积 16 m^2（4 m×4 m），每个小区的施肥处理均为化肥＋羊粪，施肥量：有机肥 12 000 kg/hm^2，纯氮（N）98 kg/ hm^2，P_2O_5 75 kg/ hm^2，播种时有机肥和磷肥一次性施入，尿素分两次施入，作种肥时 59 g/区，其余在拔节期或开花期作追肥。

图 2-3　山地辅助观测场

<table>
<tr><td rowspan="6">17
管
2

5 m×20 m
管
3</td><td rowspan="6">18

5 m×20 m</td><td rowspan="4">19

8×15 m</td><td colspan="4">保　护　区</td></tr>
<tr><td>13</td><td>14</td><td>15 管 1</td><td>16</td></tr>
<tr><td>9</td><td>10</td><td>11</td><td>12</td></tr>
<tr><td>5</td><td>6</td><td>7</td><td>8</td></tr>
<tr><td>蒸渗仪</td><td>1</td><td>2</td><td>3 管 4</td><td>4</td></tr>
<tr><td></td><td colspan="4">保　护　区</td></tr>
</table>

图 2-4　山地辅助观测场小区布设图

该观测场土壤类型为堆积型黄绵土。作物种植制度：大豆→谷子轮作，一年一熟制。无灌溉。作物收获后，人力翻耕土壤，冬季休闲。春季人工整地，施肥播种。

观测场采样地包括：①山地辅助观测场土壤生物采样地（ASAFZ03ABC_01）；②山地辅助观测场土壤水分（中子管法）采样地（ASAFZ03CTS_01）；③山地辅助观测场土壤水分（烘干法）采样地（ASAFZ03CHG_01）；④山地辅助观测场蒸渗仪观测样地（ASAFZ03CZS_01）。

2.2.2.1　山地辅助观测场土壤生物采样地（ASAFZ03ABC_01）

①生物采样方法。在观测场内选 6 个区为采样小区，以小区为单位，选择代表性的样方 1 m^2 进行拷种，测定植株生物量和养分含量。地下部分：采样深度 30 cm，面积为 2 000 cm^2（40 cm×50 cm），将植物根挖出，用水冲洗干净、烘干、称重。

②生物观测项目。农作物种类，复种指数，肥料投入，作物物候期，生物量，叶面积，根系，植株性状与产量，植株养分含量等。

③土壤采样方法。在观测场内选6个区为采样小区，以小区为单位，采用S形方式选6个样点，采集土壤样品，混合后四分法取样。采样深度：0～20 cm、20～40 cm。

④土壤分析项目。表层土壤速效养分：碱解氮、速效磷、速效钾，1次/年；表层土壤养分：有机质、全氮、pH、缓效钾，每2～3年1次。表层土壤速效微量元素：有效钼、有效锌、有效锰、有效铁、有效硫、阳离子交换量，每5年1次。表层土壤容重，每5年1次。土壤养分全量（剖面有机质、全氮、全磷、全钾）、微量元素全量（剖面钼、锌、锰、铜、铁、硼），每5年1次。剖面铬、铅、镍、镉、硒、砷、汞，每5年1次。矿质全量，机械组成、容重、剖面，每10年1次。

2.2.2.2　山地辅助观测场土壤水分（中子管法）采样地（ASAFZ03CTS_01）

①观测方法。在2、7、10、15小区各布设中子管一个，观测周期：每5 d 1次，全年观测。测定步长：10 cm，测定深度0～200 cm。

②采样点编码。样地编码＋中子管编码。

2.2.2.3　山地辅助观测场土壤水分（烘干法）采样地（ASAFZ03CHG_01）

①采样方法。从中子管1到中子管4，每年只在一个中子管周围测定水分，以中子管为中心，在0.5～1 m的扇形范围内采用土钻法取3个点采样。测定步长10 cm，测定深度0～200 cm。

②观测时间。作物整个生育期，频度为每2月1次。

③采样点编码。样地编码＋小区号。

2.2.2.4　山地辅助观测场蒸渗仪观测样地（ASAFZ03CZS_01）

位于山地辅助观测场的中部，观测面积为3 m^2 的长方形（1.5 m×2 m），土柱深2.3 m，大豆与谷子轮作。

观测方法：每小时测定土壤蒸发、渗漏量，全年观测。

白天蒸散总量指8—20时的蒸散量，夜间蒸散总量指当日20时至翌日8时的蒸散量。

2.2.3　川地土壤监测辅助观测场-空白（ASAFZ01）

川地土壤监测辅助观测场-空白（ASAFZ01）建于2005年，该观测场位于陕西省延安市安塞墩滩，地理坐标为109°19′3″—109°19′4″E，36°51′25″—36°51′26″N，试验地景观图见图2-5。该观测场由于安塞县土地征用，于2015年停止观测。

图2-5　川地土壤监测辅助观测场-空白

该观测场土壤类型为堆积黄绵土，空白试验，不施任何化肥与有机肥。其他管理措施与综合观测场一致，以观测不施肥对土壤肥力、作物产量和品质以及农田生态环境的长期效应。轮作方式：玉米→玉米→大豆。一年一熟制，无灌溉条件。作物收获后，畜力翻耕土壤，冬季休闲。每年春季人工整地播种，不施肥。样地形状为长方形（7 m×26 m），其中1～4区为植物采样区（图2-6）。

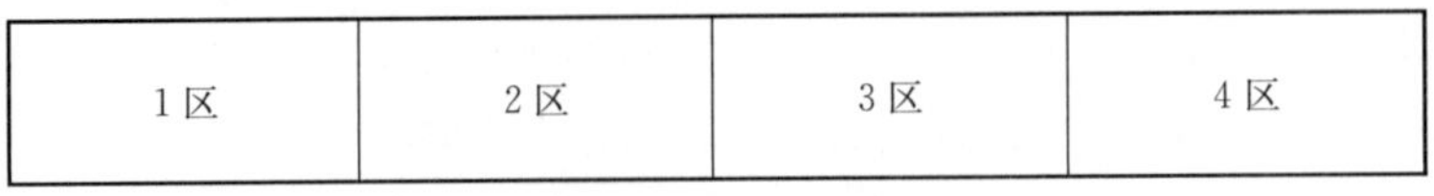

1区	2区	3区	4区

图2-6 川地土壤监测辅助观测场-空白小区布设图

观测场采样地包括：①川地土壤监测辅助观测场-空白观测场土壤采样地（ASAFZ01B00_01）；②川地土壤监测辅助观测场-空白土壤水分（中子管法）采样地（ASAFZ01CTS_01）；③川地土壤监测辅助观测场-空白土壤水分（烘干法）采样地（ASAFZ01CHG_01）。

2.2.3.1 川地土壤监测辅助观测场-空白土壤采样地（ASAFZ01B00_01）

①土壤采样方法。以小区为单位，采用S形方式随机取6个点采样，土样混合后用四分法取样，重复4次。采样深度：0～20 cm、20～40 cm。

②土壤分析项目。表层土壤速效养分：碱解氮、速效磷、速效钾，1次/年。表层土壤养分：有机质、全氮、pH、缓效钾，每2～3年1次。表层土壤速效微量元素：有效钼、有效锌、有效锰、有效铁、有效硫、阳离子交换量，每5年1次。表层土壤容重，每5年1次。土壤养分全量（剖面有机质、全氮、全磷、全钾）、微量元素全量（剖面钼、锌、锰、铜、铁、硼），每5年1次。剖面铬、铅、镍、镉、硒、砷、汞，每5年1次。矿质全量，机械组成、容重、剖面，每10年1次。

③生物观测项目。作物生物量、物候期，测定作物各器官全碳、全氮、全磷、全钾含量。

2.2.3.2 川地土壤监测辅助观测场-空白土壤水分（中子管法）采样地（ASAFZ01CTS_01）

①观测方法。布设中子管3个，观测周期：每5 d 1次，全年观测。测定步长10 cm，测定深度0～200 cm。

②采样点编码。样地编码+中子管编码。

2.2.3.3 川地土壤监测辅助观测场-空白土壤水分（烘干法）采样地（ASAFZ01CHG_01）

①采样方法。中子管1到中子管3，每年在一个中子管周围测水分，以中子管为中心，在0.5～1 m的扇形范围内，采用土钻法取3个采样点。测定步长：10 cm，测定深度0～200 cm。

②水分观测时间。作物全生育期，频度：每2月1次。

③采样点编码。样地编码+小区号。

2.2.4 川地土壤监测辅助观测场-秸秆还田（ASAFZ02）

川地土壤监测辅助观测场-秸秆还田样地建于2005年，该观测场位于陕西省延安市安塞墩滩，地理坐标为109°19′24″—109°19′25″E，36°51′27″—36°51′28″N，试验地景观图见图2-7。样地面积184 m^2（8 m×23 m）（图2-8）。作物种植制度：玉米→玉米→大豆，一年一熟制，无灌溉条件。施肥处理：化肥+秸秆，施纯氮：90 kg/hm^2，施磷：P_2O_5 45 kg/hm^2，10月玉米或大豆收获后，将秸秆切碎，均匀撒播于地表，然后人工翻耕，将秸秆还入土壤中。该观测场由于安塞县土地征用，于2015年停止观测。

图 2-7　川地土壤监测辅助观测场-秸秆还田

1 区	2 区	3 区	4 区

图 2-8　川地土壤监测辅助观测场-秸秆还田小区布设图

观测场采样地包括：①川地土壤监测辅助观测场-秸秆还田土壤采样地（ASAFZ02B00_01）；②川地土壤监测辅助观测场-秸秆还田土壤水分（中子管法）采样地（ASAFZ02CTS_01）；③川地土壤监测辅助观测场-秸秆还田土壤水分（烘干法）采样地（ASAFZ02CHG_01）。

2.2.4.1　川地土壤监测辅助观测场-秸秆还田土壤采样地（ASAFZ02B00_01）

①土壤采样方法。以小区为单位，采用 S 形方式随机取 6 个点采样，土样混合后用四分法取样，重复 4 次。采样深度：0～20 cm、20～40 cm。

②土壤分析项目。表层土壤速效养分：碱解氮、速效磷、速效钾，1 次/年。表层土壤养分：有机质、全氮、pH、缓效钾，每 2～3 年 1 次。表层土壤速效微量元素：有效钼、有效锌、有效锰、有效铁、有效硫、阳离子交换量，每 5 年 1 次。表层土壤容重，每 5 年 1 次。土壤养分全量（剖面有机质、全氮、全磷、全钾）、微量元素全量（钼、锌、锰、铜、铁、硼），每 5 年 1 次。剖面铬、铅、镍、镉、硒、砷、汞，每 5 年 1 次。矿质全量，机械组成、容重，每 10 年 1 次。

③生物监测项目。作物生物量、物候期、室内拷种，测定作物各器官全碳、全氮、全磷、全钾含量。

2.2.4.2　川地土壤监测辅助观测场-秸秆还田土壤水分（中子管法）采样地（ASAFZ02CTS_01）

①观测方法。布设中子管 3 个，观测周期：每 5 d 1 次，全年观测。观测步长：10 cm，测定深度 0～200 cm。

②采样点编码。样地编码＋中子管编码。

2.2.4.3 川地土壤监测辅助观测场-秸秆还田土壤水分（烘干法）采样地（ASAFZ02CHG_01）

①采样方法。中子管 1 到中子管 3，每年在一个中子管周围测水分，以中子管为中心，在 0.5～1 m的扇形范围内采用土钻法取 3 个点采样。每 10 cm 取一个样，测定深度 0～200 cm。

②水分观测时间。作物全生育期，频度：每 2 月 1 次。

③采样点编码。样地编码+小区号。

2.2.5 川地养分长期定位试验场（ASAFZ04）

川地养分长期定位试验场位于陕西省延安市安塞墩滩，地理坐标为 109°19′24″—109°19 ′25 ″E，36°51′25″—36 °51′26″N，试验地景观图见图 2-9。试验地面积 500 m^2（20 m×25 m），9 个施肥处理，重复 3 次，27 个小区，小区为（2.33 m×6.0 m）长方形，保护行宽 1 m（图 2-10）。该观测场由于安塞县土地征用，于 2015 年停止试验。

图 2-9 川地养分长期定位试验场

9 MP	8 MNP	7 CK	6 NP	5 N	4 P	3 M	2 MN	1 BL
18 BL	17 M	16 MN	15 P	14 CK	13 N	12 NP	11 MNP	10 MP
27 MNP	26 MN	25 NP	24 N	23 BL	22 CK	21 P	20 MP	19 M

图 2-10 川地养分长期定位试验场小区布设图

注：MP 为有机肥+磷肥，MNP 为有机肥+氮肥+磷肥，NP：氮肥+磷肥，N 为氮肥，P 为磷肥，M 为有机肥，MN 为有机肥+氮肥，CK 为不施肥，BL 为空白地，M 为有机肥 7 500 kg/hm^2，N 为纯氮 98 kg/ hm^2，P 为 P_2O_5 施 75 kg/ hm^2。

川地养分长期试验场土壤类型为堆积型黄绵土，作物种植制度：玉米→玉米→大豆轮作，一年一熟制。无灌溉。作物收获后，人力翻耕土壤，冬季休闲，春季整地，人工播种作物。施肥：有机肥

7 500 kg/hm^2，纯氮（N）98 kg/ hm^2，$P_2O_5$75 kg/ hm^2，有机肥和磷肥在播种时一次性施入，尿素分两次施入，作种肥时 59 g/区，其余在拔节期或开花期作追肥。

该观测场包括两个采样地：①川地养分长期定位试验场土壤生物采样地（ASAFZ04ABC _ 01)；②川地养分长期定位试验场土壤水分（烘干法）采样地（ASAFZ04CHG _ 01)。

2.2.5.1 川地养分长期定位试验场土壤生物采样地（ASAFZ04ABC _ 01）

①生物采样方法。作物收获时，以小区为单位，每区采样 20 株进行拷种，测定植物生物量和养分含量，每年 1 次。

②生物监测项目。作物生物量、物候期、室内拷种，测定作物各器官全碳、全氮、全磷、全钾含量。

③土壤采样方法。每年作物收获后，10 月中、下旬采样，10～18 区为土壤样品采集小区，以试验小区为单位，每小区采用 S 形，随机选 7～8 个点，混合后四分法取样。测定项目有：表层土壤速效养分、碱解氮、速效磷、速效钾、有机质、全氮、全磷、全钾等，1 次/年。

2.2.5.2 川地养分长期定位试验场土壤水分（烘干法）采样地（ASAFZ04CHG _ 01）

土壤含水量测定方法：测定小区 10～18 区，在每小区的中部用土钻法采样，重复 3 次。步长为 10 cm，深度 0～200 cm。于作物播种前和收获后各测定土壤水分一次。

2.2.6 坡地养分长期定位试验场（ASAFZ05）

坡地养分长期定位试验场位于陕西省延安市安塞墩山，地理坐标为 109°18′52″—109°18′53″E，36°51′20″—36°51′21″N，试验地景观图见图 2-11。试验场面积为 740 m^2（37 m×20 m），分 2 个区组，每区组 10 个小区，小区为长方形（3 m×7 m），小区投影面积为 20 m^2。设 10 个施肥处理，重复 2 次（图 2-12）。

图 2-11　坡地养分长期定位试验场

该试验场土壤类型为侵蚀型黄绵土。作物种植制度：谷子→糜子→谷子→大豆轮作，一年一熟制。无灌溉。作物收获后，人力翻耕土壤，冬季休闲，春季人工整地。施肥处理为（N2P2、N2P1、N2P0、

N1P2、N1P1、N1P0、N0P2、N0P1、N0P0），施纯氮：N1 为 55 kg/hm^2，N2 为 110 kg/ hm^2，P1（P_2O_5）为 45 kg/ hm^2，P2（P_2O_5）为 90 kg/ hm^2，N0、P0 表示不施肥。

1 裸地	2 N0P0	3 N0P1	4 N0P2	5 N1P0	6 N1P1	7 N1P2	8 N2P0	9 N2P1	10 N2P2
11 N2P2	12 N2P1	13 N2P0	14 N1P2	15 N1P1	16 N1P0	17 N0P2	18 N0P1	19 N0P0	20 裸地

图 2-12 坡地养分长期定位试验小区布设图

该观测场包括的采样地：①坡地养分长期定位试验场土壤生物采样地（ASAFZ05ABC _ 01）；②坡地养分长期定位试验场土壤水分（烘干法）采样地 ASAFZ05CHG _ 01；③坡地养分长期定位试验场径流场采样地 ASAFZ05CRJ _ 01。

2.2.6.1 坡地养分长期定位试验场土壤生物采样地（ASAFZ05ABC _ 01）

①生物采样方法。作物收获时，以小区为单位，采样 20 株拷种。测定植物生物量和养分含量。

②生物观测项目。作物生物量、物候期、室内拷种，测定作物各器官全碳、全氮、全磷、全钾含量。

③土壤采样方法。作物收获后，以小区为单位，采用 S 形方式随机选 7～8 个点，混合后四分法取样，其中 11～20 区为土壤样品采集区。采样深度：0～15 cm、15～30 cm。

④土壤测定项目。表层土壤速效养分、碱解氮、速效磷、速效钾、有机质、全氮、全磷、全钾等（1 次/年）。

2.2.6.2 坡地养分长期定位试验场土壤水分（烘干法）采样地（ASAFZ05CHG _ 01）

播前和收获后分别测定土壤水分含量，测定深度 0～200 cm，测定步长 10 cm。每小区的中部，土钻法采样，于作物播种前和收获后各测定土壤水分一次。

2.2.6.3 坡地养分长期定位试验场径流场采样地（ASAFZ05CRJ _ 01）

径流观测方法：雨后观测径流，取样并测定径流中的泥沙含量、径流量及养分含量。

2.2.7 梯田养分长期定位试验场（ASAFZ06）

梯田养分长期定位试验场位于陕西省延安市安塞墩山，地理坐标为 109°18′58″—109°18′59″E，36°51′24″—36°51′26″N，试验场建于 1992 年，试验地景观图见图 2-13。试验地为长方形，总面积为 2 000 m^2。分 4 个区组，每区组设 9 个小区，共计 36 个小区，小区为长方形（3.5 m×8.57 m）。施肥处理：9 个，重复 4 次（图 2-14）。

图 2-13 梯田养分长期定位试验场

9 MP	8 MNP	7 CK	6 NP	5 NK	4 PK	3 NPK	2 M	1 MN
18 MNP	17 M	16 NK	15 NPK	14 CK	13 NK	12 PK	11 MN	10 MP
27 M	26 MN	25 NPK	24 PK	23 NP	22 NK	21 CK	20 MP	19 MNP
36 MN	35 MP	34 PK	33 NK	32 NPK	31 CK	30 NP	29 MNP	28 M

图 2－14　梯田养分长期定位试验小区布设图

注：MP 为有机肥＋磷肥，MNP 为有机肥＋氮肥＋磷肥，NP 为氮肥＋磷肥，NK 为氮肥＋钾肥，PK 为磷肥＋钾肥，NPK 为氮肥＋磷肥＋钾肥，M 为有机肥，MN 为有机肥＋氮肥，CK 为不施肥 M 为有机肥 7 500 kg/hm^2，N 为纯氮 98 kg/hm^2，P 为 P_2O_5 75 kg/hm^2，K 为 K_2O 60 kg/hm^2。

该试验场土壤类型为堆积型黄绵土。作物种植制度：谷子→糜子→谷子→大豆，一年一熟制。无灌溉。作物收获后，畜力翻耕土壤，冬季休闲，春季人工整地。施肥制度：有机肥（M）33.3 kg/hm^2，纯氮（N）0.43 kg/hm^2，P_2O_5（P）0.33 kg/hm^2，K_2O（K）0.27 kg/hm^2，有机肥和磷肥在播种时一次性施入，尿素分两次施入，作种肥时每区 127 g/区，其余在拔节期（开花期）作追肥。以不同的施肥方式试验为主，（如 NP、MP、PK、MNP、MN、M、NK、NPK、CK 等，CK 表示不施肥）。

该观测场包括的采样地：①梯田养分长期定位试验场土壤生物采样地（ASAFZ06ABC _ 01）；②梯田养分长期定位试验场土壤水分（烘干法）采样地（ASAFZ06CHG _ 01）。

2.2.7.1　梯田养分长期定位试验场土壤生物采样地（ASAFZ06ABC _ 01）

①生物采样方法。作物收获时，以小区为单位，采样 20 株拷种。测定植物生物量和养分含量。

②生物观测项目。作物生物量、物候期、室内拷种，作物各器官全碳、全氮、全磷、全钾含量。

③土壤采样方法。10～18 区为土壤采样区，以小区为单位，采用 S 形方式随机选 7～8 个点，混合后四分法取样。采样深度 0～20 cm、20～40 cm。

④测定项目。表层土壤速效养分：碱解氮、速效磷、速效钾、有机质、全氮、全磷、全钾等，1 次/年。

2.2.7.2　梯田养分长期定位试验场土壤水分（烘干法）采样地（ASAFZ06CHG _ 01）

水分监测：土钻法采样，在每小区的中部取样，重复 3 次，0～200 cm，测定步长：10 cm；频度：于作物播种前和收获后各测定土壤水分一次。

2.2.8　峁嵝岘坡地连续施肥试验场（ASAFZ07）

峁嵝岘坡地连续施肥试验场开始于 1983 年，位于陕西省延安市安塞纸坊沟流域的峁嵝岘坡地，地理坐标为 109°15′12″—109°15′13″E，36°44′17″—36°44′18″N，试验地景观图见图 2－15。试验场面积为 625 m^2（25 m×25 m），内设 3 个区组，每个区组划分 7 个小区，小区面积为 18 m^2（3 m×6 m）。施肥处理 7 个，重复 3 次（图 2－16）。

图 2－15 峙崾岘坡地连续施肥试验场

1 N	2 CK	3 P	4 NP	5 M	6 MN	7 MNP
8 M	9 MNP	10 MN	11 N	12 CK	13 NP	14 P
15 NP	16 P	17 M	18 MNP	19 MN	20 N	21 CK

图 2－16 峙崾岘坡地连续施肥试验小区布设图

注：MNP 为有机肥＋氮肥＋磷肥，NP 为氮肥＋磷肥，N 为氮肥，P 为磷肥，M 为有机肥，MN 为有机肥＋氮肥，CK 为不施肥，M 为有机肥 7 500 kg/hm^2，N 为纯氮 98 kg/hm^2，P 为 P_2O_5 75 kg/hm^2，K 为 K_2O 60 kg/hm^2。

该试验场土壤类型为侵蚀型黄绵土。作物种植制度：谷子→荞麦→谷子→糜子，一年一熟制。无灌溉。作物收获后，人力翻耕土壤，冬季休闲。每年春季人工整地，施肥播种。施肥制度：有机肥（M）7 500 kg/hm^2，纯氮 53 kg/ hm^2，P_2O_5 26 kg/hm^2，有机肥和磷肥在播种时一次性施入，尿素分两次施入，作种肥时 41 g/区，其余在拔节期或开花期作追肥，CK 为对照，不施肥。

该观测场只设土壤生物采样地（ASAFZ07AB0 _ 01）。

峙崾岘坡地连续施肥试验场土壤生物采样地（ASAFZ07AB0 _ 01）

①生物采样方法。在作物收获时，以小区为单位，采样 20 株拷种，测定生物量和养分含量。

②生物观测项目。作物生物量、物候期，测定作物各器官全碳、全氮、全磷、全钾含量。

③土壤采样方法。8～14 区为土壤采样区，以小区为单位，采用 S 形方式随机选点 7～8 个，混合后四分法取样。采样深度 0～15 cm、15～30 cm。

④土壤测定项目。土壤速效养分：碱解氮、速效磷、速效钾、有机质、全氮、全磷、全钾等，1 次/年。

2.2.9　安塞墩滩延河水观测点（ASAFZ10）

延河是黄河的支流，是流经安塞站的唯一河流，延河水观测点距安塞站北约 500 m。

安塞墩滩延河水水质采样点（ASAFZ10CLB _ 01）

①观测方法：1 次/月，全年观测，水温水质实地观测。

②实验室测定项目：水中溶解氧、化学需氧量、电导率、pH、钙、镁、钾、钠、碳酸根、硝酸根、硫酸根、磷酸根、氯化物等。

2.2.10　峙崾岘坡地梯田观测点（ASAZQ01）

峙崾岘坡地梯田观测点建于 2004 年，在陕西省延安市安塞纸坊沟流域内选择代表性梯田作为站区调查样地，地理坐标为 109°15′9″—109°15′12″E，36°44′17″—36°44′20″N。样地面积 3 000 m^2，大体形状为长方形（图 2 - 17）。

图 2 - 17　峙崾岘坡地梯田观测点

该调查样地土壤类型为堆积型黄绵土。作物种植制度：玉米→土豆→大豆轮作，一年一熟制。无灌溉。作物收获后，进行机耕或者畜力翻耕土壤，春季整地施肥播种。

该调查点主要进行土壤养分测定及生物要素的调查，峙崾岘梯田土壤生物采样地（ASAZQ01AB0 _ 01）。

峙崾岘坡地梯田土壤生物采样地（ASAZQ01AB0 _ 01）

①土壤采样方法。采用 S 形方式随机选点 7～8 个，混合后用四分法取样，6 次重复。采样深度 0～20 cm、20～40 cm。测定表层土壤养分全量，表层土壤速效养分含量。

②生物调查项目。作物品种、播种量、播种面积、占总播比率、单产、直接成本、产值、化肥施用方式、施用量、肥料折合纯氮量、肥料折合纯磷量、肥料折合纯钾量等。

2.2.11　安塞纸坊沟流域观测点（ASAZQ02）

安塞纸坊沟流域观测点在陕西省延安市安塞纸坊沟小流域进行定位调查，每年调查该流域的作物品种、播种量、播种面积、占总播比率、单产、直接成本、产值、化肥施用方式、施用量、肥料折合纯氮量、肥料折合纯磷量、肥料折合纯钾量等项目。

2.2.12 峙崾岘塌地梯田观测点（ASAZQ03）

峙崾岘塌地梯田观测点建于 2005 年，在陕西省延安市安塞纸坊流域内，选择代表性塌地梯田，作为站区调查样地，地理坐标为 109°15′4″—109°15′6″E，36°44′19″—36°44′21″N。定位调查地块面积 1 000 m^2，大体形状为长方形。

该调查样地土壤类型为堆积型黄绵土。作物种植制度：玉米连作，一年一熟制。无灌溉。作物收获后，进行机耕或者畜力翻耕土壤，春季整地施肥播种。

该调查点主要进行土壤养分测定及生物要素的调查，包括一个采样地，峙崾岘塌地梯田观测点土壤生物长期采样地（ASAZQ03AB0_01）。

峙崾岘塌地梯田观测点土壤生物长期采样地（ASAZQ03AB0_01）

①土壤采样方法。采用 S 形方式随机选点 7～8 个，采样深度 0～20 cm、20～40 cm，混合后用四分法取样。测定表层土壤养分全量，表层土壤速效养分含量。

②生物调查项目。作物品种、播种量、播种面积、占总播比率、单产、直接成本、产值、化肥施用方式、施用量、肥料折合纯氮量、肥料折合纯磷量、肥料折合纯钾量等。

2.2.13 川地气象观测场（ASAQX01）

川地气象观测场位于陕西省延安市安塞墩滩，观测场地貌：川台地，建于 2004 年。观测场面积为 875 m^2（35 m×25 m），地理坐标为 109°19′24″E，36°51′26″N；海拔高度为 1 033 m。观测场景观见图 2-18。

图 2-18 川地气象观测场

川地气象观测场包括 6 个观测样地。

①川地气象观测场人工气象观测样地（ASAQX01DRG_01）。

②川地气象观测场自动气象观测样地（ASAQX01DZD_01）。

③川地气象观测场土壤水分（中子管法）采样地（ASAQX01CTS_01）。

④川地气象观测场土壤水分（烘干法）采样地（ASAQX01CHG _ 01）。

⑤川地气象观测场 E601 蒸发皿（ASAQX01CZF _ 01）。

⑥川地气象观测场雨水采集器（ASAQX01CYS _ 01）。

2.2.13.1　川地气象观测场人工气象观测样地（ASAQX01DRG _ 01）

人工观测：人工观测采用“上海长望气象科技有限公司”提供的人工观测仪器，观测仪器布设在安塞站川地试验场，与自动仪器同时观测。观测仪器有：干湿球温度表、最高温度表、最低温度表、毛发湿度表（计）、EL 型电接风向风速仪、暗筒式日照计、地面温度表、DYM3 型空盒气压表等，观测项目见表 2-2。

表 2-2　定时人工观测项目表

类型	北京时间			真太阳时
	8、14、20 时	8 时	20 时	日落后
观测项目	云、气压、气温、相对湿度、风向、风速、地面温度	降水量、冻土层深度、雪深	降水量、蒸发量，最高、最低气温，最高、最低地面温度	日日照时数

2.2.13.2　川地气象观测场自动气象观测样地（ASAQX01DZD _ 01）

自动观测项目：采用芬兰产的“自动气象站 Milos 520”系统进行观测，作为气象数据的直接来源，仪器设定直接观测要素 23 项，间接观测要素 3 项，计算统计值 46 项，作成气象报表后观测数据合计数据值 72 项，其中露点温度、水汽压、海平面气压、2 min 平均风、10 min 最大风、10 min 平均风、1 h 极大风和各辐射量的极（大）值是技术处理得出的结果。观测项目见表 2-3，测定参数见表 2-4。

表 2-3　定时自动观测项目表

类型	北京时	地平时	
	每小时	每小时	24 时
观测项目	气压、气温、湿度、风向、风速、地表温度、地温及各要素极值和出现时间。降水、土壤热通量	总辐射、反射辐射、净辐射、光合有效辐射、紫外辐射（UV）、辐射时曝辐量；辐射辐照度及其极值、出现时间、时日照时数	辐射日曝辐量、辐射日最大辐照度及出现时间、日日照时数

表 2-4　Milos 520 自动气象站测定参数

部件	传感器名称及标识符	传感器类型	监测范围	观测间隔/s
DMI50（接口板 1）	风速（WS1）	WAA151	0～75 m/s	1
	风向（WD1）	WAV151	1～360 deg	1
	温度（TA1）	HMP45D	−50～50 ℃	10
	相对湿度（RH1）	HMP45D	0～100 %	10
	总辐射（SR1）	CM11	0～1 500 W/m^2	10
	紫外辐射（SR2）	CUV3	0～500 W/m^2	10
	雨量（PR1）	RG13	0～200 mm	10
	日照时数（SQ1）	CSD2	ON/OFF	60
DMI50（接口板 3）	反射辐射（SR3）	CM6B	0～1 500 W/m^2	10
	光合有效辐射（SR4）	LI−190SZ	0～3 000 μmol/sm^2	10

（续）

部件	传感器名称及标识符	传感器类型	监测范围	观测间隔/s
DMI50（接口板 3）	净辐射（SR5）	QMN101	$-1\ 500\sim1\ 500\ W/m^2$	10
	土壤热通量板		$-500\sim500\ W/m^2$	10
DPA501（接口板 8）	气压（PA1）	DPA501	500～1 100 hPa	10
串口 4	地表及土壤温度 QL150	QL150 采集器		10

2.2.13.3 川地气象观测场土壤水分（中子管法）采样地（ASAQX01CTS _ 01）

川地气象场中子管布设图见图 2-19。

管 1 为 ASAQX01CTS _ 01 _ 01；管 2 为 ASAQX01CTS _ 01 _ 02；管 3 为 ASAQX01CTS _ 01 _ 03。

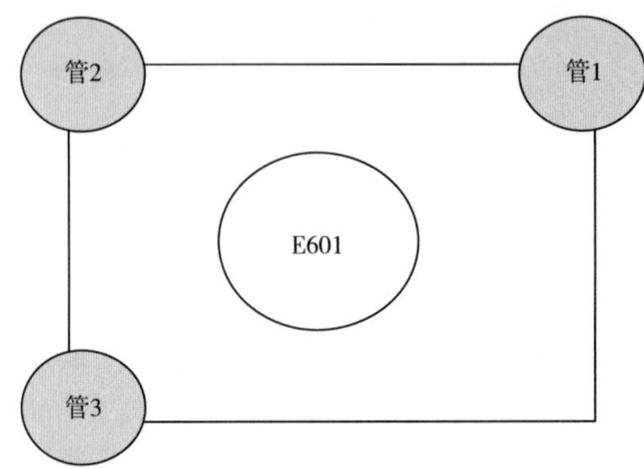

图 2-19 川地气象观测场中子管编码及布设图

中子法测定土壤水分：测定时间 4—10 月，频度每 5 d 1 次；测定步长 10 cm，深度 0～200 cm。

2.2.13.4 川地气象观测场土壤水分（烘干法）采样地（ASAQX01CHG _ 01）

土钻法测定土壤水分：测定时间 4—10 月，频度 1 次/月，测定步长 10 cm，深度 0～200 cm。

2.2.13.5 川地气象观测场 E601 蒸发皿（ASAQX01CZF _ 01）

E601 蒸发皿形状为圆形，面积 0.3 m^2。见图 2-20。

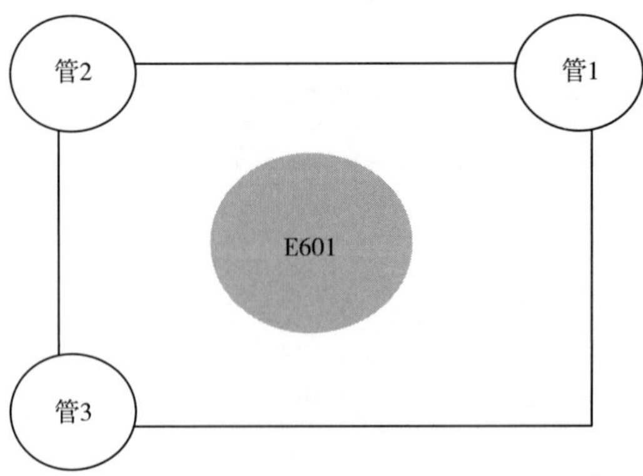

图 2-20 川地气象观测场 E601 蒸发皿

E601 测水面蒸发量：测定时间：4—10 月（冬季结冰停止观测）。

2.2.13.6 川地气象观测场雨水采集器（ASAQX01CYS _ 01）

雨水采集器主要是测雨水水质的，雨水采样方法：每次降水采样，取当月各次降水的混合样进行分析，全年观测。采集器形状为直径 20 cm 的雨量桶。

2.2.14　山地气象观测场（ASAQX02）

山地气象观测场位于陕西省延安市安塞墩山上，观测场地貌：山地梯田，建于 1992 年。观测场面积为 625 m^2（25 m×25 m），地理坐标为 109°18′59″E，36°51′23″N；海拔高度为 1 207 m。山地气象观测场景观见图 2-21。

图 2-21　山地气象观测场

观测设施：WS 自动气象站、人工气象站、自记雨量计、水分中子仪观测管（3 根）。

大气观测项目：气压、风向、风速、气温、相对湿度、降水量、地表温度、总辐射、光合有效辐射、反射辐射、净辐射、紫外辐射（UV）、日照时数等。

山地气象观测场包括两个采样地：①山地气象观测场土壤水分（中子管法）采样地（ASAQX02CTS _ 01）；②山地气象观测场土壤水分（烘干法）采样地（ASAQX02CHG _ 01）。

2.2.14.1　山地气象观测场土壤水分（中子管法）采样地（ASAQX02CTS _ 01）

山地气象观测场土壤水分（中子管法）采样地中子管编码：ASAQX02CTS _ 01 _ 01；ASAQX02CTS _ 01 _ 02；ASAQX02CTS _ 01 _ 03，布设见图 2-22。

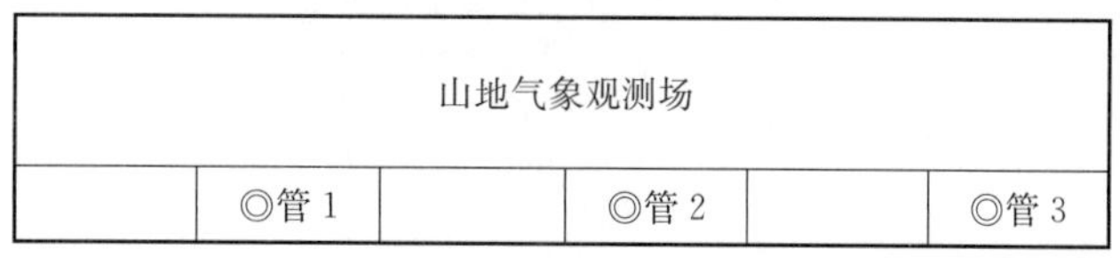

图 2-22　山地气象观测场中子管采样地布设图

采用中子法测定土壤水分：时间 4—10 月，频度每 5 d1 次；深度 0～200 cm。测点 3 个。

2.2.14.2　山地气象观测场土壤水分（烘干法）采样地（ASAQX02CHG _ 01）

土钻法测定土壤水分：测定时间 4—10 月，频度每 2 月 1 次，测定步长 10 cm，深度 0～200 cm。测点在每个中子管附近取样。

第3章

联网长期观测数据

3.1 生物监测数据

3.1.1 农田作物种类与产值

3.1.1.1 概述

本数据集包括安塞站1个综合观测场、3个辅助观测场、3个站区调查点的农田作物种类与产值数据。数据时间段为2008—2015年。数据获取方法：各观测场实地调查、记录，计算统计获得。将其观测场和观测点分为以下几个。

(1) 川地综合观测场（ASAZH01）。

(2) 川地土壤监测辅助观测场-空白（ASAFZ01）。

(3) 川地土壤监测辅助观测场-秸秆还田（ASAFZ02）。

(4) 山地辅助观测场（ASAFZ03）。

(5) 峙嵝岘坡地梯田观测点（ASAZQ01）。

(6) 安塞纸坊沟流域观测点（ASAZQ02）。

(7) 峙嵝岘塌地梯田观测点（ASAZQ03）。

3.1.1.2 原始数据质量控制方法

对历年上报的数据进行整理和质量控制，对异常数据进行核实。阈值检查（根据多年数据比对，对监测数据超出历史数据阈值范围进行校验，删除异常值）、一致性检查（例如数量级与其他测量值不同）等。

3.1.1.3 数据

农田作物种类与产值的数据详见表3-1。

表3-1　农田作物种类与产值

年份	样地代码	作物名称	作物品种	播种量/（kg/hm²）	播种面积/hm²	占总播/%	单产/（kg/hm²）	直接成本/（元/hm²）	产值/（元/hm²）
2008	ASAZH01ABC_01	玉米	富友9号	52.5	0.1	100.0	7 836.0	5 035.4	10 970.4
2008	ASAFZ01B00_01	玉米	富友9号	52.5	0.0	100.0	3 863.0	4 523.8	5 408.2
2008	ASAFZ03ABC_01	黄豆	晋豆20	45.0	0.1	100.0	3 106.0	9 003.0	12 424.0
2008	ASAZQ01AB0_01	玉米	三北6号	52.5	0.3	30.7	7 979.0	1 612.9	11 170.6
2008	ASAZQ03AB0_01	玉米	中单2号	52.5	0.1	8.9	5 366.0	3 333.3	7 512.4
2008	ASAZQ02A00_01	玉米	中单2号	52.5	14.7	39.3	7 125.0	1 380.6	9 975.0
2008	ASAZQ02A00_01	谷子	晋汾7号	22.5	5.3	14.2	3 150.0	1 068.8	12 600.0
2008	ASAZQ02A00_01	糜子	农家品种	25.5	2.7	7.1	3 750.0	393.8	11 250.0

（续）

年份	样地代码	作物名称	作物品种	播种量/（kg/hm²）	播种面积/hm²	占总播/%	单产/（kg/hm²）	直接成本/（元/hm²）	产值/（元/hm²）
2008	ASAZQ02A00 _ 01	豆类	农家品种	45.0	8.7	23.2	2 250.0	584.8	9 000.0
2008	ASAZQ02A00 _ 01	薯类	农家品种	1 500.0	6.0	16.1	15 000.0	1 470.0	12 000.0
2008	ASAFZ02B00 _ 01	玉米	富友 9 号	52.5	0.0	100.0	7 519.0	4 998.8	10 526.6
2009	ASAZH01ABC _ 01	春玉米	富友 9 号	52.5	0.1	100.0	6 060.0	5 280.0	9 938.4
2009	ASAFZ01B00 _ 01	春玉米	富友 9 号	52.5	0.0	100.0	2 386.0	3 750.0	3 913.0
2009	ASAFZ02B00 _ 01	春玉米	富友 9 号	52.5	0.0	100.0	5 787.0	5 680.0	9 490.7
2009	ASAFZ03ABC _ 01	春谷子	晋汾 7 号	22.5	0.1	100.0	2 877.0	7 500.0	13 234.2
2009	ASAZQ01AB0 _ 01	春玉米	三北 6 号	52.5	0.3	30.7	6 428.0	1 503.0	10 541.9
2009	ASAZQ03AB0 _ 01	春大豆	绿青豆	45.0	0.1	8.9	2 112.0	1 246.5	9 292.8
2009	ASAZQ02A00 _ 01	春玉米	中单 2 号	52.5	7.3	11.2	6 750.0	2 458.0	11 070.0
2009	ASAZQ02A00 _ 01	春谷子	晋汾 7 号	22.5	9.3	14.3	3 563.0	1 462.5	16 387.5
2009	ASAZQ02A00 _ 01	糜子	农家品种	25.5	7.3	11.2	3 450.0	646.4	10 350.0
2009	ASAZQ02A00 _ 01	春豆类	农家品种	45.0	22.0	33.7	2 438.0	525.0	9 750.0
2009	ASAZQ02A00 _ 01	薯类	农家品种	1 500.0	9.7	14.9	15 000.0	512.7	12 000.0
2010	ASAZH01ABC _ 01	春黄豆	铁丰 29	52.5	0.1	100.0	1 437.0	7 350.0	7 185.0
2010	ASAFZ01B00 _ 01	春黄豆	铁丰 29	52.5	0.0	100.0	1 548.0	7 350.0	7 739.0
2010	ASAFZ02B00 _ 01	春黄豆	铁丰 29	52.5	0.0	100.0	1 311.0	7 350.0	6 555.0
2010	ASAFZ03ABC _ 01	春黄豆	铁丰 29	22.5	0.1	100.0	2 149.0	7 350.0	10 747.0
2010	ASAZQ01AB0 _ 01	春玉米	三北 6 号	52.5	0.3	30.7	8 156.0	2 689.6	14 681.3
2010	ASAZQ03AB0 _ 01	春马铃薯	农家品种	1 500.0	0.1	8.9	10 388.0	2 450.0	14 543.6
2010	ASAZQ02A00 _ 01	春玉米	中单 2 号	51.7	9.0	14.7	6 944.0	2 420.6	12 500.0
2010	ASAZQ02A00 _ 01	春谷子	晋汾 7 号	11.3	8.7	14.1	3 750.0	1 493.1	15 000.0
2010	ASAZQ02A00 _ 01	春糜子	农家品种	11.3	4.7	7.6	3 375.0	782.1	13 500.0
2010	ASAZQ02A00 _ 01	春豆类	农家品种	68.2	22.0	35.8	2 420.0	420.5	12 102.3
2010	ASAZQ02A00 _ 01	薯类	农家品种	750.0	11.0	17.9	3 191.0	1 718.2	22 336.4
2011	ASAZH01ABC _ 01	春玉米	双惠 2 号	52.5	0.1	100.0	7 077.0	5 280.0	14 154.0
2011	ASAFZ01B00 _ 01	春玉米	双惠 2 号	52.5	0.0	100.0	2 936.0	3 750.0	5 872.0
2011	ASAFZ02B00 _ 01	春玉米	双惠 2 号	52.5	0.0	100.0	7 587.0	5 680.0	15 174.0
2011	ASAFZ03ABC _ 01	春谷子	晋汾 7 号	22.5	0.1	100.0	1 100.0	7 500.0	5 390.0
2011	ASAZQ01AB0 _ 01	春马铃薯	农家品种	1 500.0	0.3	30.7	19 430.0	1 503.0	27 202.0
2011	ASAZQ03AB0 _ 01	春谷子	晋汾 7 号	45.0	0.1	8.9	2 600.0	1 246.5	10 920.0
2011	ASAZQ02A00 _ 01	春玉米	中单 2 号	52.5	8.3	12.8	6 750.0	2 053.2	13 500.0
2011	ASAZQ02A00 _ 01	春谷子	晋汾 7 号	22.5	7.3	11.3	3 580.0	1 080.7	14 318.2
2011	ASAZQ02A00 _ 01	糜子	农家品种	25.5	4.9	7.5	3 750.0	899.4	15 000.0
2011	ASAZQ02A00 _ 01	春豆类	农家品种	45.0	26.0	40.0	2 250.0	975.0	11 250.0
2011	ASAZQ02A00 _ 01	薯类	农家品种	1 500.0	9.8	15.1	15 786.0	2 115.3	12 628.6
2012	ASAZH01ABC _ 01	春玉米	强盛 101	52.5	0.1	100.0	8 184.0	11 535.0	18 004.8
2012	ASAFZ01B00 _ 01	春玉米	强盛 101	52.5	0.0	100.0	3 833.0	10 800.0	8 432.6

（续）

年份	样地代码	作物名称	作物品种	播种量/（kg/hm²）	播种面积/hm²	占总播/%	单产/（kg/hm²）	直接成本/（元/hm²）	产值/（元/hm²）
2012	ASAFZ02B00_01	春玉米	强盛 101	52.5	0.0	100.0	7 887.0	14 685.0	17 352.1
2012	ASAFZ03ABC_01	春大豆	中黄 35	52.5	0.1	100.0	2 325.0	1 828.5	11 625.0
2012	ASAZQ01AB0_01	春玉米	强盛 101	37.5	0.3	30.7	9 553.0	16 200.0	21 016.6
2012	ASAZQ03AB0_01	春黑豆	农家品种	37.5	0.1	8.9	4 358.0	1 500.0	22 661.6
2012	ASAZQ02A00_01	春玉米	强盛 101	45.0	8.0	12.6	6 125.0	1 830.0	13 475.0
2012	ASAZQ02A00_01	春谷子	晋汾 7 号	11.2	9.1	14.4	3 695.0	1 092.2	16 259.1
2012	ASAZQ02A00_01	糜子	农家品种	15.0	6.0	9.5	3 750.0	805.0	15 750.0
2012	ASAZQ02A00_01	春豆类	农家品种	75.0	23.0	36.3	2 035.0	940.2	10 173.9
2012	ASAZQ02A00_01	薯类	农家品种	900.0	13.0	20.5	14 577.0	1 680.0	14 576.9
2013	ASAZH01ABC_01	春大豆	中黄 35	52.5	0.1	100.0	2 594.0	15 166.4	15 565.2
2013	ASAFZ01B00_01	春大豆	中黄 35	52.5	0.0	100.0	2 240.0	13 250.7	13 442.4
2013	ASAFZ02B00_01	春大豆	中黄 35	52.5	0.0	100.0	2 462.0	18 089.8	14 769.0
2013	ASAZQ01AB0_01	春马铃薯	农家品种	1 500.0	0.3	30.7	1 579.0	5 625.0	4 736.9
2013	ASAZQ03AB0_01	春马铃薯	农家品种	1 500.0	0.1	8.9	2 659.0	5 268.0	7 977.9
2013	ASAZQ02A00_01	春玉米	强盛 101	45.0	9.7	15.8	3 078.0	1 966.8	6 155.2
2013	ASAZQ02A00_01	春谷子	晋汾 7 号	22.5	5.0	8.2	1 005.0	1 535.6	8 040.0
2013	ASAZQ02A00_01	糜子	农家品种	22.5	3.3	5.5	1 110.0	1 092.0	6 660.0
2013	ASAZQ02A00_01	春豆类	农家品种	75.0	32.0	52.5	900.0	800.0	4 500.0
2013	ASAZQ02A00_01	薯类	农家品种	1 500.0	9.5	15.6	3 393.0	2 328.5	4 072.0
2014	ASAFZ03ABC_01	春大豆	中黄 35	52.5	0.1	100.0	2 218.0	11 250.0	15 526.0
2014	ASAZQ01AB0_01	春红小豆	农家品种	45.0	0.3	30.7	1 324.0	955.5	7 944.0
2014	ASAZQ02A00_01	春玉米	强盛 101	45.0	9.7	15.8	3 078.0	1 966.8	6 155.2
2014	ASAZQ02A00_01	春谷子	晋汾 7 号	22.5	5.0	8.2	1 005.0	1 535.6	8 040.0
2014	ASAZQ02A00_01	春糜子	农家品种	22.5	3.3	5.5	1 110.0	1 092.0	6 660.0
2014	ASAZQ02A00_01	春豆类	农家品种	75.0	32.0	52.5	900.0	800.0	4 500.0
2014	ASAZQ02A00_01	薯类	农家品种	1 500.0	9.5	15.6	3 393.0	2 328.5	4 072.0
2015	ASAFZ03ABC_01	春谷子	长生 07	22.5	0.1	100.0	1 042.0	12 000.0	6 252.0
2015	ASAZQ02A00_01	苹果树	红富士		17.7	83.6	24 000.0	45 000.0	144 000.0
2015	ASAZQ02A00_01	玉米	强盛 101	45.0	0.6	2.8	6 000.0	3 000.0	13 200.0
2015	ASAZQ02A00_01	春谷子	晋汾 7 号	22.5	0.3	1.4	2 250.0	1 800.0	13 500.0
2015	ASAZQ02A00_01	春糜子	农家品种	22.5	0.3	1.4	2 400.0	1 500.0	14 400.0
2015	ASAZQ02A00_01	春豆类	农家品种	75.0	0.3	1.4	1 500.0	1 200.0	9 000.0
2015	ASAZQ02A00_01	薯类	农家品种	1 500.0	0.5	2.4	29 100.0	2 550.0	34 920.0

3.1.2 农田复种指数与典型地块作物轮作体系

3.1.2.1 概述

本数据集包括安塞站 1 个综合观测场、7 个辅助观测场、2 个站区调查点的农田复种指数与典型地块作物轮作体系数据。数据时间段为 2008—2015 年。数据获取方法：各观测场实地调查、记录获得。具体观测场和站区调查点如下。

（1）川地综合观测场（ASAZH01）。

（2）川地土壤监测辅助观测场-空白（ASAFZ01）。

（3）川地土壤监测辅助观测场-秸秆还田（ASAFZ02）。

（4）山地辅助观测场（ASAFZ03）。

（5）川地养分长期定位试验场（ASAFZ04）。

（6）坡地养分长期定位试验场（ASAFZ05）。

（7）梯田养分长期定位试验场（ASAFZ06）。

（8）峙崾岘坡地连续施肥试验场（ASAFZ07）。

（9）峙崾岘坡地梯田观测点（ASAZQ01）。

（10）峙崾岘塌地梯田观测点（ASAZQ03）。

3.1.2.2 原始数据质量控制方法

对历年上报的数据进行整理和质量控制，对异常数据进行核实。包括阈值检查（根据多年数据比对，对监测数据超出历史数据阈值范围进行校验，删除异常值）、一致性检查（例如数量级与其他测量值不同）等。

3.1.2.3 数据

农田复种指数与典型地块作物轮作体系详见表 3－2。

表 3－2　农田复种指数与典型地块作物轮作体系

年份	样地代码	农田类型	复种指数/%	轮作体系	当年作物
2008	ASAZH01ABC_01	旱地	100	玉米→玉米→黄豆	玉米
2008	ASAFZ01B00_01	旱地	100	玉米→玉米→黄豆	玉米
2008	ASAFZ02B00_01	旱地	100	玉米→玉米→黄豆	玉米
2008	ASAFZ03ABC_01	旱地	100	黄豆→谷子	黄豆
2008	ASAFZ04ABC_01	旱地	100	玉米→玉米→黄豆	玉米
2008	ASAFZ05ABC_01	旱地	100	糜子→谷子→黄豆→谷子	糜子
2008	ASAFZ06ABC_01	旱地	100	糜子→谷子→黄豆→谷子	糜子
2008	ASAFZ07AB0_01	旱地	100	荞麦→谷子→糜子→谷子	荞麦
2008	ASAZQ01AB0_01	旱地	100	玉米→玉米	玉米
2008	ASAZQ03AB0_01	旱地	100	玉米/黄豆→玉米	玉米
2009	ASAZH01ABC_01	旱地	100	玉米→玉米→黄豆	春玉米
2009	ASAFZ01B00_01	旱地	100	玉米→玉米→黄豆	春玉米
2009	ASAFZ02B00_01	旱地	100	玉米→玉米→黄豆	春玉米
2009	ASAFZ03ABC_01	旱地	100	黄豆→谷子	春谷子
2009	ASAFZ04ABC_01	旱地	100	玉米→玉米→黄豆	春玉米
2009	ASAFZ05ABC_01	旱地	100	糜子→谷子→黄豆→谷子	春谷子
2009	ASAFZ06ABC_01	旱地	100	糜子→谷子→黄豆→谷子	春谷子
2009	ASAFZ07AB0_01	旱地	100	荞麦→谷子→糜子→谷子	春谷子
2009	ASAZQ01AB0_01	旱地	100	玉米→玉米	春玉米
2009	ASAZQ03AB0_01	旱地	100	玉米→豆子	春大豆
2010	ASAZH01ABC_01	旱地	100	玉米→玉米→黄豆	春黄豆

（续）

年份	样地代码	农田类型	复种指数/%	轮作体系	当年作物
2010	ASAFZ01B00_01	旱地	100	玉米→玉米→黄豆	春黄豆
2010	ASAFZ02B00_01	旱地	100	玉米→玉米→黄豆	春黄豆
2010	ASAFZ03ABC_01	旱地	100	黄豆→谷子	春黄豆
2010	ASAFZ04ABC_01	旱地	100	玉米→玉米→黄豆	春黄豆
2010	ASAFZ05ABC_01	旱地	100	糜子→谷子→黄豆→谷子	春黄豆
2010	ASAFZ06ABC_01	旱地	100	糜子→谷子→黄豆→谷子	春黄豆
2010	ASAFZ07AB0_01	旱地	100	荞麦→谷子→糜子→谷子	春糜子
2010	ASAZQ01AB0_01	旱地	100	玉米→玉米	春玉米
2010	ASAZQ03AB0_01	旱地	100	玉米→豆子→马铃薯	春马铃薯
2011	ASAZH01ABC_01	旱地	100	玉米→玉米→黄豆	春玉米
2011	ASAFZ01B00_01	旱地	100	玉米→玉米→黄豆	春玉米
2011	ASAFZ02B00_01	旱地	100	玉米→玉米→黄豆	春玉米
2011	ASAFZ03ABC_01	旱地	100	黄豆→谷子	春谷子
2011	ASAFZ04ABC_01	旱地	100	玉米→玉米→黄豆	春玉米
2011	ASAFZ05ABC_01	旱地	100	糜子→谷子→黄豆→谷子	春谷子
2011	ASAFZ06ABC_01	旱地	100	糜子→谷子→黄豆→谷子	春谷子
2011	ASAFZ07AB0_01	旱地	100	荞麦→谷子→糜子→谷子	春谷子
2011	ASAZQ01AB0_01	旱地	100	玉米→玉米→马铃薯	春马铃薯
2011	ASAZQ03AB0_01	旱地	100	玉米→豆子→谷子	春谷子
2012	ASAZH01ABC_01	旱地	100	玉米→玉米→黄豆	春玉米
2012	ASAFZ01B00_01	旱地	100	玉米→玉米→黄豆	春玉米
2012	ASAFZ02B00_01	旱地	100	玉米→玉米→黄豆	春玉米
2012	ASAFZ03ABC_01	旱地	100	黄豆→谷子	春大豆
2012	ASAFZ04ABC_01	旱地	100	玉米→玉米→黄豆	春玉米
2012	ASAFZ05ABC_01	旱地	100	糜子→谷子→黄豆→谷子	春糜子
2012	ASAFZ06ABC_01	旱地	100	糜子→谷子→黄豆→谷子	春糜子
2012	ASAFZ07AB0_01	旱地	100	荞麦→谷子→糜子→谷子	夏荞麦
2012	ASAZQ01AB0_01	旱地	100	玉米→玉米→马铃薯	春玉米
2012	ASAZQ03AB0_01	旱地	100	玉米→豆子→谷子	春黑豆
2013	ASAZH01ABC_01	旱地	100	玉米→玉米→大豆	春大豆
2013	ASAFZ01B00_01	旱地	100	玉米→玉米→大豆	春大豆
2013	ASAFZ02B00_01	旱地	100	玉米→玉米→大豆	春大豆
2013	ASAFZ03ABC_01	旱地	100	大豆→谷子	春谷子
2013	ASAFZ04ABC_01	旱地	100	玉米→玉米→大豆	春大豆
2013	ASAFZ05ABC_01	旱地	100	糜子→谷子→黄豆→谷子	春谷子
2013	ASAFZ06ABC_01	旱地	100	糜子→谷子→黄豆→谷子	春谷子
2013	ASAFZ07AB0_01	旱地	100	荞麦→谷子→糜子→谷子	春谷子
2013	ASAZQ01AB0_01	旱地	100	玉米→玉米→马铃薯	春马铃薯

（续）

年份	样地代码	农田类型	复种指数/%	轮作体系	当年作物
2013	ASAZQ03AB0 _ 01	旱地	100	马铃薯→豆子→谷子	春马铃薯
2014	ASAFZ03ABC _ 01	旱地	100	大豆→谷子	春大豆
2014	ASAFZ05ABC _ 01	旱地	100	糜子→谷子→大豆→谷子	春大豆
2014	ASAFZ06ABC _ 01	旱地	100	糜子→谷子→大豆→谷子	春大豆
2014	ASAFZ07AB0 _ 01	旱地	100	荞麦→谷子→糜子→谷子	春糜子
2014	ASAZQ01AB0 _ 01	旱地	100	玉米→马铃薯→红豆	春红豆
2014	ASAZQ03AB0 _ 01	旱地	100	马铃薯→豆子→谷子	果树
2015	ASAFZ03ABC _ 01	旱地	100	大豆→谷子	春谷子
2015	ASAFZ05ABC _ 01	旱地	100	糜子→谷子→大豆→谷子	春谷子
2015	ASAFZ06ABC _ 01	旱地	100	糜子→谷子→大豆→谷子	春谷子
2015	ASAFZ07AB0 _ 01	旱地	100	荞麦→谷子→糜子→谷子	春谷子
2015	ASAZQ01AB0 _ 01	旱地	100	果树→果树	果树
2015	ASAZQ03AB0 _ 01	旱地	100	果树→果树	果树

3.1.3　耕作层作物根生物量

3.1.3.1　概述

本数据集包括安塞站 1 个综合观测场、3 个辅助观测场、2 个站区调查点的农田耕作层作物根生物量数据。数据时间段为 2008—2015 年。数据获取方法：作物耕层生物量由野外农田样方调查、处理后计算得出。具体观测场和站区调查点如下。

（1）川地综合观测场（ASAZH01）。

（2）川地土壤监测辅助观测场-空白（ASAFZ01）。

（3）川地土壤监测辅助观测场-秸秆还田（ASAFZ02）。

（4）山地辅助观测场（ASAFZ03）。

（5）峙崾岘坡地梯田观测点（ASAZQ01）。

（6）峙崾岘塌地梯田观测点（ASAZQ03）。

3.1.3.2　原始数据质量控制方法

从数据产生的每个环节，进行质量保证。采样时专业人员全程跟踪采样过程，发现问题，及时处理；对历年上报的数据进行整理和质量控制，对异常数据进行核实。包括阈值检查（根据多年数据比对，对监测数据超出历史数据阈值范围进行校验，删除异常值）、一致性检查（例如数量级与其他测量值不同）等。

3.1.3.3　数据

耕作层作物根生物量详见表 3－3。

表 3－3　耕作层作物根生物量

时间（年-月-日）	样地代码	作物名称	作物品种	作物生育时期	区号	样方面积/cm^2	耕作层深度/cm	根干重/(g/m^2)	约占总根干重/%
2008－07－26	ASAZH01ABC _ 01	玉米	富友 9 号	抽雄期	2	40×50	30	142.00	87.5
2008－07－26	ASAZH01ABC _ 01	玉米	富友 9 号	抽雄期	4	40×50	30	150.50	88.3

（续）

时间（年-月-日）	样地代码	作物名称	作物品种	作物生育时期	区号	样方面积/cm^2	耕作层深度/cm	根干重/(g/m^2)	约占总根干重/%
2008-07-26	ASAZH01ABC_01	玉米	富友9号	抽雄期	8	40×50	30	152.50	88.9
2008-07-26	ASAZH01ABC_01	玉米	富友9号	抽雄期	10	40×50	30	157.00	89.1
2008-07-26	ASAZH01ABC_01	玉米	富友9号	抽雄期	14	40×50	30	146.50	87.6
2008-07-26	ASAZH01ABC_01	玉米	富友9号	抽雄期	16	40×50	30	144.00	86.8
2008-10-07	ASAZH01ABC_01	玉米	富友9号	收获期	2	40×50	30	171.25	89.5
2008-10-07	ASAZH01ABC_01	玉米	富友9号	收获期	4	40×50	30	173.85	90.1
2008-10-07	ASAZH01ABC_01	玉米	富友9号	收获期	8	40×50	30	169.15	88.3
2008-10-07	ASAZH01ABC_01	玉米	富友9号	收获期	10	40×50	30	161.35	87.9
2008-10-07	ASAZH01ABC_01	玉米	富友9号	收获期	14	40×50	30	170.85	88.7
2008-10-07	ASAZH01ABC_01	玉米	富友9号	收获期	16	40×50	30	167.95	87.9
2008-07-26	ASAFZ01B00_01	玉米	富友9号	抽雄期	1	40×50	30	92.00	86.5
2008-07-26	ASAFZ01B00_01	玉米	富友9号	抽雄期	2	40×50	30	119.00	87.6
2008-07-26	ASAFZ01B00_01	玉米	富友9号	抽雄期	3	40×50	30	145.50	88.2
2008-07-26	ASAFZ01B00_01	玉米	富友9号	抽雄期	4	40×50	30	105.50	87.2
2008-10-07	ASAFZ01B00_01	玉米	富友9号	收获期	1	40×50	30	91.95	88.9
2008-10-07	ASAFZ01B00_01	玉米	富友9号	收获期	2	40×50	30	96.25	89.5
2008-10-07	ASAFZ01B00_01	玉米	富友9号	收获期	3	40×50	30	87.00	88.2
2008-10-07	ASAFZ01B00_01	玉米	富友9号	收获期	4	40×50	30	101.75	90.5
2008-07-26	ASAFZ02B00_01	玉米	富友9号	抽雄期	1	40×50	30	194.00	88.3
2008-07-26	ASAFZ02B00_01	玉米	富友9号	抽雄期	2	40×50	30	165.50	88.2
2008-07-26	ASAFZ02B00_01	玉米	富友9号	抽雄期	3	40×50	30	151.50	86.7
2008-07-26	ASAFZ02B00_01	玉米	富友9号	抽雄期	4	40×50	30	137.50	85.5
2008-10-07	ASAFZ02B00_01	玉米	富友9号	收获期	1	40×50	30	96.85	89.5
2008-10-07	ASAFZ02B00_01	玉米	富友9号	收获期	2	40×50	30	87.85	88.6
2008-10-07	ASAFZ02B00_01	玉米	富友9号	收获期	3	40×50	30	93.60	88.8
2008-10-07	ASAFZ02B00_01	玉米	富友9号	收获期	4	40×50	30	78.75	87.9
2008-07-18	ASAFZ03ABC_01	黄豆	晋豆20	开花期	4	40×40	30	76.50	95.5
2008-07-18	ASAFZ03ABC_01	黄豆	晋豆20	开花期	6	40×40	30	69.88	94.0
2008-07-18	ASAFZ03ABC_01	黄豆	晋豆20	开花期	8	40×40	30	86.44	97.2
2008-07-18	ASAFZ03ABC_01	黄豆	晋豆20	开花期	11	40×40	30	86.19	96.5
2008-10-11	ASAFZ03ABC_01	黄豆	晋豆20	收获期	4	40×50	30	75.75	95.6
2008-10-11	ASAFZ03ABC_01	黄豆	晋豆20	收获期	6	40×50	30	61.95	94.8
2008-10-11	ASAFZ03ABC_01	黄豆	晋豆20	收获期	8	40×50	30	50.70	94.2
2008-10-11	ASAFZ03ABC_01	黄豆	晋豆20	收获期	9	40×50	30	88.90	96.3
2008-10-11	ASAFZ03ABC_01	黄豆	晋豆20	收获期	11	40×50	30	59.50	93.5
2008-10-11	ASAFZ03ABC_01	黄豆	晋豆20	收获期	13	40×50	30	61.50	94.8
2008-11-05	ASAZQ01AB0_01	玉米	三北6号	收获期	1	48×70	30	310.20	93.5
2008-11-05	ASAZQ01AB0_01	玉米	三北6号	收获期	2	48×70	30	316.68	94.2

（续）

时间（年-月-日）	样地代码	作物名称	作物品种	作物生育时期	区号	样方面积/cm²	耕作层深度/cm	根干重/(g/m²)	约占总根干重/%
2008-11-05	ASAZQ01AB0_01	玉米	三北6号	收获期	3	48×70	30	222.18	91.8
2008-10-25	ASAZQ03AB0_01	玉米	中单2号	收获期	1	50×80	30	153.22	92.8
2008-10-25	ASAZQ03AB0_01	玉米	中单2号	收获期	2	50×80	30	154.92	93.1
2008-10-25	ASAZQ03AB0_01	玉米	中单2号	收获期	3	50×80	30	154.08	93.0
2009-07-29	ASAZH01ABC_01	春玉米	富友9号	抽雄期	15	40×50	30	123.50	88.9
2009-10-07	ASAZH01ABC_01	春玉米	富友9号	收获期	1	40×50	30	171.25	89.5
2009-10-07	ASAZH01ABC_01	春玉米	富友9号	收获期	3	40×50	30	173.85	90.1
2009-10-07	ASAZH01ABC_01	春玉米	富友9号	收获期	7	40×50	30	169.15	88.3
2009-10-07	ASAZH01ABC_01	春玉米	富友9号	收获期	9	40×50	30	161.35	87.9
2009-10-07	ASAZH01ABC_01	春玉米	富友9号	收获期	13	40×50	30	170.85	88.7
2009-10-07	ASAZH01ABC_01	春玉米	富友9号	收获期	15	40×50	30	167.95	87.9
2009-07-31	ASAFZ01B00_01	春玉米	富友9号	抽雄期	1	40×50	30	118.50	88.3
2009-07-31	ASAFZ01B00_01	春玉米	富友9号	抽雄期	2	40×50	30	94.00	87.1
2009-07-31	ASAFZ01B00_01	春玉米	富友9号	抽雄期	3	40×50	30	114.00	87.9
2009-07-31	ASAFZ01B00_01	春玉米	富友9号	抽雄期	4	40×50	30	89.00	86.6
2009-10-07	ASAFZ01B00_01	春玉米	富友9号	收获期	1	40×50	30	91.95	87.3
2009-10-07	ASAFZ01B00_01	春玉米	富友9号	收获期	2	40×50	30	96.25	87.6
2009-10-07	ASAFZ01B00_01	春玉米	富友9号	收获期	3	40×50	30	87.00	86.8
2009-10-07	ASAFZ01B00_01	春玉米	富友9号	收获期	4	40×50	30	101.75	88.9
2009-07-29	ASAFZ02B00_01	春玉米	富友9号	抽雄期	1	40×50	30	132.00	88.5
2009-07-29	ASAFZ02B00_01	春玉米	富友9号	抽雄期	2	40×50	30	105.50	87.9
2009-07-29	ASAFZ02B00_01	春玉米	富友9号	抽雄期	3	40×50	30	135.00	88.7
2009-07-29	ASAFZ02B00_01	春玉米	富友9号	抽雄期	4	40×50	30	98.00	87.5
2009-10-22	ASAFZ02B00_01	春玉米	富友9号	收获期	1	40×50	30	96.85	88.3
2009-10-22	ASAFZ02B00_01	春玉米	富友9号	收获期	2	40×50	30	87.85	88.1
2009-10-22	ASAFZ02B00_01	春玉米	富友9号	收获期	3	40×50	30	93.60	88.5
2009-10-22	ASAFZ02B00_01	春玉米	富友9号	收获期	4	40×50	30	78.75	87.6
2009-08-13	ASAFZ03ABC_01	春谷子	晋谷7号	抽穗期	2	40×50	30	75.50	95.5
2009-08-13	ASAFZ03ABC_01	春谷子	晋谷7号	抽穗期	3	40×50	30	74.50	95.0
2009-08-13	ASAFZ03ABC_01	春谷子	晋谷7号	抽穗期	5	40×50	30	86.00	96.2
2009-10-14	ASAFZ03ABC_01	春谷子	晋谷7号	收获期	2	40×50	30	77.50	94.2
2009-10-14	ASAFZ03ABC_01	春谷子	晋谷7号	收获期	3	40×50	30	64.00	96.3
2009-10-14	ASAFZ03ABC_01	春谷子	晋谷7号	收获期	5	40×40	30	67.00	93.5
2009-10-14	ASAFZ03ABC_01	春谷子	晋谷7号	收获期	10	40×40	30	76.50	92.8
2009-10-14	ASAFZ03ABC_01	春谷子	晋谷7号	收获期	14	40×40	30	70.50	93.1
2009-10-14	ASAFZ03ABC_01	春谷子	晋谷7号	收获期	15	40×40	30	62.50	93.0
2009-10-15	ASAZQ01AB0_01	春玉米	三北6号	收获期	1	40×50	30	66.64	75.2
2009-10-15	ASAZQ01AB0_01	春玉米	三北6号	收获期	2	40×50	30	63.24	74.8

（续）

时间 （年-月-日）	样地代码	作物名称	作物 品种	作物生育 时期	区号	样方面积/ cm^2	耕作层深度/ cm	根干重/ （g/m^2）	约占总根 干重/%
2009-10-15	ASAZQ01AB0_01	春玉米	三北 6 号	收获期	3	40×50	30	82.96	80.1
2009-10-15	ASAZQ03AB0_01	春大豆	绿青豆	收获期	1	40×50	30	47.69	92.3
2009-10-15	ASAZQ03AB0_01	春大豆	绿青豆	收获期	2	40×50	30	47.31	92.5
2009-10-15	ASAZQ03AB0_01	春大豆	绿青豆	收获期	3	40×65	30	45.77	91.8
2009-07-29	ASAZH01ABC_01	春玉米	富友 9 号	抽雄期	1	40×65	30	118.50	88.3
2009-07-29	ASAZH01ABC_01	春玉米	富友 9 号	抽雄期	3	40×65	30	110.50	87.7
2009-07-29	ASAZH01ABC_01	春玉米	富友 9 号	抽雄期	7	40×65	30	116.00	87.9
2009-07-29	ASAZH01ABC_01	春玉米	富友 9 号	抽雄期	9	40×65	30	113.00	86.8
2009-07-29	ASAZH01ABC_01	春玉米	富友 9 号	抽雄期	13	40×65	30	146.50	89.2
2010-07-21	ASAZH01ABC_01	春大豆	铁丰 29	开花期	2	40×50	30	36.55	90.6
2010-07-21	ASAZH01ABC_01	春大豆	铁丰 29	开花期	5	40×50	30	46.90	90.4
2010-07-21	ASAZH01ABC_01	春大豆	铁丰 29	开花期	6	40×50	30	51.45	89.0
2010-07-21	ASAZH01ABC_01	春大豆	铁丰 29	开花期	10	40×50	30	39.75	90.0
2010-07-21	ASAZH01ABC_01	春大豆	铁丰 29	开花期	11	40×50	30	42.70	89.2
2010-07-21	ASAZH01ABC_01	春大豆	铁丰 29	开花期	14	40×50	30	33.25	89.8
2010-10-15	ASAZH01ABC_01	春大豆	铁丰 29	收获期	2	40×50	30	52.50	90.0
2010-10-15	ASAZH01ABC_01	春大豆	铁丰 29	收获期	5	40×50	30	33.50	91.6
2010-10-15	ASAZH01ABC_01	春大豆	铁丰 29	收获期	6	40×50	30	35.00	90.1
2010-10-15	ASAZH01ABC_01	春大豆	铁丰 29	收获期	10	40×50	30	34.00	89.5
2010-10-15	ASAZH01ABC_01	春大豆	铁丰 29	收获期	11	40×50	30	49.00	90.3
2010-10-15	ASAZH01ABC_01	春大豆	铁丰 29	收获期	14	40×50	30	51.50	89.4
2010-07-23	ASAFZ01B00_01	春大豆	铁丰 29	开花期	1	40×50	30	61.60	90.0
2010-07-23	ASAFZ01B00_01	春大豆	铁丰 29	开花期	2	40×50	30	73.60	91.5
2010-07-23	ASAFZ01B00_01	春大豆	铁丰 29	开花期	3	40×50	30	52.15	89.3
2010-07-23	ASAFZ01B00_01	春大豆	铁丰 29	开花期	4	40×50	30	53.95	89.6
2010-10-05	ASAFZ01B00_01	春大豆	铁丰 29	收获期	1	40×50	30	45.50	89.3
2010-10-05	ASAFZ01B00_01	春大豆	铁丰 29	收获期	2	40×50	30	42.00	89.5
2010-10-05	ASAFZ01B00_01	春大豆	铁丰 29	收获期	3	40×50	30	43.00	90.4
2010-10-05	ASAFZ01B00_01	春大豆	铁丰 29	收获期	4	40×50	30	50.00	89.7
2010-07-21	ASAFZ02B00_01	春大豆	铁丰 29	开花期	1	40×50	30	43.20	90.3
2010-07-21	ASAFZ02B00_01	春大豆	铁丰 29	开花期	2	40×50	30	47.80	90.1
2010-07-21	ASAFZ02B00_01	春大豆	铁丰 29	开花期	3	40×50	30	49.75	89.5
2010-07-21	ASAFZ02B00_01	春大豆	铁丰 29	开花期	4	40×50	30	52.30	91.2
2010-10-05	ASAFZ02B00_01	春大豆	铁丰 29	收获期	1	40×50	30	42.50	89.9
2010-10-05	ASAFZ02B00_01	春大豆	铁丰 29	收获期	2	40×50	30	44.00	90.2
2010-10-05	ASAFZ02B00_01	春大豆	铁丰 29	收获期	3	40×50	30	45.00	90.4
2010-10-05	ASAFZ02B00_01	春大豆	铁丰 29	收获期	4	40×50	30	53.50	90.9
2010-07-22	ASAFZ03ABC_01	春大豆	铁丰 29	开花期	1	40×50	30	58.75	92.8

（续）

时间（年-月-日）	样地代码	作物名称	作物品种	作物生育时期	区号	样方面积/cm^2	耕作层深度/cm	根干重/(g/m^2)	约占总根干重/%
2010-07-22	ASAFZ03ABC_01	春大豆	铁丰29	开花期	4	40×50	30	54.00	93.1
2010-07-22	ASAFZ03ABC_01	春大豆	铁丰29	开花期	6	40×50	30	60.50	93.0
2010-07-22	ASAFZ03ABC_01	春大豆	铁丰29	开花期	11	40×50	30	72.88	94.2
2010-07-22	ASAFZ03ABC_01	春大豆	铁丰29	开花期	13	40×50	30	72.63	95.0
2010-07-22	ASAFZ03ABC_01	春大豆	铁丰29	开花期	16	40×50	30	78.19	93.5
2010-10-07	ASAFZ03ABC_01	春大豆	铁丰29	收获期	1	40×50	30	70.50	95.4
2010-10-07	ASAFZ03ABC_01	春大豆	铁丰29	收获期	4	40×50	30	48.50	94.2
2010-10-07	ASAFZ03ABC_01	春大豆	铁丰29	收获期	6	40×50	30	46.50	95.0
2010-10-07	ASAFZ03ABC_01	春大豆	铁丰29	收获期	11	40×50	30	51.00	94.8
2010-10-07	ASAFZ03ABC_01	春大豆	铁丰29	收获期	13	40×50	30	57.00	95.8
2010-10-07	ASAFZ03ABC_01	春大豆	铁丰29	收获期	16	40×50	30	41.50	96.1
2010-10-26	ASAZQ01AB0_01	春玉米	三北6号	收获期	1	43×75	30	351.56	82.5
2010-10-26	ASAZQ01AB0_01	春玉米	三北6号	收获期	2	43×75	30	358.90	81.8
2010-10-26	ASAZQ01AB0_01	春玉米	三北6号	收获期	3	43×75	30	251.80	80.1
2011-07-28	ASAZH01ABC_01	春玉米	双惠2号	抽雄期	4	40×50	30	120.50	88.5
2011-07-28	ASAZH01ABC_01	春玉米	双惠2号	抽雄期	7	40×50	30	170.50	88.5
2011-07-28	ASAZH01ABC_01	春玉米	双惠2号	抽雄期	8	40×50	30	144.00	88.5
2011-07-28	ASAZH01ABC_01	春玉米	双惠2号	抽雄期	12	40×50	30	177.00	88.5
2011-07-28	ASAZH01ABC_01	春玉米	双惠2号	抽雄期	13	40×50	30	202.00	88.5
2011-07-28	ASAZH01ABC_01	春玉米	双惠2号	抽雄期	16	40×50	30	199.00	88.5
2011-10-19	ASAZH01ABC_01	春玉米	双惠2号	收获期	4	40×50	30	148.00	90.1
2011-10-19	ASAZH01ABC_01	春玉米	双惠2号	收获期	7	40×50	30	150.00	90.1
2011-10-19	ASAZH01ABC_01	春玉米	双惠2号	收获期	8	40×50	30	120.00	90.1
2011-10-19	ASAZH01ABC_01	春玉米	双惠2号	收获期	12	40×50	30	97.50	90.1
2011-10-19	ASAZH01ABC_01	春玉米	双惠2号	收获期	13	40×50	30	138.50	90.1
2011-10-19	ASAZH01ABC_01	春玉米	双惠2号	收获期	16	40×50	30	133.50	90.1
2011-07-31	ASAFZ01B00_01	春玉米	双惠2号	抽雄期	1	40×50	30	162.50	89.0
2011-07-31	ASAFZ01B00_01	春玉米	双惠2号	抽雄期	2	40×50	30	176.50	89.0
2011-07-31	ASAFZ01B00_01	春玉米	双惠2号	抽雄期	3	40×50	30	208.50	89.0
2011-07-31	ASAFZ01B00_01	春玉米	双惠2号	抽雄期	4	40×50	30	155.50	89.0
2011-10-19	ASAFZ01B00_01	春玉米	双惠2号	收获期	1	40×50	30	99.50	90.2
2011-10-19	ASAFZ01B00_01	春玉米	双惠2号	收获期	2	40×50	30	120.00	90.2
2011-10-19	ASAFZ01B00_01	春玉米	双惠2号	收获期	3	40×50	30	113.50	90.2
2011-10-19	ASAFZ01B00_01	春玉米	双惠2号	收获期	4	40×50	30	125.00	90.2
2011-07-28	ASAFZ02B00_01	春玉米	双惠2号	抽雄期	1	40×50	30	176.50	88.5
2011-07-28	ASAFZ02B00_01	春玉米	双惠2号	抽雄期	2	40×50	30	160.50	88.5
2011-07-28	ASAFZ02B00_01	春玉米	双惠2号	抽雄期	3	40×50	30	160.50	88.5
2011-07-28	ASAFZ02B00_01	春玉米	双惠2号	抽雄期	4	40×50	30	177.00	88.5

（续）

时间（年-月-日）	样地代码	作物名称	作物品种	作物生育时期	区号	样方面积/cm²	耕作层深度/cm	根干重/（g/m²）	约占总根干重/%
2011-10-19	ASAFZ02B00_01	春玉米	双惠2号	收获期	1	40×50	30	167.00	90.0
2011-10-19	ASAFZ02B00_01	春玉米	双惠2号	收获期	2	40×50	30	143.00	90.0
2011-10-19	ASAFZ02B00_01	春玉米	双惠2号	收获期	3	40×50	30	132.50	90.0
2011-10-19	ASAFZ02B00_01	春玉米	双惠2号	收获期	4	40×50	30	183.50	90.0
2011-08-13	ASAFZ03ABC_01	春谷子	晋汾7号	抽穗期	5	40×50	30	56.55	95.0
2011-08-13	ASAFZ03ABC_01	春谷子	晋汾7号	抽穗期	7	40×50	30	87.40	95.0
2011-08-13	ASAFZ03ABC_01	春谷子	晋汾7号	抽穗期	8	40×50	30	69.15	95.0
2011-08-13	ASAFZ03ABC_01	春谷子	晋汾7号	抽穗期	9	40×50	30	46.50	95.0
2011-08-13	ASAFZ03ABC_01	春谷子	晋汾7号	抽穗期	10	40×50	30	52.45	95.0
2011-08-13	ASAFZ03ABC_01	春谷子	晋汾7号	抽穗期	12	40×50	30	68.75	95.0
2011-10-14	ASAFZ03ABC_01	春谷子	晋汾7号	收获期	5	40×50	30	49.00	95.0
2011-10-14	ASAFZ03ABC_01	春谷子	晋汾7号	收获期	7	40×50	30	50.50	95.0
2011-10-14	ASAFZ03ABC_01	春谷子	晋汾7号	收获期	8	40×50	30	55.00	95.0
2011-10-14	ASAFZ03ABC_01	春谷子	晋汾7号	收获期	9	40×50	30	43.00	95.0
2011-10-14	ASAFZ03ABC_01	春谷子	晋汾7号	收获期	10	40×50	30	45.50	95.0
2011-10-14	ASAFZ03ABC_01	春谷子	晋汾7号	收获期	12	40×50	30	46.50	95.0
2011-10-06	ASAZQ03AB0_01	春谷子	晋汾7号	收获期	1	40×50	30	74.50	92.3
2011-10-06	ASAZQ03AB0_01	春谷子	晋汾7号	收获期	2	40×50	30	78.00	92.3
2011-10-06	ASAZQ03AB0_01	春谷子	晋汾7号	收获期	3	40×50	30	94.00	92.3
2011-10-06	ASAZQ03AB0_01	春谷子	晋汾7号	收获期	4	40×50	30	102.00	92.3
2012-10-05	ASAFZ02B00_01	春玉米	强盛101	收获期	4	40×50	30	183.00	90.0
2012-07-22	ASAFZ03ABC_01	春大豆	中黄35	开花期	2	40×50	30	68.00	96.0
2012-07-22	ASAFZ03ABC_01	春大豆	中黄35	开花期	3	40×50	30	92.50	96.0
2012-07-22	ASAFZ03ABC_01	春大豆	中黄35	开花期	6	40×50	30	92.50	96.0
2012-07-22	ASAFZ03ABC_01	春大豆	中黄35	开花期	11	40×50	30	104.50	96.0
2012-07-22	ASAFZ03ABC_01	春大豆	中黄35	开花期	14	40×50	30	71.50	96.0
2012-07-22	ASAFZ03ABC_01	春大豆	中黄35	开花期	15	40×50	30	72.50	96.0
2012-10-16	ASAFZ03ABC_01	春大豆	中黄35	收获期	2	40×50	30	68.00	96.0
2012-10-16	ASAFZ03ABC_01	春大豆	中黄35	收获期	3	40×50	30	96.00	96.0
2012-10-16	ASAFZ03ABC_01	春大豆	中黄35	收获期	6	40×50	30	67.00	96.0
2012-10-16	ASAFZ03ABC_01	春大豆	中黄35	收获期	11	40×50	30	89.50	96.0
2012-10-16	ASAFZ03ABC_01	春大豆	中黄35	收获期	14	40×50	30	82.50	96.0
2012-10-16	ASAFZ03ABC_01	春大豆	中黄35	收获期	15	40×50	30	97.50	96.0
2012-10-22	ASAZQ01AB0_01	春玉米	强盛101	收获期	1	40×50	30	92.29	89.0
2012-10-22	ASAZQ01AB0_01	春玉米	强盛101	收获期	2	40×50	30	129.71	89.0
2012-10-22	ASAZQ01AB0_01	春玉米	强盛101	收获期	3	40×50	30	157.43	89.0
2012-10-22	ASAZQ03AB0_01	春黑豆	农家品种	收获期	1	40×50	30	48.61	92.3
2012-10-22	ASAZQ03AB0_01	春黑豆	农家品种	收获期	2	40×50	30	63.02	92.3

（续）

时间（年-月-日）	样地代码	作物名称	作物品种	作物生育时期	区号	样方面积/cm^2	耕作层深度/cm	根干重/(g/m^2)	约占总根干重/%
2012-10-22	ASAZQ03AB0_01	春黑豆	农家品种	收获期	3	40×50	30	61.63	92.3
2012-07-18	ASAZH01ABC_01	春玉米	强盛101	抽雄期	1	40×50	30	147.50	89.0
2012-07-18	ASAZH01ABC_01	春玉米	强盛101	抽雄期	5	40×50	30	127.50	89.0
2012-07-18	ASAZH01ABC_01	春玉米	强盛101	抽雄期	6	40×50	30	111.00	89.0
2012-07-18	ASAZH01ABC_01	春玉米	强盛101	抽雄期	10	40×50	30	147.00	89.0
2012-07-18	ASAZH01ABC_01	春玉米	强盛101	抽雄期	11	40×50	30	108.00	89.0
2012-07-18	ASAZH01ABC_01	春玉米	强盛101	抽雄期	15	40×50	30	100.50	89.0
2012-10-15	ASAZH01ABC_01	春玉米	强盛101	收获期	1	40×50	30	93.50	90.1
2012-10-15	ASAZH01ABC_01	春玉米	强盛101	收获期	5	40×50	30	93.00	90.1
2012-10-15	ASAZH01ABC_01	春玉米	强盛101	收获期	6	40×50	30	110.50	90.1
2012-10-15	ASAZH01ABC_01	春玉米	强盛101	收获期	10	40×50	30	106.00	90.1
2012-10-15	ASAZH01ABC_01	春玉米	强盛101	收获期	11	40×50	30	145.50	90.1
2012-10-15	ASAZH01ABC_01	春玉米	强盛101	收获期	15	40×50	30	181.50	90.1
2012-07-23	ASAFZ01B00_01	春玉米	强盛101	抽雄期	1	40×50	30	146.00	89.0
2012-07-23	ASAFZ01B00_01	春玉米	强盛101	抽雄期	2	40×50	30	127.50	89.0
2012-07-23	ASAFZ01B00_01	春玉米	强盛101	抽雄期	3	40×50	30	100.50	89.0
2012-07-23	ASAFZ01B00_01	春玉米	强盛101	抽雄期	4	40×50	30	127.50	89.0
2012-09-25	ASAFZ01B00_01	春玉米	强盛101	收获期	1	40×50	30	86.50	90.2
2012-09-25	ASAFZ01B00_01	春玉米	强盛101	收获期	2	40×50	30	67.00	90.2
2012-09-25	ASAFZ01B00_01	春玉米	强盛101	收获期	3	40×50	30	66.50	90.2
2012-09-25	ASAFZ01B00_01	春玉米	强盛101	收获期	4	40×50	30	76.50	90.2
2012-07-18	ASAFZ02B00_01	春玉米	强盛101	抽雄期	1	40×50	30	136.50	88.5
2012-07-18	ASAFZ02B00_01	春玉米	强盛101	抽雄期	2	50×70	30	132.50	88.5
2012-07-18	ASAFZ02B00_01	春玉米	强盛101	抽雄期	3	50×70	30	165.00	88.5
2012-07-18	ASAFZ02B00_01	春玉米	强盛101	抽雄期	4	50×70	30	156.00	88.5
2012-10-05	ASAFZ02B00_01	春玉米	强盛101	收获期	1	43×100	30	161.50	90.0
2012-10-05	ASAFZ02B00_01	春玉米	强盛101	收获期	2	43×100	30	169.50	90.0
2012-10-05	ASAFZ02B00_01	春玉米	强盛101	收获期	3	43×100	30	124.50	90.0
2013-08-10	ASAZH01ABC_01	春大豆	中黄35	开花期	2	40×50	30	67.50	96.5
2013-08-10	ASAZH01ABC_01	春大豆	中黄35	开花期	3	40×50	30	68.50	96.5
2013-08-10	ASAZH01ABC_01	春大豆	中黄35	开花期	4	40×50	30	55.00	96.5
2013-08-10	ASAZH01ABC_01	春大豆	中黄35	开花期	12	40×50	30	63.00	96.5
2013-08-10	ASAZH01ABC_01	春大豆	中黄35	开花期	13	40×50	30	58.00	96.5
2013-08-10	ASAZH01ABC_01	春大豆	中黄35	开花期	14	40×50	30	55.00	96.5
2013-10-13	ASAZH01ABC_01	春大豆	中黄35	收获期	2	40×50	30	66.50	95.2
2013-10-13	ASAZH01ABC_01	春大豆	中黄35	收获期	3	40×50	30	56.00	95.2
2013-10-13	ASAZH01ABC_01	春大豆	中黄35	收获期	4	40×50	30	70.50	95.2
2013-10-13	ASAZH01ABC_01	春大豆	中黄35	收获期	12	40×50	30	74.00	95.2

（续）

时间（年-月-日）	样地代码	作物名称	作物品种	作物生育时期	区号	样方面积/cm^2	耕作层深度/cm	根干重/（g/m^2）	约占总根干重/%
2013-10-13	ASAZH01ABC_01	春大豆	中黄 35	收获期	13	40×50	30	49.00	95.2
2013-10-13	ASAZH01ABC_01	春大豆	中黄 35	收获期	14	40×50	30	45.00	95.2
2013-08-10	ASAFZ01B00_01	春大豆	中黄 35	开花期	1	40×50	30	62.50	95.5
2013-08-10	ASAFZ01B00_01	春大豆	中黄 35	开花期	2	40×50	30	71.50	95.5
2013-08-10	ASAFZ01B00_01	春大豆	中黄 35	开花期	3	40×50	30	73.00	95.5
2013-08-10	ASAFZ01B00_01	春大豆	中黄 35	开花期	4	40×50	30	72.50	95.5
2013-10-13	ASAFZ01B00_01	春大豆	中黄 35	收获期	1	40×50	30	55.00	94.0
2013-10-13	ASAFZ01B00_01	春大豆	中黄 35	收获期	2	40×50	30	44.00	94.0
2013-10-13	ASAFZ01B00_01	春大豆	中黄 35	收获期	3	40×50	30	46.50	94.0
2013-10-13	ASAFZ01B00_01	春大豆	中黄 35	收获期	4	40×50	30	61.50	94.0
2013-08-12	ASAFZ02B00_01	春大豆	中黄 35	开花期	1	40×50	30	58.00	95.5
2013-08-12	ASAFZ02B00_01	春大豆	中黄 35	开花期	2	40×50	30	72.00	95.5
2013-08-12	ASAFZ02B00_01	春大豆	中黄 35	开花期	3	40×50	30	55.50	95.5
2013-08-12	ASAFZ02B00_01	春大豆	中黄 35	开花期	4	40×50	30	58.50	95.5
2013-10-15	ASAFZ02B00_01	春大豆	中黄 35	收获期	1	40×50	30	67.00	96.5
2013-10-15	ASAFZ02B00_01	春大豆	中黄 35	收获期	2	40×50	30	92.00	96.5
2013-10-15	ASAFZ02B00_01	春大豆	中黄 35	收获期	3	40×50	30	105.00	96.5
2013-10-15	ASAFZ02B00_01	春大豆	中黄 35	收获期	4	40×50	30	49.00	96.5
2014-07-25	ASAFZ03ABC_01	春大豆	中黄 35	开花期	2	40×50	30	50.00	97.5
2014-07-25	ASAFZ03ABC_01	春大豆	中黄 35	开花期	3	40×50	30	70.50	97.5
2014-07-25	ASAFZ03ABC_01	春大豆	中黄 35	开花期	6	40×50	30	55.00	97.5
2014-07-25	ASAFZ03ABC_01	春大豆	中黄 35	开花期	11	40×50	30	70.00	97.5
2014-07-25	ASAFZ03ABC_01	春大豆	中黄 35	开花期	14	40×50	30	83.00	97.5
2014-07-25	ASAFZ03ABC_01	春大豆	中黄 35	开花期	15	40×50	30	55.50	97.5
2014-10-14	ASAFZ03ABC_01	春大豆	中黄 35	收获期	2	40×50	30	75.50	95.5
2014-10-14	ASAFZ03ABC_01	春大豆	中黄 35	收获期	3	40×50	30	68.50	95.5
2014-10-14	ASAFZ03ABC_01	春大豆	中黄 35	收获期	6	40×50	30	55.00	95.5
2014-10-14	ASAFZ03ABC_01	春大豆	中黄 35	收获期	11	40×50	30	110.50	95.5
2014-10-14	ASAFZ03ABC_01	春大豆	中黄 35	收获期	14	40×50	30	110.50	95.5
2014-10-14	ASAFZ03ABC_01	春大豆	中黄 35	收获期	15	40×50	30	76.00	95.5
2014-09-27	ASAZQ01AB0_01	红小豆	农家品种	收获期	1	50×50	30	3.84	90.0
2014-09-27	ASAZQ01AB0_01	红小豆	农家品种	收获期	2	50×50	30	3.66	90.0
2014-09-27	ASAZQ01AB0_01	红小豆	农家品种	收获期	3	50×50	30	3.70	90.0
2014-09-27	ASAZQ01AB0_01	红小豆	农家品种	收获期	4	50×50	30	3.87	90.0
2014-09-27	ASAZQ01AB0_01	红小豆	农家品种	收获期	5	50×50	30	3.67	90.0
2014-09-27	ASAZQ01AB0_01	红小豆	农家品种	收获期	6	50×50	30	4.40	90.0
2015-08-24	ASAFZ03ABC_01	春谷子	长生 07	抽穗期	5	40×50	30	127.00	96.0
2015-08-24	ASAFZ03ABC_01	春谷子	长生 07	抽穗期	7	40×50	30	102.00	96.0

（续）

时间（年-月-日）	样地代码	作物名称	作物品种	作物生育时期	区号	样方面积/cm^2	耕作层深度/cm	根干重/(g/m^2)	约占总根干重/%
2015-08-24	ASAFZ03ABC_01	春谷子	长生 07	抽穗期	8	40×50	30	85.50	96.0
2015-08-24	ASAFZ03ABC_01	春谷子	长生 07	抽穗期	9	40×50	30	120.00	96.0
2015-08-24	ASAFZ03ABC_01	春谷子	长生 07	抽穗期	10	40×50	30	120.50	96.0
2015-08-24	ASAFZ03ABC_01	春谷子	长生 07	抽穗期	12	40×50	30	75.50	96.0
2015-10-14	ASAFZ03ABC_01	春谷子	长生 07	收获期	5	40×50	30	65.85	94.0
2015-10-14	ASAFZ03ABC_01	春谷子	长生 07	收获期	7	40×50	30	44.80	94.0
2015-10-14	ASAFZ03ABC_01	春谷子	长生 07	收获期	8	40×50	30	57.50	94.0
2015-10-14	ASAFZ03ABC_01	春谷子	长生 07	收获期	9	40×50	30	68.15	94.0
2015-10-14	ASAFZ03ABC_01	春谷子	长生 07	收获期	10	40×50	30	45.80	94.0
2015-10-14	ASAFZ03ABC_01	春谷子	长生 07	收获期	12	40×50	30	54.85	94.0

3.1.4　农田作物矿质元素含量

3.1.4.1　概述

本数据集包括安塞站 1 个综合观测场、7 个辅助观测场、2 个站区调查点的农田作物矿质元素含量数据。数据时间段为 2008—2015 年。具体观测场和站区调查点如下。

（1）川地综合观测场（ASAZH01）。

（2）川地土壤监测辅助观测场-空白（ASAFZ01）。

（3）川地土壤监测辅助观测场-秸秆还田（ASAFZ02）。

（4）山地辅助观测场（ASAFZ03）。

（5）川地养分长期定位试验场（ASAFZ04）。

（6）坡地养分长期定位试验场（ASAFZ05）。

（7）梯田养分长期定位试验场（ASAFZ06）。

（8）峙崾岘坡地连续施肥试验场（ASAFZ07）。

（9）峙崾岘坡地梯田观测点（ASAZQ01）。

（10）峙崾岘塌地梯田观测点（ASAZQ03）。

3.1.4.2　数据获取方法

作物收获时，以试验小区为单位，采集作物样品，按不同植株部位茎、叶、籽粒、根系等进行养分分析，分别测定作物的茎、叶、籽粒、根系部位的全碳、全氮、全磷、全钾含量等。分析方法、数据计量单位、小数位数，见表 3-4。

表 3-4　植株养分分析项目及方法

序号	指标名称	单位	小数位数	数据获取方法
1	全碳	g/kg	2	重铬酸钾氧化法
2	全氮	g/kg	2	半微量凯式法
3	全磷	g/kg	2	硫酸-过氧化氢（双氧水）消煮-钼锑抗比色法
4	全钾	g/kg	2	硫酸-双氧水消煮-火焰光度法

3.1.4.3　原始数据质量控制方法

从数据产生的每个环节，进行质量保证，包括采样过程、室内分析以及数据录入。采样时专业人员全程跟踪采样过程，发现问题，及时处理；由专业实验室人员进行室内测定与分析，从仪器调试到结果计算，严格按照操作规程进行，保证分析结果的准确性与可靠性。

对原始观测数据和实验室分析的数据进行对比，根据历年上报的数据进行整理和质量控制，对异常数据进行核实。包括阈值检查（根据多年数据比对，对监测数据超出历史数据阈值范围进行校验，删除异常值）、一致性检查（例如数量级与其他测量值不同）等。

3.1.4.4 数据

农田作物矿质元素含量见表 3-5。

表 3-5 农田作物矿质元素含量

年份	样地代码	作物名称	作物品种	作物生育期	样方号	采样部位	全碳/(g/kg)	全氮/(g/kg)	全磷/(g/kg)	全钾/(g/kg)
2008	ASAZH01ABC_01	玉米	富友 9 号	收获期	2	籽粒	939.80	20.72	3.87	5.76
2008	ASAZH01ABC_01	玉米	富友 9 号	收获期	2	秸秆	900.92	8.17	0.68	16.28
2008	ASAZH01ABC_01	玉米	富友 9 号	收获期	2	根	920.37	6.78	0.69	15.58
2008	ASAZH01ABC_01	玉米	富友 9 号	收获期	4	籽粒	955.60	19.83	4.13	5.86
2008	ASAZH01ABC_01	玉米	富友 9 号	收获期	4	秸秆	871.43	8.57	0.77	17.49
2008	ASAZH01ABC_01	玉米	富友 9 号	收获期	4	根	899.98	8.22	0.78	13.46
2008	ASAZH01ABC_01	玉米	富友 9 号	收获期	8	籽粒	925.70	22.01	3.17	5.47
2008	ASAZH01ABC_01	玉米	富友 9 号	收获期	8	秸秆	893.13	7.19	0.49	15.54
2008	ASAZH01ABC_01	玉米	富友 9 号	收获期	8	根	894.35	7.82	0.70	16.21
2008	ASAZH01ABC_01	玉米	富友 9 号	收获期	10	籽粒	914.60	21.19	3.80	5.99
2008	ASAZH01ABC_01	玉米	富友 9 号	收获期	10	秸秆	910.44	7.45	0.58	18.06
2008	ASAZH01ABC_01	玉米	富友 9 号	收获期	10	根	879.16	7.59	0.66	14.78
2008	ASAZH01ABC_01	玉米	富友 9 号	收获期	14	籽粒	931.60	22.73	3.88	5.95
2008	ASAZH01ABC_01	玉米	富友 9 号	收获期	14	秸秆	891.07	8.70	0.65	20.31
2008	ASAZH01ABC_01	玉米	富友 9 号	收获期	14	根	924.46	8.58	0.72	13.99
2008	ASAZH01ABC_01	玉米	富友 9 号	收获期	16	籽粒	952.20	22.81	3.67	5.95
2008	ASAZH01ABC_01	玉米	富友 9 号	收获期	16	秸秆	927.75	8.16	0.63	17.50
2008	ASAZH01ABC_01	玉米	富友 9 号	收获期	16	根	893.34	6.65	0.70	13.33
2008	ASAFZ01B00_01	玉米	富友 9 号	收获期	1	籽粒	942.50	16.20	5.37	6.76
2008	ASAFZ01B00_01	玉米	富友 9 号	收获期	1	秸秆	909.99	6.14	0.74	14.47
2008	ASAFZ01B00_01	玉米	富友 9 号	收获期	1	根	908.03	10.16	0.91	13.61
2008	ASAFZ01B00_01	玉米	富友 9 号	收获期	2	籽粒	954.20	17.10	5.42	6.71
2008	ASAFZ01B00_01	玉米	富友 9 号	收获期	2	秸秆	897.79	6.82	1.42	18.11
2008	ASAFZ01B00_01	玉米	富友 9 号	收获期	2	根	899.83	8.43	0.83	19.83
2008	ASAFZ01B00_01	玉米	富友 9 号	收获期	3	籽粒	921.46	18.15	4.10	5.74
2008	ASAFZ01B00_01	玉米	富友 9 号	收获期	3	秸秆	904.65	7.03	0.88	17.75
2008	ASAFZ01B00_01	玉米	富友 9 号	收获期	3	根	946.58	8.34	0.72	9.84
2008	ASAFZ01B00_01	玉米	富友 9 号	收获期	4	籽粒	977.80	20.69	4.19	6.16
2008	ASAFZ01B00_01	玉米	富友 9 号	收获期	4	秸秆	898.02	6.50	0.76	17.18
2008	ASAFZ01B00_01	玉米	富友 9 号	收获期	4	根	911.97	8.85	0.75	16.71
2008	ASAFZ02B00_01	玉米	富友 9 号	收获期	1	籽粒	951.90	22.94	4.22	6.45

（续）

年份	样地代码	作物名称	作物品种	作物生育期	样方号	采样部位	全碳/(g/kg)	全氮/(g/kg)	全磷/(g/kg)	全钾/(g/kg)
2008	ASAFZ02B00_01	玉米	富友 9 号	收获期	1	秸秆	912.73	9.07	0.89	19.41
2008	ASAFZ02B00_01	玉米	富友 9 号	收获期	1	根	909.86	9.12	0.83	8.27
2008	ASAFZ02B00_01	玉米	富友 9 号	收获期	2	籽粒	954.80	23.19	4.15	6.32
2008	ASAFZ02B00_01	玉米	富友 9 号	收获期	2	秸秆	896.48	8.64	0.85	16.91
2008	ASAFZ02B00_01	玉米	富友 9 号	收获期	2	根	907.37	6.29	1.08	12.99
2008	ASAFZ02B00_01	玉米	富友 9 号	收获期	3	籽粒	972.50	23.00	3.37	5.88
2008	ASAFZ02B00_01	玉米	富友 9 号	收获期	3	秸秆	912.05	7.91	0.73	20.58
2008	ASAFZ02B00_01	玉米	富友 9 号	收获期	3	根	923.79	6.98	0.93	15.48
2008	ASAFZ02B00_01	玉米	富友 9 号	收获期	4	籽粒	979.30	23.86	3.76	6.37
2008	ASAFZ02B00_01	玉米	富友 9 号	收获期	4	秸秆	894.48	7.69	0.73	17.55
2008	ASAFZ02B00_01	玉米	富友 9 号	收获期	4	根	924.91	7.34	1.08	13.80
2008	ASAFZ03ABC_01	黄豆	晋豆 20	收获期	4	籽粒	1 193.70	97.28	10.19	35.76
2008	ASAFZ03ABC_01	黄豆	晋豆 20	收获期	4	茎荚	884.09	7.97	0.65	22.58
2008	ASAFZ03ABC_01	黄豆	晋豆 20	收获期	4	根	926.59	14.56	1.29	4.89
2008	ASAFZ03ABC_01	黄豆	晋豆 20	收获期	6	籽粒	1 141.10	98.54	10.44	35.84
2008	ASAFZ03ABC_01	黄豆	晋豆 20	收获期	6	茎荚	881.36	7.29	0.57	21.57
2008	ASAFZ03ABC_01	黄豆	晋豆 20	收获期	6	根	914.11	16.90	1.32	5.29
2008	ASAFZ03ABC_01	黄豆	晋豆 20	收获期	8	籽粒	1 136.10	100.69	9.75	35.07
2008	ASAFZ03ABC_01	黄豆	晋豆 20	收获期	8	茎荚	889.80	7.59	0.60	17.99
2008	ASAFZ03ABC_01	黄豆	晋豆 20	收获期	8	根	937.58	17.78	1.23	5.35
2008	ASAFZ03ABC_01	黄豆	晋豆 20	收获期	9	籽粒	1 133.70	93.71	9.99	35.80
2008	ASAFZ03ABC_01	黄豆	晋豆 20	收获期	9	茎荚	874.54	6.44	0.59	27.20
2008	ASAFZ03ABC_01	黄豆	晋豆 20	收获期	9	根	949.19	12.83	0.90	4.43
2008	ASAFZ03ABC_01	黄豆	晋豆 20	收获期	11	籽粒	1 160.90	99.41	10.26	35.20
2008	ASAFZ03ABC_01	黄豆	晋豆 20	收获期	11	茎荚	872.36	7.59	0.60	17.69
2008	ASAFZ03ABC_01	黄豆	晋豆 20	收获期	11	根	923.62	15.29	1.04	3.74
2008	ASAFZ03ABC_01	黄豆	晋豆 20	收获期	13	籽粒	1 142.90	98.88	10.38	35.84
2008	ASAFZ03ABC_01	黄豆	晋豆 20	收获期	13	茎荚	884.88	7.58	0.62	24.18
2008	ASAFZ03ABC_01	黄豆	晋豆 20	收获期	13	根	885.94	26.26	2.88	11.64
2008	ASAFZ04ABC_01	玉米	富友 9 号	收获期	10	籽粒	941.30	17.15	5.04	6.52
2008	ASAFZ04ABC_01	玉米	富友 9 号	收获期	10	茎秆	929.37	4.01	0.79	40.24
2008	ASAFZ04ABC_01	玉米	富友 9 号	收获期	10	叶子	888.15	8.72	0.87	34.73
2008	ASAFZ04ABC_01	玉米	富友 9 号	收获期	10	包叶	924.55	19.96	1.02	28.66
2008	ASAFZ04ABC_01	玉米	富友 9 号	收获期	10	玉米芯	939.29	7.72	0.94	29.17
2008	ASAFZ04ABC_01	玉米	富友 9 号	收获期	11	籽粒	939.10	21.38	4.58	6.12
2008	ASAFZ04ABC_01	玉米	富友 9 号	收获期	11	茎秆	920.62	4.53	0.61	32.61
2008	ASAFZ04ABC_01	玉米	富友 9 号	收获期	11	叶子	865.16	11.09	0.79	34.86
2008	ASAFZ04ABC_01	玉米	富友 9 号	收获期	11	包叶	918.00	10.33	0.61	20.91

（续）

年份	样地代码	作物名称	作物品种	作物生育期	样方号	采样部位	全碳/(g/kg)	全氮/(g/kg)	全磷/(g/kg)	全钾/(g/kg)
2008	ASAFZ04ABC_01	玉米	富友9号	收获期	11	玉米芯	945.03	5.97	0.64	21.77
2008	ASAFZ04ABC_01	玉米	富友9号	收获期	12	籽粒	915.27	18.70	4.11	6.09
2008	ASAFZ04ABC_01	玉米	富友9号	收获期	12	茎秆	952.13	3.46	0.45	17.58
2008	ASAFZ04ABC_01	玉米	富友9号	收获期	12	叶子	872.93	8.73	0.91	22.06
2008	ASAFZ04ABC_01	玉米	富友9号	收获期	12	包叶	890.22	7.97	0.79	9.32
2008	ASAFZ04ABC_01	玉米	富友9号	收获期	12	玉米芯	953.52	7.93	0.90	24.23
2008	ASAFZ04ABC_01	玉米	富友9号	收获期	13	籽粒	921.40	25.41	2.60	5.58
2008	ASAFZ04ABC_01	玉米	富友9号	收获期	13	茎秆	944.64	4.38	0.36	15.05
2008	ASAFZ04ABC_01	玉米	富友9号	收获期	13	叶子	873.02	8.24	1.37	20.73
2008	ASAFZ04ABC_01	玉米	富友9号	收获期	13	包叶	911.70	13.15	1.07	15.00
2008	ASAFZ04ABC_01	玉米	富友9号	收获期	13	玉米芯	928.74	8.81	0.74	24.62
2008	ASAFZ04ABC_01	玉米	富友9号	收获期	14	籽粒	926.80	19.57	3.68	6.60
2008	ASAFZ04ABC_01	玉米	富友9号	收获期	14	茎秆	930.02	3.03	0.46	18.34
2008	ASAFZ04ABC_01	玉米	富友9号	收获期	14	叶子	881.33	10.67	0.88	27.36
2008	ASAFZ04ABC_01	玉米	富友9号	收获期	14	包叶	893.31	9.30	0.73	7.67
2008	ASAFZ04ABC_01	玉米	富友9号	收获期	14	玉米芯	913.96	7.33	0.84	28.66
2008	ASAFZ04ABC_01	玉米	富友9号	收获期	15	籽粒	931.67	15.83	5.20	6.92
2008	ASAFZ04ABC_01	玉米	富友9号	收获期	15	茎秆	932.47	3.51	1.06	18.32
2008	ASAFZ04ABC_01	玉米	富友9号	收获期	15	叶子	865.35	17.14	1.67	17.22
2008	ASAFZ04ABC_01	玉米	富友9号	收获期	15	包叶	895.68	12.98	0.66	12.25
2008	ASAFZ04ABC_01	玉米	富友9号	收获期	15	玉米芯	910.64	7.91	1.05	32.01
2008	ASAFZ04ABC_01	玉米	富友9号	收获期	16	籽粒	926.56	23.59	2.64	5.31
2008	ASAFZ04ABC_01	玉米	富友9号	收获期	16	茎秆	935.55	4.77	0.41	37.76
2008	ASAFZ04ABC_01	玉米	富友9号	收获期	16	叶子	871.29	8.28	2.91	16.58
2008	ASAFZ04ABC_01	玉米	富友9号	收获期	16	包叶	897.47	8.61	0.69	8.34
2008	ASAFZ04ABC_01	玉米	富友9号	收获期	16	玉米芯	927.87	8.16	0.64	24.01
2008	ASAFZ04ABC_01	玉米	富友9号	收获期	17	籽粒	920.29	19.07	3.56	6.09
2008	ASAFZ04ABC_01	玉米	富友9号	收获期	17	茎秆	925.30	3.76	0.44	26.77
2008	ASAFZ04ABC_01	玉米	富友9号	收获期	17	叶子	866.99	15.71	1.17	20.35
2008	ASAFZ04ABC_01	玉米	富友9号	收获期	17	包叶	923.21	7.65	0.72	19.62
2008	ASAFZ04ABC_01	玉米	富友9号	收获期	17	玉米芯	943.47	7.53	0.73	26.45
2008	ASAFZ05ABC_01	糜子	硬糜子	收获期	11	籽粒	937.28	37.27	5.17	5.72
2008	ASAFZ05ABC_01	糜子	硬糜子	收获期	11	糠秕	926.12	25.09	0.92	29.85
2008	ASAFZ05ABC_01	糜子	硬糜子	收获期	11	茎秆	914.87	11.32	0.67	32.96
2008	ASAFZ05ABC_01	糜子	硬糜子	收获期	11	叶子	870.36	22.27	1.53	14.03
2008	ASAFZ05ABC_01	糜子	硬糜子	收获期	12	籽粒	950.16	36.36	5.00	5.51
2008	ASAFZ05ABC_01	糜子	硬糜子	收获期	12	糠秕	937.75	23.57	0.87	31.17
2008	ASAFZ05ABC_01	糜子	硬糜子	收获期	12	茎秆	922.86	9.93	0.60	35.68

（续）

年份	样地代码	作物名称	作物品种	作物生育期	样方号	采样部位	全碳/(g/kg)	全氮/(g/kg)	全磷/(g/kg)	全钾/(g/kg)
2008	ASAFZ05ABC _ 01	糜子	硬糜子	收获期	12	叶子	874.59	21.00	1.36	13.83
2008	ASAFZ05ABC _ 01	糜子	硬糜子	收获期	13	籽粒	949.12	40.58	4.40	5.26
2008	ASAFZ05ABC _ 01	糜子	硬糜子	收获期	13	糠秕	899.74	20.44	0.61	36.50
2008	ASAFZ05ABC _ 01	糜子	硬糜子	收获期	13	茎秆	891.43	18.73	0.74	58.39
2008	ASAFZ05ABC _ 01	糜子	硬糜子	收获期	13	叶子	863.92	27.68	1.27	23.66
2008	ASAFZ05ABC _ 01	糜子	硬糜子	收获期	14	籽粒	947.94	29.01	6.74	6.33
2008	ASAFZ05ABC _ 01	糜子	硬糜子	收获期	14	糠秕	946.81	17.42	0.98	35.25
2008	ASAFZ05ABC _ 01	糜子	硬糜子	收获期	14	茎秆	930.89	6.10	0.81	47.23
2008	ASAFZ05ABC _ 01	糜子	硬糜子	收获期	14	叶子	844.65	14.68	1.95	18.08
2008	ASAFZ05ABC _ 01	糜子	硬糜子	收获期	15	籽粒	929.52	30.61	5.57	5.76
2008	ASAFZ05ABC _ 01	糜子	硬糜子	收获期	15	糠秕	928.16	19.64	0.88	30.93
2008	ASAFZ05ABC _ 01	糜子	硬糜子	收获期	15	茎秆	938.39	7.21	0.68	34.26
2008	ASAFZ05ABC _ 01	糜子	硬糜子	收获期	15	叶子	865.19	18.19	1.64	14.18
2008	ASAFZ05ABC _ 01	糜子	硬糜子	收获期	16	籽粒	934.39	41.69	4.59	5.42
2008	ASAFZ05ABC _ 01	糜子	硬糜子	收获期	16	糠秕	888.75	24.35	0.80	31.32
2008	ASAFZ05ABC _ 01	糜子	硬糜子	收获期	16	茎秆	908.36	20.58	0.99	40.57
2008	ASAFZ05ABC _ 01	糜子	硬糜子	收获期	16	叶子	882.55	30.64	1.56	19.75
2008	ASAFZ05ABC _ 01	糜子	硬糜子	收获期	17	籽粒	910.83	31.29	6.65	5.94
2008	ASAFZ05ABC _ 01	糜子	硬糜子	收获期	17	糠秕	925.43	15.92	1.70	30.13
2008	ASAFZ05ABC _ 01	糜子	硬糜子	收获期	17	茎秆	931.62	8.03	5.40	45.41
2008	ASAFZ05ABC _ 01	糜子	硬糜子	收获期	17	叶子	904.55	15.62	7.25	14.43
2008	ASAFZ05ABC _ 01	糜子	硬糜子	收获期	18	籽粒	939.79	30.55	6.55	5.67
2008	ASAFZ05ABC _ 01	糜子	硬糜子	收获期	18	糠秕	892.22	15.26	1.28	27.78
2008	ASAFZ05ABC _ 01	糜子	硬糜子	收获期	18	茎秆	930.80	7.90	3.77	41.71
2008	ASAFZ05ABC _ 01	糜子	硬糜子	收获期	18	叶子	882.42	14.53	4.61	13.15
2008	ASAFZ05ABC _ 01	糜子	硬糜子	收获期	19	籽粒	932.21	32.97	4.79	5.83
2008	ASAFZ05ABC _ 01	糜子	硬糜子	收获期	19	糠秕	885.12	18.51	0.61	28.32
2008	ASAFZ05ABC _ 01	糜子	硬糜子	收获期	19	茎秆	904.66	9.11	0.79	41.88
2008	ASAFZ05ABC _ 01	糜子	硬糜子	收获期	19	叶子	883.16	19.08	1.21	16.06
2008	ASAFZ06ABC _ 01	糜子	硬糜子	收获期	10	籽粒	938.71	27.41	5.16	5.18
2008	ASAFZ06ABC _ 01	糜子	硬糜子	收获期	10	糠秕	909.66	16.29	0.89	40.82
2008	ASAFZ06ABC _ 01	糜子	硬糜子	收获期	10	茎秆	901.67	4.49	0.51	48.33
2008	ASAFZ06ABC _ 01	糜子	硬糜子	收获期	10	叶子	855.05	10.16	0.87	15.02
2008	ASAFZ06ABC _ 01	糜子	硬糜子	收获期	11	籽粒	953.67	36.17	4.04	4.81
2008	ASAFZ06ABC _ 01	糜子	硬糜子	收获期	11	糠秕	927.87	18.56	0.63	51.93
2008	ASAFZ06ABC _ 01	糜子	硬糜子	收获期	11	茎秆	893.58	11.02	0.53	59.47
2008	ASAFZ06ABC _ 01	糜子	硬糜子	收获期	11	叶子	863.73	18.36	0.89	28.70
2008	ASAFZ06ABC _ 01	糜子	硬糜子	收获期	12	籽粒	934.13	23.85	5.77	5.13

（续）

年份	样地代码	作物名称	作物品种	作物生育期	样方号	采样部位	全碳/(g/kg)	全氮/(g/kg)	全磷/(g/kg)	全钾/(g/kg)
2008	ASAFZ06ABC _ 01	糜子	硬糜子	收获期	12	糠秕	927.55	13.51	0.87	38.53
2008	ASAFZ06ABC _ 01	糜子	硬糜子	收获期	12	茎秆	904.95	4.28	3.77	54.88
2008	ASAFZ06ABC _ 01	糜子	硬糜子	收获期	12	叶子	890.09	7.71	1.92	9.81
2008	ASAFZ06ABC _ 01	糜子	硬糜子	收获期	13	籽粒	963.35	33.66	5.27	4.91
2008	ASAFZ06ABC _ 01	糜子	硬糜子	收获期	13	糠秕	909.38	20.82	0.93	34.83
2008	ASAFZ06ABC _ 01	糜子	硬糜子	收获期	13	茎秆	931.28	8.45	0.62	23.77
2008	ASAFZ06ABC _ 01	糜子	硬糜子	收获期	13	叶子	881.61	18.72	1.47	10.97
2008	ASAFZ06ABC _ 01	糜子	硬糜子	收获期	14	籽粒	953.38	23.44	4.78	4.90
2008	ASAFZ06ABC _ 01	糜子	硬糜子	收获期	14	糠秕	929.90	10.68	0.48	36.67
2008	ASAFZ06ABC _ 01	糜子	硬糜子	收获期	14	茎秆	910.61	6.53	0.51	40.98
2008	ASAFZ06ABC _ 01	糜子	硬糜子	收获期	14	叶子	890.68	8.74	0.71	9.51
2008	ASAFZ06ABC _ 01	糜子	硬糜子	收获期	15	籽粒	961.76	29.91	4.60	4.62
2008	ASAFZ06ABC _ 01	糜子	硬糜子	收获期	15	糠秕	904.64	14.90	0.56	45.47
2008	ASAFZ06ABC _ 01	糜子	硬糜子	收获期	15	茎秆	937.62	4.05	0.50	39.04
2008	ASAFZ06ABC _ 01	糜子	硬糜子	收获期	15	叶子	910.19	12.65	0.89	15.29
2008	ASAFZ06ABC _ 01	糜子	硬糜子	收获期	16	籽粒	961.60	38.10	4.13	4.71
2008	ASAFZ06ABC _ 01	糜子	硬糜子	收获期	16	糠秕	909.15	20.51	0.61	42.04
2008	ASAFZ06ABC _ 01	糜子	硬糜子	收获期	16	茎秆	919.45	6.74	0.59	59.57
2008	ASAFZ06ABC _ 01	糜子	硬糜子	收获期	16	叶子	853.63	23.57	1.17	26.09
2008	ASAFZ06ABC _ 01	糜子	硬糜子	收获期	17	籽粒	963.63	30.99	4.48	4.54
2008	ASAFZ06ABC _ 01	糜子	硬糜子	收获期	17	糠秕	901.51	16.54	0.59	49.54
2008	ASAFZ06ABC _ 01	糜子	硬糜子	收获期	17	茎秆	912.95	10.65	0.53	66.29
2008	ASAFZ06ABC _ 01	糜子	硬糜子	收获期	17	叶子	853.71	13.29	0.76	28.52
2008	ASAFZ06ABC _ 01	糜子	硬糜子	收获期	18	籽粒	974.04	32.82	5.10	4.66
2008	ASAFZ06ABC _ 01	糜子	硬糜子	收获期	18	糠秕	922.61	18.08	0.91	46.36
2008	ASAFZ06ABC _ 01	糜子	硬糜子	收获期	18	茎秆	907.14	3.61	0.61	59.90
2008	ASAFZ06ABC _ 01	糜子	硬糜子	收获期	18	叶子	882.95	16.62	1.07	31.71
2008	ASAFZ06ABC _ 01	糜子	硬糜子	收获期	19	籽粒	971.10	33.62	5.46	5.21
2008	ASAFZ06ABC _ 01	糜子	硬糜子	收获期	19	糠秕	892.64	17.81	0.74	52.15
2008	ASAFZ06ABC _ 01	糜子	硬糜子	收获期	19	茎秆	887.93	11.55	0.67	60.53
2008	ASAFZ06ABC _ 01	糜子	硬糜子	收获期	19	叶子	851.25	19.36	1.29	35.18
2008	ASAFZ06ABC _ 01	糜子	硬糜子	收获期	20	籽粒	978.87	23.42	5.29	5.12
2008	ASAFZ06ABC _ 01	糜子	硬糜子	收获期	20	糠秕	892.77	11.25	0.98	47.21
2008	ASAFZ06ABC _ 01	糜子	硬糜子	收获期	20	茎秆	924.03	15.50	1.75	56.34
2008	ASAFZ06ABC _ 01	糜子	硬糜子	收获期	20	叶子	881.67	7.48	1.52	12.34
2008	ASAFZ06ABC _ 01	糜子	硬糜子	收获期	21	籽粒	940.30	24.50	5.06	5.44
2008	ASAFZ06ABC _ 01	糜子	硬糜子	收获期	21	糠秕	904.56	11.77	0.52	41.81
2008	ASAFZ06ABC _ 01	糜子	硬糜子	收获期	21	茎秆	904.63	13.90	0.49	47.33

（续）

年份	样地代码	作物名称	作物品种	作物生育期	样方号	采样部位	全碳/(g/kg)	全氮/(g/kg)	全磷/(g/kg)	全钾/(g/kg)
2008	ASAFZ06ABC _ 01	糜子	硬糜子	收获期	21	叶子	885.09	8.78	0.86	12.49
2008	ASAFZ06ABC _ 01	糜子	硬糜子	收获期	22	籽粒	943.77	35.87	4.32	5.14
2008	ASAFZ06ABC _ 01	糜子	硬糜子	收获期	22	糠秕	920.72	18.56	0.54	47.27
2008	ASAFZ06ABC _ 01	糜子	硬糜子	收获期	22	茎秆	924.57	8.50	0.42	59.96
2008	ASAFZ06ABC _ 01	糜子	硬糜子	收获期	22	叶子	867.92	18.85	0.89	27.49
2008	ASAFZ06ABC _ 01	糜子	硬糜子	收获期	23	籽粒	944.49	32.83	5.17	5.25
2008	ASAFZ06ABC _ 01	糜子	硬糜子	收获期	23	糠秕	883.00	17.75	0.66	40.36
2008	ASAFZ06ABC _ 01	糜子	硬糜子	收获期	23	茎秆	913.59	6.60	0.62	40.63
2008	ASAFZ06ABC _ 01	糜子	硬糜子	收获期	23	叶子	865.62	7.94	0.86	6.75
2008	ASAFZ06ABC _ 01	糜子	硬糜子	收获期	24	籽粒	936.50	27.30	5.84	5.23
2008	ASAFZ06ABC _ 01	糜子	硬糜子	收获期	24	糠秕	949.95	13.33	1.13	37.86
2008	ASAFZ06ABC _ 01	糜子	硬糜子	收获期	24	茎秆	932.16	4.04	3.78	53.36
2008	ASAFZ06ABC _ 01	糜子	硬糜子	收获期	24	叶子	889.04	10.58	0.53	19.66
2008	ASAFZ06ABC _ 01	糜子	硬糜子	收获期	25	籽粒	947.63	34.93	5.46	5.04
2008	ASAFZ06ABC _ 01	糜子	硬糜子	收获期	25	糠秕	929.38	20.22	0.91	41.63
2008	ASAFZ06ABC _ 01	糜子	硬糜子	收获期	25	茎秆	934.45	6.68	0.55	42.10
2008	ASAFZ06ABC _ 01	糜子	硬糜子	收获期	25	叶子	886.76	8.78	0.62	9.95
2008	ASAFZ06ABC _ 01	糜子	硬糜子	收获期	26	籽粒	946.10	34.91	4.31	4.79
2008	ASAFZ06ABC _ 01	糜子	硬糜子	收获期	26	糠秕	935.50	21.75	0.75	46.55
2008	ASAFZ06ABC _ 01	糜子	硬糜子	收获期	26	茎秆	933.45	10.77	0.57	49.64
2008	ASAFZ06ABC _ 01	糜子	硬糜子	收获期	26	叶子	870.67	7.13	1.10	19.16
2008	ASAFZ06ABC _ 01	糜子	硬糜子	收获期	27	籽粒	954.30	28.15	5.30	5.22
2008	ASAFZ06ABC _ 01	糜子	硬糜子	收获期	27	糠秕	889.56	14.64	0.53	57.11
2008	ASAFZ06ABC _ 01	糜子	硬糜子	收获期	27	茎秆	928.92	3.62	0.36	58.30
2008	ASAFZ06ABC _ 01	糜子	硬糜子	收获期	27	叶子	910.60	9.77	0.53	29.47
2008	ASAFZ07AB0 _ 01	荞麦	北海道	收获期	8	籽粒	902.17	32.70	5.13	7.94
2008	ASAFZ07AB0 _ 01	荞麦	北海道	收获期	8	茎秆	759.79	11.54	1.19	73.84
2008	ASAFZ07AB0 _ 01	荞麦	北海道	收获期	8	花叶	760.52	32.63	2.85	31.97
2008	ASAFZ07AB0 _ 01	荞麦	北海道	收获期	9	籽粒	899.37	39.09	8.15	9.74
2008	ASAFZ07AB0 _ 01	荞麦	北海道	收获期	9	茎秆	810.01	15.53	2.26	69.19
2008	ASAFZ07AB0 _ 01	荞麦	北海道	收获期	9	花叶	786.54	40.61	4.01	37.14
2008	ASAFZ07AB0 _ 01	荞麦	北海道	收获期	10	籽粒	903.19	33.17	4.74	8.69
2008	ASAFZ07AB0 _ 01	荞麦	北海道	收获期	10	茎秆	745.11	13.99	0.78	62.32
2008	ASAFZ07AB0 _ 01	荞麦	北海道	收获期	10	花叶	769.71	34.70	2.53	30.97
2008	ASAFZ07AB0 _ 01	荞麦	北海道	收获期	11	籽粒	906.58	30.56	3.29	9.14
2008	ASAFZ07AB0 _ 01	荞麦	北海道	收获期	11	茎秆	671.20	16.64	0.54	23.99
2008	ASAFZ07AB0 _ 01	荞麦	北海道	收获期	11	花叶	720.59	28.45	1.59	19.73
2008	ASAFZ07AB0 _ 01	荞麦	北海道	收获期	12	籽粒	922.20	28.72	3.26	8.50

（续）

年份	样地代码	作物名称	作物品种	作物生育期	样方号	采样部位	全碳/(g/kg)	全氮/(g/kg)	全磷/(g/kg)	全钾/(g/kg)
2008	ASAFZ07AB0_01	荞麦	北海道	收获期	12	茎秆	615.45	9.98	0.52	25.49
2008	ASAFZ07AB0_01	荞麦	北海道	收获期	12	花叶	711.97	23.32	1.55	18.31
2008	ASAFZ07AB0_01	荞麦	北海道	收获期	13	籽粒	903.33	35.42	7.13	9.85
2008	ASAFZ07AB0_01	荞麦	北海道	收获期	13	茎秆	810.26	11.13	2.36	36.37
2008	ASAFZ07AB0_01	荞麦	北海道	收获期	13	花叶	770.89	31.41	3.50	30.72
2008	ASAFZ07AB0_01	荞麦	北海道	收获期	14	籽粒	892.41	26.29	7.39	10.20
2008	ASAFZ07AB0_01	荞麦	北海道	收获期	14	茎秆	781.67	7.50	7.89	56.93
2008	ASAFZ07AB0_01	荞麦	北海道	收获期	14	花叶	857.58	25.86	5.46	25.38
2008	ASAZQ01AB0_01	玉米	三北6号	收获期	1	籽粒	928.35	22.18	3.50	6.05
2008	ASAZQ01AB0_01	玉米	三北6号	收获期	1	秸秆	917.54	7.93	0.72	18.37
2008	ASAZQ01AB0_01	玉米	三北6号	收获期	1	根	937.16	6.19	0.61	15.99
2008	ASAZQ01AB0_01	玉米	三北6号	收获期	2	籽粒	910.54	19.15	3.48	6.03
2008	ASAZQ01AB0_01	玉米	三北6号	收获期	2	秸秆	926.14	6.90	0.76	17.04
2008	ASAZQ01AB0_01	玉米	三北6号	收获期	2	根	908.54	5.78	1.05	18.44
2008	ASAZQ01AB0_01	玉米	三北6号	收获期	3	籽粒	906.99	19.31	3.41	6.00
2008	ASAZQ01AB0_01	玉米	三北6号	收获期	3	秸秆	921.55	6.71	0.74	18.75
2008	ASAZQ01AB0_01	玉米	三北6号	收获期	3	根	902.41	5.93	0.67	16.14
2008	ASAZQ03AB0_01	玉米	中单2号	收获期	1	籽粒	946.46	28.34	3.54	5.63
2008	ASAZQ03AB0_01	玉米	中单2号	收获期	1	秸秆	944.48	10.12	0.79	23.58
2008	ASAZQ03AB0_01	玉米	中单2号	收获期	1	根	933.63	11.49	0.68	17.30
2008	ASAZQ03AB0_01	玉米	中单2号	收获期	2	籽粒	924.85	29.36	3.63	5.88
2008	ASAZQ03AB0_01	玉米	中单2号	收获期	2	秸秆	945.25	10.20	0.75	22.68
2008	ASAZQ03AB0_01	玉米	中单2号	收获期	2	根	916.40	9.43	0.63	19.89
2008	ASAZQ03AB0_01	玉米	中单2号	收获期	3	籽粒	931.79	23.51	2.62	5.42
2008	ASAZQ03AB0_01	玉米	中单2号	收获期	3	秸秆	906.32	8.51	0.71	23.52
2008	ASAZQ03AB0_01	玉米	中单2号	收获期	3	根	902.60	8.36	0.64	18.60
2008	ASAZQ03AB0_01	黄豆	晋豆20	收获期	1	籽粒	1 111.75	111.75	9.36	31.02
2008	ASAZQ03AB0_01	黄豆	晋豆20	收获期	1	茎荚	888.26	11.07	0.94	21.40
2008	ASAZQ03AB0_01	黄豆	晋豆20	收获期	2	籽粒	1 092.06	109.67	8.79	32.38
2008	ASAZQ03AB0_01	黄豆	晋豆20	收获期	2	茎荚	885.71	10.25	0.81	18.29
2008	ASAZQ03AB0_01	黄豆	晋豆20	收获期	3	籽粒	1 078.36	113.04	9.09	32.59
2008	ASAZQ03AB0_01	黄豆	晋豆20	收获期	3	茎荚	887.41	11.07	0.83	20.50
2009	ASAZH01ABC_01	春玉米	富友9号	收获期	1	籽粒	957.37	21.18	4.54	5.44
2009	ASAZH01ABC_01	春玉米	富友9号	收获期	1	秸秆	884.73	10.61	0.99	16.97
2009	ASAZH01ABC_01	春玉米	富友9号	收获期	1	根	854.97	12.81	0.83	13.61
2009	ASAZH01ABC_01	春玉米	富友9号	收获期	3	籽粒	929.88	24.25	4.40	5.39
2009	ASAZH01ABC_01	春玉米	富友9号	收获期	3	秸秆	896.81	12.90	0.99	17.21
2009	ASAZH01ABC_01	春玉米	富友9号	收获期	3	根	825.63	12.06	0.91	12.83

（续）

年份	样地代码	作物名称	作物品种	作物生育期	样方号	采样部位	全碳/(g/kg)	全氮/(g/kg)	全磷/(g/kg)	全钾/(g/kg)
2009	ASAZH01ABC _ 01	春玉米	富友 9 号	收获期	7	籽粒	950.91	23.14	3.86	5.37
2009	ASAZH01ABC _ 01	春玉米	富友 9 号	收获期	7	秸秆	898.58	11.96	0.93	17.06
2009	ASAZH01ABC _ 01	春玉米	富友 9 号	收获期	7	根	848.34	10.69	0.79	11.75
2009	ASAZH01ABC _ 01	春玉米	富友 9 号	收获期	9	籽粒	950.81	24.24	3.92	5.61
2009	ASAZH01ABC _ 01	春玉米	富友 9 号	收获期	9	秸秆	929.38	10.92	0.84	18.17
2009	ASAZH01ABC _ 01	春玉米	富友 9 号	收获期	9	根	883.90	14.43	0.77	14.65
2009	ASAZH01ABC _ 01	春玉米	富友 9 号	收获期	13	籽粒	960.57	22.84	4.20	5.38
2009	ASAZH01ABC _ 01	春玉米	富友 9 号	收获期	13	秸秆	891.56	9.34	0.85	14.83
2009	ASAZH01ABC _ 01	春玉米	富友 9 号	收获期	13	根	790.93	12.79	1.02	13.18
2009	ASAZH01ABC _ 01	春玉米	富友 9 号	收获期	15	籽粒	957.55	23.03	3.75	5.21
2009	ASAZH01ABC _ 01	春玉米	富友 9 号	收获期	15	秸秆	907.02	8.87	0.65	18.20
2009	ASAZH01ABC _ 01	春玉米	富友 9 号	收获期	15	根	760.06	12.18	1.07	14.90
2009	ASAFZ01B00 _ 01	春玉米	富友 9 号	收获期	1	籽粒	965.56	19.06	5.78	6.49
2009	ASAFZ01B00 _ 01	春玉米	富友 9 号	收获期	1	秸秆	879.33	9.15	3.61	18.90
2009	ASAFZ01B00 _ 01	春玉米	富友 9 号	收获期	1	根	864.95	9.76	2.76	16.09
2009	ASAFZ01B00 _ 01	春玉米	富友 9 号	收获期	2	籽粒	950.58	16.98	5.31	6.54
2009	ASAFZ01B00 _ 01	春玉米	富友 9 号	收获期	2	秸秆	888.09	6.56	2.97	18.86
2009	ASAFZ01B00 _ 01	春玉米	富友 9 号	收获期	2	根	795.74	9.79	2.37	15.71
2009	ASAFZ01B00 _ 01	春玉米	富友 9 号	收获期	3	籽粒	959.22	27.03	5.48	5.93
2009	ASAFZ01B00 _ 01	春玉米	富友 9 号	收获期	3	秸秆	899.62	8.69	0.73	17.26
2009	ASAFZ01B00 _ 01	春玉米	富友 9 号	收获期	3	根	825.68	9.45	1.21	14.66
2009	ASAFZ01B00 _ 01	春玉米	富友 9 号	收获期	4	籽粒	954.47	23.00	5.60	6.03
2009	ASAFZ01B00 _ 01	春玉米	富友 9 号	收获期	4	秸秆	876.89	7.06	0.91	17.32
2009	ASAFZ01B00 _ 01	春玉米	富友 9 号	收获期	4	根	787.69	9.87	1.16	11.33
2009	ASAFZ02B00 _ 01	春玉米	富友 9 号	收获期	1	籽粒	910.28	26.55	4.95	5.57
2009	ASAFZ02B00 _ 01	春玉米	富友 9 号	收获期	1	秸秆	910.81	10.03	0.57	18.00
2009	ASAFZ02B00 _ 01	春玉米	富友 9 号	收获期	1	根	871.09	14.24	0.80	8.38
2009	ASAFZ02B00 _ 01	春玉米	富友 9 号	收获期	2	籽粒	895.53	22.50	4.44	5.43
2009	ASAFZ02B00 _ 01	春玉米	富友 9 号	收获期	2	秸秆	878.64	9.71	0.83	19.26
2009	ASAFZ02B00 _ 01	春玉米	富友 9 号	收获期	2	根	927.85	12.31	0.84	15.34
2009	ASAFZ02B00 _ 01	春玉米	富友 9 号	收获期	3	籽粒	978.81	22.66	4.66	5.48
2009	ASAFZ02B00 _ 01	春玉米	富友 9 号	收获期	3	秸秆	887.74	9.80	0.82	16.07
2009	ASAFZ02B00 _ 01	春玉米	富友 9 号	收获期	3	根	881.54	10.69	0.93	18.44
2009	ASAFZ02B00 _ 01	春玉米	富友 9 号	收获期	4	籽粒	929.57	19.97	4.52	5.62
2009	ASAFZ02B00 _ 01	春玉米	富友 9 号	收获期	4	秸秆	925.20	9.55	0.73	19.98
2009	ASAFZ02B00 _ 01	春玉米	富友 9 号	收获期	4	根	868.88	10.43	0.80	12.08
2009	ASAFZ03ABC _ 01	春谷子	晋芬 7 号	收获期	2	籽粒	942.50	30.78	5.30	11.34
2009	ASAFZ03ABC _ 01	春谷子	晋芬 7 号	收获期	2	秸秆	843.89	9.35	1.03	48.79

（续）

年份	样地代码	作物名称	作物品种	作物生育期	样方号	采样部位	全碳/(g/kg)	全氮/(g/kg)	全磷/(g/kg)	全钾/(g/kg)
2009	ASAFZ03ABC_01	春谷子	晋芬7号	收获期	2	根	927.42	17.26	1.24	18.60
2009	ASAFZ03ABC_01	春谷子	晋芬7号	收获期	3	籽粒	968.86	32.07	5.49	10.74
2009	ASAFZ03ABC_01	春谷子	晋芬7号	收获期	3	秸秆	880.70	9.21	0.84	48.79
2009	ASAFZ03ABC_01	春谷子	晋芬7号	收获期	3	根	967.00	18.60	1.41	21.42
2009	ASAFZ03ABC_01	春谷子	晋芬7号	收获期	5	籽粒	887.25	30.80	5.22	12.12
2009	ASAFZ03ABC_01	春谷子	晋芬7号	收获期	5	秸秆	865.66	8.96	1.20	51.11
2009	ASAFZ03ABC_01	春谷子	晋芬7号	收获期	5	根	928.17	17.91	1.45	14.00
2009	ASAFZ03ABC_01	春谷子	晋芬7号	收获期	10	籽粒	903.65	32.68	5.36	11.38
2009	ASAFZ03ABC_01	春谷子	晋芬7号	收获期	10	秸秆	878.94	8.81	1.04	59.16
2009	ASAFZ03ABC_01	春谷子	晋芬7号	收获期	10	根	984.37	16.84	1.32	18.67
2009	ASAFZ03ABC_01	春谷子	晋芬7号	收获期	14	籽粒	937.85	31.20	5.63	10.34
2009	ASAFZ03ABC_01	春谷子	晋芬7号	收获期	14	秸秆	839.48	8.61	1.35	52.14
2009	ASAFZ03ABC_01	春谷子	晋芬7号	收获期	14	根	950.27	16.70	1.42	15.98
2009	ASAFZ03ABC_01	春谷子	晋芬7号	收获期	15	籽粒	924.08	30.58	5.48	10.54
2009	ASAFZ03ABC_01	春谷子	晋芬7号	收获期	15	秸秆	864.11	8.40	1.16	46.08
2009	ASAFZ03ABC_01	春谷子	晋芬7号	收获期	15	根	907.34	8.23	1.66	21.05
2009	ASAFZ04ABC_01	春玉米	富友9号	收获期	10	籽粒	966.36	19.58	5.63	6.27
2009	ASAFZ04ABC_01	春玉米	富友9号	收获期	10	茎秆	912.55	4.04	3.96	30.29
2009	ASAFZ04ABC_01	春玉米	富友9号	收获期	10	叶子	855.14	11.26	1.93	12.80
2009	ASAFZ04ABC_01	春玉米	富友9号	收获期	10	包叶	865.16	9.97	2.23	19.55
2009	ASAFZ04ABC_01	春玉米	富友9号	收获期	10	玉米芯	953.01	7.08	1.00	19.31
2009	ASAFZ04ABC_01	春玉米	富友9号	收获期	11	籽粒	970.53	24.61	4.51	5.79
2009	ASAFZ04ABC_01	春玉米	富友9号	收获期	11	茎秆	894.41	5.89	0.54	26.79
2009	ASAFZ04ABC_01	春玉米	富友9号	收获期	11	叶子	829.73	14.18	1.09	14.64
2009	ASAFZ04ABC_01	春玉米	富友9号	收获期	11	包叶	883.90	15.53	1.66	20.82
2009	ASAFZ04ABC_01	春玉米	富友9号	收获期	11	玉米芯	930.41	5.96	0.51	16.73
2009	ASAFZ04ABC_01	春玉米	富友9号	收获期	12	籽粒	951.84	21.63	4.32	5.45
2009	ASAFZ04ABC_01	春玉米	富友9号	收获期	12	茎秆	910.61	3.70	0.47	8.72
2009	ASAFZ04ABC_01	春玉米	富友9号	收获期	12	叶子	820.85	10.98	0.83	9.43
2009	ASAFZ04ABC_01	春玉米	富友9号	收获期	12	包叶	906.98	11.63	1.20	18.13
2009	ASAFZ04ABC_01	春玉米	富友9号	收获期	12	玉米芯	922.97	7.15	0.67	23.35
2009	ASAFZ04ABC_01	春玉米	富友9号	收获期	13	籽粒	971.78	27.82	3.00	5.33
2009	ASAFZ04ABC_01	春玉米	富友9号	收获期	13	茎秆	904.04	6.87	0.44	18.66
2009	ASAFZ04ABC_01	春玉米	富友9号	收获期	13	叶子	833.90	15.00	0.81	11.03
2009	ASAFZ04ABC_01	春玉米	富友9号	收获期	13	包叶	914.03	10.67	0.72	20.64
2009	ASAFZ04ABC_01	春玉米	富友9号	收获期	13	玉米芯	924.13	7.90	0.52	25.48
2009	ASAFZ04ABC_01	春玉米	富友9号	收获期	14	籽粒	957.05	17.59	5.20	6.16
2009	ASAFZ04ABC_01	春玉米	富友9号	收获期	14	茎秆	894.42	4.10	0.50	28.07

（续）

年份	样地代码	作物名称	作物品种	作物生育期	样方号	采样部位	全碳/(g/kg)	全氮/(g/kg)	全磷/(g/kg)	全钾/(g/kg)
2009	ASAFZ04ABC_01	春玉米	富友 9 号	收获期	14	叶子	827.56	8.82	0.66	6.90
2009	ASAFZ04ABC_01	春玉米	富友 9 号	收获期	14	包叶	792.12	10.45	1.67	21.48
2009	ASAFZ04ABC_01	春玉米	富友 9 号	收获期	14	玉米芯	918.37	7.42	0.67	27.31
2009	ASAFZ04ABC_01	春玉米	富友 9 号	收获期	15	籽粒	937.03	24.61	3.63	5.21
2009	ASAFZ04ABC_01	春玉米	富友 9 号	收获期	15	茎秆	875.81	3.48	3.26	26.62
2009	ASAFZ04ABC_01	春玉米	富友 9 号	收获期	15	叶子	873.19	9.27	1.54	5.13
2009	ASAFZ04ABC_01	春玉米	富友 9 号	收获期	15	包叶	830.33	9.28	1.87	21.18
2009	ASAFZ04ABC_01	春玉米	富友 9 号	收获期	15	玉米芯	905.35	7.21	0.83	27.86
2009	ASAFZ04ABC_01	春玉米	富友 9 号	收获期	16	籽粒	966.97	23.10	3.81	5.23
2009	ASAFZ04ABC_01	春玉米	富友 9 号	收获期	16	茎秆	893.48	4.97	0.36	28.29
2009	ASAFZ04ABC_01	春玉米	富友 9 号	收获期	16	叶子	888.59	14.99	0.91	17.60
2009	ASAFZ04ABC_01	春玉米	富友 9 号	收获期	16	包叶	877.12	13.76	1.20	23.84
2009	ASAFZ04ABC_01	春玉米	富友 9 号	收获期	16	玉米芯	945.40	6.53	0.51	20.44
2009	ASAFZ04ABC_01	春玉米	富友 9 号	收获期	17	籽粒	954.45	18.01	4.89	5.80
2009	ASAFZ04ABC_01	春玉米	富友 9 号	收获期	17	茎秆	889.47	3.56	0.91	36.75
2009	ASAFZ04ABC_01	春玉米	富友 9 号	收获期	17	叶子	845.80	10.07	1.13	11.00
2009	ASAFZ04ABC_01	春玉米	富友 9 号	收获期	17	包叶	847.99	7.52	1.42	20.22
2009	ASAFZ04ABC_01	春玉米	富友 9 号	收获期	17	玉米芯	906.49	6.80	0.72	23.62
2009	ASAFZ05ABC_01	春谷子	晋芬 7 号	收获期	11	籽粒	962.65	30.90	5.45	8.49
2009	ASAFZ05ABC_01	春谷子	晋芬 7 号	收获期	11	糠秕	912.80	19.24	3.15	36.30
2009	ASAFZ05ABC_01	春谷子	晋芬 7 号	收获期	11	茎秆	906.09	7.37	0.53	37.06
2009	ASAFZ05ABC_01	春谷子	晋芬 7 号	收获期	11	叶子	776.02	14.66	0.98	14.17
2009	ASAFZ05ABC_01	春谷子	晋芬 7 号	收获期	12	籽粒	959.13	29.72	5.04	8.47
2009	ASAFZ05ABC_01	春谷子	晋芬 7 号	收获期	12	糠秕	898.86	18.21	2.31	33.53
2009	ASAFZ05ABC_01	春谷子	晋芬 7 号	收获期	12	茎秆	895.73	7.30	0.32	28.21
2009	ASAFZ05ABC_01	春谷子	晋芬 7 号	收获期	12	叶子	758.25	15.45	0.92	15.77
2009	ASAFZ05ABC_01	春谷子	晋芬 7 号	收获期	13	籽粒	975.41	29.82	3.95	8.06
2009	ASAFZ05ABC_01	春谷子	晋芬 7 号	收获期	13	糠秕	935.47	16.56	1.47	34.14
2009	ASAFZ05ABC_01	春谷子	晋芬 7 号	收获期	13	茎秆	899.06	7.60	17.83	32.57
2009	ASAFZ05ABC_01	春谷子	晋芬 7 号	收获期	13	叶子	803.89	17.06	0.69	15.01
2009	ASAFZ05ABC_01	春谷子	晋芬 7 号	收获期	14	籽粒	937.31	29.05	5.64	9.12
2009	ASAFZ05ABC_01	春谷子	晋芬 7 号	收获期	14	糠秕	897.09	17.75	2.90	35.66
2009	ASAFZ05ABC_01	春谷子	晋芬 7 号	收获期	14	茎秆	890.31	4.75	0.80	34.07
2009	ASAFZ05ABC_01	春谷子	晋芬 7 号	收获期	14	叶子	807.67	12.82	1.28	17.44
2009	ASAFZ05ABC_01	春谷子	晋芬 7 号	收获期	15	籽粒	926.75	27.37	5.04	8.62
2009	ASAFZ05ABC_01	春谷子	晋芬 7 号	收获期	15	糠秕	1 005.70	16.36	2.12	36.42
2009	ASAFZ05ABC_01	春谷子	晋芬 7 号	收获期	15	茎秆	782.32	3.88	0.41	25.42
2009	ASAFZ05ABC_01	春谷子	晋芬 7 号	收获期	15	叶子	802.35	10.86	0.81	12.44

（续）

年份	样地代码	作物名称	作物品种	作物生育期	样方号	采样部位	全碳/(g/kg)	全氮/(g/kg)	全磷/(g/kg)	全钾/(g/kg)
2009	ASAFZ05ABC _ 01	春谷子	晋芬 7 号	收获期	16	籽粒	954.15	30.84	4.33	7.64
2009	ASAFZ05ABC _ 01	春谷子	晋芬 7 号	收获期	16	糠秕	874.67	17.72	1.55	32.13
2009	ASAFZ05ABC _ 01	春谷子	晋芬 7 号	收获期	16	茎秆	899.34	5.69	18.34	27.75
2009	ASAFZ05ABC _ 01	春谷子	晋芬 7 号	收获期	16	叶子	840.64	15.13	0.59	14.29
2009	ASAFZ05ABC _ 01	春谷子	晋芬 7 号	收获期	17	籽粒	938.09	25.81	5.61	8.33
2009	ASAFZ05ABC _ 01	春谷子	晋芬 7 号	收获期	17	糠秕	916.26	13.73	2.73	30.72
2009	ASAFZ05ABC _ 01	春谷子	晋芬 7 号	收获期	17	茎秆	906.31	3.70	3.42	21.52
2009	ASAFZ05ABC _ 01	春谷子	晋芬 7 号	收获期	17	叶子	829.56	8.40	2.24	11.14
2009	ASAFZ05ABC _ 01	春谷子	晋芬 7 号	收获期	18	籽粒	930.73	25.12	5.59	8.66
2009	ASAFZ05ABC _ 01	春谷子	晋芬 7 号	收获期	18	糠秕	937.29	14.09	2.70	32.56
2009	ASAFZ05ABC _ 01	春谷子	晋芬 7 号	收获期	18	茎秆	940.21	3.51	2.15	21.74
2009	ASAFZ05ABC _ 01	春谷子	晋芬 7 号	收获期	18	叶子	819.31	8.81	1.72	12.38
2009	ASAFZ05ABC _ 01	春谷子	晋芬 7 号	收获期	19	籽粒	925.94	29.50	4.57	8.28
2009	ASAFZ05ABC _ 01	春谷子	晋芬 7 号	收获期	19	糠秕	931.15	15.39	1.32	29.68
2009	ASAFZ05ABC _ 01	春谷子	晋芬 7 号	收获期	19	茎秆	968.28	5.49	0.47	23.90
2009	ASAFZ05ABC _ 01	春谷子	晋芬 7 号	收获期	19	叶子	801.50	9.90	0.48	14.24
2009	ASAFZ06ABC _ 01	春谷子	晋芬 7 号	收获期	10	籽粒	894.58	28.67	5.74	10.03
2009	ASAFZ06ABC _ 01	春谷子	晋芬 7 号	收获期	10	糠秕	944.87	21.31	4.27	39.44
2009	ASAFZ06ABC _ 01	春谷子	晋芬 7 号	收获期	10	茎秆	909.46	5.99	1.99	50.36
2009	ASAFZ06ABC _ 01	春谷子	晋芬 7 号	收获期	10	叶子	791.28	14.66	4.31	23.19
2009	ASAFZ06ABC _ 01	春谷子	晋芬 7 号	收获期	11	籽粒	947.65	31.72	3.97	9.29
2009	ASAFZ06ABC _ 01	春谷子	晋芬 7 号	收获期	11	糠秕	909.31	21.69	2.21	38.75
2009	ASAFZ06ABC _ 01	春谷子	晋芬 7 号	收获期	11	茎秆	902.12	7.99	0.40	43.11
2009	ASAFZ06ABC _ 01	春谷子	晋芬 7 号	收获期	11	叶子	806.58	15.31	0.75	24.44
2009	ASAFZ06ABC _ 01	春谷子	晋芬 7 号	收获期	12	籽粒	931.02	28.62	5.78	8.81
2009	ASAFZ06ABC _ 01	春谷子	晋芬 7 号	收获期	12	糠秕	899.83	14.86	3.10	37.76
2009	ASAFZ06ABC _ 01	春谷子	晋芬 7 号	收获期	12	茎秆	877.12	3.30	4.14	36.25
2009	ASAFZ06ABC _ 01	春谷子	晋芬 7 号	收获期	12	叶子	797.29	8.01	1.92	13.53
2009	ASAFZ06ABC _ 01	春谷子	晋芬 7 号	收获期	13	籽粒	952.75	29.87	4.95	10.03
2009	ASAFZ06ABC _ 01	春谷子	晋芬 7 号	收获期	13	糠秕	890.90	19.59	3.08	37.26
2009	ASAFZ06ABC _ 01	春谷子	晋芬 7 号	收获期	13	茎秆	956.96	8.10	0.66	30.71
2009	ASAFZ06ABC _ 01	春谷子	晋芬 7 号	收获期	13	叶子	716.56	14.69	1.12	12.66
2009	ASAFZ06ABC _ 01	春谷子	晋芬 7 号	收获期	14	籽粒	896.61	26.66	5.79	8.44
2009	ASAFZ06ABC _ 01	春谷子	晋芬 7 号	收获期	14	糠秕	875.24	14.75	2.53	38.45
2009	ASAFZ06ABC _ 01	春谷子	晋芬 7 号	收获期	14	茎秆	913.27	3.56	2.13	23.39
2009	ASAFZ06ABC _ 01	春谷子	晋芬 7 号	收获期	14	叶子	761.17	9.11	1.27	12.11
2009	ASAFZ06ABC _ 01	春谷子	晋芬 7 号	收获期	15	籽粒	893.01	28.48	5.12	9.61
2009	ASAFZ06ABC _ 01	春谷子	晋芬 7 号	收获期	15	糠秕	851.11	18.47	2.72	39.35

（续）

年份	样地代码	作物名称	作物品种	作物生育期	样方号	采样部位	全碳/(g/kg)	全氮/(g/kg)	全磷/(g/kg)	全钾/(g/kg)
2009	ASAFZ06ABC_01	春谷子	晋芬7号	收获期	15	茎秆	883.52	4.68	0.72	38.72
2009	ASAFZ06ABC_01	春谷子	晋芬7号	收获期	15	叶子	784.38	12.52	1.36	19.59
2009	ASAFZ06ABC_01	春谷子	晋芬7号	收获期	16	籽粒	943.03	32.81	4.43	8.12
2009	ASAFZ06ABC_01	春谷子	晋芬7号	收获期	16	糠秕	927.54	20.91	1.91	37.88
2009	ASAFZ06ABC_01	春谷子	晋芬7号	收获期	16	茎秆	881.93	10.84	0.41	33.58
2009	ASAFZ06ABC_01	春谷子	晋芬7号	收获期	16	叶子	846.14	22.61	1.08	19.94
2009	ASAFZ06ABC_01	春谷子	晋芬7号	收获期	17	籽粒	950.71	29.36	5.10	9.46
2009	ASAFZ06ABC_01	春谷子	晋芬7号	收获期	17	糠秕	905.68	18.20	3.31	43.07
2009	ASAFZ06ABC_01	春谷子	晋芬7号	收获期	17	茎秆	919.25	4.28	1.45	36.96
2009	ASAFZ06ABC_01	春谷子	晋芬7号	收获期	17	叶子	768.89	12.14	1.49	19.44
2009	ASAFZ06ABC_01	春谷子	晋芬7号	收获期	18	籽粒	943.40	30.80	4.84	9.40
2009	ASAFZ06ABC_01	春谷子	晋芬7号	收获期	18	糠秕	897.13	20.06	2.59	42.58
2009	ASAFZ06ABC_01	春谷子	晋芬7号	收获期	18	茎秆	889.36	7.40	0.57	42.55
2009	ASAFZ06ABC_01	春谷子	晋芬7号	收获期	18	叶子	786.02	16.00	1.16	18.99
2009	ASAFZ07AB0_01	春谷子	晋芬7号	收获期	8	籽粒	978.52	27.11	5.39	8.39
2009	ASAFZ07AB0_01	春谷子	晋芬7号	收获期	8	糠秕	910.99	12.37	1.67	38.01
2009	ASAFZ07AB0_01	春谷子	晋芬7号	收获期	8	茎秆	928.70	3.26	0.87	36.02
2009	ASAFZ07AB0_01	春谷子	晋芬7号	收获期	8	叶子	835.57	7.22	0.67	23.53
2009	ASAFZ07AB0_01	春谷子	晋芬7号	收获期	9	籽粒	972.73	30.85	4.48	8.43
2009	ASAFZ07AB0_01	春谷子	晋芬7号	收获期	9	糠秕	927.58	17.54	1.91	41.97
2009	ASAFZ07AB0_01	春谷子	晋芬7号	收获期	9	茎秆	929.31	5.21	0.42	33.32
2009	ASAFZ07AB0_01	春谷子	晋芬7号	收获期	9	叶子	849.76	11.97	0.56	30.10
2009	ASAFZ07AB0_01	春谷子	晋芬7号	收获期	10	籽粒	925.15	32.41	3.91	8.29
2009	ASAFZ07AB0_01	春谷子	晋芬7号	收获期	10	糠秕	908.80	17.71	1.37	41.71
2009	ASAFZ07AB0_01	春谷子	晋芬7号	收获期	10	茎秆	939.30	8.34	0.36	34.30
2009	ASAFZ07AB0_01	春谷子	晋芬7号	收获期	10	叶子	757.49	13.01	0.40	25.88
2009	ASAFZ07AB0_01	春谷子	晋芬7号	收获期	11	籽粒	944.91	35.95	3.88	7.44
2009	ASAFZ07AB0_01	春谷子	晋芬7号	收获期	11	糠秕	893.94	16.92	1.06	28.12
2009	ASAFZ07AB0_01	春谷子	晋芬7号	收获期	11	茎秆	910.27	9.09	0.33	30.09
2009	ASAFZ07AB0_01	春谷子	晋芬7号	收获期	11	叶子	849.16	15.96	0.45	12.09
2009	ASAFZ07AB0_01	春谷子	晋芬7号	收获期	12	籽粒	831.82	31.80	3.98	7.30
2009	ASAFZ07AB0_01	春谷子	晋芬7号	收获期	12	糠秕	915.13	16.20	1.49	35.77
2009	ASAFZ07AB0_01	春谷子	晋芬7号	收获期	12	茎秆	822.57	5.49	0.40	24.63
2009	ASAFZ07AB0_01	春谷子	晋芬7号	收获期	12	叶子	800.13	8.98	0.36	13.93
2009	ASAFZ07AB0_01	春谷子	晋芬7号	收获期	13	籽粒	901.15	31.73	3.90	7.94
2009	ASAFZ07AB0_01	春谷子	晋芬7号	收获期	13	糠秕	906.97	17.94	2.06	41.13
2009	ASAFZ07AB0_01	春谷子	晋芬7号	收获期	13	茎秆	925.84	7.26	0.41	22.50
2009	ASAFZ07AB0_01	春谷子	晋芬7号	收获期	13	叶子	786.90	12.61	0.57	14.61

（续）

年份	样地代码	作物名称	作物品种	作物生育期	样方号	采样部位	全碳/(g/kg)	全氮/(g/kg)	全磷/(g/kg)	全钾/(g/kg)
2009	ASAFZ07AB0_01	春谷子	晋芬7号	收获期	14	籽粒	903.40	31.09	5.86	8.18
2009	ASAFZ07AB0_01	春谷子	晋芬7号	收获期	14	糠秕	871.69	16.67	2.98	36.80
2009	ASAFZ07AB0_01	春谷子	晋芬7号	收获期	14	茎秆	877.13	4.62	2.03	23.70
2009	ASAFZ07AB0_01	春谷子	晋芬7号	收获期	14	叶子	772.53	9.34	1.64	14.08
2009	ASAZQ01AB0_01	春玉米	三北6号	收获期	1	籽粒	930.14	18.94	4.27	6.43
2009	ASAZQ01AB0_01	春玉米	三北6号	收获期	1	秸秆	918.12	8.23	0.69	17.23
2009	ASAZQ01AB0_01	春玉米	三北6号	收获期	1	根	826.07	7.25	0.79	18.99
2009	ASAZQ01AB0_01	春玉米	三北6号	收获期	2	籽粒	952.81	21.88	4.77	6.43
2009	ASAZQ01AB0_01	春玉米	三北6号	收获期	2	秸秆	887.79	8.06	0.78	15.07
2009	ASAZQ01AB0_01	春玉米	三北6号	收获期	2	根	893.20	7.34	0.66	18.19
2009	ASAZQ01AB0_01	春玉米	三北6号	收获期	3	籽粒	932.33	19.45	3.87	6.32
2009	ASAZQ01AB0_01	春玉米	三北6号	收获期	3	秸秆	888.71	8.16	0.69	17.48
2009	ASAZQ01AB0_01	春玉米	三北6号	收获期	3	根	812.02	8.90	1.22	17.03
2009	ASAZQ03AB0_01	春大豆	绿青豆	收获期	1	籽粒	1 127.72	106.48	8.88	37.30
2009	ASAZQ03AB0_01	春大豆	绿青豆	收获期	1	茎荚	887.69	10.98	0.76	27.94
2009	ASAZQ03AB0_01	春大豆	绿青豆	收获期	1	根	920.53	11.61	0.83	4.82
2009	ASAZQ03AB0_01	春大豆	绿青豆	收获期	2	籽粒	1 153.26	110.23	8.59	35.83
2009	ASAZQ03AB0_01	春大豆	绿青豆	收获期	2	茎荚	887.52	10.05	0.70	21.63
2009	ASAZQ03AB0_01	春大豆	绿青豆	收获期	2	根	965.65	11.29	0.53	2.27
2009	ASAZQ03AB0_01	春大豆	绿青豆	收获期	3	籽粒	1 120.99	111.10	8.75	35.04
2009	ASAZQ03AB0_01	春大豆	绿青豆	收获期	3	茎荚	898.76	11.18	0.71	23.70
2009	ASAZQ03AB0_01	春大豆	绿青豆	收获期	3	根	884.38	14.61	1.01	5.53
2010	ASAZH01ABC_01	春大豆	铁丰29	收获期	2	籽粒	1 052.63	117.34	10.46	33.74
2010	ASAZH01ABC_01	春大豆	铁丰29	收获期	2	秸秆	867.45	11.56	0.67	11.72
2010	ASAZH01ABC_01	春大豆	铁丰29	收获期	2	根	872.35	14.84	1.08	3.54
2010	ASAZH01ABC_01	春大豆	铁丰29	收获期	5	籽粒	1 035.78	118.58	9.87	33.12
2010	ASAZH01ABC_01	春大豆	铁丰29	收获期	5	秸秆	859.12	9.48	0.62	6.42
2010	ASAZH01ABC_01	春大豆	铁丰29	收获期	5	根	952.90	14.34	1.06	3.80
2010	ASAZH01ABC_01	春大豆	铁丰29	收获期	6	籽粒	1 076.77	116.66	10.15	34.72
2010	ASAZH01ABC_01	春大豆	铁丰29	收获期	6	秸秆	929.95	10.48	0.60	10.30
2010	ASAZH01ABC_01	春大豆	铁丰29	收获期	6	根	950.68	13.18	0.96	3.30
2010	ASAZH01ABC_01	春大豆	铁丰29	收获期	10	籽粒	1 020.07	119.14	10.17	32.92
2010	ASAZH01ABC_01	春大豆	铁丰29	收获期	10	秸秆	875.56	10.16	0.64	10.22
2010	ASAZH01ABC_01	春大豆	铁丰29	收获期	10	根	912.68	14.36	0.98	3.54
2010	ASAZH01ABC_01	春大豆	铁丰29	收获期	11	籽粒	1 099.59	119.46	10.56	33.86
2010	ASAZH01ABC_01	春大豆	铁丰29	收获期	11	秸秆	893.12	11.22	0.70	10.12
2010	ASAZH01ABC_01	春大豆	铁丰29	收获期	11	根	921.44	15.38	1.19	4.00
2010	ASAZH01ABC_01	春大豆	铁丰29	收获期	14	籽粒	1 064.71	118.34	10.31	32.48

（续）

年份	样地代码	作物名称	作物品种	作物生育期	样方号	采样部位	全碳/(g/kg)	全氮/(g/kg)	全磷/(g/kg)	全钾/(g/kg)
2010	ASAZH01ABC _ 01	春大豆	铁丰 29	收获期	14	秸秆	856.05	11.70	0.70	8.94
2010	ASAZH01ABC _ 01	春大豆	铁丰 29	收获期	14	根	890.88	15.08	1.21	3.74
2010	ASAFZ01B00 _ 01	春大豆	铁丰 29	收获期	1	籽粒	1 108.75	116.62	11.41	35.62
2010	ASAFZ01B00 _ 01	春大豆	铁丰 29	收获期	1	秸秆	832.27	10.40	0.68	15.40
2010	ASAFZ01B00 _ 01	春大豆	铁丰 29	收获期	1	根	893.39	14.66	1.26	3.56
2010	ASAFZ01B00 _ 01	春大豆	铁丰 29	收获期	2	籽粒	1 150.11	115.22	10.94	36.18
2010	ASAFZ01B00 _ 01	春大豆	铁丰 29	收获期	2	秸秆	842.60	10.30	0.73	16.48
2010	ASAFZ01B00 _ 01	春大豆	铁丰 29	收获期	2	根	956.72	14.14	1.17	4.02
2010	ASAFZ01B00 _ 01	春大豆	铁丰 29	收获期	3	籽粒	1 092.96	118.88	10.56	34.48
2010	ASAFZ01B00 _ 01	春大豆	铁丰 29	收获期	3	秸秆	852.72	10.76	0.69	16.52
2010	ASAFZ01B00 _ 01	春大豆	铁丰 29	收获期	3	根	927.91	15.56	1.20	3.84
2010	ASAFZ01B00 _ 01	春大豆	铁丰 29	收获期	4	籽粒	1 030.11	117.88	10.65	35.64
2010	ASAFZ01B00 _ 01	春大豆	铁丰 29	收获期	4	秸秆	862.35	10.62	0.74	16.92
2010	ASAFZ01B00 _ 01	春大豆	铁丰 29	收获期	4	根	925.98	14.42	1.19	4.22
2010	ASAFZ02B00 _ 01	春大豆	铁丰 29	收获期	1	籽粒	971.13	118.12	10.98	34.72
2010	ASAFZ02B00 _ 01	春大豆	铁丰 29	收获期	1	秸秆	923.29	9.92	0.64	16.30
2010	ASAFZ02B00 _ 01	春大豆	铁丰 29	收获期	1	根	884.61	18.40	1.15	5.30
2010	ASAFZ02B00 _ 01	春大豆	铁丰 29	收获期	2	籽粒	986.85	120.52	10.75	34.12
2010	ASAFZ02B00 _ 01	春大豆	铁丰 29	收获期	2	秸秆	833.63	10.26	0.64	15.36
2010	ASAFZ02B00 _ 01	春大豆	铁丰 29	收获期	2	根	905.33	16.74	1.38	5.68
2010	ASAFZ02B00 _ 01	春大豆	铁丰 29	收获期	3	籽粒	1 032.03	115.98	9.98	33.74
2010	ASAFZ02B00 _ 01	春大豆	铁丰 29	收获期	3	秸秆	833.91	9.56	0.62	11.52
2010	ASAFZ02B00 _ 01	春大豆	铁丰 29	收获期	3	根	890.04	16.06	1.20	5.20
2010	ASAFZ02B00 _ 01	春大豆	铁丰 29	收获期	4	籽粒	1 040.44	116.74	9.98	35.10
2010	ASAFZ02B00 _ 01	春大豆	铁丰 29	收获期	4	秸秆	888.57	10.44	0.65	15.30
2010	ASAFZ02B00 _ 01	春大豆	铁丰 29	收获期	4	根	997.99	15.60	1.09	5.78
2010	ASAFZ03ABC _ 01	春大豆	铁丰 29	收获期	1	籽粒	1 069.84	118.42	11.69	35.48
2010	ASAFZ03ABC _ 01	春大豆	铁丰 29	收获期	1	秸秆	888.22	12.74	1.08	26.32
2010	ASAFZ03ABC _ 01	春大豆	铁丰 29	收获期	1	根	911.03	16.70	1.30	3.90
2010	ASAFZ03ABC _ 01	春大豆	铁丰 29	收获期	4	籽粒	1 041.10	115.82	11.97	35.68
2010	ASAFZ03ABC _ 01	春大豆	铁丰 29	收获期	4	秸秆	871.99	10.30	0.82	22.54
2010	ASAFZ03ABC _ 01	春大豆	铁丰 29	收获期	4	根	889.02	18.08	1.46	6.92
2010	ASAFZ03ABC _ 01	春大豆	铁丰 29	收获期	6	籽粒	1 109.64	117.18	11.91	35.62
2010	ASAFZ03ABC _ 01	春大豆	铁丰 29	收获期	6	秸秆	860.22	10.84	0.97	21.38
2010	ASAFZ03ABC _ 01	春大豆	铁丰 29	收获期	6	根	921.16	16.94	1.46	4.38
2010	ASAFZ03ABC _ 01	春大豆	铁丰 29	收获期	11	籽粒	1 052.87	116.34	12.90	35.66
2010	ASAFZ03ABC _ 01	春大豆	铁丰 29	收获期	11	秸秆	872.05	9.26	0.76	24.62
2010	ASAFZ03ABC _ 01	春大豆	铁丰 29	收获期	11	根	891.49	15.88	1.30	5.08

（续）

年份	样地代码	作物名称	作物品种	作物生育期	样方号	采样部位	全碳/(g/kg)	全氮/(g/kg)	全磷/(g/kg)	全钾/(g/kg)
2010	ASAFZ03ABC_01	春大豆	铁丰 29	收获期	13	籽粒	1 154.93	115.64	11.71	36.38
2010	ASAFZ03ABC_01	春大豆	铁丰 29	收获期	13	秸秆	859.24	9.38	0.71	20.52
2010	ASAFZ03ABC_01	春大豆	铁丰 29	收获期	13	根	905.39	16.80	1.35	4.36
2010	ASAFZ03ABC_01	春大豆	铁丰 29	收获期	16	籽粒	880.12	115.38	11.27	35.78
2010	ASAFZ03ABC_01	春大豆	铁丰 29	收获期	16	秸秆	847.01	10.44	0.92	26.22
2010	ASAFZ03ABC_01	春大豆	铁丰 29	收获期	16	根	890.25	16.96	1.33	5.38
2010	ASAFZ04ABC_01	春大豆	铁丰 29	收获期	10	籽粒		111.85	11.98	36.82
2010	ASAFZ04ABC_01	春大豆	铁丰 29	收获期	10	茎荚		7.42	0.61	19.02
2010	ASAFZ04ABC_01	春大豆	铁丰 29	收获期	11	籽粒		114.89	10.93	35.76
2010	ASAFZ04ABC_01	春大豆	铁丰 29	收获期	11	茎荚		9.44	0.62	16.08
2010	ASAFZ04ABC_01	春大豆	铁丰 29	收获期	12	籽粒		117.48	9.77	33.64
2010	ASAFZ04ABC_01	春大豆	铁丰 29	收获期	12	茎荚		8.98	0.55	6.12
2010	ASAFZ04ABC_01	春大豆	铁丰 29	收获期	13	籽粒		118.98	7.80	34.38
2010	ASAFZ04ABC_01	春大豆	铁丰 29	收获期	13	茎荚		7.30	0.25	9.86
2010	ASAFZ04ABC_01	春大豆	铁丰 29	收获期	14	籽粒		112.89	8.51	34.80
2010	ASAFZ04ABC_01	春大豆	铁丰 29	收获期	14	茎荚		7.40	0.38	10.28
2010	ASAFZ04ABC_01	春大豆	铁丰 29	收获期	15	籽粒		112.12	11.44	34.82
2010	ASAFZ04ABC_01	春大豆	铁丰 29	收获期	15	茎荚		8.34	0.57	11.48
2010	ASAFZ04ABC_01	春大豆	铁丰 29	收获期	16	籽粒		110.53	9.69	35.34
2010	ASAFZ04ABC_01	春大豆	铁丰 29	收获期	16	茎荚		7.16	0.36	16.02
2010	ASAFZ04ABC_01	春大豆	铁丰 29	收获期	17	籽粒		111.00	10.09	35.62
2010	ASAFZ04ABC_01	春大豆	铁丰 29	收获期	17	茎荚		8.26	0.48	21.54
2010	ASAFZ05ABC_01	春大豆	铁丰 29	收获期	11	籽粒		131.35	11.40	29.26
2010	ASAFZ05ABC_01	春大豆	铁丰 29	收获期	11	茎荚		10.86	0.66	3.46
2010	ASAFZ05ABC_01	春大豆	铁丰 29	收获期	12	籽粒		129.78	11.32	29.76
2010	ASAFZ05ABC_01	春大豆	铁丰 29	收获期	12	茎荚		14.62	0.79	3.92
2010	ASAFZ05ABC_01	春大豆	铁丰 29	收获期	13	籽粒		130.95	7.97	29.36
2010	ASAFZ05ABC_01	春大豆	铁丰 29	收获期	13	茎荚		13.66	0.38	4.06
2010	ASAFZ05ABC_01	春大豆	铁丰 29	收获期	14	籽粒		129.92	11.49	29.22
2010	ASAFZ05ABC_01	春大豆	铁丰 29	收获期	14	茎荚		9.68	0.92	2.82
2010	ASAFZ05ABC_01	春大豆	铁丰 29	收获期	15	籽粒		126.15	11.47	29.86
2010	ASAFZ05ABC_01	春大豆	铁丰 29	收获期	15	茎荚		7.10	0.45	1.80
2010	ASAFZ05ABC_01	春大豆	铁丰 29	收获期	16	籽粒		125.82	8.08	31.60
2010	ASAFZ05ABC_01	春大豆	铁丰 29	收获期	16	茎荚		10.58	0.36	5.94
2010	ASAFZ05ABC_01	春大豆	铁丰 29	收获期	17	籽粒		125.86	11.72	31.80
2010	ASAFZ05ABC_01	春大豆	铁丰 29	收获期	17	茎荚		7.42	0.57	2.38
2010	ASAFZ05ABC_01	春大豆	铁丰 29	收获期	18	籽粒		127.28	11.84	30.76
2010	ASAFZ05ABC_01	春大豆	铁丰 29	收获期	18	茎荚		6.94	0.56	1.66

（续）

年份	样地代码	作物名称	作物品种	作物生育期	样方号	采样部位	全碳/(g/kg)	全氮/(g/kg)	全磷/(g/kg)	全钾/(g/kg)
2010	ASAFZ05ABC_01	春大豆	铁丰 29	收获期	19	籽粒		123.62	8.08	30.64
2010	ASAFZ05ABC_01	春大豆	铁丰 29	收获期	19	茎荚		7.72	0.37	1.60
2010	ASAFZ06ABC_01	春大豆	铁丰 29	收获期	10	籽粒		123.86	11.41	33.20
2010	ASAFZ06ABC_01	春大豆	铁丰 29	收获期	10	茎荚		8.98	0.64	7.40
2010	ASAFZ06ABC_01	春大豆	铁丰 29	收获期	11	籽粒		121.87	8.25	33.02
2010	ASAFZ06ABC_01	春大豆	铁丰 29	收获期	11	茎荚		9.46	0.42	15.52
2010	ASAFZ06ABC_01	春大豆	铁丰 29	收获期	12	籽粒		122.57	9.92	33.80
2010	ASAFZ06ABC_01	春大豆	铁丰 29	收获期	12	茎荚		6.10	0.62	8.32
2010	ASAFZ06ABC_01	春大豆	铁丰 29	收获期	13	籽粒		130.35	10.41	29.52
2010	ASAFZ06ABC_01	春大豆	铁丰 29	收获期	13	茎荚		10.20	0.66	3.36
2010	ASAFZ06ABC_01	春大豆	铁丰 29	收获期	14	籽粒		123.41	8.98	31.78
2010	ASAFZ06ABC_01	春大豆	铁丰 29	收获期	14	茎荚		8.84	0.39	5.34
2010	ASAFZ06ABC_01	春大豆	铁丰 29	收获期	15	籽粒		124.19	8.98	30.94
2010	ASAFZ06ABC_01	春大豆	铁丰 29	收获期	15	茎荚		8.38	0.40	5.04
2010	ASAFZ06ABC_01	春大豆	铁丰 29	收获期	16	籽粒		123.26	7.96	32.24
2010	ASAFZ06ABC_01	春大豆	铁丰 29	收获期	16	茎荚		9.36	0.34	12.74
2010	ASAFZ06ABC_01	春大豆	铁丰 29	收获期	17	籽粒		116.63	8.62	34.18
2010	ASAFZ06ABC_01	春大豆	铁丰 29	收获期	17	茎荚		8.54	0.37	16.34
2010	ASAFZ06ABC_01	春大豆	铁丰 29	收获期	18	籽粒		123.95	10.69	30.88
2010	ASAFZ06ABC_01	春大豆	铁丰 29	收获期	18	茎荚		9.84	0.57	4.50
2010	ASAFZ07AB0_01	春糜子	农家品种	收获期	8	籽粒		25.68	5.45	5.10
2010	ASAFZ07AB0_01	春糜子	农家品种	收获期	8	糠秕		12.14	1.54	39.10
2010	ASAFZ07AB0_01	春糜子	农家品种	收获期	8	茎秆		4.52	0.46	45.24
2010	ASAFZ07AB0_01	春糜子	农家品种	收获期	8	叶子		8.44	0.65	14.92
2010	ASAFZ07AB0_01	春糜子	农家品种	收获期	9	籽粒		30.89	5.01	4.98
2010	ASAFZ07AB0_01	春糜子	农家品种	收获期	9	糠秕		16.78	1.72	43.16
2010	ASAFZ07AB0_01	春糜子	农家品种	收获期	9	茎秆		5.88	0.35	46.50
2010	ASAFZ07AB0_01	春糜子	农家品种	收获期	9	叶子		15.30	0.96	29.32
2010	ASAFZ07AB0_01	春糜子	农家品种	收获期	10	籽粒		35.36	4.13	4.94
2010	ASAFZ07AB0_01	春糜子	农家品种	收获期	10	糠秕		19.64	1.31	51.02
2010	ASAFZ07AB0_01	春糜子	农家品种	收获期	10	茎秆		8.36	0.30	43.62
2010	ASAFZ07AB0_01	春糜子	农家品种	收获期	10	叶子		21.10	0.95	33.02
2010	ASAFZ07AB0_01	春糜子	农家品种	收获期	11	籽粒		37.80	3.52	4.84
2010	ASAFZ07AB0_01	春糜子	农家品种	收获期	11	糠秕		23.36	1.27	42.00
2010	ASAFZ07AB0_01	春糜子	农家品种	收获期	11	茎秆		11.00	0.42	40.88
2010	ASAFZ07AB0_01	春糜子	农家品种	收获期	11	叶子		26.24	0.78	22.84
2010	ASAFZ07AB0_01	春糜子	农家品种	收获期	12	籽粒		30.02	3.79	4.98
2010	ASAFZ07AB0_01	春糜子	农家品种	收获期	12	糠秕		16.02	1.11	43.30

（续）

年份	样地代码	作物名称	作物品种	作物生育期	样方号	采样部位	全碳/(g/kg)	全氮/(g/kg)	全磷/(g/kg)	全钾/(g/kg)
2010	ASAFZ07AB0_01	春糜子	农家品种	收获期	12	茎秆		6.02	0.49	42.70
2010	ASAFZ07AB0_01	春糜子	农家品种	收获期	12	叶子		14.10	0.52	17.22
2010	ASAFZ07AB0_01	春糜子	农家品种	收获期	13	籽粒		30.56	4.15	4.78
2010	ASAFZ07AB0_01	春糜子	农家品种	收获期	13	糠秕		16.60	1.11	43.34
2010	ASAFZ07AB0_01	春糜子	农家品种	收获期	13	茎秆		5.98	0.29	25.26
2010	ASAFZ07AB0_01	春糜子	农家品种	收获期	13	叶子		14.94	0.86	12.74
2010	ASAFZ07AB0_01	春糜子	农家品种	收获期	14	籽粒		24.28	6.10	5.42
2010	ASAFZ07AB0_01	春糜子	农家品种	收获期	14	糠秕		13.30	1.84	44.48
2010	ASAFZ07AB0_01	春糜子	农家品种	收获期	14	茎秆		4.34	1.48	38.80
2010	ASAFZ07AB0_01	春糜子	农家品种	收获期	14	叶子		7.86	1.54	11.78
2010	ASAZQ01AB0_01	春玉米	三北6号	收获期	1	籽粒	880.89	28.66	4.23	6.70
2010	ASAZQ01AB0_01	春玉米	三北6号	收获期	1	秸秆	866.29	15.94	1.11	16.26
2010	ASAZQ01AB0_01	春玉米	三北6号	收获期	1	根	883.39	13.88	1.06	15.60
2010	ASAZQ01AB0_01	春玉米	三北6号	收获期	2	籽粒	908.19	26.36	5.64	7.80
2010	ASAZQ01AB0_01	春玉米	三北6号	收获期	2	秸秆	866.72	12.96	0.95	18.82
2010	ASAZQ01AB0_01	春玉米	三北6号	收获期	2	根	855.78	11.74	0.99	16.20
2010	ASAZQ01AB0_01	春玉米	三北6号	收获期	3	籽粒	826.49	30.98	7.65	8.62
2010	ASAZQ01AB0_01	春玉米	三北6号	收获期	3	秸秆	712.53	13.06	1.00	14.80
2010	ASAZQ01AB0_01	春玉米	三北6号	收获期	3	根	828.14	14.92	1.22	16.16
2010	ASAZQ03AB0_01	春马铃薯	农家品种	收获期	1	马铃薯	834.49	34.44	3.08	16.08
2010	ASAZQ03AB0_01	春马铃薯	农家品种	收获期	1	茎叶	699.05	34.72	1.96	7.08
2010	ASAZQ03AB0_01	春马铃薯	农家品种	收获期	2	马铃薯	786.06	30.24	2.57	13.74
2010	ASAZQ03AB0_01	春马铃薯	农家品种	收获期	2	茎叶	774.48	34.18	1.74	8.16
2010	ASAZQ03AB0_01	春马铃薯	农家品种	收获期	3	马铃薯	834.35	37.04	3.27	16.72
2010	ASAZQ03AB0_01	春马铃薯	农家品种	收获期	3	茎叶	920.25	41.90	1.79	11.44
2011	ASAZH01ABC_01	春玉米	双惠2号	收获期	4	籽粒	796.32	21.70	4.03	7.00
2011	ASAZH01ABC_01	春玉米	双惠2号	收获期	4	秸秆	816.45	11.51	0.79	16.02
2011	ASAZH01ABC_01	春玉米	双惠2号	收获期	4	根	723.10	12.31	0.78	8.46
2011	ASAZH01ABC_01	春玉米	双惠2号	收获期	7	籽粒	800.58	21.64	4.03	7.64
2011	ASAZH01ABC_01	春玉米	双惠2号	收获期	7	秸秆	815.98	8.68	0.69	12.63
2011	ASAZH01ABC_01	春玉米	双惠2号	收获期	7	根	704.33	10.06	0.67	11.24
2011	ASAZH01ABC_01	春玉米	双惠2号	收获期	8	籽粒	789.09	22.23	4.24	6.13
2011	ASAZH01ABC_01	春玉米	双惠2号	收获期	8	秸秆	791.66	9.97	0.77	12.43
2011	ASAZH01ABC_01	春玉米	双惠2号	收获期	8	根	715.94	11.81	0.74	4.08
2011	ASAZH01ABC_01	春玉米	双惠2号	收获期	12	籽粒	795.97	21.92	3.98	6.65
2011	ASAZH01ABC_01	春玉米	双惠2号	收获期	12	秸秆	813.87	11.23	0.78	13.40
2011	ASAZH01ABC_01	春玉米	双惠2号	收获期	12	根	712.04	14.38	0.84	7.49
2011	ASAZH01ABC_01	春玉米	双惠2号	收获期	13	籽粒	791.09	21.96	3.64	7.12

（续）

年份	样地代码	作物名称	作物品种	作物生育期	样方号	采样部位	全碳/(g/kg)	全氮/(g/kg)	全磷/(g/kg)	全钾/(g/kg)
2011	ASAZH01ABC_01	春玉米	双惠 2 号	收获期	13	秸秆	717.91	11.18	0.71	13.27
2011	ASAZH01ABC_01	春玉米	双惠 2 号	收获期	13	根	723.32	10.40	0.79	13.40
2011	ASAZH01ABC_01	春玉米	双惠 2 号	收获期	16	籽粒	779.00	21.69	4.26	6.90
2011	ASAZH01ABC_01	春玉米	双惠 2 号	收获期	16	秸秆	784.28	10.13	0.77	11.59
2011	ASAZH01ABC_01	春玉米	双惠 2 号	收获期	16	根	703.04	10.55	0.68	9.82
2011	ASAFZ01B00_01	春玉米	双惠 2 号	收获期	1	籽粒	780.66	18.72	5.49	13.97
2011	ASAFZ01B00_01	春玉米	双惠 2 号	收获期	1	秸秆	810.54	6.58	1.06	15.38
2011	ASAFZ01B00_01	春玉米	双惠 2 号	收获期	1	根	753.79	7.88	0.86	8.77
2011	ASAFZ01B00_01	春玉米	双惠 2 号	收获期	2	籽粒	779.23	15.16	5.40	16.40
2011	ASAFZ01B00_01	春玉米	双惠 2 号	收获期	2	秸秆	801.55	5.30	0.99	14.00
2011	ASAFZ01B00_01	春玉米	双惠 2 号	收获期	2	根	656.48	7.25	1.05	8.34
2011	ASAFZ01B00_01	春玉米	双惠 2 号	收获期	3	籽粒	779.04	18.36	5.12	9.84
2011	ASAFZ01B00_01	春玉米	双惠 2 号	收获期	3	秸秆	787.99	9.15	0.75	14.09
2011	ASAFZ01B00_01	春玉米	双惠 2 号	收获期	3	根	737.44	6.76	0.62	8.05
2011	ASAFZ01B00_01	春玉米	双惠 2 号	收获期	4	籽粒	770.99	16.66	5.25	17.59
2011	ASAFZ01B00_01	春玉米	双惠 2 号	收获期	4	秸秆	785.81	4.84	0.66	12.67
2011	ASAFZ01B00_01	春玉米	双惠 2 号	收获期	4	根	725.26	9.92	1.17	7.65
2011	ASAFZ02B00_01	春玉米	双惠 2 号	收获期	1	籽粒	786.58	22.86	4.55	6.44
2011	ASAFZ02B00_01	春玉米	双惠 2 号	收获期	1	秸秆	759.47	14.24	0.77	17.29
2011	ASAFZ02B00_01	春玉米	双惠 2 号	收获期	1	根	700.62	12.09	1.05	13.32
2011	ASAFZ02B00_01	春玉米	双惠 2 号	收获期	2	籽粒	804.61	21.37	4.10	7.00
2011	ASAFZ02B00_01	春玉米	双惠 2 号	收获期	2	秸秆	777.23	15.26	0.77	16.07
2011	ASAFZ02B00_01	春玉米	双惠 2 号	收获期	2	根	683.42	13.11	1.48	13.49
2011	ASAFZ02B00_01	春玉米	双惠 2 号	收获期	3	籽粒	796.37	21.47	4.11	6.59
2011	ASAFZ02B00_01	春玉米	双惠 2 号	收获期	3	秸秆	780.33	16.07	0.66	12.98
2011	ASAFZ02B00_01	春玉米	双惠 2 号	收获期	3	根	729.33	16.02	0.98	14.39
2011	ASAFZ02B00_01	春玉米	双惠 2 号	收获期	4	籽粒	785.61	20.58	3.83	6.72
2011	ASAFZ02B00_01	春玉米	双惠 2 号	收获期	4	秸秆	755.95	15.59	0.67	15.79
2011	ASAFZ02B00_01	春玉米	双惠 2 号	收获期	4	根	725.75	10.19	0.67	7.36
2011	ASAFZ03ABC_01	春谷子	晋汾 7 号	收获期	5	籽粒	784.65	32.84	6.07	10.49
2011	ASAFZ03ABC_01	春谷子	晋汾 7 号	收获期	5	秸秆	724.35	15.61	1.36	56.06
2011	ASAFZ03ABC_01	春谷子	晋汾 7 号	收获期	5	根	773.74	14.28	1.23	10.90
2011	ASAFZ03ABC_01	春谷子	晋汾 7 号	收获期	7	籽粒	776.67	31.15	5.97	9.88
2011	ASAFZ03ABC_01	春谷子	晋汾 7 号	收获期	7	秸秆	702.81	14.60	1.28	48.34
2011	ASAFZ03ABC_01	春谷子	晋汾 7 号	收获期	7	根	763.94	15.83	1.49	12.55
2011	ASAFZ03ABC_01	春谷子	晋汾 7 号	收获期	8	籽粒	756.37	31.67	5.52	9.93
2011	ASAFZ03ABC_01	春谷子	晋汾 7 号	收获期	8	秸秆	701.96	14.36	1.27	43.27
2011	ASAFZ03ABC_01	春谷子	晋汾 7 号	收获期	8	根	796.61	15.58	1.44	15.04

（续）

年份	样地代码	作物名称	作物品种	作物生育期	样方号	采样部位	全碳/(g/kg)	全氮/(g/kg)	全磷/(g/kg)	全钾/(g/kg)
2011	ASAFZ03ABC _ 01	春谷子	晋汾 7 号	收获期	9	籽粒	769.43	34.43	6.36	10.67
2011	ASAFZ03ABC _ 01	春谷子	晋汾 7 号	收获期	9	秸秆	717.97	15.66	1.51	47.77
2011	ASAFZ03ABC _ 01	春谷子	晋汾 7 号	收获期	9	根	781.88	14.64	1.39	12.59
2011	ASAFZ03ABC _ 01	春谷子	晋汾 7 号	收获期	10	籽粒	764.81	35.29	6.54	11.24
2011	ASAFZ03ABC _ 01	春谷子	晋汾 7 号	收获期	10	秸秆	703.11	16.21	1.49	45.14
2011	ASAFZ03ABC _ 01	春谷子	晋汾 7 号	收获期	10	根	782.52	15.77	1.68	18.63
2011	ASAFZ03ABC _ 01	春谷子	晋汾 7 号	收获期	12	籽粒	773.85	32.35	5.90	10.57
2011	ASAFZ03ABC _ 01	春谷子	晋汾 7 号	收获期	12	秸秆	679.96	15.86	1.46	45.88
2011	ASAFZ03ABC _ 01	春谷子	晋汾 7 号	收获期	12	根	807.05	15.31	1.38	12.86
2011	ASAFZ04ABC _ 01	春玉米	双惠 2 号	收获期	10	籽粒	784.07	17.89	5.38	8.33
2011	ASAFZ04ABC _ 01	春玉米	双惠 2 号	收获期	10	茎秆	719.05	4.93	0.73	42.47
2011	ASAFZ04ABC _ 01	春玉米	双惠 2 号	收获期	10	叶子	718.54	9.64	0.89	9.83
2011	ASAFZ04ABC _ 01	春玉米	双惠 2 号	收获期	10	包叶	734.98	11.28	1.69	23.93
2011	ASAFZ04ABC _ 01	春玉米	双惠 2 号	收获期	10	玉米芯	742.12	5.68	0.87	23.02
2011	ASAFZ04ABC _ 01	春玉米	双惠 2 号	收获期	11	籽粒	778.79	24.63	4.93	6.72
2011	ASAFZ04ABC _ 01	春玉米	双惠 2 号	收获期	11	茎秆	866.74	9.22	0.52	19.32
2011	ASAFZ04ABC _ 01	春玉米	双惠 2 号	收获期	11	叶子	732.78	14.85	0.99	12.10
2011	ASAFZ04ABC _ 01	春玉米	双惠 2 号	收获期	11	包叶	750.51	11.74	1.11	23.59
2011	ASAFZ04ABC _ 01	春玉米	双惠 2 号	收获期	11	玉米芯	777.47	4.80	0.54	13.02
2011	ASAFZ04ABC _ 01	春玉米	双惠 2 号	收获期	12	籽粒	790.17	21.87	4.39	6.81
2011	ASAFZ04ABC _ 01	春玉米	双惠 2 号	收获期	12	茎秆	775.64	5.66	0.45	12.80
2011	ASAFZ04ABC _ 01	春玉米	双惠 2 号	收获期	12	叶子	748.82	13.48	0.92	6.45
2011	ASAFZ04ABC _ 01	春玉米	双惠 2 号	收获期	12	包叶	728.04	8.79	0.70	20.18
2011	ASAFZ04ABC _ 01	春玉米	双惠 2 号	收获期	12	玉米芯	782.06	4.53	0.55	16.14
2011	ASAFZ04ABC _ 01	春玉米	双惠 2 号	收获期	13	籽粒	789.95	31.97	4.17	6.66
2011	ASAFZ04ABC _ 01	春玉米	双惠 2 号	收获期	13	茎秆	760.33	14.72	0.38	8.63
2011	ASAFZ04ABC _ 01	春玉米	双惠 2 号	收获期	13	叶子	730.92	17.27	0.82	9.30
2011	ASAFZ04ABC _ 01	春玉米	双惠 2 号	收获期	13	包叶	733.26	8.50	1.21	15.41
2011	ASAFZ04ABC _ 01	春玉米	双惠 2 号	收获期	13	玉米芯	757.03	8.41	0.57	17.34
2011	ASAFZ04ABC _ 01	春玉米	双惠 2 号	收获期	14	籽粒	772.04	14.92	3.83	7.05
2011	ASAFZ04ABC _ 01	春玉米	双惠 2 号	收获期	14	茎秆	754.26	3.14	0.35	17.02
2011	ASAFZ04ABC _ 01	春玉米	双惠 2 号	收获期	14	叶子	740.65	7.63	0.54	4.47
2011	ASAFZ04ABC _ 01	春玉米	双惠 2 号	收获期	14	包叶	739.49	8.79	0.75	17.11
2011	ASAFZ04ABC _ 01	春玉米	双惠 2 号	收获期	14	玉米芯	750.58	5.23	0.59	24.77
2011	ASAFZ04ABC _ 01	春玉米	双惠 2 号	收获期	15	籽粒	811.71	15.89	5.48	8.39
2011	ASAFZ04ABC _ 01	春玉米	双惠 2 号	收获期	15	茎秆	742.64	4.43	0.86	18.25
2011	ASAFZ04ABC _ 01	春玉米	双惠 2 号	收获期	15	叶子	700.39	7.85	1.06	3.61
2011	ASAFZ04ABC _ 01	春玉米	双惠 2 号	收获期	15	包叶	729.36	6.26	1.06	14.48

（续）

年份	样地代码	作物名称	作物品种	作物生育期	样方号	采样部位	全碳/(g/kg)	全氮/(g/kg)	全磷/(g/kg)	全钾/(g/kg)
2011	ASAFZ04ABC_01	春玉米	双惠 2 号	收获期	15	玉米芯	750.25	5.36	0.80	17.10
2011	ASAFZ04ABC_01	春玉米	双惠 2 号	收获期	16	籽粒	780.89	21.48	3.33	6.49
2011	ASAFZ04ABC_01	春玉米	双惠 2 号	收获期	16	茎秆	709.92	8.09	0.46	31.68
2011	ASAFZ04ABC_01	春玉米	双惠 2 号	收获期	16	叶子	695.25	15.40	0.86	11.93
2011	ASAFZ04ABC_01	春玉米	双惠 2 号	收获期	16	包叶	741.93	10.76	0.72	22.27
2011	ASAFZ04ABC_01	春玉米	双惠 2 号	收获期	16	玉米芯	740.71	5.41	0.50	23.14
2011	ASAFZ04ABC_01	春玉米	双惠 2 号	收获期	17	籽粒	792.53	17.43	3.89	6.90
2011	ASAFZ04ABC_01	春玉米	双惠 2 号	收获期	17	茎秆	740.73	4.08	0.44	42.57
2011	ASAFZ04ABC_01	春玉米	双惠 2 号	收获期	17	叶子	721.79	8.58	0.52	6.85
2011	ASAFZ04ABC_01	春玉米	双惠 2 号	收获期	17	包叶	733.83	12.21	1.07	22.82
2011	ASAFZ04ABC_01	春玉米	双惠 2 号	收获期	17	玉米芯	781.29	5.24	0.67	22.67
2011	ASAFZ05ABC_01	春谷子	晋汾 7 号	收获期	11	籽粒	764.40	32.25	6.04	10.10
2011	ASAFZ05ABC_01	春谷子	晋汾 7 号	收获期	11	糠秕	731.02	20.85	3.40	25.15
2011	ASAFZ05ABC_01	春谷子	晋汾 7 号	收获期	11	茎秆	733.71	8.54	0.73	36.59
2011	ASAFZ05ABC_01	春谷子	晋汾 7 号	收获期	11	叶子	665.72	16.12	1.22	8.24
2011	ASAFZ05ABC_01	春谷子	晋汾 7 号	收获期	12	籽粒	759.08	32.04	5.65	9.62
2011	ASAFZ05ABC_01	春谷子	晋汾 7 号	收获期	12	糠秕	731.89	21.05	3.23	30.15
2011	ASAFZ05ABC_01	春谷子	晋汾 7 号	收获期	12	茎秆	740.38	10.02	0.61	43.83
2011	ASAFZ05ABC_01	春谷子	晋汾 7 号	收获期	12	叶子	612.32	14.12	0.95	7.01
2011	ASAFZ05ABC_01	春谷子	晋汾 7 号	收获期	13	籽粒	777.06	31.18	4.10	8.74
2011	ASAFZ05ABC_01	春谷子	晋汾 7 号	收获期	13	糠秕	736.31	16.71	1.47	28.28
2011	ASAFZ05ABC_01	春谷子	晋汾 7 号	收获期	13	茎秆	731.46	7.62	0.25	34.13
2011	ASAFZ05ABC_01	春谷子	晋汾 7 号	收获期	13	叶子	685.47	13.90	0.47	8.22
2011	ASAFZ05ABC_01	春谷子	晋汾 7 号	收获期	14	籽粒	758.44	29.10	5.80	10.00
2011	ASAFZ05ABC_01	春谷子	晋汾 7 号	收获期	14	糠秕	722.12	18.43	3.21	32.68
2011	ASAFZ05ABC_01	春谷子	晋汾 7 号	收获期	14	茎秆	719.47	6.64	1.18	41.63
2011	ASAFZ05ABC_01	春谷子	晋汾 7 号	收获期	14	叶子	630.91	13.82	1.44	12.12
2011	ASAFZ05ABC_01	春谷子	晋汾 7 号	收获期	15	籽粒	775.77	31.61	6.21	10.10
2011	ASAFZ05ABC_01	春谷子	晋汾 7 号	收获期	15	糠秕	779.16	18.91	1.45	32.22
2011	ASAFZ05ABC_01	春谷子	晋汾 7 号	收获期	15	茎秆	733.49	9.41	0.82	43.82
2011	ASAFZ05ABC_01	春谷子	晋汾 7 号	收获期	15	叶子	683.68	13.86	0.99	9.78
2011	ASAFZ05ABC_01	春谷子	晋汾 7 号	收获期	16	籽粒	788.78	30.69	3.98	8.02
2011	ASAFZ05ABC_01	春谷子	晋汾 7 号	收获期	16	糠秕	765.79	15.61	1.43	26.79
2011	ASAFZ05ABC_01	春谷子	晋汾 7 号	收获期	16	茎秆	745.44	6.82	0.26	31.73
2011	ASAFZ05ABC_01	春谷子	晋汾 7 号	收获期	16	叶子	684.02	14.16	0.48	6.34
2011	ASAFZ05ABC_01	春谷子	晋汾 7 号	收获期	17	籽粒	784.98	26.17	6.04	9.15
2011	ASAFZ05ABC_01	春谷子	晋汾 7 号	收获期	17	糠秕	714.85	14.16	2.47	30.03
2011	ASAFZ05ABC_01	春谷子	晋汾 7 号	收获期	17	茎秆	726.16	5.10	2.34	30.25

（续）

年份	样地代码	作物名称	作物品种	作物生育期	样方号	采样部位	全碳/(g/kg)	全氮/(g/kg)	全磷/(g/kg)	全钾/(g/kg)
2011	ASAFZ05ABC_01	春谷子	晋汾7号	收获期	17	叶子	653.12	8.32	1.50	8.83
2011	ASAFZ05ABC_01	春谷子	晋汾7号	收获期	18	籽粒	783.97	25.73	5.81	9.46
2011	ASAFZ05ABC_01	春谷子	晋汾7号	收获期	18	糠秕	786.17	12.97	2.21	32.14
2011	ASAFZ05ABC_01	春谷子	晋汾7号	收获期	18	茎秆	745.65	4.24	1.29	30.50
2011	ASAFZ05ABC_01	春谷子	晋汾7号	收获期	18	叶子	653.69	7.75	0.97	7.26
2011	ASAFZ05ABC_01	春谷子	晋汾7号	收获期	19	籽粒	755.87	27.88	4.20	9.02
2011	ASAFZ05ABC_01	春谷子	晋汾7号	收获期	19	糠秕	793.84	15.31	1.60	29.11
2011	ASAFZ05ABC_01	春谷子	晋汾7号	收获期	19	茎秆	726.02	4.58	0.28	23.76
2011	ASAFZ05ABC_01	春谷子	晋汾7号	收获期	19	叶子	660.19	9.93	0.48	9.44
2011	ASAFZ06ABC_01	春谷子	晋汾7号	收获期	10	籽粒	769.97	30.84	6.38	11.18
2011	ASAFZ06ABC_01	春谷子	晋汾7号	收获期	10	糠秕	775.01	24.22	4.01	36.40
2011	ASAFZ06ABC_01	春谷子	晋汾7号	收获期	10	茎秆	704.72	13.03	1.76	68.58
2011	ASAFZ06ABC_01	春谷子	晋汾7号	收获期	10	叶子	601.61	15.92	1.45	16.81
2011	ASAFZ06ABC_01	春谷子	晋汾7号	收获期	11	籽粒	754.10	34.74	5.84	10.20
2011	ASAFZ06ABC_01	春谷子	晋汾7号	收获期	11	糠秕	762.46	25.44	3.69	36.49
2011	ASAFZ06ABC_01	春谷子	晋汾7号	收获期	11	茎秆	684.01	15.79	0.87	67.63
2011	ASAFZ06ABC_01	春谷子	晋汾7号	收获期	11	叶子	621.69	17.04	0.95	13.17
2011	ASAFZ06ABC_01	春谷子	晋汾7号	收获期	12	籽粒	762.48	28.82	6.08	10.32
2011	ASAFZ06ABC_01	春谷子	晋汾7号	收获期	12	糠秕	775.58	22.76	4.24	31.32
2011	ASAFZ06ABC_01	春谷子	晋汾7号	收获期	12	茎秆	706.78	5.74	1.94	59.28
2011	ASAFZ06ABC_01	春谷子	晋汾7号	收获期	12	叶子	629.58	9.76	1.57	13.06
2011	ASAFZ06ABC_01	春谷子	晋汾7号	收获期	13	籽粒	773.83	33.59	6.20	9.90
2011	ASAFZ06ABC_01	春谷子	晋汾7号	收获期	13	糠秕	804.73	24.89	4.21	30.26
2011	ASAFZ06ABC_01	春谷子	晋汾7号	收获期	13	茎秆	718.73	13.36	0.91	48.09
2011	ASAFZ06ABC_01	春谷子	晋汾7号	收获期	13	叶子	613.20	14.82	1.20	6.23
2011	ASAFZ06ABC_01	春谷子	晋汾7号	收获期	14	籽粒	783.57	28.76	5.14	10.24
2011	ASAFZ06ABC_01	春谷子	晋汾7号	收获期	14	糠秕	780.94	21.36	3.20	29.86
2011	ASAFZ06ABC_01	春谷子	晋汾7号	收获期	14	茎秆	723.20	6.03	0.66	44.62
2011	ASAFZ06ABC_01	春谷子	晋汾7号	收获期	14	叶子	648.44	11.22	0.73	11.24
2011	ASAFZ06ABC_01	春谷子	晋汾7号	收获期	15	籽粒	777.57	33.80	6.32	9.87
2011	ASAFZ06ABC_01	春谷子	晋汾7号	收获期	15	糠秕	739.28	25.20	3.89	34.75
2011	ASAFZ06ABC_01	春谷子	晋汾7号	收获期	15	茎秆	689.57	13.88	1.06	70.11
2011	ASAFZ06ABC_01	春谷子	晋汾7号	收获期	15	叶子	652.64	14.67	1.04	13.00
2011	ASAFZ06ABC_01	春谷子	晋汾7号	收获期	16	籽粒	767.92	31.73	5.17	10.28
2011	ASAFZ06ABC_01	春谷子	晋汾7号	收获期	16	糠秕	737.38	25.71	3.30	28.82
2011	ASAFZ06ABC_01	春谷子	晋汾7号	收获期	16	茎秆	724.17	13.94	0.51	48.15
2011	ASAFZ06ABC_01	春谷子	晋汾7号	收获期	16	叶子	649.00	17.99	0.84	13.75
2011	ASAFZ06ABC_01	春谷子	晋汾7号	收获期	17	籽粒	843.16	34.64	5.71	10.76

（续）

年份	样地代码	作物名称	作物品种	作物生育期	样方号	采样部位	全碳/(g/kg)	全氮/(g/kg)	全磷/(g/kg)	全钾/(g/kg)
2011	ASAFZ06ABC_01	春谷子	晋汾 7 号	收获期	17	糠秕	757.00	29.50	4.47	34.48
2011	ASAFZ06ABC_01	春谷子	晋汾 7 号	收获期	17	茎秆	689.52	13.59	0.73	70.84
2011	ASAFZ06ABC_01	春谷子	晋汾 7 号	收获期	17	叶子	615.26	15.79	1.00	13.66
2011	ASAFZ06ABC_01	春谷子	晋汾 7 号	收获期	18	籽粒	779.56	32.43	5.86	10.24
2011	ASAFZ06ABC_01	春谷子	晋汾 7 号	收获期	18	糠秕	778.75	26.46	4.38	33.48
2011	ASAFZ06ABC_01	春谷子	晋汾 7 号	收获期	18	茎秆	717.28	13.69	1.11	58.65
2011	ASAFZ06ABC_01	春谷子	晋汾 7 号	收获期	18	叶子	614.55	15.54	1.10	14.41
2011	ASAFZ07AB0_01	春谷子	晋汾 7 号	收获期	8	籽粒	763.14	24.76	5.18	10.24
2011	ASAFZ07AB0_01	春谷子	晋汾 7 号	收获期	8	糠秕	757.52	18.58	3.32	31.76
2011	ASAFZ07AB0_01	春谷子	晋汾 7 号	收获期	8	茎秆	740.25	3.20	0.59	40.73
2011	ASAFZ07AB0_01	春谷子	晋汾 7 号	收获期	8	叶子	636.17	9.36	0.84	17.55
2011	ASAFZ07AB0_01	春谷子	晋汾 7 号	收获期	9	籽粒	747.93	27.82	4.97	9.89
2011	ASAFZ07AB0_01	春谷子	晋汾 7 号	收获期	9	糠秕	764.89	21.64	3.28	35.86
2011	ASAFZ07AB0_01	春谷子	晋汾 7 号	收获期	9	茎秆	722.38	8.02	0.44	51.70
2011	ASAFZ07AB0_01	春谷子	晋汾 7 号	收获期	9	叶子	646.95	14.58	0.92	20.71
2011	ASAFZ07AB0_01	春谷子	晋汾 7 号	收获期	10	籽粒	765.87	29.11	4.48	9.77
2011	ASAFZ07AB0_01	春谷子	晋汾 7 号	收获期	10	糠秕	794.19	23.30	2.99	28.88
2011	ASAFZ07AB0_01	春谷子	晋汾 7 号	收获期	10	茎秆	729.33	8.28	0.36	44.04
2011	ASAFZ07AB0_01	春谷子	晋汾 7 号	收获期	10	叶子	635.37	16.74	0.89	20.10
2011	ASAFZ07AB0_01	春谷子	晋汾 7 号	收获期	11	籽粒	759.89	30.76	3.81	8.92
2011	ASAFZ07AB0_01	春谷子	晋汾 7 号	收获期	11	糠秕	775.17	18.70	1.86	25.14
2011	ASAFZ07AB0_01	春谷子	晋汾 7 号	收获期	11	茎秆	738.09	9.72	0.29	28.15
2011	ASAFZ07AB0_01	春谷子	晋汾 7 号	收获期	11	叶子	666.86	16.02	0.63	9.32
2011	ASAFZ07AB0_01	春谷子	晋汾 7 号	收获期	12	籽粒	749.40	28.60	4.21	10.71
2011	ASAFZ07AB0_01	春谷子	晋汾 7 号	收获期	12	糠秕	766.75	15.18	1.69	25.45
2011	ASAFZ07AB0_01	春谷子	晋汾 7 号	收获期	12	茎秆	752.99	4.24	0.26	24.92
2011	ASAFZ07AB0_01	春谷子	晋汾 7 号	收获期	12	叶子	660.49	10.16	0.52	10.90
2011	ASAFZ07AB0_01	春谷子	晋汾 7 号	收获期	13	籽粒	783.30	29.62	4.60	11.26
2011	ASAFZ07AB0_01	春谷子	晋汾 7 号	收获期	13	糠秕	770.94	21.18	2.78	28.39
2011	ASAFZ07AB0_01	春谷子	晋汾 7 号	收获期	13	茎秆	747.84	6.84	0.34	27.68
2011	ASAFZ07AB0_01	春谷子	晋汾 7 号	收获期	13	叶子	621.72	13.44	0.70	10.84
2011	ASAFZ07AB0_01	春谷子	晋汾 7 号	收获期	14	籽粒	774.26	27.84	6.33	10.37
2011	ASAFZ07AB0_01	春谷子	晋汾 7 号	收获期	14	糠秕	758.71	13.32	2.93	27.29
2011	ASAFZ07AB0_01	春谷子	晋汾 7 号	收获期	14	茎秆	786.22	2.86	1.53	25.86
2011	ASAFZ07AB0_01	春谷子	晋汾 7 号	收获期	14	叶子	723.07	8.16	1.48	11.16
2011	ASAZQ01AB0_01	春马铃薯	农家品种	收获期	1	马铃薯	682.17	23.75	3.61	27.80
2011	ASAZQ01AB0_01	春马铃薯	农家品种	收获期	1	秸秆	467.97	32.12	2.68	25.83
2011	ASAZQ01AB0_01	春马铃薯	农家品种	收获期	2	马铃薯	669.58	25.94	4.16	32.29

（续）

年份	样地代码	作物名称	作物品种	作物生育期	样方号	采样部位	全碳/(g/kg)	全氮/(g/kg)	全磷/(g/kg)	全钾/(g/kg)
2011	ASAZQ01AB0_01	春马铃薯	农家品种	收获期	2	秸秆	568.73	37.48	2.94	34.70
2011	ASAZQ01AB0_01	春马铃薯	农家品种	收获期	3	马铃薯	662.83	24.85	4.38	29.95
2011	ASAZQ01AB0_01	春马铃薯	农家品种	收获期	3	秸秆	552.44	34.74	3.11	20.18
2011	ASAZQ01AB0_01	春马铃薯	农家品种	收获期	4	马铃薯	683.33	16.30	3.46	25.95
2011	ASAZQ01AB0_01	春马铃薯	农家品种	收获期	4	秸秆	591.22	34.68	2.84	29.69
2011	ASAZQ01AB0_01	春马铃薯	农家品种	收获期	5	马铃薯	681.28	26.11	4.89	26.90
2011	ASAZQ01AB0_01	春马铃薯	农家品种	收获期	5	秸秆	522.12	44.34	4.17	19.47
2011	ASAZQ01AB0_01	春马铃薯	农家品种	收获期	6	马铃薯	674.48	24.86	3.80	30.11
2011	ASAZQ01AB0_01	春马铃薯	农家品种	收获期	6	秸秆	535.08	28.62	2.73	18.65
2011	ASAZQ03AB0_01	春谷子	晋汾7号	收获期	1	籽粒	774.25	30.32	5.20	9.32
2011	ASAZQ03AB0_01	春谷子	晋汾7号	收获期	1	秸秆	668.60	15.20	0.95	44.13
2011	ASAZQ03AB0_01	春谷子	晋汾7号	收获期	1	根	783.12	14.38	1.23	9.97
2011	ASAZQ03AB0_01	春谷子	晋汾7号	收获期	2	籽粒	789.73	28.85	5.12	10.06
2011	ASAZQ03AB0_01	春谷子	晋汾7号	收获期	2	秸秆	704.42	17.58	1.20	39.32
2011	ASAZQ03AB0_01	春谷子	晋汾7号	收获期	2	根	769.36	13.94	1.49	12.55
2011	ASAZQ03AB0_01	春谷子	晋汾7号	收获期	3	籽粒	776.44	28.96	5.37	9.53
2011	ASAZQ03AB0_01	春谷子	晋汾7号	收获期	3	秸秆	679.73	17.20	1.16	38.93
2011	ASAZQ03AB0_01	春谷子	晋汾7号	收获期	3	根	760.89	13.90	1.44	15.04
2011	ASAZQ03AB0_01	春谷子	晋汾7号	收获期	4	籽粒	769.98	29.23	5.14	9.78
2011	ASAZQ03AB0_01	春谷子	晋汾7号	收获期	4	秸秆	721.24	16.14	0.98	37.02
2011	ASAZQ03AB0_01	春谷子	晋汾7号	收获期	4	根	801.21	13.46	1.39	12.59
2011	ASAZQ03AB0_01	春谷子	晋汾7号	收获期	5	籽粒	777.29	29.41	4.86	9.59
2011	ASAZQ03AB0_01	春谷子	晋汾7号	收获期	5	秸秆	698.14	15.04	0.92	36.85
2011	ASAZQ03AB0_01	春谷子	晋汾7号	收获期	5	根	794.11	13.64	1.68	18.63
2011	ASAZQ03AB0_01	春谷子	晋汾7号	收获期	6	籽粒	780.18	30.96	5.03	9.76
2011	ASAZQ03AB0_01	春谷子	晋汾7号	收获期	6	秸秆	739.04	15.38	1.02	40.80
2011	ASAZQ03AB0_01	春谷子	晋汾7号	收获期	6	根	777.60	12.62	1.38	12.86
2012	ASAZH01ABC_01	春玉米	强盛101	收获期	1	籽粒	805.88	19.26	4.42	5.89
2012	ASAZH01ABC_01	春玉米	强盛101	收获期	1	秸秆	774.97	9.78	0.93	12.46
2012	ASAZH01ABC_01	春玉米	强盛101	收获期	1	根	756.50	10.29	1.03	12.51
2012	ASAZH01ABC_01	春玉米	强盛101	收获期	5	籽粒	794.27	19.79	4.39	5.63
2012	ASAZH01ABC_01	春玉米	强盛101	收获期	5	秸秆	803.47	7.46	0.69	11.64
2012	ASAZH01ABC_01	春玉米	强盛101	收获期	5	根	775.31	8.63	0.90	13.75
2012	ASAZH01ABC_01	春玉米	强盛101	收获期	6	籽粒	809.19	20.04	3.62	5.46
2012	ASAZH01ABC_01	春玉米	强盛101	收获期	6	秸秆	793.37	10.71	0.77	15.44
2012	ASAZH01ABC_01	春玉米	强盛101	收获期	6	根	804.18	9.89	0.95	15.88
2012	ASAZH01ABC_01	春玉米	强盛101	收获期	10	籽粒	794.22	20.22	3.71	5.04
2012	ASAZH01ABC_01	春玉米	强盛101	收获期	10	秸秆	757.29	8.90	0.65	12.70

（续）

年份	样地代码	作物名称	作物品种	作物生育期	样方号	采样部位	全碳/(g/kg)	全氮/(g/kg)	全磷/(g/kg)	全钾/(g/kg)
2012	ASAZH01ABC_01	春玉米	强盛101	收获期	10	根	776.42	9.52	0.95	12.72
2012	ASAZH01ABC_01	春玉米	强盛101	收获期	11	籽粒	805.69	19.53	4.31	5.77
2012	ASAZH01ABC_01	春玉米	强盛101	收获期	11	秸秆	790.95	9.47	0.88	13.88
2012	ASAZH01ABC_01	春玉米	强盛101	收获期	11	根	718.66	8.86	0.97	15.36
2012	ASAZH01ABC_01	春玉米	强盛101	收获期	15	籽粒	805.32	19.51	3.93	5.56
2012	ASAZH01ABC_01	春玉米	强盛101	收获期	15	秸秆	761.46	8.17	0.64	13.41
2012	ASAZH01ABC_01	春玉米	强盛101	收获期	15	根	689.61	9.37	1.05	16.88
2012	ASAFZ01B00_01	春玉米	强盛101	收获期	1	籽粒	803.51	16.79	5.69	6.74
2012	ASAFZ01B00_01	春玉米	强盛101	收获期	1	秸秆	777.50	6.62	3.77	16.06
2012	ASAFZ01B00_01	春玉米	强盛101	收获期	1	根	790.75	7.36	2.13	20.55
2012	ASAFZ01B00_01	春玉米	强盛101	收获期	2	籽粒	783.73	15.81	5.47	6.47
2012	ASAFZ01B00_01	春玉米	强盛101	收获期	2	秸秆	774.07	6.70	2.78	16.97
2012	ASAFZ01B00_01	春玉米	强盛101	收获期	2	根	755.66	5.70	1.59	19.09
2012	ASAFZ01B00_01	春玉米	强盛101	收获期	3	籽粒	805.42	17.42	5.27	6.11
2012	ASAFZ01B00_01	春玉米	强盛101	收获期	3	秸秆	796.69	6.10	1.81	14.32
2012	ASAFZ01B00_01	春玉米	强盛101	收获期	3	根	819.00	6.14	1.71	19.96
2012	ASAFZ01B00_01	春玉米	强盛101	收获期	4	籽粒	795.57	16.10	4.69	5.85
2012	ASAFZ01B00_01	春玉米	强盛101	收获期	4	秸秆	813.96	6.43	1.29	13.37
2012	ASAFZ01B00_01	春玉米	强盛101	收获期	4	根	812.69	6.61	1.60	18.86
2012	ASAFZ02B00_01	春玉米	强盛101	收获期	1	籽粒	802.71	21.15	5.34	6.19
2012	ASAFZ02B00_01	春玉米	强盛101	收获期	1	秸秆	804.56	6.65	1.15	14.40
2012	ASAFZ02B00_01	春玉米	强盛101	收获期	1	根	746.11	9.27	1.74	19.62
2012	ASAFZ02B00_01	春玉米	强盛101	收获期	2	籽粒	799.31	19.61	5.33	6.24
2012	ASAFZ02B00_01	春玉米	强盛101	收获期	2	秸秆	797.88	7.66	1.35	14.36
2012	ASAFZ02B00_01	春玉米	强盛101	收获期	2	根	759.58	8.89	1.46	17.05
2012	ASAFZ02B00_01	春玉米	强盛101	收获期	3	籽粒	811.81	20.73	4.95	10.99
2012	ASAFZ02B00_01	春玉米	强盛101	收获期	3	秸秆	800.85	7.04	0.97	14.00
2012	ASAFZ02B00_01	春玉米	强盛101	收获期	3	根	755.17	8.72	1.03	18.39
2012	ASAFZ02B00_01	春玉米	强盛101	收获期	4	籽粒	788.39	20.23	4.25	5.66
2012	ASAFZ02B00_01	春玉米	强盛101	收获期	4	秸秆	803.20	7.87	0.74	14.34
2012	ASAFZ02B00_01	春玉米	强盛101	收获期	4	根	774.08	9.26	1.03	17.18
2012	ASAFZ03ABC_01	春黄豆	中黄35	收获期	2	籽粒	951.25	124.06	12.85	33.18
2012	ASAFZ03ABC_01	春黄豆	中黄35	收获期	2	秸秆	764.86	11.89	1.30	29.44
2012	ASAFZ03ABC_01	春黄豆	中黄35	收获期	2	根	752.14	19.31	1.68	5.46
2012	ASAFZ03ABC_01	春黄豆	中黄35	收获期	3	籽粒	954.33	124.03	12.24	31.39
2012	ASAFZ03ABC_01	春黄豆	中黄35	收获期	3	秸秆	772.18	12.51	1.19	29.59
2012	ASAFZ03ABC_01	春黄豆	中黄35	收获期	3	根	785.13	18.93	1.54	5.75
2012	ASAFZ03ABC_01	春黄豆	中黄35	收获期	6	籽粒	976.42	123.64	11.83	32.45

（续）

年份	样地代码	作物名称	作物品种	作物生育期	样方号	采样部位	全碳/(g/kg)	全氮/(g/kg)	全磷/(g/kg)	全钾/(g/kg)
2012	ASAFZ03ABC_01	春黄豆	中黄35	收获期	6	秸秆	782.85	10.73	0.88	25.61
2012	ASAFZ03ABC_01	春黄豆	中黄35	收获期	6	根	819.67	17.90	1.50	5.50
2012	ASAFZ03ABC_01	春黄豆	中黄35	收获期	11	籽粒	976.41	124.13	12.46	32.93
2012	ASAFZ03ABC_01	春黄豆	中黄35	收获期	11	秸秆	765.75	12.58	1.24	34.01
2012	ASAFZ03ABC_01	春黄豆	中黄35	收获期	11	根	794.37	18.79	1.53	6.22
2012	ASAFZ03ABC_01	春黄豆	中黄35	收获期	14	籽粒	976.44	126.97	12.15	33.32
2012	ASAFZ03ABC_01	春黄豆	中黄35	收获期	14	秸秆	782.65	12.54	1.20	27.61
2012	ASAFZ03ABC_01	春黄豆	中黄35	收获期	14	根	801.55	20.08	1.64	6.69
2012	ASAFZ03ABC_01	春黄豆	中黄35	收获期	15	籽粒	982.92	125.63	12.55	33.18
2012	ASAFZ03ABC_01	春黄豆	中黄35	收获期	15	秸秆	777.95	12.41	1.12	29.15
2012	ASAFZ03ABC_01	春黄豆	中黄35	收获期	15	根	795.97	21.02	1.59	6.61
2012	ASAFZ04ABC_01	春玉米	强盛101	收获期	10	籽粒	769.71	17.10	5.30	6.33
2012	ASAFZ04ABC_01	春玉米	强盛101	收获期	10	茎秆	796.73	3.83	3.62	33.20
2012	ASAFZ04ABC_01	春玉米	强盛101	收获期	10	叶子	774.95	8.28	2.25	10.02
2012	ASAFZ04ABC_01	春玉米	强盛101	收获期	10	包叶	817.38	8.98	1.50	14.08
2012	ASAFZ04ABC_01	春玉米	强盛101	收获期	10	玉米芯	799.47	9.39	1.36	16.88
2012	ASAFZ04ABC_01	春玉米	强盛101	收获期	11	籽粒	772.54	21.12	4.88	5.81
2012	ASAFZ04ABC_01	春玉米	强盛101	收获期	11	茎秆	800.17	4.73	0.63	22.88
2012	ASAFZ04ABC_01	春玉米	强盛101	收获期	11	叶子	780.71	11.68	1.25	13.70
2012	ASAFZ04ABC_01	春玉米	强盛101	收获期	11	包叶	815.95	8.68	0.96	18.14
2012	ASAFZ04ABC_01	春玉米	强盛101	收获期	11	玉米芯	814.86	6.40	0.70	15.09
2012	ASAFZ04ABC_01	春玉米	强盛101	收获期	12	籽粒	796.05	20.00	3.97	5.19
2012	ASAFZ04ABC_01	春玉米	强盛101	收获期	12	茎秆	833.92	4.62	0.46	12.19
2012	ASAFZ04ABC_01	春玉米	强盛101	收获期	12	叶子	765.97	13.29	1.06	8.35
2012	ASAFZ04ABC_01	春玉米	强盛101	收获期	12	包叶	825.22	11.57	1.12	16.37
2012	ASAFZ04ABC_01	春玉米	强盛101	收获期	12	玉米芯	825.31	6.81	0.67	19.40
2012	ASAFZ04ABC_01	春玉米	强盛101	收获期	13	籽粒	812.57	25.28	2.78	5.08
2012	ASAFZ04ABC_01	春玉米	强盛101	收获期	13	茎秆	796.80	6.52	0.33	18.03
2012	ASAFZ04ABC_01	春玉米	强盛101	收获期	13	叶子	762.10	17.71	0.98	11.39
2012	ASAFZ04ABC_01	春玉米	强盛101	收获期	13	包叶	802.75	9.43	0.70	20.79
2012	ASAFZ04ABC_01	春玉米	强盛101	收获期	13	玉米芯	799.47	7.91	0.63	22.38
2012	ASAFZ04ABC_01	春玉米	强盛101	收获期	14	籽粒	791.65	18.79	3.18	5.20
2012	ASAFZ04ABC_01	春玉米	强盛101	收获期	14	茎秆	790.93	3.37	0.45	18.64
2012	ASAFZ04ABC_01	春玉米	强盛101	收获期	14	叶子	756.55	10.16	0.75	11.69
2012	ASAFZ04ABC_01	春玉米	强盛101	收获期	14	包叶	821.57	6.46	0.53	13.59
2012	ASAFZ04ABC_01	春玉米	强盛101	收获期	14	玉米芯	818.59	9.56	0.96	22.81
2012	ASAFZ04ABC_01	春玉米	强盛101	收获期	15	籽粒	801.32	17.15	5.33	6.04
2012	ASAFZ04ABC_01	春玉米	强盛101	收获期	15	茎秆	783.90	2.58	3.71	19.23

（续）

年份	样地代码	作物名称	作物品种	作物生育期	样方号	采样部位	全碳/(g/kg)	全氮/(g/kg)	全磷/(g/kg)	全钾/(g/kg)
2012	ASAFZ04ABC _ 01	春玉米	强盛 101	收获期	15	叶子	800.20	10.77	0.88	10.28
2012	ASAFZ04ABC _ 01	春玉米	强盛 101	收获期	15	包叶	866.58	8.90	1.13	11.63
2012	ASAFZ04ABC _ 01	春玉米	强盛 101	收获期	15	玉米芯	792.40	8.55	1.25	17.23
2012	ASAFZ04ABC _ 01	春玉米	强盛 101	收获期	16	籽粒	793.69	23.44	2.97	4.58
2012	ASAFZ04ABC _ 01	春玉米	强盛 101	收获期	16	茎秆	805.89	4.66	0.36	26.87
2012	ASAFZ04ABC _ 01	春玉米	强盛 101	收获期	16	叶子	801.16	15.09	0.91	13.08
2012	ASAFZ04ABC _ 01	春玉米	强盛 101	收获期	16	包叶	806.15	7.27	0.55	21.57
2012	ASAFZ04ABC _ 01	春玉米	强盛 101	收获期	16	玉米芯	809.49	5.67	0.48	17.98
2012	ASAFZ04ABC _ 01	春玉米	强盛 101	收获期	17	籽粒	795.80	20.01	4.35	5.43
2012	ASAFZ04ABC _ 01	春玉米	强盛 101	收获期	17	茎秆	776.18	3.74	0.48	31.18
2012	ASAFZ04ABC _ 01	春玉米	强盛 101	收获期	17	叶子	758.03	11.33	0.92	13.69
2012	ASAFZ04ABC _ 01	春玉米	强盛 101	收获期	17	包叶	796.85	7.78	0.75	17.26
2012	ASAFZ04ABC _ 01	春玉米	强盛 101	收获期	17	玉米芯	803.24	5.45	0.56	14.74
2012	ASAFZ05ABC _ 01	春糜子	农家品种	收获期	11	籽粒	814.07	31.80	5.81	6.36
2012	ASAFZ05ABC _ 01	春糜子	农家品种	收获期	11	糠秕	793.37	21.91	2.21	50.16
2012	ASAFZ05ABC _ 01	春糜子	农家品种	收获期	11	茎秆	793.60	8.87	0.94	32.11
2012	ASAFZ05ABC _ 01	春糜子	农家品种	收获期	11	叶子	782.37	21.23	2.68	20.56
2012	ASAFZ05ABC _ 01	春糜子	农家品种	收获期	12	籽粒	795.09	34.07	5.83	6.64
2012	ASAFZ05ABC _ 01	春糜子	农家品种	收获期	12	糠秕	785.19	22.01	1.98	41.19
2012	ASAFZ05ABC _ 01	春糜子	农家品种	收获期	12	茎秆	823.72	4.37	0.65	30.77
2012	ASAFZ05ABC _ 01	春糜子	农家品种	收获期	12	叶子	761.39	15.95	2.47	17.91
2012	ASAFZ05ABC _ 01	春糜子	农家品种	收获期	13	籽粒	797.97	37.44	3.38	7.05
2012	ASAFZ05ABC _ 01	春糜子	农家品种	收获期	13	糠秕	801.45	22.76	1.25	39.78
2012	ASAFZ05ABC _ 01	春糜子	农家品种	收获期	13	茎秆	824.78	8.11	0.42	32.79
2012	ASAFZ05ABC _ 01	春糜子	农家品种	收获期	13	叶子	802.61	24.70	1.02	19.32
2012	ASAFZ05ABC _ 01	春糜子	农家品种	收获期	14	籽粒	812.02	26.59	5.69	7.64
2012	ASAFZ05ABC _ 01	春糜子	农家品种	收获期	14	糠秕	823.23	17.02	2.02	36.57
2012	ASAFZ05ABC _ 01	春糜子	农家品种	收获期	14	茎秆	833.61	4.60	0.87	30.11
2012	ASAFZ05ABC _ 01	春糜子	农家品种	收获期	14	叶子	723.99	13.71	2.32	15.95
2012	ASAFZ05ABC _ 01	春糜子	农家品种	收获期	15	籽粒	805.42	26.80	5.95	6.68
2012	ASAFZ05ABC _ 01	春糜子	农家品种	收获期	15	糠秕	786.03	18.98	2.28	40.07
2012	ASAFZ05ABC _ 01	春糜子	农家品种	收获期	15	茎秆	835.39	5.53	0.81	31.44
2012	ASAFZ05ABC _ 01	春糜子	农家品种	收获期	15	叶子	780.54	16.26	1.96	19.54
2012	ASAFZ05ABC _ 01	春糜子	农家品种	收获期	16	籽粒	790.75	36.61	3.57	5.73
2012	ASAFZ05ABC _ 01	春糜子	农家品种	收获期	16	糠秕	804.53	21.27	1.21	39.29
2012	ASAFZ05ABC _ 01	春糜子	农家品种	收获期	16	茎秆	818.28	9.87	0.54	33.42
2012	ASAFZ05ABC _ 01	春糜子	农家品种	收获期	16	叶子	776.71	23.61	1.12	19.95
2012	ASAFZ05ABC _ 01	春糜子	农家品种	收获期	17	籽粒	771.23	27.43	6.58	7.66

（续）

年份	样地代码	作物名称	作物品种	作物生育期	样方号	采样部位	全碳/(g/kg)	全氮/(g/kg)	全磷/(g/kg)	全钾/(g/kg)
2012	ASAFZ05ABC_01	春糜子	农家品种	收获期	17	糠秕	797.89	18.27	2.73	35.87
2012	ASAFZ05ABC_01	春糜子	农家品种	收获期	17	茎秆	815.51	4.70	2.53	39.55
2012	ASAFZ05ABC_01	春糜子	农家品种	收获期	17	叶子	779.82	11.26	3.91	14.34
2012	ASAFZ05ABC_01	春糜子	农家品种	收获期	18	籽粒	803.47	24.87	6.04	7.58
2012	ASAFZ05ABC_01	春糜子	农家品种	收获期	18	糠秕	795.73	15.11	2.06	36.83
2012	ASAFZ05ABC_01	春糜子	农家品种	收获期	18	茎秆	828.63	3.89	1.01	33.30
2012	ASAFZ05ABC_01	春糜子	农家品种	收获期	18	叶子	798.98	8.86	1.70	11.16
2012	ASAFZ05ABC_01	春糜子	农家品种	收获期	19	籽粒	786.72	29.96	4.12	6.74
2012	ASAFZ05ABC_01	春糜子	农家品种	收获期	19	糠秕	781.79	17.27	1.12	47.52
2012	ASAFZ05ABC_01	春糜子	农家品种	收获期	19	茎秆	819.99	5.16	0.42	34.01
2012	ASAFZ05ABC_01	春糜子	农家品种	收获期	19	叶子	772.34	17.50	1.12	21.68
2012	ASAFZ06ABC_01	春糜子	农家品种	收获期	10	籽粒	790.74	28.63	6.38	8.43
2012	ASAFZ06ABC_01	春糜子	农家品种	收获期	10	糠秕	800.52	22.81	2.87	41.97
2012	ASAFZ06ABC_01	春糜子	农家品种	收获期	10	茎秆	806.86	5.49	1.06	44.52
2012	ASAFZ06ABC_01	春糜子	农家品种	收获期	10	叶子	747.09	20.72	3.21	18.72
2012	ASAFZ06ABC_01	春糜子	农家品种	收获期	11	籽粒	805.08	33.01	4.14	6.73
2012	ASAFZ06ABC_01	春糜子	农家品种	收获期	11	糠秕	792.15	17.79	1.07	52.41
2012	ASAFZ06ABC_01	春糜子	农家品种	收获期	11	茎秆	870.02	5.86	0.37	41.85
2012	ASAFZ06ABC_01	春糜子	农家品种	收获期	11	叶子	745.43	20.24	1.02	17.07
2012	ASAFZ06ABC_01	春糜子	农家品种	收获期	12	籽粒	808.05	26.48	5.82	7.33
2012	ASAFZ06ABC_01	春糜子	农家品种	收获期	12	糠秕	777.75	16.62	1.87	38.19
2012	ASAFZ06ABC_01	春糜子	农家品种	收获期	12	茎秆	836.33	4.33	0.66	41.08
2012	ASAFZ06ABC_01	春糜子	农家品种	收获期	12	叶子	764.21	14.86	1.39	10.35
2012	ASAFZ06ABC_01	春糜子	农家品种	收获期	13	籽粒	813.15	29.53	5.54	7.14
2012	ASAFZ06ABC_01	春糜子	农家品种	收获期	13	糠秕	779.79	20.27	2.07	45.28
2012	ASAFZ06ABC_01	春糜子	农家品种	收获期	13	茎秆	826.80	6.78	0.76	27.53
2012	ASAFZ06ABC_01	春糜子	农家品种	收获期	13	叶子	758.89	24.58	2.86	12.82
2012	ASAFZ06ABC_01	春糜子	农家品种	收获期	14	籽粒	793.95	25.33	5.94	6.88
2012	ASAFZ06ABC_01	春糜子	农家品种	收获期	14	糠秕	785.02	15.90	2.09	34.74
2012	ASAFZ06ABC_01	春糜子	农家品种	收获期	14	茎秆	860.28	3.99	0.48	40.19
2012	ASAFZ06ABC_01	春糜子	农家品种	收获期	14	叶子	791.34	9.96	0.88	7.60
2012	ASAFZ06ABC_01	春糜子	农家品种	收获期	15	籽粒	808.07	31.34	6.47	7.85
2012	ASAFZ06ABC_01	春糜子	农家品种	收获期	15	糠秕	795.35	17.91	2.09	48.64
2012	ASAFZ06ABC_01	春糜子	农家品种	收获期	15	茎秆	834.36	4.90	0.79	51.93
2012	ASAFZ06ABC_01	春糜子	农家品种	收获期	15	叶子	775.46	20.44	2.26	18.22
2012	ASAFZ06ABC_01	春糜子	农家品种	收获期	16	籽粒	802.63	37.31	3.83	6.40
2012	ASAFZ06ABC_01	春糜子	农家品种	收获期	16	糠秕	801.36	23.19	1.24	42.16
2012	ASAFZ06ABC_01	春糜子	农家品种	收获期	16	茎秆	832.15	5.86	0.41	52.67

（续）

年份	样地代码	作物名称	作物品种	作物生育期	样方号	采样部位	全碳/(g/kg)	全氮/(g/kg)	全磷/(g/kg)	全钾/(g/kg)
2012	ASAFZ06ABC _ 01	春糜子	农家品种	收获期	16	叶子	784.63	23.71	1.38	17.67
2012	ASAFZ06ABC _ 01	春糜子	农家品种	收获期	17	籽粒	804.90	24.73	5.80	7.80
2012	ASAFZ06ABC _ 01	春糜子	农家品种	收获期	17	糠秕	813.93	14.02	1.62	46.02
2012	ASAFZ06ABC _ 01	春糜子	农家品种	收获期	17	茎秆	830.74	3.45	0.71	35.95
2012	ASAFZ06ABC _ 01	春糜子	农家品种	收获期	17	叶子	798.34	13.55	1.52	9.30
2012	ASAFZ06ABC _ 01	春糜子	农家品种	收获期	18	籽粒	815.01	29.25	5.70	7.27
2012	ASAFZ06ABC _ 01	春糜子	农家品种	收获期	18	糠秕	797.68	23.46	2.35	41.20
2012	ASAFZ06ABC _ 01	春糜子	农家品种	收获期	18	茎秆	843.09	5.44	0.88	33.52
2012	ASAFZ06ABC _ 01	春糜子	农家品种	收获期	18	叶子	778.21	20.37	2.23	16.40
2012	ASAFZ07AB0 _ 01	夏荞麦	北海道	收获期	8	籽粒	831.86	37.75	4.68	8.74
2012	ASAFZ07AB0 _ 01	夏荞麦	北海道	收获期	8	叶+花絮	770.35	30.89	2.32	18.06
2012	ASAFZ07AB0 _ 01	夏荞麦	北海道	收获期	8	茎秆	683.51	9.73	0.51	78.90
2012	ASAFZ07AB0 _ 01	夏荞麦	北海道	收获期	9	籽粒	816.43	38.81	7.02	10.62
2012	ASAFZ07AB0 _ 01	夏荞麦	北海道	收获期	9	叶+花絮	707.64	36.74	3.65	29.18
2012	ASAFZ07AB0 _ 01	夏荞麦	北海道	收获期	9	茎秆	727.94	14.21	1.77	62.30
2012	ASAFZ07AB0 _ 01	夏荞麦	北海道	收获期	10	籽粒	814.94	37.10	4.25	5.53
2012	ASAFZ07AB0 _ 01	夏荞麦	北海道	收获期	10	叶+花絮	741.10	33.76	2.37	19.16
2012	ASAFZ07AB0 _ 01	夏荞麦	北海道	收获期	10	茎秆	697.18	11.20	0.44	60.79
2012	ASAFZ07AB0 _ 01	夏荞麦	北海道	收获期	11	籽粒	832.67	34.70	3.37	8.16
2012	ASAFZ07AB0 _ 01	夏荞麦	北海道	收获期	11	叶+花絮	778.80	30.25	1.70	13.49
2012	ASAFZ07AB0 _ 01	夏荞麦	北海道	收获期	11	茎秆	684.55	12.32	0.27	24.64
2012	ASAFZ07AB0 _ 01	夏荞麦	北海道	收获期	12	籽粒	834.06	33.59	3.33	8.15
2012	ASAFZ07AB0 _ 01	夏荞麦	北海道	收获期	12	叶+花絮	746.80	28.02	1.39	11.77
2012	ASAFZ07AB0 _ 01	夏荞麦	北海道	收获期	12	茎秆	631.96	8.48	0.35	25.24
2012	ASAFZ07AB0 _ 01	夏荞麦	北海道	收获期	13	籽粒	820.05	37.53	6.93	10.05
2012	ASAFZ07AB0 _ 01	夏荞麦	北海道	收获期	13	叶+花絮	766.48	34.53	3.75	26.54
2012	ASAFZ07AB0 _ 01	夏荞麦	北海道	收获期	13	茎秆	723.49	11.34	1.18	47.57
2012	ASAFZ07AB0 _ 01	夏荞麦	北海道	收获期	14	籽粒	829.49	33.04	7.50	10.28
2012	ASAFZ07AB0 _ 01	夏荞麦	北海道	收获期	14	叶+花絮	741.37	29.76	3.64	21.08
2012	ASAFZ07AB0 _ 01	夏荞麦	北海道	收获期	14	茎秆	712.72	7.47	2.97	58.83
2012	ASAZQ01AB0 _ 01	春玉米	强盛 101	收获期	1	籽粒	857.69	29.25	5.87	7.65
2012	ASAZQ01AB0 _ 01	春玉米	强盛 101	收获期	1	秸秆	769.59	17.85	1.95	15.81
2012	ASAZQ01AB0 _ 01	春玉米	强盛 101	收获期	1	根	759.60	13.20	0.88	20.83
2012	ASAZQ01AB0 _ 01	春玉米	强盛 101	收获期	2	籽粒	835.85	29.90	5.56	7.46
2012	ASAZQ01AB0 _ 01	春玉米	强盛 101	收获期	2	秸秆	805.13	18.27	2.25	17.30
2012	ASAZQ01AB0 _ 01	春玉米	强盛 101	收获期	2	根	751.22	15.63	0.97	28.20
2012	ASAZQ01AB0 _ 01	春玉米	强盛 101	收获期	3	籽粒	833.64	26.13	5.31	7.30
2012	ASAZQ01AB0 _ 01	春玉米	强盛 101	收获期	3	秸秆	773.59	11.40	1.20	16.68

（续）

年份	样地代码	作物名称	作物品种	作物生育期	样方号	采样部位	全碳/(g/kg)	全氮/(g/kg)	全磷/(g/kg)	全钾/(g/kg)
2012	ASAZQ01AB0_01	春玉米	强盛101	收获期	3	根	696.79	11.69	0.96	23.07
2012	ASAZQ03AB0_01	春黑豆	农家品种	收获期	1	籽粒	1002.91	123.49	8.02	34.21
2012	ASAZQ03AB0_01	春黑豆	农家品种	收获期	1	秸秆	798.25	11.28	0.65	17.22
2012	ASAZQ03AB0_01	春黑豆	农家品种	收获期	1	根	806.85	12.19	0.65	4.34
2012	ASAZQ03AB0_01	春黑豆	农家品种	收获期	2	籽粒	983.69	127.23	8.15	32.52
2012	ASAZQ03AB0_01	春黑豆	农家品种	收获期	2	秸秆	802.20	8.64	0.42	11.13
2012	ASAZQ03AB0_01	春黑豆	农家品种	收获期	2	根	813.72	12.55	0.66	4.53
2012	ASAZQ03AB0_01	春黑豆	农家品种	收获期	3	籽粒	973.81	128.62	8.02	33.38
2012	ASAZQ03AB0_01	春黑豆	农家品种	收获期	3	秸秆	804.07	8.21	0.42	9.94
2012	ASAZQ03AB0_01	春黑豆	农家品种	收获期	3	根	821.89	9.69	0.48	3.21
2013	ASAZH01ABC_01	春大豆	中黄35	收获期	2	籽粒	958.70	119.01	11.04	31.92
2013	ASAZH01ABC_01	春大豆	中黄35	收获期	2	秸秆	812.50	11.22	0.83	13.85
2013	ASAZH01ABC_01	春大豆	中黄35	收获期	2	根	866.45	8.46	0.61	1.62
2013	ASAZH01ABC_01	春大豆	中黄35	收获期	3	籽粒	976.33	117.72	10.57	30.48
2013	ASAZH01ABC_01	春大豆	中黄35	收获期	3	秸秆	792.30	11.88	0.86	15.16
2013	ASAZH01ABC_01	春大豆	中黄35	收获期	3	根	868.00	8.52	0.51	1.25
2013	ASAZH01ABC_01	春大豆	中黄35	收获期	4	籽粒	978.25	118.02	10.65	29.94
2013	ASAZH01ABC_01	春大豆	中黄35	收获期	4	秸秆	798.62	12.48	0.83	18.60
2013	ASAZH01ABC_01	春大豆	中黄35	收获期	4	根	861.27	9.23	0.55	1.42
2013	ASAZH01ABC_01	春大豆	中黄35	收获期	12	籽粒	983.71	117.81	10.12	30.41
2013	ASAZH01ABC_01	春大豆	中黄35	收获期	12	秸秆	774.07	13.36	0.81	14.56
2013	ASAZH01ABC_01	春大豆	中黄35	收获期	12	根	854.20	10.62	0.58	2.03
2013	ASAZH01ABC_01	春大豆	中黄35	收获期	13	籽粒	996.47	120.08	8.95	29.21
2013	ASAZH01ABC_01	春大豆	中黄35	收获期	13	秸秆	796.47	12.00	0.63	12.07
2013	ASAZH01ABC_01	春大豆	中黄35	收获期	13	根	861.80	8.77	0.54	1.55
2013	ASAZH01ABC_01	春大豆	中黄35	收获期	14	籽粒	989.12	118.87	9.79	29.94
2013	ASAZH01ABC_01	春大豆	中黄35	收获期	14	秸秆	783.47	12.22	0.77	17.98
2013	ASAZH01ABC_01	春大豆	中黄35	收获期	14	根	853.60	8.91	0.48	1.20
2013	ASAFZ01B00_01	春大豆	中黄35	收获期	1	籽粒	995.40	122.46	10.66	29.81
2013	ASAFZ01B00_01	春大豆	中黄35	收获期	1	秸秆	791.49	12.77	0.84	21.96
2013	ASAFZ01B00_01	春大豆	中黄35	收获期	1	根	859.31	10.80	0.74	1.94
2013	ASAFZ01B00_01	春大豆	中黄35	收获期	2	籽粒	998.01	120.76	9.92	29.37
2013	ASAFZ01B00_01	春大豆	中黄35	收获期	2	秸秆	801.05	11.92	0.76	19.81
2013	ASAFZ01B00_01	春大豆	中黄35	收获期	2	根	878.66	12.86	0.71	1.75
2013	ASAFZ01B00_01	春大豆	中黄35	收获期	3	籽粒	996.44	122.66	9.60	28.20
2013	ASAFZ01B00_01	春大豆	中黄35	收获期	3	秸秆	784.76	10.88	0.62	19.10
2013	ASAFZ01B00_01	春大豆	中黄35	收获期	3	根	866.74	9.95	0.61	1.51
2013	ASAFZ01B00_01	春大豆	中黄35	收获期	4	籽粒	973.73	122.17	9.42	28.80

（续）

年份	样地代码	作物名称	作物品种	作物生育期	样方号	采样部位	全碳/(g/kg)	全氮/(g/kg)	全磷/(g/kg)	全钾/(g/kg)
2013	ASAFZ01B00_01	春大豆	中黄 35	收获期	4	秸秆	781.66	11.75	0.66	14.84
2013	ASAFZ01B00_01	春大豆	中黄 35	收获期	4	根	821.24	12.35	0.73	2.21
2013	ASAFZ02B00_01	春大豆	中黄 35	收获期	1	籽粒	985.57	120.28	10.92	30.47
2013	ASAFZ02B00_01	春大豆	中黄 35	收获期	1	秸秆	771.57	12.71	1.05	21.08
2013	ASAFZ02B00_01	春大豆	中黄 35	收获期	1	根	833.39	10.98	0.84	3.62
2013	ASAFZ02B00_01	春大豆	中黄 35	收获期	2	籽粒	969.37	119.17	11.07	31.05
2013	ASAFZ02B00_01	春大豆	中黄 35	收获期	2	秸秆	789.11	13.43	1.09	22.03
2013	ASAFZ02B00_01	春大豆	中黄 35	收获期	2	根	861.73	12.26	1.08	4.28
2013	ASAFZ02B00_01	春大豆	中黄 35	收获期	3	籽粒	974.16	121.87	10.59	28.94
2013	ASAFZ02B00_01	春大豆	中黄 35	收获期	3	秸秆	792.42	11.38	0.80	21.38
2013	ASAFZ02B00_01	春大豆	中黄 35	收获期	3	根	845.72	13.03	1.19	4.59
2013	ASAFZ02B00_01	春大豆	中黄 35	收获期	4	籽粒	945.44	120.76	10.65	31.03
2013	ASAFZ02B00_01	春大豆	中黄 35	收获期	4	秸秆	784.77	10.79	0.79	21.73
2013	ASAFZ02B00_01	春大豆	中黄 35	收获期	4	根	845.80	14.19	1.20	3.58
2013	ASAFZ04ABC_01	春大豆	中黄 35	收获期	10	籽粒	988.02	118.23	13.08	33.31
2013	ASAFZ04ABC_01	春大豆	中黄 35	收获期	10	茎荚	792.48	12.24	2.08	31.05
2013	ASAFZ04ABC_01	春大豆	中黄 35	收获期	11	籽粒	978.53	118.07	12.56	31.41
2013	ASAFZ04ABC_01	春大豆	中黄 35	收获期	11	茎荚	806.85	11.40	1.25	21.92
2013	ASAFZ04ABC_01	春大豆	中黄 35	收获期	12	籽粒	971.72	120.78	11.04	28.92
2013	ASAFZ04ABC_01	春大豆	中黄 35	收获期	12	茎荚	788.60	11.70	0.75	12.64
2013	ASAFZ04ABC_01	春大豆	中黄 35	收获期	13	籽粒	961.40	118.64	8.10	29.29
2013	ASAFZ04ABC_01	春大豆	中黄 35	收获期	13	茎荚	804.01	9.87	0.45	12.88
2013	ASAFZ04ABC_01	春大豆	中黄 35	收获期	14	籽粒	991.22	118.58	6.72	29.28
2013	ASAFZ04ABC_01	春大豆	中黄 35	收获期	14	茎荚	788.27	10.29	0.41	12.38
2013	ASAFZ04ABC_01	春大豆	中黄 35	收获期	15	籽粒	978.30	118.68	11.78	29.26
2013	ASAFZ04ABC_01	春大豆	中黄 35	收获期	15	茎荚	799.06	10.94	1.03	17.01
2013	ASAFZ04ABC_01	春大豆	中黄 35	收获期	16	籽粒	963.75	121.38	9.92	32.94
2013	ASAFZ04ABC_01	春大豆	中黄 35	收获期	16	茎荚	804.67	10.88	0.86	31.78
2013	ASAFZ04ABC_01	春大豆	中黄 35	收获期	17	籽粒	973.20	119.05	9.49	31.53
2013	ASAFZ04ABC_01	春大豆	中黄 35	收获期	17	茎荚	795.92	11.72	1.28	31.22
2013	ASAFZ07AB0_01	春谷子	晋汾 7 号	收获期	8	籽粒	800.59	28.16	5.43	7.07
2013	ASAFZ07AB0_01	春谷子	晋汾 7 号	收获期	8	叶	719.83	16.95	1.86	21.75
2013	ASAFZ07AB0_01	春谷子	晋汾 7 号	收获期	8	茎秆	825.87	8.26	1.48	35.70
2013	ASAFZ07AB0_01	春谷子	晋汾 7 号	收获期	8	糠秕	770.17	22.17	3.97	55.82
2013	ASAFZ07AB0_01	春谷子	晋汾 7 号	收获期	9	籽粒	813.78	31.53	5.74	7.33

（续）

年份	样地代码	作物名称	作物品种	作物生育期	样方号	采样部位	全碳/(g/kg)	全氮/(g/kg)	全磷/(g/kg)	全钾/(g/kg)
2013	ASAFZ07AB0_01	春谷子	晋汾7号	收获期	9	叶	725.60	21.73	2.22	31.84
2013	ASAFZ07AB0_01	春谷子	晋汾7号	收获期	9	茎秆	827.51	13.98	1.19	43.33
2013	ASAFZ07AB0_01	春谷子	晋汾7号	收获期	9	糠秕	782.41	24.55	3.19	54.81
2013	ASAFZ07AB0_01	春谷子	晋汾7号	收获期	10	籽粒	807.06	29.75	4.54	6.64
2013	ASAFZ07AB0_01	春谷子	晋汾7号	收获期	10	叶	719.09	19.33	1.29	33.49
2013	ASAFZ07AB0_01	春谷子	晋汾7号	收获期	10	茎秆	842.63	9.70	0.47	51.61
2013	ASAFZ07AB0_01	春谷子	晋汾7号	收获期	10	糠秕	777.33	19.86	2.28	56.54
2013	ASAFZ07AB0_01	春谷子	晋汾7号	收获期	11	籽粒	817.76	29.55	3.66	6.70
2013	ASAFZ07AB0_01	春谷子	晋汾7号	收获期	11	叶	767.96	17.59	0.75	16.42
2013	ASAFZ07AB0_01	春谷子	晋汾7号	收获期	11	茎秆	845.02	8.20	0.22	27.38
2013	ASAFZ07AB0_01	春谷子	晋汾7号	收获期	11	糠秕	769.90	19.68	1.60	43.45
2013	ASAFZ07AB0_01	春谷子	晋汾7号	收获期	12	籽粒	810.06	25.06	5.19	7.51
2013	ASAFZ07AB0_01	春谷子	晋汾7号	收获期	12	叶	734.98	9.20	0.76	14.75
2013	ASAFZ07AB0_01	春谷子	晋汾7号	收获期	12	茎秆	858.26	4.46	0.54	23.22
2013	ASAFZ07AB0_01	春谷子	晋汾7号	收获期	12	糠秕	787.74	13.70	2.13	44.88
2013	ASAFZ07AB0_01	春谷子	晋汾7号	收获期	13	籽粒	801.82	28.55	4.79	7.24
2013	ASAFZ07AB0_01	春谷子	晋汾7号	收获期	13	叶	733.34	12.21	0.87	20.86
2013	ASAFZ07AB0_01	春谷子	晋汾7号	收获期	13	茎秆	854.71	4.61	0.36	27.45
2013	ASAFZ07AB0_01	春谷子	晋汾7号	收获期	13	糠秕	767.33	17.90	2.34	47.54
2013	ASAFZ07AB0_01	春谷子	晋汾7号	收获期	14	籽粒	817.54	24.96	5.24	7.49
2013	ASAFZ07AB0_01	春谷子	晋汾7号	收获期	14	叶	741.86	6.11	2.15	15.37
2013	ASAFZ07AB0_01	春谷子	晋汾7号	收获期	14	茎秆	855.55	3.72	3.53	26.11
2013	ASAFZ07AB0_01	春谷子	晋汾7号	收获期	14	糠秕	773.50	14.58	3.37	45.44
2013	ASAZQ01AB0_01	春马铃薯	农家品种	收获期	1	马铃薯	770.09	22.97	6.77	36.08
2013	ASAZQ01AB0_01	春马铃薯	农家品种	收获期	1	秸秆	786.89	17.66	2.14	8.74
2013	ASAZQ01AB0_01	春马铃薯	农家品种	收获期	2	马铃薯	763.68	24.08	5.03	32.44
2013	ASAZQ01AB0_01	春马铃薯	农家品种	收获期	2	秸秆	790.97	18.01	2.06	7.49
2013	ASAZQ01AB0_01	春马铃薯	农家品种	收获期	3	马铃薯	773.28	25.83	5.29	36.47
2013	ASAZQ01AB0_01	春马铃薯	农家品种	收获期	3	秸秆	770.42	17.32	2.09	9.52
2013	ASAZQ03AB0_01	春马铃薯	农家品种	收获期	1	马铃薯	762.28	23.69	4.22	32.12
2013	ASAZQ03AB0_01	春马铃薯	农家品种	收获期	1	秸秆	770.52	22.45	2.31	8.09
2013	ASAZQ03AB0_01	春马铃薯	农家品种	收获期	2	马铃薯	756.15	23.56	6.50	36.06
2013	ASAZQ03AB0_01	春马铃薯	农家品种	收获期	2	秸秆	788.03	20.89	1.92	6.96
2013	ASAZQ03AB0_01	春马铃薯	农家品种	收获期	3	马铃薯	768.66	23.36	6.33	35.62

（续）

年份	样地代码	作物名称	作物品种	作物生育期	样方号	采样部位	全碳/(g/kg)	全氮/(g/kg)	全磷/(g/kg)	全钾/(g/kg)
2013	ASAZQ03AB0_01	春马铃薯	农家品种	收获期	3	秸秆	702.05	22.74	2.18	7.94
2014	ASAFZ03ABC_01	春大豆	中黄35	收获期	2	籽粒	950.02	129.10	11.02	33.95
2014	ASAFZ03ABC_01	春大豆	中黄35	收获期	2	秸秆	769.09	12.72	0.88	23.54
2014	ASAFZ03ABC_01	春大豆	中黄35	收获期	2	根	821.68	18.92	1.26	9.49
2014	ASAFZ03ABC_01	春大豆	中黄35	收获期	3	籽粒	922.13	131.02	11.33	35.73
2014	ASAFZ03ABC_01	春大豆	中黄35	收获期	3	秸秆	727.73	11.84	0.77	25.38
2014	ASAFZ03ABC_01	春大豆	中黄35	收获期	3	根	824.14	20.16	1.35	11.13
2014	ASAFZ03ABC_01	春大豆	中黄35	收获期	6	籽粒	909.48	126.89	11.27	34.55
2014	ASAFZ03ABC_01	春大豆	中黄35	收获期	6	秸秆	722.74	10.65	0.69	23.51
2014	ASAFZ03ABC_01	春大豆	中黄35	收获期	6	根	801.22	21.69	1.53	10.87
2014	ASAFZ03ABC_01	春大豆	中黄35	收获期	11	籽粒	944.12	128.25	11.58	33.42
2014	ASAFZ03ABC_01	春大豆	中黄35	收获期	11	秸秆	735.93	12.93	0.95	24.35
2014	ASAFZ03ABC_01	春大豆	中黄35	收获期	11	根	843.21	16.05	1.05	11.31
2014	ASAFZ03ABC_01	春大豆	中黄35	收获期	14	籽粒	949.39	129.77	11.14	35.09
2014	ASAFZ03ABC_01	春大豆	中黄35	收获期	14	秸秆	746.94	13.56	1.04	29.51
2014	ASAFZ03ABC_01	春大豆	中黄35	收获期	14	根	815.71	15.47	0.90	7.20
2014	ASAFZ03ABC_01	春大豆	中黄35	收获期	15	籽粒	932.36	132.01	11.08	34.78
2014	ASAFZ03ABC_01	春大豆	中黄35	收获期	15	秸秆	756.36	11.65	0.91	26.64
2014	ASAFZ03ABC_01	春大豆	中黄35	收获期	15	根	814.63	23.17	1.65	9.42
2014	ASAFZ05ABC_01	春大豆	中黄35	收获期	2	籽粒	910.66	129.55	7.40	32.64
2014	ASAFZ05ABC_01	春大豆	中黄35	收获期	2	秸秆	731.30	12.31	0.65	13.00
2014	ASAFZ05ABC_01	春大豆	中黄35	收获期	3	籽粒	909.49	133.38	10.24	32.77
2014	ASAFZ05ABC_01	春大豆	中黄35	收获期	3	秸秆	725.51	14.20	0.92	9.50
2014	ASAFZ05ABC_01	春大豆	中黄35	收获期	4	籽粒	900.51	136.29	11.63	31.00
2014	ASAFZ05ABC_01	春大豆	中黄35	收获期	4	秸秆	759.37	13.91	1.15	9.92
2014	ASAFZ05ABC_01	春大豆	中黄35	收获期	5	籽粒	917.46	134.54	7.63	30.47
2014	ASAFZ05ABC_01	春大豆	中黄35	收获期	5	秸秆	758.81	11.45	0.49	8.09
2014	ASAFZ05ABC_01	春大豆	中黄35	收获期	6	籽粒	935.17	133.57	11.27	31.25
2014	ASAFZ05ABC_01	春大豆	中黄35	收获期	6	秸秆	755.65	14.98	1.28	8.04
2014	ASAFZ05ABC_01	春大豆	中黄35	收获期	7	籽粒	924.18	133.37	10.00	34.43
2014	ASAFZ05ABC_01	春大豆	中黄35	收获期	7	秸秆	737.90	16.04	1.39	12.67
2014	ASAFZ05ABC_01	春大豆	中黄35	收获期	8	籽粒	947.02	136.87	6.57	31.11
2014	ASAFZ05ABC_01	春大豆	中黄35	收获期	8	秸秆	754.93	13.37	0.64	11.59
2014	ASAFZ05ABC_01	春大豆	中黄35	收获期	9	籽粒	907.09	134.85	10.47	31.22

（续）

年份	样地代码	作物名称	作物品种	作物生育期	样方号	采样部位	全碳/(g/kg)	全氮/(g/kg)	全磷/(g/kg)	全钾/(g/kg)
2014	ASAFZ05ABC_01	春大豆	中黄35	收获期	9	秸秆	755.95	11.95	1.07	8.08
2014	ASAFZ05ABC_01	春大豆	中黄35	收获期	10	籽粒	907.69	131.31	10.49	31.74
2014	ASAFZ05ABC_01	春大豆	中黄35	收获期	10	茎荚	758.46	10.97	0.92	17.50
2014	ASAFZ05ABC_01	春大豆	中黄35	收获期	11	籽粒	913.70	133.19	10.42	31.38
2014	ASAFZ05ABC_01	春大豆	中黄35	收获期	11	茎荚	754.00	13.98	1.05	10.87
2014	ASAFZ05ABC_01	春大豆	中黄35	收获期	12	籽粒	903.33	133.90	10.14	30.07
2014	ASAFZ05ABC_01	春大豆	中黄35	收获期	12	茎荚	769.95	14.22	0.91	9.03
2014	ASAFZ05ABC_01	春大豆	中黄35	收获期	13	籽粒	942.63	135.54	7.14	29.10
2014	ASAFZ05ABC_01	春大豆	中黄35	收获期	13	茎荚	747.53	18.45	0.69	10.41
2014	ASAFZ05ABC_01	春大豆	中黄35	收获期	14	籽粒	925.35	131.93	9.90	31.55
2014	ASAFZ05ABC_01	春大豆	中黄35	收获期	14	茎荚	721.58	13.74	0.89	16.56
2014	ASAFZ05ABC_01	春大豆	中黄35	收获期	15	籽粒	911.75	135.54	10.23	30.31
2014	ASAFZ05ABC_01	春大豆	中黄35	收获期	15	茎荚	733.80	14.96	1.02	8.72
2014	ASAFZ05ABC_01	春大豆	中黄35	收获期	16	籽粒	903.52	131.75	6.86	29.35
2014	ASAFZ05ABC_01	春大豆	中黄35	收获期	16	茎荚	753.45	11.90	0.45	12.50
2014	ASAFZ05ABC_01	春大豆	中黄35	收获期	17	籽粒	900.38	128.90	10.64	29.84
2014	ASAFZ05ABC_01	春大豆	中黄35	收获期	17	茎荚	747.53	9.46	0.64	13.68
2014	ASAFZ05ABC_01	春大豆	中黄35	收获期	18	籽粒	912.78	128.49	10.82	32.19
2014	ASAFZ05ABC_01	春大豆	中黄35	收获期	18	茎荚	761.81	10.91	0.85	9.83
2014	ASAFZ05ABC_01	春大豆	中黄35	收获期	19	籽粒	922.94	122.96	7.18	32.73
2014	ASAFZ05ABC_01	春大豆	中黄35	收获期	19	茎荚	745.89	13.43	0.60	14.69
2014	ASAFZ06ABC_01	春大豆	中黄35	收获期	10	籽粒	901.92	130.87	12.28	34.12
2014	ASAFZ06ABC_01	春大豆	中黄35	收获期	10	茎荚	717.56	13.74	0.76	20.54
2014	ASAFZ06ABC_01	春大豆	中黄35	收获期	11	籽粒	898.17	129.99	8.23	32.18
2014	ASAFZ06ABC_01	春大豆	中黄35	收获期	11	茎荚	706.01	13.41	1.07	16.21
2014	ASAFZ06ABC_01	春大豆	中黄35	收获期	12	籽粒	918.06	124.04	11.28	33.67
2014	ASAFZ06ABC_01	春大豆	中黄35	收获期	12	茎荚	715.38	11.91	0.87	22.80
2014	ASAFZ06ABC_01	春大豆	中黄35	收获期	13	籽粒	907.80	129.58	12.09	31.93
2014	ASAFZ06ABC_01	春大豆	中黄35	收获期	13	茎荚	722.56	11.40	1.04	8.83
2014	ASAFZ06ABC_01	春大豆	中黄35	收获期	14	籽粒	915.30	124.05	8.13	31.72
2014	ASAFZ06ABC_01	春大豆	中黄35	收获期	14	茎荚	727.61	10.79	0.53	12.78
2014	ASAFZ06ABC_01	春大豆	中黄35	收获期	15	籽粒	918.53	125.41	10.55	33.00
2014	ASAFZ06ABC_01	春大豆	中黄35	收获期	15	茎荚	749.79	11.36	0.77	14.41
2014	ASAFZ06ABC_01	春大豆	中黄35	收获期	16	籽粒	928.88	128.05	6.97	32.75

（续）

年份	样地代码	作物名称	作物品种	作物生育期	样方号	采样部位	全碳/(g/kg)	全氮/(g/kg)	全磷/(g/kg)	全钾/(g/kg)
2014	ASAFZ06ABC _ 01	春大豆	中黄 35	收获期	16	茎荚	733.79	12.11	0.47	18.89
2014	ASAFZ06ABC _ 01	春大豆	中黄 35	收获期	17	籽粒	945.07	124.98	7.91	31.42
2014	ASAFZ06ABC _ 01	春大豆	中黄 35	收获期	17	茎荚	746.55	12.30	0.61	18.09
2014	ASAFZ06ABC _ 01	春大豆	中黄 35	收获期	18	籽粒	928.75	126.15	11.86	32.47
2014	ASAFZ06ABC _ 01	春大豆	中黄 35	收获期	18	茎荚	760.06	13.34	1.00	15.96
2014	ASAFZ06ABC _ 01	春大豆	中黄 35	收获期	19	籽粒	906.50	127.74	11.38	32.39
2014	ASAFZ06ABC _ 01	春大豆	中黄 35	收获期	19	茎荚	749.38	12.25	0.82	18.78
2014	ASAFZ06ABC _ 01	春大豆	中黄 35	收获期	20	籽粒	929.61	130.72	11.96	34.40
2014	ASAFZ06ABC _ 01	春大豆	中黄 35	收获期	20	茎荚	721.99	14.09	1.03	22.37
2014	ASAFZ06ABC _ 01	春大豆	中黄 35	收获期	21	籽粒	928.09	124.64	7.66	32.33
2014	ASAFZ06ABC _ 01	春大豆	中黄 35	收获期	21	茎荚	721.96	13.57	0.79	13.75
2014	ASAFZ06ABC _ 01	春大豆	中黄 35	收获期	22	籽粒	944.17	124.83	7.86	32.73
2014	ASAFZ06ABC _ 01	春大豆	中黄 35	收获期	22	茎荚	714.01	12.23	0.68	19.95
2014	ASAFZ06ABC _ 01	春大豆	中黄 35	收获期	23	籽粒	936.83	130.01	11.48	32.09
2014	ASAFZ06ABC _ 01	春大豆	中黄 35	收获期	23	茎荚	730.99	11.30	0.97	8.77
2014	ASAFZ06ABC _ 01	春大豆	中黄 35	收获期	24	籽粒	947.02	130.30	11.39	32.88
2014	ASAFZ06ABC _ 01	春大豆	中黄 35	收获期	24	茎荚	729.51	12.36	1.00	21.62
2014	ASAFZ06ABC _ 01	春大豆	中黄 35	收获期	25	籽粒	933.99	130.18	11.29	33.00
2014	ASAFZ06ABC _ 01	春大豆	中黄 35	收获期	25	茎荚	762.14	13.58	1.02	19.61
2014	ASAFZ06ABC _ 01	春大豆	中黄 35	收获期	26	籽粒	936.81	128.27	9.09	32.99
2014	ASAFZ06ABC _ 01	春大豆	中黄 35	收获期	26	茎荚	740.93	11.82	0.74	21.66
2014	ASAFZ06ABC _ 01	春大豆	中黄 35	收获期	27	籽粒	927.62	126.52	9.06	32.88
2014	ASAFZ06ABC _ 01	春大豆	中黄 35	收获期	27	茎荚	770.05	11.29	0.76	21.45
2014	ASAFZ07AB0 _ 01	夏糜子	农家品种	收获期	8	籽粒	796.01	36.70	5.84	6.55
2014	ASAFZ07AB0 _ 01	夏糜子	农家品种	收获期	8	叶	792.01	15.68	0.97	30.19
2014	ASAFZ07AB0 _ 01	夏糜子	农家品种	收获期	8	茎	779.54	7.79	0.49	51.13
2014	ASAFZ07AB0 _ 01	夏糜子	农家品种	收获期	8	糠秕	828.52	20.33	2.03	41.72
2014	ASAFZ07AB0 _ 01	夏糜子	农家品种	收获期	9	籽粒	790.82	43.44	6.29	6.65
2014	ASAFZ07AB0 _ 01	夏糜子	农家品种	收获期	9	叶	741.62	22.81	1.57	32.31
2014	ASAFZ07AB0 _ 01	夏糜子	农家品种	收获期	9	茎	799.14	10.95	0.68	49.73
2014	ASAFZ07AB0 _ 01	夏糜子	农家品种	收获期	9	糠秕	802.24	25.31	2.20	37.10
2014	ASAFZ07AB0 _ 01	夏糜子	农家品种	收获期	10	籽粒	805.60	43.16	4.72	7.13
2014	ASAFZ07AB0 _ 01	夏糜子	农家品种	收获期	10	叶	794.53	20.32	0.85	36.73
2014	ASAFZ07AB0 _ 01	夏糜子	农家品种	收获期	10	茎	815.61	9.60	0.30	56.60

（续）

年份	样地代码	作物名称	作物品种	作物生育期	样方号	采样部位	全碳/(g/kg)	全氮/(g/kg)	全磷/(g/kg)	全钾/(g/kg)
2014	ASAFZ07AB0_01	夏糜子	农家品种	收获期	10	糠秕	816.65	22.18	1.59	42.21
2014	ASAFZ07AB0_01	夏糜子	农家品种	收获期	11	籽粒	784.33	43.52	4.07	6.28
2014	ASAFZ07AB0_01	夏糜子	农家品种	收获期	11	叶	773.62	23.96	0.80	24.56
2014	ASAFZ07AB0_01	夏糜子	农家品种	收获期	11	茎	841.01	13.76	0.38	42.86
2014	ASAFZ07AB0_01	夏糜子	农家品种	收获期	11	糠秕	820.05	22.95	1.29	36.98
2014	ASAFZ07AB0_01	夏糜子	农家品种	收获期	12	籽粒	786.87	38.30	5.45	7.16
2014	ASAFZ07AB0_01	夏糜子	农家品种	收获期	12	叶	782.22	15.97	0.79	23.99
2014	ASAFZ07AB0_01	夏糜子	农家品种	收获期	12	茎	798.56	7.30	0.38	43.58
2014	ASAFZ07AB0_01	夏糜子	农家品种	收获期	12	糠秕	811.53	17.40	1.72	35.68
2014	ASAFZ07AB0_01	夏糜子	农家品种	收获期	13	籽粒	775.88	40.45	5.14	6.50
2014	ASAFZ07AB0_01	夏糜子	农家品种	收获期	13	叶	766.61	19.61	1.12	24.11
2014	ASAFZ07AB0_01	夏糜子	农家品种	收获期	13	茎	846.68	9.11	0.37	38.56
2014	ASAFZ07AB0_01	夏糜子	农家品种	收获期	13	糠秕	807.40	22.86	1.97	34.56
2014	ASAFZ07AB0_01	夏糜子	农家品种	收获期	14	籽粒	784.50	35.86	6.79	7.15
2014	ASAFZ07AB0_01	夏糜子	农家品种	收获期	14	叶	790.89	16.36	6.07	21.95
2014	ASAFZ07AB0_01	夏糜子	农家品种	收获期	14	茎	808.62	7.27	4.16	42.89
2014	ASAFZ07AB0_01	夏糜子	农家品种	收获期	14	糠秕	827.86	17.37	2.86	31.51
2014	ASAZQ01AB0_01	红小豆	农家品种	收获期	1	籽粒	723.65	69.12	8.29	25.71
2014	ASAZQ01AB0_01	红小豆	农家品种	收获期	1	秸秆	734.87	20.62	1.70	17.42
2014	ASAZQ01AB0_01	红小豆	农家品种	收获期	1	根	843.70	24.94	1.96	11.06
2014	ASAZQ01AB0_01	红小豆	农家品种	收获期	2	籽粒	716.81	67.27	7.31	23.77
2014	ASAZQ01AB0_01	红小豆	农家品种	收获期	2	秸秆	754.88	21.82	1.50	11.85
2014	ASAZQ01AB0_01	红小豆	农家品种	收获期	2	根	797.52	27.52	1.91	12.24
2014	ASAZQ01AB0_01	红小豆	农家品种	收获期	3	籽粒	708.29	71.02	7.88	25.15
2014	ASAZQ01AB0_01	红小豆	农家品种	收获期	3	秸秆	748.12	20.33	1.63	14.68
2014	ASAZQ01AB0_01	红小豆	农家品种	收获期	3	根	770.62	25.08	1.63	11.71
2014	ASAZQ01AB0_01	红小豆	农家品种	收获期	4	籽粒	723.77	69.78	7.74	24.15
2014	ASAZQ01AB0_01	红小豆	农家品种	收获期	4	秸秆	765.27	20.97	1.55	13.28
2014	ASAZQ01AB0_01	红小豆	农家品种	收获期	4	根	813.38	24.56	2.22	14.90
2014	ASAZQ01AB0_01	红小豆	农家品种	收获期	5	籽粒	717.34	68.50	7.95	24.53
2014	ASAZQ01AB0_01	红小豆	农家品种	收获期	5	秸秆	771.22	22.05	1.75	12.65
2014	ASAZQ01AB0_01	红小豆	农家品种	收获期	5	根	798.65	28.20	1.96	15.28
2014	ASAZQ01AB0_01	红小豆	农家品种	收获期	6	籽粒	714.34	70.97	7.84	23.66
2014	ASAZQ01AB0_01	红小豆	农家品种	收获期	6	秸秆	763.22	23.48	1.95	13.58

（续）

年份	样地代码	作物名称	作物品种	作物生育期	样方号	采样部位	全碳/(g/kg)	全氮/(g/kg)	全磷/(g/kg)	全钾/(g/kg)
2014	ASAZQ01AB0_01	红小豆	农家品种	收获期	6	根	812.10	25.60	1.65	11.22
2015	ASAFZ03ABC_01	春谷子	长生 07	收获期	5	籽粒	443.90	40.63	3.30	5.57
2015	ASAFZ03ABC_01	春谷子	长生 07	收获期	5	秸秆	373.58	28.16	1.26	21.36
2015	ASAFZ03ABC_01	春谷子	长生 07	收获期	5	根	434.30	18.47	0.75	10.18
2015	ASAFZ03ABC_01	春谷子	长生 07	收获期	7	籽粒	433.55	41.61	3.68	6.71
2015	ASAFZ03ABC_01	春谷子	长生 07	收获期	7	秸秆	375.79	30.20	1.51	21.08
2015	ASAFZ03ABC_01	春谷子	长生 07	收获期	7	根	425.94	22.57	0.83	10.66
2015	ASAFZ03ABC_01	春谷子	长生 07	收获期	8	籽粒	430.10	46.37	4.00	7.25
2015	ASAFZ03ABC_01	春谷子	长生 07	收获期	8	秸秆	375.90	35.32	2.10	22.42
2015	ASAFZ03ABC_01	春谷子	长生 07	收获期	8	根	415.65	21.70	0.75	9.34
2015	ASAFZ03ABC_01	春谷子	长生 07	收获期	9	籽粒	435.03	39.42	3.31	5.17
2015	ASAFZ03ABC_01	春谷子	长生 07	收获期	9	秸秆	377.53	26.17	1.15	20.53
2015	ASAFZ03ABC_01	春谷子	长生 07	收获期	9	根	440.17	18.85	0.68	7.50
2015	ASAFZ03ABC_01	春谷子	长生 07	收获期	10	籽粒	433.35	41.77	3.64	6.48
2015	ASAFZ03ABC_01	春谷子	长生 07	收获期	10	秸秆	375.52	31.23	1.80	20.23
2015	ASAFZ03ABC_01	春谷子	长生 07	收获期	10	根	420.48	21.05	0.73	9.00
2015	ASAFZ03ABC_01	春谷子	长生 07	收获期	12	籽粒	443.58	44.14	3.78	6.26
2015	ASAFZ03ABC_01	春谷子	长生 07	收获期	12	秸秆	373.06	31.39	1.85	20.35
2015	ASAFZ03ABC_01	春谷子	长生 07	收获期	12	根	440.11	15.94	0.58	7.40
2015	ASAFZ05ABC_01	春谷子	长生 07	收获期	11	籽粒	440.02	35.73	2.85	4.12
2015	ASAFZ05ABC_01	春谷子	长生 07	收获期	11	茎	398.08	13.37	0.39	15.75
2015	ASAFZ05ABC_01	春谷子	长生 07	收获期	11	叶	382.77	15.99	0.57	7.75
2015	ASAFZ05ABC_01	春谷子	长生 07	收获期	11	糠秕	400.33	25.62	1.26	19.85
2015	ASAFZ05ABC_01	春谷子	长生 07	收获期	12	籽粒	425.45	35.27	2.35	3.88
2015	ASAFZ05ABC_01	春谷子	长生 07	收获期	12	茎	393.59	14.41	0.34	16.28
2015	ASAFZ05ABC_01	春谷子	长生 07	收获期	12	叶	385.09	16.04	0.54	6.51
2015	ASAFZ05ABC_01	春谷子	长生 07	收获期	12	糠秕	399.66	26.26	1.15	17.82
2015	ASAFZ05ABC_01	春谷子	长生 07	收获期	13	籽粒	434.12	32.57	1.67	4.55
2015	ASAFZ05ABC_01	春谷子	长生 07	收获期	13	茎	395.39	18.93	0.20	15.57
2015	ASAFZ05ABC_01	春谷子	长生 07	收获期	13	叶	391.33	18.01	0.30	6.16
2015	ASAFZ05ABC_01	春谷子	长生 07	收获期	13	糠秕	397.03	26.23	0.48	15.83
2015	ASAFZ05ABC_01	春谷子	长生 07	收获期	14	籽粒	433.07	38.10	3.44	4.69
2015	ASAFZ05ABC_01	春谷子	长生 07	收获期	14	茎	411.23	11.96	0.47	13.99
2015	ASAFZ05ABC_01	春谷子	长生 07	收获期	14	叶	388.63	18.56	1.02	7.29

（续）

年份	样地代码	作物名称	作物品种	作物生育期	样方号	采样部位	全碳/(g/kg)	全氮/(g/kg)	全磷/(g/kg)	全钾/(g/kg)
2015	ASAFZ05ABC_01	春谷子	长生07	收获期	14	糠秕	405.57	29.99	2.25	17.47
2015	ASAFZ05ABC_01	春谷子	长生07	收获期	15	籽粒	433.16	37.25	2.84	3.54
2015	ASAFZ05ABC_01	春谷子	长生07	收获期	15	茎	414.75	16.34	0.50	11.89
2015	ASAFZ05ABC_01	春谷子	长生07	收获期	15	叶	389.77	19.46	0.96	6.78
2015	ASAFZ05ABC_01	春谷子	长生07	收获期	15	糠秕	394.06	29.99	2.19	18.93
2015	ASAFZ05ABC_01	春谷子	长生07	收获期	16	籽粒	438.23	34.31	1.89	3.87
2015	ASAFZ05ABC_01	春谷子	长生07	收获期	16	茎	408.64	17.60	0.22	17.99
2015	ASAFZ05ABC_01	春谷子	长生07	收获期	16	叶	392.97	16.82	0.29	5.04
2015	ASAFZ05ABC_01	春谷子	长生07	收获期	16	糠秕	403.44	25.82	0.45	16.96
2015	ASAFZ05ABC_01	春谷子	长生07	收获期	17	籽粒	435.53	29.54	2.86	4.55
2015	ASAFZ05ABC_01	春谷子	长生07	收获期	17	茎	415.37	6.08	0.34	15.10
2015	ASAFZ05ABC_01	春谷子	长生07	收获期	17	叶	382.12	9.31	0.52	5.34
2015	ASAFZ05ABC_01	春谷子	长生07	收获期	17	糠秕	391.48	18.89	1.53	19.66
2015	ASAFZ05ABC_01	春谷子	长生07	收获期	18	籽粒	433.11	33.30	3.45	4.65
2015	ASAFZ05ABC_01	春谷子	长生07	收获期	18	茎	410.63	5.11	0.30	12.30
2015	ASAFZ05ABC_01	春谷子	长生07	收获期	18	叶	385.87	9.20	0.48	5.10
2015	ASAFZ05ABC_01	春谷子	长生07	收获期	18	糠秕	394.80	18.70	1.31	21.04
2015	ASAFZ05ABC_01	春谷子	长生07	收获期	19	籽粒	438.82	29.72	1.86	4.62
2015	ASAFZ05ABC_01	春谷子	长生07	收获期	19	茎	404.55	10.03	0.18	12.43
2015	ASAFZ05ABC_01	春谷子	长生07	收获期	19	叶	392.61	12.29	0.29	4.98
2015	ASAFZ05ABC_01	春谷子	长生07	收获期	19	糠秕	409.27	19.40	0.45	15.60
2015	ASAFZ06ABC_01	春谷子	长生07	收获期	10	籽粒	442.20	36.16	3.45	5.55
2015	ASAFZ06ABC_01	春谷子	长生07	收获期	10	茎	394.95	13.04	0.40	21.66
2015	ASAFZ06ABC_01	春谷子	长生07	收获期	10	叶	381.24	16.96	0.59	10.95
2015	ASAFZ06ABC_01	春谷子	长生07	收获期	10	糠秕	380.98	25.73	1.67	28.35
2015	ASAFZ06ABC_01	春谷子	长生07	收获期	11	籽粒	431.15	32.15	1.78	3.89
2015	ASAFZ06ABC_01	春谷子	长生07	收获期	11	茎	397.47	22.24	0.19	18.00
2015	ASAFZ06ABC_01	春谷子	长生07	收获期	11	叶	385.14	15.40	0.26	5.27
2015	ASAFZ06ABC_01	春谷子	长生07	收获期	11	糠秕	400.56	22.75	0.40	20.60
2015	ASAFZ06ABC_01	春谷子	长生07	收获期	12	籽粒	437.78	23.27	2.79	5.02
2015	ASAFZ06ABC_01	春谷子	长生07	收获期	12	茎	397.44	4.23	0.33	24.01
2015	ASAFZ06ABC_01	春谷子	长生07	收获期	12	叶	395.14	6.13	0.35	6.12
2015	ASAFZ06ABC_01	春谷子	长生07	收获期	12	糠秕	406.52	15.37	1.28	24.09
2015	ASAFZ06ABC_01	春谷子	长生07	收获期	13	籽粒	429.74	31.94	2.69	3.89

（续）

年份	样地代码	作物名称	作物品种	作物生育期	样方号	采样部位	全碳/(g/kg)	全氮/(g/kg)	全磷/(g/kg)	全钾/(g/kg)
2015	ASAFZ06ABC _ 01	春谷子	长生 07	收获期	13	茎	418.04	12.70	0.32	10.27
2015	ASAFZ06ABC _ 01	春谷子	长生 07	收获期	13	叶	386.94	20.18	0.80	8.28
2015	ASAFZ06ABC _ 01	春谷子	长生 07	收获期	13	糠秕	405.04	22.81	1.07	23.13
2015	ASAFZ06ABC _ 01	春谷子	长生 07	收获期	14	籽粒	427.99	22.97	1.94	4.18
2015	ASAFZ06ABC _ 01	春谷子	长生 07	收获期	14	茎	414.70	3.19	0.08	14.56
2015	ASAFZ06ABC _ 01	春谷子	长生 07	收获期	14	叶	398.44	5.61	0.16	3.70
2015	ASAFZ06ABC _ 01	春谷子	长生 07	收获期	14	糠秕	397.25	30.61	1.66	22.79
2015	ASAFZ06ABC _ 01	春谷子	长生 07	收获期	15	籽粒	424.10	36.31	2.80	4.54
2015	ASAFZ06ABC _ 01	春谷子	长生 07	收获期	15	茎	403.31	16.98	0.37	23.10
2015	ASAFZ06ABC _ 01	春谷子	长生 07	收获期	15	叶	387.93	18.70	0.66	14.25
2015	ASAFZ06ABC _ 01	春谷子	长生 07	收获期	15	糠秕	382.16	15.97	0.61	18.92
2015	ASAFZ06ABC _ 01	春谷子	长生 07	收获期	16	籽粒	435.64	29.85	1.66	4.23
2015	ASAFZ06ABC _ 01	春谷子	长生 07	收获期	16	茎	400.13	17.58	0.16	14.32
2015	ASAFZ06ABC _ 01	春谷子	长生 07	收获期	16	叶	391.27	18.76	0.32	5.93
2015	ASAFZ06ABC _ 01	春谷子	长生 07	收获期	16	糠秕	404.54	26.08	0.67	16.16
2015	ASAFZ06ABC _ 01	春谷子	长生 07	收获期	17	籽粒	429.84	30.83	2.05	4.16
2015	ASAFZ06ABC _ 01	春谷子	长生 07	收获期	17	茎	401.66	9.76	0.16	22.41
2015	ASAFZ06ABC _ 01	春谷子	长生 07	收获期	17	叶	390.33	13.61	0.33	7.20
2015	ASAFZ06ABC _ 01	春谷子	长生 07	收获期	17	糠秕	407.19	22.79	0.78	21.37
2015	ASAFZ06ABC _ 01	春谷子	长生 07	收获期	18	籽粒	431.13	38.15	3.30	5.27
2015	ASAFZ06ABC _ 01	春谷子	长生 07	收获期	18	茎	399.24	18.70	0.51	21.98
2015	ASAFZ06ABC _ 01	春谷子	长生 07	收获期	18	叶	385.54	26.23	1.20	13.08
2015	ASAFZ06ABC _ 01	春谷子	长生 07	收获期	18	糠秕	401.50	32.23	2.38	22.17
2015	ASAFZ06ABC _ 01	春谷子	长生 07	收获期	19	籽粒	397.59	33.98	2.64	4.36
2015	ASAFZ06ABC _ 01	春谷子	长生 07	收获期	19	茎	399.33	13.82	0.26	24.05
2015	ASAFZ06ABC _ 01	春谷子	长生 07	收获期	19	叶	393.54	15.02	0.52	9.89
2015	ASAFZ06ABC _ 01	春谷子	长生 07	收获期	19	糠秕	396.68	26.19	1.23	19.96
2015	ASAFZ06ABC _ 01	春谷子	长生 07	收获期	20	籽粒	420.13	28.68	2.87	4.21
2015	ASAFZ06ABC _ 01	春谷子	长生 07	收获期	20	茎	404.20	5.14	0.20	23.59
2015	ASAFZ06ABC _ 01	春谷子	长生 07	收获期	20	叶	390.82	9.60	0.46	7.07
2015	ASAFZ06ABC _ 01	春谷子	长生 07	收获期	20	糠秕	392.59	18.62	1.55	25.21
2015	ASAFZ06ABC _ 01	春谷子	长生 07	收获期	21	籽粒	437.48	26.09	2.29	3.93
2015	ASAFZ06ABC _ 01	春谷子	长生 07	收获期	21	茎	405.17	3.54	0.05	12.90
2015	ASAFZ06ABC _ 01	春谷子	长生 07	收获期	21	叶	392.91	9.36	0.27	6.33

（续）

年份	样地代码	作物名称	作物品种	作物生育期	样方号	采样部位	全碳/(g/kg)	全氮/(g/kg)	全磷/(g/kg)	全钾/(g/kg)
2015	ASAFZ06ABC_01	春谷子	长生07	收获期	21	糠秕	394.70	16.02	0.85	20.67
2015	ASAFZ06ABC_01	春谷子	长生07	收获期	22	籽粒	422.92	27.67	1.54	3.91
2015	ASAFZ06ABC_01	春谷子	长生07	收获期	22	茎	400.09	9.51	0.04	17.65
2015	ASAFZ06ABC_01	春谷子	长生07	收获期	22	叶	399.09	13.10	0.25	7.83
2015	ASAFZ06ABC_01	春谷子	长生07	收获期	22	糠秕	404.15	23.06	0.94	17.66
2015	ASAFZ06ABC_01	春谷子	长生07	收获期	23	籽粒	440.86	33.89	2.80	3.72
2015	ASAFZ06ABC_01	春谷子	长生07	收获期	23	茎	401.86	11.45	0.29	8.95
2015	ASAFZ06ABC_01	春谷子	长生07	收获期	23	叶	398.31	16.34	0.64	3.89
2015	ASAFZ06ABC_01	春谷子	长生07	收获期	23	糠秕	395.74	24.68	1.64	21.53
2015	ASAFZ06ABC_01	春谷子	长生07	收获期	24	籽粒	429.99	22.67	3.00	4.71
2015	ASAFZ06ABC_01	春谷子	长生07	收获期	24	茎	411.72	4.42	0.56	22.78
2015	ASAFZ06ABC_01	春谷子	长生07	收获期	24	叶	394.98	6.68	0.51	5.13
2015	ASAFZ06ABC_01	春谷子	长生07	收获期	24	糠秕	399.25	15.85	1.69	25.80
2015	ASAFZ06ABC_01	春谷子	长生07	收获期	25	籽粒	435.76	33.96	2.43	3.80
2015	ASAFZ06ABC_01	春谷子	长生07	收获期	25	茎	405.40	13.59	0.26	13.32
2015	ASAFZ06ABC_01	春谷子	长生07	收获期	25	叶	399.50	15.07	0.47	5.35
2015	ASAFZ06ABC_01	春谷子	长生07	收获期	25	糠秕	410.46	27.48	1.52	21.17
2015	ASAFZ06ABC_01	春谷子	长生07	收获期	26	籽粒	446.52	35.57	2.20	3.98
2015	ASAFZ06ABC_01	春谷子	长生07	收获期	26	茎	399.45	18.05	0.15	24.08
2015	ASAFZ06ABC_01	春谷子	长生07	收获期	26	叶	395.55	17.49	0.42	12.15
2015	ASAFZ06ABC_01	春谷子	长生07	收获期	26	糠秕	384.35	29.30	1.30	24.04
2015	ASAFZ06ABC_01	春谷子	长生07	收获期	27	籽粒	443.99	32.53	2.18	3.98
2015	ASAFZ06ABC_01	春谷子	长生07	收获期	27	茎	393.22	8.29	0.14	26.36
2015	ASAFZ06ABC_01	春谷子	长生07	收获期	27	叶	387.54	14.29	0.41	9.68
2015	ASAFZ06ABC_01	春谷子	长生07	收获期	27	糠秕	398.25	24.96	1.27	26.94
2015	ASAFZ07AB0_01	夏糜子	农家品种	收获期	8	籽粒	422.70	28.85	2.91	3.67
2015	ASAFZ07AB0_01	夏糜子	农家品种	收获期	8	茎	395.47	5.15	0.21	20.82
2015	ASAFZ07AB0_01	夏糜子	农家品种	收获期	8	叶	396.10	22.55	2.01	24.23
2015	ASAFZ07AB0_01	夏糜子	农家品种	收获期	8	糠秕	376.49	14.36	0.87	11.25
2015	ASAFZ07AB0_01	夏糜子	农家品种	收获期	9	籽粒	434.49	30.31	2.69	3.73
2015	ASAFZ07AB0_01	夏糜子	农家品种	收获期	9	茎	409.07	9.01	0.16	20.71
2015	ASAFZ07AB0_01	夏糜子	农家品种	收获期	9	叶	384.78	21.85	1.21	21.40
2015	ASAFZ07AB0_01	夏糜子	农家品种	收获期	9	糠秕	376.76	16.66	0.56	11.52
2015	ASAFZ07AB0_01	夏糜子	农家品种	收获期	10	籽粒	442.71	34.72	2.53	3.64

（续）

年份	样地代码	作物名称	作物品种	作物生育期	样方号	采样部位	全碳/(g/kg)	全氮/(g/kg)	全磷/(g/kg)	全钾/(g/kg)
2015	ASAFZ07AB0_01	夏糜子	农家品种	收获期	10	茎	402.67	11.99	0.12	22.60
2015	ASAFZ07AB0_01	夏糜子	农家品种	收获期	10	叶	407.55	26.55	1.59	19.60
2015	ASAFZ07AB0_01	夏糜子	农家品种	收获期	10	糠秕	385.55	16.35	0.45	11.38
2015	ASAFZ07AB0_01	夏糜子	农家品种	收获期	11	籽粒	447.67	33.89	2.65	4.33
2015	ASAFZ07AB0_01	夏糜子	农家品种	收获期	11	茎	406.80	15.76	0.09	9.84
2015	ASAFZ07AB0_01	夏糜子	农家品种	收获期	11	叶	422.50	24.90	0.98	14.32
2015	ASAFZ07AB0_01	夏糜子	农家品种	收获期	11	糠秕	388.91	20.70	0.34	5.25
2015	ASAFZ07AB0_01	夏糜子	农家品种	收获期	12	籽粒	421.71	24.25	2.27	3.55
2015	ASAFZ07AB0_01	夏糜子	农家品种	收获期	12	茎	404.07	4.43	0.08	12.30
2015	ASAFZ07AB0_01	夏糜子	农家品种	收获期	12	叶	418.33	19.66	1.30	13.39
2015	ASAFZ07AB0_01	夏糜子	农家品种	收获期	12	糠秕	378.96	7.03	0.22	5.92
2015	ASAFZ07AB0_01	夏糜子	农家品种	收获期	13	籽粒	435.94	29.24	1.94	3.18
2015	ASAFZ07AB0_01	夏糜子	农家品种	收获期	13	茎	405.93	8.20	0.08	13.30
2015	ASAFZ07AB0_01	夏糜子	农家品种	收获期	13	叶	421.74	24.32	1.32	15.53
2015	ASAFZ07AB0_01	夏糜子	农家品种	收获期	13	糠秕	378.09	13.87	0.31	7.74
2015	ASAFZ07AB0_01	夏糜子	农家品种	收获期	14	籽粒	429.79	25.97	3.10	4.03
2015	ASAFZ07AB0_01	夏糜子	农家品种	收获期	14	茎	407.48	5.13	1.29	14.65
2015	ASAFZ07AB0_01	夏糜子	农家品种	收获期	14	叶	407.14	21.96	2.27	17.69
2015	ASAFZ07AB0_01	夏糜子	农家品种	收获期	14	糠秕	378.86	5.71	0.69	3.22

3.1.5 玉米生育动态观测

3.1.5.1 概述

本数据集包括安塞站 1 个综合观测场、3 个辅助观测场、2 个站区调查点的农田玉米生育动态观测数据。数据时间段为 2008—2012 年。数据获取方法：作物生长季，实地观测。具体观测场和站区调查点如下。

（1）川地综合观测场（ASAZH01）。

（2）川地土壤监测辅助观测场-空白（ASAFZ01）。

（3）川地土壤监测辅助观测场-秸秆还田（ASAFZ02）。

（4）川地养分长期定位试验场（ASAFZ04）。

（5）峙崾岘坡地梯田观测点（ASAZQ01）。

（6）峙崾岘埸地梯田观测点（ASAZQ03）。

3.1.5.2 原始数据质量控制方法

由有经验专业技术人员全程参与试验管理，对历年上报的数据报表进行质量控制和整理，根据多年数据进行阈值检查，对监测数据超出历史数据阈值范围的异常值进行核验。

3.1.5.3 数据

玉米生育动态观测见表 3-6。

表 3-6 玉米生育动态观测

年份	样地代码	作物品种	播种期	出苗期	五叶期	拔节期	抽雄期	吐丝期	成熟期	收获期
2008	ASAZH01ABC_01	富友 9 号	2008-04-25	2008-05-06	2008-06-09	2008-06-25	2008-07-24	2008-07-29	2008-09-20	2008-10-07
2008	ASAFZ01B00_01	富友 9 号	2008-04-25	2008-05-06	2008-06-09	2008-06-28	2008-07-28	2008-08-01	2008-09-21	2008-10-07
2008	ASAFZ02B00_01	富友 9 号	2008-04-25	2008-05-06	2008-06-09	2008-06-25	2008-07-24	2008-07-29	2008-09-20	2008-10-07
2008	ASAFZ04ABC_01	富友 9 号	2008-04-25	2008-05-06	2008-06-09	2008-06-25	2008-07-24	2008-07-29	2008-09-20	2008-10-07
2008	ASAZQ01AB0_01	三北 6 号	2008-04-28	2008-05-10	2008-05-24	2008-06-22	2008-07-25	2008-08-01	2008-09-25	2008-11-04
2008	ASAZQ03AB0_01	中单 2 号	2008-04-22	2008-05-08	2008-05-28	2008-06-25	2008-07-20	2008-07-26	2008-09-20	2008-10-25
2009	ASAZH01ABC_01	富友 9 号	2009-04-25	2009-05-22	2009-06-13	2009-07-05	2009-07-29	2009-08-05	2009-10-03	2009-10-20
2009	ASAFZ01B00_01	富友 9 号	2009-04-25	2009-05-22	2009-06-13	2009-07-05	2009-08-02	2009-08-10	2009-10-03	2009-10-20
2009	ASAFZ02B00_01	富友 9 号	2009-04-25	2009-05-22	2009-06-13	2009-07-05	2009-07-29	2009-08-05	2009-10-03	2009-10-20
2009	ASAFZ04ABC_01	富友 9 号	2009-04-25	2009-05-22	2009-06-13	2009-07-05	2009-07-29	2009-08-05	2009-10-03	2009-10-20
2009	ASAZQ01AB0_01	三北 6 号	2009-04-30	2009-05-13	2009-05-26	2009-06-28	2009-07-26	2009-08-01	2009-09-20	2009-10-29
2010	ASAZQ01AB0_01	三北 6 号	2010-05-03	2010-05-16	2010-05-28	2010-06-24	2010-08-02	2010-08-08	2010-10-06	2010-10-26
2011	ASAZH01ABC_01	双惠 2 号	2011-04-27	2011-05-12	2011-06-12	2011-07-04	2011-07-27	2011-07-30	2011-09-29	2011-10-19
2011	ASAFZ01B00_01	双惠 2 号	2011-04-27	2011-05-12	2011-06-12	2011-07-06	2011-07-28	2011-07-31	2011-09-28	2011-10-19
2011	ASAFZ02B00_01	双惠 2 号	2011-04-27	2011-05-12	2011-06-12	2011-07-04	2011-07-27	2011-07-30	2011-09-28	2011-10-19
2011	ASAFZ04ABC_01	双惠 2 号	2011-04-27	2011-05-12	2011-06-12	2011-07-02	2011-07-27	2011-07-30	2011-09-28	2011-10-19
2012	ASAZH01ABC_01	强盛 101	2012-04-29	2012-05-08	2012-06-05	2012-06-26	2012-07-17	2012-07-17	2012-09-03	2012-10-01
2012	ASAFZ01B00_01	强盛 101	2012-04-27	2012-05-08	2012-06-07	2012-06-26	2012-07-20	2012-07-20	2012-09-04	2012-09-23
2012	ASAFZ02B00_01	强盛 101	2012-04-29	2012-05-08	2012-06-05	2012-06-26	2012-07-17	2012-07-17	2012-09-03	2012-10-01
2012	ASAFZ04ABC_01	强盛 101	2012-04-29	2012-05-08	2012-06-07	2012-06-26	2012-07-17	2012-07-17	2012-09-04	2012-09-23
2012	ASAZQ01AB0_01	强盛 101	2012-04-26	2012-05-10	2012-06-18	2012-07-10	2012-07-27	2012-07-27	2012-10-05	2012-10-19

3.1.6　玉米收获期植株性状

3.1.6.1　概述

本数据集包括安塞站 1 个综合观测场、3 个辅助观测场、2 个站区调查点的农田玉米植株性状数据。数据时间段为 2008—2012 年。数据获取方法：玉米收获期植株性状由样方调查、处理后计算得出，以年为基础单元，统计玉米收获期的性状。具体观测场和站区调查点如下。

（1）川地综合观测场（ASAZH01）。

（2）川地土壤监测辅助观测场-空白（ASAFZ01）。

（3）川地土壤监测辅助观测场-秸秆还田（ASAFZ02）。

（4）川地养分长期定位试验场（ASAFZ04）。

（5）峙崾岘坡地梯田观测点（ASAZQ01）。

（6）峙崾岘塌地梯田观测点（ASAZQ03）。

3.1.6.2　原始数据质量控制方法

由有经验专业技术人员全程参与试验管理，对历年上报的数据报表进行质量控制和整理，根据多年数据进行阈值检查，对监测数据超出历史数据阈值范围的异常值进行核验。

3.1.6.3　数据

玉米收获期植株性状见表 3－7。

3.1.7　作物收获期产量

3.1.7.1　概述

本数据集包括安塞站 1 个综合观测场、7 个辅助观测场、2 个站区调查点的农田作物收获期产量数据。数据时间段为 2008—2015 年。数据获取方法：作物收获期进行样方调查、拷种，统计各作物收获期的产量，处理计算后得出。具体观测场和站区调查点如下。

（1）川地综合观测场（ASAZH01）。

（2）川地土壤监测辅助观测场-空白（ASAFZ01）。

（3）川地土壤监测辅助观测场-秸秆还田（ASAFZ02）。

（4）山地辅助观测场（ASAFZ03）。

（5）川地养分长期定位试验场（ASAFZ04）。

（6）坡地养分长期定位试验场（ASAFZ05）。

（7）梯田养分长期定位试验场（ASAFZ06）。

（8）峙崾岘坡地连续施肥试验场（ASAFZ07）。

（9）峙崾岘坡地梯田观测点（ASAZQ01）。

（10）峙崾岘塌地梯田观测点（ASAZQ03）。

3.1.7.2　原始数据质量控制方法

由有经验专业技术人员全程参与试验管理，对历年上报的数据报表进行质量控制和整理，根据多年数据进行阈值检查，对监测数据超出历史数据阈值范围的异常值进行核验。

3.1.7.3　数据

作物收获期产量见表 3－8。

表 3-7 玉米收获期植株性状

时间（年-月-日）	样地代码	作物品种	样方号	调查株数	株高/cm	结穗高度/cm	茎粗/cm	空秆率/%	果穗长度/cm	果穗结实长度/cm	穗粗/cm	穗行数/行	行粒数/粒	百粒重/g	地上部总干重/(g/株)	籽粒干重/(g/株)
2008-10-07	ASAZH01ABC_01	富友9号	2	10	269.5	112.5	2.3	0.0	19.0	17.0	6.2	18.6	34.8	28.5	441.4	225.2
2008-10-07	ASAZH01ABC_01	富友9号	4	10	255.0	100.5	2.3	0.0	20.0	16.1	6.0	18.0	35.6	27.2	399.4	197.9
2008-10-07	ASAZH01ABC_01	富友9号	8	10	262.0	106.0	2.3	0.0	22.0	19.5	6.0	17.4	43.2	25.8	388.5	189.1
2008-10-07	ASAZH01ABC_01	富友9号	10	10	262.0	113.5	2.1	0.0	19.6	16.0	6.0	17.6	32.5	26.8	401.5	197.7
2008-10-07	ASAZH01ABC_01	富友9号	14	10	261.5	111.0	2.2	0.0	21.9	16.6	5.9	17.2	36.8	27.2	431.7	212.1
2008-10-07	ASAZH01ABC_01	富友9号	16	10	256.5	109.0	2.1	0.0	20.8	17.1	5.4	18.2	36.4	24.7	350.5	169.5
2008-10-07	ASAFZ01B00_01	富友9号	1	10	244.0	104.5	1.9	0.0	15.6	10.1	5.4	17.6	22.5	20.1	267.8	109.8
2008-10-07	ASAFZ01B00_01	富友9号	2	10	238.0	95.0	2.0	0.0	15.5	10.4	5.4	17.6	21.3	23.0	287.1	115.4
2008-10-07	ASAFZ01B00_01	富友9号	3	10	245.0	104.0	2.1	0.0	16.4	11.8	5.8	18.0	25.1	22.5	286.4	114.0
2008-10-07	ASAFZ01B00_01	富友9号	4	10	245.0	105.5	2.2	0.0	15.9	10.5	5.5	17.7	21.8	23.4	283.1	120.2
2008-10-07	ASAFZ02B00_01	富友9号	1	10	263.0	114.0	2.3	0.0	20.7	18.1	6.0	18.0	39.2	29.5	442.3	230.6
2008-10-07	ASAFZ02B00_01	富友9号	2	10	256.5	108.0	2.3	0.0	20.0	17.4	5.9	17.6	36.4	28.9	445.5	226.9
2008-10-07	ASAFZ02B00_01	富友9号	3	10	256.0	106.5	2.2	0.0	19.6	17.3	5.9	17.4	37.7	29.0	431.2	213.8
2008-10-07	ASAFZ02B00_01	富友9号	4	10	254.0	100.0	2.2	0.0	19.6	16.8	5.9	17.4	39.2	28.9	374.0	188.3
2008_11_05	ASAZQ01AB0_01	三北6号	1	10	244.5	96.0	2.5	0.0	25.3	22.4	6.1	17.0	43.1	36.3	499.7	265.9
2008-10-25	ASAZQ03AB0_01	中单2号	1	10	261.5	98.6	2.4	0.0	25.8	24.4	4.9	14.8	47.8	33.5	414.3	223.6
2008-10-07	ASAFZ04ABC_01	富友9号	10	10	262.5	111.0	2.3	0.0	20.6	17.0	6.0	18.6	35.2	24.4	313.6	144.5
2008-10-07	ASAFZ04ABC_01	富友9号	11	10	250.0	98.8	2.4	0.0	24.4	22.0	6.3	18.2	45.6	28.8	408.9	203.1
2008-10-07	ASAFZ04ABC_01	富友9号	12	10	245.5	101.5	2.0	0.0	18.7	14.7	5.6	16.8	32.4	24.0	246.4	109.9
2008-10-07	ASAFZ04ABC_01	富友9号	13	10	223.0	83.5	1.9	0.0	17.5	12.9	5.2	15.6	27.9	22.1	221.3	94.1
2008-10-07	ASAFZ04ABC_01	富友9号	14	10	212.0	80.0	1.8	0.0	14.5	10.3	5.1	15.3	17.6	19.3	201.8	79.8
2008-10-07	ASAFZ04ABC_01	富友9号	15	10	239.5	94.0	2.2	0.0	17.9	13.0	5.7	18.8	27.3	20.3	217.9	84.2
2008-10-07	ASAFZ04ABC_01	富友9号	16	10	251.0	100.5	2.2	0.0	22.0	18.6	6.1	17.4	39.3	25.6	338.9	169.8
2008-10-07	ASAFZ04ABC_01	富友9号	17	10	249.0	102.5	2.3	0.0	20.4	16.4	6.0	18.0	35.4	26.4	361.2	172.8
2009-10-20	ASAZH01ABC_01	富友9号	1	10	281.6	113.3	2.0	0.0	17.1	14.8	5.5	14.4	32.0	29.6	296.7	149.2
2009-10-20	ASAZH01ABC_01	富友9号	3	10	286.4	110.1	2.1	0.0	16.0	14.0	5.4	14.8	32.8	30.3	306.7	151.0

（续）

时间（年-月-日）	样地代码	作物品种	样方号	调查株数	株高/cm	结穗高度/cm	茎粗/cm	空秆率/%	果穗长度/cm	果穗结实长度/cm	穗粗/cm	穗行数/行	行粒数/粒	百粒重/g	地上部总干重/(g/株)	籽粒干重/(g/株)
2009-10-20	ASAZH01ABC_01	富友9号	7	10	278.3	113.6	2.0	0.0	16.3	12.9	5.4	14.4	28.9	28.5	278.0	148.3
2009-10-20	ASAZH01ABC_01	富友9号	9	10	283.0	110.8	2.0	0.0	16.1	14.1	5.6	14.6	29.8	30.3	305.4	162.8
2009-10-20	ASAZH01ABC_01	富友9号	13	10	279.5	118.5	1.8	0.0	16.6	13.3	5.4	15.0	28.7	29.0	243.5	112.2
2009-10-20	ASAZH01ABC_01	富友9号	15	10	277.0	120.7	1.8	0.0	16.5	13.5	5.4	14.8	31.0	28.7	276.4	141.3
2009-10-21	ASAFZ01B00_01	富友9号	1	10	254.1	112.1	1.9	0.0	12.7	9.8	5.1	14.2	20.4	20.1	184.1	63.4
2009-10-21	ASAFZ01B00_01	富友9号	2	10	223.1	100.4	1.8	0.0	11.7	9.4	4.6	14.0	18.1	23.0	138.1	47.4
2009-10-21	ASAFZ01B00_01	富友9号	3	10	245.4	102.1	1.9	0.0	11.0	7.6	5.0	14.0	16.2	22.5	166.1	65.6
2009-10-21	ASAFZ01B00_01	富友9号	4	10	252.1	104.1	2.1	0.0	12.0	8.6	4.9	14.8	17.6	23.4	158.7	59.3
2009-10-20	ASAFZ02B00_01	富友9号	1	10	292.3	132.7	2.1	0.0	16.4	14.8	5.3	14.8	35.1	29.5	327.8	154.7
2009-10-20	ASAFZ02B00_01	富友9号	2	10	297.0	130.6	1.9	0.0	16.4	14.2	5.5	14.4	29.3	28.9	355.4	180.4
2009-10-20	ASAFZ02B00_01	富友9号	3	10	291.3	120.0	2.1	0.0	17.2	15.0	5.7	15.6	30.7	29.0	336.7	171.8
2009-10-20	ASAFZ02B00_01	富友9号	4	10	282.1	127.5	2.0	0.0	16.6	14.0	5.5	15.2	31.3	28.9	261.6	130.4
2009-10-15	ASAZQ01AB0_01	三北6号	1	10	232.5	71.8	2.0	0.0	22.6	19.2	5.8	17.4	36.7	33.5	329.1	184.9
2009-10-15	ASAZQ01AB0_01	三北6号	2	10	230.0	68.3	1.9	0.0	21.0	18.0	5.6	16.0	35.0	39.1	355.3	186.5
2009-10-15	ASAZQ01AB0_01	三北6号	3	10	233.3	71.6	1.9	0.0	22.7	18.5	5.6	17.3	36.3	32.8	352.4	195.8
2009-10-20	ASAFZ04ABC_01	富友9号	10	10	283.6	134.6	1.9	0.0	17.9	13.0	5.3	14.8	28.4	27.3	215.9	97.8
2009-10-20	ASAFZ04ABC_01	富友9号	11	10	289.4	129.8	2.0	0.0	18.2	15.3	5.5	14.6	34.8	31.6	268.5	140.2
2009-10-20	ASAFZ04ABC_01	富友9号	12	10	289.1	127.5	1.8	0.0	18.1	13.8	5.4	14.8	32.8	27.5	238.6	118.4
2009-10-20	ASAFZ04ABC_01	富友9号	13	10	248.8	104.1	1.6	0.0	18.3	10.8	5.2	14.2	24.9	27.5	198.2	94.8
2009-10-20	ASAFZ04ABC_01	富友9号	14	10	224.9	91.8	1.6	0.0	12.3	6.4	4.8	14.0	11.0	25.4	150.3	68.5
2009-10-20	ASAFZ04ABC_01	富友9号	15	10	234.7	103.9	1.7	0.0	13.4	7.8	5.1	14.8	16.8	27.4	184.8	76.0
2009-10-20	ASAFZ04ABC_01	富友9号	16	10	282.8	125.2	2.0	0.0	20.3	15.8	5.7	14.2	34.6	29.3	298.7	148.6
2009-10-20	ASAFZ04ABC_01	富友9号	17	10	283.8	126.4	2.0	0.0	16.3	10.8	5.5	14.6	24.9	27.2	229.7	106.4
2010-10-26	ASAZQ01AB0_01	三北6号	1	10	229.7	79.3	2.3	0.0	23.0	21.7	5.8	16.0	40.0	38.5	429.7	227.8
2010-10-26	ASAZQ01AB0_01	三北6号	2	10	226.7	83.3	2.2	0.0	23.5	21.3	5.6	15.3	40.3	36.9	425.1	226.5

（续）

时间（年-月-日）	样地代码	作物品种	样方号	调查株数	株高/cm	结穗高度/cm	茎粗/cm	空秆率/%	果穗长度/cm	果穗结实长度/cm	穗粗/cm	穗行数/行	行粒数/粒	百粒重/g	地上部总干重/（g/株）	籽粒干重/（g/株）
2010-10-26	ASAZQ01AB0_01	三北6号	3	10	235.0	86.0	2.1	0.0	25.6	23.4	6.2	16.5	42.3	39.5	561.2	265.3
2011-10-19	ASAZH01ABC_01	双惠2号	4	10	226.5	90.3	2.0	0.0	20.9	19.2	5.7	17.2	35.3	28.5	314.3	171.6
2011-10-19	ASAZH01ABC_01	双惠2号	7	10	228.8	91.5	2.1	0.0	20.8	19.0	5.6	16.2	35.2	27.5	315.4	170.8
2011-10-19	ASAZH01ABC_01	双惠2号	8	10	232.8	98.4	2.2	0.0	21.0	18.5	5.8	17.4	34.7	34.9	450.5	219.9
2011-10-19	ASAZH01ABC_01	双惠2号	12	10	243.9	97.4	2.0	0.0	20.4	18.6	5.5	17.0	36.5	30.0	321.2	171.7
2011-10-19	ASAZH01ABC_01	双惠2号	13	10	231.2	90.8	2.1	0.0	20.7	19.2	5.5	17.2	36.5	29.9	353.4	189.0
2011-10-19	ASAZH01ABC_01	双惠2号	16	10	228.8	91.9	2.0	0.0	21.8	19.5	5.7	16.4	37.4	30.3	346.5	174.0
2011-10-19	ASAFZ01B00_01	双惠2号	1	10	216.6	81.5	2.1	0.0	17.1	15.9	5.1	17.1	28.8	18.7	211.9	74.1
2011-10-19	ASAFZ01B00_01	双惠2号	2	10	207.9	83.0	2.0	0.0	17.0	15.1	5.1	15.8	28.4	18.8	197.2	79.2
2011-10-19	ASAFZ01B00_01	双惠2号	3	10	211.2	78.3	2.0	0.0	16.2	12.8	5.1	16.0	24.5	21.1	166.8	58.9
2011-10-19	ASAFZ01B00_01	双惠2号	4	10	206.7	79.3	2.1	0.0	16.2	14.4	4.9	15.2	25.5	19.8	170.0	54.4
2011-10-19	ASAFZ02B00_01	双惠2号	1	10	228.8	102.1	2.3	0.0	21.5	19.6	5.8	16.4	37.6	32.3	376.9	205.0
2011-10-19	ASAFZ02B00_01	双惠2号	2	10	223.0	90.0	2.1	0.0	20.0	18.7	5.5	16.2	35.5	32.9	354.7	192.3
2011-10-19	ASAFZ02B00_01	双惠2号	3	10	235.2	103.8	2.0	0.0	21.0	18.8	5.6	17.0	35.7	33.4	376.8	203.9
2011-10-19	ASAFZ02B00_01	双惠2号	4	10	229.2	99.8	2.0	0.0	19.8	18.4	5.6	17.2	35.2	27.1	321.6	171.8
2011-10-19	ASAFZ04ABC_01	双惠2号	10	10	222.6	100.2	2.2	0.0	22.2	20.2	5.5	17.2	36.9	25.4	300.2	150.1
2011-10-19	ASAFZ04ABC_01	双惠2号	11	10	225.8	101.6	2.2	0.0	22.9	21.5	5.9	17.3	38.6	35.2	417.6	218.4
2011-10-19	ASAFZ04ABC_01	双惠2号	12	10	222.8	86.9	2.0	0.0	22.0	20.4	5.7	16.9	38.6	28.0	294.5	156.1
2011-10-19	ASAFZ04ABC_01	双惠2号	13	10	217.7	75.3	1.8	0.0	19.3	16.4	5.3	15.0	31.4	26.9	161.0	65.9
2011-10-19	ASAFZ04ABC_01	双惠2号	14	10	207.4	73.0	1.8	0.0	18.9	16.3	5.1	15.1	32.1	19.6	143.6	54.5
2011-10-19	ASAFZ04ABC_01	双惠2号	15	10	216.5	82.3	2.0	0.0	19.4	17.1	5.2	16.9	32.2	20.1	207.6	86.7
2011-10-19	ASAFZ04ABC_01	双惠2号	16	10	215.5	92.6	2.0	0.0	21.5	19.1	5.6	16.3	36.2	30.9	328.6	177.1
2011-10-19	ASAFZ04ABC_01	双惠2号	17	10	222.5	95.4	2.2	0.0	22.2	19.5	5.6	17.4	36.1	24.5	246.8	120.4
2012-10-01	ASAZH01ABC_01	强盛101	1	10	318.7	102.5	1.9	0.0	21.9	19.5	5.3	15.6	38.8	33.4	351.6	189.7
2012-10-01	ASAZH01ABC_01	强盛101	5	10	304.7	95.6	1.8	0.0	20.5	17.3	5.2	14.2	35.8	33.9	306.6	165.8

（续）

时间（年-月-日）	样地代码	作物品种	样方号	调查株数	株高/cm	结穗高度/cm	茎粗/cm	空秆率/%	果穗长度/cm	果穗结实长度/cm	穗粗/cm	穗行数/行	行粒数/粒	百粒重/g	地上部总干重/（g/株）	籽粒干重/（g/株）
2012-10-01	ASAZH01ABC_01	强盛 101	6	10	304.0	91.0	1.9	0.0	21.2	18.4	5.2	15.8	36.2	35.7	337.0	189.8
2012-10-01	ASAZH01ABC_01	强盛 101	10	10	323.7	104.4	2.0	0.0	21.9	19.4	5.6	16.6	38.7	36.1	324.7	181.3
2012-10-01	ASAZH01ABC_01	强盛 101	11	10	319.9	100.8	2.0	0.0	22.5	20.2	5.4	15.8	38.4	35.3	359.1	195.3
2012-10-01	ASAZH01ABC_01	强盛 101	15	10	312.7	92.8	1.9	0.0	21.2	18.6	5.2	15.0	36.2	34.2	317.4	174.4
2012-09-23	ASAFZ01B00_01	强盛 101	1	10	269.2	94.6	1.7	0.0	15.5	10.0	4.5	13.4	17.2	28.9	150.3	56.5
2012-09-23	ASAFZ01B00_01	强盛 101	2	10	260.2	90.3	1.7	0.0	16.0	10.6	4.4	12.4	19.5	26.5	148.7	59.4
2012-09-23	ASAFZ01B00_01	强盛 101	3	10	257.7	82.3	1.7	0.0	15.9	10.6	4.5	13.7	18.8	29.5	165.8	55.1
2012-09-23	ASAFZ01B00_01	强盛 101	4	10	258.2	81.0	1.8	0.0	15.4	10.3	4.4	13.2	16.7	27.7	135.5	58.0
2012-10-01	ASAFZ02B00_01	强盛 101	1	10	306.1	112.3	1.9	0.0	21.3	17.9	5.2	15.4	35.3	34.5	315.7	165.4
2012-10-01	ASAFZ02B00_01	强盛 101	2	10	306.8	108.0	1.9	0.0	20.3	16.7	5.3	15.6	33.4	34.3	373.7	189.7
2012-10-01	ASAFZ02B00_01	强盛 101	3	10	298.3	102.2	1.8	0.0	19.1	15.6	5.1	14.6	29.6	34.3	335.8	175.4
2012-10-01	ASAFZ02B00_01	强盛 101	4	10	298.3	96.0	1.7	0.0	21.9	18.2	5.1	14.2	36.2	35.6	337.7	183.5
2012-09-23	ASAFZ04ABC_01	强盛 101	10	10	314.6	122.8	2.0	0.0	19.3	16.8	5.0	14.2	33.5	28.4	258.6	123.1
2012-09-23	ASAFZ04ABC_01	强盛 101	11	10	318.8	113.3	2.0	0.0	22.7	20.8	5.5	15.2	41.9	34.1	376.8	205.1
2012-09-23	ASAFZ04ABC_01	强盛 101	12	10	302.6	93.9	1.8	0.0	21.3	18.8	5.2	14.6	37.7	33.1	279.0	154.8
2012-09-23	ASAFZ04ABC_01	强盛 101	13	10	259.1	73.1	1.5	0.0	19.0	11.8	4.8	13.0	23.0	31.3	264.8	140.4
2012-09-23	ASAFZ04ABC_01	强盛 101	14	10	251.1	74.5	1.6	0.0	15.6	9.6	4.7	12.8	17.2	28.4	160.3	72.3
2012-09-23	ASAFZ04ABC_01	强盛 101	15	10	258.4	81.2	1.7	0.0	15.5	10.7	4.5	12.0	19.2	26.3	137.3	54.6
2012-09-23	ASAFZ04ABC_01	强盛 101	16	10	316.4	118.7	1.9	0.0	21.6	18.8	5.2	14.6	37.1	36.8	322.1	179.3
2012-09-23	ASAFZ04ABC_01	强盛 101	17	10	319.8	118.8	2.0	0.0	19.2	16.0	5.0	14.4	32.7	32.3	319.9	162.7
2012-09-23	ASAZQ01AB0_01	强盛 101	1	10	292.8	128.7	2.6	0.0	26.6	25.0	6.1	15.6	46.3	46.2	805.9	351.3
2012-09-23	ASAZQ01AB0_01	强盛 101	2	10	314.6	128.4	2.6	0.0	27.5	25.6	6.1	16.0	46.9	45.2	860.2	350.7
2012-09-23	ASAZQ01AB0_01	强盛 101	3	10	298.8	123.4	2.4	0.0	27.3	24.8	5.9	15.4	44.8	47.1	753.5	321.4

表 3-8 作物收获期产量

时间（年-月-日）	样地代码	作物名称	作物品种	样方号	样方面积/m^2	群体株高/cm	密度/（株/m^2）	穗数/（穗/m^2）	地上部总干重/（g/m^2）	产量/（g/m^2）
2008-10-07	ASAZH01ABC_01	玉米	富友 9 号	2	7.0	269.5	4.5	5.0	1 986.30	1 013.18
2008-10-07	ASAZH01ABC_01	玉米	富友 9 号	4	7.0	255.0	4.5	4.5	1 797.22	890.56
2008-10-07	ASAZH01ABC_01	玉米	富友 9 号	8	7.0	262.0	4.5	4.5	1 748.10	851.13
2008-10-07	ASAZH01ABC_01	玉米	富友 9 号	10	7.0	262.0	4.5	4.5	1 806.84	889.84
2008-10-07	ASAZH01ABC_01	玉米	富友 9 号	14	7.0	261.5	4.5	4.5	1 942.65	954.56
2008-10-07	ASAZH01ABC_01	玉米	富友 9 号	16	7.0	256.5	4.5	4.5	1 577.14	762.88
2008-10-07	ASAFZ01B00_01	玉米	富友 9 号	1	7.0	244.0	4.5	4.5	1 205.18	494.22
2008-10-07	ASAFZ01B00_01	玉米	富友 9 号	2	7.0	238.0	4.5	4.5	1 291.77	519.38
2008-10-07	ASAFZ01B00_01	玉米	富友 9 号	3	7.0	245.0	4.5	4.5	1 288.70	512.79
2008-10-07	ASAFZ01B00_01	玉米	富友 9 号	4	7.0	245.0	4.5	4.5	1 274.13	541.08
2008-10-07	ASAFZ02B00_01	玉米	富友 9 号	1	8.0	263.0	4.5	5.0	1 990.34	1 037.76
2008-10-07	ASAFZ02B00_01	玉米	富友 9 号	2	8.0	256.5	4.5	5.0	2 004.66	1 020.93
2008-10-07	ASAFZ02B00_01	玉米	富友 9 号	3	8.0	256.0	4.5	4.5	1 940.26	961.90
2008-10-07	ASAFZ02B00_01	玉米	富友 9 号	4	8.0	254.0	4.5	4.5	1 683.20	847.26
2008-11-05	ASAZQ01AB0_01	玉米	三北 6 号	1	14.0	244.5	3.0	3.0	1 499.00	797.82
2008-10-25	ASAZQ03AB0_01	玉米	中单 2 号	1	16.0	261.5	2.4	2.4	994.42	536.54
2008-10-11	ASAFZ03ABC_01	黄豆	晋豆 20	4	0.8	53.4	6.0		567.18	342.00
2008-10-11	ASAFZ03ABC_01	黄豆	晋豆 20	6	0.8	54.0	6.0		521.16	313.50
2008-10-11	ASAFZ03ABC_01	黄豆	晋豆 20	8	0.8	49.1	6.0		427.14	258.54
2008-10-11	ASAFZ03ABC_01	黄豆	晋豆 20	9	0.8	62.1	6.0		592.86	355.86
2008-10-11	ASAFZ03ABC_01	黄豆	晋豆 20	11	0.8	55.9	6.0		464.34	284.64
2008-10-11	ASAFZ03ABC_01	黄豆	晋豆 20	13	0.8	61.3	6.0		507.54	309.06
2008-10-07	ASAFZ04ABC_01	玉米	富友 9 号	10	3.5	262.5	4.5	4.5	1 411.28	650.31
2008-10-07	ASAFZ04ABC_01	玉米	富友 9 号	11	3.5	250.0	4.5	4.5	1 840.22	913.78
2008-10-07	ASAFZ04ABC_01	玉米	富友 9 号	12	3.5	245.5	4.5	4.5	1 108.90	494.38
2008-10-07	ASAFZ04ABC_01	玉米	富友 9 号	13	3.5	223.0	4.5	4.5	995.73	423.42
2008-10-07	ASAFZ04ABC_01	玉米	富友 9 号	14	3.5	212.0	4.5	4.5	908.07	359.00
2008-10-07	ASAFZ04ABC_01	玉米	富友 9 号	15	3.5	239.5	4.5	4.5	980.76	378.92
2008-10-07	ASAFZ04ABC_01	玉米	富友 9 号	16	3.5	251.0	4.5	4.5	1 525.00	763.95
2008-10-07	ASAFZ04ABC_01	玉米	富友 9 号	17	3.5	249.0	4.5	4.5	1 625.37	777.39
2008-10-09	ASAFZ05ABC_01	糜子	硬糜子	11	1.5	77.3	14.0		132.85	63.00
2008-10-09	ASAFZ05ABC_01	糜子	硬糜子	12	1.5	76.3	15.0		150.13	66.29
2008-10-09	ASAFZ05ABC_01	糜子	硬糜子	13	1.5	61.5	15.0		49.07	20.51
2008-10-09	ASAFZ05ABC_01	糜子	硬糜子	14	1.5	78.8	15.0		194.47	90.16
2008-10-09	ASAFZ05ABC_01	糜子	硬糜子	15	1.5	74.9	15.0		142.92	63.14
2008-10-09	ASAFZ05ABC_01	糜子	硬糜子	16	1.5	58.2	15.0		38.92	9.73
2008-10-09	ASAFZ05ABC_01	糜子	硬糜子	17	1.5	63.4	15.0		41.14	13.09
2008-10-09	ASAFZ05ABC_01	糜子	硬糜子	18	1.5	69.6	15.0		66.75	18.13

（续）

时间（年-月-日）	样地代码	作物名称	作物品种	样方号	样方面积/ m^2	群体株高/ cm	密度/ （株/m^2）	穗数/ （穗/m^2）	地上部总干重/ （g/m^2）	产量/ （g/m^2）
2008-10-09	ASAFZ05ABC_01	糜子	硬糜子	19	1.5	55.2	15.0		31.71	9.59
2008-10-09	ASAFZ06ABC_01	糜子	硬糜子	10	3.5	128.6	16.0		630.69	293.50
2008-10-09	ASAFZ06ABC_01	糜子	硬糜子	11	3.5	121.8	15.0		497.83	243.04
2008-10-09	ASAFZ06ABC_01	糜子	硬糜子	12	3.5	84.8	15.0		146.75	61.21
2008-10-09	ASAFZ06ABC_01	糜子	硬糜子	13	3.5	115.4	16.0		451.53	221.38
2008-10-09	ASAFZ06ABC_01	糜子	硬糜子	14	3.5	72.4	14.0		84.62	38.44
2008-10-09	ASAFZ06ABC_01	糜子	硬糜子	15	3.5	119.8	15.0		460.84	224.86
2008-10-09	ASAFZ06ABC_01	糜子	硬糜子	16	3.5	93.1	14.0		173.51	85.71
2008-10-09	ASAFZ06ABC_01	糜子	硬糜子	17	3.5	138.0	18.0		642.06	303.12
2008-10-09	ASAFZ06ABC_01	糜子	硬糜子	18	3.5	154.0	18.0		1 059.51	491.47
2008-10-09	ASAFZ06ABC_01	糜子	硬糜子	19	3.5	138.4	13.0		653.97	309.80
2008-10-09	ASAFZ06ABC_01	糜子	硬糜子	20	3.5	122.4	14.0		281.25	124.73
2008-10-09	ASAFZ06ABC_01	糜子	硬糜子	21	3.5	91.8	17.0		151.57	61.07
2008-10-09	ASAFZ06ABC_01	糜子	硬糜子	22	3.5	112.7	17.0		360.80	182.22
2008-10-09	ASAFZ06ABC_01	糜子	硬糜子	23	3.5	109.5	14.0		261.27	130.42
2008-10-09	ASAFZ06ABC_01	糜子	硬糜子	24	3.5	95.0	15.0		148.03	62.44
2008-10-09	ASAFZ06ABC_01	糜子	硬糜子	25	3.5	131.3	15.0		466.96	221.86
2008-10-09	ASAFZ06ABC_01	糜子	硬糜子	26	3.5	141.3	15.0		540.26	240.68
2008-10-09	ASAFZ06ABC_01	糜子	硬糜子	27	3.5	138.6	13.0		411.82	204.45
2008-10-18	ASAFZ07AB0_01	荞麦	北海道	8	1.5	66.4	90.0		195.87	93.93
2008-10-18	ASAFZ07AB0_01	荞麦	北海道	9	1.5	81.1	90.0		329.87	168.73
2008-10-18	ASAFZ07AB0_01	荞麦	北海道	10	1.5	60.0	90.0		177.00	86.87
2008-10-18	ASAFZ07AB0_01	荞麦	北海道	11	1.5	44.2	90.0		42.73	18.20
2008-10-18	ASAFZ07AB0_01	荞麦	北海道	12	1.5	31.1	90.0		36.80	14.60
2008-10-18	ASAFZ07AB0_01	荞麦	北海道	13	1.5	64.7	90.0		162.60	93.80
2008-10-18	ASAFZ07AB0_01	荞麦	北海道	14	1.5	57.1	90.0		78.67	42.00
2009-10-20	ASAZH01ABC_01	春玉米	富友 9 号	1	7.0	281.6	5.0	5.0	1 483.33	745.83
2009-10-20	ASAZH01ABC_01	春玉米	富友 9 号	3	7.0	286.4	5.0	5.0	1 533.50	755.00
2009-10-20	ASAZH01ABC_01	春玉米	富友 9 号	7	7.0	278.3	5.0	5.0	1 389.83	741.50
2009-10-20	ASAZH01ABC_01	春玉米	富友 9 号	9	7.0	283.0	5.0	5.0	1 526.83	814.00
2009-10-20	ASAZH01ABC_01	春玉米	富友 9 号	13	7.0	279.5	5.0	5.0	1 217.50	561.00
2009-10-20	ASAZH01ABC_01	春玉米	富友 9 号	15	7.0	277.0	5.0	5.0	1 382.00	706.50
2009-10-21	ASAFZ01B00_01	春玉米	富友 9 号	1	7.0	254.1	5.0	5.0	920.33	316.83
2009-10-21	ASAFZ01B00_01	春玉米	富友 9 号	2	7.0	223.1	5.0	5.0	690.67	236.83
2009-10-21	ASAFZ01B00_01	春玉米	富友 9 号	3	7.0	245.4	5.0	5.0	830.33	328.00
2009-10-21	ASAFZ01B00_01	春玉米	富友 9 号	4	7.0	252.1	5.0	5.0	793.67	296.33
2009-10-20	ASAFZ02B00_01	春玉米	富友 9 号	1	8.0	292.3	5.0	5.0	1 475.10	696.30
2009-10-20	ASAFZ02B00_01	春玉米	富友 9 号	2	8.0	297.0	5.0	5.0	1 599.45	811.95

（续）

时间 （年-月-日）	样地代码	作物名称	作物品种	样方号	样方面积/ m^2	群体株高/ cm	密度/ （株/m^2）	穗数/ （穗/m^2）	地上部总干重/ （g/m^2）	产量/ （g/m^2）
2009-10-20	ASAFZ02B00_01	春玉米	富友9号	3	8.0	291.3	5.0	5.0	1 515.15	773.25
2009-10-20	ASAFZ02B00_01	春玉米	富友9号	4	8.0	282.1	5.0	5.0	1 177.35	586.80
2009-10-15	ASAZQ01AB0_01	春玉米	三北6号	1	13.0	232.5	3.4	3.4	1 118.83	628.55
2009-10-15	ASAZQ01AB0_01	春玉米	三北6号	2	13.0	230.0	3.4	3.4	1 207.91	633.99
2009-10-15	ASAZQ01AB0_01	春玉米	三北6号	3	13.0	233.3	3.4	3.4	1 198.16	665.61
2009-10-15	ASAZQ03AB0_01	春大豆	绿青豆	1	2.4	63.7	7.5		546.08	296.92
2009-10-15	ASAZQ03AB0_01	春大豆	绿青豆	2	2.4	64.6	7.5		338.55	180.98
2009-10-15	ASAZQ03AB0_01	春大豆	绿青豆	3	2.4	63.8	7.5		290.18	155.55
2009-10-14	ASAFZ03ABC_01	春谷子	晋芬7号	2	0.8	130.7	10.0	10.0	633.50	294.90
2009-10-14	ASAFZ03ABC_01	春谷子	晋芬7号	3	0.8	127.7	10.0	10.0	583.50	275.70
2009-10-14	ASAFZ03ABC_01	春谷子	晋芬7号	5	0.8	128.3	10.0	10.0	643.30	315.40
2009-10-14	ASAFZ03ABC_01	春谷子	晋芬7号	10	0.8	134.6	10.0	10.0	610.90	286.80
2009-10-14	ASAFZ03ABC_01	春谷子	晋芬7号	14	0.8	135.4	10.0	10.0	614.90	280.00
2009-10-14	ASAFZ03ABC_01	春谷子	晋芬7号	15	0.8	131.4	10.0	10.0	582.50	273.30
2009-10-20	ASAFZ04ABC_01	春玉米	富友9号	10	3.5	283.6	4.8	4.8	1 036.48	469.44
2009-10-20	ASAFZ04ABC_01	春玉米	富友9号	11	3.5	289.4	4.8	5.8	1 288.64	672.96
2009-10-20	ASAFZ04ABC_01	春玉米	富友9号	12	3.5	289.1	4.8	4.8	1 145.28	568.32
2009-10-20	ASAFZ04ABC_01	春玉米	富友9号	13	3.5	248.8	4.8	4.8	951.20	455.20
2009-10-20	ASAFZ04ABC_01	春玉米	富友9号	14	3.5	224.9	4.8	4.8	721.28	328.80
2009-10-20	ASAFZ04ABC_01	春玉米	富友9号	15	3.5	234.7	4.8	4.8	886.88	364.80
2009-10-20	ASAFZ04ABC_01	春玉米	富友9号	16	3.5	282.8	4.8	5.8	1 433.92	713.12
2009-10-20	ASAFZ04ABC_01	春玉米	富友9号	17	3.5	283.8	4.8	4.8	1 102.56	510.88
2009-10-13	ASAFZ05ABC_01	春谷子	晋芬7号	11	3.0	128.2	11.7	11.7	331.27	151.48
2009-10-13	ASAFZ05ABC_01	春谷子	晋芬7号	12	3.0	116.2	12.0	12.0	381.85	177.06
2009-10-13	ASAFZ05ABC_01	春谷子	晋芬7号	13	3.0	83.4	10.9	10.9	238.19	107.70
2009-10-13	ASAFZ05ABC_01	春谷子	晋芬7号	14	3.0	132.3	11.0	11.0	454.06	203.04
2009-10-13	ASAFZ05ABC_01	春谷子	晋芬7号	15	3.0	122.8	11.9	11.9	382.60	174.26
2009-10-13	ASAFZ05ABC_01	春谷子	晋芬7号	16	3.0	81.4	9.6	9.6	119.12	49.42
2009-10-13	ASAFZ05ABC_01	春谷子	晋芬7号	17	3.0	86.8	13.9	13.9	200.84	70.49
2009-10-13	ASAFZ05ABC_01	春谷子	晋芬7号	18	3.0	102.8	10.0	10.0	205.55	77.24
2009-10-13	ASAFZ05ABC_01	春谷子	晋芬7号	19	3.0	76.4	11.1	11.1	89.77	38.08
2009-10-14	ASAFZ06ABC_01	春谷子	晋芬7号	10	3.5	142.1	12.0	12.0	519.12	222.30
2009-10-14	ASAFZ06ABC_01	春谷子	晋芬7号	11	3.5	147.4	11.9	11.9	459.96	189.42
2009-10-14	ASAFZ06ABC_01	春谷子	晋芬7号	12	3.5	119.2	12.2	12.2	294.24	96.66
2009-10-14	ASAFZ06ABC_01	春谷子	晋芬7号	13	3.5	143.2	13.5	13.5	466.86	193.32
2009-10-14	ASAFZ06ABC_01	春谷子	晋芬7号	14	3.5	97.9	11.4	11.4	140.52	48.54
2009-10-14	ASAFZ06ABC_01	春谷子	晋芬7号	15	3.5	141.7	12.2	12.2	488.40	201.72
2009-10-14	ASAFZ06ABC_01	春谷子	晋芬7号	16	3.5	107.6	13.0	13.0	168.66	76.68

（续）

时间（年-月-日）	样地代码	作物名称	作物品种	样方号	样方面积/m^2	群体株高/cm	密度/（株/m^2）	穗数/（穗/m^2）	地上部总干重/（g/m^2）	产量/（g/m^2）
2009-10-14	ASAFZ06ABC_01	春谷子	晋芬 7 号	17	3.5	130.0	12.4	12.4	315.78	132.90
2009-10-14	ASAFZ06ABC_01	春谷子	晋芬 7 号	18	3.5	141.4	13.2	13.2	382.68	159.48
2009-10-15	ASAFZ07AB0_01	春谷子	晋芬 7 号	8	1.5	126.6	14.7	14.7	347.62	139.58
2009-10-15	ASAFZ07AB0_01	春谷子	晋芬 7 号	9	1.5	148.2	15.0	15.0	527.10	247.28
2009-10-15	ASAFZ07AB0_01	春谷子	晋芬 7 号	10	1.5	136.4	15.9	15.9	455.48	213.00
2009-10-15	ASAFZ07AB0_01	春谷子	晋芬 7 号	11	1.5	75.4	14.3	14.3	113.48	49.88
2009-10-15	ASAFZ07AB0_01	春谷子	晋芬 7 号	12	1.5	78.4	14.8	14.8	132.75	58.05
2009-10-15	ASAFZ07AB0_01	春谷子	晋芬 7 号	13	1.5	111.6	15.5	15.5	381.15	187.42
2009-10-15	ASAFZ07AB0_01	春谷子	晋芬 7 号	14	1.5	85.4	15.5	15.5	235.80	91.05
2010-10-05	ASAZH01ABC_01	春大豆	铁丰 29	2	7.0	59.0	11.5		373.58	142.94
2010-10-05	ASAZH01ABC_01	春大豆	铁丰 29	5	7.0	55.6	11.5		307.57	125.91
2010-10-05	ASAZH01ABC_01	春大豆	铁丰 29	6	7.0	58.4	11.5		295.84	132.69
2010-10-05	ASAZH01ABC_01	春大豆	铁丰 29	10	7.0	59.6	11.5		352.36	167.23
2010-10-05	ASAZH01ABC_01	春大豆	铁丰 29	11	7.0	56.0	11.5		335.68	141.89
2010-10-05	ASAZH01ABC_01	春大豆	铁丰 29	14	7.0	59.0	11.5		331.54	151.53
2010-10-05	ASAFZ01B00_01	春大豆	铁丰 29	1	7.0	54.4	11.5		369.67	147.76
2010-10-05	ASAFZ01B00_01	春大豆	铁丰 29	2	7.0	58.2	11.5		365.30	160.14
2010-10-05	ASAFZ01B00_01	春大豆	铁丰 29	3	7.0	60.2	11.5		352.07	150.27
2010-10-05	ASAFZ01B00_01	春大豆	铁丰 29	4	7.0	56.8	11.5		328.90	160.90
2010-10-05	ASAFZ02B00_01	春大豆	铁丰 29	1	8.0	56.1	10.6		444.82	118.38
2010-10-05	ASAFZ02B00_01	春大豆	铁丰 29	2	8.0	57.6	10.6		421.99	136.14
2010-10-05	ASAFZ02B00_01	春大豆	铁丰 29	3	8.0	58.8	10.6		402.90	149.24
2010-10-05	ASAFZ02B00_01	春大豆	铁丰 29	4	8.0	56.3	10.6		355.29	120.64
2010-10-05	ASAFZ03ABC_01	春大豆	铁丰 29	1	3.2	46.8	12.0		404.40	199.78
2010-10-05	ASAFZ03ABC_01	春大豆	铁丰 29	4	3.2	40.3	12.0		373.08	167.75
2010-10-05	ASAFZ03ABC_01	春大豆	铁丰 29	6	3.2	45.2	12.0		322.68	204.09
2010-10-05	ASAFZ03ABC_01	春大豆	铁丰 29	11	3.2	42.3	12.0		305.16	231.59
2010-10-05	ASAFZ03ABC_01	春大豆	铁丰 29	13	3.2	41.8	12.0		470.82	235.12
2010-10-05	ASAFZ03ABC_01	春大豆	铁丰 29	16	3.2	44.0	12.0		469.98	251.25
2010-10-04	ASAFZ04ABC_01	春大豆	铁丰 29	10	3.5	59.2	8.3		345.07	165.21
2010-10-04	ASAFZ04ABC_01	春大豆	铁丰 29	11	3.5	58.2	8.3		298.14	171.84
2010-10-04	ASAFZ04ABC_01	春大豆	铁丰 29	12	3.5	61.4	8.3		319.30	165.80
2010-10-04	ASAFZ04ABC_01	春大豆	铁丰 29	13	3.5	48.4	8.3		197.21	126.27
2010-10-04	ASAFZ04ABC_01	春大豆	铁丰 29	14	3.5	53.8	8.3		240.12	115.23
2010-10-04	ASAFZ04ABC_01	春大豆	铁丰 29	15	3.5	63.0	8.3		327.14	158.25
2010-10-04	ASAFZ04ABC_01	春大豆	铁丰 29	16	3.5	62.8	8.3		392.55	156.80
2010-10-04	ASAFZ04ABC_01	春大豆	铁丰 29	17	3.5	59.0	8.3		292.53	125.99
2010-10-06	ASAFZ05ABC_01	春大豆	铁丰 29	11	3.0	31.8	9.3		106.64	40.67

（续）

时间（年-月-日）	样地代码	作物名称	作物品种	样方号	样方面积/m^2	群体株高/cm	密度/（株/m^2）	穗数/（穗/m^2）	地上部总干重/（g/m^2）	产量/（g/m^2）
2010-10-06	ASAFZ05ABC_01	春大豆	铁丰 29	12	3.0	31.5	9.3		99.19	40.72
2010-10-06	ASAFZ05ABC_01	春大豆	铁丰 29	13	3.0	23.7	9.3		51.99	19.47
2010-10-06	ASAFZ05ABC_01	春大豆	铁丰 29	14	3.0	30.4	9.3		95.32	37.87
2010-10-06	ASAFZ05ABC_01	春大豆	铁丰 29	15	3.0	31.8	9.3		93.61	40.24
2010-10-06	ASAFZ05ABC_01	春大豆	铁丰 29	16	3.0	26.4	9.3		45.27	22.73
2010-10-06	ASAFZ05ABC_01	春大豆	铁丰 29	17	3.0	27.0	9.3		108.21	74.89
2010-10-06	ASAFZ05ABC_01	春大豆	铁丰 29	18	3.0	29.0	9.3		86.96	57.69
2010-10-06	ASAFZ05ABC_01	春大豆	铁丰 29	19	3.0	22.7	9.3		48.99	19.41
2010-10-08	ASAFZ06ABC_01	春大豆	铁丰 29	10	3.5	52.7	8.3		376.90	220.50
2010-10-08	ASAFZ06ABC_01	春大豆	铁丰 29	11	3.5	46.6	8.3		250.90	146.20
2010-10-08	ASAFZ06ABC_01	春大豆	铁丰 29	12	3.5	53.2	8.3		317.50	180.00
2010-10-08	ASAFZ06ABC_01	春大豆	铁丰 29	13	3.5	37.2	8.3		192.60	115.70
2010-10-08	ASAFZ06ABC_01	春大豆	铁丰 29	14	3.5	36.7	8.3		152.10	81.70
2010-10-08	ASAFZ06ABC_01	春大豆	铁丰 29	15	3.5	39.8	8.3		254.00	151.40
2010-10-08	ASAFZ06ABC_01	春大豆	铁丰 29	16	3.5	37.8	8.3		180.70	101.20
2010-10-08	ASAFZ06ABC_01	春大豆	铁丰 29	17	3.5	46.0	8.3		310.20	176.70
2010-10-08	ASAFZ06ABC_01	春大豆	铁丰 29	18	3.5	44.7	8.3		362.00	251.10
2010-10-06	ASAFZ07AB0_01	春糜子	农家品种	8	1.5	152.6	15.3		365.81	215.23
2010-10-06	ASAFZ07AB0_01	春糜子	农家品种	9	1.5	174.2	12.7		782.88	357.81
2010-10-06	ASAFZ07AB0_01	春糜子	农家品种	10	1.5	163.6	10.7		703.66	290.36
2010-10-06	ASAFZ07AB0_01	春糜子	农家品种	11	1.5	113.3	14.7		133.37	95.38
2010-10-06	ASAFZ07AB0_01	春糜子	农家品种	12	1.5	95.2	13.3		109.33	65.88
2010-10-06	ASAFZ07AB0_01	春糜子	农家品种	13	1.5	131.3	13.3		450.40	231.86
2010-10-06	ASAFZ07AB0_01	春糜子	农家品种	14	1.5	104.3	13.3		167.78	80.93
2010-10-26	ASAZQ01AB0_01	春玉米	三北 6 号	1	14.0	229.7	3.4	3.4	1 460.98	774.41
2010-10-26	ASAZQ01AB0_01	春玉米	三北 6 号	2	14.0	226.7	3.4	3.4	1 445.23	770.21
2010-10-26	ASAZQ01AB0_01	春玉米	三北 6 号	3	14.0	235.0	3.4	3.4	1 907.97	902.13
2010-09-25	ASAZQ03AB0_01	春马铃薯	农家品种	1	22.5	40.3	2.8			789.11
2010-09-25	ASAZQ03AB0_01	春马铃薯	农家品种	2	22.5	39.8	2.8			1 057.84
2010-09-25	ASAZQ03AB0_01	春马铃薯	农家品种	3	22.5	41.0	2.8			1 269.38
2011-10-19	ASAZH01ABC_01	春玉米	双惠 2 号	4	7.0	226.5	5.0	5.0	1 571.50	858.00
2011-10-19	ASAZH01ABC_01	春玉米	双惠 2 号	7	7.0	228.8	5.0	5.0	1 577.00	854.00
2011-10-19	ASAZH01ABC_01	春玉米	双惠 2 号	8	7.0	232.8	5.0	5.0	2 252.50	1 099.50
2011-10-19	ASAZH01ABC_01	春玉米	双惠 2 号	12	7.0	243.9	5.0	5.0	1 605.83	858.33
2011-10-19	ASAZH01ABC_01	春玉米	双惠 2 号	13	7.0	231.2	5.0	5.0	1 766.83	944.83
2011-10-19	ASAZH01ABC_01	春玉米	双惠 2 号	16	7.0	228.8	5.0	5.0	1 732.50	869.83
2011-10-19	ASAFZ01B00_01	春玉米	双惠 2 号	1	7.0	216.6	5.0	5.0	1 059.50	370.67
2011-10-19	ASAFZ01B00_01	春玉米	双惠 2 号	2	7.0	207.9	5.0	5.0	985.83	396.00

（续）

时间（年-月-日）	样地代码	作物名称	作物品种	样方号	样方面积/m^2	群体株高/cm	密度/（株/m^2）	穗数/（穗/m^2）	地上部总干重/（g/m^2）	产量/（g/m^2）
2011-10-19	ASAFZ01B00_01	春玉米	双惠 2 号	3	7.0	211.2	5.0	5.0	834.17	294.33
2011-10-19	ASAFZ01B00_01	春玉米	双惠 2 号	4	7.0	206.7	5.0	5.0	850.00	272.17
2011-10-19	ASAFZ02B00_01	春玉米	双惠 2 号	1	8.0	228.8	5.0	5.0	1 884.50	1 024.83
2011-10-19	ASAFZ02B00_01	春玉米	双惠 2 号	2	8.0	223.0	5.0	5.0	1 773.50	961.67
2011-10-19	ASAFZ02B00_01	春玉米	双惠 2 号	3	8.0	235.2	5.0	5.0	1 884.17	1 019.67
2011-10-19	ASAFZ02B00_01	春玉米	双惠 2 号	4	8.0	229.2	5.0	5.0	1 608.00	859.17
2011-09-21	ASAZQ01AB0_01	春马铃薯	农家品种	1	0.7		3.4			2 067.09
2011-09-21	ASAZQ01AB0_01	春马铃薯	农家品种	2	0.7		3.4			2 325.94
2011-09-21	ASAZQ01AB0_01	春马铃薯	农家品种	3	0.7		3.4			1 399.55
2011-09-21	ASAZQ01AB0_01	春马铃薯	农家品种	4	0.7		3.4			1 804.04
2011-09-21	ASAZQ01AB0_01	春马铃薯	农家品种	5	0.7		3.4			2 182.69
2011-09-21	ASAZQ01AB0_01	春马铃薯	农家品种	6	0.7		3.4			1 878.05
2011-10-06	ASAZQ03AB0_01	春谷子	晋汾 7 号	1	1.0	130.8	9.3	9.3	571.74	273.73
2011-10-06	ASAZQ03AB0_01	春谷子	晋汾 7 号	2	1.0	134.2	9.3	9.3	581.04	278.07
2011-10-06	ASAZQ03AB0_01	春谷子	晋汾 7 号	3	1.0	131.2	9.3	9.3	551.02	252.61
2011-10-06	ASAZQ03AB0_01	春谷子	晋汾 7 号	4	1.0	130.1	9.3	9.3	495.79	216.90
2011-10-06	ASAZQ03AB0_01	春谷子	晋汾 7 号	5	1.0	125.7	9.3	9.3	577.43	282.00
2011-10-06	ASAZQ03AB0_01	春谷子	晋汾 7 号	6	1.0	127.1	9.3	9.3	577.53	256.89
2011-10-14	ASAFZ03ABC_01	春谷子	晋汾 7 号	5	0.8	111.8	5.0	5.0	228.70	113.30
2011-10-14	ASAFZ03ABC_01	春谷子	晋汾 7 号	7	0.8	111.3	5.0	5.0	243.70	115.65
2011-10-14	ASAFZ03ABC_01	春谷子	晋汾 7 号	8	0.8	110.1	5.0	5.0	233.85	107.90
2011-10-14	ASAFZ03ABC_01	春谷子	晋汾 7 号	9	0.8	110.2	5.0	5.0	249.60	113.25
2011-10-14	ASAFZ03ABC_01	春谷子	晋汾 7 号	10	0.8	107.0	5.0	5.0	228.10	100.10
2011-10-14	ASAFZ03ABC_01	春谷子	晋汾 7 号	12	0.8	111.6	5.0	5.0	230.05	109.95
2011-10-19	ASAFZ04ABC_01	春玉米	双惠 2 号	10	7.0	222.6	5.0	5.0	1 501.17	750.56
2011-10-19	ASAFZ04ABC_01	春玉米	双惠 2 号	11	7.0	225.8	5.0	5.0	2 088.22	1 092.00
2011-10-19	ASAFZ04ABC_01	春玉米	双惠 2 号	12	7.0	222.8	5.0	5.0	1 472.72	780.67
2011-10-19	ASAFZ04ABC_01	春玉米	双惠 2 号	13	7.0	217.7	5.0	5.0	805.22	329.50
2011-10-19	ASAFZ04ABC_01	春玉米	双惠 2 号	14	7.0	207.4	5.0	5.0	717.89	272.67
2011-10-19	ASAFZ04ABC_01	春玉米	双惠 2 号	15	7.0	216.5	5.0	5.0	1 038.06	433.61
2011-10-19	ASAFZ04ABC_01	春玉米	双惠 2 号	16	7.0	215.5	5.0	5.0	1 643.22	885.56
2011-10-19	ASAFZ04ABC_01	春玉米	双惠 2 号	17	7.0	222.5	5.0	5.0	1 234.11	602.22
2011-10-15	ASAFZ05ABC_01	春谷子	晋汾 7 号	11	3.0	119.4	10.2	10.2	185.64	90.50
2011-10-15	ASAFZ05ABC_01	春谷子	晋汾 7 号	12	3.0	120.2	10.2	10.2	303.96	91.50
2011-10-15	ASAFZ05ABC_01	春谷子	晋汾 7 号	13	3.0	106.8	10.2	10.2	172.69	62.19
2011-10-15	ASAFZ05ABC_01	春谷子	晋汾 7 号	14	3.0	124.1	10.2	10.2	308.86	113.54
2011-10-15	ASAFZ05ABC_01	春谷子	晋汾 7 号	15	3.0	120.0	10.2	10.2	345.78	96.77
2011-10-15	ASAFZ05ABC_01	春谷子	晋汾 7 号	16	3.0	98.0	10.2	10.2	115.16	48.77

（续）

时间（年-月-日）	样地代码	作物名称	作物品种	样方号	样方面积/m^2	群体株高/cm	密度/（株/m^2）	穗数/（穗/m^2）	地上部总干重/（g/m^2）	产量/（g/m^2）
2011-10-15	ASAFZ05ABC_01	春谷子	晋汾7号	17	3.0	103.6	10.2	10.2	176.15	78.55
2011-10-15	ASAFZ05ABC_01	春谷子	晋汾7号	18	3.0	108.4	10.2	10.2	216.34	88.15
2011-10-15	ASAFZ05ABC_01	春谷子	晋汾7号	19	3.0	86.8	10.2	10.2	81.50	37.42
2011-10-14	ASAFZ06ABC_01	春谷子	晋汾7号	10	3.5	140.4	5.7	5.7	288.82	125.17
2011-10-14	ASAFZ06ABC_01	春谷子	晋汾7号	11	3.5	134.2	5.7	5.7	243.96	104.99
2011-10-14	ASAFZ06ABC_01	春谷子	晋汾7号	12	3.5	134.2	5.7	5.7	269.72	110.12
2011-10-14	ASAFZ06ABC_01	春谷子	晋汾7号	13	3.5	124.8	5.7	5.7	220.36	93.94
2011-10-14	ASAFZ06ABC_01	春谷子	晋汾7号	14	3.5	130.0	5.7	5.7	189.64	84.19
2011-10-14	ASAFZ06ABC_01	春谷子	晋汾7号	15	3.5	137.4	5.7	5.7	297.26	130.87
2011-10-14	ASAFZ06ABC_01	春谷子	晋汾7号	16	3.5	135.1	5.7	5.7	188.21	90.57
2011-10-14	ASAFZ06ABC_01	春谷子	晋汾7号	17	3.5	139.4	5.7	5.7	293.49	122.21
2011-10-14	ASAFZ06ABC_01	春谷子	晋汾7号	18	3.5	128.4	5.7	5.7	245.73	96.39
2011-10-12	ASAFZ07AB0_01	春谷子	晋汾7号	8	1.5	135.4	14.7	14.7	343.91	141.29
2011-10-12	ASAFZ07AB0_01	春谷子	晋汾7号	9	1.5	145.0	15.0	15.0	456.64	207.33
2011-10-12	ASAFZ07AB0_01	春谷子	晋汾7号	10	1.5	139.7	15.9	15.9	379.38	164.58
2011-10-12	ASAFZ07AB0_01	春谷子	晋汾7号	11	1.5	104.3	14.3	14.3	107.98	39.58
2011-10-12	ASAFZ07AB0_01	春谷子	晋汾7号	12	1.5	94.7	14.8	14.8	93.76	34.09
2011-10-12	ASAFZ07AB0_01	春谷子	晋汾7号	13	1.5	138.5	15.5	15.5	309.40	128.49
2011-10-12	ASAFZ07AB0_01	春谷子	晋汾7号	14	1.5	103.2	15.5	15.5	118.00	38.40
2012-09-24	ASAFZ05ABC_01	春糜子	农家品种	11	6.0	118.4	14.0	14.0	361.80	181.99
2012-09-24	ASAFZ05ABC_01	春糜子	农家品种	12	6.0	137.2	14.0	14.0	285.44	141.11
2012-09-24	ASAFZ05ABC_01	春糜子	农家品种	13	6.0	102.8	14.0	14.0	177.91	74.71
2012-09-24	ASAFZ05ABC_01	春糜子	农家品种	14	6.0	135.4	14.0	14.0	431.99	181.53
2012-09-24	ASAFZ05ABC_01	春糜子	农家品种	15	6.0	139.5	14.0	14.0	504.68	180.48
2012-09-24	ASAFZ05ABC_01	春糜子	农家品种	16	6.0	105.7	14.0	14.0	122.91	44.27
2012-09-24	ASAFZ05ABC_01	春糜子	农家品种	17	6.0	96.5	14.0	14.0	170.16	61.34
2012-09-24	ASAFZ05ABC_01	春糜子	农家品种	18	6.0	108.1	14.0	14.0	152.71	71.29
2012-09-24	ASAFZ05ABC_01	春糜子	农家品种	19	6.0	94.7	14.0	14.0	51.73	24.42
2012-09-28	ASAFZ06ABC_01	春糜子	农家品种	10	3.5	156.9	14.0	14.0	507.08	293.00
2012-09-28	ASAFZ06ABC_01	春糜子	农家品种	11	3.5	178.3	14.0	14.0	688.02	365.00
2012-09-28	ASAFZ06ABC_01	春糜子	农家品种	12	3.5	125.9	14.0	14.0	281.34	142.00
2012-09-28	ASAFZ06ABC_01	春糜子	农家品种	13	3.5	143.5	14.0	14.0	812.61	330.00
2012-09-28	ASAFZ06ABC_01	春糜子	农家品种	14	3.5	94.8	14.0	14.0	161.87	103.00
2012-09-28	ASAFZ06ABC_01	春糜子	农家品种	15	3.5	152.0	14.0	14.0	619.49	351.00
2012-09-28	ASAFZ06ABC_01	春糜子	农家品种	16	3.5	114.7	14.0	14.0	329.44	211.00
2012-09-28	ASAFZ06ABC_01	春糜子	农家品种	17	3.5	161.8	14.0	14.0	476.59	303.00
2012-09-28	ASAFZ06ABC_01	春糜子	农家品种	18	3.5	195.3	14.0	14.0	874.66	396.00
2012-10-16	ASAFZ07AB0_01	夏荞麦	北海道	8	3.0	89.0	60.0		223.10	116.80

（续）

时间（年-月-日）	样地代码	作物名称	作物品种	样方号	样方面积/m^2	群体株高/cm	密度/（株/m^2）	穗数/（穗/m^2）	地上部总干重/（g/m^2）	产量/（g/m^2）
2012-10-16	ASAFZ07AB0_01	夏荞麦	北海道	9	3.0	110.5	60.0		381.70	201.30
2012-10-16	ASAFZ07AB0_01	夏荞麦	北海道	10	3.0	80.4	60.0		284.40	149.33
2012-10-16	ASAFZ07AB0_01	夏荞麦	北海道	11	3.0	56.4	60.0		109.03	51.00
2012-10-16	ASAFZ07AB0_01	夏荞麦	北海道	12	3.0	43.8	60.0		43.70	20.43
2012-10-16	ASAFZ07AB0_01	夏荞麦	北海道	13	3.0	94.2	60.0		307.53	171.17
2012-10-16	ASAFZ07AB0_01	夏荞麦	北海道	14	3.0	54.3	60.0		78.60	45.33
2012-10-01	ASAZH01ABC_01	春玉米	强盛 101	1	7.0	318.7	5.0	5.0	1 758.17	868.65
2012-10-01	ASAZH01ABC_01	春玉米	强盛 101	5	7.0	304.7	5.0	5.0	1 532.83	712.24
2012-10-01	ASAZH01ABC_01	春玉米	强盛 101	6	7.0	304.0	5.0	5.0	1 684.83	817.32
2012-10-01	ASAZH01ABC_01	春玉米	强盛 101	10	7.0	323.7	5.0	5.0	1 623.50	926.78
2012-10-01	ASAZH01ABC_01	春玉米	强盛 101	11	7.0	319.9	5.0	5.0	1 795.50	847.97
2012-10-01	ASAZH01ABC_01	春玉米	强盛 101	15	7.0	312.7	5.0	5.0	1 587.00	737.08
2012-09-23	ASAFZ01B00_01	春玉米	强盛 101	1	7.0	269.2	5.0	5.0	751.50	405.00
2012-09-23	ASAFZ01B00_01	春玉米	强盛 101	2	7.0	260.2	5.0	5.0	743.33	395.00
2012-09-23	ASAFZ01B00_01	春玉米	强盛 101	3	7.0	257.7	5.0	5.0	829.17	359.00
2012-09-23	ASAFZ01B00_01	春玉米	强盛 101	4	7.0	258.2	5.0	5.0	677.33	375.00
2012-10-01	ASAFZ02B00_01	春玉米	强盛 101	1	8.0	306.1	5.0	5.0	1 578.33	885.00
2012-10-01	ASAFZ02B00_01	春玉米	强盛 101	2	8.0	306.8	5.0	5.0	1 868.33	798.00
2012-10-01	ASAFZ02B00_01	春玉米	强盛 101	3	8.0	298.3	5.0	5.0	1 679.00	727.00
2012-10-01	ASAFZ02B00_01	春玉米	强盛 101	4	8.0	298.3	5.0	5.0	1 688.50	745.00
2012-10-10	ASAZQ01AB0_01	春玉米	强盛 101	1	0.9	292.8	2.8	2.8	2 256.52	983.55
2012-10-10	ASAZQ01AB0_01	春玉米	强盛 101	2	0.9	314.6	2.8	2.8	2 408.47	982.05
2012-10-10	ASAZQ01AB0_01	春玉米	强盛 101	3	0.9	298.8	2.8	2.8	2 109.80	900.01
2012-10-10	ASAZQ03AB0_01	春黑豆	农家品种	1	1.0	63.6	23.5	23.5	702.42	383.52
2012-10-10	ASAZQ03AB0_01	春黑豆	农家品种	2	1.0	75.2	23.5	23.5	996.64	520.52
2012-10-10	ASAZQ03AB0_01	春黑豆	农家品种	3	1.0	67.8	23.5	23.5	758.11	403.26
2012-10-06	ASAFZ03ABC_01	春黄豆	中黄 35	2	0.8	55.5	7.5	7.5	501.50	280.00
2012-10-06	ASAFZ03ABC_01	春黄豆	中黄 35	3	0.8	53.5	7.5	7.5	355.25	205.00
2012-10-06	ASAFZ03ABC_01	春黄豆	中黄 35	6	0.8	57.9	7.5	7.5	348.50	192.00
2012-10-06	ASAFZ03ABC_01	春黄豆	中黄 35	11	0.8	41.6	7.5	7.5	401.00	232.00
2012-10-06	ASAFZ03ABC_01	春黄豆	中黄 35	14	0.8	46.4	7.5	7.5	438.13	247.00
2012-10-06	ASAFZ03ABC_01	春黄豆	中黄 35	15	0.8	46.0	7.5	7.5	417.88	239.00
2012-09-23	ASAFZ04ABC_01	春玉米	强盛 101	10	7.0	314.6	5.0	5.0	1 293.00	672.98
2012-09-23	ASAFZ04ABC_01	春玉米	强盛 101	11	7.0	318.8	5.0	5.0	1 883.83	1 033.65
2012-09-23	ASAFZ04ABC_01	春玉米	强盛 101	12	7.0	302.6	5.0	5.0	1 395.00	837.21
2012-09-23	ASAFZ04ABC_01	春玉米	强盛 101	13	7.0	259.1	5.0	5.0	1 323.83	580.82
2012-09-23	ASAFZ04ABC_01	春玉米	强盛 101	14	7.0	251.1	5.0	5.0	801.50	305.38
2012-09-23	ASAFZ04ABC_01	春玉米	强盛 101	15	7.0	258.4	5.0	5.0	686.50	377.27

（续）

时间（年-月-日）	样地代码	作物名称	作物品种	样方号	样方面积/m^2	群体株高/cm	密度/（株/m^2）	穗数/（穗/m^2）	地上部总干重/（g/m^2）	产量/（g/m^2）
2012-09-23	ASAFZ04ABC_01	春玉米	强盛101	16	7.0	316.4	5.0	5.0	1 610.50	915.59
2012-09-23	ASAFZ04ABC_01	春玉米	强盛101	17	7.0	319.8	5.0	5.0	1 599.67	649.68
2013-10-09	ASAZH01ABC_01	春大豆	中黄35	2	7.0	58.8	10.0		592.00	276.31
2013-10-09	ASAZH01ABC_01	春大豆	中黄35	3	7.0	66.1	10.0		711.30	240.49
2013-10-09	ASAZH01ABC_01	春大豆	中黄35	4	7.0	61.7	10.0		722.90	266.53
2013-10-09	ASAZH01ABC_01	春大豆	中黄35	12	7.0	58.8	10.0		664.60	285.24
2013-10-09	ASAZH01ABC_01	春大豆	中黄35	13	7.0	55.4	10.0		488.20	215.20
2013-10-09	ASAZH01ABC_01	春大豆	中黄35	14	7.0	54.0	10.0		561.20	272.69
2013-10-09	ASAFZ01B00_01	春大豆	中黄35	1	7.0	54.0	10.0		377.30	227.10
2013-10-09	ASAFZ01B00_01	春大豆	中黄35	2	7.0	56.8	10.0		526.60	205.07
2013-10-09	ASAFZ01B00_01	春大豆	中黄35	3	7.0	56.2	10.0		514.80	228.13
2013-10-09	ASAFZ01B00_01	春大豆	中黄35	4	7.0	54.9	10.0		385.50	235.81
2013-10-09	ASAFZ02B00_01	春大豆	中黄35	1	8.0	60.5	10.0		693.10	249.98
2013-10-09	ASAFZ02B00_01	春大豆	中黄35	2	8.0	52.7	10.0		656.70	255.96
2013-10-09	ASAFZ02B00_01	春大豆	中黄35	3	8.0	55.0	10.0		601.70	269.01
2013-10-09	ASAFZ02B00_01	春大豆	中黄35	4	8.0	56.0	10.0		526.00	209.60
2013-10-06	ASAFZ04ABC_01	春大豆	中黄35	10	7.0	78.0	10.0		463.80	273.36
2013-10-06	ASAFZ04ABC_01	春大豆	中黄35	11	7.0	69.6	10.0		441.70	260.83
2013-10-06	ASAFZ04ABC_01	春大豆	中黄35	12	7.0	62.6	10.0		448.70	269.11
2013-10-06	ASAFZ04ABC_01	春大豆	中黄35	13	7.0	47.0	10.0		278.80	178.77
2013-10-06	ASAFZ04ABC_01	春大豆	中黄35	14	7.0	52.0	10.0		213.30	119.50
2013-10-06	ASAFZ04ABC_01	春大豆	中黄35	15	7.0	69.0	10.0		442.40	260.48
2013-10-06	ASAFZ04ABC_01	春大豆	中黄35	16	7.0	59.6	10.0		471.90	249.08
2013-10-06	ASAFZ04ABC_01	春大豆	中黄35	17	7.0	61.0	10.0		507.90	280.01
2013-10-11	ASAFZ07AB0_01	春谷子	晋汾7号	8	3.0	122.7	9.0		339.39	146.92
2013-10-11	ASAFZ07AB0_01	春谷子	晋汾7号	9	3.0	138.7	9.0		424.84	197.28
2013-10-11	ASAFZ07AB0_01	春谷子	晋汾7号	10	3.0	142.9	9.0		344.86	168.32
2013-10-11	ASAFZ07AB0_01	春谷子	晋汾7号	11	3.0	108.0	9.0		177.18	80.64
2013-10-11	ASAFZ07AB0_01	春谷子	晋汾7号	12	3.0	84.0	9.0		91.20	35.65
2013-10-11	ASAFZ07AB0_01	春谷子	晋汾7号	13	3.0	138.6	9.0		379.80	184.35
2013-10-11	ASAFZ07AB0_01	春谷子	晋汾7号	14	3.0	103.4	9.0		142.60	59.84
2013-09-25	ASAZQ01AB0_01	春马铃薯	农家品种	1	1.4		2.9			166.44
2013-09-25	ASAZQ01AB0_01	春马铃薯	农家品种	2	1.4		2.9			157.32
2013-09-25	ASAZQ01AB0_01	春马铃薯	农家品种	3	1.4		2.9			149.91
2013-09-19	ASAZQ03AB0_01	春马铃薯	农家品种	1	1.6		2.5			251.00
2013-09-19	ASAZQ03AB0_01	春马铃薯	农家品种	2	1.6		2.5			271.25
2013-09-19	ASAZQ03AB0_01	春马铃薯	农家品种	3	1.6		2.5			275.50
2014-10-14	ASAFZ03ABC_01	春大豆	中黄35	2	3.2	49.2	12.0		396.78	204.60

（续）

时间（年-月-日）	样地代码	作物名称	作物品种	样方号	样方面积/m^2	群体株高/cm	密度/（株/m^2）	穗数/（穗/m^2）	地上部总干重/（g/m^2）	产量/（g/m^2）
2014-10-14	ASAFZ03ABC_01	春大豆	中黄 35	3	3.2	48.8	12.0		404.88	220.62
2014-10-14	ASAFZ03ABC_01	春大豆	中黄 35	6	3.2	51.8	12.0		328.98	175.86
2014-10-14	ASAFZ03ABC_01	春大豆	中黄 35	11	3.2	49.8	12.0		439.02	234.78
2014-10-14	ASAFZ03ABC_01	春大豆	中黄 35	14	3.2	54.6	12.0		533.34	297.06
2014-10-14	ASAFZ03ABC_01	春大豆	中黄 35	15	3.2	54.8	12.0		372.96	197.70
2014-10-14	ASAFZ05ABC_01	春大豆	中黄 35	11	3.0	51.2	10.5		348.15	179.78
2014-10-14	ASAFZ05ABC_01	春大豆	中黄 35	12	3.0	43.0	10.5		241.82	126.32
2014-10-14	ASAFZ05ABC_01	春大豆	中黄 35	13	3.0	29.8	10.5		77.05	31.30
2014-10-14	ASAFZ05ABC_01	春大豆	中黄 35	14	3.0	45.2	10.5		277.97	163.73
2014-10-14	ASAFZ05ABC_01	春大豆	中黄 35	15	3.0	39.2	10.5		172.18	86.08
2014-10-14	ASAFZ05ABC_01	春大豆	中黄 35	16	3.0	27.6	10.5		82.97	37.82
2014-10-14	ASAFZ05ABC_01	春大豆	中黄 35	17	3.0	38.1	10.5		262.15	139.48
2014-10-14	ASAFZ05ABC_01	春大豆	中黄 35	18	3.0	38.7	10.5		221.71	116.00
2014-10-14	ASAFZ05ABC_01	春大豆	中黄 35	19	3.0	28.2	10.5		81.22	38.07
2014-10-14	ASAFZ06ABC_01	春大豆	中黄 35	10	3.5	53.6	12.7		385.49	204.83
2014-10-14	ASAFZ06ABC_01	春大豆	中黄 35	11	3.5	48.0	12.7		348.88	164.32
2014-10-14	ASAFZ06ABC_01	春大豆	中黄 35	12	3.5	39.8	12.7		309.38	168.41
2014-10-14	ASAFZ06ABC_01	春大豆	中黄 35	13	3.5	46.8	12.7		318.24	162.38
2014-10-14	ASAFZ06ABC_01	春大豆	中黄 35	14	3.5	27.4	12.7		162.55	79.78
2014-10-14	ASAFZ06ABC_01	春大豆	中黄 35	15	3.5	43.4	12.7		370.41	199.19
2014-10-14	ASAFZ06ABC_01	春大豆	中黄 35	16	3.5	26.4	12.7		144.23	67.59
2014-10-14	ASAFZ06ABC_01	春大豆	中黄 35	17	3.5	45.8	12.7		223.65	104.49
2014-10-14	ASAFZ06ABC_01	春大豆	中黄 35	18	3.5	54.0	12.7		435.59	215.63
2014-10-08	ASAFZ07AB0_01	春糜子	农家品种	8	3.0	115.0	9.0		175.30	65.00
2014-10-08	ASAFZ07AB0_01	春糜子	农家品种	9	3.0	118.0	9.0		236.77	85.28
2014-10-08	ASAFZ07AB0_01	春糜子	农家品种	10	3.0	124.0	9.0		201.46	80.83
2014-10-08	ASAFZ07AB0_01	春糜子	农家品种	11	3.0	110.2	9.0		86.85	33.89
2014-10-08	ASAFZ07AB0_01	春糜子	农家品种	12	3.0	113.7	9.0		55.38	18.33
2014-10-08	ASAFZ07AB0_01	春糜子	农家品种	13	3.0	113.8	9.0		153.42	66.39
2014-10-08	ASAFZ07AB0_01	春糜子	农家品种	14	3.0	76.4	9.0		75.45	24.44
2014-09-27	ASAZQ01AB0_01	红小豆	农家品种	1	10.0	34.5	5.0		199.70	135.50
2014-09-27	ASAZQ01AB0_01	红小豆	农家品种	2	10.0	32.8	5.0		194.90	130.20
2014-09-27	ASAZQ01AB0_01	红小豆	农家品种	3	10.0	35.5	5.0		197.80	131.60
2015-10-15	ASAFZ03ABC_01	春谷子	长生 07	5	1.6	78.6	15.0		508.50	128.62
2015-10-18	ASAFZ07AB0_01	春谷子	晋汾 7 号	8	3.0	106.5	10.0		326.10	149.07
2015-10-18	ASAFZ07AB0_01	春谷子	晋汾 7 号	9	3.0	121.3	10.0		391.25	200.00
2015-10-18	ASAFZ07AB0_01	春谷子	晋汾 7 号	10	3.0	113.0	10.0		330.35	138.52
2015-10-18	ASAFZ07AB0_01	春谷子	晋汾 7 号	11	3.0	76.2	10.0		82.60	39.81

（续）

时间（年-月-日）	样地代码	作物名称	作物品种	样方号	样方面积/m^2	群体株高/cm	密度/（株/m^2）	穗数/（穗/m^2）	地上部总干重/（g/m^2）	产量/（g/m^2）
2015-10-18	ASAFZ07AB0_01	春谷子	晋汾7号	12	3.0	71.5	10.0		67.82	29.72
2015-10-18	ASAFZ07AB0_01	春谷子	晋汾7号	13	3.0	91.7	10.0		162.45	116.67
2015-10-18	ASAFZ07AB0_01	春谷子	晋汾7号	14	3.0	100.3	10.0		157.40	70.28
2015-10-15	ASAFZ03ABC_01	春谷子	长生07	7	1.6	63.8	15.0		339.38	96.52
2015-10-15	ASAFZ03ABC_01	春谷子	长生07	8	1.6	57.1	15.0		250.65	24.22
2015-10-15	ASAFZ03ABC_01	春谷子	长生07	9	1.6	78.7	15.0		721.05	222.22
2015-10-15	ASAFZ03ABC_01	春谷子	长生07	10	1.6	70.5	15.0		379.88	102.38
2015-10-15	ASAFZ03ABC_01	春谷子	长生07	12	1.6	57.0	15.0		309.90	51.22
2015-10-15	ASAFZ05ABC_01	春谷子	长生07	11	6.0	84.8	10.0		213.19	31.47
2015-10-15	ASAFZ05ABC_01	春谷子	长生07	12	6.0	94.2	10.0		185.38	29.17
2015-10-15	ASAFZ05ABC_01	春谷子	长生07	13	6.0	69.2	10.0		105.32	17.91
2015-10-15	ASAFZ05ABC_01	春谷子	长生07	14	6.0	81.6	10.0		170.55	30.36
2015-10-15	ASAFZ05ABC_01	春谷子	长生07	15	6.0	96.7	10.0		245.15	30.52
2015-10-15	ASAFZ05ABC_01	春谷子	长生07	16	6.0	77.6	10.0		97.55	25.14
2015-10-15	ASAFZ05ABC_01	春谷子	长生07	17	6.0	97.2	10.0		165.80	28.96
2015-10-15	ASAFZ05ABC_01	春谷子	长生07	18	6.0	100.4	10.0		172.60	21.29
2015-10-15	ASAFZ05ABC_01	春谷子	长生07	19	6.0	69.4	10.0		93.25	23.74
2015-10-15	ASAFZ06ABC_01	春谷子	长生07	10	3.5	80.8	15.8		505.13	138.17
2015-10-15	ASAFZ06ABC_01	春谷子	长生07	11	3.5	73.0	15.8		325.56	94.60
2015-10-15	ASAFZ06ABC_01	春谷子	长生07	12	3.5	88.6	15.8		335.28	137.89
2015-10-15	ASAFZ06ABC_01	春谷子	长生07	13	3.5	90.6	15.8		500.50	190.94
2015-10-15	ASAFZ06ABC_01	春谷子	长生07	14	3.5	81.7	15.8		240.00	105.91
2015-10-15	ASAFZ06ABC_01	春谷子	长生07	15	3.5	81.0	15.8		455.84	158.29
2015-10-15	ASAFZ06ABC_01	春谷子	长生07	16	3.5	82.0	15.8		270.50	144.09
2015-10-15	ASAFZ06ABC_01	春谷子	长生07	17	3.5	79.2	15.8		378.65	120.34
2015-10-15	ASAFZ06ABC_01	春谷子	长生07	18	3.5	73.1	15.8		464.76	118.97
2015-10-15	ASAFZ06ABC_01	春谷子	长生07	19	3.5	66.1	15.8		391.52	119.57
2015-10-15	ASAFZ06ABC_01	春谷子	长生07	20	3.5	78.6	15.8		449.51	138.51
2015-10-15	ASAFZ06ABC_01	春谷子	长生07	21	3.5	84.2	15.8		301.54	154.97
2015-10-15	ASAFZ06ABC_01	春谷子	长生07	22	3.5	84.6	15.8		339.94	181.94
2015-10-15	ASAFZ06ABC_01	春谷子	长生07	23	3.5	105.6	15.8		470.92	203.71
2015-10-15	ASAFZ06ABC_01	春谷子	长生07	24	3.5	92.9	15.8		332.98	176.46
2015-10-15	ASAFZ06ABC_01	春谷子	长生07	25	3.5	81.5	15.8		396.58	155.43
2015-10-15	ASAFZ06ABC_01	春谷子	长生07	26	3.5	85.6	15.8		447.69	130.63
2015-10-15	ASAFZ06ABC_01	春谷子	长生07	27	3.5	81.7	15.8		506.78	148.51

3.2 土壤监测数据

3.2.1 土壤交换量

3.2.1.1 概述

本数据集包括安塞站 1 个综合观测场、3 个辅助观测场、2 个站区调查点的农田土壤阳离子交换量数据。数据时间为 2010 年和 2015 年。土壤阳离子交换量每 5 年测定 1 次。土壤取样层次：0～20 cm。具体观测场和站区调查点如下。

（1）川地综合观测场（ASAZH01）。

（2）川地土壤监测辅助观测场-空白（ASAFZ01）。

（3）川地土壤监测辅助观测场-秸秆还田（ASAFZ02）。

（4）山地辅助观测场（ASAFZ03）。

（5）峙崾岘坡地梯田观测点（ASAZQ01）。

（6）峙崾岘塌地梯田观测点（ASAZQ03）。

数据获取方法、数据计量单位、小数位数，见表 3-9。

表 3-9　土壤阳离子交换量分析方法

序号	指标名称	单位	小数位数	数据获取方法
1	阳离子交换量	mmol/kg	1	EDTA-铵盐快速法

3.2.1.2 原始数据质量控制方法

在进行实验室分析时，采用以下措施进行数据质量保证。

①测定时插入国家标准样品进行质量控制。

②分析时进行 3 次平行样品测定。

③利用校验软件检查每个监测数据是否超出相同土壤类型和采样深度的历史数据阈值范围、每个观测场监测项目均值是否超出该样地相同深度历史数据均值的 2 倍标准差、每个观测场监测项目标准差是否超出该样地相同深度历史数据的 2 倍标准差或者样地空间变异调查的 2 倍标准差等。对于超出范围的数据进行核实或再次测定。

3.2.1.3 数据产品处理方法

以土壤分中心的土壤报表为标准，样地采样分区所对应的观测值的个数即为重复数，将每个样地全部采样分区的观测值取平均值后，作为本数据产品的结果数据。

3.2.1.4 数据

土壤阳离子交换见表 3-10。

表 3-10　土壤阳离子交换量

时间（年-月-日）	样地代码	采样区号	作物	采样深度/cm	阳离子交换量/（mmol/kg）
2010-10-09	ASAZH01ABC_01	2	黄豆	20	81.9
2010-10-09	ASAZH01ABC_01	5	黄豆	20	84.6
2010-10-09	ASAZH01ABC_01	6	黄豆	20	84.6
2010-10-09	ASAZH01ABC_01	10	黄豆	20	82.3
2010-10-09	ASAZH01ABC_01	11	黄豆	20	80.5
2010-10-09	ASAZH01ABC_01	14	黄豆	20	80.6

（续）

时间（年-月-日）	样地代码	采样区号	作物	采样深度/cm	阳离子交换量/（mmol/kg）
2010-10-09	ASAFZ01B00_01	1	黄豆	20	79.7
2010-10-09	ASAFZ01B00_01	2	黄豆	20	78.1
2010-10-09	ASAFZ01B00_01	3	黄豆	20	77.2
2010-10-09	ASAFZ01B00_01	4	黄豆	20	76.6
2010-10-09	ASAFZ02B00_01	1	黄豆	20	78.3
2010-10-09	ASAFZ02B00_01	2	黄豆	20	80.0
2010-10-09	ASAFZ02B00_01	3	黄豆	20	82.8
2010-10-09	ASAFZ02B00_01	4	黄豆	20	77.6
2010-10-07	ASAFZ03ABC_01	1	黄豆	20	62.8
2010-10-07	ASAFZ03ABC_01	4	黄豆	20	64.9
2010-10-07	ASAFZ03ABC_01	6	黄豆	20	60.5
2010-10-07	ASAFZ03ABC_01	11	黄豆	20	62.7
2010-10-07	ASAFZ03ABC_01	13	黄豆	20	66.6
2010-10-07	ASAFZ03ABC_01	16	黄豆	20	63.7
2010-10-15	ASAZQ01AB0_01	1	玉米	20	69.3
2010-10-15	ASAZQ01AB0_01	2	玉米	20	74.6
2010-10-15	ASAZQ01AB0_01	3	玉米	20	75.1
2010-10-15	ASAZQ01AB0_01	4	玉米	20	75.8
2010-10-15	ASAZQ01AB0_01	5	玉米	20	76.0
2010-10-15	ASAZQ01AB0_01	6	玉米	20	75.8
2010-10-15	ASAZQ03AB0_01	1	马铃薯	20	73.9
2010-10-15	ASAZQ03AB0_01	2	马铃薯	20	74.1
2010-10-15	ASAZQ03AB0_01	3	马铃薯	20	73.4
2010-10-15	ASAZQ03AB0_01	4	马铃薯	20	71.6
2010-10-15	ASAZQ03AB0_01	5	马铃薯	20	74.8
2010-10-15	ASAZQ03AB0_01	6	马铃薯	20	74.7
2015-10-29	ASAFZ03ABC_01	5	谷子	20	59.8
2015-10-29	ASAFZ03ABC_01	7	谷子	20	56.1
2015-10-29	ASAFZ03ABC_01	8	谷子	20	56.1
2015-10-29	ASAFZ03ABC_01	9	谷子	20	63.1
2015-10-29	ASAFZ03ABC_01	10	谷子	20	55.6
2015-10-29	ASAFZ03ABC_01	12	谷子	20	57.2
2015-10-30	ASAZQ01AB0_01	1	苹果	20	65.1
2015-10-30	ASAZQ01AB0_01	2	苹果	20	65.1
2015-10-30	ASAZQ01AB0_01	3	苹果	20	67.3
2015-10-30	ASAZQ03AB0_01	1	苹果	20	58.5
2015-10-30	ASAZQ03AB0_01	2	苹果	20	60.4
2015-10-30	ASAZQ03AB0_01	3	苹果	20	62.2

3.2.2　土壤养分

3.2.2.1　概述

本数据集包括安塞站 1 个综合观测场、7 个辅助观测场、2 个站区调查点的农田土壤养分数据。数据时间为 2008 年和 2015 年。土壤养分含量每年作物收获后测定一次。具体观测场和站区调查点如下。

（1）川地综合观测场（ASAZH01）。

（2）川地土壤监测辅助观测场-空白（ASAFZ01）。

（3）川地土壤监测辅助观测场-秸秆还田（ASAFZ02）。

（4）山地辅助观测场（ASAFZ03）。

（5）川地养分长期定位试验场（ASAFZ04）。

（6）坡地养分长期定位试验场（ASAFZ05）。

（7）梯田养分长期定位试验场（ASAFZ06）。

（8）峙崾岘坡地连续施肥试验场（ASAFZ07）。

（9）峙崾岘坡地梯田观测点（ASAZQ01）。

（10）峙崾岘塌地梯田观测点（ASAZQ03）。

3.2.2.2　数据获取方法、分析项目、数据计量单位、小数位数

土壤养分分析项目及方法见表 3－11。

表 3－11　土壤养分分析项目及方法

序号	指标名称	单位	小数位数	数据获取方法
1	土壤有机质	g/kg	2	重铬酸钾氧化法
2	全氮	g/kg	2	半微量凯式法
3	全磷	g/kg	2	硫酸-高氯酸消煮-钼锑抗比色法
4	全钾	g/kg	2	氢氟酸-高氯酸消煮-火焰光度法
5	速效氮（碱解氮）	mg/kg	2	碱扩散法
6	速效磷	mg/kg	2	碳酸氢钠浸提-钼锑抗比色法
7	速效钾	mg/kg	2	乙酸铵浸提-火焰光度法
8	缓效钾	mg/kg	2	硝酸浸提-火焰光度法
9	pH	无	2	电位法

3.2.2.3　原始数据质量控制方法

在进行实验室分析时，采用以下措施进行数据质量保证。

（1）测定时插入国家标准样品进行质控。

（2）分析时进行 3 次平行样品测定。

（3）利用校验软件检查每个监测数据是否超出相同土壤类型和采样深度的历史数据阈值范围、每个观测场监测项目均值是否超出该样地相同深度历史数据均值的 2 倍标准差、每个观测场监测项目标准差是否超出该样地相同深度历史数据的 2 倍标准差或者样地空间变异调查的 2 倍标准差等。对于超出范围的数据进行核实或再次测定。

3.2.2.4　数据产品处理方法

以土壤分中心的土壤报表为标准，样地采样分区所对应的观测值的个数即为重复数，将每个样地全部采样分区的观测值取平均值后，作为本数据产品的结果数据。

3.2.2.5　数据

土壤养分见表 3－12。

表 3-12　土壤养分

时间（年-月-日）	样地代码	采样区号	作物	采样深度/cm	土壤有机质/（g/kg）	全氮/（g/kg）	全磷/（g/kg）	全钾/（g/kg）	速效氮（碱解氮）/（mg/kg）	有效磷/（mg/kg）	速效钾/（mg/kg）	缓效钾/（mg/kg）	水溶液提 pH
2008-10-24	ASAZH01ABC_01	2	玉米	20	10.26	0.64	0.70		46.29	13.03	95.25	884.10	8.65
2008-10-24	ASAZH01ABC_01	2	玉米	40	8.18	0.51	0.62		37.63	2.75	79.50	872.06	8.72
2008-10-24	ASAZH01ABC_01	4	玉米	20	10.38	0.61	0.71		46.29	10.36	95.48	929.29	8.65
2008-10-24	ASAZH01ABC_01	4	玉米	40	7.86	0.50	0.63		35.96	2.94	77.58	904.86	8.71
2008-10-24	ASAZH01ABC_01	8	玉米	20	10.94	0.64	0.69		42.62	14.43	98.49	806.19	8.59
2008-10-24	ASAZH01ABC_01	8	玉米	40	7.91	0.49	0.59		36.30	1.62	79.00	853.48	8.69
2008-10-24	ASAZH01ABC_01	10	玉米	20	9.83	0.65	0.68		46.29	9.73	112.73	868.84	8.64
2008-10-24	ASAZH01ABC_01	10	玉米	40	6.32	0.44	0.60		33.63	1.66	76.19	821.42	8.74
2008-10-24	ASAZH01ABC_01	14	玉米	20	9.70	0.61	0.69		41.62	8.00	92.99	809.42	8.65
2008-10-24	ASAZH01ABC_01	14	玉米	40	7.15	0.46	0.60		29.64	1.10	75.90	797.59	8.70
2008-10-24	ASAZH01ABC_01	16	玉米	20	9.69	0.59	0.67		50.28	6.63	99.59	761.66	8.66
2008-10-24	ASAZH01ABC_01	16	玉米	40	6.05	0.42	0.59		28.30	1.04	75.15	791.70	8.77
2008-10-19	ASAFZ01B00_01	1	玉米	20	7.87	0.49	0.63		32.63	10.08	116.97	866.08	8.75
2008-10-19	ASAFZ01B00_01	1	玉米	40	8.48	0.51	0.65		36.30	7.02	97.31	806.58	8.77
2008-10-19	ASAFZ01B00_01	2	玉米	20	7.80	0.48	0.64		30.64	7.84	106.07	832.06	8.73
2008-10-19	ASAFZ01B00_01	2	玉米	40	7.48	0.45	0.65		31.97	4.77	82.60	764.60	8.78
2008-10-19	ASAFZ01B00_01	3	玉米	20	7.36	0.50	0.60		33.30	7.30	105.80	769.64	8.76
2008-10-19	ASAFZ01B00_01	3	玉米	40	5.68	0.40	0.72		32.97	19.10	84.20	728.05	8.69
2008-10-19	ASAFZ01B00_01	4	玉米	20	7.84	0.53	0.67		32.97	9.11	93.41	734.23	8.69
2008-10-19	ASAFZ01B00_01	4	玉米	40	6.75	0.44	0.69		29.30	17.74	76.30	710.31	8.72
2008-10-19	ASAFZ02B00_01	1	玉米	20	9.84	0.66	0.74		51.61	20.57	116.99	793.89	8.71
2008-10-19	ASAFZ02B00_01	1	玉米	40	9.51	0.63	0.71		46.95	5.33	82.75	776.58	8.77
2008-10-19	ASAFZ02B00_01	2	玉米	20	11.13	0.72	0.76		54.61	15.45	112.83	803.61	8.70
2008-10-19	ASAFZ02B00_01	2	玉米	40	7.26	0.51	0.66		36.96	2.02	74.61	724.64	8.77
2008-10-19	ASAFZ02B00_01	3	玉米	20	10.83	0.71	0.74		51.95	12.74	111.15	741.37	8.67
2008-10-19	ASAFZ02B00_01	3	玉米	40	5.45	0.42	0.60		29.30	0.94	68.46	702.90	8.79

（续）

时间（年-月-日）	样地代码	采样区号	作物	采样深度/cm	土壤有机质/(g/kg)	全氮/(g/kg)	全磷/(g/kg)	全钾/(g/kg)	速效氮（碱解氮）/(mg/kg)	有效磷/(mg/kg)	速效钾/(mg/kg)	缓效钾/(mg/kg)	水溶液提pH
2008-10-19	ASAFZ02B00_01	4	玉米	20	9.13	0.60	0.68		43.95	6.99	104.12	794.17	8.71
2008-10-19	ASAFZ02B00_01	4	玉米	40	4.18	0.34	0.59		22.64	0.39	64.56	765.33	8.82
2008-10-21	ASAFZ03ABC_01	4	黄豆	20	9.03	0.59	0.67		59.00	25.40	178.45	860.80	8.69
2008-10-21	ASAFZ03ABC_01	4	黄豆	40	2.94	0.23	0.54		17.80	0.47	57.40	671.21	8.83
2008-10-21	ASAFZ03ABC_01	6	黄豆	20	6.85	0.48	0.69		43.40	21.63	152.55	863.09	8.75
2008-10-21	ASAFZ03ABC_01	6	黄豆	40	3.73	0.28	0.58		21.50	2.77	74.32	723.24	8.83
2008-10-21	ASAFZ03ABC_01	8	黄豆	20	8.61	0.56	0.70		52.70	38.94	193.98	862.91	8.71
2008-10-21	ASAFZ03ABC_01	8	黄豆	40	3.33	0.24	0.56		19.30	2.22	69.12	715.65	8.81
2008-10-21	ASAFZ03ABC_01	9	黄豆	20	11.25	0.67	0.79		59.00	39.02	248.45	913.11	8.63
2008-10-21	ASAFZ03ABC_01	9	黄豆	40	4.17	0.29	0.61		21.90	3.74	91.25	795.44	8.70
2008-10-21	ASAFZ03ABC_01	11	黄豆	20	8.90	0.57	0.73		53.40	30.28	187.35	899.74	8.86
2008-10-21	ASAFZ03ABC_01	11	黄豆	40	3.20	0.23	0.57		17.10	1.50	74.22	748.82	8.91
2008-10-21	ASAFZ03ABC_01	13	黄豆	20	11.69	0.67	0.75		61.20	38.09	251.18	939.11	8.74
2008-10-21	ASAFZ03ABC_01	13	黄豆	40	5.00	0.32	0.59		22.30	4.97	87.13	898.23	8.72
2008-11-01	ASAZQ01AB0_01	1	玉米	20	6.39	0.43	0.55		33.30	4.75	110.86	932.22	8.82
2008-11-01	ASAZQ01AB0_01	1	玉米	40	4.24	0.29	0.50		17.65	5.12	63.86	874.19	8.88
2008-11-01	ASAZQ01AB0_01	2	玉米	20	6.75	0.43	0.54		33.30	2.38	95.80	913.69	8.80
2008-11-01	ASAZQ01AB0_01	2	玉米	40	4.46	0.32	0.50		21.31	5.71	83.42	870.10	8.81
2008-11-01	ASAZQ01AB0_01	3	玉米	20	7.42	0.50	0.56		36.30	3.21	122.13	997.63	8.75
2008-11-01	ASAZQ01AB0_01	3	玉米	40	5.61	0.37	0.49		21.64	7.99	84.17	982.44	8.72
2008-11-01	ASAZQ03AB0_01	1	玉米	20	7.21	0.46	0.58		39.96	3.14	108.35	896.98	8.76
2008-11-01	ASAZQ03AB0_01	1	玉米	40	6.06	0.40	0.55		30.97	4.10	75.00	883.52	8.82
2008-11-01	ASAZQ03AB0_01	2	玉米	20	6.39	0.44	0.54		36.96	2.29	107.83	945.94	8.78
2008-11-01	ASAZQ03AB0_01	2	玉米	40	5.77	0.40	0.48		28.64	4.02	78.47	915.70	8.81
2008-11-01	ASAZQ03AB0_01	3	玉米	20	7.29	0.49	0.57		39.96	2.19	120.98	971.46	8.74

（续）

时间（年-月-日）	样地代码	采样区号	作物	采样深度/cm	土壤有机质/（g/kg）	全氮/（g/kg）	全磷/（g/kg）	全钾/（g/kg）	速效氮（碱解氮）/（mg/kg）	有效磷/（mg/kg）	速效钾/（mg/kg）	缓效钾/（mg/kg）	水溶液提pH
2008-11-01	ASAZQ03AB0_01	3	玉米	40	6.33	0.44	0.50		29.30	4.43	71.79	954.94	8.87
2009-10-25	ASAZH01ABC_01	1	玉米	20	10.54	0.65	0.70		44.24	13.75	99.03	750.26	8.49
2009-10-25	ASAZH01ABC_01	3	玉米	20	10.30	0.63	0.73		41.72	11.46	99.39	751.13	8.51
2009-10-25	ASAZH01ABC_01	7	玉米	20	11.90	0.65	0.66		39.76	6.26	93.16	733.20	8.44
2009-10-25	ASAZH01ABC_01	9	玉米	20	8.91	0.57	0.62		39.48	6.12	85.22	789.27	8.55
2009-10-25	ASAZH01ABC_01	13	玉米	20	9.46	0.57	0.64		39.20	5.05	85.62	748.10	8.50
2009-10-25	ASAZH01ABC_01	15	玉米	20	10.37	0.61	0.69		38.36	8.06	90.21	776.15	8.49
2009-10-25	ASAFZ01B00_01	1	玉米	20	7.72	0.46	0.61		25.20	6.07	108.04	758.80	8.50
2009-10-25	ASAFZ01B00_01	2	玉米	20	8.08	0.51	0.64		29.12	5.07	95.82	705.59	8.51
2009-10-25	ASAFZ01B00_01	3	玉米	20	8.12	0.51	0.64		35.28	7.45	95.11	718.61	8.54
2009-10-25	ASAFZ01B00_01	4	玉米	20	7.88	0.47	0.61		29.68	4.48	92.08	726.36	8.58
2009-10-25	ASAFZ02B00_01	1	玉米	20	9.92	0.64	0.59		39.76	21.97	117.12	770.89	8.39
2009-10-25	ASAFZ02B00_01	2	玉米	20	11.61	0.70	0.59		46.48	13.01	123.11	783.09	8.41
2009-10-25	ASAFZ02B00_01	3	玉米	20	11.58	0.68	0.55		47.04	16.19	105.46	806.82	8.40
2009-10-25	ASAFZ02B00_01	4	玉米	20	10.33	0.61	0.48		40.88	8.32	103.16	790.97	8.43
2009-10-18	ASAFZ03ABC_01	2	谷子	20	13.25	0.71	0.64		63.56	30.88	214.93	856.55	8.47
2009-10-18	ASAFZ03ABC_01	2	谷子	40	5.92	0.37	0.53		28.56	8.78	86.97	790.19	8.60
2009-10-18	ASAFZ03ABC_01	3	谷子	20	11.16	0.67	0.65		58.24	30.10	165.40	846.49	8.48
2009-10-18	ASAFZ03ABC_01	3	谷子	40	3.84	0.30	0.51		19.04	6.61	78.19	738.18	8.62
2009-10-18	ASAFZ03ABC_01	5	谷子	20	10.68	0.65	0.67		56.00	26.66	180.03	895.18	8.54
2009-10-18	ASAFZ03ABC_01	5	谷子	40	4.76	0.32	0.55		22.40	6.84	80.95	775.05	8.60
2009-10-18	ASAFZ03ABC_01	10	谷子	20	11.54	0.70	0.68		55.44	21.58	168.35	923.26	8.50
2009-10-18	ASAFZ03ABC_01	10	谷子	40	4.61	0.33	0.59		22.68	6.50	88.55	798.02	8.64
2009-10-18	ASAFZ03ABC_01	14	谷子	20	10.71	0.66	0.70		53.76	22.97	214.58	889.98	8.54
2009-10-18	ASAFZ03ABC_01	14	谷子	40	4.63	0.33	0.59		24.64	7.70	103.76	847.52	8.59

（续）

时间（年-月-日）	样地代码	采样区号	作物	采样深度/cm	土壤有机质/(g/kg)	全氮/(g/kg)	全磷/(g/kg)	全钾/(g/kg)	速效氮（碱解氮）/(mg/kg)	有效磷/(mg/kg)	速效钾/(mg/kg)	缓效钾/(mg/kg)	水溶液提pH
2009-10-18	ASAFZ03ABC_01	15	谷子	20	12.56	0.71	0.65		56.84	29.29	213.46	877.26	8.48
2009-10-18	ASAFZ03ABC_01	15	谷子	40	4.87	0.34	0.59		23.24	7.02	94.20	824.60	8.64
2009-10-28	ASAZQ01AB0_01	1	玉米	20	6.33	0.42	0.62		33.32	5.92	95.34	841.94	8.51
2009-10-28	ASAZQ01AB0_01	2	玉米	20	6.45	0.43	0.61		32.48	3.27	103.65	826.83	8.51
2009-10-28	ASAZQ01AB0_01	3	玉米	20	6.85	0.44	0.61		31.08	3.59	97.98	860.27	8.49
2009-10-28	ASAZQ01AB0_01	4	玉米	20	6.85	0.44	0.60		30.80	3.79	105.80	894.05	8.50
2009-10-28	ASAZQ01AB0_01	5	玉米	20	7.85	0.48	0.63		32.20	5.10	116.94	1002.82	8.48
2009-10-28	ASAZQ01AB0_01	6	玉米	20	8.00	0.51	0.64		37.52	5.53	101.19	928.93	8.47
2009-10-28	ASAZQ03AB0_01	1	大豆	20	6.85	0.46	0.48		33.60	3.02	114.82	898.99	8.43
2009-10-28	ASAZQ03AB0_01	2	大豆	20	8.29	0.52	0.54		39.20	2.64	126.54	922.42	8.43
2009-10-28	ASAZQ03AB0_01	3	大豆	20	7.73	0.50	0.54		35.56	2.40	121.22	896.63	8.43
2009-10-28	ASAZQ03AB0_01	4	大豆	20	7.03	0.46	0.53		35.84	2.22	110.83	824.17	8.42
2009-10-28	ASAZQ03AB0_01	5	大豆	20	6.94	0.47	0.52		36.96	2.19	128.63	883.41	8.43
2009-10-28	ASAZQ03AB0_01	6	大豆	20	7.45	0.51	0.55		38.92	3.79	115.98	874.03	8.41
2010-10-09	ASAZH01ABC_01	2	黄豆	20	10.07	0.60	0.70	15.77	42.84	17.03	93.44	726.56	8.62
2010-10-09	ASAZH01ABC_01	2	黄豆	40	8.63	0.51	0.73	16.01	38.12				
2010-10-09	ASAZH01ABC_01	2	黄豆	60	6.00	0.38	0.55	15.98	34.02				
2010-10-09	ASAZH01ABC_01	2	黄豆	80	4.95	0.32	0.55	16.03	23.31				
2010-10-09	ASAZH01ABC_01	2	黄豆	100	3.86	0.26	0.55	15.90	16.07				
2010-10-09	ASAZH01ABC_01	5	黄豆	20	10.46	0.61	0.67	16.51	42.84	10.94	78.13	699.67	8.59
2010-10-09	ASAZH01ABC_01	5	黄豆	40	7.82	0.47	0.60	15.07	37.17				
2010-10-09	ASAZH01ABC_01	5	黄豆	60	5.58	0.38	0.53	16.01	37.49				
2010-10-09	ASAZH01ABC_01	5	黄豆	80	3.97	0.32	0.56	15.70	23.31				
2010-10-09	ASAZH01ABC_01	5	黄豆	100	4.12	0.27	0.51	16.07	12.92				
2010-10-09	ASAZH01ABC_01	6	黄豆	20	10.57	0.64	0.66	16.25	40.95	15.65	85.08	710.96	8.61

（续）

时间（年-月-日）	样地代码	采样区号	作物	采样深度/cm	土壤有机质/(g/kg)	全氮/(g/kg)	全磷/(g/kg)	全钾/(g/kg)	速效氮（碱解氮）/(mg/kg)	有效磷/(mg/kg)	速效钾/(mg/kg)	缓效钾/(mg/kg)	水溶液提pH
2010-10-09	ASAZH01ABC_01	6	黄豆	40	8.10	0.49	0.59	16.23	30.56				
2010-10-09	ASAZH01ABC_01	6	黄豆	60	5.39	0.37	0.55	15.80	30.24				
2010-10-09	ASAZH01ABC_01	6	黄豆	80	4.14	0.36	0.54	16.25	24.89				
2010-10-09	ASAZH01ABC_01	6	黄豆	100	3.99	0.27	0.51	16.15	14.18				
2010-10-09	ASAZH01ABC_01	10	黄豆	20	10.24	0.61	0.69	16.13	39.38	11.13	90.41	742.63	8.64
2010-10-09	ASAZH01ABC_01	10	黄豆	40	6.20	0.42	0.59	15.66	27.09				
2010-10-09	ASAZH01ABC_01	10	黄豆	60	4.05	0.32	0.55	16.55	27.72				
2010-10-09	ASAZH01ABC_01	10	黄豆	80	4.04	0.30	0.56	16.33	21.42				
2010-10-09	ASAZH01ABC_01	10	黄豆	100	3.43	0.30	0.55	15.40	14.18				
2010-10-09	ASAZH01ABC_01	11	黄豆	20	9.82	0.62	0.70	15.89	40.64	15.75	92.25	702.07	8.63
2010-10-09	ASAZH01ABC_01	11	黄豆	40	8.26	0.51	0.65	16.23	32.45				
2010-10-09	ASAZH01ABC_01	11	黄豆	60	5.52	0.39	0.56	16.42	37.17				
2010-10-09	ASAZH01ABC_01	11	黄豆	80	3.70	0.29	0.53	16.46	25.83				
2010-10-09	ASAZH01ABC_01	11	黄豆	100	3.17	0.26	0.54	15.80	14.18				
2010-10-09	ASAZH01ABC_01	14	黄豆	20	9.75	0.61	0.67	16.48	40.01	11.03	84.51	702.18	8.57
2010-10-09	ASAZH01ABC_01	14	黄豆	40	7.51	0.49	0.59	16.43	33.71				
2010-10-09	ASAZH01ABC_01	14	黄豆	60	4.61	0.35	0.55	16.45	40.32				
2010-10-09	ASAZH01ABC_01	14	黄豆	80	4.16	0.32	0.55	16.29	24.26				
2010-10-09	ASAZH01ABC_01	14	黄豆	100	3.72	0.32	0.55	16.92	15.44				
2010-10-09	ASAFZ01B00_01	1	黄豆	20	7.52	0.46	0.59	16.31	25.20	9.84	103.88	755.16	8.66
2010-10-09	ASAFZ01B00_01	1	黄豆	40	7.34	0.45	0.60	16.97	26.15				
2010-10-09	ASAFZ01B00_01	1	黄豆	60	6.30	0.41	0.54	16.18	19.53				
2010-10-09	ASAFZ01B00_01	1	黄豆	80	4.88	0.34	0.52	15.20	21.74				
2010-10-09	ASAFZ01B00_01	1	黄豆	100	4.39	0.31	0.51	15.75	18.90				
2010-10-09	ASAFZ01B00_01	2	黄豆	20	7.46	0.47	0.59	15.85	23.94	8.08	94.34	705.95	8.72

（续）

时间（年-月-日）	样地代码	采样区号	作物	采样深度/cm	土壤有机质/(g/kg)	全氮/(g/kg)	全磷/(g/kg)	全钾/(g/kg)	速效氮（碱解氮）/(mg/kg)	有效磷/(mg/kg)	速效钾/(mg/kg)	缓效钾/(mg/kg)	水溶液提pH
2010-10-09	ASAFZ01B00_01	2	黄豆	40	7.03	0.42	0.59	15.75	23.31				
2010-10-09	ASAFZ01B00_01	2	黄豆	60	5.42	0.35	0.57	15.33	25.52				
2010-10-09	ASAFZ01B00_01	2	黄豆	80	5.02	0.33	0.52	15.85	22.68				
2010-10-09	ASAFZ01B00_01	2	黄豆	100	4.18	0.27	0.52	15.68	19.53				
2010-10-09	ASAFZ01B00_01	3	黄豆	20	7.92	0.46	0.61	15.62	34.34	7.66	89.36	710.49	8.57
2010-10-09	ASAFZ01B00_01	3	黄豆	40	6.47	0.39	0.57	15.92	30.24				
2010-10-09	ASAFZ01B00_01	3	黄豆	60	5.69	0.37	0.55	16.77	27.41				
2010-10-09	ASAFZ01B00_01	3	黄豆	80	4.38	0.29	0.52	16.81	21.42				
2010-10-09	ASAFZ01B00_01	3	黄豆	100	3.87	0.26	0.54	16.21	22.05				
2010-10-09	ASAFZ01B00_01	4	黄豆	20	7.97	0.46	0.64	15.74	39.06	6.75	88.20	716.29	8.73
2010-10-09	ASAFZ01B00_01	4	黄豆	40	5.75	0.37	0.53	15.40	26.78				
2010-10-09	ASAFZ01B00_01	4	黄豆	60	5.24	0.36	0.53	15.72	22.68				
2010-10-09	ASAFZ01B00_01	4	黄豆	80	5.87	0.38	0.57	15.64	23.31				
2010-10-09	ASAFZ01B00_01	4	黄豆	100	4.60	0.30	0.54	15.52	19.85				
2010-10-09	ASAFZ02B00_01	1	黄豆	20	10.44	0.64	0.70	17.17	44.10	25.07	122.77	766.32	8.56
2010-10-09	ASAFZ02B00_01	1	黄豆	40	9.44	0.60	0.66	17.47	49.46				
2010-10-09	ASAFZ02B00_01	1	黄豆	60	6.38	0.44	0.56	17.89	48.51				
2010-10-09	ASAFZ02B00_01	1	黄豆	80	4.05	0.31	0.54	17.76	27.09				
2010-10-09	ASAFZ02B00_01	1	黄豆	100	3.76	0.27	0.53	18.13	12.60				
2010-10-09	ASAFZ02B00_01	2	黄豆	20	10.90	0.67	0.71	17.60	37.17	22.79	101.89	733.19	8.57
2010-10-09	ASAFZ02B00_01	2	黄豆	40	7.67	0.50	0.58	18.22	29.30				
2010-10-09	ASAFZ02B00_01	2	黄豆	60	4.76	0.33	0.51	17.74	29.93				
2010-10-09	ASAFZ02B00_01	2	黄豆	80	4.02	0.29	0.52	17.83	20.48				
2010-10-09	ASAFZ02B00_01	2	黄豆	100	3.35	0.23	0.52	17.62	11.66				
2010-10-09	ASAFZ02B00_01	3	黄豆	20	11.75	0.70	0.65	17.52	50.09	16.46	102.64	717.37	8.58

（续）

时间（年-月-日）	样地代码	采样区号	作物	采样深度/cm	土壤有机质/(g/kg)	全氮/(g/kg)	全磷/(g/kg)	全钾/(g/kg)	速效氮（碱解氮）/(mg/kg)	有效磷/(mg/kg)	速效钾/(mg/kg)	缓效钾/(mg/kg)	水溶液提pH
2010-10-09	ASAFZ02B00_01	3	黄豆	40	6.99	0.48	0.54	17.98	28.35				
2010-10-09	ASAFZ02B00_01	3	黄豆	60	4.42	0.31	0.50	17.79	22.68				
2010-10-09	ASAFZ02B00_01	3	黄豆	80	3.69	0.27	0.52	18.01	18.59				
2010-10-09	ASAFZ02B00_01	3	黄豆	100	3.37	0.23	0.51	17.60	11.03				
2010-10-09	ASAFZ02B00_01	4	黄豆	20	10.35	0.62	0.62	17.73	36.54	15.94	94.54	744.79	8.52
2010-10-09	ASAFZ02B00_01	4	黄豆	40	5.64	0.38	0.52	17.45	22.68				
2010-10-09	ASAFZ02B00_01	4	黄豆	60	4.17	0.28	0.52	18.26	22.37				
2010-10-09	ASAFZ02B00_01	4	黄豆	80	3.57	0.24	0.54	18.00	21.42				
2010-10-09	ASAFZ02B00_01	4	黄豆	100	3.56	0.23	0.52	17.99	12.29				
2010-10-07	ASAFZ03ABC_01	1	黄豆	20	9.60	0.64	0.62	17.63	52.61	29.12	194.37	778.79	8.55
2010-10-07	ASAFZ03ABC_01	1	黄豆	40	5.93	0.37	0.55	17.86	25.52				
2010-10-07	ASAFZ03ABC_01	1	黄豆	60	4.41	0.33	0.54	17.65	21.74				
2010-10-07	ASAFZ03ABC_01	1	黄豆	80	4.64	0.30	0.53	16.93	26.46				
2010-10-07	ASAFZ03ABC_01	1	黄豆	100	4.07	0.28	0.56	18.22	15.75				
2010-10-07	ASAFZ03ABC_01	4	黄豆	20	9.85	0.61	0.62	16.67	50.72	31.64	161.46	741.99	8.64
2010-10-07	ASAFZ03ABC_01	4	黄豆	40	4.83	0.33	0.52	16.87	24.57				
2010-10-07	ASAFZ03ABC_01	4	黄豆	60	3.35	0.23	0.52	15.99	23.63				
2010-10-07	ASAFZ03ABC_01	4	黄豆	80	2.94	0.21	0.54	16.46	17.33				
2010-10-07	ASAFZ03ABC_01	4	黄豆	100	2.48	0.17	0.56	16.03	14.18				
2010-10-07	ASAFZ03ABC_01	6	黄豆	20	7.35	0.49	0.61	16.58	42.21	31.64	180.80	765.81	8.71
2010-10-07	ASAFZ03ABC_01	6	黄豆	40	4.78	0.30	0.55	16.19	23.00				
2010-10-07	ASAFZ03ABC_01	6	黄豆	60	3.85	0.25	0.51	16.93	18.27				
2010-10-07	ASAFZ03ABC_01	6	黄豆	80	4.00	0.25	0.57	16.25	23.00				
2010-10-07	ASAFZ03ABC_01	6	黄豆	100	3.80	0.25	0.59	16.53	21.42				
2010-10-07	ASAFZ03ABC_01	11	黄豆	20	8.69	0.54	0.66	17.48	46.62	29.64	183.51	769.54	8.71

（续）

时间（年-月-日）	样地代码	采样区号	作物	采样深度/cm	土壤有机质/(g/kg)	全氮/(g/kg)	全磷/(g/kg)	全钾/(g/kg)	速效氮（碱解氮）/(mg/kg)	有效磷/(mg/kg)	速效钾/(mg/kg)	缓效钾/(mg/kg)	水溶液提pH
2010-10-07	ASAFZ03ABC_01	11	黄豆	40	4.04	0.27	0.56	16.39	17.01				
2010-10-07	ASAFZ03ABC_01	11	黄豆	60	3.00	0.19	0.52	16.19	12.60				
2010-10-07	ASAFZ03ABC_01	11	黄豆	80	2.78	0.20	0.54	16.82	17.96				
2010-10-07	ASAFZ03ABC_01	11	黄豆	100	2.38	0.17	0.55	16.90	11.97				
2010-10-07	ASAFZ03ABC_01	13	黄豆	20	9.13	0.57	0.63	17.33	37.17	24.31	189.17	805.03	8.65
2010-10-07	ASAFZ03ABC_01	13	黄豆	40	5.25	0.34	0.57	17.12	16.70				
2010-10-07	ASAFZ03ABC_01	13	黄豆	60	4.33	0.31	0.56	16.92	11.03				
2010-10-07	ASAFZ03ABC_01	13	黄豆	80	3.79	0.28	0.53	17.05	11.03				
2010-10-07	ASAFZ03ABC_01	13	黄豆	100	4.12	0.27	0.55	17.46	11.97				
2010-10-07	ASAFZ03ABC_01	16	黄豆	20	8.58	0.57	0.65	16.85	44.10	35.88	199.82	804.63	8.82
2010-10-07	ASAFZ03ABC_01	16	黄豆	40	3.44	0.24	0.52	17.20	19.85				
2010-10-07	ASAFZ03ABC_01	16	黄豆	60	3.21	0.21	0.52	17.07	21.74				
2010-10-07	ASAFZ03ABC_01	16	黄豆	80	2.42	0.17	0.51	16.96	14.81				
2010-10-07	ASAFZ03ABC_01	16	黄豆	100	2.37	0.17	0.51	16.49	8.82				
2010-10-15	ASAZQ01AB0_01	1	玉米	20	7.62	0.45	0.62	17.20	32.13	4.18	101.33	687.53	8.71
2010-10-15	ASAZQ01AB0_01	1	玉米	40	4.37	0.29	0.58	16.53	16.38				
2010-10-15	ASAZQ01AB0_01	1	玉米	60	3.16	0.22	0.53	16.33	14.18				
2010-10-15	ASAZQ01AB0_01	1	玉米	80	3.40	0.25	0.57	16.40	13.86				
2010-10-15	ASAZQ01AB0_01	1	玉米	100	3.56	0.25	0.57	16.72	17.01				
2010-10-15	ASAZQ01AB0_01	2	玉米	20	6.79	0.46	0.60	16.89	36.23	5.56	102.08	679.94	8.66
2010-10-15	ASAZQ01AB0_01	2	玉米	40	4.17	0.30	0.57	17.67	14.49				
2010-10-15	ASAZQ01AB0_01	2	玉米	60	3.73	0.23	0.59	19.89	12.29				
2010-10-15	ASAZQ01AB0_01	2	玉米	80	3.21	0.25	0.56	16.49	13.86				
2010-10-15	ASAZQ01AB0_01	2	玉米	100	3.35	0.24	0.59	16.73	14.18				
2010-10-15	ASAZQ01AB0_01	3	玉米	20	6.54	0.45	0.64	16.92	33.08	4.13	88.86	670.26	8.62

（续）

时间（年-月-日）	样地代码	采样区号	作物	采样深度/cm	土壤有机质/(g/kg)	全氮/(g/kg)	全磷/(g/kg)	全钾/(g/kg)	速效氮（碱解氮）/(mg/kg)	有效磷/(mg/kg)	速效钾/(mg/kg)	缓效钾/(mg/kg)	水溶液提pH
2010-10-15	ASAZQ01AB0_01	3	玉米	40	4.64	0.33	0.60	17.39	17.96				
2010-10-15	ASAZQ01AB0_01	3	玉米	60	3.74	0.28	0.58	17.03	15.12				
2010-10-15	ASAZQ01AB0_01	3	玉米	80	3.67	0.28	0.58	17.04	11.97				
2010-10-15	ASAZQ01AB0_01	3	玉米	100	3.82	0.28	0.58	16.63	13.23				
2010-10-15	ASAZQ01AB0_01	4	玉米	20	7.54	0.48	0.65	16.68	38.75	4.23	98.80	679.23	8.61
2010-10-15	ASAZQ01AB0_01	4	玉米	40	4.60	0.31	0.58	17.04	18.90				
2010-10-15	ASAZQ01AB0_01	4	玉米	60	3.63	0.31	0.60	16.74	16.70				
2010-10-15	ASAZQ01AB0_01	4	玉米	80	4.43	0.28	0.58	16.75	20.48				
2010-10-15	ASAZQ01AB0_01	4	玉米	100	4.32	0.30	0.60	16.82	18.90				
2010-10-15	ASAZQ01AB0_01	5	玉米	20	7.33	0.46	0.62	17.34	33.71	17.46	89.65	732.83	8.65
2010-10-15	ASAZQ01AB0_01	5	玉米	40	4.62	0.29	0.59	16.99	16.07				
2010-10-15	ASAZQ01AB0_01	5	玉米	60	4.47	0.29	0.59	17.07	14.49				
2010-10-15	ASAZQ01AB0_01	5	玉米	80	4.54	0.28	0.58	16.99	15.44				
2010-10-15	ASAZQ01AB0_01	5	玉米	100	4.51	0.29	0.61	17.88	19.85				
2010-10-15	ASAZQ01AB0_01	6	玉米	20	7.80	0.47	0.65	18.38	34.02	8.27	103.14	667.92	8.66
2010-10-15	ASAZQ01AB0_01	6	玉米	40	5.06	0.36	0.59	17.74	18.59				
2010-10-15	ASAZQ01AB0_01	6	玉米	60	4.70	0.35	0.60	17.33	15.12				
2010-10-15	ASAZQ01AB0_01	6	玉米	80	4.77	0.34	0.61	17.72	15.75				
2010-10-15	ASAZQ01AB0_01	6	玉米	100	4.91	0.32	0.61	17.33	14.49				
2010-10-15	ASAZQ03AB0_01	1	洋芋	20	7.46	0.52	0.63	17.45	36.86	5.37	106.37	769.53	8.65
2010-10-15	ASAZQ03AB0_01	1	洋芋	40	6.15	0.43	0.63	17.76	28.67				
2010-10-15	ASAZQ03AB0_01	1	洋芋	60	5.21	0.37	0.62	17.30	29.93				
2010-10-15	ASAZQ03AB0_01	1	洋芋	80	4.93	0.35	0.60	16.65	23.00				
2010-10-15	ASAZQ03AB0_01	1	洋芋	100	4.76	0.30	0.61	17.23	18.59				
2010-10-15	ASAZQ03AB0_01	2	洋芋	20	7.70	0.49	0.66	18.27	33.71	7.13	98.14	681.28	8.66

（续）

时间（年-月-日）	样地代码	采样区号	作物	采样深度/cm	土壤有机质/(g/kg)	全氮/(g/kg)	全磷/(g/kg)	全钾/(g/kg)	速效氮（碱解氮）/(mg/kg)	有效磷/(mg/kg)	速效钾/(mg/kg)	缓效钾/(mg/kg)	水溶液提pH
2010-10-15	ASAZQ03AB0_01	2	洋芋	40	5.16	0.37	0.65	17.00	23.94				
2010-10-15	ASAZQ03AB0_01	2	洋芋	60	4.82	0.34	0.61	17.03	23.63				
2010-10-15	ASAZQ03AB0_01	2	洋芋	80	4.64	0.35	0.62	17.44	22.05				
2010-10-15	ASAZQ03AB0_01	2	洋芋	100	4.78	0.32	0.61	10.62	20.79				
2010-10-15	ASAZQ03AB0_01	3	洋芋	20	7.22	0.49	0.65	16.48	34.34	3.52	95.86	830.55	8.63
2010-10-15	ASAZQ03AB0_01	3	洋芋	40	5.69	0.40	0.62	16.56	27.41				
2010-10-15	ASAZQ03AB0_01	3	洋芋	60	4.97	0.41	0.61	17.14	33.08				
2010-10-15	ASAZQ03AB0_01	3	洋芋	80	5.22	0.38	0.62	17.68	27.09				
2010-10-15	ASAZQ03AB0_01	3	洋芋	100	5.10	0.36	0.62	17.04	22.05				
2010-10-15	ASAZQ03AB0_01	4	洋芋	20	7.21	0.55	0.66	16.45	39.06	2.94	99.07	748.63	8.76
2010-10-15	ASAZQ03AB0_01	4	洋芋	40	5.40	0.41	0.61	17.16	26.78				
2010-10-15	ASAZQ03AB0_01	4	洋芋	60	5.32	0.38	0.59	17.23	22.05				
2010-10-15	ASAZQ03AB0_01	4	洋芋	80	4.70	0.33	0.59	17.40	23.31				
2010-10-15	ASAZQ03AB0_01	4	洋芋	100	4.37	0.33	0.59	15.30	17.64				
2010-10-15	ASAZQ03AB0_01	5	洋芋	20	7.51	0.55	0.67	17.35	42.84	5.09	104.09	830.50	8.75
2010-10-15	ASAZQ03AB0_01	5	洋芋	40	7.00	0.48	0.65	16.41	33.39				
2010-10-15	ASAZQ03AB0_01	5	洋芋	60	4.96	0.37	0.61	16.51	28.35				
2010-10-15	ASAZQ03AB0_01	5	洋芋	80	4.18	0.30	0.60	17.12	20.79				
2010-10-15	ASAZQ03AB0_01	5	洋芋	100	4.10	0.30	0.59	17.46	18.27				
2010-10-15	ASAZQ03AB0_01	6	洋芋	20	7.15	0.50	0.65	17.54	40.95	6.30	84.94	695.98	8.38
2010-10-15	ASAZQ03AB0_01	6	洋芋	40	6.34	0.43	0.62	17.29	33.71				
2010-10-15	ASAZQ03AB0_01	6	洋芋	60	4.91	0.37	0.61	16.97	26.78				
2010-10-15	ASAZQ03AB0_01	6	洋芋	80	4.49	0.33	0.58	17.38	27.72				
2010-10-15	ASAZQ03AB0_01	6	洋芋	100	3.96	0.29	0.57	17.48	18.90				
2011-11-09	ASAZQ03AB0_01	1	春谷子	20					28.31	5.15	104.39		

（续）

时间（年-月-日）	样地代码	采样区号	作物	采样深度/cm	土壤有机质/(g/kg)	全氮/(g/kg)	全磷/(g/kg)	全钾/(g/kg)	速效氮（碱解氮）/(mg/kg)	有效磷/(mg/kg)	速效钾/(mg/kg)	缓效钾/(mg/kg)	水溶液提pH
2011-11-09	ASAZQ03AB0_01	2	春谷子	20					28.31	3.80	94.12		
2011-11-09	ASAZQ03AB0_01	3	春谷子	20					28.65	4.84	97.39		
2011-11-09	ASAZQ03AB0_01	4	春谷子	20					27.63	4.23	105.83		
2011-11-09	ASAZQ03AB0_01	5	春谷子	20					30.02	5.00	107.54		
2011-11-09	ASAZQ03AB0_01	6	春谷子	20					28.99	3.51	96.61		
2011-10-31	ASAFZ04ABC_01	10	春玉米	20	15.60	0.85	0.99		57.31	82.04	191.46	895.55	8.18
2011-10-31	ASAFZ04ABC_01	10	春玉米	40	8.15	0.49	0.61		28.31	9.81	85.56	795.00	8.54
2011-10-31	ASAFZ04ABC_01	11	春玉米	20	13.99	0.75	0.89		49.12	70.61	156.61	822.07	8.42
2011-10-31	ASAFZ04ABC_01	11	春玉米	40	7.81	0.46	0.64		25.58	6.78	75.34	752.15	8.55
2011-10-31	ASAFZ04ABC_01	12	春玉米	20	11.00	0.60	0.79		31.38	19.69	76.40	781.17	8.50
2011-10-31	ASAFZ04ABC_01	12	春玉米	40	6.63	0.41	0.61		18.08	3.63	65.33	770.59	8.61
2011-10-31	ASAFZ04ABC_01	13	春玉米	20	10.36	0.59	0.64		30.02	2.20	80.52	751.93	8.52
2011-10-31	ASAFZ04ABC_01	13	春玉米	40	6.31	0.39	0.58		15.35	1.23	70.29	760.95	8.58
2011-10-31	ASAFZ04ABC_01	14	春玉米	20	10.55	0.46	0.66		28.99	2.94	84.86	739.71	8.54
2011-10-31	ASAFZ04ABC_01	14	春玉米	40	7.39	0.44	0.60		20.47	1.31	73.21	746.56	8.60
2011-10-31	ASAFZ04ABC_01	15	春玉米	20	11.43	0.60	0.85		32.41	30.24	92.73	825.36	8.47
2011-10-31	ASAFZ04ABC_01	15	春玉米	40	7.39	0.43	0.63		19.44	5.48	74.51	811.73	8.60
2011-10-31	ASAFZ04ABC_01	16	春玉米	20	15.27	0.81	0.67		55.60	5.49	175.54	834.95	8.51
2011-10-31	ASAFZ04ABC_01	16	春玉米	40	8.15	0.47	0.62		22.17	1.86	85.10	750.90	8.59
2011-10-31	ASAFZ04ABC_01	17	春玉米	20	14.23	0.79	0.67		46.39	4.61	168.49	863.79	8.51
2011-10-31	ASAFZ04ABC_01	17	春玉米	40	7.83	0.47	0.60		23.88	1.96	83.82	773.75	8.56
2011-10-31	ASAFZ04ABC_01	18	春玉米	20	8.82	0.48	0.65		21.83	9.03	126.26	827.22	8.57
2011-10-31	ASAFZ04ABC_01	18	春玉米	40	6.31	0.38	0.58		19.10	2.96	85.95	760.37	8.57
2011-11-10	ASAFZ05ABC_01	11	春谷子	15	4.82	0.33	0.75		19.78	20.73	55.06	687.51	8.69
2011-11-10	ASAFZ05ABC_01	11	春谷子	30	4.07	0.27	0.62		9.89	7.25	49.79	959.81	8.62

（续）

时间（年-月-日）	样地代码	采样区号	作物	采样深度/cm	土壤有机质/(g/kg)	全氮/(g/kg)	全磷/(g/kg)	全钾/(g/kg)	速效氮（碱解氮）/(mg/kg)	有效磷/(mg/kg)	速效钾/(mg/kg)	缓效钾/(mg/kg)	水溶液提pH
2011-11-10	ASAFZ05ABC_01	12	春谷子	15	6.02	0.39	0.69		23.88	12.57	63.65	876.39	8.54
2011-11-10	ASAFZ05ABC_01	12	春谷子	30	4.68	0.30	0.61		15.69	4.74	51.21	885.19	8.68
2011-11-10	ASAFZ05ABC_01	13	春谷子	15	5.47	0.37	0.56		25.58	1.17	69.40	760.09	8.51
2011-11-10	ASAFZ05ABC_01	13	春谷子	30	4.93	0.31	0.55		18.76	0.80	57.38	853.11	8.56
2011-11-10	ASAFZ05ABC_01	14	春谷子	15	5.85	0.39	0.79		17.06	26.60	58.59	823.13	8.52
2011-11-10	ASAFZ05ABC_01	14	春谷子	30	4.50	0.29	0.62		11.94	9.26	50.75	788.18	8.59
2011-11-10	ASAFZ05ABC_01	15	春谷子	15	4.71	0.35	0.68		19.44	16.88	58.21	756.07	8.58
2011-11-10	ASAFZ05ABC_01	15	春谷子	30	4.57	0.30	0.57		14.67	3.87	47.83	809.37	8.62
2011-11-10	ASAFZ05ABC_01	16	春谷子	15	5.31	0.34	0.55		23.88	1.18	66.06	743.02	8.61
2011-11-10	ASAFZ05ABC_01	16	春谷子	30	4.29	0.29	0.54		15.01	0.40	53.43	789.42	8.63
2011-11-10	ASAFZ05ABC_01	17	春谷子	15	5.30	0.31	0.80		16.03	29.43	54.38	720.71	8.55
2011-11-10	ASAFZ05ABC_01	17	春谷子	30	4.20	0.26	0.59		11.60	8.62	43.26	781.67	8.64
2011-11-10	ASAFZ05ABC_01	18	春谷子	15	4.74	0.32	0.64		14.33	14.79	58.44	745.84	8.55
2011-11-10	ASAFZ05ABC_01	18	春谷子	30	4.56	0.29	0.59		12.28	6.87	49.76	692.81	8.61
2011-11-10	ASAFZ05ABC_01	19	春谷子	15	4.91	0.32	0.55		15.35	1.16	58.94	711.31	8.51
2011-11-10	ASAFZ05ABC_01	19	春谷子	30	4.07	0.31	0.55		15.01	0.38	49.96	714.21	8.64
2011-11-10	ASAFZ05ABC_01	20	春谷子	15	4.39	0.29	0.56		12.96	2.78	60.14	703.50	8.64
2011-11-10	ASAFZ05ABC_01	20	春谷子	30	3.88	0.27	0.54		10.57	2.60	51.42	718.87	8.68
2011-11-10	ASAFZ06ABC_01	10	春谷子	20	10.27	0.60	0.84		34.11	69.32	113.85	909.36	8.61
2011-11-10	ASAFZ06ABC_01	10	春谷子	40	4.57	0.30	0.57		14.67	5.49	60.95	749.97	8.65
2011-11-10	ASAFZ06ABC_01	11	春谷子	20	10.70	0.63	0.60		44.00	5.11	128.81	884.27	8.55
2011-11-10	ASAFZ06ABC_01	11	春谷子	40	4.26	0.27	0.57		10.92	0.83	61.36	760.33	8.68
2011-11-10	ASAFZ06ABC_01	12	春谷子	20	6.32	0.41	0.85		16.71	31.75	124.31	961.21	8.57
2011-11-10	ASAFZ06ABC_01	12	春谷子	40	4.79	0.29	0.59		6.48	2.45	65.68	857.41	8.53
2011-11-10	ASAFZ06ABC_01	13	春谷子	20	6.60	0.41	0.77		17.74	24.89	69.96	801.08	8.58

（续）

时间（年-月-日）	样地代码	采样区号	作物	采样深度/cm	土壤有机质/(g/kg)	全氮/(g/kg)	全磷/(g/kg)	全钾/(g/kg)	速效氮（碱解氮）/(mg/kg)	有效磷/(mg/kg)	速效钾/(mg/kg)	缓效钾/(mg/kg)	水溶液提pH
2011-11-10	ASAFZ06ABC_01	13	春谷子	40	5.23	0.32	0.59		7.50	5.71	55.16	800.37	8.53
2011-11-10	ASAFZ06ABC_01	14	春谷子	20	6.08	0.36	0.55		15.35	3.29	70.99	841.42	8.58
2011-11-10	ASAFZ06ABC_01	14	春谷子	40	4.46	0.27	0.48		3.07	1.66	54.01	831.95	8.60
2011-11-10	ASAFZ06ABC_01	15	春谷子	20	7.02	0.43	0.77		21.49	26.44	89.54	873.99	8.56
2011-11-10	ASAFZ06ABC_01	15	春谷子	40	4.22	0.29	0.53		7.16	3.34	56.13	809.08	8.53
2011-11-10	ASAFZ06ABC_01	16	春谷子	20	5.43	0.39	0.53		18.42	1.85	150.74	880.78	8.55
2011-11-10	ASAFZ06ABC_01	16	春谷子	40	4.33	0.28	0.50		4.78	0.76	63.71	827.09	8.60
2011-11-10	ASAFZ06ABC_01	17	春谷子	20	11.39	0.65	0.61		38.55	6.79	156.08	918.57	8.59
2011-11-10	ASAFZ06ABC_01	17	春谷子	40	5.62	0.34	0.56		10.92	1.32	71.37	851.07	8.67
2011-11-10	ASAFZ06ABC_01	18	春谷子	20	9.50	0.55	0.82		32.75	37.18	96.73	852.79	8.67
2011-11-10	ASAFZ06ABC_01	18	春谷子	40	3.99	0.25	0.59		12.28	4.49	57.35	782.77	8.72
2011-11-09	ASAFZ07AB0_01	8	春谷子	15	9.22	0.56	0.64		30.02	3.13	131.20	878.41	8.66
2011-11-09	ASAFZ07AB0_01	8	春谷子	30	6.20	0.39	0.61		16.37	1.55	75.15	864.89	8.58
2011-11-09	ASAFZ07AB0_01	9	春谷子	15	8.03	0.51	0.63		24.22	5.45	84.88	851.53	8.61
2011-11-09	ASAFZ07AB0_01	9	春谷子	30	5.58	0.37	0.61		12.28	2.16	59.63	769.86	8.96
2011-11-09	ASAFZ07AB0_01	10	春谷子	15	8.74	0.56	0.61		35.82	2.71	100.29	810.19	8.53
2011-11-09	ASAFZ07AB0_01	10	春谷子	30	6.19	0.43	0.60		16.37	1.47	60.80	820.92	8.57
2011-11-09	ASAFZ07AB0_01	11	春谷子	15	4.76	0.38	0.58		19.78	1.27	64.67	774.26	8.48
2011-11-09	ASAFZ07AB0_01	11	春谷子	30	4.11	0.29	0.56		11.60	0.73	54.93	734.99	8.61
2011-11-09	ASAFZ07AB0_01	12	春谷子	15	5.32	0.36	0.59		11.94	1.33	71.16	786.05	8.63
2011-11-09	ASAFZ07AB0_01	12	春谷子	30	4.21	0.29	0.56		10.23	0.84	56.78	752.31	8.62
2011-11-09	ASAFZ07AB0_01	13	春谷子	15	6.53	0.44	0.63		20.81	2.92	69.81	773.03	8.42
2011-11-09	ASAFZ07AB0_01	13	春谷子	30	4.68	0.33	0.60		15.69	2.09	53.40	721.69	8.54
2011-11-09	ASAFZ07AB0_01	14	春谷子	15	5.60	0.37	0.66		12.96	18.73	71.85	753.08	8.51
2011-11-09	ASAFZ07AB0_01	14	春谷子	30	4.21	0.27	0.60		9.89	3.74	56.07	748.22	8.63

（续）

时间（年-月-日）	样地代码	采样区号	作物	采样深度/cm	土壤有机质/(g/kg)	全氮/(g/kg)	全磷/(g/kg)	全钾/(g/kg)	速效氮（碱解氮）/(mg/kg)	有效磷/(mg/kg)	速效钾/(mg/kg)	缓效钾/(mg/kg)	水溶液提pH
2011-11-04	ASAZH01ABC_01	4	春玉米	20					38.89	12.47	98.50		
2011-11-04	ASAZH01ABC_01	7	春玉米	20					36.16	9.85	85.45		
2011-11-04	ASAZH01ABC_01	8	春玉米	20					31.72	9.61	86.40		
2011-11-04	ASAZH01ABC_01	12	春玉米	20					37.52	21.61	85.09		
2011-11-04	ASAZH01ABC_01	13	春玉米	20					30.36	10.31	77.41		
2011-11-04	ASAZH01ABC_01	16	春玉米	20					30.36	8.04	80.25		
2011-10-31	ASAFZ01B00_01	1	春玉米	20					24.22	9.55	103.12		
2011-10-31	ASAFZ01B00_01	2	春玉米	20					25.92	8.78	101.95		
2011-10-31	ASAFZ01B00_01	3	春玉米	20					25.58	7.89	93.00		
2011-10-31	ASAFZ01B00_01	4	春玉米	20					23.20	6.79	93.05		
2011-10-31	ASAFZ02B00_01	1	春玉米	20					44.00	31.61	120.68		
2011-10-31	ASAFZ02B00_01	2	春玉米	20					41.96	20.18	106.80		
2011-10-31	ASAFZ02B00_01	3	春玉米	20					36.84	17.11	99.67		
2011-10-31	ASAFZ02B00_01	4	春玉米	20					35.13	9.55	92.17		
2011-11-10	ASAFZ03ABC_01	5	春谷子	20					47.41	41.21	189.00		
2011-11-10	ASAFZ03ABC_01	7	春谷子	20					58.67	41.18	203.91		
2011-11-10	ASAFZ03ABC_01	8	春谷子	20					48.78	39.88	189.59		
2011-11-10	ASAFZ03ABC_01	9	春谷子	20					49.80	48.06	210.13		
2011-11-10	ASAFZ03ABC_01	10	春谷子	20					41.96	31.26	190.08		
2011-11-10	ASAFZ03ABC_01	12	春谷子	20					48.44	29.21	185.38		
2011-11-09	ASAZQ01AB0_01	1	春洋芋	20					28.99	12.73	124.36		
2011-11-04	ASAZQ01AB0_01	2	春洋芋	20					27.97	10.07	117.57		
2011-11-04	ASAZQ01AB0_01	3	春洋芋	20					33.09	24.57	122.78		
2011-11-04	ASAZQ01AB0_01	4	春洋芋	20					30.36	36.03	117.05		
2011-11-09	ASAZQ01AB0_01	5	春洋芋	20					33.43	21.77	122.02		

（续）

时间（年-月-日）	样地代码	采样区号	作物	采样深度/cm	土壤有机质/（g/kg）	全氮/（g/kg）	全磷/（g/kg）	全钾/（g/kg）	速效氮（碱解氮）/（mg/kg）	有效磷/（mg/kg）	速效钾/（mg/kg）	缓效钾/（mg/kg）	水溶液提pH
2011-11-04	ASAZQ01AB0_01	6	春洋芋	20					31.72	38.34	121.30		
2012-10-31	ASAZH01ABC_01	1	玉米	20					45.16	13.88	91.87		
2012-10-31	ASAZH01ABC_01	5	玉米	20					46.76	17.84	91.95		
2012-10-31	ASAZH01ABC_01	6	玉米	20					49.64	10.81	90.07		
2012-10-31	ASAZH01ABC_01	10	玉米	20					46.12	10.70	91.33		
2012-10-31	ASAZH01ABC_01	11	玉米	20					43.23	14.50	92.92		
2012-10-31	ASAZH01ABC_01	15	玉米	20					41.31	10.14	85.62		
2012-10-31	ASAFZ01B00_01	1	玉米	20					32.35	8.17	110.40		
2012-10-31	ASAFZ01B00_01	2	玉米	20					33.31	7.09	102.44		
2012-10-31	ASAFZ01B00_01	3	玉米	20					32.35	6.79	95.12		
2012-10-31	ASAFZ01B00_01	4	玉米	20					32.67	6.34	99.17		
2012-10-31	ASAFZ02B00_01	1	玉米	20					51.24	24.91	106.44		
2012-10-31	ASAFZ02B00_01	2	玉米	20					55.08	17.10	107.57		
2012-10-31	ASAFZ02B00_01	3	玉米	20					49.96	12.48	102.61		
2012-10-31	ASAFZ02B00_01	4	玉米	20					44.84	18.97	100.13		
2012-10-31	ASAFZ03ABC_01	2	黄豆	20					62.45	33.82	173.73		
2012-10-31	ASAFZ03ABC_01	3	黄豆	20					67.57	40.08	228.97		
2012-10-31	ASAFZ03ABC_01	6	黄豆	20					59.57	31.28	216.60		
2012-10-31	ASAFZ03ABC_01	11	黄豆	20					56.36	35.24	188.38		
2012-10-31	ASAFZ03ABC_01	14	黄豆	20					58.61	39.00	220.54		
2012-10-31	ASAFZ03ABC_01	15	黄豆	20					55.40	34.61	165.36		
2012-10-22	ASAZQ01AB0_01	1	玉米	20					50.92	45.12	124.27		
2012-10-22	ASAZQ01AB0_01	2	玉米	20					50.92	33.52	126.61		
2012-10-22	ASAZQ01AB0_01	3	玉米	20					49.00	42.34	108.33		
2012-10-22	ASAZQ01AB0_01	4	玉米	20					41.63	36.24	117.84		

（续）

时间（年-月-日）	样地代码	采样区号	作物	采样深度/cm	土壤有机质/(g/kg)	全氮/(g/kg)	全磷/(g/kg)	全钾/(g/kg)	速效氮（碱解氮）/(mg/kg)	有效磷/(mg/kg)	速效钾/(mg/kg)	缓效钾/(mg/kg)	水溶液提pH
2012-10-22	ASAZQ01AB0_01	5	玉米	20					43.55	15.81	125.80		
2012-10-22	ASAZQ01AB0_01	6	玉米	20					40.35	10.39	105.58		
2012-10-22	ASAZQ03AB0_01	1	黑豆	20					47.08	4.05	115.61		
2012-10-22	ASAZQ03AB0_01	2	黑豆	20					47.08	3.05	114.09		
2012-10-22	ASAZQ03AB0_01	3	黑豆	20					48.04	3.84	115.56		
2012-10-22	ASAZQ03AB0_01	4	黑豆	20					42.91	3.73	103.14		
2012-10-22	ASAZQ03AB0_01	5	黑豆	20					48.04	5.10	131.90		
2012-10-22	ASAZQ03AB0_01	6	黑豆	20					44.84	3.75	105.67		
2013-10-16	ASAZH01ABC_01	2	春大豆	20	9.95	0.61	0.73		43.90	18.50	80.49	778.83	8.49
2013-10-16	ASAZH01ABC_01	3	春大豆	20	10.40	0.62	0.74		58.31	19.45	82.03	763.78	8.49
2013-10-16	ASAZH01ABC_01	4	春大豆	20	11.51	0.61	0.72		57.62	14.24	82.10	831.38	8.59
2013-10-16	ASAZH01ABC_01	12	春大豆	20	11.66	0.63	0.73		59.34	16.68	73.29	749.40	8.47
2013-10-16	ASAZH01ABC_01	13	春大豆	20	10.79	0.57	0.72		54.19	8.41	71.19	771.74	8.49
2013-10-16	ASAZH01ABC_01	14	春大豆	20	10.66	0.60	0.68		40.13	10.04	72.63	777.13	8.49
2013-10-16	ASAFZ01B00_01	1	春大豆	20	8.22	0.48	0.62		33.96	7.85	95.15	798.18	8.55
2013-10-16	ASAFZ01B00_01	2	春大豆	20	8.95	0.51	0.64		48.02	7.02	91.94	762.18	8.53
2013-10-16	ASAFZ01B00_01	3	春大豆	20	9.26	0.52	0.67		36.02	6.23	86.45	748.72	8.58
2013-10-16	ASAFZ01B00_01	4	春大豆	20	9.33	0.50	0.63		52.14	5.01	86.31	735.69	8.57
2013-10-16	ASAFZ02B00_01	1	春大豆	20	11.32	0.70	0.74		46.99	24.17	95.64	778.20	8.48
2013-10-16	ASAFZ02B00_01	2	春大豆	20	13.59	0.76	0.75		52.14	19.47	89.85	772.36	8.41
2013-10-16	ASAFZ02B00_01	3	春大豆	20	13.49	0.77	0.72		58.65	15.74	95.29	737.36	8.50
2013-10-16	ASAFZ02B00_01	4	春大豆	20	10.70	0.63	0.67		46.99	12.42	89.36	735.65	8.48
2013-10-16	ASAFZ03ABC_01	1	春谷子	20	11.68	0.69	0.70		57.28	41.38	278.13	797.71	8.45
2013-10-16	ASAFZ03ABC_01	4	春谷子	20	12.37	0.71	0.68		56.60	38.21	206.94	741.03	8.42
2013-10-16	ASAFZ03ABC_01	7	春谷子	20	11.15	0.72	0.71		52.82	39.73	179.39	823.53	8.44

（续）

时间（年-月-日）	样地代码	采样区号	作物	采样深度/cm	土壤有机质/（g/kg）	全氮/（g/kg）	全磷/（g/kg）	全钾/（g/kg）	速效氮（碱解氮）/（mg/kg）	有效磷/（mg/kg）	速效钾/（mg/kg）	缓效钾/（mg/kg）	水溶液提pH
2013-10-16	ASAFZ03ABC_01	10	春谷子	20	9.53	0.60	0.71		44.93	31.95	167.67	885.25	8.43
2013-10-16	ASAFZ03ABC_01	13	春谷子	20	12.28	0.73	0.72		55.22	37.44	217.18	911.23	8.35
2013-10-16	ASAFZ03ABC_01	16	春谷子	20	11.33	0.66	0.76		53.85	39.47	204.27	903.41	8.49
2013-10-17	ASAZQ01AB0_01	1	春洋芋	20	9.82	0.64	0.76		50.76	81.34	144.15	998.01	8.29
2013-10-17	ASAZQ01AB0_01	2	春洋芋	20	9.75	0.65	0.75		48.02	57.70	127.87	1005.77	8.36
2013-10-17	ASAZQ01AB0_01	3	春洋芋	20	9.41	0.63	0.76		37.73	86.64	147.41	976.76	8.48
2013-10-17	ASAZQ01AB0_01	4	春洋芋	20	8.68	0.59	0.74		39.79	52.50	137.99	1008.78	8.42
2013-10-17	ASAZQ01AB0_01	5	春洋芋	20	9.03	0.60	0.72		46.31	50.28	137.59	935.06	8.39
2013-10-17	ASAZQ01AB0_01	6	春洋芋	20	9.06	0.59	0.74		42.88	78.32	130.06	889.87	8.39
2013-10-17	ASAZQ03AB0_01	1	春洋芋	20	7.99	0.52	0.66		40.13	7.14	115.28	935.84	8.43
2013-10-17	ASAZQ03AB0_01	2	春洋芋	20	7.96	0.53	0.66		40.13	9.67	136.63	852.37	8.47
2013-10-17	ASAZQ03AB0_01	3	春洋芋	20	8.07	0.51	0.64		36.36	4.92	104.48	869.36	8.45
2013-10-17	ASAZQ03AB0_01	4	春洋芋	20	7.95	0.50	0.65		37.04	6.52	112.98	869.95	8.45
2013-10-17	ASAZQ03AB0_01	5	春洋芋	20	7.65	0.49	0.66		36.70	5.88	113.66	958.95	8.40
2013-10-17	ASAZQ03AB0_01	6	春洋芋	20	7.54	0.48	0.65		37.04	5.49	107.14	898.42	8.53
2013-10-16	ASAFZ04ABC_01	10	春大豆	20	16.24	0.91	0.89		60.21	55.50	200.48	803.08	8.44
2013-10-16	ASAFZ04ABC_01	10	春大豆	40	8.25	0.50	0.63		32.99	10.30	87.78	748.71	8.58
2013-10-16	ASAFZ04ABC_01	11	春大豆	20	15.57	0.89	0.87		61.49	37.61	164.92	806.84	8.42
2013-10-16	ASAFZ04ABC_01	11	春大豆	40	8.05	0.47	0.65		30.74	7.31	79.85	758.39	8.62
2013-10-16	ASAFZ04ABC_01	12	春大豆	20	10.91	0.62	0.84		41.31	18.88	82.45	760.59	8.53
2013-10-16	ASAFZ04ABC_01	12	春大豆	40	7.07	0.42	0.61		25.94	3.65	64.58	713.18	8.62
2013-10-16	ASAFZ04ABC_01	13	春大豆	20	10.25	0.59	0.64		40.99	2.30	80.82	783.06	8.49
2013-10-16	ASAFZ04ABC_01	13	春大豆	40	7.12	0.41	0.58		26.58	1.15	67.19	742.09	8.63
2013-10-16	ASAFZ04ABC_01	14	春大豆	20	10.47	0.58	0.63		34.59	2.38	84.04	774.80	8.57
2013-10-16	ASAFZ04ABC_01	14	春大豆	40	6.51	0.40	0.59		23.06	1.16	71.07	767.57	8.68

（续）

时间（年-月-日）	样地代码	采样区号	作物	采样深度/cm	土壤有机质/(g/kg)	全氮/(g/kg)	全磷/(g/kg)	全钾/(g/kg)	速效氮（碱解氮）/(mg/kg)	有效磷/(mg/kg)	速效钾/(mg/kg)	缓效钾/(mg/kg)	水溶液提pH
2013-10-16	ASAFZ04ABC_01	15	春大豆	20	10.99	0.60	0.83		41.95	31.07	79.54	738.27	8.48
2013-10-16	ASAFZ04ABC_01	15	春大豆	40	6.68	0.42	0.60		25.62	4.25	71.41	719.20	8.64
2013-10-16	ASAFZ04ABC_01	16	春大豆	20	14.46	0.83	0.67		54.12	4.38	159.91	837.77	8.49
2013-10-16	ASAFZ04ABC_01	16	春大豆	40	7.05	0.45	0.58		31.38	1.39	75.43	702.02	8.68
2013-10-16	ASAFZ04ABC_01	17	春大豆	20	13.92	0.83	0.65		54.44	4.75	182.41	877.96	8.55
2013-10-16	ASAFZ04ABC_01	17	春大豆	40	8.18	0.52	0.60		35.55	1.81	99.56	746.20	8.62
2013-10-16	ASAFZ04ABC_01	18	春大豆	20	7.86	0.48	0.64		28.50	7.64	111.73	752.48	8.65
2013-10-16	ASAFZ04ABC_01	18	春大豆	40	5.42	0.36	0.58		21.46	2.34	77.06	758.34	8.67
2013-10-16	ASAFZ05ABC_01	11	春谷子	15	4.33	0.30	0.78		26.41	25.68	57.98	694.62	8.68
2013-10-16	ASAFZ05ABC_01	11	春谷子	30	4.15	0.28	0.65		22.98	8.85	55.37	689.68	8.69
2013-10-16	ASAFZ05ABC_01	12	春谷子	15	5.10	0.35	0.68		30.18	17.17	57.52	695.45	8.59
2013-10-16	ASAFZ05ABC_01	12	春谷子	30	4.51	0.28	0.59		29.50	6.18	53.30	665.71	8.63
2013-10-16	ASAFZ05ABC_01	13	春谷子	15	5.66	0.33	0.56		31.56	1.52	62.46	666.86	8.66
2013-10-16	ASAFZ05ABC_01	13	春谷子	30	4.62	0.30	0.55		25.73	1.21	57.91	662.58	8.61
2013-10-16	ASAFZ05ABC_01	14	春谷子	15	5.60	0.35	0.80		27.78	33.92	60.75	664.66	8.60
2013-10-16	ASAFZ05ABC_01	14	春谷子	30	4.81	0.32	0.69		23.67	15.49	51.08	745.68	8.64
2013-10-16	ASAFZ05ABC_01	15	春谷子	15	5.21	0.35	0.67		27.44	19.76	57.73	767.60	8.64
2013-10-16	ASAFZ05ABC_01	15	春谷子	30	4.35	0.28	0.58		19.89	6.86	52.04	734.97	8.70
2013-10-16	ASAFZ05ABC_01	16	春谷子	15	4.70	0.28	0.54		26.41	1.65	60.92	715.24	8.66
2013-10-16	ASAFZ05ABC_01	16	春谷子	30	3.82	0.66	0.53		23.32	1.11	56.32	726.45	8.68
2013-10-16	ASAFZ05ABC_01	17	春谷子	15	4.89	0.34	0.83		27.54	47.58	57.20	718.16	8.69
2013-10-16	ASAFZ05ABC_01	17	春谷子	30	4.52	0.29	0.70		17.61	23.61	51.51	656.26	8.75
2013-10-16	ASAFZ05ABC_01	18	春谷子	15	4.77	0.32	0.66		19.86	23.11	52.74	689.82	8.75
2013-10-16	ASAFZ05ABC_01	18	春谷子	30	4.68	0.29	0.64		20.50	10.25	50.55	698.29	8.71
2013-10-16	ASAFZ05ABC_01	19	春谷子	15	4.52	0.32	0.53		22.74	1.97	59.33	617.36	8.64

（续）

时间（年-月-日）	样地代码	采样区号	作物	采样深度/cm	土壤有机质/(g/kg)	全氮/(g/kg)	全磷/(g/kg)	全钾/(g/kg)	速效氮（碱解氮）/(mg/kg)	有效磷/(mg/kg)	速效钾/(mg/kg)	缓效钾/(mg/kg)	水溶液提pH
2013-10-16	ASAFZ05ABC_01	19	春谷子	30	3.95	0.27	0.52		21.46	1.24	52.07	663.54	8.71
2013-10-16	ASAFZ05ABC_01	20	春谷子	15	4.19	0.27	0.54		19.22	3.51	61.10	683.54	8.72
2013-10-16	ASAFZ05ABC_01	20	春谷子	30	3.97	0.27	0.55		23.70	2.87	59.00	661.89	8.71
2013-10-16	ASAFZ06ABC_01	10	春谷子	20	10.82	0.70	0.86		48.36	60.26	107.45	835.36	8.39
2013-10-16	ASAFZ06ABC_01	10	春谷子	40	4.39	0.32	0.57		15.78	5.29	59.17	727.60	8.58
2013-10-16	ASAFZ06ABC_01	11	春谷子	20	10.30	0.65	0.57		47.33	4.70	120.08	821.00	8.40
2013-10-16	ASAFZ06ABC_01	11	春谷子	40	4.27	0.27	0.55		14.41	1.16	57.47	711.98	8.58
2013-10-16	ASAFZ06ABC_01	12	春谷子	20	6.44	0.41	0.83		24.35	43.60	164.61	914.08	8.48
2013-10-16	ASAFZ06ABC_01	12	春谷子	40	4.51	0.28	0.57		11.66	4.33	78.48	793.28	8.51
2013-10-16	ASAFZ06ABC_01	13	春谷子	20	7.80	0.47	0.81		34.64	37.46	62.52	779.72	8.52
2013-10-16	ASAFZ06ABC_01	13	春谷子	40	5.14	0.31	0.57		18.18	5.66	54.83	720.61	8.48
2013-10-16	ASAFZ06ABC_01	14	春谷子	20	5.86	0.35	0.50		21.95	3.39	68.87	782.38	8.63
2013-10-16	ASAFZ06ABC_01	14	春谷子	40	4.69	0.27	0.51		21.95	2.07	57.24	747.64	8.62
2013-10-16	ASAFZ06ABC_01	15	春谷子	20	7.33	0.46	0.77		33.27	36.47	97.16	787.00	8.52
2013-10-16	ASAFZ06ABC_01	15	春谷子	40	5.02	0.29	0.50		16.12	4.19	57.25	686.23	8.64
2013-10-16	ASAFZ06ABC_01	16	春谷子	20	6.62	0.40	0.51		27.10	2.09	136.76	865.80	8.59
2013-10-16	ASAFZ06ABC_01	16	春谷子	40	4.21	0.27	0.48		16.46	0.96	65.50	705.62	8.62
2013-10-16	ASAFZ06ABC_01	17	春谷子	20	12.08	0.72	0.60		50.76	7.02	164.85	860.27	8.59
2013-10-16	ASAFZ06ABC_01	17	春谷子	40	5.07	0.30	0.54		30.53	1.00	67.68	766.81	8.72
2013-10-16	ASAFZ06ABC_01	18	春谷子	20	9.81	0.67	0.78		43.22	45.79	126.83	815.10	8.44
2013-10-16	ASAFZ06ABC_01	18	春谷子	40	4.35	0.27	0.56		23.32	1.78	57.07	735.26	8.70
2013-10-16	ASAFZ06ABC_01	19	春谷子	20	12.45	0.75	0.88		66.54	48.10	116.69	789.58	8.51

（续）

时间（年-月-日）	样地代码	采样区号	作物	采样深度/cm	土壤有机质/（g/kg）	全氮/（g/kg）	全磷/（g/kg）	全钾/（g/kg）	速效氮（碱解氮）/（mg/kg）	有效磷/（mg/kg）	速效钾/（mg/kg）	缓效钾/（mg/kg）	水溶液提pH
2013-10-16	ASAFZ06ABC_01	19	春谷子	40	4.45	0.27	0.60		24.70	3.61	55.88	720.36	8.76
2013-10-16	ASAFZ06ABC_01	20	春谷子	20	11.72	0.68	0.90		47.68	70.48	142.88	948.33	8.59
2013-10-16	ASAFZ06ABC_01	20	春谷子	40	4.25	0.28	0.59		20.58	2.64	60.92	813.72	8.73
2013-10-16	ASAFZ06ABC_01	21	春谷子	20	7.14	0.41	0.59		33.27	3.65	75.17	826.03	8.65
2013-10-16	ASAFZ06ABC_01	21	春谷子	40	5.12	0.29	0.57		16.12	1.70	63.81	842.95	8.68
2013-10-16	ASAFZ06ABC_01	22	春谷子	20	7.40	0.45	0.55		30.53	2.87	125.04	844.80	8.60
2013-10-16	ASAFZ06ABC_01	22	春谷子	40	5.21	0.33	0.54		16.46	1.57	64.78	817.30	8.55
2013-10-16	ASAFZ06ABC_01	23	春谷子	20	7.78	0.46	0.81		52.82	36.16	64.56	752.08	8.58
2013-10-16	ASAFZ06ABC_01	23	春谷子	40	4.88	0.29	0.52		24.70	4.36	56.49	719.23	8.62
2013-10-16	ASAFZ06ABC_01	24	春谷子	20	6.80	0.41	0.88		29.16	56.23	149.44	791.29	8.56
2013-10-16	ASAFZ06ABC_01	24	春谷子	40	4.06	0.26	0.52		14.75	4.04	67.31	679.82	8.67
2013-10-16	ASAFZ06ABC_01	25	春谷子	20	7.69	0.50	0.77		32.24	30.77	91.22	777.02	8.59
2013-10-16	ASAFZ06ABC_01	25	春谷子	40	4.10	0.26	0.53		16.46	3.90	58.52	680.96	8.57
2013-10-16	ASAFZ06ABC_01	26	春谷子	20	13.05	0.78	0.61		56.94	10.79	149.97	836.23	8.53
2013-10-16	ASAFZ06ABC_01	26	春谷子	40	4.85	0.31	0.53		21.27	2.11	66.38	756.07	8.67
2013-10-16	ASAFZ06ABC_01	27	春谷子	20	13.11	0.78	0.61		57.62	8.21	163.72	846.65	8.54
2013-10-16	ASAFZ06ABC_01	27	春谷子	40	5.19	0.31	0.56		15.09	1.63	72.61	778.12	8.71
2013-10-17	ASAFZ07AB0_01	8	春谷子	15	9.47	0.56	0.59		38.11	4.11	128.29	880.24	8.62
2013-10-17	ASAFZ07AB0_01	8	春谷子	30	5.78	0.37	0.58		24.02	2.09	100.07	793.01	8.72
2013-10-17	ASAFZ07AB0_01	9	春谷子	15	7.66	0.48	0.61		36.51	22.09	102.40	851.45	8.53
2013-10-17	ASAFZ07AB0_01	9	春谷子	30	5.04	0.32	0.57		24.34	2.58	65.03	780.94	8.67
2013-10-17	ASAFZ07AB0_01	10	春谷子	15	7.48	0.47	0.58		34.27	3.80	101.96	836.88	8.62

（续）

时间（年-月-日）	样地代码	采样区号	作物	采样深度/cm	土壤有机质/(g/kg)	全氮/(g/kg)	全磷/(g/kg)	全钾/(g/kg)	速效氮（碱解氮）/(mg/kg)	有效磷/(mg/kg)	速效钾/(mg/kg)	缓效钾/(mg/kg)	水溶液提pH
2013-10-17	ASAFZ07AB0_01	10	春谷子	30	5.29	0.35	0.57		23.06	1.91	70.72	764.12	8.65
2013-10-17	ASAFZ07AB0_01	11	春谷子	15	5.32	0.34	0.57		24.34	1.91	61.66	769.82	8.64
2013-10-17	ASAFZ07AB0_01	11	春谷子	30	3.90	0.27	0.55		17.93	0.93	57.44	764.77	8.62
2013-10-17	ASAFZ07AB0_01	12	春谷子	15	4.86	0.33	0.56		21.14	1.68	68.79	821.90	8.68
2013-10-17	ASAFZ07AB0_01	12	春谷子	30	3.89	0.26	0.54		16.01	0.83	73.28	776.64	8.67
2013-10-17	ASAFZ07AB0_01	13	春谷子	15	5.99	0.39	0.58		32.99	4.36	65.44	763.88	8.61
2013-10-17	ASAFZ07AB0_01	13	春谷子	30	4.28	0.31	0.56		16.65	1.91	52.55	745.42	8.64
2013-10-17	ASAFZ07AB0_01	14	春谷子	15	5.58	0.35	0.61		19.86	13.39	88.53	892.64	8.65
2013-10-17	ASAFZ07AB0_01	14	春谷子	30	4.29	0.27	0.57		14.41	3.71	99.74	770.86	8.68
2014-11-11	ASAFZ03ABC_01	2	大豆	20	11.80	0.81	0.69		71.94	37.96	184.61		8.56
2014-11-11	ASAFZ03ABC_01	3	大豆	20	11.44	0.76	0.68		67.42	33.45	179.21		8.59
2014-11-11	ASAFZ03ABC_01	6	大豆	20	10.75	0.71	0.68		63.21	30.62	157.92		8.51
2014-11-11	ASAFZ03ABC_01	11	大豆	20	10.15	0.72	0.68		63.21	26.84	223.49		8.56
2014-11-11	ASAFZ03ABC_01	14	大豆	20	12.42	0.84	0.71		65.92	34.30	213.28		8.50
2014-11-11	ASAFZ03ABC_01	15	大豆	20	11.25	0.80	0.70		69.23	31.95	166.04		8.49
2014-11-12	ASAZQ01AB0_01	1	红小豆	20	7.66	0.54	0.64		42.44	14.46	101.04		8.55
2014-11-12	ASAZQ01AB0_01	2	红小豆	20	7.61	0.52	0.65		40.03	9.89	94.83		8.58
2014-11-12	ASAZQ01AB0_01	3	红小豆	20	9.23	0.63	0.71		44.85	31.47	109.55		8.56
2014-11-12	ASAZQ01AB0_01	4	红小豆	20	8.54	0.63	0.70		47.56	29.48	129.58		8.54
2014-11-12	ASAZQ01AB0_01	5	红小豆	20	7.98	0.58	0.69		41.24	34.02	106.50		8.59
2014-11-12	ASAZQ01AB0_01	6	红小豆	20	9.44	0.69	0.74		60.20	60.40	123.59		8.45
2014-11-12	ASAZQ03AB0_01	1	果树	20	7.34	0.52	0.63		37.63	6.32	125.77		8.59

（续）

时间（年-月-日）	样地代码	采样区号	作物	采样深度/cm	土壤有机质/(g/kg)	全氮/(g/kg)	全磷/(g/kg)	全钾/(g/kg)	速效氮（碱解氮）/(mg/kg)	有效磷/(mg/kg)	速效钾/(mg/kg)	缓效钾/(mg/kg)	水溶液提pH
2014-11-12	ASAZQ03AB0_01	2	果树	20	7.16	0.52	0.65		37.32	7.57	134.99		8.63
2014-11-12	ASAZQ03AB0_01	3	果树	20	8.04	0.59	0.63		48.46	7.74	138.12		8.57
2015-10-30	ASAZQ01AB0_01	1	苹果	20	9.06	0.54	0.73	17.62	37.10	27.43	173.42	1027.26	8.46
2015-10-30	ASAZQ01AB0_01	1	苹果	40	5.76	0.32	0.60	17.52	30.10	2.81	73.28		
2015-10-30	ASAZQ01AB0_01	1	苹果	60	4.94	0.31	0.60	17.42	28.70	1.23	67.08		
2015-10-30	ASAZQ01AB0_01	1	苹果	80	5.20	0.31	0.58	17.34	19.25	1.58	69.58		
2015-10-30	ASAZQ01AB0_01	1	苹果	100	5.40	0.31	0.61	17.16	23.10	2.18	71.03		
2015-10-30	ASAZQ01AB0_01	2	苹果	20	9.54	0.58	0.72	17.08	44.45	31.67	115.78	1045.26	8.44
2015-10-30	ASAZQ01AB0_01	2	苹果	40	5.51	0.35	0.62	16.95	28.70	2.27	65.76		
2015-10-30	ASAZQ01AB0_01	2	苹果	60	5.66	0.36	0.62	17.03	26.60	1.85	67.50		
2015-10-30	ASAZQ01AB0_01	2	苹果	80	5.34	0.33	0.60	17.63	17.50	2.49	68.82		
2015-10-30	ASAZQ01AB0_01	2	苹果	100	5.02	0.32	0.62	17.45	20.30	3.46	67.85		
2015-10-30	ASAZQ01AB0_01	3	苹果	20	8.82	0.59	0.74	17.49	70.00	42.72	123.86	998.15	8.32
2015-10-30	ASAZQ01AB0_01	3	苹果	40	5.09	0.41	0.63	17.75	111.65	4.06	73.31		
2015-10-30	ASAZQ01AB0_01	3	苹果	60	5.90	0.40	0.60	17.69	108.15	2.66	73.49		
2015-10-30	ASAZQ01AB0_01	3	苹果	80	5.63	0.38	0.61	17.89	87.15	3.17	66.46		
2015-10-30	ASAZQ01AB0_01	3	苹果	100	5.09	0.32	0.60	17.33	40.95	3.36	64.21		

注：空白为未测。

3.2.3 土壤矿质全量

3.2.3.1 概述

本数据集包括安塞站1个综合观测场、3个辅助观测场、2个站区调查点的农田土壤2005年矿质全量数据。土壤矿质全量数据每10年测定一次，土壤样品采集时间为当年作物收获后，采样深度：0～100 cm，观测层次0～20 cm、20～40 cm、40～60 cm、60～80 cm、80～100 cm。

具体观测场和站区调查点如下。

（1）川地综合观测场（ASAZH01）。

（2）川地土壤监测辅助观测场-空白（ASAFZ01）。

（3）川地土壤监测辅助观测场-秸秆还田（ASAFZ02）。

（4）山地辅助观测场（ASAFZ03）。

（5）峙崾岘坡地梯田观测点（ASAZQ01）。

（6）峙崾岘塌地梯田观测点（ASAZQ03）。

3.2.3.2 数据获取方法、分析项目、数据计量单位、小数位数

土壤矿质全量分析项目及方法见表3-13。

表3-13 土壤矿质全量分析项目及方法

序号	指标名称	单位	小数位数	数据获取方法
1	硅（SiO_2）	%	2	偏硼酸锂熔融-ICP/AES
2	铁（Fe_2O_3）	%	2	偏硼酸锂熔融-ICP/AES法
3	锰（MnO）	%	2	偏硼酸锂熔融-ICP/AES法
4	钛（TiO_2）	%	2	偏硼酸锂熔融-ICP/AES法
5	铝（Al_2O_3）	%	2	偏硼酸锂熔融-ICP/AES法
6	钙（CaO）	%	2	偏硼酸锂熔融-ICP/AES法
7	镁（MgO）	%	2	偏硼酸锂熔融-ICP/AES法
8	钾（K_2O）	%	2	偏硼酸锂熔融-ICP/AES法
9	钠（Na_2O）	%	2	偏硼酸锂熔融-ICP/AES法
10	磷（P_2O_5）	%	2	偏硼酸锂熔融-ICP/AES法

3.2.3.3 原始数据质量控制方法

在进行实验室分析时，采用以下措施进行数据质量保证。

（1）测定时插入国家标准样品进行质控。

（2）分析时进行3次平行样品测定。

（3）利用校验软件检查每个监测数据是否超出相同土壤类型和采样深度的历史数据阈值范围、每个观测场监测项目均值是否超出该样地相同深度历史数据均值的2倍标准差、每个观测场监测项目标准差是否超出该样地相同深度历史数据的2倍标准差或者样地空间变异调查的2倍标准差等。对于超出范围的数据进行核实或再次测定。

3.2.3.4 数据产品处理方法

以土壤分中心的土壤报表为标准，样地采样分区所对应的观测值的个数即为重复数，将每个样地全部采样分区的观测值取平均值后，作为本数据产品的结果数据。

3.2.3.5 数据

土壤矿质全量见表3-14。

表 3-14 土壤矿质全量表

时间（年-月-日）	样地代码	采样区号	作物	采样深度/cm	硅/%	铁/%	锰/%	钛/%	铝/%	钙/%	镁/%	钾/%	钠/%	磷/%
2005-10-05	ASAZH01ABC_01	2	玉米	20	61.80	4.02	0.08	0.65	11.83	0.07	4.42	2.15	2.12	1.99
2005-10-05	ASAZH01ABC_01	2	玉米	40	62.73	4.09	0.07	0.63	11.14	0.08	4.85	2.11	2.08	1.91
2005-10-05	ASAZH01ABC_01	2	玉米	60	62.90	4.10	0.07	0.64	11.14	0.06	4.96	2.12	2.11	1.83
2005-10-05	ASAZH01ABC_01	2	玉米	80	61.56	4.11	0.08	0.64	11.94	0.07	4.80	2.20	2.11	1.97
2005-10-05	ASAZH01ABC_01	2	玉米	100	63.46	4.14	0.07	0.64	11.03	0.05	5.24	2.13	2.10	1.83
2005-10-05	ASAZH01ABC_01	4	玉米	20	62.34	4.17	0.08	0.63	11.17	0.07	4.72	2.12	2.26	1.82
2005-10-05	ASAZH01ABC_01	4	玉米	40	62.23	4.13	0.07	0.63	11.19	0.08	4.82	2.11	2.19	1.78
2005-10-05	ASAZH01ABC_01	4	玉米	60	63.87	4.00	0.07	0.64	10.98	0.08	4.78	2.07	2.28	1.90
2005-10-05	ASAZH01ABC_01	4	玉米	80	63.22	4.14	0.07	0.65	11.06	0.04	5.26	2.14	2.26	1.85
2005-10-05	ASAZH01ABC_01	4	玉米	100	62.65	4.05	0.08	0.66	11.67	0.06	4.70	2.16	2.11	2.05
2005-10-05	ASAZH01ABC_01	11	玉米	20	62.93	4.07	0.07	0.64	11.43	0.08	4.93	2.11	2.06	1.89
2005-10-05	ASAZH01ABC_01	11	玉米	40	62.12	4.13	0.07	0.63	11.05	0.08	4.87	2.10	2.52	1.84
2005-10-05	ASAZH01ABC_01	11	玉米	60	63.44	3.99	0.07	0.63	10.98	0.07	4.79	2.08	2.47	1.95
2005-10-05	ASAZH01ABC_01	11	玉米	80	62.38	4.11	0.08	0.63	11.11	0.05	5.13	2.13	2.58	1.96
2005-10-05	ASAZH01ABC_01	11	玉米	100	62.93	3.97	0.07	0.67	11.39	0.06	4.57	2.07	2.02	2.06
2005-10-05	ASAFZ01B00_01	1	玉米	20	61.49	4.19	0.08	0.64	11.34	0.08	5.01	2.20	2.64	1.93
2005-10-05	ASAFZ01B00_01	1	玉米	40	61.85	4.14	0.08	0.64	11.77	0.07	4.55	2.14	2.08	1.99
2005-10-05	ASAFZ01B00_01	1	玉米	60	62.14	4.14	0.08	0.64	11.13	0.09	5.04	2.12	2.65	1.86
2005-10-05	ASAFZ01B00_01	1	玉米	80	62.64	4.10	0.07	0.64	11.05	0.06	5.13	2.11	2.14	1.81
2005-10-05	ASAFZ01B00_01	1	玉米	100	62.46	4.07	0.08	0.65	11.61	0.04	4.93	2.12	2.08	1.99
2005-10-05	ASAFZ01B00_01	2	玉米	20	62.77	4.12	0.07	0.64	10.97	0.06	5.06	2.12	2.14	1.85
2005-10-05	ASAFZ01B00_01	2	玉米	40	63.49	4.08	0.07	0.64	11.05	0.08	4.98	2.08	2.07	1.97
2005-10-05	ASAFZ01B00_01	2	玉米	60	63.30	4.02	0.07	0.64	11.02	0.07	5.03	2.09	2.06	1.88
2005-10-05	ASAFZ01B00_01	2	玉米	80	62.98	4.00	0.07	0.65	10.98	0.05	5.03	2.08	2.07	1.91
2005-10-05	ASAFZ01B00_01	2	玉米	100	64.38	3.97	0.07	0.67	11.21	0.05	4.9	2.03	2.00	1.94
2005-10-05	ASAFZ01B00_01	3	玉米	20	63.27	4.08	0.07	0.66	11.3	0.08	5.01	2.08	2.04	1.88

（续）

时间（年-月-日）	样地代码	采样区号	作物	采样深度/cm	硅/%	铁/%	锰/%	钛/%	铝/%	钙/%	镁/%	钾/%	钠/%	磷/%
2005-10-05	ASAFZ01B00_01	3	玉米	40	63.42	4.07	0.07	0.66	11.35	0.07	5.13	2.05	1.99	1.87
2005-10-05	ASAFZ01B00_01	3	玉米	60	63.73	3.97	0.07	0.68	10.94	0.07	4.84	2.04	2.06	1.95
2005-10-05	ASAFZ01B00_01	3	玉米	80	62.52	4.16	0.07	0.66	11.15	0.06	5.24	2.15	2.17	1.88
2005-10-05	ASAFZ01B00_01	3	玉米	100	64.02	4.07	0.07	0.66	10.89	0.06	5.14	2.10	2.00	1.91
2005-10-05	ASAFZ02B00_01	1	玉米	20	63.01	4.04	0.07	0.64	11.34	0.07	5.15	2.09	2.02	1.89
2005-10-05	ASAFZ02B00_01	1	玉米	40	63.37	4.11	0.07	0.65	11.09	0.06	5.27	2.13	1.97	1.87
2005-10-05	ASAFZ02B00_01	1	玉米	60	62.78	4.04	0.07	0.64	11.26	0.06	5.27	2.10	1.99	1.87
2005-10-05	ASAFZ02B00_01	1	玉米	80	63.36	4.07	0.07	0.66	10.99	0.05	5.35	2.10	1.97	1.92
2005-10-05	ASAFZ02B00_01	1	玉米	100	63.27	4.00	0.07	0.65	10.91	0.06	4.97	2.07	1.98	1.97
2005-10-05	ASAFZ02B00_01	2	玉米	20	62.09	4.06	0.07	0.63	11.63	0.09	4.62	2.11	2.12	1.88
2005-10-05	ASAFZ02B00_01	2	玉米	40	64.08	4.13	0.07	0.66	11.07	0.06	4.97	2.08	2.07	1.89
2005-10-05	ASAFZ02B00_01	2	玉米	60	64.23	4.14	0.08	0.66	11.06	0.07	4.73	2.11	2.09	1.88
2005-10-05	ASAFZ02B00_01	2	玉米	80	63.13	4.07	0.07	0.65	11.04	0.06	5.03	2.10	2.09	1.88
2005-10-05	ASAFZ02B00_01	2	玉米	100	63.16	4.04	0.07	0.66	11.08	0.06	4.83	2.07	2.17	1.92
2005-10-05	ASAFZ02B00_01	3	玉米	20	62.48	4.06	0.07	0.62	11.15	0.06	4.91	2.13	2.22	1.86
2005-10-05	ASAFZ02B00_01	3	玉米	40	63.01	4.00	0.07	0.64	11.27	0.06	5.25	2.09	2.02	1.89
2005-10-05	ASAFZ02B00_01	3	玉米	60	62.81	4.16	0.08	0.67	11.24	0.04	5.40	2.16	2.25	1.92
2005-10-05	ASAFZ02B00_01	3	玉米	80	63.62	4.15	0.07	0.67	11.14	0.04	4.85	2.07	2.17	1.91
2005-10-05	ASAFZ02B00_01	3	玉米	100	64.22	4.17	0.07	0.70	11.29	0.04	4.58	2.01	2.19	1.99
2005-10-08	ASAFZ03ABC_01	1	谷子	20	61.08	3.88	0.07	0.60	10.93	0.05	5.84	2.10	2.21	1.89
2005-10-08	ASAFZ03ABC_01	1	谷子	40	61.42	3.86	0.07	0.59	10.93	0.03	5.90	2.09	2.18	1.87
2005-10-08	ASAFZ03ABC_01	1	谷子	60	59.91	4.16	0.08	0.62	11.37	0.05	6.20	2.22	2.20	1.83
2005-10-08	ASAFZ03ABC_01	1	谷子	80	59.33	4.19	0.08	0.62	11.31	0.05	6.43	2.23	2.21	1.80

（续）

时间（年-月-日）	样地代码	采样区号	作物	采样深度/cm	硅/%	铁/%	锰/%	钛/%	铝/%	钙/%	镁/%	钾/%	钠/%	磷/%
2005-10-08	ASAFZ03ABC_01	1	谷子	100	61.14	4.22	0.08	0.62	11.29	0.06	5.92	2.24	2.18	1.85
2005-10-08	ASAFZ03ABC_01	10	谷子	20	62.94	3.98	0.07	0.62	11.01	0.07	5.64	2.15	2.15	1.90
2005-10-08	ASAFZ03ABC_01	10	谷子	40	62.94	3.90	0.07	0.61	10.89	0.04	5.97	2.13	2.05	1.93
2005-10-08	ASAFZ03ABC_01	10	谷子	60	63.88	3.80	0.07	0.59	10.74	0.05	5.66	2.06	2.03	1.84
2005-10-08	ASAFZ03ABC_01	10	谷子	80	60.99	3.89	0.07	0.59	11.42	0.04	6.07	2.12	2.09	1.84
2005-10-08	ASAFZ03ABC_01	10	谷子	100	61.08	4.06	0.08	0.62	11.22	0.04	5.80	2.20	2.18	1.85
2005-10-08	ASAFZ03ABC_01	16	谷子	20	62.33	3.85	0.07	0.59	10.81	0.04	5.47	2.07	2.10	1.88
2005-10-08	ASAFZ03ABC_01	16	谷子	40	62.52	3.89	0.07	0.61	10.93	0.05	5.60	2.12	2.19	1.92
2005-10-08	ASAFZ03ABC_01	16	谷子	60	62.09	4.03	0.07	0.62	11.14	0.04	6.02	2.18	2.18	1.94
2005-10-08	ASAFZ03ABC_01	16	谷子	80	63.09	3.89	0.07	0.59	10.86	0.03	5.79	2.10	2.20	1.95
2005-10-08	ASAFZ03ABC_01	16	谷子	100	63.12	3.83	0.07	0.58	10.73	0.04	5.65	2.07	2.09	1.90
2005-10-10	ASAZQ01AB0_01	1	玉米	20	61.24	4.25	0.08	0.63	11.34	0.05	5.51	2.20	2.10	1.83
2005-10-10	ASAZQ01AB0_01	1	玉米	40	61.87	4.32	0.08	0.64	11.41	0.04	5.69	2.22	2.15	1.84
2005-10-10	ASAZQ01AB0_01	1	玉米	60	61.2	4.33	0.08	0.63	11.51	0.05	5.65	2.24	2.17	1.81
2005-10-10	ASAZQ01AB0_01	1	玉米	80	60.78	4.33	0.08	0.64	11.53	0.04	5.50	2.24	2.16	1.81
2005-10-10	ASAZQ01AB0_01	1	玉米	100	61.22	4.17	0.08	0.62	11.85	0.04	4.89	2.18	2.16	1.89
2005-10-10	ASAZQ01AB0_01	2	玉米	20	61.61	4.05	0.08	0.61	11.63	0.04	5.09	2.15	2.11	1.91
2005-10-10	ASAZQ01AB0_01	2	玉米	40	60.78	4.15	0.08	0.61	11.19	0.03	5.73	2.19	2.23	1.85
2005-10-10	ASAZQ01AB0_01	2	玉米	60	61.22	4.15	0.08	0.62	11.31	0.04	5.74	2.19	2.22	1.85
2005-10-10	ASAZQ01AB0_01	2	玉米	80	61.00	4.22	0.08	0.61	11.31	0.04	5.54	2.21	2.18	1.83
2005-10-10	ASAZQ01AB0_01	2	玉米	100	61.12	4.12	0.08	0.61	11.77	0.04	4.99	2.18	2.11	1.92
2005-10-10	ASAZQ01AB0_01	3	玉米	20	61.30	4.17	0.08	0.61	11.13	0.04	5.43	2.17	2.08	1.82
2005-10-10	ASAZQ01AB0_01	3	玉米	40	61.22	4.18	0.08	0.61	11.21	0.04	5.39	2.20	2.09	1.82

（续）

时间（年-月-日）	样地代码	采样区号	作物	采样深度/cm	硅/%	铁/%	锰/%	钛/%	铝/%	钙/%	镁/%	钾/%	钠/%	磷/%
2005-10-10	ASAZQ01AB0_01	3	玉米	60	61.37	4.23	0.08	0.62	11.25	0.04	5.31	2.18	2.14	1.83
2005-10-10	ASAZQ01AB0_01	3	玉米	80	60.84	4.26	0.08	0.62	11.31	0.05	5.59	2.22	2.11	1.85
2005-10-10	ASAZQ01AB0_01	3	玉米	100	61.57	4.26	0.08	0.61	11.19	0.04	5.50	2.19	2.11	1.83
2005-10-10	ASAZQ03AB0_01	1	玉米	20	62.55	4.16	0.08	0.63	11.11	0.05	5.03	2.08	2.10	1.87
2005-10-10	ASAZQ03AB0_01	1	玉米	40	62.08	3.96	0.08	0.62	11.60	0.05	4.86	2.05	2.11	1.94
2005-10-10	ASAZQ03AB0_01	1	玉米	60	61.67	4.05	0.08	0.6	11.76	0.05	4.82	2.11	2.14	1.91
2005-10-10	ASAZQ03AB0_01	1	玉米	80	62.22	3.94	0.08	0.63	11.46	0.05	5.04	2.02	2.09	1.94
2005-10-10	ASAZQ03AB0_01	1	玉米	100	60.74	4.52	0.09	0.65	11.69	0.04	5.03	2.14	2.09	1.87
2005-10-10	ASAZQ03AB0_01	2	玉米	20	62.68	4.30	0.08	0.66	11.40	0.04	4.64	2.07	2.10	1.94
2005-10-10	ASAZQ03AB0_01	2	玉米	40	62.74	4.12	0.08	0.64	11.81	0.04	4.87	2.10	2.16	1.99
2005-10-10	ASAZQ03AB0_01	2	玉米	60	62.90	4.32	0.08	0.64	11.60	0.04	4.93	2.10	2.12	1.92
2005-10-10	ASAZQ03AB0_01	2	玉米	80	62.80	4.34	0.08	0.63	11.61	0.05	5.10	2.11	2.18	1.90
2005-10-10	ASAZQ03AB0_01	2	玉米	100	64.56	4.10	0.08	0.62	11.21	0.06	4.78	1.99	2.07	1.97
2005-10-10	ASAZQ03AB0_01	3	玉米	20	63.47	4.23	0.08	0.66	11.41	0.05	4.88	2.11	2.18	1.92
2005-10-10	ASAZQ03AB0_01	3	玉米	40	63.26	4.22	0.08	0.64	11.36	0.04	5.11	2.06	2.13	1.90
2005-10-10	ASAZQ03AB0_01	3	玉米	60	61.96	4.07	0.08	0.62	11.69	0.04	4.95	2.11	2.14	1.91
2005-10-10	ASAZQ03AB0_01	3	玉米	80	63.17	4.21	0.08	0.66	11.78	0.04	4.72	2.09	2.11	1.95
2005-10-10	ASAZQ03AB0_01	3	玉米	100	64.05	4.25	0.08	0.65	11.46	0.06	4.90	2.04	2.19	1.92

3.2.4　土壤微量元素和重金属

3.2.4.1　概述

本数据集包括安塞站 1 个综合观测场、3 个辅助观测场、2 个站区调查点的农田土壤 2010 年土壤微量元素和重金属元素数据。土壤微量元素和重金属元素数据每 5～10 年测定一次，土壤样品采集时间为当年作物收获后，采样深度 0～100 cm，观测层次 0～20 cm、20～40 cm、40～60 cm、60～80 cm、80～100 cm。

具体观测场和站区调查点如下。

（1）川地综合观测场（ASAZH01）。

（2）川地土壤监测辅助观测场-空白（ASAFZ01）。

（3）川地土壤监测辅助观测场-秸秆还田（ASAFZ02）。

（4）山地辅助观测场（ASAFZ03）。

（5）峙崾岘坡地梯田观测点（ASAZQ01）。

（6）峙崾岘塌地梯田观测点（ASAZQ03）。

3.2.4.2　数据获取方法、分析项目、数据计量单位、小数位数

土壤微量元素和重金属分析方法及项目见表 3 - 15。

表 3 - 15　土壤微量元素和重金属分析方法及项目

序号	指标名称	单位	小数位数	数据获取方法
1	铅	mg/kg	3	盐酸—硝酸—/氢氟酸—高氯酸消煮- ICP/MS 法
2	铬	mg/kg	3	盐酸—硝酸—/氢氟酸—高氯酸消煮- ICP/MS 法
3	镍	mg/kg	3	盐酸—硝酸—/氢氟酸—高氯酸消煮- ICP/MS 法
4	镉	mg/kg	3	盐酸—硝酸—/氢氟酸—高氯酸消煮- ICP/MS 法
5	硒	mg/kg	3	王水消解—原子荧光光谱法
6	砷	mg/kg	3	王水消解—原子荧光光谱法
7	汞	mg/kg	3	王水消解—原子荧光光谱法
8	全钼	mg/kg	3	盐酸—硝酸—氢氟酸—高氯酸消煮- ICP/MS 法
9	全锌	mg/kg	3	盐酸—硝酸—氢氟酸—高氯酸消煮- ICP/MS 法
10	全锰	mg/kg	3	盐酸—硝酸—氢氟酸—高氯酸消煮- ICP/MS 法
11	全铜	mg/kg	3	盐酸—硝酸—氢氟酸—高氯酸消煮- ICP/MS 法
12	全铁	mg/kg	3	盐酸—硝酸—氢氟酸—高氯酸消煮- ICP/MS 法
13	全硼	mg/kg	3	二米光栅

3.2.4.3　原始数据质量控制方法

在进行实验室分析时，采用以下措施进行数据质量保证。

（1）测定时插入国家标准样品进行质控。

（2）分析时进行 3 次平行样品测定。

（3）利用校验软件检查每个监测数据是否超出相同土壤类型和采样深度的历史数据阈值范围、每个观测场监测项目均值是否超出该样地相同深度历史数据均值的 2 倍标准差、每个观测场监测项目标准差是否超出该样地相同深度历史数据的 2 倍标准差或者样地空间变异调查的 2 倍标准差等。对于超出范围的数据进行核实或再次测定。

3.2.4.4　数据产品处理方法

以土壤分中心的土壤报表为标准，样地采样分区所对应的观测值的个数即为重复数，将每个样地全部采样分区的观测值取平均值后，作为本数据产品的结果数据。

3.2.4.5　数据

土壤微量元素和重金属见表 3 - 16。

表 3-16 土壤微量元素和重金属

时间（年-月-日）	样地代码	采样区号	作物	采样深度/cm	全硼/(mg/kg)	全钼/(mg/kg)	全锰/(mg/kg)	全锌/(mg/kg)	全铜/(mg/kg)	全铁/(mg/kg)	硒/(mg/kg)	镉/(mg/kg)	铅/(mg/kg)	铬/(mg/kg)	镍/(mg/kg)	汞/(mg/kg)	砷/(mg/kg)
2010-10-07	ASAFZ03ABC_01	13	黄豆	20	38.200	0.722	570.186	52.248	19.569	27.176	0.118	0.164	21.112	58.183	26.843	0.028	10.878
2010-10-07	ASAFZ03ABC_01	13	黄豆	40	37.400	0.669	573.538	50.365	19.637	27.732	0.089	0.138	20.546	58.296	27.446	0.025	10.926
2010-10-07	ASAFZ03ABC_01	13	黄豆	60	36.900	0.688	591.679	67.478	43.457	28.436	0.076	0.161	24.194	56.301	28.099	0.035	11.677
2010-10-07	ASAFZ03ABC_01	13	黄豆	80	38.700	0.660	591.979	52.097	20.321	28.580	0.073	0.141	20.417	61.917	28.571	0.030	10.923
2010-10-07	ASAFZ03ABC_01	13	黄豆	100	39.400	0.743	602.601	53.756	20.916	28.962	0.075	0.133	21.212	60.883	28.997	0.030	11.253
2010-10-07	ASAFZ03ABC_01	16	黄豆	20	43.600	0.655	549.789	49.544	18.624	26.098	0.100	0.159	20.530	60.317	25.424	0.027	10.304
2010-10-07	ASAFZ03ABC_01	16	黄豆	40	38.200	0.701	561.433	49.317	18.880	27.625	0.094	0.133	19.933	61.605	26.323	0.032	10.474
2010-10-07	ASAFZ03ABC_01	16	黄豆	60	43.100	0.682	573.629	50.752	19.143	27.674	0.101	0.133	20.075	54.004	26.557	0.028	10.388
2010-10-07	ASAFZ03ABC_01	16	黄豆	80	38.500	0.704	541.929	51.124	19.258	26.518	0.079	0.139	19.549	59.607	25.670	0.027	9.961
2010-10-07	ASAFZ03ABC_01	16	黄豆	100	36.900	0.575	529.114	46.767	17.416	25.843	0.091	0.123	18.907	57.019	24.963	0.022	10.150
2010-10-09	ASAFZ02B00_01	1	黄豆	20	42.700	0.732	561.506	57.686	20.508	28.383	0.136	0.165	23.527	64.602	27.343	0.038	9.891
2010-10-09	ASAFZ02B00_01	1	黄豆	40	40.200	0.720	546.169	56.071	19.958	28.133	0.141	0.144	23.793	59.763	26.672	0.034	10.427
2010-10-09	ASAFZ02B00_01	1	黄豆	60	41.100	0.759	556.078	53.649	20.178	28.575	0.111	0.150	22.486	68.592	27.548	0.025	10.024
2010-10-09	ASAFZ02B00_01	1	黄豆	80	40.400	0.751	569.945	53.049	19.643	29.202	0.100	0.158	20.992	68.521	27.439	0.031	10.467
2010-10-09	ASAFZ02B00_01	1	黄豆	100	44.900	0.708	575.119	52.670	19.193	28.421	0.084	0.125	20.564	67.082	30.960	0.026	10.776
2010-10-09	ASAFZ02B00_01	2	黄豆	20	41.700	0.791	574.569	57.335	21.110	28.976	0.138	0.173	24.640	66.132	27.602	0.038	10.386
2010-10-09	ASAFZ02B00_01	2	黄豆	40	42.400	0.772	549.817	54.296	20.339	28.178	0.140	0.143	23.046	59.312	27.390	0.039	10.379
2010-10-09	ASAFZ02B00_01	2	黄豆	60	46.300	0.699	544.642	50.357	19.515	28.503	0.110	0.141	20.466	61.917	26.668	0.028	9.777
2010-10-09	ASAFZ02B00_01	2	黄豆	80	48.800	0.665	565.716	52.257	19.464	29.614	0.099	0.167	22.423	62.555	27.659	0.025	10.686
2010-10-09	ASAFZ02B00_01	2	黄豆	100	42.200	0.757	569.713	50.384	18.798	29.389	0.078	0.125	20.619	59.409	26.503	0.025	10.074
2010-10-09	ASAFZ02B00_01	3	黄豆	20	40.500	0.708	546.945	55.831	20.548	28.485	0.232	0.177	23.512	64.370	26.849	0.039	11.019
2010-10-09	ASAFZ02B00_01	3	黄豆	40	37.800	0.803	602.123	56.561	22.153	29.273	0.135	0.152	20.855	72.236	30.772	0.059	10.648
2010-10-09	ASAFZ02B00_01	3	黄豆	60	44.300	0.721	611.685	55.727	21.116	29.125	0.084	0.135	20.587	68.429	29.976	0.026	10.025
2010-10-09	ASAFZ02B00_01	3	黄豆	80	41.000	0.687	611.462	55.255	21.552	29.139	0.085	0.152	20.257	61.429	29.551	0.029	10.099
2010-10-09	ASAFZ02B00_01	3	黄豆	100	41.200	0.698	607.506	54.441	21.504	28.734	0.098	0.129	19.862	74.619	30.748	0.033	9.803
2010-10-09	ASAFZ02B00_01	4	黄豆	20	42.400	0.801	607.724	59.920	23.844	28.685	0.129	0.152	22.786	73.496	31.224	0.039	11.628

（续）

采样日期	样地代码	采样区号	作物	采样深度/cm	全硼/(mg/kg)	全钼/(mg/kg)	全锰/(mg/kg)	全锌/(mg/kg)	全铜/(mg/kg)	全铁/(mg/kg)	硒/(mg/kg)	镉/(mg/kg)	铅/(mg/kg)	铬/(mg/kg)	镍/(mg/kg)	汞/(mg/kg)	砷/(mg/kg)
2010-10-09	ASAFZ02B00_01	4	黄豆	40	51.300	0.827	596.011	55.819	22.357	28.739	0.126	0.146	20.984	75.803	30.479	0.031	10.331
2010-10-09	ASAFZ02B00_01	4	黄豆	60	44.400	0.721	612.814	56.391	21.537	29.062	0.095	0.156	20.576	71.727	29.928	0.033	9.945
2010-10-09	ASAFZ02B00_01	4	黄豆	80	42.000	1.016	620.011	61.487	21.249	28.403	0.092	0.166	21.243	73.568	30.422	0.024	10.616
2010-10-09	ASAFZ02B00_01	4	黄豆	100	45.500	0.728	622.229	55.661	21.268	29.286	0.086	0.116	21.067	72.162	29.996	0.022	10.404
2010-10-09	ASAFZ01B00_01	1	黄豆	20	37.100	0.757	605.743	59.188	26.787	28.950	0.121	0.189	22.125	71.300	32.012	0.042	10.917
2010-10-09	ASAFZ01B00_01	1	黄豆	40	48.700	0.789	621.067	62.804	24.399	29.645	0.118	0.213	23.084	71.406	33.288	0.037	11.065
2010-10-09	ASAFZ01B00_01	1	黄豆	60	36.600	0.694	595.363	55.760	22.259	27.887	0.093	0.140	21.462	67.879	30.738	0.053	10.676
2010-10-09	ASAFZ01B00_01	1	黄豆	80	42.000	0.719	587.682	56.545	21.772	28.327	0.102	0.131	19.772	70.260	30.369	0.049	10.976
2010-10-09	ASAFZ01B00_01	1	黄豆	100	40.500	0.689	579.999	53.740	21.827	27.699	0.090	0.119	19.597	73.123	30.281	0.026	10.203
2010-10-09	ASAFZ01B00_01	2	黄豆	20	43.100	0.740	594.770	64.286	22.928	28.493	0.130	0.174	21.173	71.196	31.415	0.059	10.254
2010-10-09	ASAFZ01B00_01	2	黄豆	40	46.300	0.737	599.124	58.250	22.990	27.974	0.121	0.157	21.673	69.372	31.700	0.075	10.469
2010-10-09	ASAFZ01B00_01	2	黄豆	60	40.500	0.711	578.039	54.606	22.000	27.311	0.101	0.117	19.837	68.955	30.485	0.038	10.500
2010-10-09	ASAFZ01B00_01	2	黄豆	80	31.600	0.729	603.350	57.445	22.784	29.202	0.112	0.138	20.142	70.741	31.899	0.029	10.181
2010-10-09	ASAFZ01B00_01	2	黄豆	100	40.700	0.695	606.073	54.628	22.150	29.691	0.098	0.120	19.732	74.849	31.274	0.024	10.200
2010-10-09	ASAFZ01B00_01	3	黄豆	20	46.200	0.699	578.101	56.468	23.100	28.564	0.138	0.182	20.893	66.667	30.721	0.034	10.555
2010-10-09	ASAFZ01B00_01	3	黄豆	40	38.900	0.753	596.032	57.054	22.997	28.802	0.119	0.137	20.465	70.936	31.066	0.035	10.254
2010-10-09	ASAFZ01B00_01	3	黄豆	60	40.000	0.718	611.494	57.933	22.863	30.227	0.118	0.138	20.722	71.528	32.366	0.025	10.087
2010-10-09	ASAFZ01B00_01	3	黄豆	80	42.100	0.728	632.806	58.904	23.436	30.533	0.094	0.134	20.714	70.917	33.376	0.027	10.472
2010-10-09	ASAFZ01B00_01	3	黄豆	100	39.200	0.711	605.271	55.079	22.990	29.946	0.102	0.138	20.126	75.485	31.327	0.030	9.864
2010-10-09	ASAFZ01B00_01	4	黄豆	20	49.100	0.778	585.365	58.703	23.329	28.444	0.125	0.168	20.965	71.883	30.418	0.036	10.064
2010-10-09	ASAFZ01B00_01	4	黄豆	40	40.300	0.774	591.987	55.945	23.094	29.081	0.080	0.155	20.437	75.374	31.177	0.035	10.183
2010-10-09	ASAFZ01B00_01	4	黄豆	60	41.100	0.786	595.985	56.136	22.365	28.893	0.075	0.131	20.099	75.470	32.142	0.033	10.841
2010-10-09	ASAFZ01B00_01	4	黄豆	80	39.100	0.798	590.989	55.068	22.783	29.053	0.076	0.137	20.645	82.063	31.585	0.050	10.563

（续）

采样日期	样地代码	采样区号	作物	采样深度/cm	全硼/(mg/kg)	全钼/(mg/kg)	全锰/(mg/kg)	全锌/(mg/kg)	全铜/(mg/kg)	全铁/(mg/kg)	硒/(mg/kg)	镉/(mg/kg)	铅/(mg/kg)	铬/(mg/kg)	镍/(mg/kg)	汞/(mg/kg)	砷/(mg/kg)
2010-10-09	ASAFZ01B00_01	4	黄豆	100	43.200	0.731	589.850	53.476	23.970	28.049	0.066	0.128	19.369	69.531	30.478	0.030	9.972
2010-10-07	ASAFZ03ABC_01	1	黄豆	20	43.400	0.667	545.715	49.397	18.444	26.219	0.112	0.154	20.757	53.570	25.623	0.023	10.104
2010-10-07	ASAFZ03ABC_01	1	黄豆	40	44.900	0.694	564.023	50.121	19.409	27.704	0.088	0.127	20.687	60.491	26.706	0.022	10.398
2010-10-07	ASAFZ03ABC_01	1	黄豆	60	44.800	0.738	584.610	52.487	22.136	28.566	0.090	0.127	21.201	65.318	28.733	0.021	11.146
2010-10-07	ASAFZ03ABC_01	1	黄豆	80	41.600	0.669	569.211	50.275	20.466	28.488	0.072	0.135	20.326	62.760	27.166	0.024	11.316
2010-10-07	ASAFZ03ABC_01	1	黄豆	100	39.600	0.680	593.834	55.830	20.869	29.645	0.095	0.142	21.185	62.672	29.570	0.025	11.234
2010-10-07	ASAFZ03ABC_01	4	黄豆	20	43.500	0.629	506.905	47.171	17.413	25.061	0.106	0.154	19.365	56.643	23.835	0.024	9.972
2010-10-07	ASAFZ03ABC_01	4	黄豆	40	41.500	0.664	514.050	45.219	17.660	26.235	0.082	0.132	19.388	53.832	24.396	0.019	10.063
2010-10-07	ASAFZ03ABC_01	4	黄豆	60	41.600	0.639	547.063	49.425	18.379	27.629	0.077	0.134	19.770	58.965	25.922	0.020	10.491
2010-10-07	ASAFZ03ABC_01	4	黄豆	80	40.700	0.654	572.622	50.055	19.122	28.196	0.068	0.127	20.185	56.939	26.525	0.019	10.255
2010-10-07	ASAFZ03ABC_01	4	黄豆	100	40.500	0.690	541.093	46.346	17.785	27.084	0.070	0.134	19.722	59.917	26.144	0.017	9.848
2010-10-07	ASAFZ03ABC_01	6	黄豆	20	41.300	0.693	550.022	54.110	18.272	27.245	0.120	0.144	20.338	56.916	25.732	0.019	10.089
2010-10-07	ASAFZ03ABC_01	6	黄豆	40	39.400	0.788	532.054	50.507	18.505	25.848	0.077	0.130	19.921	62.648	25.053	0.023	9.852
2010-10-07	ASAFZ03ABC_01	6	黄豆	60	39.600	0.686	562.771	54.351	19.387	27.312	0.077	0.138	20.817	46.952	29.081	0.023	10.308
2010-10-07	ASAFZ03ABC_01	6	黄豆	80	42.100	0.738	552.120	53.950	19.379	27.012	0.086	0.209	21.502	57.328	26.584	0.023	10.284
2010-10-07	ASAFZ03ABC_01	6	黄豆	100	35.900	0.688	562.594	55.437	18.842	26.877	0.079	0.138	20.469	57.933	26.153	0.029	10.353
2010-10-07	ASAFZ03ABC_01	11	黄豆	20	41.700	0.709	571.372	51.793	19.183	27.629	0.111	0.146	20.964	63.063	26.462	0.025	10.110
2010-10-07	ASAFZ03ABC_01	11	黄豆	40	42.500	0.706	535.132	50.503	19.102	25.801	0.074	0.147	20.351	54.208	25.622	0.023	9.646
2010-10-07	ASAFZ03ABC_01	11	黄豆	60	40.800	0.610	539.141	48.647	21.151	25.707	0.066	0.151	19.512	59.541	24.907	0.025	10.362
2010-10-07	ASAFZ03ABC_01	11	黄豆	80	36.800	1.092	540.326	48.618	18.244	25.693	0.063	0.118	19.445	56.307	25.608	0.032	10.253
2010-10-07	ASAFZ03ABC_01	11	黄豆	100	42.300	0.754	568.770	51.783	19.481	27.706	0.084	0.124	19.875	62.137	26.688	0.025	10.683
2010-10-09	ASAZH01ABC_01	2	黄豆	20	41.900	0.839	589.553	60.535	22.545	28.512	0.136	0.168	21.690	73.130	30.813	0.044	10.885
2010-10-09	ASAZH01ABC_01	2	黄豆	40	44.600	0.807	590.601	57.555	23.557	28.123	0.120	0.139	21.336	71.489	31.022	0.060	10.502

（续）

采样日期	样地代码	采样区号	作物	采样深度/cm	全硼/(mg/kg)	全钼/(mg/kg)	全锰/(mg/kg)	全锌/(mg/kg)	全铜/(mg/kg)	全铁/(mg/kg)	硒/(mg/kg)	镉/(mg/kg)	铅/(mg/kg)	铬/(mg/kg)	镍/(mg/kg)	汞/(mg/kg)	砷/(mg/kg)
2010-10-09	ASAZH01ABC_01	2	黄豆	60	44.500	0.941	587.829	55.591	22.861	28.046	0.094	0.132	20.404	78.493	30.887	0.036	10.209
2010-10-09	ASAZH01ABC_01	2	黄豆	80	45.700	0.687	597.148	57.403	23.885	28.969	0.082	0.131	19.990	75.869	31.689	0.029	10.701
2010-10-09	ASAZH01ABC_01	2	黄豆	100	45.700	0.764	598.230	56.696	23.411	28.179	0.061	0.170	20.570	78.120	32.744	0.028	10.550
2010-10-09	ASAZH01ABC_01	5	黄豆	20	43.700	0.683	603.344	65.046	30.418	29.271	0.168	0.158	23.123	71.896	33.327	0.050	10.290
2010-10-09	ASAZH01ABC_01	5	黄豆	40	42.100	0.747	604.927	59.586	24.383	28.797	0.120	0.146	21.345	71.716	31.980	0.040	11.113
2010-10-09	ASAZH01ABC_01	5	黄豆	60	50.600	0.772	589.787	54.779	22.104	27.690	0.098	0.158	20.166	67.874	31.161	0.033	10.845
2010-10-09	ASAZH01ABC_01	5	黄豆	80	43.000	0.766	592.529	53.752	22.021	28.254	0.075	0.121	19.562	62.058	30.193	0.025	10.903
2010-10-09	ASAZH01ABC_01	5	黄豆	100	44.800	0.753	599.974	59.392	25.149	29.572	0.086	0.148	20.042	74.319	31.804	0.027	10.801
2010-10-09	ASAZH01ABC_01	6	黄豆	20	40.700	0.848	588.223	64.445	23.340	28.886	0.145	0.179	22.478	66.644	30.640	0.055	10.332
2010-10-09	ASAZH01ABC_01	6	黄豆	40	46.400	0.768	575.729	58.082	23.064	27.943	0.118	0.135	21.087	59.176	30.669	0.048	10.525
2010-10-09	ASAZH01ABC_01	6	黄豆	60	46.100	0.801	578.258	53.207	21.601	27.462	0.092	0.139	19.112	71.943	30.337	0.046	10.386
2010-10-09	ASAZH01ABC_01	6	黄豆	80	42.900	0.743	593.829	56.536	22.653	29.318	0.071	0.136	20.285	64.191	31.240	0.022	9.909
2010-10-09	ASAZH01ABC_01	6	黄豆	100	43.600	0.673	562.219	52.191	20.405	28.106	0.074	0.141	19.163	59.776	29.125	0.022	10.491
2010-10-09	ASAZH01ABC_01	10	黄豆	20	47.700	0.719	595.406	58.519	22.420	26.571	0.139	0.158	22.069	59.598	30.385	0.034	10.579
2010-10-09	ASAZH01ABC_01	10	黄豆	40	46.400	0.802	564.617	54.270	21.775	25.425	0.091	0.234	20.069	64.230	29.635	0.033	11.060
2010-10-09	ASAZH01ABC_01	10	黄豆	60	46.500	0.801	600.663	58.098	23.437	27.558	0.081	0.170	20.319	71.209	31.643	0.019	11.059
2010-10-09	ASAZH01ABC_01	10	黄豆	80	47.300	0.691	587.317	53.243	21.511	26.552	0.080	0.126	19.376	67.609	30.257	0.018	10.645
2010-10-09	ASAZH01ABC_01	10	黄豆	100	42.900	0.693	549.026	48.706	19.734	25.113	0.080	0.116	18.601	61.542	28.246	0.019	9.476
2010-10-09	ASAZH01ABC_01	11	黄豆	20	45.300	0.725	576.914	59.146	22.228	26.300	0.123	0.145	21.546	70.625	30.658	0.031	10.613
2010-10-09	ASAZH01ABC_01	11	黄豆	40	42.900	1.695	575.960	57.231	22.341	26.979	0.115	0.135	21.380	65.913	30.146	0.032	10.381
2010-10-09	ASAZH01ABC_01	11	黄豆	60	46.500	0.779	595.356	56.609	22.340	27.563	0.098	0.134	20.328	73.367	31.303	0.031	10.393
2010-10-09	ASAZH01ABC_01	11	黄豆	80	49.500	0.805	605.249	56.675	22.812	27.661	0.088	0.123	20.244	72.671	31.531	0.024	11.078
2010-10-09	ASAZH01ABC_01	11	黄豆	100	48.300	0.692	582.898	50.707	19.806	26.769	0.074	0.112	19.262	59.010	29.203	0.017	10.242

（续）

采样日期	样地代码	采样区号	作物	采样深度/cm	全硼/(mg/kg)	全钼/(mg/kg)	全锰/(mg/kg)	全锌/(mg/kg)	全铜/(mg/kg)	全铁/(mg/kg)	硒/(mg/kg)	镉/(mg/kg)	铅/(mg/kg)	铬/(mg/kg)	镍/(mg/kg)	汞/(mg/kg)	砷/(mg/kg)
2010-10-09	ASAZH01ABC_01	14	黄豆	20	44.800	0.794	587.198	59.941	22.774	27.367	0.149	0.164	22.317	70.879	31.265	0.076	10.896
2010-10-09	ASAZH01ABC_01	14	黄豆	40	41.400	0.729	575.094	56.528	22.296	27.398	0.105	0.149	20.965	68.693	30.114	0.037	10.155
2010-10-09	ASAZH01ABC_01	14	黄豆	60	47.300	0.745	580.751	53.809	21.924	27.595	0.072	0.134	19.938	69.711	30.309	0.026	10.339
2010-10-09	ASAZH01ABC_01	14	黄豆	80	48.500	0.751	581.320	54.209	23.292	27.467	0.055	0.118	20.153	57.893	30.029	0.023	10.555
2010-10-09	ASAZH01ABC_01	14	黄豆	100	40.100	0.689	595.048	54.121	21.886	27.633	0.069	0.117	20.957	64.411	30.752	0.020	10.115
2010-10-15	ASAZQ01AB0_01	1	玉米	20	41.800	0.685	608.599	56.676	22.751	27.463	0.142	0.153	20.218	67.515	30.612	0.021	11.030
2010-10-15	ASAZQ01AB0_01	1	玉米	40	47.200	0.775	614.641	62.058	23.850	26.890	0.067	0.138	20.357	66.788	31.543	0.025	10.568
2010-10-15	ASAZQ01AB0_01	1	玉米	60	41.900	0.747	591.657	56.152	23.494	25.302	0.059	0.136	20.046	69.221	29.971	0.024	10.701
2010-10-15	ASAZQ01AB0_01	1	玉米	80	43.300	0.840	628.445	58.489	23.560	26.643	0.067	0.135	20.769	58.517	31.556	0.040	11.154
2010-10-15	ASAZQ01AB0_01	1	玉米	100	48.100	0.764	616.831	55.693	22.708	26.800	0.082	0.125	19.877	68.735	31.036	0.025	11.116
2010-10-15	ASAZQ01AB0_01	2	玉米	20	49.700	0.762	619.450	66.744	23.652	27.183	0.081	0.157	20.626	70.541	31.111	0.015	11.280
2010-10-15	ASAZQ01AB0_01	2	玉米	40	46.300	0.901	645.370	59.756	24.257	28.207	0.057	0.138	21.274	76.000	32.802	0.018	10.487
2010-10-15	ASAZQ01AB0_01	2	玉米	60	47.200	0.750	638.296	58.547	23.482	27.008	0.066	0.137	20.757	74.773	31.963	0.022	11.315
2010-10-15	ASAZQ01AB0_01	2	玉米	80	45.700	0.717	602.212	55.111	23.284	26.177	0.069	0.135	19.866	72.661	30.399	0.021	10.630
2010-10-15	ASAZQ01AB0_01	2	玉米	100	43.800	0.847	614.267	58.998	23.569	27.178	0.058	0.158	21.040	70.592	31.369	0.015	11.397
2010-10-15	ASAZQ01AB0_01	3	玉米	20	47.000	0.708	618.917	56.461	41.198	27.066	0.089	0.146	20.186	66.730	31.238	0.013	11.139
2010-10-15	ASAZQ01AB0_01	3	玉米	40	45.300	0.729	632.673	56.987	23.500	28.053	0.066	0.137	20.449	71.223	31.840	0.018	11.501
2010-10-15	ASAZQ01AB0_01	3	玉米	60	46.600	0.710	620.275	58.047	22.806	27.812	0.065	0.129	20.183	66.086	31.264	0.018	11.696
2010-10-15	ASAZQ01AB0_01	3	玉米	80	42.600	0.734	618.963	56.272	22.239	27.576	0.073	0.139	20.095	64.841	31.268	0.030	11.493
2010-10-15	ASAZQ01AB0_01	3	玉米	100	44.400	0.728	609.943	55.882	22.254	27.383	0.061	0.132	19.969	71.747	30.452	0.022	11.747
2010-10-15	ASAZQ01AB0_01	4	玉米	20	41.900	0.793	619.009	60.879	23.163	27.555	0.115	0.133	20.581	69.812	32.399	0.014	11.741
2010-10-15	ASAZQ01AB0_01	4	玉米	40	44.300	0.793	612.837	56.223	23.080	27.323	0.075	0.139	20.174	74.942	31.665	0.016	11.257
2010-10-15	ASAZQ01AB0_01	4	玉米	60	41.500	0.773	611.461	55.221	22.154	27.445	0.081	0.124	20.410	56.075	31.197	0.016	11.199

（续）

采样日期	样地代码	采样区号	作物	采样深度/cm	全硼/(mg/kg)	全钼/(mg/kg)	全锰/(mg/kg)	全锌/(mg/kg)	全铜/(mg/kg)	全铁/(mg/kg)	硒/(mg/kg)	镉/(mg/kg)	铅/(mg/kg)	铬/(mg/kg)	镍/(mg/kg)	汞/(mg/kg)	砷/(mg/kg)
2010-10-15	ASAZQ01AB0_01	4	玉米	80	45.100	0.759	619.547	55.380	22.474	27.793	0.059	0.130	20.224	72.593	30.910	0.011	10.593
2010-10-15	ASAZQ01AB0_01	4	玉米	100	49.700	0.761	604.799	57.174	22.862	26.959	0.079	0.149	19.780	73.087	31.623	0.009	11.738
2010-10-15	ASAZQ01AB0_01	5	玉米	20	44.200	0.758	617.953	57.135	23.766	27.636	0.108	0.138	20.927	72.428	31.906	0.013	12.135
2010-10-15	ASAZQ01AB0_01	5	玉米	40	44.000	0.713	614.451	57.563	22.398	27.128	0.068	0.129	19.807	66.892	31.651	0.020	10.873
2010-10-15	ASAZQ01AB0_01	5	玉米	60	44.900	0.755	598.839	56.379	23.319	26.362	0.065	0.138	20.198	63.032	31.111	0.021	11.428
2010-10-15	ASAZQ01AB0_01	5	玉米	80	46.700	0.707	620.704	56.142	22.779	26.970	0.061	0.130	20.040	70.183	31.591	0.028	11.549
2010-10-15	ASAZQ01AB0_01	5	玉米	100	46.100	0.730	623.596	55.823	23.015	27.146	0.062	0.116	20.004	73.815	31.389	0.017	11.451
2010-10-15	ASAZQ01AB0_01	6	玉米	20	39.000	0.729	648.930	58.351	23.486	27.578	0.096	0.146	21.433	61.232	32.771	0.013	11.915
2010-10-15	ASAZQ01AB0_01	6	玉米	40	41.400	0.693	633.669	58.064	24.814	27.644	0.074	0.128	20.330	67.581	32.553	0.016	11.682
2010-10-15	ASAZQ01AB0_01	6	玉米	60	46.000	0.639	624.906	55.406	22.512	27.389	0.068	0.115	19.811	54.649	31.822	0.015	12.252
2010-10-15	ASAZQ01AB0_01	6	玉米	80	45.400	0.751	646.431	57.822	23.869	28.387	0.068	0.124	20.829	77.135	32.765	0.017	12.072
2010-10-15	ASAZQ01AB0_01	6	玉米	100	33.600	0.688	618.376	56.729	23.069	27.044	0.054	0.123	19.833	62.454	32.201	0.018	11.849
2010-10-15	ASAZQ03AB0_01	1	洋芋	20	40.200	0.740	603.472	55.375	22.015	27.138	0.109	0.139	20.553	67.804	30.674	0.010	10.987
2010-10-15	ASAZQ03AB0_01	1	洋芋	40	36.700	0.772	637.375	59.332	23.135	28.103	0.080	0.137	21.167	69.051	32.228	0.013	11.478
2010-10-15	ASAZQ03AB0_01	1	洋芋	60	41.300	0.710	605.267	53.998	21.032	26.747	0.064	0.116	19.780	62.488	30.888	0.024	10.711
2010-10-15	ASAZQ03AB0_01	1	洋芋	80	41.500	0.673	588.110	54.556	20.629	26.083	0.068	0.123	18.830	61.092	30.196	0.015	10.839
2010-10-15	ASAZQ03AB0_01	1	洋芋	100	41.200	0.710	596.600	54.732	21.634	26.662	0.056	0.120	19.495	62.460	30.582	0.016	11.390
2010-10-15	ASAZQ03AB0_01	2	洋芋	20	41.300	0.716	614.539	56.050	21.856	28.009	0.101	0.134	20.659	70.096	31.121	0.018	11.064
2010-10-15	ASAZQ03AB0_01	2	洋芋	40	46.200	0.687	606.575	53.340	21.020	26.962	0.076	0.119	19.624	66.947	30.436	0.017	10.745
2010-10-15	ASAZQ03AB0_01	2	洋芋	60	34.600	0.677	600.537	54.289	21.483	27.280	0.073	0.127	20.020	72.111	30.283	0.033	10.874
2010-10-15	ASAZQ03AB0_01	2	洋芋	80	41.300	0.718	610.655	54.671	22.083	27.808	0.050	0.123	20.132	74.400	30.658	0.017	10.684
2010-10-15	ASAZQ03AB0_01	2	洋芋	100	38.500	0.427	372.823	35.141	13.535	17.127	0.047	0.072	12.570	35.575	19.302	0.012	11.554
2010-10-15	ASAZQ03AB0_01	3	洋芋	20	37.000	0.760	606.896	54.728	21.913	26.153	0.097	0.135	20.516	72.649	30.562	0.016	11.027

（续）

采样日期	样地代码	采样区号	作物	采样深度/cm	全硼/(mg/kg)	全钼/(mg/kg)	全锰/(mg/kg)	全锌/(mg/kg)	全铜/(mg/kg)	全铁/(mg/kg)	硒/(mg/kg)	镉/(mg/kg)	铅/(mg/kg)	铬/(mg/kg)	镍/(mg/kg)	汞/(mg/kg)	砷/(mg/kg)
2010-10-15	ASAZQ03AB0_01	3	洋芋	40	34.700	1.245	584.632	53.381	21.335	25.611	0.079	0.131	19.511	72.921	29.721	0.026	10.944
2010-10-15	ASAZQ03AB0_01	3	洋芋	60	33.200	0.706	615.666	54.904	21.931	26.468	0.059	0.134	19.949	70.414	30.783	0.010	10.995
2010-10-15	ASAZQ03AB0_01	3	洋芋	80	35.400	0.677	629.662	55.284	21.717	27.265	0.071	0.127	20.339	65.998	31.851	0.023	11.023
2010-10-15	ASAZQ03AB0_01	3	洋芋	100	39.700	0.725	592.642	53.922	21.674	25.972	0.069	0.139	19.980	76.017	29.957	0.013	11.304
2010-10-15	ASAZQ03AB0_01	4	洋芋	20	35.000	0.698	618.168	56.819	70.727	26.264	0.106	0.153	20.505	61.224	30.708	0.039	10.638
2010-10-15	ASAZQ03AB0_01	4	洋芋	40	36.900	0.719	613.945	55.574	22.152	26.116	0.076	0.137	20.123	74.565	30.164	0.014	11.020
2010-10-15	ASAZQ03AB0_01	4	洋芋	60	40.200	0.732	611.402	55.047	21.796	26.370	0.069	0.115	20.290	67.417	31.057	0.010	11.170
2010-10-15	ASAZQ03AB0_01	4	洋芋	80	40.400	0.758	653.255	57.038	22.700	26.829	0.075	0.122	20.365	71.821	31.618	0.016	11.530
2010-10-15	ASAZQ03AB0_01	4	洋芋	100	41.200	0.728	642.985	57.315	23.026	27.785	0.059	0.121	20.401	68.988	31.946	0.012	11.610
2010-10-15	ASAZQ03AB0_01	5	洋芋	20	39.500	0.780	651.012	58.682	23.963	27.778	0.093	0.151	21.811	79.243	32.007	0.010	11.062
2010-10-15	ASAZQ03AB0_01	5	洋芋	40	40.200	0.721	601.702	57.041	22.678	26.686	0.081	0.145	20.499	70.665	31.226	0.013	11.401
2010-10-15	ASAZQ03AB0_01	5	洋芋	60	45.100	0.772	621.581	57.515	23.182	27.828	0.062	0.134	20.873	73.411	32.042	0.009	12.065
2010-10-15	ASAZQ03AB0_01	5	洋芋	80	42.100	0.732	625.848	56.492	22.169	27.655	0.067	0.142	20.550	66.629	31.350	0.009	11.453
2010-10-15	ASAZQ03AB0_01	5	洋芋	100	39.500	0.751	627.514	56.937	22.424	28.189	0.058	0.126	20.189	67.263	31.801	0.011	11.277
2010-10-15	ASAZQ03AB0_01	6	洋芋	20	47.600	0.715	618.975	60.432	24.286	27.184	0.096	0.177	21.255	69.062	31.756	0.008	11.211
2010-10-15	ASAZQ03AB0_01	6	洋芋	40	42.200	0.765	616.493	59.076	22.503	28.526	0.087	0.162	21.049	69.102	32.083	0.006	11.490
2010-10-15	ASAZQ03AB0_01	6	洋芋	60	45.400	0.703	616.257	57.406	21.765	27.779	0.066	0.150	20.470	66.496	30.344	0.006	10.555
2010-10-15	ASAZQ03AB0_01	6	洋芋	80	45.000	0.732	622.427	57.690	22.639	28.360	0.050	0.133	20.293	68.530	31.588	0.009	10.736
2010-10-15	ASAZQ03AB0_01	6	洋芋	100	42.700	0.639	605.318	56.525	22.373	28.067	0.057	0.107	20.377	67.699	31.351	0.011	11.325

3.2.5　土壤速效微量元素

3.2.5.1　概述

本数据集包括安塞站 1 个综合观测场、3 个辅助观测场、2 个站区调查点的农田土壤 2010 年、2015 年土壤速效微量元素数据。土壤速效微量元素数据每 5 年测定 1 次，土壤样品采集时间为当年作物收获后，采样深度：0～20 cm。

具体观测场和站区调查点如下。

(1) 川地综合观测场 (ASAZH01)。

(2) 川地土壤监测辅助观测场-空白 (ASAFZ01)。

(3) 川地土壤监测辅助观测场-秸秆还田 (ASAFZ02)。

(4) 山地辅助观测场 (ASAFZ03)。

(5) 峙崾岘坡地梯田观测点 (ASAZQ01)。

(6) 峙崾岘塌地梯田观测点 (ASAZQ03)。

3.2.5.2　数据获取方法、分析项目、数据计量单位、小数位数

土壤速效微量元素分析项目及方法见表 3-17。

表 3-17　土壤速效微量元素分析项目及方法

序号	指标名称	单位	小数位数	数据获取方法
1	有效硼	mg/kg	4	沸水浸提/ICP/MS 法
2	有效锌	mg/kg	4	DTPA 浸提-原子吸收分光光度法
3	有效锰	mg/kg	4	DTPA 浸提-原子吸收分光光度法
4	有效铁	mg/kg	4	DTPA 浸提-原子吸收分光光度法
5	有效铜	mg/kg	4	DTPA 浸提-原子吸收分光光度法
6	有效硫	mg/kg	4	氯化钙浸提

3.2.5.3　原始数据质量控制方法

在进行实验室分析时，采用以下措施进行数据质量保证。

(1) 测定时插入国家标准样品进行质控。

(2) 分析时进行 3 次平行样品测定。

(3) 利用校验软件检查每个监测数据是否超出相同土壤类型和采样深度的历史数据阈值范围、每个观测场监测项目均值是否超出该样地相同深度历史数据均值的 2 倍标准差、每个观测场监测项目标准差是否超出该样地相同深度历史数据的 2 倍标准差或者样地空间变异调查的 2 倍标准差等。对于超出范围的数据进行核实或再次测定。

3.2.5.4　数据产品处理方法

以土壤分中心的土壤报表为标准，样地采样分区所对应的观测值的个数即为重复数，将每个样地全部采样分区的观测值取平均值后，作为本数据产品的结果数据。

3.2.5.5　数据

土壤速效微量元素见表 3-18。

表 3-18　土壤速效微量元素

时间 (年-月-日)	样地代码	采样区号	作物	采样深度/cm	有效铁/(mg/kg)	有效铜/(mg/kg)	有效硼/(mg/kg)	有效锰/(mg/kg)	有效锌/(mg/kg)	有效硫/(mg/kg)
2010-10-09	ASAFZ01B00_01	1	黄豆	20	4.508 0	0.807 0	0.690 0	65.980 0	0.768 0	9.537 5
2010-10-09	ASAFZ01B00_01	2	黄豆	20	4.312 0	0.740 0	0.673 0	64.140 0	0.706 0	10.963 8

（续）

时间（年-月-日）	样地代码	采样区号	作物	采样深度/cm	有效铁/(mg/kg)	有效铜/(mg/kg)	有效硼/(mg/kg)	有效锰/(mg/kg)	有效锌/(mg/kg)	有效硫/(mg/kg)
2010-10-09	ASAFZ01B00_01	3	黄豆	20	4.605 0	0.733 0	0.635 0	64.850 0	0.713 0	14.327 5
2010-10-09	ASAFZ01B00_01	4	黄豆	20	4.215 0	0.718 0	0.842 0	53.820 0	0.674 0	11.908 8
2010-10-09	ASAZH01ABC_01	2	黄豆	20	5.152 0	0.653 0	0.502 0	48.580 0	0.874 0	12.467 5
2010-10-09	ASAZH01ABC_01	5	黄豆	20	4.886 0	0.729 0	0.346 0	44.270 0	0.869 0	13.752 5
2010-10-09	ASAZH01ABC_01	6	黄豆	20	5.100 0	0.778 0	0.622 0	42.350 0	0.958 0	12.966 3
2010-10-09	ASAZH01ABC_01	10	黄豆	20	5.383 0	0.685 0	0.464 0	40.750 0	0.756 0	15.030 0
2010-10-09	ASAZH01ABC_01	11	黄豆	20	5.084 0	0.813 0	0.453 0	41.060 0	1.073 0	14.257 5
2010-10-09	ASAZH01ABC_01	14	黄豆	20	4.770 0	0.635 0	0.461 0	43.550 0	0.754 0	12.658 8
2010-10-15	ASAZQ01AB0_01	1	玉米	20	5.049 0	0.664 0	0.408 0	43.860 0	0.506 0	15.383 8
2010-10-15	ASAZQ01AB0_01	2	玉米	20	5.790 0	0.764 0	0.385 0	43.430 0	0.427 0	9.637 5
2010-10-15	ASAZQ01AB0_01	3	玉米	20	5.419 0	0.798 0	0.379 0	43.280 0	0.372 0	10.656 3
2010-10-15	ASAZQ01AB0_01	4	玉米	20	7.073 0	0.902 0	0.391 0	39.940 0	0.434 0	81.981 3
2010-10-15	ASAZQ01AB0_01	5	玉米	20	6.868 0	1.007 0	0.454 0	41.080 0	0.835 0	0.000 0
2010-10-15	ASAZQ01AB0_01	6	玉米	20	5.887 0	0.929 0	0.333 0	44.380 0	0.631 0	61.250 0
2010-10-15	ASAZQ03AB0_01	1	马铃薯	20	5.150 0	0.687 0	0.719 0	45.140 0	0.475 0	45.976 3
2010-10-15	ASAZQ03AB0_01	2	马铃薯	20	5.456 0	0.696 0	0.103 0	43.610 0	0.418 0	13.201 3
2010-10-15	ASAZQ03AB0_01	3	马铃薯	20	6.035 0	0.700 0	0.708 0	44.740 0	0.420 0	12.818 8
2010-10-15	ASAZQ03AB0_01	4	马铃薯	20	6.081 0	0.715 0	0.339 0	39.780 0	0.410 0	34.397 5
2010-10-15	ASAZQ03AB0_01	5	马铃薯	20	5.823 0	0.722 0	0.598 0	36.020 0	0.466 0	10.818 8
2010-10-15	ASAZQ03AB0_01	6	马铃薯	20	6.167 0	0.684 0	0.612 0	35.520 0	0.473 0	46.358 8
2010-10-07	ASAFZ03ABC_01	1	黄豆	20	6.747 0	0.378 0	0.395 0	72.520 0	0.706 0	67.325 0
2010-10-07	ASAFZ03ABC_01	4	黄豆	20	6.624 0	0.329 0	0.525 0	69.520 0	0.708 0	64.987 5
2010-10-07	ASAFZ03ABC_01	6	黄豆	20	5.575 0	0.369 0	0.632 0	72.940 0	1.973 0	58.071 3
2010-10-07	ASAFZ03ABC_01	11	黄豆	20	6.743 0	0.356 0	0.480 0	69.890 0	0.770 0	4.008 8
2010-10-07	ASAFZ03ABC_01	13	黄豆	20	6.846 0	0.462 0	0.581 0	70.770 0	0.756 0	59.712 5
2010-10-07	ASAFZ03ABC_01	16	黄豆	20	7.302 0	0.355 0	0.543 0	51.260 0	0.881 0	11.272 5
2010-10-09	ASAFZ02B00_01	1	黄豆	20	4.292 0	0.604 0	0.666 0	62.860 0	0.840 0	8.567 5
2010-10-09	ASAFZ02B00_01	2	黄豆	20	5.100 0	0.664 0	0.710 0	62.200 0	0.941 0	32.218 8
2010-10-09	ASAFZ02B00_01	3	黄豆	20	4.897 0	0.622 0	0.749 0	53.740 0	3.134 0	10.317 5
2010-10-09	ASAFZ02B00_01	4	黄豆	20	4.187 0	0.567 0	0.666 0	59.850 0	0.698 0	11.967 5

3.2.6 土壤机械组成

3.2.6.1 概述

本数据集包括安塞站1个辅助观测场、2个站区调查点2015年的农田土壤机械组成数据。土壤机械组成数据每10年测定一次，测定时间为当年作物收获后，采样深度0～100 cm，观测层次0～20 cm、20～40 cm、40～60 cm、60～80 cm、80～100 cm。土样分析方法：用马尔文激光粒度仪测定。

具体观测场和站区调查点如下。

（1）山地辅助观测场（ASAFZ03）。

（2）峙崾岘坡地梯田观测点（ASAZQ01）。

（3）峙崾岘塌地梯田观测点（ASAZQ03）。

3.2.6.2 原始数据质量控制方法

（1）分析时进行 3 次平行样品测定。

（2）利用校验软件检查每个监测数据是否超出相同土壤类型和采样深度的历史数据阈值范围、每个观测场监测项目均值是否超出该样地相同深度历史数据均值的 2 倍标准差、每个观测场监测项目标准差是否超出该样地相同深度历史数据的 2 倍标准差或者样地空间变异调查的 2 倍标准差等。对于超出范围的数据进行核实或再次测定。

3.2.6.3 数据产品处理方法

以土壤分中心的土壤报表为标准，样地采样分区所对应的观测值的个数即为重复数，将每个样地全部采样分区的观测值取平均值后，作为本数据产品的结果数据。

3.2.6.4 数据

土壤机械组成见表 3－19。

表 3－19　土壤机械组成

时间（年-月-日）	样地代码	采样区号	作物	采样深度/cm	0.05～2 mm 沙粒/%	0.002～0.05 mm 粉粒/%	小于 0.002 mm 黏粒/%	土壤质地名称
2015－10－29	ASAFZ03ABC_01	5	谷子	20	21.814	63.454	14.732	粉壤
2015－10－29	ASAFZ03ABC_01	5	谷子	40	21.402	62.538	16.060	粉壤
2015－10－29	ASAFZ03ABC_01	5	谷子	60	15.774	66.284	17.942	粉壤
2015－10－29	ASAFZ03ABC_01	5	谷子	80	11.492	69.404	19.104	粉壤
2015－10－29	ASAFZ03ABC_01	5	谷子	100	15.278	66.888	17.834	粉壤
2015－10－29	ASAFZ03ABC_01	7	谷子	20	30.139	58.205	11.657	粉壤
2015－10－29	ASAFZ03ABC_01	7	谷子	40	28.985	58.418	12.596	粉壤
2015－10－29	ASAFZ03ABC_01	7	谷子	60	16.233	65.265	18.501	粉壤
2015－10－29	ASAFZ03ABC_01	7	谷子	80	14.002	65.744	20.254	粉壤
2015－10－29	ASAFZ03ABC_01	7	谷子	100	22.956	62.847	14.197	粉壤
2015－10－29	ASAFZ03ABC_01	8	谷子	20	27.994	59.154	12.852	粉壤
2015－10－29	ASAFZ03ABC_01	8	谷子	40	24.154	59.541	16.305	粉壤
2015－10－29	ASAFZ03ABC_01	8	谷子	60	21.790	62.636	15.574	粉壤
2015－10－29	ASAFZ03ABC_01	8	谷子	80	18.399	64.592	17.009	粉壤
2015－10－29	ASAFZ03ABC_01	8	谷子	100	29.078	59.201	11.721	粉壤
2015－10－29	ASAFZ03ABC_01	9	谷子	20	21.372	63.617	15.011	粉壤
2015－10－29	ASAFZ03ABC_01	9	谷子	40	13.018	67.518	19.464	粉壤
2015－10－29	ASAFZ03ABC_01	9	谷子	60	7.121	70.646	22.233	粉壤
2015－10－29	ASAFZ03ABC_01	9	谷子	80	11.875	68.790	19.335	粉壤
2015－10－29	ASAFZ03ABC_01	9	谷子	100	10.360	70.219	19.421	粉壤
2015－10－29	ASAFZ03ABC_01	10	谷子	20	30.528	58.573	10.899	粉壤
2015－10－29	ASAFZ03ABC_01	10	谷子	40	17.153	66.535	16.312	粉壤
2015－10－29	ASAFZ03ABC_01	10	谷子	60	24.712	60.677	14.611	粉壤
2015－10－29	ASAFZ03ABC_01	10	谷子	80	17.297	64.496	18.207	粉壤
2015－10－29	ASAFZ03ABC_01	10	谷子	100	18.240	66.765	14.995	粉壤

（续）

时间（年-月-日）	样地代码	采样区号	作物	采样深度/cm	0.05～2 mm 沙粒/%	0.002～0.05 mm 粉粒/%	小于 0.002 mm 黏粒/%	土壤质地名称
2015-10-29	ASAFZ03ABC_01	12	谷子	20	29.025	59.267	11.708	粉壤
2015-10-29	ASAFZ03ABC_01	12	谷子	40	23.489	62.033	14.478	粉壤
2015-10-29	ASAFZ03ABC_01	12	谷子	60	22.052	62.702	15.246	粉壤
2015-10-29	ASAFZ03ABC_01	12	谷子	80	28.183	60.006	11.811	粉壤
2015-10-29	ASAFZ03ABC_01	12	谷子	100	32.186	57.027	10.786	粉壤
2015-10-30	ASAZQ01AB0_01	1	苹果	20	14.443	66.903	18.654	粉壤
2015-10-30	ASAZQ01AB0_01	1	苹果	40	11.665	68.061	20.275	粉壤
2015-10-30	ASAZQ01AB0_01	1	苹果	60	11.819	68.338	19.843	粉壤
2015-10-30	ASAZQ01AB0_01	1	苹果	80	9.753	70.263	19.984	粉壤
2015-10-30	ASAZQ01AB0_01	1	苹果	100	15.010	67.812	17.178	粉壤
2015-10-30	ASAZQ01AB0_01	2	苹果	20	10.961	68.806	20.233	粉壤
2015-10-30	ASAZQ01AB0_01	2	苹果	40	13.483	67.558	18.958	粉壤
2015-10-30	ASAZQ01AB0_01	2	苹果	60	5.604	73.801	20.595	粉壤
2015-10-30	ASAZQ01AB0_01	2	苹果	80	4.937	74.279	20.784	粉壤
2015-10-30	ASAZQ01AB0_01	2	苹果	100	10.357	68.374	21.269	粉壤
2015-10-30	ASAZQ01AB0_01	3	苹果	20	13.779	67.321	18.900	粉壤
2015-10-30	ASAZQ01AB0_01	3	苹果	40	8.040	70.537	21.423	粉壤
2015-10-30	ASAZQ01AB0_01	3	苹果	60	13.400	68.569	18.032	粉壤
2015-10-30	ASAZQ01AB0_01	3	苹果	80	9.076	69.954	20.970	粉壤
2015-10-30	ASAZQ01AB0_01	3	苹果	100	8.627	72.083	19.289	粉壤
2015-10-30	ASAZQ03AB0_01	1	苹果	20	19.332	65.363	15.304	粉壤
2015-10-30	ASAZQ03AB0_01	1	苹果	40	12.939	68.041	19.020	粉壤
2015-10-30	ASAZQ03AB0_01	1	苹果	60	11.575	68.075	20.350	粉壤
2015-10-30	ASAZQ03AB0_01	1	苹果	80	7.822	69.181	22.997	粉壤
2015-10-30	ASAZQ03AB0_01	1	苹果	100	16.800	65.905	17.295	粉壤
2015-10-30	ASAZQ03AB0_01	2	苹果	20	11.653	68.977	19.370	粉壤
2015-10-30	ASAZQ03AB0_01	2	苹果	40	12.734	67.296	19.970	粉壤
2015-10-30	ASAZQ03AB0_01	2	苹果	60	17.214	66.220	16.567	粉壤
2015-10-30	ASAZQ03AB0_01	2	苹果	80	19.139	65.077	15.784	粉壤
2015-10-30	ASAZQ03AB0_01	2	苹果	100	16.723	66.185	17.092	粉壤
2015-10-30	ASAZQ03AB0_01	3	苹果	20	10.135	69.446	20.419	粉壤
2015-10-30	ASAZQ03AB0_01	3	苹果	40	9.076	68.545	22.380	粉壤
2015-10-30	ASAZQ03AB0_01	3	苹果	60	17.534	66.388	16.078	粉壤
2015-10-30	ASAZQ03AB0_01	3	苹果	80	11.524	67.659	20.817	粉壤
2015-10-30	ASAZQ03AB0_01	3	苹果	100	6.020	72.377	21.603	粉壤

3.2.7 土壤容重

3.2.7.1 概述

本数据集包括安塞站 1 个综合观测场、3 个辅助观测场、2 个站区调查点 2010 年、2015 年的农田土壤容重数据。土壤容重每 10 年测定一次，测定时间为当年作物收获后，2010 年仅测定了土壤表层 0～20 cm 容重，2015 年，采样深度 0～100 cm，观测层次 0～10 cm、10～20 cm、20～40 cm、40～60 cm、60～100 cm。容重测定方法：环刀法。

具体观测场和站区调查点如下。

（1）川地综合观测场（ASAZH01）。

（2）川地土壤监测辅助观测场-空白（ASAFZ01）。

（3）川地土壤监测辅助观测场-秸秆还田（ASAFZ02）。

（4）山地辅助观测场（ASAFZ03）。

（5）峙崾岘坡地梯田观测点（ASAZQ01）。

（6）峙崾岘塌地梯田观测点（ASAZQ）。

3.2.7.2 原始数据质量控制方法

（1）分析时进行 3 次平行样品测定。

（2）利用校验软件检查每个监测数据是否超出相同土壤类型和采样深度的历史数据阈值范围、每个观测场监测项目均值是否超出该样地相同深度历史数据均值的 2 倍标准差、每个观测场监测项目标准差是否超出该样地相同深度历史数据的 2 倍标准差或者样地空间变异调查的 2 倍标准差等。对于超出范围的数据进行核实或再次测定。

3.2.7.3 产品处理方法

以土壤分中心的土壤报表为标准，样地采样分区所对应的观测值的个数即为重复数，将每个样地全部采样分区的观测值取平均值后，作为本数据产品的结果数据。

3.2.7.4 数据

土壤容重见表 3 - 20。

表 3 - 20　土壤容重

时间（年-月-日）	样地代码	采样区号	作物	采样深度/cm	土壤容重平均值/（g/m³）	均方差	样本数
2010 - 11 - 06	ASAZH01ABC _ 01	2	黄豆	10	1.100	0.062	3
2010 - 11 - 06	ASAZH01ABC _ 01	2	黄豆	20	1.180	0.070	3
2010 - 11 - 06	ASAZH01ABC _ 01	5	黄豆	10	1.180	0.038	3
2010 - 11 - 06	ASAZH01ABC _ 01	5	黄豆	20	1.190	0.030	3
2010 - 11 - 06	ASAZH01ABC _ 01	6	黄豆	10	1.140	0.015	3
2010 - 11 - 06	ASAZH01ABC _ 01	6	黄豆	20	1.190	0.019	3
2010 - 11 - 06	ASAZH01ABC _ 01	10	黄豆	10	1.190	0.042	3
2010 - 11 - 06	ASAZH01ABC _ 01	10	黄豆	20	1.200	0.091	3
2010 - 11 - 06	ASAZH01ABC _ 01	11	黄豆	10	1.220	0.043	3
2010 - 11 - 06	ASAZH01ABC _ 01	11	黄豆	20	1.230	0.055	3
2010 - 11 - 06	ASAZH01ABC _ 01	14	黄豆	10	1.240	0.027	3
2010 - 11 - 06	ASAZH01ABC _ 01	14	黄豆	20	1.350	0.091	3
2010 - 11 - 05	ASAFZ01B00 _ 01	1	黄豆	10	1.250	0.043	3

（续）

时间（年-月-日）	样地代码	采样区号	作物	采样深度/cm	土壤容重平均值/（g/m³）	均方差	样本数
2010-11-05	ASAFZ01B00_01	1	黄豆	20	1.160	0.008	3
2010-11-05	ASAFZ01B00_01	2	黄豆	10	1.280	0.014	3
2010-11-05	ASAFZ01B00_01	2	黄豆	20	1.150	0.017	3
2010-11-05	ASAFZ01B00_01	3	黄豆	10	1.240	0.066	3
2010-11-05	ASAFZ01B00_01	3	黄豆	20	1.180	0.036	3
2010-11-05	ASAFZ01B00_01	4	黄豆	10	1.270	0.011	3
2010-11-05	ASAFZ01B00_01	4	黄豆	20	1.170	0.073	3
2010-11-05	ASAFZ02B00_01	1	黄豆	10	1.260	0.044	3
2010-11-05	ASAFZ02B00_01	1	黄豆	20	1.170	0.089	3
2010-11-05	ASAFZ02B00_01	2	黄豆	10	1.290	0.003	3
2010-11-05	ASAFZ02B00_01	2	黄豆	20	1.200	0.036	3
2010-11-05	ASAFZ02B00_01	3	黄豆	10	1.270	0.057	3
2010-11-05	ASAFZ02B00_01	3	黄豆	20	1.190	0.032	3
2010-11-05	ASAFZ02B00_01	4	黄豆	10	1.280	0.050	3
2010-11-05	ASAFZ02B00_01	4	黄豆	20	1.220	0.023	3
2010-11-07	ASAFZ03ABC_01	1	黄豆	10	1.170	0.016	3
2010-11-07	ASAFZ03ABC_01	1	黄豆	20	1.130	0.006	3
2010-11-07	ASAFZ03ABC_01	4	黄豆	10	1.190	0.040	3
2010-11-07	ASAFZ03ABC_01	4	黄豆	20	1.210	0.018	3
2010-11-07	ASAFZ03ABC_01	6	黄豆	10	1.180	0.159	3
2010-11-07	ASAFZ03ABC_01	6	黄豆	20	1.200	0.038	3
2010-11-07	ASAFZ03ABC_01	11	黄豆	10	1.200	0.055	3
2010-11-07	ASAFZ03ABC_01	11	黄豆	20	1.230	0.008	3
2010-11-07	ASAFZ03ABC_01	13	黄豆	10	1.180	0.066	3
2010-11-07	ASAFZ03ABC_01	13	黄豆	20	1.240	0.011	3
2010-11-07	ASAFZ03ABC_01	16	黄豆	10	1.210	0.073	3
2010-11-07	ASAFZ03ABC_01	16	黄豆	20	1.230	0.003	3
2010-11-11	ASAZQ01AB0_01	1	玉米	10	1.090	0.057	3
2010-11-11	ASAZQ01AB0_01	1	玉米	20	1.300	0.159	3
2010-11-11	ASAZQ01AB0_01	2	玉米	10	1.100	0.070	3
2010-11-11	ASAZQ01AB0_01	2	玉米	20	1.200	0.015	3
2010-11-11	ASAZQ01AB0_01	3	玉米	10	1.150	0.091	3
2010-11-11	ASAZQ01AB0_01	3	玉米	20	1.230	0.055	3
2010-11-11	ASAZQ01AB0_01	4	玉米	10	1.210	0.043	3
2010-11-11	ASAZQ01AB0_01	4	玉米	20	1.240	0.017	3
2010-11-11	ASAZQ01AB0_01	5	玉米	10	1.190	0.036	3
2010-11-11	ASAZQ01AB0_01	5	玉米	20	1.230	0.073	3
2010-11-11	ASAZQ01AB0_01	6	玉米	10	1.190	0.089	3
2010-11-11	ASAZQ01AB0_01	6	玉米	20	1.230	0.011	3
2010-11-11	ASAZQ03AB0_01	1	马铃薯	10	1.100	0.073	3
2010-11-11	ASAZQ03AB0_01	1	马铃薯	20	1.190	0.044	3
2010-11-11	ASAZQ03AB0_01	2	马铃薯	10	1.190	0.089	3
2010-11-11	ASAZQ03AB0_01	2	马铃薯	20	1.200	0.003	3

（续）

时间（年-月-日）	样地代码	采样区号	作物	采样深度/cm	土壤容重平均值/(g/m^3)	均方差	样本数
2010-11-11	ASAZQ03AB0_01	3	马铃薯	10	1.150	0.036	3
2010-11-11	ASAZQ03AB0_01	3	马铃薯	20	1.210	0.057	3
2010-11-11	ASAZQ03AB0_01	4	马铃薯	10	1.160	0.032	3
2010-11-11	ASAZQ03AB0_01	4	马铃薯	20	1.220	0.091	3
2010-11-11	ASAZQ03AB0_01	5	马铃薯	10	1.180	0.055	3
2010-11-11	ASAZQ03AB0_01	5	马铃薯	20	1.210	0.043	3
2010-11-11	ASAZQ03AB0_01	6	马铃薯	10	1.200	0.017	3
2010-11-11	ASAZQ03AB0_01	6	马铃薯	20	1.230	0.036	3
2015-10-29	ASAFZ03ABC_01	5	谷子	10	1.170	0.040	3
2015-10-29	ASAFZ03ABC_01	5	谷子	20	1.113	0.043	3
2015-10-29	ASAFZ03ABC_01	5	谷子	40	1.250	0.070	3
2015-10-29	ASAFZ03ABC_01	5	谷子	60	1.210	0.030	3
2015-10-29	ASAFZ03ABC_01	5	谷子	100	1.370	0.030	3
2015-10-30	ASAZQ01AB0_01	1	苹果	10	1.101	0.069	3
2015-10-30	ASAZQ01AB0_01	1	苹果	20	1.204	0.095	3
2015-10-30	ASAZQ01AB0_01	1	苹果	40	1.283	0.053	3
2015-10-30	ASAZQ01AB0_01	1	苹果	60	1.312	0.016	3
2015-10-30	ASAZQ01AB0_01	1	苹果	100	1.322	0.034	3
2015-10-30	ASAZQ03AB0_01	1	苹果	10	1.190	0.040	3
2015-10-30	ASAZQ03AB0_01	1	苹果	20	1.270	0.040	3
2015-10-30	ASAZQ03AB0_01	1	苹果	40	1.295	0.071	3
2015-10-30	ASAZQ03AB0_01	1	苹果	60	1.302	0.008	3
2015-10-30	ASAZQ03AB0_01	1	苹果	100	1.382	0.035	3

3.3　水分监测数据

3.3.1　土壤体积含水量（中子管法）

3.3.1.1　概述

本数据集以安塞站 2008—2015 年中子仪法观测的土壤体积含水量观测数据为基础整编加工而成，还包括土壤含水量烘干法观测点的土壤质量含水量数据。具体观测场如下。

（1）川地综合观测场（ASAZH01）。

（2）川地土壤监测辅助观测场-空白（ASAFZ01）。

（3）川地土壤监测辅助观测场-秸秆还田（ASAFZ02）。

（4）山地辅助观测场（ASAFZ03）。

（5）川地气象观测场（ASAQX01）。

（6）山地气象观测场（ASAQX02）。

3.3.1.2　数据采集和处理方法

本站长期定位观测土壤含水量，用北京超能科技公司生产的 CNC503（DR）中子仪观测，观测频率为 5 d/次，观测深度 0～200 cm，观测步长 10 cm。采用中子仪观测土壤含水量时，整个观测流程分为以下步骤。

（1）数据采集准备

观测前一天晚上开始给仪器充电，充电时间要大于 14 h。一次充满电后正常使用时注意观察其使用时间，以便在快无电时及时充电，以免影响正常观测。CNC503B（DR）中子仪使用镍氢充电电池，可不考虑记忆功能，随时充电，但最好是在电量用尽时（显示低压报警）再充电更好。

每次观测前都要测定标准计数STD值，在标定时的同一位置，用同样方法测定，符合误差范围，认可并存储，按“ENTER/Y”键。如果标准计数在一段时间内比较稳定，可考虑一直使用标定时的标准计数，上述每次测量前测得的标准计数可不储存，只用来监测仪器的工作状况。STD值测完后，仪器收好，带到观测场，并把仪器座放于测管上。

（2）数据采集

对农田站而言，一般选择测定时长为16 s即可。把电缆放至起始深度处（如5 cm处），开始测量。按“START”键，测量完毕，确定无误，则记录在记录本上，放电缆至15 cm，同样方法，测完无误存储记录，至下一个深度，依次重复，直至全部深度测完。测量过程中在需要变换标定曲线时记得变换。测量过程，提倡手工记录，以防万一。测量完第一根后，电缆收回，探头进入屏蔽体内，准备测第二根，用上述同样方法测完第二根、第三根……，直至全部测管数据测完。全部测管测完后，扣好读数器，缠好电缆，从测管上取下仪器，盖好测管盖。至此，观测工作结束。

（3）处理方法

水分数据由长期观测人员现场测定记录，当一个月的数据测定记录完成后，汇总当月测定数据，将元数据记录表一并交给数据管理员，统一输入计算机，该数据集是在入库数据的基础上加工而成，在生产过程中，采用质控后的土壤含水量数据，计算样地尺度上土壤体积含水量平均值作为本数据产品的结果数据。方法是：首先将每块样地内各中子管每次测定数据取平均值，作为该样地各次测定数据的最终上报值，同时标明重复数（参与平均的数据个数），最后整理成水分分中心需要的规范报表格式，数据管理员将观测数据和元数据通过整理、格式转换和初步质控后提交主管副站长审核后，按照规定时间上传至水分分中心，中国生态系统研究网络（CERN）水分分中心进一步质控后返回台站并完成入库。

数据产品处理方法：按样地计算月平均数据，同一样地原始数据观测频率内有多次重复的，某层次的土壤体积含水量为该层次的数次测定值之和除以测定次数。

3.3.1.3 数据质量控制和评估

土壤水分监测从CERN建立开始就作为陆地生态系统水环境长期定位观测的重要指标之一。安塞站作为CERN的成员站，在CERN的统一规划和指导下，进行相关指标的长期观测，为了保证数据质量进而实现有效共享，CERN形成了严谨的质量管理体系，通过计划、执行和评估3个步骤，采取前端控制和后端质控的管理模式，对数据进行审核、检验和评估。本数据集所涉及的土壤含水量观测规范和原始数据质量控制方法根据《中国生态系统研究网络（CERN）长期观测质量管理规范》丛书《陆地生态系统水环境观测质量保证与质量控制》第三篇　数据检验与评估；《中国生态系统研究网络（CERN）长期观测质量管理规范》丛书《陆地生态系统水环境观测质量保证与质量控制》第三篇　10.2.3 阈值法、过程趋势法检验数据准确性，比对法（有条件的补充校正实验结果）、统计法检验数据合理性。

观测数据获取后，按照CERN规范要求统一录入土壤水分含量报表，每年定期向CERN水分分中心上报，由CERN水分分中心负责汇总、质控，并录入数据库。本数据集加工过程中，再次对原始数据的完整性、准确性和一致性进行了检验评估。

3.3.1.4 使用建议

本数据集可用于研究土壤水分运移、水量平衡、土地利用等，可应用于气候、生态、农业生产、水资源管理等相关领域，也可以考虑在不同的典型区域、典型陆地生态系统之间开展多台站数据联网分析，结合数据中心长期定位观测到的生物、土壤、气象等相关数据，全方位分析不同生态因子的长时间变化规律以及相互之间的耦合机制，为研究黄土丘陵区农田生态系统结构与功能的演替变化提供重要资料。

3.3.1.5 数据

土壤体积含水量月值（中子管法）见表3-21。

表 3-21　土壤体积含水量月值（中子管法）

单位：cm³/cm³

时间（年-月）	样地代码	土壤深度																			
		10 cm	20 cm	30 cm	40 cm	50 cm	60 cm	70 cm	80 cm	90 cm	100 cm	110 cm	120 cm	130 cm	140 cm	150 cm	160 cm	170 cm	180 cm	190 cm	200 cm
2008-01	ASAFZ01CTS_01	0.13	0.18	0.17	0.15	0.15	0.14	0.14	0.14	0.15	0.14	0.14	0.14	0.14	0.14	0.14	0.14	0.15	0.15	0.15	0.14
2008-02	ASAFZ01CTS_01	0.15	0.19	0.17	0.16	0.16	0.14	0.14	0.14	0.14	0.14	0.14	0.14	0.14	0.14	0.14	0.14	0.15	0.15	0.14	0.14
2008-03	ASAFZ01CTS_01	0.13	0.17	0.16	0.15	0.16	0.14	0.14	0.13	0.13	0.14	0.14	0.14	0.14	0.14	0.14	0.14	0.14	0.14	0.14	0.14
2008-04	ASAFZ01CTS_01	0.10	0.14	0.14	0.14	0.14	0.13	0.13	0.13	0.13	0.13	0.13	0.13	0.13	0.13	0.13	0.13	0.13	0.13	0.13	0.12
2008-05	ASAFZ01CTS_01	0.08	0.13	0.13	0.13	0.13	0.13	0.13	0.13	0.13	0.13	0.13	0.13	0.13	0.13	0.13	0.13	0.13	0.13	0.12	0.12
2008-06	ASAFZ01CTS_01	0.10	0.14	0.14	0.13	0.13	0.13	0.13	0.13	0.13	0.13	0.13	0.13	0.12	0.13	0.13	0.13	0.13	0.13	0.13	0.13
2008-07	ASAFZ01CTS_01	0.09	0.11	0.11	0.10	0.10	0.11	0.11	0.11	0.12	0.12	0.12	0.12	0.12	0.12	0.13	0.13	0.13	0.13	0.13	0.13
2008-08	ASAFZ01CTS_01	0.08	0.10	0.09	0.09	0.09	0.08	0.09	0.09	0.09	0.09	0.09	0.10	0.10	0.11	0.11	0.12	0.12	0.12	0.13	0.13
2008-09	ASAFZ01CTS_01	0.12	0.13	0.12	0.11	0.10	0.10	0.09	0.09	0.08	0.08	0.09	0.09	0.09	0.09	0.10	0.10	0.11	0.11	0.11	0.11
2008-10	ASAFZ01CTS_01	0.13	0.16	0.16	0.15	0.15	0.14	0.14	0.12	0.11	0.09	0.09	0.09	0.09	0.09	0.10	0.10	0.11	0.11	0.11	0.11
2008-11	ASAFZ01CTS_01	0.10	0.14	0.14	0.13	0.13	0.13	0.13	0.12	0.12	0.11	0.10	0.09	0.09	0.09	0.10	0.10	0.11	0.11	0.11	0.11
2008-12	ASAFZ01CTS_01	0.10	0.13	0.13	0.13	0.13	0.12	0.13	0.12	0.12	0.11	0.11	0.10	0.10	0.10	0.11	0.11	0.11	0.11	0.11	0.11
2009-01	ASAFZ01CTS_01	0.07	0.12	0.13	0.13	0.12	0.12	0.12	0.12	0.12	0.11	0.11	0.10	0.10	0.10	0.10	0.11	0.11	0.11	0.11	0.11
2009-02	ASAFZ01CTS_01	0.06	0.10	0.13	0.13	0.13	0.13	0.13	0.12	0.12	0.11	0.11	0.11	0.11	0.10	0.10	0.11	0.11	0.11	0.11	0.11
2009-03	ASAFZ01CTS_01	0.07	0.11	0.13	0.13	0.13	0.13	0.12	0.12	0.12	0.11	0.11	0.11	0.10	0.10	0.10	0.11	0.11	0.11	0.11	0.11
2009-04	ASAFZ01CTS_01	0.08	0.11	0.12	0.13	0.12	0.12	0.12	0.11	0.11	0.11	0.11	0.10	0.10	0.10	0.10	0.11	0.11	0.11	0.11	0.11
2009-05	ASAFZ01CTS_01	0.08	0.12	0.12	0.12	0.12	0.12	0.12	0.12	0.11	0.11	0.11	0.11	0.11	0.10	0.10	0.11	0.11	0.11	0.11	0.11
2009-06	ASAFZ01CTS_01	0.07	0.10	0.12	0.12	0.12	0.12	0.12	0.12	0.12	0.12	0.11	0.11	0.11	0.11	0.11	0.11	0.11	0.11	0.11	0.12
2009-07	ASAFZ01CTS_01	0.08	0.11	0.12	0.11	0.11	0.10	0.10	0.10	0.10	0.10	0.11	0.11	0.11	0.11	0.11	0.11	0.11	0.11	0.12	0.12
2009-08	ASAFZ01CTS_01	0.08	0.12	0.13	0.13	0.13	0.12	0.11	0.10	0.10	0.10	0.10	0.10	0.10	0.10	0.11	0.11	0.11	0.11	0.11	0.11
2009-09	ASAFZ01CTS_01	0.13	0.15	0.16	0.16	0.16	0.16	0.16	0.16	0.16	0.15	0.15	0.15	0.14	0.14	0.13	0.13	0.13	0.13	0.13	0.13
2009-10	ASAFZ01CTS_01	0.08	0.12	0.14	0.14	0.14	0.14	0.14	0.14	0.14	0.14	0.14	0.14	0.13	0.13	0.13	0.13	0.12	0.12	0.12	0.12
2009-11	ASAFZ01CTS_01	0.10	0.11	0.14	0.14	0.14	0.13	0.13	0.13	0.13	0.13	0.13	0.13	0.13	0.13	0.13	0.13	0.13	0.13	0.13	0.13
2009-12	ASAFZ01CTS_01	0.10	0.13	0.14	0.14	0.14	0.13	0.13	0.13	0.13	0.13	0.13	0.13	0.13	0.13	0.13	0.13	0.13	0.13	0.13	0.13
2010-01	ASAFZ01CTS_01	0.10	0.13	0.15	0.16	0.17	0.17	0.17	0.17	0.17	0.17	0.17	0.17	0.16	0.17	0.17	0.16	0.17	0.17	0.16	0.16

（续）

时间（年-月）	样地代码	土壤深度																			
		10 cm	20 cm	30 cm	40 cm	50 cm	60 cm	70 cm	80 cm	90 cm	100 cm	110 cm	120 cm	130 cm	140 cm	150 cm	160 cm	170 cm	180 cm	190 cm	200 cm
2010-02	ASAFZ01CTS_01	0.10	0.16	0.17	0.18	0.17	0.17	0.16	0.16	0.17	0.17	0.16	0.16	0.16	0.16	0.16	0.16	0.16	0.16	0.16	0.16
2010-03	ASAFZ01CTS_01	0.10	0.14	0.16	0.17	0.17	0.17	0.17	0.17	0.17	0.16	0.17	0.17	0.17	0.17	0.17	0.16	0.17	0.16	0.16	0.16
2010-04	ASAFZ01CTS_01	0.10	0.16	0.18	0.18	0.18	0.18	0.17	0.17	0.17	0.16	0.17	0.17	0.16	0.16	0.16	0.16	0.17	0.16	0.16	0.16
2010-05	ASAFZ01CTS_01	0.08	0.16	0.19	0.19	0.18	0.18	0.17	0.17	0.17	0.17	0.17	0.17	0.16	0.16	0.16	0.16	0.16	0.16	0.16	0.16
2010-06	ASAFZ01CTS_01	0.09	0.15	0.16	0.17	0.18	0.18	0.17	0.17	0.17	0.17	0.17	0.17	0.17	0.17	0.17	0.16	0.17	0.17	0.17	0.16
2010-07	ASAFZ01CTS_01	0.10	0.12	0.13	0.14	0.14	0.15	0.15	0.16	0.16	0.16	0.16	0.17	0.16	0.16	0.17	0.16	0.16	0.17	0.17	0.16
2010-08	ASAFZ01CTS_01	0.11	0.13	0.14	0.15	0.15	0.15	0.15	0.16	0.16	0.16	0.16	0.16	0.16	0.16	0.16	0.16	0.16	0.16	0.17	0.16
2010-09	ASAFZ01CTS_01	0.09	0.13	0.14	0.16	0.16	0.15	0.16	0.16	0.16	0.15	0.15	0.15	0.15	0.15	0.15	0.15	0.15	0.15	0.16	0.16
2010-10	ASAFZ01CTS_01	0.09	0.14	0.16	0.16	0.16	0.15	0.16	0.15	0.15	0.14	0.14	0.14	0.14	0.15	0.15	0.15	0.15	0.15	0.16	0.15
2010-11	ASAFZ01CTS_01	0.09	0.13	0.14	0.15	0.15	0.16	0.16	0.16	0.16	0.16	0.16	0.16	0.16	0.15	0.15	0.15	0.16	0.16	0.15	0.15
2010-12	ASAFZ01CTS_01	0.09	0.12	0.14	0.15	0.15	0.15	0.15	0.15	0.15	0.14	0.14	0.14	0.14	0.15	0.14	0.15	0.15	0.15	0.16	0.16
2011-01	ASAFZ01CTS_01	0.09	0.13	0.14	0.15	0.16	0.16	0.16	0.16	0.15	0.15	0.15	0.15	0.15	0.14	0.15	0.15	0.15	0.15	0.15	0.15
2011-02	ASAFZ01CTS_01	0.10	0.16	0.17	0.18	0.17	0.17	0.16	0.16	0.17	0.17	0.17	0.16	0.16	0.16	0.16	0.16	0.16	0.16	0.16	0.16
2011-03	ASAFZ01CTS_01	0.09	0.14	0.16	0.17	0.17	0.17	0.17	0.17	0.16	0.16	0.16	0.16	0.16	0.16	0.16	0.16	0.16	0.16	0.16	0.16
2011-04	ASAFZ01CTS_01	0.13	0.16	0.18	0.18	0.17	0.17	0.17	0.16	0.16	0.16	0.16	0.16	0.16	0.15	0.15	0.15	0.15	0.15	0.15	0.15
2011-05	ASAFZ01CTS_01	0.10	0.15	0.18	0.18	0.18	0.17	0.16	0.16	0.16	0.16	0.15	0.15	0.15	0.15	0.15	0.15	0.15	0.15	0.15	0.15
2011-06	ASAFZ01CTS_01	0.11	0.15	0.17	0.17	0.17	0.17	0.17	0.17	0.16	0.17	0.16	0.16	0.16	0.16	0.16	0.16	0.16	0.16	0.16	0.16
2011-07	ASAFZ01CTS_01	0.10	0.15	0.16	0.17	0.18	0.18	0.17	0.17	0.17	0.17	0.17	0.17	0.17	0.17	0.17	0.16	0.17	0.17	0.17	0.16
2011-08	ASAFZ01CTS_01	0.15	0.17	0.18	0.18	0.18	0.19	0.18	0.18	0.18	0.17	0.18	0.17	0.17	0.17	0.17	0.17	0.16	0.16	0.17	0.16
2011-09	ASAFZ01CTS_01	0.15	0.19	0.19	0.20	0.20	0.21	0.22	0.21	0.21	0.20	0.19	0.18	0.18	0.18	0.17	0.17	0.16	0.16	0.16	0.16
2011-10	ASAFZ01CTS_01	0.15	0.18	0.19	0.19	0.20	0.20	0.21	0.21	0.21	0.21	0.20	0.20	0.20	0.19	0.19	0.19	0.19	0.18	0.17	0.17
2011-11	ASAFZ01CTS_01	0.15	0.18	0.18	0.19	0.20	0.20	0.20	0.21	0.21	0.21	0.21	0.20	0.20	0.20	0.20	0.20	0.20	0.19	0.19	0.18
2011-12	ASAFZ01CTS_01	0.15	0.18	0.19	0.19	0.19	0.20	0.20	0.21	0.21	0.20	0.21	0.21	0.21	0.20	0.20	0.20	0.20	0.19	0.19	0.18
2012-01	ASAFZ01CTS_01	0.09	0.15	0.19	0.20	0.19	0.19	0.18	0.18	0.18	0.18	0.18	0.17	0.16	0.17	0.17	0.17	0.16	0.17	0.17	0.16
2012-02	ASAFZ01CTS_01	0.09	0.13	0.14	0.15	0.16	0.16	0.16	0.16	0.15	0.15	0.15	0.15	0.15	0.14	0.15	0.15	0.15	0.15	0.15	0.15

（续）

时间（年-月）	样地代码	土壤深度																			
		10 cm	20 cm	30 cm	40 cm	50 cm	60 cm	70 cm	80 cm	90 cm	100 cm	110 cm	120 cm	130 cm	140 cm	150 cm	160 cm	170 cm	180 cm	190 cm	200 cm
2012-03	ASAFZ01CTS_01	0.10	0.14	0.16	0.17	0.16	0.16	0.17	0.17	0.17	0.17	0.16	0.16	0.16	0.17	0.16	0.16	0.16	0.17	0.17	0.17
2012-04	ASAFZ01CTS_01	0.12	0.17	0.18	0.18	0.17	0.17	0.18	0.18	0.18	0.17	0.17	0.17	0.17	0.18	0.19	0.19	0.19	0.20	0.20	0.20
2012-05	ASAFZ01CTS_01	0.10	0.15	0.18	0.18	0.18	0.18	0.18	0.18	0.17	0.17	0.17	0.17	0.17	0.17	0.17	0.17	0.17	0.17	0.16	0.16
2012-06	ASAFZ01CTS_01	0.10	0.16	0.18	0.18	0.17	0.18	0.17	0.17	0.17	0.17	0.17	0.17	0.16	0.17	0.17	0.17	0.17	0.17	0.18	0.18
2012-07	ASAFZ01CTS_01	0.10	0.14	0.17	0.17	0.17	0.17	0.17	0.17	0.17	0.17	0.16	0.16	0.16	0.16	0.16	0.16	0.17	0.17	0.17	0.17
2012-08	ASAFZ01CTS_01	0.09	0.16	0.18	0.18	0.17	0.17	0.17	0.17	0.18	0.17	0.18	0.17	0.17	0.18	0.18	0.18	0.17	0.17	0.17	0.18
2012-09	ASAFZ01CTS_01	0.10	0.15	0.17	0.18	0.18	0.18	0.18	0.18	0.18	0.18	0.18	0.17	0.17	0.18	0.17	0.17	0.17	0.17	0.18	0.17
2012-10	ASAFZ01CTS_01	0.09	0.13	0.15	0.15	0.15	0.15	0.15	0.16	0.15	0.15	0.16	0.15	0.15	0.16	0.15	0.16	0.16	0.16	0.16	0.16
2012-11	ASAFZ01CTS_01	0.09	0.14	0.17	0.18	0.18	0.18	0.18	0.18	0.17	0.17	0.18	0.17	0.17	0.17	0.18	0.18	0.18	0.18	0.18	0.18
2012-12	ASAFZ01CTS_01	0.09	0.14	0.16	0.17	0.18	0.18	0.18	0.18	0.18	0.17	0.18	0.18	0.17	0.17	0.18	0.18	0.18	0.18	0.18	0.18
2013-01	ASAFZ01CTS_01	0.10	0.12	0.13	0.15	0.17	0.18	0.18	0.19	0.19	0.20	0.20	0.21	0.21	0.21	0.22	0.22	0.21	0.22	0.22	0.22
2013-02	ASAFZ01CTS_01	0.10	0.12	0.13	0.15	0.15	0.16	0.17	0.18	0.18	0.19	0.20	0.20	0.20	0.20	0.20	0.20	0.21	0.21	0.20	0.21
2013-03	ASAFZ01CTS_01	0.09	0.11	0.13	0.14	0.15	0.16	0.17	0.17	0.17	0.18	0.18	0.18	0.18	0.18	0.18	0.18	0.18	0.18	0.18	0.18
2013-04	ASAFZ01CTS_01	0.11	0.12	0.13	0.14	0.15	0.16	0.16	0.16	0.17	0.17	0.17	0.17	0.17	0.17	0.17	0.17	0.17	0.17	0.17	0.17
2013-05	ASAFZ01CTS_01	0.11	0.13	0.13	0.14	0.14	0.14	0.15	0.15	0.15	0.16	0.16	0.16	0.16	0.16	0.16	0.16	0.16	0.16	0.16	0.16
2013-06	ASAFZ01CTS_01	0.13	0.14	0.15	0.15	0.15	0.14	0.14	0.15	0.15	0.15	0.16	0.16	0.16	0.16	0.16	0.16	0.16	0.16	0.16	0.16
2013-07	ASAFZ01CTS_01	0.23	0.30	0.31	0.30	0.29	0.27	0.26	0.26	0.25	0.24	0.23	0.23	0.23	0.23	0.22	0.23	0.22	0.22	0.22	0.22
2013-08	ASAFZ01CTS_01	0.18	0.26	0.33	0.33	0.32	0.32	0.30	0.30	0.29	0.28	0.28	0.26	0.26	0.25	0.25	0.25	0.25	0.25	0.24	0.24
2013-09	ASAFZ01CTS_01	0.18	0.22	0.28	0.29	0.29	0.29	0.28	0.28	0.27	0.26	0.25	0.25	0.25	0.25	0.25	0.25	0.25	0.25	0.25	0.25
2013-10	ASAFZ01CTS_01	0.16	0.17	0.20	0.23	0.25	0.26	0.26	0.26	0.26	0.26	0.25	0.25	0.25	0.25	0.25	0.25	0.25	0.25	0.25	0.25
2013-11	ASAFZ01CTS_01	0.14	0.16	0.18	0.18	0.20	0.21	0.22	0.24	0.25	0.25	0.25	0.25	0.24	0.24	0.24	0.24	0.24	0.25	0.24	0.24
2013-12	ASAFZ01CTS_01	0.12	0.13	0.14	0.16	0.18	0.20	0.21	0.23	0.24	0.24	0.24	0.23	0.23	0.23	0.23	0.23	0.23	0.23	0.23	0.23
2014-01	ASAFZ01CTS_01	0.11	0.12	0.13	0.14	0.16	0.17	0.20	0.21	0.22	0.23	0.23	0.22	0.22	0.21	0.21	0.20	0.21	0.21	0.21	0.23
2014-02	ASAFZ01CTS_01	0.15	0.16	0.17	0.18	0.19	0.19	0.20	0.20	0.20	0.20	0.20	0.19	0.19	0.19	0.19	0.18	0.19	0.19	0.20	0.20
2014-03	ASAFZ01CTS_01	0.14	0.16	0.17	0.18	0.19	0.20	0.19	0.19	0.18	0.18	0.18	0.18	0.18	0.18	0.18	0.18	0.18	0.19	0.19	0.19

（续）

时间（年-月）	样地代码	土壤深度																			
		10 cm	20 cm	30 cm	40 cm	50 cm	60 cm	70 cm	80 cm	90 cm	100 cm	110 cm	120 cm	130 cm	140 cm	150 cm	160 cm	170 cm	180 cm	190 cm	200 cm
2014-04	ASAFZ01CTS_01	0.16	0.16	0.17	0.17	0.18	0.18	0.19	0.18	0.18	0.18	0.18	0.17	0.17	0.17	0.18	0.18	0.18	0.18	0.18	0.18
2014-05	ASAFZ01CTS_01	0.15	0.15	0.16	0.16	0.17	0.17	0.17	0.17	0.17	0.17	0.17	0.17	0.16	0.16	0.17	0.17	0.17	0.17	0.18	0.18
2014-06	ASAFZ01CTS_01	0.10	0.11	0.12	0.12	0.12	0.14	0.14	0.15	0.15	0.16	0.16	0.16	0.16	0.17	0.17	0.17	0.17	0.18	0.18	0.18
2014-07	ASAFZ01CTS_01	0.11	0.12	0.13	0.14	0.14	0.15	0.16	0.16	0.17	0.17	0.17	0.17	0.18	0.18	0.18	0.18	0.19	0.19	0.19	0.19
2014-08	ASAFZ01CTS_01	0.21	0.22	0.23	0.21	0.21	0.21	0.21	0.17	0.14	0.14	0.14	0.15	0.14	0.14	0.14	0.15	0.15	0.15	0.15	0.15
2014-09	ASAFZ01CTS_01	0.19	0.21	0.23	0.23	0.22	0.21	0.20	0.17	0.15	0.15	0.14	0.15	0.15	0.15	0.15	0.15	0.15	0.15	0.15	0.16
2008-01	ASAFZ02CTS_01	0.13	0.17	0.17	0.16	0.14	0.14	0.14	0.14	0.14	0.14	0.14	0.14	0.15	0.15	0.15	0.15	0.14	0.15	0.15	0.15
2008-02	ASAFZ02CTS_01	0.14	0.18	0.17	0.18	0.16	0.14	0.13	0.13	0.13	0.14	0.13	0.14	0.14	0.15	0.15	0.15	0.14	0.14	0.14	0.15
2008-03	ASAFZ02CTS_01	0.12	0.16	0.16	0.17	0.16	0.14	0.13	0.13	0.13	0.13	0.13	0.13	0.14	0.14	0.14	0.14	0.14	0.14	0.14	0.14
2008-04	ASAFZ02CTS_01	0.10	0.13	0.14	0.14	0.14	0.13	0.13	0.13	0.13	0.13	0.13	0.13	0.13	0.13	0.14	0.14	0.13	0.13	0.13	0.14
2008-05	ASAFZ02CTS_01	0.08	0.12	0.13	0.13	0.13	0.13	0.13	0.13	0.13	0.13	0.13	0.13	0.14	0.14	0.14	0.14	0.13	0.13	0.13	0.13
2008-06	ASAFZ02CTS_01	0.10	0.13	0.14	0.14	0.13	0.13	0.12	0.12	0.13	0.13	0.12	0.13	0.13	0.13	0.13	0.13	0.13	0.13	0.13	0.13
2008-07	ASAFZ02CTS_01	0.08	0.10	0.10	0.10	0.10	0.10	0.11	0.11	0.12	0.12	0.12	0.13	0.13	0.13	0.13	0.13	0.13	0.13	0.13	0.13
2008-08	ASAFZ02CTS_01	0.07	0.08	0.08	0.08	0.08	0.08	0.08	0.09	0.09	0.09	0.10	0.11	0.11	0.12	0.12	0.12	0.12	0.12	0.13	0.13
2008-09	ASAFZ02CTS_01	0.11	0.11	0.11	0.10	0.09	0.09	0.08	0.08	0.09	0.09	0.09	0.09	0.09	0.10	0.10	0.11	0.11	0.11	0.12	0.12
2008-10	ASAFZ02CTS_01	0.12	0.14	0.15	0.15	0.14	0.13	0.12	0.11	0.10	0.09	0.09	0.09	0.09	0.10	0.10	0.10	0.10	0.11	0.11	0.12
2008-11	ASAFZ02CTS_01	0.10	0.12	0.13	0.13	0.13	0.12	0.12	0.12	0.11	0.10	0.10	0.09	0.09	0.10	0.10	0.10	0.10	0.11	0.11	0.11
2008-12	ASAFZ02CTS_01	0.10	0.12	0.13	0.13	0.13	0.13	0.13	0.12	0.12	0.11	0.10	0.10	0.10	0.10	0.10	0.10	0.10	0.11	0.11	0.11
2009-01	ASAFZ02CTS_01	0.07	0.10	0.12	0.13	0.12	0.11	0.11	0.11	0.11	0.11	0.10	0.10	0.10	0.10	0.10	0.11	0.11	0.11	0.11	0.12
2009-02	ASAFZ02CTS_01	0.06	0.10	0.12	0.13	0.12	0.12	0.11	0.11	0.11	0.10	0.10	0.10	0.10	0.10	0.10	0.10	0.11	0.11	0.11	0.11
2009-03	ASAFZ02CTS_01	0.07	0.11	0.12	0.13	0.12	0.12	0.11	0.11	0.11	0.10	0.10	0.10	0.10	0.10	0.10	0.11	0.11	0.11	0.12	0.12
2009-04	ASAFZ02CTS_01	0.07	0.10	0.12	0.12	0.12	0.11	0.11	0.11	0.11	0.11	0.10	0.10	0.10	0.10	0.11	0.11	0.11	0.11	0.11	0.11
2009-05	ASAFZ02CTS_01	0.07	0.11	0.12	0.12	0.12	0.11	0.11	0.11	0.11	0.10	0.10	0.10	0.10	0.10	0.10	0.11	0.11	0.11	0.11	0.11
2009-06	ASAFZ02CTS_01	0.07	0.09	0.11	0.12	0.12	0.12	0.11	0.11	0.11	0.10	0.10	0.10	0.10	0.10	0.10	0.11	0.11	0.11	0.11	0.11
2009-07	ASAFZ02CTS_01	0.08	0.10	0.11	0.11	0.10	0.10	0.09	0.09	0.10	0.10	0.10	0.10	0.11	0.11	0.11	0.11	0.11	0.11	0.11	0.11

（续）

时间（年-月）	样地代码	土壤深度																			
		10 cm	20 cm	30 cm	40 cm	50 cm	60 cm	70 cm	80 cm	90 cm	100 cm	110 cm	120 cm	130 cm	140 cm	150 cm	160 cm	170 cm	180 cm	190 cm	200 cm
2009 - 08	ASAFZ02CTS _ 01	0.09	0.11	0.12	0.12	0.12	0.11	0.10	0.11	0.11	0.11	0.10	0.10	0.11	0.10	0.11	0.11	0.11	0.11	0.11	0.12
2009 - 09	ASAFZ02CTS _ 01	0.12	0.15	0.16	0.16	0.16	0.16	0.16	0.16	0.15	0.15	0.14	0.14	0.13	0.12	0.12	0.12	0.12	0.12	0.12	0.13
2009 - 10	ASAFZ02CTS _ 01	0.08	0.11	0.13	0.13	0.13	0.13	0.13	0.13	0.13	0.13	0.13	0.13	0.12	0.12	0.11	0.11	0.11	0.11	0.11	0.11
2009 - 11	ASAFZ02CTS _ 01	0.09	0.12	0.14	0.14	0.14	0.13	0.13	0.13	0.13	0.13	0.13	0.12	0.12	0.12	0.12	0.12	0.12	0.12	0.12	0.12
2009 - 12	ASAFZ02CTS _ 01	0.08	0.12	0.14	0.14	0.14	0.13	0.13	0.13	0.13	0.12	0.12	0.12	0.12	0.12	0.12	0.12	0.12	0.12	0.12	0.12
2010 - 01	ASAFZ02CTS _ 01	0.12	0.14	0.17	0.17	0.17	0.17	0.17	0.16	0.16	0.16	0.16	0.16	0.15	0.15	0.15	0.15	0.15	0.15	0.15	0.15
2010 - 02	ASAFZ02CTS _ 01	0.10	0.15	0.17	0.17	0.17	0.17	0.16	0.15	0.15	0.15	0.15	0.15	0.15	0.15	0.15	0.15	0.14	0.14	0.15	0.14
2010 - 03	ASAFZ02CTS _ 01	0.12	0.15	0.17	0.17	0.17	0.17	0.17	0.16	0.16	0.16	0.16	0.15	0.15	0.15	0.15	0.15	0.15	0.15	0.15	0.14
2010 - 04	ASAFZ02CTS _ 01	0.12	0.16	0.19	0.19	0.18	0.17	0.16	0.16	0.16	0.15	0.15	0.14	0.14	0.15	0.15	0.15	0.15	0.15	0.14	0.15
2010 - 05	ASAFZ02CTS _ 01	0.10	0.15	0.18	0.19	0.18	0.17	0.16	0.16	0.15	0.15	0.15	0.15	0.15	0.14	0.15	0.15	0.14	0.14	0.14	0.14
2010 - 06	ASAFZ02CTS _ 01	0.12	0.15	0.18	0.18	0.17	0.17	0.17	0.16	0.16	0.16	0.15	0.15	0.15	0.15	0.15	0.15	0.15	0.15	0.15	0.14
2010 - 07	ASAFZ02CTS _ 01	0.10	0.13	0.14	0.15	0.15	0.15	0.15	0.16	0.16	0.15	0.15	0.15	0.16	0.16	0.16	0.15	0.15	0.15	0.15	0.15
2010 - 08	ASAFZ02CTS _ 01	0.12	0.14	0.15	0.16	0.15	0.15	0.16	0.16	0.16	0.15	0.15	0.15	0.15	0.16	0.16	0.15	0.15	0.15	0.15	0.15
2010 - 09	ASAFZ02CTS _ 01	0.09	0.13	0.15	0.15	0.16	0.17	0.16	0.16	0.16	0.15	0.14	0.15	0.15	0.14	0.15	0.15	0.15	0.15	0.15	0.15
2010 - 10	ASAFZ02CTS _ 01	0.10	0.14	0.15	0.16	0.16	0.16	0.15	0.15	0.15	0.15	0.14	0.14	0.14	0.14	0.14	0.14	0.14	0.15	0.15	0.15
2010 - 11	ASAFZ02CTS _ 01	0.11	0.14	0.15	0.16	0.15	0.16	0.15	0.15	0.15	0.15	0.15	0.15	0.14	0.14	0.14	0.14	0.14	0.14	0.14	0.14
2010 - 12	ASAFZ02CTS _ 01	0.09	0.13	0.14	0.15	0.15	0.22	0.15	0.16	0.15	0.15	0.14	0.14	0.15	0.14	0.15	0.15	0.15	0.15	0.15	0.15
2011 - 01	ASAFZ02CTS _ 01	0.09	0.13	0.14	0.16	0.15	0.16	0.16	0.16	0.16	0.15	0.15	0.15	0.15	0.15	0.15	0.16	0.15	0.16	0.16	0.16
2011 - 02	ASAFZ02CTS _ 01	0.10	0.15	0.17	0.17	0.17	0.17	0.16	0.16	0.15	0.15	0.15	0.15	0.15	0.15	0.15	0.15	0.14	0.14	0.15	0.14
2011 - 03	ASAFZ02CTS _ 01	0.11	0.14	0.16	0.16	0.16	0.16	0.16	0.16	0.15	0.15	0.15	0.15	0.15	0.15	0.15	0.15	0.15	0.14	0.15	0.15
2011 - 04	ASAFZ02CTS _ 01	0.09	0.14	0.17	0.18	0.17	0.17	0.17	0.17	0.17	0.17	0.17	0.17	0.16	0.16	0.16	0.16	0.16	0.16	0.16	0.16
2011 - 05	ASAFZ02CTS _ 01	0.08	0.15	0.18	0.18	0.17	0.18	0.17	0.17	0.17	0.16	0.16	0.16	0.16	0.15	0.16	0.16	0.16	0.16	0.15	0.15
2011 - 06	ASAFZ02CTS _ 01	0.11	0.15	0.18	0.18	0.17	0.17	0.17	0.17	0.17	0.17	0.16	0.16	0.16	0.16	0.16	0.16	0.16	0.16	0.16	0.16
2011 - 07	ASAFZ02CTS _ 01	0.12	0.15	0.18	0.18	0.17	0.17	0.17	0.16	0.16	0.16	0.15	0.15	0.15	0.15	0.15	0.15	0.15	0.15	0.15	0.14
2011 - 08	ASAFZ02CTS _ 01	0.14	0.17	0.18	0.18	0.18	0.18	0.18	0.18	0.18	0.18	0.17	0.17	0.16	0.16	0.17	0.15	0.16	0.16	0.15	0.16

（续）

时间（年-月）	样地代码	土壤深度																			
		10 cm	20 cm	30 cm	40 cm	50 cm	60 cm	70 cm	80 cm	90 cm	100 cm	110 cm	120 cm	130 cm	140 cm	150 cm	160 cm	170 cm	180 cm	190 cm	200 cm
2011 - 09	ASAFZ02CTS _ 01	0.15	0.18	0.19	0.20	0.21	0.21	0.21	0.21	0.20	0.20	0.19	0.18	0.18	0.17	0.17	0.17	0.17	0.16	0.16	0.16
2011 - 10	ASAFZ02CTS _ 01	0.15	0.17	0.18	0.19	0.20	0.20	0.21	0.21	0.21	0.21	0.21	0.21	0.20	0.20	0.19	0.19	0.18	0.17	0.17	0.17
2011 - 11	ASAFZ02CTS _ 01	0.15	0.18	0.19	0.19	0.19	0.19	0.20	0.20	0.20	0.20	0.20	0.20	0.19	0.19	0.19	0.19	0.18	0.18	0.18	0.17
2011 - 12	ASAFZ02CTS _ 01	0.15	0.18	0.19	0.19	0.20	0.20	0.20	0.20	0.20	0.21	0.20	0.20	0.20	0.20	0.20	0.19	0.19	0.18	0.18	0.18
2012 - 01	ASAFZ02CTS _ 01	0.11	0.16	0.18	0.19	0.18	0.18	0.17	0.17	0.17	0.17	0.17	0.17	0.17	0.16	0.17	0.16	0.16	0.16	0.16	0.16
2012 - 02	ASAFZ02CTS _ 01	0.09	0.13	0.14	0.16	0.15	0.16	0.16	0.16	0.16	0.15	0.15	0.15	0.15	0.15	0.15	0.16	0.15	0.16	0.16	0.16
2012 - 03	ASAFZ02CTS _ 01	0.10	0.14	0.16	0.17	0.18	0.17	0.17	0.16	0.16	0.16	0.16	0.16	0.16	0.16	0.16	0.16	0.16	0.15	0.16	0.16
2012 - 04	ASAFZ02CTS _ 01	0.09	0.15	0.16	0.17	0.17	0.17	0.17	0.17	0.17	0.17	0.17	0.17	0.18	0.18	0.18	0.18	0.17	0.17	0.17	0.18
2012 - 05	ASAFZ02CTS _ 01	0.12	0.15	0.19	0.19	0.18	0.18	0.17	0.17	0.16	0.16	0.16	0.16	0.15	0.15	0.15	0.15	0.15	0.15	0.15	0.15
2012 - 06	ASAFZ02CTS _ 01	0.12	0.16	0.17	0.18	0.19	0.19	0.19	0.18	0.18	0.17	0.18	0.18	0.18	0.19	0.19	0.19	0.19	0.19	0.19	0.19
2012 - 07	ASAFZ02CTS _ 01	0.12	0.16	0.17	0.18	0.17	0.17	0.17	0.17	0.16	0.16	0.16	0.16	0.16	0.16	0.16	0.16	0.17	0.16	0.17	0.17
2012 - 08	ASAFZ02CTS _ 01	0.11	0.15	0.18	0.18	0.18	0.18	0.18	0.17	0.16	0.17	0.17	0.17	0.16	0.17	0.17	0.17	0.17	0.17	0.17	0.17
2012 - 09	ASAFZ02CTS _ 01	0.11	0.15	0.18	0.18	0.18	0.17	0.17	0.17	0.16	0.16	0.16	0.16	0.15	0.15	0.15	0.15	0.15	0.15	0.15	0.15
2012 - 10	ASAFZ02CTS _ 01	0.08	0.12	0.14	0.15	0.15	0.16	0.16	0.17	0.16	0.16	0.16	0.16	0.16	0.16	0.17	0.16	0.16	0.16	0.16	0.16
2012 - 11	ASAFZ02CTS _ 01	0.11	0.14	0.16	0.17	0.17	0.17	0.17	0.17	0.17	0.17	0.16	0.16	0.17	0.16	0.17	0.17	0.16	0.16	0.16	0.17
2012 - 12	ASAFZ02CTS _ 01	0.10	0.15	0.17	0.18	0.18	0.17	0.17	0.17	0.17	0.16	0.17	0.16	0.16	0.16	0.16	0.16	0.16	0.16	0.15	0.16
2013 - 01	ASAFZ02CTS _ 01	0.09	0.12	0.13	0.14	0.14	0.15	0.16	0.16	0.16	0.16	0.16	0.16	0.16	0.16	0.16	0.16	0.16	0.16	0.16	0.16
2013 - 02	ASAFZ02CTS _ 01	0.10	0.12	0.13	0.13	0.13	0.14	0.14	0.14	0.15	0.15	0.15	0.15	0.15	0.15	0.15	0.15	0.15	0.16	0.16	0.16
2013 - 03	ASAFZ02CTS _ 01	0.08	0.10	0.12	0.13	0.13	0.13	0.13	0.14	0.14	0.14	0.14	0.14	0.15	0.15	0.15	0.15	0.14	0.14	0.15	0.15
2013 - 04	ASAFZ02CTS _ 01	0.10	0.12	0.12	0.13	0.13	0.13	0.13	0.13	0.13	0.14	0.14	0.14	0.14	0.14	0.13	0.14	0.14	0.14	0.14	0.14
2013 - 05	ASAFZ02CTS _ 01	0.11	0.12	0.12	0.13	0.13	0.13	0.13	0.13	0.13	0.13	0.13	0.13	0.14	0.14	0.14	0.14	0.13	0.13	0.14	0.14
2013 - 06	ASAFZ02CTS _ 01	0.13	0.13	0.14	0.14	0.13	0.13	0.13	0.13	0.14	0.14	0.14	0.14	0.14	0.14	0.14	0.14	0.14	0.14	0.14	0.14
2013 - 07	ASAFZ02CTS _ 01	0.22	0.31	0.31	0.29	0.28	0.27	0.26	0.25	0.25	0.24	0.23	0.22	0.22	0.22	0.22	0.22	0.22	0.22	0.22	0.22
2013 - 08	ASAFZ02CTS _ 01	0.18	0.25	0.33	0.32	0.32	0.31	0.30	0.29	0.29	0.28	0.27	0.26	0.25	0.25	0.25	0.25	0.25	0.25	0.25	0.25
2013 - 09	ASAFZ02CTS _ 01	0.18	0.22	0.27	0.29	0.29	0.28	0.28	0.28	0.27	0.26	0.25	0.25	0.25	0.25	0.25	0.25	0.25	0.25	0.25	0.25

（续）

时间（年-月）	样地代码	土壤深度																			
		10 cm	20 cm	30 cm	40 cm	50 cm	60 cm	70 cm	80 cm	90 cm	100 cm	110 cm	120 cm	130 cm	140 cm	150 cm	160 cm	170 cm	180 cm	190 cm	200 cm
2013-10	ASAFZ02CTS_01	0.16	0.17	0.20	0.23	0.24	0.26	0.26	0.26	0.26	0.25	0.25	0.25	0.25	0.25	0.25	0.25	0.25	0.25	0.25	0.25
2013-11	ASAFZ02CTS_01	0.14	0.16	0.18	0.19	0.20	0.21	0.23	0.24	0.25	0.25	0.25	0.25	0.24	0.24	0.24	0.24	0.24	0.25	0.24	0.24
2013-12	ASAFZ02CTS_01	0.12	0.13	0.15	0.17	0.18	0.20	0.21	0.22	0.24	0.23	0.23	0.23	0.23	0.23	0.23	0.23	0.23	0.23	0.23	0.23
2014-01	ASAFZ02CTS_01	0.11	0.13	0.14	0.16	0.17	0.18	0.20	0.21	0.23	0.24	0.23	0.22	0.21	0.21	0.20	0.20	0.20	0.21	0.22	0.22
2014-02	ASAFZ02CTS_01	0.15	0.16	0.17	0.18	0.19	0.20	0.21	0.21	0.21	0.21	0.20	0.19	0.19	0.18	0.18	0.17	0.18	0.19	0.19	0.20
2014-03	ASAFZ02CTS_01	0.14	0.16	0.17	0.18	0.19	0.20	0.21	0.21	0.20	0.19	0.19	0.18	0.17	0.17	0.16	0.16	0.17	0.18	0.19	0.19
2014-04	ASAFZ02CTS_01	0.17	0.17	0.17	0.18	0.18	0.18	0.18	0.18	0.18	0.17	0.18	0.18	0.17	0.17	0.16	0.17	0.17	0.18	0.18	0.19
2014-05	ASAFZ02CTS_01	0.15	0.16	0.16	0.17	0.18	0.17	0.17	0.16	0.16	0.16	0.18	0.17	0.17	0.17	0.17	0.17	0.17	0.18	0.18	0.18
2014-06	ASAFZ02CTS_01	0.09	0.10	0.11	0.12	0.13	0.14	0.14	0.15	0.15	0.15	0.16	0.16	0.16	0.17	0.17	0.17	0.17	0.18	0.18	0.18
2014-07	ASAFZ02CTS_01	0.11	0.12	0.13	0.14	0.14	0.15	0.15	0.16	0.16	0.17	0.17	0.17	0.17	0.17	0.17	0.18	0.18	0.18	0.18	0.19
2014-08	ASAFZ02CTS_01	0.19	0.19	0.19	0.20	0.20	0.20	0.20	0.19	0.18	0.16	0.15	0.15	0.15	0.15	0.14	0.14	0.14	0.14	0.14	0.14
2014-09	ASAFZ02CTS_01	0.18	0.18	0.20	0.21	0.21	0.20	0.20	0.19	0.19	0.18	0.17	0.16	0.16	0.15	0.15	0.15	0.15	0.15	0.15	0.15
2008-01	ASAQX01CTS_01	0.15	0.20	0.20	0.19	0.16	0.14	0.14	0.13	0.14	0.14	0.14	0.14	0.14	0.13	0.13	0.13	0.13	0.14	0.14	0.14
2008-02	ASAQX01CTS_01	0.19	0.19	0.19	0.20	0.16	0.14	0.14	0.13	0.13	0.13	0.13	0.13	0.13	0.13	0.13	0.13	0.13	0.13	0.13	0.14
2008-03	ASAQX01CTS_01	0.18	0.20	0.20	0.21	0.17	0.15	0.13	0.12	0.12	0.13	0.13	0.13	0.13	0.13	0.13	0.12	0.13	0.13	0.13	0.13
2008-04	ASAQX01CTS_01	0.14	0.17	0.18	0.18	0.17	0.15	0.13	0.13	0.13	0.13	0.13	0.12	0.12	0.12	0.12	0.12	0.12	0.12	0.12	0.12
2008-05	ASAQX01CTS_01	0.08	0.11	0.12	0.14	0.13	0.13	0.12	0.12	0.12	0.12	0.12	0.12	0.12	0.12	0.12	0.12	0.12	0.12	0.12	0.12
2008-06	ASAQX01CTS_01	0.10	0.12	0.12	0.11	0.10	0.10	0.09	0.10	0.10	0.11	0.11	0.11	0.11	0.11	0.11	0.12	0.12	0.12	0.12	0.12
2008-07	ASAQX01CTS_01	0.10	0.11	0.11	0.11	0.10	0.09	0.09	0.09	0.09	0.10	0.10	0.10	0.11	0.11	0.11	0.11	0.11	0.11	0.12	0.13
2008-08	ASAQX01CTS_01	0.09	0.10	0.10	0.10	0.09	0.09	0.09	0.09	0.09	0.09	0.10	0.10	0.10	0.10	0.10	0.11	0.11	0.11	0.12	0.12
2008-09	ASAQX01CTS_01	0.13	0.16	0.16	0.14	0.13	0.11	0.10	0.10	0.10	0.10	0.10	0.10	0.10	0.10	0.10	0.10	0.11	0.11	0.11	0.12
2008-10	ASAQX01CTS_01	0.14	0.17	0.19	0.19	0.17	0.15	0.13	0.11	0.11	0.10	0.10	0.10	0.10	0.10	0.10	0.11	0.11	0.11	0.11	0.11
2008-11	ASAQX01CTS_01	0.12	0.15	0.15	0.16	0.15	0.13	0.12	0.11	0.11	0.10	0.10	0.10	0.10	0.10	0.10	0.11	0.11	0.11	0.11	0.11
2008-12	ASAQX01CTS_01	0.11	0.14	0.15	0.15	0.14	0.13	0.12	0.11	0.11	0.11	0.10	0.10	0.10	0.10	0.10	0.11	0.11	0.11	0.11	0.11
2009-01	ASAQX01CTS_01	0.07	0.13	0.15	0.15	0.14	0.13	0.12	0.11	0.11	0.11	0.10	0.10	0.10	0.10	0.10	0.11	0.11	0.11	0.11	0.11

（续）

时间（年-月）	样地代码	土壤深度																			
		10 cm	20 cm	30 cm	40 cm	50 cm	60 cm	70 cm	80 cm	90 cm	100 cm	110 cm	120 cm	130 cm	140 cm	150 cm	160 cm	170 cm	180 cm	190 cm	200 cm
2009-02	ASAQX01CTS_01	0.07	0.11	0.14	0.16	0.15	0.14	0.13	0.12	0.11	0.10	0.10	0.10	0.10	0.11	0.10	0.11	0.11	0.11	0.11	0.11
2009-03	ASAQX01CTS_01	0.08	0.12	0.15	0.15	0.15	0.14	0.12	0.11	0.11	0.10	0.10	0.10	0.10	0.11	0.11	0.11	0.11	0.11	0.11	0.11
2009-04	ASAQX01CTS_01	0.09	0.13	0.15	0.15	0.14	0.13	0.11	0.11	0.10	0.10	0.10	0.10	0.10	0.10	0.10	0.11	0.11	0.11	0.11	0.11
2009-05	ASAQX01CTS_01	0.08	0.13	0.14	0.15	0.14	0.13	0.11	0.11	0.10	0.10	0.10	0.10	0.10	0.10	0.10	0.10	0.11	0.11	0.11	0.11
2009-06	ASAQX01CTS_01	0.08	0.10	0.12	0.13	0.13	0.12	0.11	0.11	0.10	0.10	0.10	0.10	0.10	0.10	0.10	0.11	0.11	0.11	0.11	0.11
2009-07	ASAQX01CTS_01	0.10	0.13	0.14	0.14	0.14	0.12	0.12	0.11	0.11	0.10	0.10	0.10	0.10	0.10	0.10	0.11	0.11	0.11	0.11	0.11
2009-08	ASAQX01CTS_01	0.12	0.16	0.18	0.19	0.18	0.16	0.14	0.13	0.12	0.11	0.11	0.11	0.10	0.10	0.10	0.11	0.11	0.11	0.11	0.11
2009-09	ASAQX01CTS_01	0.15	0.18	0.19	0.19	0.19	0.18	0.17	0.16	0.16	0.15	0.15	0.15	0.15	0.14	0.14	0.13	0.13	0.13	0.13	0.13
2009-10	ASAQX01CTS_01	0.10	0.14	0.16	0.17	0.17	0.16	0.15	0.15	0.14	0.14	0.14	0.14	0.14	0.14	0.14	0.14	0.14	0.13	0.13	0.13
2009-11	ASAQX01CTS_01	0.11	0.14	0.16	0.17	0.17	0.15	0.14	0.13	0.13	0.13	0.13	0.13	0.14	0.14	0.13	0.13	0.14	0.13	0.13	0.14
2009-12	ASAQX01CTS_01	0.13	0.17	0.17	0.17	0.17	0.16	0.15	0.15	0.14	0.14	0.14	0.14	0.14	0.14	0.14	0.14	0.14	0.14	0.14	0.14
2010-01	ASAQX01CTS_01	0.10	0.13	0.16	0.18	0.19	0.19	0.18	0.18	0.17	0.17	0.17	0.17	0.17	0.17	0.17	0.17	0.17	0.18	0.18	0.17
2010-02	ASAQX01CTS_01	0.14	0.18	0.19	0.20	0.20	0.19	0.19	0.18	0.17	0.17	0.17	0.17	0.17	0.17	0.17	0.17	0.17	0.17	0.17	0.17
2010-03	ASAQX01CTS_01	0.10	0.15	0.19	0.19	0.21	0.20	0.19	0.18	0.17	0.17	0.17	0.17	0.17	0.16	0.17	0.17	0.17	0.17	0.17	0.18
2010-04	ASAQX01CTS_01	0.13	0.20	0.22	0.23	0.23	0.21	0.19	0.18	0.17	0.17	0.17	0.17	0.17	0.17	0.17	0.17	0.17	0.17	0.17	0.17
2010-05	ASAQX01CTS_01	0.14	0.20	0.22	0.24	0.24	0.22	0.20	0.18	0.18	0.17	0.18	0.17	0.17	0.17	0.17	0.17	0.17	0.17	0.17	0.17
2010-06	ASAQX01CTS_01	0.11	0.17	0.20	0.21	0.22	0.20	0.18	0.17	0.17	0.17	0.17	0.17	0.18	0.17	0.17	0.17	0.17	0.18	0.18	0.18
2010-07	ASAQX01CTS_01	0.11	0.13	0.14	0.15	0.15	0.15	0.15	0.15	0.15	0.15	0.16	0.16	0.16	0.16	0.17	0.17	0.17	0.17	0.17	0.17
2010-08	ASAQX01CTS_01	0.12	0.14	0.15	0.16	0.16	0.16	0.15	0.15	0.15	0.15	0.16	0.16	0.16	0.16	0.16	0.17	0.17	0.16	0.17	0.17
2010-09	ASAQX01CTS_01	0.10	0.15	0.17	0.19	0.18	0.18	0.17	0.17	0.17	0.16	0.15	0.16	0.15	0.15	0.15	0.16	0.16	0.16	0.15	0.16
2010-10	ASAQX01CTS_01	0.09	0.15	0.17	0.18	0.18	0.17	0.16	0.16	0.15	0.15	0.15	0.15	0.15	0.15	0.15	0.15	0.15	0.15	0.15	0.16
2010-11	ASAQX01CTS_01	0.09	0.13	0.15	0.16	0.17	0.17	0.16	0.17	0.16	0.15	0.16	0.15	0.16	0.16	0.15	0.16	0.16	0.16	0.16	0.16
2010-12	ASAQX01CTS_01	0.10	0.13	0.16	0.16	0.17	0.16	0.16	0.16	0.15	0.15	0.15	0.15	0.14	0.14	0.15	0.15	0.16	0.15	0.15	0.15
2011-01	ASAQX01CTS_01	0.12	0.15	0.16	0.17	0.17	0.18	0.18	0.18	0.17	0.17	0.17	0.17	0.17	0.17	0.17	0.17	0.17	0.17	0.18	0.18
2011-02	ASAQX01CTS_01	0.14	0.18	0.19	0.20	0.20	0.19	0.19	0.18	0.17	0.17	0.17	0.17	0.17	0.17	0.17	0.17	0.17	0.17	0.17	0.17

（续）

时间（年-月）	样地代码	土壤深度																			
		10 cm	20 cm	30 cm	40 cm	50 cm	60 cm	70 cm	80 cm	90 cm	100 cm	110 cm	120 cm	130 cm	140 cm	150 cm	160 cm	170 cm	180 cm	190 cm	200 cm
2011-03	ASAQX01CTS_01	0.10	0.15	0.18	0.19	0.20	0.19	0.18	0.17	0.16	0.16	0.16	0.16	0.16	0.16	0.16	0.16	0.16	0.17	0.16	0.17
2011-04	ASAQX01CTS_01	0.11	0.16	0.17	0.18	0.18	0.17	0.17	0.17	0.17	0.17	0.17	0.17	0.17	0.17	0.17	0.18	0.18	0.18	0.18	0.19
2011-05	ASAQX01CTS_01	0.13	0.17	0.18	0.18	0.19	0.19	0.19	0.18	0.18	0.17	0.18	0.18	0.18	0.18	0.18	0.18	0.18	0.18	0.19	0.19
2011-06	ASAQX01CTS_01	0.10	0.16	0.18	0.18	0.19	0.18	0.18	0.17	0.17	0.17	0.17	0.17	0.18	0.18	0.18	0.18	0.18	0.18	0.19	0.19
2011-07	ASAQX01CTS_01	0.12	0.17	0.18	0.18	0.19	0.18	0.17	0.17	0.17	0.17	0.17	0.18	0.18	0.17	0.18	0.18	0.18	0.19	0.19	0.19
2011-08	ASAQX01CTS_01	0.15	0.17	0.18	0.18	0.19	0.19	0.19	0.19	0.19	0.18	0.18	0.19	0.18	0.19	0.18	0.18	0.18	0.18	0.18	0.17
2011-09	ASAQX01CTS_01	0.15	0.19	0.20	0.21	0.22	0.23	0.23	0.22	0.21	0.21	0.20	0.20	0.19	0.19	0.18	0.18	0.18	0.17	0.17	0.17
2011-10	ASAQX01CTS_01	0.15	0.18	0.19	0.20	0.20	0.21	0.22	0.22	0.23	0.22	0.22	0.22	0.21	0.22	0.21	0.21	0.20	0.20	0.20	0.19
2011-11	ASAQX01CTS_01	0.17	0.19	0.20	0.21	0.21	0.21	0.21	0.21	0.22	0.22	0.22	0.21	0.22	0.22	0.21	0.21	0.20	0.21	0.20	0.20
2011-12	ASAQX01CTS_01	0.15	0.18	0.20	0.20	0.21	0.21	0.21	0.22	0.22	0.22	0.22	0.22	0.22	0.21	0.22	0.22	0.22	0.22	0.21	0.21
2012-01	ASAQX01CTS_01	0.14	0.19	0.20	0.21	0.20	0.20	0.19	0.19	0.19	0.19	0.18	0.18	0.18	0.18	0.18	0.18	0.18	0.18	0.18	0.18
2012-02	ASAQX01CTS_01	0.11	0.14	0.16	0.17	0.17	0.17	0.17	0.18	0.17	0.17	0.17	0.17	0.17	0.17	0.17	0.17	0.17	0.17	0.17	0.17
2012-03	ASAQX01CTS_01	0.09	0.13	0.16	0.17	0.16	0.16	0.16	0.16	0.16	0.16	0.16	0.16	0.16	0.16	0.16	0.16	0.16	0.16	0.16	0.16
2012-04	ASAQX01CTS_01	0.09	0.13	0.14	0.15	0.15	0.15	0.15	0.16	0.16	0.15	0.16	0.16	0.15	0.16	0.16	0.16	0.16	0.16	0.16	0.16
2012-05	ASAQX01CTS_01	0.11	0.13	0.15	0.16	0.16	0.16	0.16	0.16	0.16	0.16	0.16	0.16	0.16	0.16	0.16	0.16	0.16	0.16	0.16	0.16
2012-06	ASAQX01CTS_01	0.11	0.15	0.16	0.17	0.16	0.16	0.16	0.16	0.16	0.16	0.17	0.17	0.17	0.17	0.17	0.17	0.17	0.17	0.17	0.17
2012-07	ASAQX01CTS_01	0.14	0.17	0.19	0.19	0.19	0.19	0.19	0.18	0.18	0.18	0.18	0.18	0.18	0.18	0.18	0.18	0.18	0.18	0.18	0.18
2012-08	ASAQX01CTS_01	0.16	0.18	0.19	0.20	0.19	0.19	0.18	0.18	0.17	0.17	0.18	0.18	0.17	0.17	0.17	0.17	0.17	0.18	0.17	0.17
2012-09	ASAQX01CTS_01	0.13	0.16	0.18	0.20	0.20	0.19	0.19	0.19	0.19	0.19	0.19	0.19	0.19	0.19	0.19	0.19	0.19	0.19	0.19	0.19
2012-10	ASAQX01CTS_01	0.13	0.16	0.19	0.18	0.19	0.19	0.18	0.19	0.18	0.18	0.18	0.19	0.18	0.18	0.18	0.18	0.18	0.18	0.18	0.18
2012-11	ASAQX01CTS_01	0.11	0.14	0.16	0.17	0.17	0.17	0.17	0.17	0.17	0.17	0.17	0.17	0.17	0.17	0.17	0.18	0.18	0.18	0.18	0.18
2012-12	ASAQX01CTS_01	0.09	0.13	0.14	0.16	0.16	0.16	0.16	0.17	0.17	0.17	0.17	0.17	0.17	0.17	0.17	0.17	0.18	0.18	0.18	0.18
2013-01	ASAQX01CTS_01	0.10	0.13	0.14	0.15	0.16	0.16	0.16	0.16	0.16	0.16	0.16	0.16	0.16	0.16	0.16	0.17	0.17	0.17	0.17	0.17
2013-02	ASAQX01CTS_01	0.11	0.12	0.13	0.14	0.14	0.15	0.15	0.16	0.16	0.15	0.16	0.16	0.16	0.16	0.16	0.16	0.16	0.16	0.16	0.16
2013-03	ASAQX01CTS_01	0.09	0.12	0.13	0.14	0.14	0.14	0.15	0.15	0.15	0.15	0.16	0.16	0.16	0.16	0.16	0.16	0.16	0.16	0.16	0.16

（续）

时间（年-月）	样地代码	土壤深度																			
		10 cm	20 cm	30 cm	40 cm	50 cm	60 cm	70 cm	80 cm	90 cm	100 cm	110 cm	120 cm	130 cm	140 cm	150 cm	160 cm	170 cm	180 cm	190 cm	200 cm
2013-04	ASAQX01CTS_01	0.11	0.13	0.13	0.13	0.13	0.13	0.14	0.14	0.15	0.15	0.15	0.15	0.16	0.16	0.16	0.16	0.16	0.16	0.16	0.16
2013-05	ASAQX01CTS_01	0.11	0.12	0.12	0.13	0.13	0.13	0.14	0.14	0.14	0.15	0.15	0.15	0.15	0.15	0.16	0.16	0.16	0.16	0.16	0.16
2013-06	ASAQX01CTS_01	0.12	0.12	0.13	0.13	0.13	0.14	0.14	0.14	0.14	0.15	0.15	0.15	0.16	0.16	0.16	0.16	0.16	0.16	0.16	0.16
2013-07	ASAQX01CTS_01	0.23	0.24	0.24	0.24	0.24	0.23	0.23	0.23	0.23	0.23	0.23	0.23	0.23	0.23	0.23	0.23	0.23	0.23	0.23	0.23
2013-08	ASAQX01CTS_01	0.18	0.19	0.21	0.22	0.23	0.23	0.24	0.24	0.24	0.25	0.25	0.26	0.26	0.26	0.26	0.26	0.27	0.27	0.27	0.27
2013-09	ASAQX01CTS_01	0.19	0.19	0.20	0.21	0.22	0.22	0.22	0.23	0.23	0.24	0.24	0.25	0.25	0.26	0.26	0.27	0.27	0.27	0.27	0.27
2013-10	ASAQX01CTS_01	0.18	0.18	0.19	0.20	0.21	0.22	0.22	0.23	0.23	0.24	0.24	0.25	0.25	0.25	0.26	0.26	0.27	0.27	0.27	0.27
2013-11	ASAQX01CTS_01	0.15	0.15	0.17	0.19	0.19	0.20	0.21	0.22	0.22	0.23	0.23	0.23	0.24	0.25	0.25	0.26	0.26	0.26	0.26	0.26
2013-12	ASAQX01CTS_01	0.13	0.13	0.14	0.16	0.18	0.19	0.19	0.19	0.20	0.20	0.21	0.22	0.22	0.23	0.24	0.25	0.26	0.26	0.26	0.26
2014-01	ASAQX01CTS_01	0.11	0.12	0.13	0.14	0.16	0.18	0.20	0.21	0.23	0.22	0.22	0.21	0.21	0.21	0.20	0.20	0.20	0.21	0.22	0.23
2014-02	ASAQX01CTS_01	0.15	0.16	0.16	0.18	0.19	0.20	0.21	0.21	0.21	0.21	0.20	0.19	0.18	0.18	0.17	0.17	0.18	0.18	0.19	0.20
2014-03	ASAQX01CTS_01	0.14	0.15	0.17	0.18	0.19	0.20	0.21	0.21	0.21	0.20	0.19	0.18	0.17	0.17	0.16	0.16	0.17	0.18	0.18	0.19
2014-04	ASAQX01CTS_01	0.18	0.19	0.19	0.20	0.20	0.21	0.21	0.20	0.21	0.20	0.20	0.19	0.18	0.17	0.17	0.17	0.17	0.18	0.19	0.19
2014-05	ASAQX01CTS_01	0.19	0.21	0.22	0.23	0.23	0.23	0.23	0.20	0.20	0.18	0.18	0.18	0.17	0.18	0.17	0.17	0.17	0.18	0.19	0.19
2014-06	ASAQX01CTS_01	0.11	0.13	0.14	0.16	0.18	0.18	0.17	0.17	0.18	0.17	0.18	0.18	0.18	0.18	0.19	0.19	0.19	0.19	0.19	0.19
2014-07	ASAQX01CTS_01	0.14	0.16	0.17	0.19	0.20	0.20	0.20	0.20	0.20	0.20	0.20	0.20	0.20	0.20	0.20	0.20	0.21	0.20	0.20	0.21
2014-08	ASAQX01CTS_01	0.22	0.22	0.23	0.24	0.24	0.23	0.22	0.22	0.21	0.20	0.19	0.19	0.19	0.19	0.19	0.19	0.19	0.20	0.20	0.20
2014-09	ASAQX01CTS_01	0.22	0.23	0.24	0.25	0.25	0.24	0.24	0.23	0.22	0.22	0.21	0.21	0.21	0.20	0.20	0.21	0.21	0.21	0.21	0.21
2014-10	ASAQX01CTS_01	0.22	0.24	0.24	0.23	0.24	0.24	0.24	0.23	0.23	0.22	0.22	0.21	0.21	0.21	0.20	0.20	0.21	0.21	0.21	0.21
2014-11	ASAQX01CTS_01	0.20	0.21	0.21	0.21	0.22	0.23	0.22	0.22	0.21	0.20	0.19	0.19	0.18	0.19	0.19	0.19	0.20	0.20	0.19	0.19
2014-12	ASAQX01CTS_01	0.17	0.19	0.20	0.21	0.21	0.21	0.22	0.21	0.20	0.20	0.19	0.18	0.18	0.18	0.18	0.19	0.19	0.20	0.19	0.19
2015-01	ASAQX01CTS_01	0.15	0.16	0.18	0.19	0.19	0.20	0.20	0.20	0.19	0.19	0.18	0.18	0.18	0.18	0.18	0.18	0.19	0.19	0.19	0.19
2015-02	ASAQX01CTS_01	0.16	0.16	0.17	0.17	0.18	0.18	0.19	0.19	0.18	0.18	0.17	0.17	0.17	0.17	0.17	0.18	0.18	0.18	0.19	0.19
2015-03	ASAQX01CTS_01	0.15	0.15	0.15	0.15	0.16	0.17	0.18	0.18	0.18	0.18	0.17	0.17	0.17	0.17	0.17	0.17	0.18	0.18	0.18	0.18
2015-04	ASAQX01CTS_01	0.15	0.15	0.15	0.15	0.15	0.16	0.17	0.17	0.17	0.17	0.17	0.17	0.17	0.17	0.17	0.17	0.17	0.17	0.18	0.18

（续）

时间（年-月）	样地代码	土壤深度																			
		10 cm	20 cm	30 cm	40 cm	50 cm	60 cm	70 cm	80 cm	90 cm	100 cm	110 cm	120 cm	130 cm	140 cm	150 cm	160 cm	170 cm	180 cm	190 cm	200 cm
2015-05	ASAQX01CTS_01	0.15	0.15	0.15	0.16	0.16	0.16	0.16	0.17	0.17	0.17	0.17	0.17	0.17	0.17	0.17	0.17	0.17	0.17	0.18	0.18
2015-06	ASAQX01CTS_01	0.15	0.14	0.15	0.15	0.15	0.15	0.16	0.15	0.16	0.16	0.16	0.16	0.16	0.16	0.16	0.17	0.17	0.17	0.18	0.18
2015-07	ASAQX01CTS_01	0.14	0.14	0.14	0.15	0.15	0.15	0.15	0.15	0.16	0.16	0.16	0.16	0.16	0.16	0.16	0.16	0.17	0.17	0.18	0.18
2015-08	ASAQX01CTS_01	0.14	0.14	0.14	0.14	0.14	0.14	0.15	0.15	0.16	0.16	0.16	0.16	0.16	0.16	0.16	0.16	0.17	0.17	0.17	0.18
2015-09	ASAQX01CTS_01	0.15	0.15	0.15	0.15	0.15	0.15	0.16	0.16	0.16	0.16	0.16	0.16	0.17	0.17	0.17	0.17	0.17	0.17	0.18	0.18
2015-10	ASAQX01CTS_01	0.15	0.16	0.16	0.16	0.16	0.16	0.16	0.16	0.17	0.17	0.17	0.17	0.17	0.17	0.17	0.17	0.18	0.18	0.18	0.18
2015-11	ASAQX01CTS_01	0.15	0.15	0.16	0.16	0.16	0.17	0.17	0.17	0.17	0.17	0.17	0.17	0.17	0.17	0.17	0.18	0.18	0.18	0.18	0.18
2015-12	ASAQX01CTS_01	0.13	0.14	0.15	0.16	0.16	0.16	0.16	0.16	0.16	0.17	0.17	0.17	0.17	0.17	0.17	0.17	0.18	0.18	0.18	0.18
2008-01	ASAQX02CTS_01	0.13	0.16	0.16	0.18	0.17	0.15	0.15	0.15	0.15	0.16	0.16	0.16	0.17	0.16	0.17	0.17	0.17	0.17	0.18	0.18
2008-02	ASAQX02CTS_01	0.12	0.14	0.15	0.20	0.19	0.14	0.14	0.14	0.15	0.15	0.15	0.16	0.16	0.15	0.16	0.17	0.17	0.17	0.17	0.17
2008-03	ASAQX02CTS_01	0.12	0.14	0.15	0.17	0.17	0.15	0.14	0.14	0.14	0.14	0.14	0.15	0.15	0.15	0.15	0.15	0.16	0.17	0.17	0.17
2008-04	ASAQX02CTS_01	0.11	0.13	0.14	0.14	0.15	0.15	0.14	0.15	0.15	0.15	0.15	0.15	0.15	0.15	0.16	0.16	0.16	0.16	0.16	0.17
2008-05	ASAQX02CTS_01	0.07	0.10	0.11	0.12	0.14	0.14	0.14	0.14	0.14	0.14	0.15	0.15	0.15	0.15	0.15	0.16	0.16	0.16	0.17	0.17
2008-06	ASAQX02CTS_01	0.10	0.13	0.12	0.12	0.12	0.12	0.13	0.13	0.13	0.13	0.14	0.14	0.14	0.14	0.15	0.15	0.16	0.16	0.16	0.16
2008-07	ASAQX02CTS_01	0.11	0.13	0.13	0.13	0.13	0.13	0.13	0.13	0.13	0.13	0.14	0.14	0.14	0.14	0.15	0.15	0.15	0.15	0.16	0.16
2008-08	ASAQX02CTS_01	0.08	0.10	0.11	0.11	0.12	0.12	0.12	0.12	0.12	0.13	0.13	0.13	0.14	0.14	0.14	0.14	0.15	0.15	0.15	0.16
2008-09	ASAQX02CTS_01	0.13	0.14	0.14	0.13	0.13	0.12	0.12	0.12	0.12	0.12	0.13	0.13	0.13	0.14	0.14	0.14	0.15	0.15	0.15	0.15
2008-10	ASAQX02CTS_01	0.13	0.16	0.16	0.16	0.17	0.17	0.16	0.16	0.15	0.15	0.15	0.14	0.14	0.14	0.15	0.15	0.15	0.15	0.15	0.16
2008-11	ASAQX02CTS_01	0.10	0.13	0.13	0.14	0.15	0.15	0.15	0.15	0.15	0.15	0.15	0.15	0.15	0.15	0.15	0.15	0.16	0.16	0.16	0.16
2008-12	ASAQX02CTS_01	0.10	0.12	0.13	0.13	0.15	0.15	0.15	0.15	0.15	0.14	0.15	0.15	0.15	0.15	0.15	0.16	0.16	0.16	0.16	0.16
2009-01	ASAQX02CTS_01	0.08	0.12	0.13	0.15	0.16	0.14	0.14	0.14	0.14	0.14	0.14	0.14	0.15	0.15	0.15	0.15	0.15	0.16	0.16	0.16
2009-02	ASAQX02CTS_01	0.08	0.12	0.13	0.15	0.16	0.15	0.14	0.13	0.13	0.13	0.14	0.14	0.14	0.14	0.14	0.15	0.15	0.15	0.16	0.16
2009-03	ASAQX02CTS_01	0.10	0.13	0.13	0.14	0.15	0.14	0.14	0.13	0.13	0.13	0.14	0.14	0.14	0.14	0.14	0.14	0.15	0.15	0.15	0.16
2009-04	ASAQX02CTS_01	0.09	0.12	0.12	0.13	0.14	0.14	0.14	0.14	0.14	0.14	0.14	0.14	0.14	0.14	0.15	0.15	0.15	0.15	0.15	0.16
2009-05	ASAQX02CTS_01	0.10	0.11	0.12	0.12	0.13	0.13	0.13	0.13	0.13	0.14	0.14	0.14	0.14	0.14	0.14	0.15	0.15	0.15	0.15	0.15

（续）

时间（年-月）	样地代码	土壤深度																			
		10 cm	20 cm	30 cm	40 cm	50 cm	60 cm	70 cm	80 cm	90 cm	100 cm	110 cm	120 cm	130 cm	140 cm	150 cm	160 cm	170 cm	180 cm	190 cm	200 cm
2009-06	ASAQX02CTS_01	0.08	0.10	0.11	0.12	0.12	0.12	0.12	0.12	0.13	0.13	0.14	0.14	0.14	0.14	0.14	0.14	0.15	0.15	0.15	0.15
2009-07	ASAQX02CTS_01	0.11	0.13	0.12	0.11	0.11	0.11	0.11	0.11	0.12	0.12	0.12	0.13	0.13	0.13	0.14	0.14	0.14	0.15	0.15	0.15
2009-08	ASAQX02CTS_01	0.11	0.15	0.15	0.15	0.14	0.14	0.13	0.13	0.13	0.12	0.13	0.13	0.13	0.13	0.13	0.14	0.14	0.14	0.14	0.14
2009-09	ASAQX02CTS_01	0.15	0.17	0.17	0.17	0.17	0.17	0.17	0.16	0.16	0.16	0.16	0.16	0.15	0.15	0.15	0.15	0.15	0.15	0.15	0.15
2009-10	ASAQX02CTS_01	0.10	0.13	0.13	0.14	0.15	0.15	0.16	0.16	0.16	0.16	0.16	0.16	0.16	0.16	0.16	0.16	0.16	0.16	0.16	0.16
2009-11	ASAQX02CTS_01	0.12	0.14	0.14	0.14	0.14	0.15	0.15	0.15	0.16	0.16	0.16	0.16	0.16	0.16	0.15	0.16	0.15	0.16	0.16	0.16
2009-12	ASAQX02CTS_01	0.13	0.15	0.14	0.14	0.14	0.15	0.15	0.15	0.15	0.16	0.16	0.16	0.16	0.16	0.15	0.16	0.16	0.16	0.16	0.16
2010-01	ASAQX02CTS_01	0.11	0.14	0.15	0.16	0.17	0.17	0.17	0.17	0.17	0.17	0.17	0.18	0.18	0.18	0.18	0.18	0.18	0.18	0.19	0.19
2010-02	ASAQX02CTS_01	0.14	0.17	0.16	0.16	0.17	0.17	0.17	0.17	0.17	0.17	0.18	0.18	0.18	0.18	0.18	0.18	0.19	0.19	0.19	0.19
2010-03	ASAQX02CTS_01	0.13	0.16	0.16	0.17	0.17	0.17	0.17	0.17	0.17	0.17	0.18	0.18	0.18	0.18	0.18	0.18	0.19	0.19	0.19	0.19
2010-04	ASAQX02CTS_01	0.15	0.17	0.18	0.18	0.19	0.18	0.18	0.18	0.18	0.18	0.18	0.19	0.19	0.19	0.19	0.19	0.19	0.19	0.20	0.20
2010-05	ASAQX02CTS_01	0.12	0.16	0.18	0.18	0.18	0.19	0.19	0.18	0.19	0.18	0.18	0.18	0.19	0.18	0.19	0.19	0.19	0.19	0.20	0.20
2010-06	ASAQX02CTS_01	0.11	0.15	0.15	0.16	0.17	0.17	0.17	0.17	0.17	0.17	0.17	0.18	0.18	0.18	0.18	0.18	0.19	0.19	0.19	0.19
2010-07	ASAQX02CTS_01	0.12	0.15	0.15	0.16	0.17	0.17	0.17	0.17	0.17	0.18	0.18	0.18	0.18	0.19	0.19	0.19	0.19	0.20	0.20	0.20
2010-08	ASAQX02CTS_01	0.12	0.14	0.15	0.16	0.16	0.16	0.16	0.16	0.16	0.16	0.17	0.17	0.17	0.17	0.18	0.18	0.18	0.19	0.19	0.19
2010-09	ASAQX02CTS_01	0.14	0.17	0.18	0.18	0.19	0.20	0.19	0.19	0.19	0.19	0.19	0.19	0.19	0.19	0.19	0.19	0.20	0.19	0.20	0.19
2010-10	ASAQX02CTS_01	0.14	0.16	0.17	0.17	0.18	0.18	0.18	0.18	0.18	0.18	0.17	0.18	0.18	0.17	0.18	0.18	0.18	0.18	0.18	0.18
2010-11	ASAQX02CTS_01	0.10	0.14	0.14	0.15	0.16	0.16	0.15	0.15	0.15	0.15	0.16	0.16	0.16	0.16	0.16	0.16	0.17	0.17	0.17	0.17
2010-12	ASAQX02CTS_01	0.14	0.16	0.17	0.17	0.17	0.19	0.17	0.19	0.18	0.18	0.18	0.18	0.18	0.18	0.24	0.18	0.19	0.19	0.19	0.19
2011-01	ASAQX02CTS_01	0.12	0.15	0.17	0.17	0.18	0.18	0.17	0.17	0.17	0.16	0.17	0.17	0.17	0.16	0.17	0.17	0.18	0.18	0.17	0.18
2011-02	ASAQX02CTS_01	0.14	0.17	0.16	0.16	0.17	0.17	0.17	0.17	0.17	0.17	0.18	0.18	0.18	0.18	0.18	0.18	0.19	0.19	0.19	0.19
2011-03	ASAQX02CTS_01	0.11	0.14	0.15	0.16	0.16	0.16	0.16	0.16	0.16	0.16	0.16	0.17	0.17	0.17	0.17	0.17	0.17	0.18	0.18	0.18
2011-04	ASAQX02CTS_01	0.11	0.16	0.18	0.19	0.20	0.19	0.18	0.17	0.17	0.17	0.17	0.17	0.17	0.17	0.18	0.17	0.18	0.18	0.18	0.18
2011-05	ASAQX02CTS_01	0.13	0.19	0.21	0.22	0.21	0.20	0.19	0.18	0.18	0.17	0.18	0.18	0.18	0.17	0.17	0.17	0.18	0.17	0.18	0.18
2011-06	ASAQX02CTS_01	0.12	0.16	0.18	0.19	0.20	0.18	0.18	0.17	0.17	0.17	0.17	0.18	0.18	0.18	0.18	0.18	0.18	0.18	0.18	0.18

（续）

时间（年-月）	样地代码	土壤深度																			
		10 cm	20 cm	30 cm	40 cm	50 cm	60 cm	70 cm	80 cm	90 cm	100 cm	110 cm	120 cm	130 cm	140 cm	150 cm	160 cm	170 cm	180 cm	190 cm	200 cm
2011 - 07	ASAQX02CTS _ 01	0.10	0.15	0.18	0.19	0.20	0.19	0.18	0.17	0.17	0.17	0.17	0.17	0.18	0.18	0.18	0.17	0.18	0.18	0.18	0.18
2011 - 08	ASAQX02CTS _ 01	0.15	0.18	0.19	0.19	0.19	0.19	0.19	0.19	0.18	0.19	0.18	0.18	0.18	0.19	0.19	0.18	0.19	0.19	0.19	0.19
2011 - 09	ASAQX02CTS _ 01	0.16	0.20	0.21	0.21	0.21	0.21	0.21	0.22	0.20	0.20	0.19	0.19	0.19	0.19	0.18	0.18	0.18	0.19	0.19	0.19
2011 - 10	ASAQX02CTS _ 01	0.15	0.18	0.19	0.19	0.20	0.21	0.21	0.21	0.21	0.20	0.20	0.20	0.19	0.19	0.18	0.19	0.18	0.18	0.19	0.19
2011 - 11	ASAQX02CTS _ 01	0.17	0.19	0.19	0.20	0.21	0.21	0.21	0.22	0.21	0.21	0.21	0.22	0.21	0.21	0.21	0.20	0.20	0.20	0.20	0.20
2011 - 12	ASAQX02CTS _ 01	0.16	0.18	0.19	0.19	0.20	0.20	0.21	0.21	0.21	0.22	0.21	0.21	0.21	0.21	0.20	0.20	0.20	0.20	0.20	0.19
2012 - 01	ASAQX02CTS _ 01	0.13	0.15	0.18	0.18	0.19	0.19	0.20	0.19	0.20	0.19	0.20	0.20	0.20	0.20	0.20	0.20	0.20	0.20	0.20	0.20
2012 - 02	ASAQX02CTS _ 01	0.13	0.16	0.17	0.18	0.18	0.18	0.18	0.18	0.18	0.19	0.19	0.19	0.19	0.19	0.19	0.19	0.19	0.19	0.19	0.19
2012 - 03	ASAQX02CTS _ 01	0.10	0.13	0.15	0.16	0.17	0.17	0.17	0.18	0.18	0.18	0.18	0.18	0.18	0.19	0.19	0.18	0.19	0.19	0.19	0.19
2012 - 04	ASAQX02CTS _ 01	0.10	0.13	0.15	0.15	0.16	0.16	0.16	0.16	0.17	0.17	0.17	0.17	0.17	0.17	0.17	0.18	0.17	0.17	0.18	0.18
2012 - 05	ASAQX02CTS _ 01	0.12	0.14	0.16	0.16	0.16	0.17	0.16	0.17	0.17	0.17	0.17	0.17	0.17	0.17	0.17	0.17	0.17	0.17	0.17	0.17
2012 - 06	ASAQX02CTS _ 01	0.11	0.13	0.14	0.15	0.15	0.15	0.15	0.15	0.16	0.15	0.16	0.15	0.16	0.16	0.16	0.16	0.17	0.16	0.17	0.16
2012 - 07	ASAQX02CTS _ 01	0.14	0.16	0.17	0.18	0.18	0.18	0.18	0.19	0.19	0.19	0.19	0.19	0.19	0.19	0.19	0.19	0.19	0.19	0.19	0.19
2012 - 08	ASAQX02CTS _ 01	0.14	0.17	0.18	0.19	0.20	0.20	0.20	0.20	0.20	0.20	0.21	0.21	0.21	0.21	0.21	0.21	0.21	0.21	0.21	0.22
2012 - 09	ASAQX02CTS _ 01	0.17	0.19	0.19	0.20	0.20	0.20	0.21	0.21	0.20	0.21	0.22	0.22	0.22	0.22	0.22	0.22	0.22	0.22	0.22	0.22
2012 - 10	ASAQX02CTS _ 01	0.14	0.16	0.18	0.19	0.20	0.20	0.20	0.21	0.20	0.21	0.21	0.21	0.20	0.20	0.20	0.20	0.20	0.20	0.21	0.20
2012 - 11	ASAQX02CTS _ 01	0.12	0.14	0.16	0.17	0.18	0.19	0.19	0.19	0.19	0.19	0.19	0.19	0.20	0.20	0.20	0.20	0.20	0.20	0.20	0.19
2012 - 12	ASAQX02CTS _ 01	0.11	0.14	0.16	0.17	0.17	0.18	0.18	0.18	0.18	0.19	0.19	0.19	0.19	0.19	0.19	0.19	0.19	0.19	0.19	0.19
2013 - 01	ASAQX02CTS _ 01	0.11	0.13	0.15	0.16	0.17	0.17	0.17	0.17	0.18	0.18	0.18	0.18	0.18	0.18	0.18	0.18	0.19	0.19	0.19	0.19
2013 - 02	ASAQX02CTS _ 01	0.11	0.13	0.13	0.14	0.15	0.16	0.16	0.17	0.17	0.17	0.17	0.18	0.18	0.18	0.18	0.18	0.18	0.18	0.18	0.18
2013 - 03	ASAQX02CTS _ 01	0.09	0.11	0.12	0.14	0.14	0.15	0.15	0.15	0.16	0.16	0.16	0.17	0.17	0.17	0.17	0.18	0.18	0.18	0.18	0.18
2013 - 04	ASAQX02CTS _ 01	0.10	0.11	0.12	0.13	0.13	0.13	0.14	0.14	0.14	0.14	0.15	0.15	0.16	0.16	0.16	0.16	0.16	0.17	0.17	0.17
2013 - 05	ASAQX02CTS _ 01	0.10	0.11	0.12	0.12	0.13	0.13	0.13	0.13	0.13	0.14	0.14	0.14	0.14	0.15	0.15	0.15	0.16	0.16	0.16	0.16
2013 - 06	ASAQX02CTS _ 01	0.12	0.12	0.13	0.13	0.14	0.14	0.14	0.14	0.14	0.15	0.15	0.15	0.15	0.15	0.15	0.16	0.16	0.16	0.16	0.17
2013 - 07	ASAQX02CTS _ 01	0.22	0.24	0.25	0.25	0.25	0.25	0.25	0.25	0.25	0.25	0.24	0.25	0.25	0.25	0.25	0.25	0.25	0.25	0.25	0.25

（续）

时间（年-月）	样地代码	土壤深度																			
		10 cm	20 cm	30 cm	40 cm	50 cm	60 cm	70 cm	80 cm	90 cm	100 cm	110 cm	120 cm	130 cm	140 cm	150 cm	160 cm	170 cm	180 cm	190 cm	200 cm
2013-08	ASAQX02CTS_01	0.22	0.24	0.25	0.25	0.25	0.25	0.25	0.25	0.26	0.26	0.26	0.26	0.27	0.27	0.27	0.27	0.28	0.28	0.28	0.27
2013-09	ASAQX02CTS_01	0.20	0.21	0.22	0.23	0.22	0.23	0.23	0.23	0.23	0.24	0.25	0.25	0.26	0.26	0.26	0.26	0.26	0.26	0.26	0.26
2013-10	ASAQX02CTS_01	0.17	0.18	0.20	0.21	0.21	0.22	0.22	0.23	0.23	0.24	0.24	0.25	0.25	0.25	0.26	0.27	0.27	0.27	0.27	0.27
2013-11	ASAQX02CTS_01	0.15	0.17	0.18	0.19	0.20	0.21	0.21	0.22	0.22	0.22	0.22	0.23	0.23	0.24	0.24	0.25	0.25	0.26	0.26	0.26
2013-12	ASAQX02CTS_01	0.12	0.13	0.15	0.17	0.18	0.19	0.20	0.20	0.20	0.21	0.22	0.22	0.23	0.23	0.23	0.24	0.24	0.24	0.25	0.25
2014-01	ASAQX02CTS_01	0.13	0.14	0.15	0.16	0.18	0.19	0.20	0.21	0.22	0.23	0.23	0.21	0.21	0.20	0.20	0.19	0.19	0.20	0.20	0.21
2014-02	ASAQX02CTS_01	0.14	0.15	0.17	0.18	0.19	0.20	0.20	0.21	0.21	0.21	0.20	0.19	0.19	0.18	0.18	0.17	0.18	0.18	0.19	0.20
2014-03	ASAQX02CTS_01	0.14	0.16	0.16	0.17	0.19	0.20	0.21	0.21	0.20	0.19	0.19	0.18	0.17	0.17	0.16	0.16	0.17	0.18	0.18	0.19
2014-04	ASAQX02CTS_01	0.14	0.15	0.15	0.16	0.17	0.17	0.17	0.18	0.17	0.17	0.17	0.16	0.16	0.16	0.16	0.15	0.16	0.17	0.17	0.17
2014-05	ASAQX02CTS_01	0.14	0.14	0.15	0.16	0.17	0.17	0.17	0.16	0.15	0.15	0.15	0.15	0.15	0.15	0.15	0.15	0.16	0.16	0.16	0.16
2014-06	ASAQX02CTS_01	0.09	0.10	0.11	0.13	0.15	0.16	0.17	0.17	0.16	0.16	0.17	0.17	0.17	0.17	0.17	0.18	0.18	0.18	0.18	0.18
2014-07	ASAQX02CTS_01	0.14	0.16	0.17	0.18	0.19	0.20	0.20	0.20	0.19	0.19	0.19	0.19	0.20	0.20	0.20	0.20	0.20	0.21	0.21	0.21
2014-08	ASAQX02CTS_01	0.20	0.21	0.22	0.23	0.23	0.23	0.23	0.21	0.21	0.20	0.19	0.19	0.19	0.19	0.19	0.19	0.20	0.20	0.20	0.20
2014-09	ASAQX02CTS_01	0.21	0.23	0.24	0.25	0.25	0.25	0.25	0.24	0.23	0.22	0.21	0.21	0.21	0.20	0.20	0.21	0.21	0.21	0.21	0.21
2014-10	ASAQX02CTS_01	0.20	0.21	0.22	0.22	0.23	0.23	0.24	0.24	0.25	0.24	0.24	0.24	0.23	0.23	0.22	0.23	0.23	0.23	0.23	0.24
2014-11	ASAQX02CTS_01	0.16	0.16	0.18	0.19	0.19	0.19	0.20	0.20	0.20	0.21	0.21	0.21	0.21	0.21	0.21	0.21	0.21	0.21	0.21	0.21
2014-12	ASAQX02CTS_01	0.13	0.15	0.16	0.17	0.18	0.19	0.19	0.19	0.19	0.19	0.19	0.19	0.19	0.19	0.19	0.19	0.19	0.20	0.20	0.20
2015-01	ASAQX02CTS_01	0.13	0.14	0.15	0.16	0.17	0.18	0.18	0.18	0.18	0.18	0.17	0.17	0.18	0.18	0.18	0.18	0.18	0.18	0.19	0.19
2015-02	ASAQX02CTS_01	0.13	0.13	0.14	0.14	0.16	0.17	0.17	0.17	0.17	0.17	0.17	0.17	0.17	0.17	0.17	0.17	0.17	0.17	0.18	0.18
2015-03	ASAQX02CTS_01	0.13	0.13	0.13	0.14	0.15	0.16	0.16	0.16	0.17	0.16	0.16	0.17	0.17	0.17	0.17	0.17	0.17	0.17	0.17	0.17
2015-04	ASAQX02CTS_01	0.14	0.14	0.14	0.14	0.15	0.15	0.16	0.16	0.16	0.16	0.16	0.16	0.16	0.16	0.17	0.17	0.17	0.17	0.17	0.17
2015-05	ASAQX02CTS_01	0.14	0.14	0.15	0.15	0.16	0.16	0.16	0.16	0.16	0.16	0.16	0.16	0.16	0.17	0.17	0.17	0.17	0.17	0.17	0.17
2015-06	ASAQX02CTS_01	0.13	0.14	0.14	0.15	0.15	0.16	0.16	0.16	0.16	0.16	0.16	0.16	0.16	0.16	0.16	0.17	0.17	0.17	0.17	0.17
2015-07	ASAQX02CTS_01	0.14	0.14	0.14	0.15	0.15	0.15	0.16	0.16	0.16	0.16	0.16	0.16	0.16	0.17	0.17	0.17	0.17	0.17	0.17	0.17
2015-08	ASAQX02CTS_01	0.13	0.13	0.14	0.14	0.14	0.15	0.15	0.16	0.16	0.16	0.16	0.16	0.16	0.16	0.16	0.16	0.16	0.17	0.17	0.17

（续）

时间（年-月）	样地代码	土壤深度																			
		10 cm	20 cm	30 cm	40 cm	50 cm	60 cm	70 cm	80 cm	90 cm	100 cm	110 cm	120 cm	130 cm	140 cm	150 cm	160 cm	170 cm	180 cm	190 cm	200 cm
2015-09	ASAQX02CTS_01	0.14	0.14	0.14	0.15	0.15	0.16	0.16	0.16	0.16	0.16	0.16	0.16	0.16	0.16	0.17	0.17	0.17	0.17	0.17	0.17
2015-10	ASAQX02CTS_01	0.15	0.15	0.15	0.16	0.16	0.16	0.17	0.17	0.17	0.17	0.17	0.17	0.17	0.17	0.17	0.17	0.17	0.17	0.18	0.18
2015-11	ASAQX02CTS_01	0.16	0.16	0.16	0.16	0.17	0.17	0.17	0.17	0.17	0.17	0.17	0.17	0.17	0.17	0.17	0.17	0.17	0.18	0.18	0.18
2015-12	ASAQX02CTS_01	0.14	0.15	0.15	0.15	0.16	0.16	0.16	0.17	0.17	0.17	0.17	0.17	0.17	0.17	0.17	0.17	0.17	0.18	0.18	0.18
2008-01	ASAFZ03CTS_01	0.10	0.14	0.15	0.16	0.14	0.14	0.16	0.17	0.17	0.17	0.17	0.17	0.17	0.17	0.17	0.17	0.17	0.17	0.17	0.17
2008-02	ASAFZ03CTS_01	0.14	0.16	0.18	0.20	0.14	0.13	0.15	0.16	0.16	0.16	0.16	0.16	0.16	0.16	0.16	0.16	0.16	0.17	0.17	0.17
2008-03	ASAFZ03CTS_01	0.12	0.15	0.16	0.17	0.15	0.14	0.15	0.16	0.16	0.16	0.16	0.17	0.17	0.17	0.17	0.17	0.17	0.17	0.17	0.17
2008-04	ASAFZ03CTS_01	0.09	0.11	0.13	0.14	0.14	0.14	0.15	0.16	0.16	0.15	0.15	0.15	0.15	0.15	0.15	0.15	0.15	0.15	0.15	0.16
2008-05	ASAFZ03CTS_01	0.07	0.10	0.12	0.13	0.13	0.13	0.15	0.15	0.15	0.15	0.15	0.15	0.15	0.15	0.15	0.15	0.15	0.15	0.16	0.16
2008-06	ASAFZ03CTS_01	0.09	0.12	0.13	0.14	0.14	0.14	0.15	0.15	0.15	0.15	0.15	0.15	0.15	0.15	0.15	0.15	0.15	0.15	0.15	0.16
2008-07	ASAFZ03CTS_01	0.09	0.11	0.12	0.13	0.13	0.14	0.15	0.15	0.15	0.15	0.15	0.15	0.15	0.15	0.15	0.15	0.15	0.15	0.15	0.16
2008-08	ASAFZ03CTS_01	0.07	0.08	0.09	0.10	0.10	0.11	0.13	0.14	0.14	0.14	0.14	0.14	0.14	0.14	0.14	0.15	0.15	0.15	0.15	0.15
2008-09	ASAFZ03CTS_01	0.11	0.12	0.12	0.11	0.11	0.11	0.12	0.12	0.12	0.13	0.13	0.13	0.13	0.13	0.13	0.14	0.14	0.14	0.15	0.15
2008-10	ASAFZ03CTS_01	0.11	0.14	0.15	0.16	0.16	0.16	0.16	0.15	0.15	0.14	0.14	0.13	0.13	0.13	0.13	0.14	0.14	0.14	0.15	0.15
2008-11	ASAFZ03CTS_01	0.08	0.11	0.13	0.14	0.14	0.14	0.15	0.15	0.15	0.15	0.14	0.14	0.14	0.14	0.14	0.14	0.14	0.14	0.15	0.15
2008-12	ASAFZ03CTS_01	0.08	0.11	0.12	0.13	0.14	0.14	0.15	0.15	0.15	0.15	0.14	0.14	0.14	0.14	0.14	0.14	0.14	0.14	0.15	0.15
2009-01	ASAFZ03CTS_01	0.07	0.11	0.13	0.13	0.13	0.13	0.14	0.15	0.14	0.14	0.14	0.14	0.14	0.14	0.14	0.14	0.14	0.15	0.15	0.15
2009-02	ASAFZ03CTS_01	0.07	0.10	0.13	0.13	0.13	0.12	0.13	0.14	0.14	0.14	0.13	0.13	0.13	0.13	0.13	0.14	0.14	0.14	0.14	0.14
2009-03	ASAFZ03CTS_01	0.08	0.11	0.12	0.13	0.13	0.13	0.14	0.14	0.14	0.14	0.13	0.13	0.13	0.13	0.13	0.14	0.14	0.14	0.14	0.14
2009-04	ASAFZ03CTS_01	0.07	0.10	0.11	0.12	0.13	0.13	0.13	0.14	0.14	0.14	0.14	0.13	0.13	0.14	0.14	0.14	0.14	0.14	0.14	0.14
2009-05	ASAFZ03CTS_01	0.08	0.10	0.12	0.12	0.12	0.13	0.13	0.14	0.14	0.14	0.14	0.13	0.13	0.13	0.13	0.14	0.14	0.14	0.14	0.14
2009-06	ASAFZ03CTS_01	0.07	0.09	0.11	0.13	0.13	0.13	0.13	0.13	0.13	0.13	0.13	0.13	0.13	0.13	0.13	0.13	0.13	0.13	0.14	0.14
2009-07	ASAFZ03CTS_01	0.09	0.12	0.13	0.14	0.13	0.13	0.14	0.14	0.14	0.14	0.14	0.14	0.14	0.13	0.14	0.14	0.14	0.14	0.14	0.15
2009-08	ASAFZ03CTS_01	0.09	0.11	0.13	0.15	0.16	0.16	0.16	0.16	0.16	0.15	0.15	0.15	0.15	0.15	0.14	0.14	0.14	0.14	0.15	0.15
2009-09	ASAFZ03CTS_01	0.12	0.14	0.16	0.18	0.18	0.18	0.18	0.18	0.18	0.18	0.18	0.17	0.17	0.17	0.16	0.16	0.16	0.16	0.16	0.16

（续）

时间（年-月）	样地代码	土壤深度																			
		10 cm	20 cm	30 cm	40 cm	50 cm	60 cm	70 cm	80 cm	90 cm	100 cm	110 cm	120 cm	130 cm	140 cm	150 cm	160 cm	170 cm	180 cm	190 cm	200 cm
2009-10	ASAFZ03CTS_01	0.08	0.10	0.12	0.13	0.14	0.15	0.15	0.16	0.16	0.17	0.16	0.16	0.16	0.16	0.16	0.16	0.16	0.16	0.17	0.17
2009-11	ASAFZ03CTS_01	0.09	0.12	0.13	0.14	0.14	0.14	0.15	0.15	0.15	0.15	0.16	0.16	0.16	0.16	0.15	0.16	0.16	0.16	0.16	0.16
2009-12	ASAFZ03CTS_01	0.11	0.13	0.13	0.14	0.14	0.14	0.15	0.15	0.15	0.15	0.16	0.16	0.15	0.15	0.15	0.15	0.16	0.16	0.15	0.16
2010-01	ASAFZ03CTS_01	0.10	0.13	0.15	0.16	0.17	0.17	0.17	0.17	0.17	0.17	0.17	0.17	0.17	0.18	0.18	0.17	0.18	0.17	0.18	0.18
2010-02	ASAFZ03CTS_01	0.13	0.16	0.15	0.16	0.16	0.16	0.18	0.18	0.18	0.17	0.18	0.18	0.18	0.18	0.18	0.17	0.18	0.18	0.18	0.18
2010-03	ASAFZ03CTS_01	0.12	0.14	0.15	0.17	0.17	0.17	0.18	0.18	0.18	0.17	0.17	0.17	0.17	0.17	0.17	0.17	0.17	0.17	0.18	0.18
2010-04	ASAFZ03CTS_01	0.11	0.14	0.16	0.17	0.18	0.18	0.18	0.18	0.18	0.18	0.18	0.18	0.18	0.18	0.18	0.18	0.18	0.18	0.19	0.19
2010-05	ASAFZ03CTS_01	0.10	0.15	0.17	0.18	0.18	0.18	0.19	0.19	0.19	0.18	0.18	0.18	0.18	0.18	0.18	0.18	0.18	0.18	0.19	0.19
2010-06	ASAFZ03CTS_01	0.11	0.14	0.15	0.17	0.17	0.17	0.18	0.18	0.18	0.18	0.17	0.17	0.17	0.18	0.18	0.17	0.17	0.18	0.18	0.18
2010-07	ASAFZ03CTS_01	0.10	0.12	0.14	0.15	0.16	0.16	0.17	0.17	0.17	0.17	0.17	0.17	0.17	0.17	0.18	0.18	0.18	0.18	0.18	0.18
2010-08	ASAFZ03CTS_01	0.10	0.11	0.13	0.13	0.14	0.15	0.15	0.15	0.15	0.15	0.15	0.16	0.16	0.16	0.17	0.17	0.17	0.18	0.18	0.17
2010-09	ASAFZ03CTS_01	0.10	0.13	0.15	0.16	0.17	0.16	0.17	0.16	0.16	0.16	0.15	0.15	0.15	0.15	0.16	0.16	0.16	0.16	0.17	0.16
2010-10	ASAFZ03CTS_01	0.10	0.13	0.15	0.16	0.17	0.16	0.17	0.16	0.15	0.15	0.15	0.15	0.15	0.15	0.15	0.15	0.15	0.15	0.16	0.15
2010-11	ASAFZ03CTS_01	0.09	0.13	0.14	0.15	0.15	0.16	0.16	0.16	0.16	0.15	0.15	0.16	0.16	0.16	0.16	0.16	0.16	0.16	0.16	0.16
2010-12	ASAFZ03CTS_01	0.10	0.12	0.14	0.15	0.16	0.15	0.16	0.16	0.15	0.15	0.15	0.15	0.15	0.15	0.15	0.15	0.16	0.16	0.16	0.15
2011-01	ASAFZ03CTS_01	0.10	0.13	0.14	0.15	0.16	0.16	0.16	0.16	0.16	0.15	0.16	0.16	0.15	0.15	0.15	0.15	0.15	0.15	0.16	0.15
2011-02	ASAFZ03CTS_01	0.13	0.16	0.15	0.16	0.16	0.16	0.18	0.18	0.18	0.17	0.18	0.18	0.18	0.18	0.18	0.17	0.18	0.18	0.18	0.18
2011-03	ASAFZ03CTS_01	0.10	0.13	0.15	0.16	0.16	0.16	0.17	0.17	0.17	0.17	0.16	0.16	0.16	0.16	0.17	0.16	0.17	0.17	0.17	0.17
2011-04	ASAFZ03CTS_01	0.11	0.14	0.17	0.18	0.18	0.18	0.18	0.17	0.17	0.17	0.17	0.16	0.16	0.16	0.16	0.16	0.16	0.16	0.16	0.16
2011-05	ASAFZ03CTS_01	0.10	0.15	0.18	0.19	0.19	0.18	0.18	0.17	0.17	0.17	0.16	0.16	0.16	0.15	0.15	0.15	0.16	0.15	0.16	0.16
2011-06	ASAFZ03CTS_01	0.11	0.14	0.17	0.17	0.17	0.18	0.17	0.17	0.17	0.17	0.17	0.17	0.16	0.16	0.16	0.16	0.16	0.16	0.17	0.17
2011-07	ASAFZ03CTS_01	0.11	0.14	0.16	0.17	0.18	0.18	0.17	0.17	0.17	0.17	0.17	0.16	0.16	0.16	0.16	0.16	0.15	0.16	0.16	0.16
2011-08	ASAFZ03CTS_01	0.14	0.16	0.17	0.17	0.18	0.18	0.18	0.18	0.18	0.18	0.18	0.17	0.17	0.17	0.17	0.17	0.17	0.17	0.17	0.17
2011-09	ASAFZ03CTS_01	0.15	0.19	0.20	0.20	0.21	0.21	0.21	0.21	0.21	0.20	0.20	0.19	0.18	0.18	0.18	0.18	0.17	0.17	0.17	0.16
2011-10	ASAFZ03CTS_01	0.15	0.17	0.18	0.19	0.20	0.20	0.21	0.21	0.21	0.20	0.20	0.20	0.20	0.20	0.19	0.19	0.18	0.18	0.18	0.18

（续）

时间（年-月）	样地代码	土壤深度																			
		10 cm	20 cm	30 cm	40 cm	50 cm	60 cm	70 cm	80 cm	90 cm	100 cm	110 cm	120 cm	130 cm	140 cm	150 cm	160 cm	170 cm	180 cm	190 cm	200 cm
2011-11	ASAFZ03CTS_01	0.15	0.18	0.19	0.19	0.20	0.20	0.21	0.21	0.21	0.21	0.21	0.20	0.20	0.20	0.20	0.20	0.19	0.19	0.19	0.19
2011-12	ASAFZ03CTS_01	0.16	0.18	0.19	0.19	0.20	0.20	0.20	0.20	0.21	0.21	0.21	0.21	0.21	0.21	0.20	0.20	0.20	0.19	0.19	0.19
2012-01	ASAFZ03CTS_01	0.10	0.15	0.18	0.18	0.19	0.19	0.19	0.20	0.19	0.19	0.19	0.18	0.18	0.18	0.18	0.18	0.19	0.19	0.20	0.19
2012-02	ASAFZ03CTS_01	0.11	0.12	0.15	0.16	0.17	0.17	0.17	0.18	0.18	0.18	0.18	0.18	0.18	0.18	0.18	0.19	0.19	0.20	0.19	0.20
2012-03	ASAFZ03CTS_01	0.11	0.13	0.17	0.19	0.19	0.19	0.19	0.19	0.18	0.18	0.17	0.17	0.17	0.17	0.17	0.17	0.18	0.18	0.18	0.18
2012-04	ASAFZ03CTS_01	0.10	0.14	0.15	0.17	0.18	0.18	0.19	0.20	0.20	0.20	0.20	0.20	0.20	0.20	0.20	0.21	0.21	0.21	0.21	0.21
2012-05	ASAFZ03CTS_01	0.11	0.15	0.17	0.18	0.18	0.19	0.19	0.19	0.19	0.18	0.18	0.18	0.17	0.17	0.18	0.18	0.18	0.18	0.19	0.18
2012-06	ASAFZ03CTS_01	0.09	0.12	0.14	0.15	0.15	0.15	0.16	0.16	0.16	0.16	0.15	0.15	0.15	0.15	0.15	0.15	0.15	0.15	0.15	0.15
2012-07	ASAFZ03CTS_01	0.11	0.12	0.14	0.15	0.15	0.15	0.16	0.15	0.15	0.15	0.15	0.15	0.16	0.16	0.16	0.17	0.17	0.18	0.18	0.17
2012-08	ASAFZ03CTS_01	0.13	0.16	0.17	0.17	0.17	0.17	0.19	0.20	0.19	0.18	0.19	0.19	0.19	0.19	0.19	0.19	0.19	0.20	0.20	0.20
2012-09	ASAFZ03CTS_01	0.11	0.14	0.16	0.17	0.17	0.18	0.19	0.19	0.19	0.18	0.18	0.18	0.18	0.18	0.18	0.18	0.19	0.19	0.19	0.20
2012-10	ASAFZ03CTS_01	0.09	0.12	0.14	0.15	0.16	0.16	0.17	0.16	0.16	0.16	0.16	0.16	0.16	0.16	0.16	0.16	0.17	0.17	0.17	0.17
2012-11	ASAFZ03CTS_01	0.10	0.13	0.14	0.16	0.16	0.17	0.17	0.18	0.17	0.17	0.17	0.17	0.17	0.18	0.18	0.18	0.18	0.18	0.18	0.18
2012-12	ASAFZ03CTS_01	0.12	0.15	0.18	0.18	0.19	0.19	0.19	0.18	0.18	0.17	0.17	0.18	0.18	0.18	0.19	0.19	0.19	0.20	0.20	0.20
2013-01	ASAFZ03CTS_01	0.10	0.13	0.14	0.15	0.15	0.16	0.16	0.16	0.17	0.17	0.17	0.17	0.18	0.18	0.18	0.19	0.19	0.19	0.19	0.19
2013-02	ASAFZ03CTS_01	0.11	0.12	0.13	0.14	0.14	0.15	0.15	0.16	0.16	0.16	0.16	0.16	0.17	0.17	0.17	0.18	0.18	0.19	0.19	0.19
2013-03	ASAFZ03CTS_01	0.09	0.11	0.13	0.13	0.14	0.14	0.15	0.15	0.15	0.16	0.16	0.16	0.16	0.17	0.17	0.17	0.17	0.18	0.18	0.19
2013-04	ASAFZ03CTS_01	0.11	0.12	0.13	0.13	0.14	0.14	0.14	0.14	0.14	0.14	0.15	0.15	0.15	0.15	0.16	0.16	0.16	0.17	0.17	0.18
2013-05	ASAFZ03CTS_01	0.11	0.12	0.13	0.13	0.13	0.13	0.13	0.13	0.13	0.14	0.14	0.14	0.14	0.14	0.14	0.15	0.15	0.16	0.16	0.17
2013-06	ASAFZ03CTS_01	0.13	0.14	0.15	0.15	0.15	0.14	0.14	0.14	0.13	0.14	0.14	0.14	0.14	0.15	0.15	0.15	0.15	0.16	0.16	0.17
2013-07	ASAFZ03CTS_01	0.22	0.29	0.29	0.29	0.28	0.27	0.26	0.25	0.24	0.24	0.24	0.24	0.24	0.24	0.24	0.24	0.24	0.24	0.24	0.24
2013-08	ASAFZ03CTS_01	0.20	0.28	0.33	0.32	0.31	0.30	0.29	0.28	0.28	0.28	0.29	0.29	0.29	0.29	0.29	0.29	0.29	0.29	0.29	0.29
2013-09	ASAFZ03CTS_01	0.20	0.26	0.31	0.30	0.30	0.29	0.28	0.28	0.28	0.29	0.28	0.29	0.29	0.29	0.29	0.29	0.29	0.29	0.29	0.29
2013-10	ASAFZ03CTS_01	0.18	0.24	0.28	0.27	0.27	0.27	0.26	0.26	0.26	0.27	0.27	0.28	0.28	0.28	0.28	0.29	0.29	0.28	0.28	0.29

（续）

时间（年-月）	样地代码	土壤深度																			
		10 cm	20 cm	30 cm	40 cm	50 cm	60 cm	70 cm	80 cm	90 cm	100 cm	110 cm	120 cm	130 cm	140 cm	150 cm	160 cm	170 cm	180 cm	190 cm	200 cm
2013 - 11	ASAFZ03CTS_01	0.15	0.20	0.26	0.28	0.27	0.26	0.26	0.25	0.25	0.26	0.26	0.27	0.27	0.27	0.27	0.27	0.27	0.27	0.27	0.27
2013 - 12	ASAFZ03CTS_01	0.12	0.13	0.21	0.24	0.24	0.25	0.25	0.25	0.25	0.25	0.25	0.26	0.26	0.26	0.26	0.26	0.26	0.26	0.26	0.26
2014 - 01	ASAFZ03CTS_01	0.12	0.15	0.18	0.20	0.22	0.23	0.24	0.25	0.26	0.26	0.25	0.25	0.24	0.23	0.23	0.22	0.22	0.23	0.23	0.24
2014 - 02	ASAFZ03CTS_01	0.18	0.19	0.20	0.20	0.21	0.21	0.22	0.23	0.23	0.24	0.23	0.22	0.21	0.21	0.21	0.21	0.22	0.22	0.22	0.23
2014 - 03	ASAFZ03CTS_01	0.17	0.18	0.19	0.20	0.20	0.20	0.21	0.21	0.21	0.22	0.21	0.20	0.19	0.20	0.20	0.21	0.21	0.21	0.22	0.22
2014 - 04	ASAFZ03CTS_01	0.16	0.17	0.18	0.19	0.19	0.20	0.20	0.20	0.21	0.21	0.20	0.20	0.19	0.20	0.20	0.20	0.21	0.21	0.21	0.21
2014 - 05	ASAFZ03CTS_01	0.15	0.14	0.16	0.16	0.17	0.17	0.18	0.19	0.19	0.19	0.19	0.19	0.19	0.19	0.19	0.19	0.20	0.20	0.20	0.20
2014 - 06	ASAFZ03CTS_01	0.13	0.12	0.14	0.14	0.15	0.13	0.15	0.16	0.16	0.17	0.17	0.17	0.17	0.17	0.17	0.17	0.17	0.17	0.17	0.17
2014 - 07	ASAFZ03CTS_01	0.13	0.15	0.15	0.16	0.17	0.18	0.18	0.18	0.19	0.19	0.19	0.18	0.18	0.18	0.18	0.18	0.18	0.18	0.19	0.19
2014 - 08	ASAFZ03CTS_01	0.18	0.19	0.19	0.18	0.17	0.18	0.17	0.17	0.17	0.17	0.17	0.17	0.17	0.17	0.17	0.17	0.17	0.17	0.18	0.18
2014 - 09	ASAFZ03CTS_01	0.18	0.19	0.20	0.20	0.19	0.18	0.17	0.17	0.18	0.18	0.18	0.18	0.18	0.18	0.18	0.18	0.18	0.18	0.18	0.18
2014 - 10	ASAFZ03CTS_01	0.17	0.18	0.22	0.23	0.22	0.21	0.20	0.20	0.20	0.21	0.21	0.21	0.21	0.20	0.19	0.19	0.20	0.20	0.20	0.20
2014 - 11	ASAFZ03CTS_01	0.16	0.17	0.18	0.19	0.20	0.19	0.18	0.18	0.18	0.19	0.19	0.19	0.20	0.19	0.18	0.18	0.18	0.18	0.19	0.19
2014 - 12	ASAFZ03CTS_01	0.13	0.16	0.17	0.18	0.18	0.18	0.17	0.17	0.17	0.18	0.18	0.18	0.18	0.18	0.18	0.18	0.17	0.18	0.18	0.18
2015 - 01	ASAFZ03CTS_01	0.13	0.14	0.15	0.16	0.17	0.17	0.17	0.16	0.17	0.17	0.17	0.17	0.17	0.17	0.17	0.17	0.17	0.17	0.17	0.17
2015 - 02	ASAFZ03CTS_01	0.12	0.12	0.14	0.15	0.16	0.16	0.16	0.16	0.16	0.16	0.16	0.16	0.16	0.16	0.16	0.16	0.16	0.16	0.17	0.17
2015 - 03	ASAFZ03CTS_01	0.12	0.11	0.13	0.14	0.15	0.15	0.15	0.15	0.15	0.15	0.15	0.16	0.15	0.16	0.15	0.16	0.16	0.16	0.16	0.16
2015 - 04	ASAFZ03CTS_01	0.13	0.12	0.13	0.14	0.15	0.15	0.15	0.15	0.15	0.15	0.15	0.15	0.15	0.15	0.15	0.15	0.15	0.15	0.16	0.16
2015 - 05	ASAFZ03CTS_01	0.14	0.13	0.13	0.13	0.14	0.14	0.14	0.15	0.15	0.15	0.15	0.15	0.15	0.15	0.15	0.15	0.15	0.16	0.16	0.16
2015 - 06	ASAFZ03CTS_01	0.13	0.11	0.11	0.13	0.14	0.14	0.14	0.14	0.14	0.14	0.15	0.15	0.15	0.15	0.15	0.15	0.15	0.15	0.16	0.16
2015 - 07	ASAFZ03CTS_01	0.12	0.12	0.12	0.13	0.13	0.13	0.14	0.14	0.14	0.14	0.14	0.14	0.15	0.15	0.15	0.15	0.15	0.16	0.16	0.16
2015 - 08	ASAFZ03CTS_01	0.11	0.10	0.11	0.12	0.13	0.13	0.13	0.13	0.14	0.14	0.14	0.14	0.14	0.15	0.15	0.15	0.15	0.15	0.16	0.16
2015 - 09	ASAFZ03CTS_01	0.14	0.13	0.13	0.13	0.13	0.13	0.13	0.13	0.13	0.14	0.14	0.14	0.15	0.15	0.15	0.15	0.15	0.16	0.16	0.16

（续）

时间（年-月）	样地代码	土壤深度																			
		10 cm	20 cm	30 cm	40 cm	50 cm	60 cm	70 cm	80 cm	90 cm	100 cm	110 cm	120 cm	130 cm	140 cm	150 cm	160 cm	170 cm	180 cm	190 cm	200 cm
2015-10	ASAFZ03CTS_01	0.14	0.14	0.14	0.14	0.14	0.14	0.14	0.14	0.14	0.15	0.15	0.15	0.15	0.16	0.16	0.16	0.16	0.16	0.17	0.17
2015-11	ASAFZ03CTS_01	0.15	0.14	0.15	0.15	0.15	0.15	0.15	0.15	0.15	0.16	0.16	0.16	0.16	0.16	0.17	0.17	0.17	0.17	0.17	0.17
2015-12	ASAFZ03CTS_01	0.11	0.12	0.13	0.14	0.15	0.15	0.15	0.15	0.15	0.16	0.16	0.16	0.16	0.17	0.17	0.17	0.17	0.17	0.17	0.17
2008-01	ASAZH01CTS_01	0.12	0.18	0.18	0.17	0.15	0.14	0.14	0.14	0.15	0.15	0.14	0.14	0.14	0.14	0.14	0.14	0.14	0.14	0.14	0.14
2008-02	ASAZH01CTS_01	0.12	0.18	0.18	0.17	0.17	0.14	0.14	0.13	0.14	0.14	0.14	0.13	0.14	0.14	0.14	0.14	0.14	0.14	0.14	0.14
2008-03	ASAZH01CTS_01	0.11	0.16	0.17	0.17	0.16	0.14	0.13	0.13	0.13	0.13	0.13	0.13	0.13	0.13	0.13	0.13	0.13	0.14	0.14	0.14
2008-04	ASAZH01CTS_01	0.10	0.14	0.15	0.15	0.15	0.14	0.13	0.13	0.13	0.13	0.13	0.13	0.13	0.13	0.13	0.13	0.13	0.13	0.13	0.13
2008-05	ASAZH01CTS_01	0.08	0.12	0.14	0.14	0.14	0.13	0.13	0.13	0.13	0.13	0.13	0.13	0.13	0.13	0.13	0.13	0.13	0.13	0.13	0.13
2008-06	ASAZH01CTS_01	0.10	0.14	0.15	0.15	0.14	0.13	0.13	0.12	0.13	0.13	0.13	0.12	0.13	0.13	0.13	0.13	0.13	0.13	0.13	0.13
2008-07	ASAZH01CTS_01	0.09	0.11	0.12	0.12	0.12	0.12	0.12	0.12	0.12	0.12	0.12	0.12	0.13	0.13	0.13	0.13	0.13	0.13	0.13	0.13
2008-08	ASAZH01CTS_01	0.08	0.09	0.09	0.09	0.09	0.09	0.09	0.09	0.09	0.10	0.10	0.10	0.11	0.11	0.12	0.12	0.12	0.12	0.13	0.13
2008-09	ASAZH01CTS_01	0.11	0.12	0.12	0.11	0.10	0.09	0.08	0.08	0.08	0.09	0.09	0.09	0.09	0.10	0.10	0.10	0.11	0.11	0.12	0.12
2008-10	ASAZH01CTS_01	0.12	0.15	0.16	0.16	0.15	0.14	0.12	0.11	0.09	0.09	0.09	0.09	0.09	0.09	0.10	0.10	0.11	0.11	0.11	0.12
2008-11	ASAZH01CTS_01	0.10	0.13	0.14	0.14	0.14	0.13	0.12	0.11	0.11	0.10	0.09	0.09	0.09	0.09	0.10	0.10	0.11	0.11	0.11	0.11
2008-12	ASAZH01CTS_01	0.10	0.13	0.14	0.14	0.13	0.13	0.12	0.12	0.11	0.11	0.10	0.10	0.10	0.10	0.10	0.10	0.11	0.11	0.11	0.11
2009-01	ASAZH01CTS_01	0.08	0.13	0.14	0.14	0.13	0.12	0.11	0.11	0.11	0.10	0.10	0.10	0.10	0.10	0.10	0.10	0.11	0.11	0.11	0.12
2009-02	ASAZH01CTS_01	0.07	0.11	0.14	0.14	0.14	0.13	0.12	0.11	0.11	0.10	0.10	0.10	0.10	0.10	0.10	0.10	0.11	0.11	0.11	0.11
2009-03	ASAZH01CTS_01	0.08	0.11	0.14	0.14	0.13	0.12	0.11	0.11	0.11	0.10	0.10	0.10	0.10	0.10	0.10	0.10	0.11	0.11	0.11	0.11
2009-04	ASAZH01CTS_01	0.07	0.11	0.13	0.13	0.12	0.12	0.11	0.11	0.11	0.11	0.10	0.10	0.10	0.10	0.10	0.10	0.11	0.11	0.11	0.11
2009-05	ASAZH01CTS_01	0.07	0.11	0.13	0.13	0.13	0.12	0.12	0.11	0.11	0.11	0.10	0.10	0.10	0.10	0.10	0.11	0.11	0.11	0.11	0.11
2009-06	ASAZH01CTS_01	0.07	0.10	0.12	0.12	0.12	0.12	0.12	0.11	0.11	0.11	0.11	0.11	0.11	0.11	0.11	0.11	0.11	0.11	0.12	0.12
2009-07	ASAZH01CTS_01	0.08	0.11	0.12	0.12	0.11	0.11	0.10	0.10	0.10	0.10	0.10	0.10	0.10	0.10	0.11	0.11	0.11	0.11	0.11	0.12
2009-08	ASAZH01CTS_01	0.08	0.11	0.13	0.13	0.13	0.12	0.10	0.10	0.10	0.10	0.10	0.10	0.10	0.10	0.10	0.10	0.11	0.11	0.11	0.11

（续）

时间（年-月）	样地代码	土壤深度																			
		10 cm	20 cm	30 cm	40 cm	50 cm	60 cm	70 cm	80 cm	90 cm	100 cm	110 cm	120 cm	130 cm	140 cm	150 cm	160 cm	170 cm	180 cm	190 cm	200 cm
2009-09	ASAZH01CTS_01	0.13	0.15	0.16	0.17	0.17	0.16	0.16	0.16	0.15	0.14	0.14	0.13	0.12	0.12	0.12	0.12	0.12	0.12	0.13	0.13
2009-10	ASAZH01CTS_01	0.07	0.11	0.13	0.14	0.14	0.14	0.13	0.13	0.13	0.13	0.13	0.12	0.12	0.11	0.11	0.11	0.11	0.11	0.11	0.11
2009-11	ASAZH01CTS_01	0.08	0.11	0.13	0.14	0.14	0.13	0.13	0.13	0.13	0.13	0.12	0.12	0.12	0.12	0.11	0.11	0.11	0.12	0.11	0.12
2009-12	ASAZH01CTS_01	0.08	0.12	0.14	0.14	0.14	0.13	0.13	0.13	0.13	0.13	0.12	0.12	0.12	0.12	0.12	0.11	0.12	0.12	0.12	0.12
2010-01	ASAZH01CTS_01	0.11	0.14	0.16	0.17	0.17	0.17	0.17	0.17	0.17	0.16	0.16	0.16	0.15	0.15	0.15	0.15	0.15	0.15	0.15	0.15
2010-02	ASAZH01CTS_01	0.12	0.15	0.17	0.17	0.17	0.17	0.16	0.16	0.16	0.16	0.15	0.15	0.14	0.14	0.14	0.14	0.14	0.14	0.14	0.15
2010-03	ASAZH01CTS_01	0.11	0.14	0.17	0.18	0.18	0.17	0.17	0.16	0.16	0.16	0.16	0.16	0.15	0.15	0.15	0.14	0.15	0.15	0.15	0.14
2010-04	ASAZH01CTS_01	0.10	0.15	0.18	0.19	0.18	0.18	0.16	0.17	0.16	0.16	0.16	0.15	0.15	0.15	0.14	0.15	0.14	0.14	0.15	0.14
2010-05	ASAZH01CTS_01	0.09	0.14	0.19	0.20	0.19	0.19	0.17	0.17	0.16	0.16	0.15	0.15	0.14	0.14	0.14	0.14	0.14	0.14	0.14	0.15
2010-06	ASAZH01CTS_01	0.10	0.14	0.18	0.18	0.18	0.17	0.17	0.17	0.17	0.17	0.16	0.16	0.15	0.15	0.15	0.15	0.14	0.15	0.15	0.15
2010-07	ASAZH01CTS_01	0.10	0.13	0.14	0.15	0.15	0.15	0.15	0.16	0.15	0.16	0.15	0.15	0.15	0.15	0.15	0.15	0.14	0.15	0.15	0.15
2010-08	ASAZH01CTS_01	0.11	0.13	0.14	0.15	0.15	0.15	0.15	0.16	0.16	0.16	0.15	0.15	0.15	0.15	0.15	0.15	0.15	0.15	0.15	0.15
2010-09	ASAZH01CTS_01	0.10	0.13	0.15	0.15	0.16	0.16	0.16	0.16	0.16	0.15	0.15	0.15	0.15	0.14	0.14	0.15	0.15	0.15	0.14	0.15
2010-10	ASAZH01CTS_01	0.09	0.13	0.15	0.16	0.16	0.16	0.15	0.15	0.15	0.15	0.15	0.15	0.14	0.14	0.15	0.15	0.14	0.15	0.15	0.15
2010-11	ASAZH01CTS_01	0.10	0.14	0.15	0.16	0.15	0.16	0.16	0.15	0.15	0.15	0.15	0.15	0.14	0.14	0.14	0.14	0.14	0.14	0.14	0.14
2010-12	ASAZH01CTS_01	0.10	0.13	0.14	0.15	0.15	0.15	0.15	0.15	0.15	0.15	0.15	0.15	0.15	0.14	0.14	0.15	0.14	0.15	0.15	0.15
2011-01	ASAZH01CTS_01	0.10	0.13	0.15	0.15	0.16	0.16	0.16	0.16	0.16	0.15	0.15	0.15	0.15	0.15	0.15	0.16	0.16	0.16	0.16	0.16
2011-02	ASAZH01CTS_01	0.12	0.15	0.17	0.17	0.17	0.17	0.16	0.16	0.16	0.16	0.15	0.15	0.15	0.14	0.14	0.14	0.14	0.14	0.14	0.15
2011-03	ASAZH01CTS_01	0.10	0.13	0.16	0.17	0.17	0.17	0.16	0.16	0.16	0.16	0.15	0.15	0.14	0.14	0.14	0.15	0.14	0.15	0.15	0.14
2011-04	ASAZH01CTS_01	0.11	0.15	0.16	0.17	0.17	0.17	0.18	0.17	0.17	0.17	0.17	0.17	0.17	0.17	0.17	0.16	0.16	0.16	0.17	0.17
2011-05	ASAZH01CTS_01	0.10	0.14	0.17	0.18	0.18	0.18	0.18	0.18	0.18	0.18	0.17	0.17	0.17	0.17	0.17	0.17	0.17	0.17	0.18	0.18
2011-06	ASAZH01CTS_01	0.10	0.14	0.16	0.17	0.18	0.17	0.18	0.17	0.17	0.17	0.17	0.16	0.16	0.16	0.16	0.16	0.16	0.16	0.16	0.16
2011-07	ASAZH01CTS_01	0.10	0.15	0.17	0.17	0.17	0.17	0.18	0.17	0.17	0.17	0.17	0.17	0.16	0.17	0.17	0.17	0.17	0.17	0.17	0.17

（续）

时间（年-月）	样地代码	土壤深度																			
		10 cm	20 cm	30 cm	40 cm	50 cm	60 cm	70 cm	80 cm	90 cm	100 cm	110 cm	120 cm	130 cm	140 cm	150 cm	160 cm	170 cm	180 cm	190 cm	200 cm
2011-08	ASAZH01CTS_01	0.14	0.17	0.18	0.18	0.18	0.18	0.18	0.18	0.18	0.17	0.17	0.17	0.17	0.16	0.16	0.16	0.16	0.16	0.16	0.15
2011-09	ASAZH01CTS_01	0.14	0.18	0.19	0.20	0.20	0.21	0.21	0.21	0.21	0.19	0.19	0.19	0.18	0.18	0.17	0.17	0.17	0.17	0.16	0.16
2011-10	ASAZH01CTS_01	0.14	0.18	0.18	0.19	0.19	0.20	0.20	0.21	0.21	0.21	0.21	0.20	0.20	0.19	0.19	0.18	0.18	0.17	0.17	0.17
2011-11	ASAZH01CTS_01	0.14	0.17	0.18	0.19	0.19	0.20	0.20	0.20	0.20	0.21	0.20	0.20	0.19	0.19	0.19	0.19	0.18	0.18	0.17	0.17
2011-12	ASAZH01CTS_01	0.15	0.18	0.19	0.19	0.19	0.20	0.20	0.20	0.21	0.21	0.21	0.20	0.20	0.20	0.20	0.19	0.19	0.19	0.18	0.18
2012-01	ASAZH01CTS_01	0.13	0.16	0.19	0.20	0.19	0.19	0.19	0.19	0.18	0.17	0.17	0.17	0.17	0.16	0.16	0.16	0.16	0.17	0.17	0.17
2012-02	ASAZH01CTS_01	0.10	0.13	0.15	0.15	0.16	0.16	0.16	0.16	0.16	0.15	0.15	0.15	0.15	0.15	0.15	0.16	0.16	0.16	0.16	0.16
2012-03	ASAZH01CTS_01	0.10	0.14	0.17	0.17	0.17	0.17	0.17	0.16	0.16	0.16	0.16	0.15	0.15	0.15	0.15	0.15	0.15	0.15	0.15	0.15
2012-04	ASAZH01CTS_01	0.12	0.16	0.17	0.18	0.18	0.18	0.18	0.18	0.17	0.17	0.17	0.17	0.17	0.17	0.18	0.17	0.17	0.18	0.18	0.18
2012-05	ASAZH01CTS_01	0.09	0.15	0.19	0.20	0.19	0.19	0.18	0.17	0.17	0.17	0.17	0.16	0.15	0.15	0.15	0.15	0.15	0.15	0.15	0.15
2012-06	ASAZH01CTS_01	0.14	0.17	0.17	0.18	0.18	0.18	0.17	0.17	0.17	0.17	0.17	0.17	0.17	0.17	0.16	0.16	0.16	0.17	0.17	0.17
2012-07	ASAZH01CTS_01	0.11	0.16	0.17	0.17	0.17	0.17	0.17	0.17	0.17	0.17	0.16	0.16	0.16	0.15	0.15	0.15	0.15	0.16	0.16	0.16
2012-08	ASAZH01CTS_01	0.11	0.15	0.17	0.18	0.18	0.18	0.17	0.17	0.16	0.16	0.15	0.15	0.15	0.14	0.15	0.15	0.15	0.15	0.15	0.15
2012-09	ASAZH01CTS_01	0.11	0.15	0.17	0.18	0.18	0.18	0.18	0.17	0.17	0.17	0.17	0.16	0.16	0.15	0.16	0.16	0.15	0.16	0.16	0.16
2012-10	ASAZH01CTS_01	0.09	0.12	0.16	0.17	0.17	0.17	0.16	0.16	0.16	0.16	0.16	0.16	0.15	0.15	0.15	0.15	0.15	0.15	0.16	0.15
2012-11	ASAZH01CTS_01	0.12	0.15	0.17	0.18	0.18	0.18	0.18	0.18	0.18	0.17	0.16	0.16	0.16	0.16	0.15	0.16	0.15	0.16	0.16	0.16
2012-12	ASAZH01CTS_01	0.10	0.15	0.16	0.18	0.18	0.18	0.18	0.18	0.18	0.18	0.17	0.17	0.16	0.16	0.16	0.16	0.16	0.16	0.17	0.17
2013-01	ASAZH01CTS_01	0.11	0.13	0.14	0.15	0.16	0.16	0.16	0.16	0.16	0.16	0.17	0.17	0.18	0.18	0.18	0.18	0.18	0.18	0.18	0.18
2013-02	ASAZH01CTS_01	0.11	0.13	0.13	0.14	0.15	0.15	0.16	0.16	0.16	0.16	0.16	0.17	0.17	0.17	0.17	0.17	0.17	0.17	0.17	0.17
2013-03	ASAZH01CTS_01	0.09	0.12	0.13	0.14	0.14	0.15	0.15	0.15	0.15	0.16	0.16	0.16	0.16	0.16	0.16	0.17	0.17	0.17	0.17	0.17
2013-04	ASAZH01CTS_01	0.10	0.12	0.13	0.13	0.13	0.14	0.14	0.15	0.14	0.15	0.15	0.15	0.15	0.16	0.16	0.16	0.16	0.16	0.16	0.16
2013-05	ASAZH01CTS_01	0.09	0.11	0.12	0.12	0.13	0.13	0.13	0.13	0.13	0.13	0.13	0.13	0.13	0.13	0.14	0.14	0.14	0.14	0.14	0.15
2013-06	ASAZH01CTS_01	0.11	0.12	0.12	0.13	0.13	0.13	0.13	0.13	0.13	0.13	0.13	0.13	0.13	0.14	0.14	0.14	0.14	0.14	0.14	0.14

（续）

时间（年-月）	样地代码	土壤深度																			
		10 cm	20 cm	30 cm	40 cm	50 cm	60 cm	70 cm	80 cm	90 cm	100 cm	110 cm	120 cm	130 cm	140 cm	150 cm	160 cm	170 cm	180 cm	190 cm	200 cm
2013-07	ASAZH01CTS_01	0.23	0.24	0.26	0.26	0.25	0.24	0.23	0.22	0.22	0.21	0.20	0.20	0.19	0.19	0.19	0.19	0.19	0.19	0.19	0.19
2013-08	ASAZH01CTS_01	0.19	0.20	0.21	0.21	0.21	0.21	0.21	0.21	0.21	0.22	0.22	0.22	0.22	0.22	0.22	0.22	0.22	0.22	0.22	0.22
2013-09	ASAZH01CTS_01	0.18	0.19	0.21	0.21	0.21	0.20	0.21	0.20	0.20	0.20	0.21	0.21	0.21	0.22	0.22	0.22	0.22	0.22	0.22	0.22
2013-10	ASAZH01CTS_01	0.17	0.17	0.18	0.18	0.18	0.18	0.19	0.19	0.19	0.19	0.20	0.20	0.20	0.21	0.21	0.21	0.21	0.21	0.21	0.21
2013-11	ASAZH01CTS_01	0.14	0.15	0.17	0.18	0.18	0.18	0.18	0.18	0.17	0.18	0.19	0.19	0.19	0.19	0.20	0.20	0.20	0.20	0.21	0.20
2013-12	ASAZH01CTS_01	0.10	0.11	0.13	0.15	0.16	0.17	0.17	0.17	0.17	0.18	0.18	0.18	0.19	0.19	0.19	0.19	0.20	0.20	0.20	0.20
2014-01	ASAZH01CTS_01	0.11	0.12	0.14	0.15	0.16	0.17	0.18	0.19	0.20	0.19	0.17	0.16	0.16	0.15	0.14	0.14	0.15	0.15	0.16	0.17
2014-02	ASAZH01CTS_01	0.13	0.14	0.15	0.16	0.17	0.18	0.18	0.18	0.17	0.16	0.16	0.15	0.15	0.14	0.14	0.14	0.15	0.15	0.15	0.16
2014-03	ASAZH01CTS_01	0.13	0.14	0.16	0.17	0.18	0.19	0.19	0.17	0.16	0.15	0.14	0.14	0.14	0.14	0.13	0.14	0.14	0.15	0.15	0.15
2014-04	ASAZH01CTS_01	0.16	0.17	0.17	0.18	0.18	0.19	0.19	0.17	0.16	0.15	0.15	0.15	0.15	0.15	0.14	0.15	0.15	0.15	0.16	0.16
2014-05	ASAZH01CTS_01	0.16	0.17	0.17	0.17	0.17	0.18	0.17	0.17	0.16	0.16	0.16	0.16	0.16	0.15	0.15	0.16	0.16	0.16	0.16	0.16
2014-06	ASAZH01CTS_01	0.09	0.10	0.11	0.12	0.13	0.15	0.16	0.16	0.16	0.16	0.16	0.16	0.15	0.15	0.15	0.15	0.16	0.16	0.16	0.16
2014-07	ASAZH01CTS_01	0.12	0.13	0.14	0.15	0.15	0.16	0.18	0.18	0.17	0.17	0.17	0.17	0.17	0.16	0.17	0.17	0.17	0.17	0.18	0.18
2014-08	ASAZH01CTS_01	0.19	0.19	0.19	0.20	0.20	0.20	0.19	0.18	0.18	0.16	0.15	0.14	0.14	0.13	0.13	0.14	0.14	0.14	0.14	0.14
2014-09	ASAZH01CTS_01	0.20	0.21	0.21	0.22	0.21	0.21	0.20	0.19	0.18	0.17	0.16	0.16	0.15	0.15	0.15	0.15	0.14	0.15	0.15	0.15

3.3.2　土壤重量含水量（烘干法）

3.3.2.1　概述

本数据集以安塞站 2008—2015 年土壤重量含水量（烘干法）观测的土壤质量数据，观测场与体积含水量（中子仪法）设置的场地相同，也是对中子法的校对。

具体观测场如下。

（1）川地综合观测场（ASAZH01）。

（2）川地土壤监测辅助观测场-空白（ASAFZ01）。

（3）川地土壤监测辅助观测场-秸秆还田（ASAFZ02）。

（4）山地辅助观测场（ASAFZ03）。

（5）川地气象观测场（ASAQX01）。

（6）山地气象观测场（ASAQX02）。

3.3.2.2　数据采集和处理方法

本站长期定位观测土壤质量含水量采用土钻法进行测定，利用水分在常压、100℃温度下转变为气态而挥散的特性，将样品在 100～105℃下连续干燥大约 10 h 直到恒重，挥尽其中的水分，根据减少失去的水分重量，即可计算出相应的水分含量（%）。观测频率为 1 次/月，观测深度 0～200 cm，观测步长 10 cm，3 个重复。

（1）数据采集

观测前准备采样用的土钻 2 套、取土刀；土壤样品铝盒（直径约 40 mm，高约 20 mm）；分析天平（感量 0.01 g）；电热恒温烘箱。在田间用土钻取出有代表性的新鲜土样，一般是在某一中子管周围 0.5～1 m 半径范围内，呈扇形分布，重复测定 3 个，刮去土钻中的上部浮土，将土钻中所需深度处的土壤约 20 g，迅速装入铝盒内，盖紧，采样时按照每层的先后顺序，分装在铝盒内，装入铝盒木箱。全部采集完毕后，带回室内，将铝盒外表擦拭干净，铝盒揭盖，放入烘箱内 105℃烘干 8～12 h，等到烘干后，关闭烘箱冷却至室温，然后称其干重、盒重，精确到 0.01 g，测定水分，计算土壤含水量（%），至此测定完毕。土壤含水量采用重量含水量，通过公式计算。

$$B\ (\%) = [\ (W_1 - W_2)\ /\ (W_2 - W_0)\ ] \times 100$$

B 为土壤重量含水量，W_0 为土盒重，W_1 为土样湿重，W_2 为土样干重。

土壤贮水量指一定厚度土层内土壤水的总贮量，为与气象资料比较，常用 mm 表示，即相当于一定土壤面积，一定土层厚度内有多少毫米厚的水层。计算公式为：

$$W = hs \times Ps \times B \times 10$$

W 为土壤贮水量，hs 为土层厚度（cm），Ps 为土壤容重（g/cm^3），乘 10 将厘米换算成毫米。

（2）处理方法

由观测员现场记录，当一个月的数据测定记录完成后，汇总当月测定数据，将元数据记录表一并交给数据管理员，统一输入，计算样地尺度上土壤重量含水量平均值作为本数据产品的结果数据。方法是：首先将每块样地内每次测定数据取平均值，作为该样地各次测定数据的最终上报值，同时标明重复数（参与平均的数据个数），最后整理成 CERN 水分分中心需要的规范报表格式，数据管理员通过整理和初步质控后提交主管副站长审核，按照规定时间上传至水分分中心，水分分中心进一步质控后返回台站并完成入库。

本数据产品处理方法：按样地计算月平均数据，同一样地原始数据观测频率内有多次重复的，某层次的土壤质量含水量为该层次的数次测定值之和除以测定次数。

3.3.2.3　数据质量控制和评估

数据质量控制和评估（同 3.3.1.3）。

表 3-22　土壤重量含水量（烘干法）

单位：%

时间（年-月）	样地代码	土壤深度																			
		10 cm	20 cm	30 cm	40 cm	50 cm	60 cm	70 cm	80 cm	90 cm	100 cm	110 cm	120 cm	130 cm	140 cm	150 cm	160 cm	170 cm	180 cm	190 cm	200 cm
2008-04	ASAFZ01B00_01	12.27	13.24	14.10	12.48	14.07	14.21	13.41	12.92	12.30	12.33	12.06	12.05	11.99	11.42	11.65	11.60	12.05	12.39	11.15	9.66
2008-06	ASAFZ01B00_01	9.97	11.14	11.45	12.92	12.64	12.74	13.32	12.47	12.75	11.83	12.12	11.60	11.62	11.76	12.16	12.43	12.40	12.33	12.33	10.79
2008-08	ASAFZ01B00_01	6.05	8.80	9.53	7.57	6.28	6.09	6.14	6.11	6.13	6.55	6.36	6.64	7.34	7.87	9.34	9.78	10.66	10.36	9.28	9.84
2008-10	ASAFZ01B00_01	17.16	15.97	14.75	14.35	14.28	13.79	13.26	12.53	11.28	11.26	7.09	6.88	7.21	7.67	7.92	8.77	9.24	10.16	9.86	9.46
2009-04	ASAFZ01B00_01	11.34	12.42	11.57	11.93	11.71	11.38	11.49	11.21	10.49	10.43	10.08	10.29	9.24	8.71	9.20	9.20	9.38	9.67	9.80	9.04
2009-06	ASAFZ01B00_01	4.35	6.72	6.24	7.19	8.04	7.91	8.92	9.55	9.12	8.53	9.40	8.89	8.70	8.26	8.59	8.74	8.62	8.84	8.55	7.89
2009-08	ASAFZ01B00_01	18.94	18.90	17.04	17.16	14.88	13.29	10.25	7.60	7.78	7.60	7.90	8.17	7.96	8.24	8.70	8.79	8.88	9.61	9.38	8.41
2009-10	ASAFZ01B00_01	13.47	15.10	14.42	14.44	14.95	15.03	15.31	16.29	15.27	14.63	14.43	14.43	14.39	14.17	12.86	12.44	11.77	10.94	10.43	9.55
2010-04	ASAFZ01B00_01	15.00	16.09	16.81	15.39	15.47	15.31	14.80	14.41	12.93	13.38	13.08	13.10	13.87	12.45	12.49	11.99	12.52	12.17	12.03	11.35
2010-06	ASAFZ01B00_01	9.35	10.68	11.72	11.56	12.69	12.62	13.14	12.89	13.55	12.93	11.54	12.46	13.28	13.60	13.51	12.85	12.67	12.79	12.46	11.00
2010-08	ASAFZ01B00_01	10.97	12.99	13.34	12.13	11.36	7.78	6.64	6.71	6.77	7.35	8.20	8.42	9.47	9.60	12.22	11.53	11.47	12.46	12.86	11.78
2010-10	ASAFZ01B00_01	9.77	10.98	10.67	11.20	11.44	11.11	11.09	9.84	9.97	9.28	8.43	8.20	8.74	9.09	9.58	10.04	10.14	10.54	10.23	9.71
2011-04	ASAFZ01B00_01	8.97	9.84	10.00	10.06	10.25	10.17	9.96	9.91	9.88	9.41	9.03	9.02	9.10	9.47	9.91	10.25	10.11	10.09	9.69	9.76
2011-06	ASAFZ01B00_01	5.14	9.78	10.44	10.96	11.91	12.40	12.42	11.55	11.77	11.13	10.60	10.05	9.64	10.27	10.35	10.43	10.81	11.18	10.83	9.61
2011-08	ASAFZ01B00_01	16.21	17.12	17.35	17.55	16.45	15.04	13.00	8.85	5.89	6.52	6.42	6.93	7.53	7.88	8.71	9.08	9.62	10.03	9.76	9.26
2011-10	ASAFZ01B00_01	15.83	16.22	16.26	16.33	16.75	17.56	16.73	16.50	16.40	16.38	16.12	15.58	15.14	15.12	16.03	16.11	15.92	15.62	14.74	13.20
2012-04	ASAFZ01B00_01	13.79	14.62	14.73	15.24	15.24	15.11	14.95	13.96	13.83	13.21	13.45	13.88	13.79	13.45	13.72	13.44	14.04	13.90	12.81	12.62
2012-06	ASAFZ01B00_01	7.37	9.35	10.31	10.80	11.66	12.74	13.29	13.27	13.40	12.87	12.78	13.16	13.25	13.49	13.63	13.81	14.29	13.55	12.49	12.87
2012-08	ASAFZ01B00_01	16.21	16.43	17.35	17.55	16.45	15.04	13.00	7.73	5.89	6.52	6.42	6.93	7.53	7.96	9.04	9.08	9.62	10.03	9.76	9.26
2012-10	ASAFZ01B00_01	13.29	15.32	15.36	15.41	16.35	16.30	16.22	18.14	16.70	16.41	16.00	16.23	16.84	16.21	15.92	15.40	15.71	15.79	15.11	13.89
2013-04	ASAFZ01B00_01	11.24	12.08	12.66	12.63	13.24	13.39	13.27	12.76	13.16	13.06	13.84	13.41	13.46	13.31	13.41	13.14	13.87	12.98	12.37	12.90
2013-06	ASAFZ01B00_01	16.02	16.90	16.01	15.26	14.34	13.33	12.91	12.17	12.04	11.87	12.57	12.32	12.45	12.42	12.62	13.36	13.37	12.89	11.70	11.83
2013-08	ASAFZ01B00_01	9.44	10.82	12.24	13.47	13.25	13.60	14.10	13.66	13.87	14.01	13.88	14.61	15.64	16.36	17.23	17.67	18.24	18.03	17.36	16.81
2013-10	ASAFZ01B00_01	14.47	15.05	15.68	16.04	15.98	16.89	17.25	17.43	17.57	17.55	16.88	16.55	16.28	15.98	16.32	16.61	16.45	15.28	14.10	14.99
2014-04	ASAFZ01B00_01	16.50	14.63	13.77	13.15	13.77	13.49	13.69	14.14	13.55	13.10	13.37	13.15	13.71	13.17	13.21	14.30	14.68	14.77	13.64	12.16
2014-06	ASAFZ01B00_01	4.91	5.59	6.05	6.63	7.80	9.30	9.82	10.61	11.12	11.10	11.91	12.26	12.93	12.37	12.37	13.12	12.91	12.96	11.97	11.68

（续）

时间（年-月）	样地代码	土壤深度																			
		10 cm	20 cm	30 cm	40 cm	50 cm	60 cm	70 cm	80 cm	90 cm	100 cm	110 cm	120 cm	130 cm	140 cm	150 cm	160 cm	170 cm	180 cm	190 cm	200 cm
2014-08	ASAFZ01B00_01	18.87	19.24	17.58	16.28	15.85	15.51	14.31	12.85	10.20	9.43	9.36	11.29	9.82	9.08	10.08	10.64	10.79	12.07	12.61	10.80
2008-04	ASAFZ02B00_01	13.67	14.01	14.16	15.10	14.01	12.40	12.39	12.57	12.60	12.67	11.17	11.61	10.93	11.41	13.22	13.88	13.51	13.36	12.46	11.66
2008-06	ASAFZ02B00_01	7.45	8.96	10.79	11.52	12.08	11.33	11.61	11.92	12.31	11.54	11.49	11.47	10.87	12.10	12.36	13.24	14.14	13.39	13.02	11.77
2008-08	ASAFZ02B00_01	8.43	6.94	5.57	5.00	5.33	5.39	5.29	5.32	5.30	5.55	5.28	7.08	8.17	9.40	8.74	10.35	9.41	10.03	10.36	11.35
2008-10	ASAFZ02B00_01	14.29	14.84	12.94	14.19	13.92	13.73	12.89	10.39	9.03	9.02	8.68	9.33	10.07	10.25	10.32	10.28	10.57	11.05	11.27	12.14
2009-04	ASAFZ02B00_01	9.13	11.04	10.71	11.08	10.73	10.38	11.12	9.65	8.70	10.20	9.97	10.27	9.83	10.34	10.04	10.06	8.91	9.51	10.11	10.42
2009-06	ASAFZ02B00_01	3.06	5.46	6.58	8.03	9.03	9.25	9.54	9.29	9.01	9.63	9.42	10.03	9.52	9.69	9.16	9.43	9.01	9.25	9.94	10.10
2009-08	ASAFZ02B00_01	16.67	16.66	16.12	15.61	12.37	10.99	8.14	7.97	8.29	9.18	9.39	10.25	9.33	9.90	8.80	9.37	9.49	10.32	10.71	11.17
2009-10	ASAFZ02B00_01	11.86	13.19	13.13	14.06	13.33	13.77	13.86	13.22	11.42	13.31	14.00	13.36	12.72	11.85	11.07	10.60	10.21	10.11	10.09	10.19
2010-04	ASAFZ02B00_01	14.03	16.24	15.92	16.22	15.20	14.90	13.22	13.17	12.26	11.61	11.02	9.64	9.56	10.73	10.32	10.83	11.40	11.66	11.18	11.29
2010-06	ASAFZ02B00_01	4.09	8.07	9.69	12.70	12.53	12.72	12.14	11.89	11.55	10.94	10.76	10.46	9.79	10.12	10.06	11.69	11.06	11.05	11.22	10.23
2010-08	ASAFZ02B00_01	12.76	14.14	13.55	12.43	10.80	7.73	6.59	6.78	7.49	7.08	6.29	6.89	8.10	7.90	9.54	11.04	11.74	11.57	10.46	10.35
2010-10	ASAFZ02B00_01	10.73	11.70	11.86	10.77	11.53	9.43	10.15	9.56	9.93	9.58	8.94	7.93	8.38	9.20	11.09	11.40	11.28	11.22	9.85	9.86
2011-04	ASAFZ02B00_01	10.07	10.63	10.84	10.66	10.21	10.40	10.20	9.75	9.56	8.86	8.83	9.38	9.55	9.83	10.20	10.11	9.20	9.28	10.04	10.17
2011-06	ASAFZ02B00_01	9.57	9.33	10.24	10.46	10.58	10.97	10.32	9.72	9.28	9.07	9.76	9.50	9.46	8.46	9.17	9.98	11.17	10.97	10.36	10.22
2011-08	ASAFZ02B00_01	16.84	17.68	16.30	16.62	15.43	11.42	9.64	7.77	5.83	5.36	6.48	7.05	7.58	7.61	9.73	10.48	10.56	10.68	9.98	9.86
2011-10	ASAFZ02B00_01	16.24	16.94	16.99	17.01	16.77	16.50	15.81	15.62	15.88	15.01	14.70	13.56	14.35	14.76	13.74	13.50	11.59	12.15	11.33	10.84
2012-04	ASAFZ02B00_01	13.91	16.10	15.50	15.78	14.71	13.98	14.43	14.02	14.02	13.79	13.90	13.58	13.42	13.41	13.79	13.60	13.19	12.11	12.41	12.70
2012-06	ASAFZ02B00_01	6.15	6.44	7.52	8.39	9.58	11.02	10.95	11.45	11.23	11.54	11.81	12.38	13.25	13.91	13.79	13.07	12.60	12.14	13.24	13.74
2012-08	ASAFZ02B00_01	15.44	17.05	16.43	15.51	15.47	12.61	11.38	7.07	5.84	5.37	6.51	7.15	7.65	7.28	9.74	10.50	10.51	10.62	9.99	9.85
2012-10	ASAFZ02B00_01	14.59	14.34	13.77	14.25	14.48	13.69	13.01	14.91	16.64	15.96	13.62	12.67	12.68	13.14	14.10	14.33	14.52	14.23	14.00	13.81
2013-04	ASAFZ02B00_01	14.20	14.12	12.65	12.65	13.11	13.20	12.62	12.37	12.33	11.70	12.50	12.73	14.24	15.02	14.39	13.46	12.48	13.50	12.86	13.50
2013-06	ASAFZ02B00_01	16.61	16.78	16.00	14.83	13.87	13.33	12.67	11.96	11.37	11.06	10.80	10.80	11.22	11.53	11.69	11.74	11.64	11.72	11.36	11.52
2013-08	ASAFZ02B00_01	10.13	11.39	12.55	13.53	12.99	13.35	13.23	12.94	13.94	14.97	15.80	17.57	18.55	18.80	18.13	16.96	15.79	16.59	16.96	18.41
2013-10	ASAFZ02B00_01	14.61	15.38	15.25	14.44	13.53	14.30	13.38	13.62	12.93	12.61	12.98	12.95	13.61	15.17	14.98	12.91	13.09	12.97	14.79	14.80

（续）

时间（年-月）	样地代码	土壤深度																			
		10 cm	20 cm	30 cm	40 cm	50 cm	60 cm	70 cm	80 cm	90 cm	100 cm	110 cm	120 cm	130 cm	140 cm	150 cm	160 cm	170 cm	180 cm	190 cm	200 cm
2014-04	ASAFZ02B00_01	17.84	15.27	13.28	13.68	12.98	14.07	12.65	12.23	12.17	12.78	13.57	13.71	13.17	13.14	12.76	12.66	13.03	13.47	14.30	14.77
2014-06	ASAFZ02B00_01	4.79	5.50	5.74	6.11	7.28	8.39	10.19	11.03	11.73	11.61	12.58	11.48	12.27	12.48	12.66	14.68	14.78	15.28	13.69	12.99
2014-08	ASAFZ02B00_01	17.50	17.25	17.35	16.89	15.86	15.34	15.78	14.33	13.76	13.09	11.47	12.17	12.34	12.85	12.04	12.29	10.83	10.40	11.05	10.94
2008-04	ASAFZ03CHG_01	10.85	9.95	10.43	10.25	10.40	9.51	11.20	11.56	11.25	11.44	11.32	11.32	11.50	12.00	11.69	11.81	11.81	12.08	12.15	12.64
2008-06	ASAFZ03CHG_01	11.66	11.84	12.21	12.11	11.52	10.88	11.48	11.67	11.46	11.10	11.32	11.20	11.31	11.23	11.66	11.76	11.76	11.98	12.20	12.49
2008-08	ASAFZ03CHG_01	6.08	5.66	7.54	7.66	7.95	8.28	9.65	9.74	10.89	10.95	12.12	12.43	13.79	13.57	14.09	13.88	13.52	13.54	13.52	13.34
2008-10	ASAFZ03CHG_01	12.40	13.31	12.55	13.92	15.72	14.28	14.12	13.88	14.75	15.50	15.30	14.81	13.97	15.09	14.08	14.28	14.31	14.26	14.25	14.24
2009-04	ASAFZ03CHG_01	7.83	10.99	11.96	11.95	12.78	12.45	12.74	12.26	14.00	15.24	13.96	13.89	13.94	13.43	13.24	13.45	13.52	13.97	14.00	14.16
2009-06	ASAFZ03CHG_01	3.30	9.84	10.33	11.37	11.99	12.07	12.71	12.21	11.19	13.74	13.45	13.72	13.37	12.98	13.87	13.03	13.37	13.43	13.06	14.05
2009-08	ASAFZ03CHG_01	16.87	19.52	19.38	18.19	18.06	19.19	19.31	16.84	15.40	16.07	15.05	15.07	13.43	13.68	14.16	13.53	14.77	14.50	15.18	15.05
2009-10	ASAFZ03CHG_01	7.52	10.01	12.45	13.34	14.53	15.58	15.52	16.41	17.73	17.75	18.02	17.85	17.13	16.25	15.23	15.12	15.46	15.46	16.25	16.11
2010-04	ASAFZ03CHG_01	13.76	13.49	13.55	13.09	14.53	16.35	15.09	14.90	15.00	15.20	15.00	14.25	14.79	14.91	14.59	14.78	15.25	17.84	16.18	16.44
2010-06	ASAFZ03CHG_01	9.04	10.07	11.41	11.63	11.97	13.16	13.81	14.15	14.75	15.16	14.21	14.43	15.06	15.28	14.51	15.36	16.67	18.23	17.84	16.28
2010-08	ASAFZ03CHG_01	12.52	13.28	13.59	12.81	13.55	13.79	10.60	11.27	11.25	9.98	10.24	10.99	11.73	12.27	13.00	13.90	13.76	14.31	13.90	14.20
2010-10	ASAFZ03CHG_01	9.21	10.48	11.82	11.27	11.56	11.51	13.48	13.90	13.14	12.23	11.70	11.73	12.08	12.37	12.79	12.97	13.57	14.25	14.69	14.28
2011-04	ASAFZ03CHG_01	7.51	8.43	8.88	7.45	11.74	11.64	11.92	13.27	12.33	11.99	11.74	12.23	11.92	12.16	12.49	13.26	13.32	13.28	14.26	14.03
2011-06	ASAFZ03CHG_01	5.45	10.79	10.43	10.21	11.68	12.86	13.42	14.13	13.08	13.57	13.21	13.48	12.96	13.06	13.20	14.11	14.14	14.18	14.20	14.84
2011-08	ASAFZ03CHG_01	16.91	17.83	18.37	18.75	19.43	18.71	17.77	16.90	17.07	16.28	15.77	15.57	15.13	14.60	14.72	13.65	13.63	13.81	14.33	13.99
2011-10	ASAFZ03CHG_01	15.01	15.07	15.47	15.59	16.24	16.79	17.17	17.11	17.20	17.38	17.07	16.83	16.93	17.09	16.85	17.01	17.12	16.92	17.32	17.53
2012-04	ASAFZ03CHG_01	10.17	11.57	9.89	10.13	9.96	10.25	13.04	11.66	11.33	11.49	11.16	11.41	11.25	11.77	12.10	12.41	12.57	12.73	12.97	12.97
2012-06	ASAFZ03CHG_01	2.64	4.91	7.04	8.23	9.02	9.64	10.60	10.81	10.47	10.54	10.77	10.79	11.29	11.64	12.05	12.26	12.19	12.50	12.63	12.68
2012-08	ASAFZ03CHG_01	16.85	17.87	18.34	17.50	18.12	17.29	16.98	15.40	17.04	16.06	15.53	15.62	15.12	14.58	14.66	13.63	13.61	13.29	14.37	13.93
2012-10	ASAFZ03CHG_01	13.83	17.47	16.48	24.04	17.19	17.03	16.21	17.32	16.00	15.46	15.05	15.53	15.52	15.42	15.67	15.94	16.32	16.22	16.41	16.49
2013-04	ASAFZ03CHG_01	10.10	9.34	8.85	9.05	9.43	10.00	10.57	10.67	10.37	10.62	10.75	10.94	11.09	11.32	12.00	12.53	12.30	12.08	12.06	12.51
2013-06	ASAFZ03CHG_01	16.13	16.69	15.37	13.25	11.97	10.19	10.20	9.69	9.75	9.95	9.88	10.48	10.11	10.86	10.85	10.81	11.18	11.53	11.45	10.99

（续）

时间（年-月）	样地代码	土壤深度																			
		10 cm	20 cm	30 cm	40 cm	50 cm	60 cm	70 cm	80 cm	90 cm	100 cm	110 cm	120 cm	130 cm	140 cm	150 cm	160 cm	170 cm	180 cm	190 cm	200 cm
2013-08	ASAFZ03CHG_01	10.10	9.99	11.75	13.39	14.64	15.65	15.92	17.42	17.23	16.95	17.33	17.92	18.55	18.11	18.92	18.96	19.38	19.98	18.97	17.97
2013-10	ASAFZ03CHG_01	12.33	13.57	14.73	15.85	15.76	16.01	16.24	16.91	17.13	16.56	15.98	15.68	16.29	16.54	17.32	17.99	17.94	18.02	18.40	18.02
2014-04	ASAFZ03CHG_01	12.60	12.35	12.62	12.66	13.01	14.05	14.05	14.75	15.21	15.68	15.92	16.03	15.60	15.61	16.54	17.00	17.74	18.19	19.31	17.83
2014-06	ASAFZ03CHG_01	12.33	8.80	9.92	9.43	9.33	8.78	11.10	11.47	11.03	10.79	10.98	11.14	11.17	11.39	11.78	11.70	11.51	12.22	12.06	12.15
2014-08	ASAFZ03CHG_01	16.62	18.46	14.53	13.92	13.53	13.01	13.53	12.73	12.37	12.11	11.67	11.97	11.98	12.08	12.67	12.89	12.78	12.85	12.83	13.09
2014-10	ASAFZ03CHG_01	14.16	13.43	17.49	17.63	16.86	15.84	16.08	15.53	16.51	16.31	16.74	17.49	16.64	17.08	15.99	16.02	15.91	15.66	15.73	16.32
2015-04	ASAFZ03CHG_01	12.88	11.48	9.98	10.46	11.61	12.34	13.14	13.98	14.31	14.55	11.59	12.15	12.63	13.11	13.49	13.10	13.00	14.94	13.26	13.94
2015-06	ASAFZ03CHG_01	4.24	6.23	10.26	11.88	12.14	11.89	12.96	12.86	13.29	13.43	13.65	14.60	14.79	13.77	14.20	13.78	14.12	13.89	13.97	13.68
2015-08	ASAFZ03CHG_01	3.24	4.00	3.95	4.20	4.52	5.56	6.76	7.22	7.53	8.27	9.21	9.59	9.68	10.16	10.37	10.46	11.35	10.58	11.12	11.02
2015-10	ASAFZ03CHG_01	6.79	8.86	6.37	8.17	10.39	7.42	8.89	7.28	7.77	9.16	9.34	9.87	8.97	9.56	8.93	10.98	10.92	10.89	10.30	11.25
2008-04	ASAQX01CHG_01	12.61	13.16	13.91	13.93	13.90	12.79	12.30	12.25	12.19	12.37	12.16	12.07	10.97	10.88	10.34	10.22	9.79	10.63	10.18	10.67
2008-06	ASAQX01CHG_01	7.75	9.10	10.45	8.77	7.84	6.04	5.53	6.04	6.27	6.49	6.79	6.88	6.82	7.29	7.24	7.80	8.03	8.61	8.51	9.16
2008-08	ASAQX01CHG_01	7.65	5.64	6.00	4.53	4.93	4.93	5.09	4.96	5.18	5.63	7.03	6.03	5.44	6.61	6.74	6.78	7.01	7.42	8.26	8.80
2008-10	ASAQX01CHG_01	17.05	19.94	16.78	15.55	16.09	16.72	16.38	14.78	14.10	13.61	12.75	13.29	12.82	11.67	11.23	11.76	11.05	11.58	11.55	12.08
2009-04	ASAQX01CHG_01	12.07	14.78	12.48	13.51	12.50	12.28	12.41	11.04	11.21	11.46	12.21	13.12	11.89	12.16	12.16	11.41	10.75	10.66	11.75	11.44
2009-06	ASAQX01CHG_01	3.81	5.63	5.62	6.20	7.02	7.34	7.04	7.29	7.98	8.04	8.57	9.10	9.33	9.89	10.31	10.64	11.29	11.50	11.58	11.15
2009-08	ASAQX01CHG_01	16.53	15.56	15.98	15.43	15.67	15.99	14.69	13.12	11.47	10.41	10.14	10.22	10.10	10.61	10.90	11.32	11.59	12.06	12.33	12.83
2009-10	ASAQX01CHG_01	12.71	17.31	17.83	14.30	15.16	14.86	15.36	14.85	15.35	14.86	15.71	16.19	16.05	16.28	16.22	15.94	14.74	14.36	13.79	13.89
2010-04	ASAQX01CHG_01	18.39	18.73	17.99	20.30	15.57	15.61	14.41	15.27	14.85	15.20	14.60	15.16	14.15	14.07	14.28	13.17	12.75	11.70	11.85	10.64
2010-06	ASAQX01CHG_01	9.58	10.50	11.16	10.55	11.24	11.08	10.73	11.60	12.18	12.22	11.94	12.07	12.20	11.88	11.13	11.66	11.24	11.41	11.01	10.93
2010-08	ASAQX01CHG_01	13.70	14.57	13.97	16.21	12.35	9.71	7.26	7.29	7.40	7.73	7.73	8.20	8.38	8.72	9.02	9.68	9.37	13.17	10.16	10.46
2010-10	ASAQX01CHG_01	9.81	9.98	9.58	10.54	9.47	9.54	9.55	9.48	9.11	8.72	8.58	8.08	8.56	8.22	8.26	9.02	8.76	9.03	9.03	9.45
2011-04	ASAQX01CHG_01	7.80	8.56	8.85	9.07	9.19	9.38	9.01	8.51	8.24	8.49	8.75	9.24	9.25	9.54	9.37	10.08	10.37	9.77	9.54	9.97
2011-06	ASAQX01CHG_01	4.53	4.56	4.33	5.30	6.25	6.87	7.08	6.78	7.70	7.56	8.56	8.33	8.29	8.68	8.51	9.47	9.30	9.48	9.62	9.33
2011-08	ASAQX01CHG_01	19.05	21.24	20.62	19.99	17.28	15.35	14.22	11.36	9.17	7.83	7.85	7.94	8.69	8.82	8.86	9.30	9.56	9.55	9.21	8.97

（续）

时间（年-月）	样地代码	土壤深度																			
		10 cm	20 cm	30 cm	40 cm	50 cm	60 cm	70 cm	80 cm	90 cm	100 cm	110 cm	120 cm	130 cm	140 cm	150 cm	160 cm	170 cm	180 cm	190 cm	200 cm
2011-10	ASAQX01CHG_01	18.58	17.91	18.25	18.01	17.00	17.01	17.19	17.32	16.70	16.17	16.00	15.90	15.35	15.08	14.80	14.74	14.05	12.57	11.18	10.78
2012-04	ASAQX01CHG_01	10.27	12.55	12.23	12.42	11.83	11.18	10.42	9.75	9.64	9.89	10.34	10.15	10.01	10.33	10.24	9.83	10.15	10.27	10.70	11.12
2012-06	ASAQX01CHG_01	4.16	3.99	3.95	4.37	6.77	7.33	7.86	8.42	9.06	9.89	9.72	10.71	11.08	11.04	11.50	11.56	11.70	11.76	11.52	12.37
2012-08	ASAQX01CHG_01	18.62	21.24	20.62	19.99	17.28	15.35	14.22	9.64	7.00	7.83	7.85	7.94	8.69	8.82	8.86	9.30	10.95	11.76	9.45	8.97
2012-10	ASAQX01CHG_01	14.77	17.26	17.03	17.36	15.95	15.31	14.80	15.20	14.61	14.35	14.06	14.08	14.49	14.09	13.42	12.97	13.68	12.83	13.45	13.51
2013-04	ASAQX01CHG_01	13.71	14.43	14.43	13.72	14.18	13.77	13.05	12.58	12.01	12.61	12.41	12.51	12.61	12.68	12.99	12.82	12.78	13.29	13.12	13.21
2013-06	ASAQX01CHG_01	18.06	16.68	14.39	9.53	5.55	6.15	6.35	6.56	6.91	7.56	7.67	8.99	9.79	10.23	11.38	11.17	11.91	11.94	12.73	13.12
2013-08	ASAQX01CHG_01	14.85	12.96	14.45	14.07	14.77	15.38	16.03	15.91	15.56	15.66	16.64	16.82	17.02	17.25	17.29	17.51	17.19	17.37	17.70	17.42
2013-10	ASAQX01CHG_01	18.68	18.85	17.64	15.65	15.89	15.79	15.99	16.17	16.00	15.71	15.70	15.41	15.39	15.53	15.55	15.69	15.67	15.63	16.73	16.94
2014-04	ASAQX01CHG_01	19.23	20.31	20.32	19.18	17.19	16.19	15.90	15.15	15.10	14.01	14.04	13.71	13.90	13.27	13.83	13.05	13.67	13.16	13.61	14.25
2014-06	ASAQX01CHG_01	7.59	9.26	8.94	10.49	11.12	12.20	12.96	12.43	12.79	13.03	13.52	14.09	14.46	14.34	13.47	13.27	13.63	13.32	13.56	13.47
2014-08	ASAQX01CHG_01	19.99	20.47	19.27	19.89	17.38	17.23	17.09	16.39	15.91	15.85	15.56	14.97	14.04	13.55	13.35	13.30	13.21	13.04	13.70	13.41
2014-10	ASAQX01CHG_01	17.06	17.28	15.63	15.13	16.39	16.18	16.80	15.96	15.41	14.89	15.64	17.43	16.09	15.45	15.42	14.35	15.35	15.39	15.11	14.91
2015-04	ASAQX01CHG_01	17.51	18.70	16.12	15.57	14.58	13.84	15.81	13.62	11.93	12.04	13.49	12.63	13.09	12.71	10.98	12.46	12.79	12.95	11.67	11.99
2015-06	ASAQX01CHG_01	5.90	5.79	5.16	5.66	6.25	7.10	7.99	7.81	8.55	9.15	10.22	10.55	10.92	12.37	11.70	12.48	12.54	12.80	12.42	12.59
2015-08	ASAQX01CHG_01	4.59	4.84	4.47	4.66	4.76	4.86	5.26	5.41	5.68	5.92	6.65	7.31	8.63	9.60	10.29	10.66	11.48	11.34	9.28	12.05
2015-10	ASAQX01CHG_01	9.86	13.23	9.35	10.51	8.81	6.31	5.49	4.82	5.05	4.98	5.45	5.70	5.63	7.15	7.00	8.16	9.33	9.74	10.38	10.47
2008-04	ASAQX02CHG_01	10.67	10.26	10.38	10.82	12.93	15.40	14.19	14.20	14.60	15.00	15.70	15.35	15.03	16.02	15.28	15.64	15.82	16.77	16.21	16.99
2008-06	ASAQX02CHG_01	9.91	10.43	10.72	11.75	10.83	12.78	12.20	12.55	12.58	12.76	13.57	14.55	13.81	14.99	14.29	15.00	15.86	16.38	16.83	17.08
2008-08	ASAQX02CHG_01	7.81	8.09	7.23	8.11	10.66	11.24	10.48	11.86	11.84	11.01	11.70	13.00	13.46	12.35	13.50	13.03	12.85	13.79	13.84	14.34
2008-10	ASAQX02CHG_01	12.17	12.16	12.43	11.98	11.67	13.39	13.98	14.03	14.16	14.69	13.60	13.18	12.91	12.91	12.86	12.57	12.55	12.99	14.78	13.02
2009-04	ASAQX02CHG_01	8.69	11.11	10.26	10.10	11.35	11.40	11.25	12.72	11.68	11.82	12.13	12.11	11.46	12.07	11.75	12.15	12.87	13.30	13.74	13.95
2009-06	ASAQX02CHG_01	5.22	5.59	5.26	5.11	5.68	6.29	6.49	7.47	7.88	8.92	9.68	10.07	10.10	10.58	10.89	9.40	10.19	10.60	10.38	10.04
2009-08	ASAQX02CHG_01	20.68	23.44	20.43	17.31	17.40	15.99	15.91	12.98	10.35	9.05	8.86	8.71	8.99	9.91	9.75	9.56	10.23	9.69	10.17	10.51
2009-10	ASAQX02CHG_01	8.36	10.29	10.18	10.36	11.76	13.03	13.38	13.81	14.56	14.84	14.40	14.46	14.41	14.68	14.50	14.46	14.83	14.22	14.79	14.78

（续）

时间（年-月）	样地代码	土壤深度																			
		10 cm	20 cm	30 cm	40 cm	50 cm	60 cm	70 cm	80 cm	90 cm	100 cm	110 cm	120 cm	130 cm	140 cm	150 cm	160 cm	170 cm	180 cm	190 cm	200 cm
2010-04	ASAQX02CHG_01	14.58	13.66	13.81	13.21	15.37	18.02	16.57	15.92	16.31	14.53	13.78	13.50	13.76	14.08	14.11	14.68	14.82	14.86	15.33	15.46
2010-06	ASAQX02CHG_01	6.73	9.03	9.47	10.70	12.23	13.93	13.28	15.65	14.73	14.22	12.76	13.30	13.33	13.84	13.57	12.87	14.36	14.91	14.22	15.09
2010-08	ASAQX02CHG_01	13.85	13.65	13.77	12.62	14.26	16.52	15.23	15.61	14.91	14.51	15.69	15.82	15.63	14.62	14.54	15.45	15.61	17.40	18.10	17.02
2010-10	ASAQX02CHG_01	8.85	9.25	9.91	10.95	12.36	14.22	14.23	13.89	14.66	14.26	14.34	14.45	14.56	15.22	15.68	15.36	15.65	16.87	17.18	17.27
2011-04	ASAQX02CHG_01	8.45	8.90	9.89	10.89	11.49	12.32	12.69	12.72	12.95	13.20	13.46	13.39	13.49	13.38	13.25	13.55	14.00	13.92	14.35	15.20
2011-06	ASAQX02CHG_01	4.96	5.74	7.01	8.18	8.76	10.11	10.42	11.74	11.99	12.42	13.18	13.09	13.35	13.57	14.67	14.39	14.65	15.32	15.15	15.47
2011-08	ASAQX02CHG_01	16.99	17.00	17.18	17.39	18.17	18.83	18.78	16.71	15.27	13.54	10.75	10.25	10.77	11.18	11.69	12.68	13.07	13.40	15.43	15.05
2011-10	ASAQX02CHG_01	14.77	13.89	13.48	14.26	14.11	14.62	14.78	17.10	17.62	17.91	17.33	17.42	17.04	17.42	17.31	18.23	18.18	18.45	18.19	17.34
2012-04	ASAQX02CHG_01	9.96	10.24	11.58	11.51	18.56	17.98	16.24	15.86	15.45	15.00	15.44	15.48	15.47	15.90	15.79	15.78	15.81	15.91	17.29	15.34
2012-06	ASAQX02CHG_01	8.19	8.07	7.38	7.90	8.85	9.73	9.59	9.79	10.46	11.43	12.48	14.03	14.92	15.51	16.48	16.50	15.98	16.66	17.61	19.60
2012-08	ASAQX02CHG_01	17.05	16.97	17.21	16.65	17.28	18.85	18.86	17.23	15.29	13.58	10.96	10.21	10.51	10.70	11.74	12.70	13.09	13.59	15.38	15.11
2012-10	ASAQX02CHG_01	10.71	11.94	12.74	13.50	12.95	13.91	15.18	14.29	13.80	14.11	15.18	14.68	15.02	14.62	15.07	14.82	13.85	14.94	14.43	14.53
2013-04	ASAQX02CHG_01	11.91	9.88	9.19	9.80	12.99	13.66	13.72	13.87	13.85	13.91	14.11	14.08	14.18	14.51	14.85	14.62	14.94	14.76	14.66	15.36
2013-06	ASAQX02CHG_01	15.95	14.37	12.42	9.96	8.41	8.93	9.19	9.74	10.23	11.20	11.25	12.06	12.49	12.59	12.78	13.63	13.16	13.87	13.68	14.60
2013-08	ASAQX02CHG_01	10.46	11.54	12.13	13.08	13.78	16.35	17.86	17.94	18.11	17.78	17.52	18.48	17.89	17.43	18.66	18.54	18.26	18.85	19.16	20.19
2013-10	ASAQX02CHG_01	13.14	12.52	12.91	14.64	17.07	17.53	16.42	16.76	16.27	15.57	16.42	16.90	17.32	17.79	18.12	18.36	18.40	18.72	19.21	18.67
2014-04	ASAQX02CHG_01	10.17	10.85	9.98	9.36	9.13	8.79	10.35	10.42	10.65	10.82	11.03	11.07	11.09	11.47	11.97	12.29	12.42	12.52	12.38	12.49
2014-06	ASAQX02CHG_01	6.57	6.20	6.27	8.69	12.23	12.22	12.91	12.16	13.18	13.69	13.89	13.99	14.29	14.47	14.68	16.38	15.13	15.77	15.16	14.98
2014-08	ASAQX02CHG_01	18.15	17.73	16.56	16.11	15.42	19.10	17.63	17.37	15.45	16.65	16.56	16.46	16.03	15.88	15.82	15.71	15.97	15.99	16.59	16.03
2014-10	ASAQX02CHG_01	15.24	12.68	13.01	12.56	16.05	17.49	17.03	16.79	16.27	16.57	16.74	17.12	17.47	17.19	17.58	18.21	17.40	17.40	17.27	17.30
2015-04	ASAQX02CHG_01	10.15	11.13	10.23	9.70	10.28	10.49	11.78	10.26	11.33	11.69	12.59	11.64	11.56	11.62	11.53	12.79	11.95	12.86	14.07	12.68
2015-06	ASAQX02CHG_01	4.46	4.16	4.49	4.76	6.48	7.19	7.79	8.22	9.03	10.16	11.58	11.80	12.37	12.55	12.98	12.63	13.16	13.27	13.43	13.91
2015-08	ASAQX02CHG_01	4.81	4.05	4.15	4.95	6.47	6.58	6.07	6.14	7.02	8.09	7.70	9.30	10.58	10.62	11.40	11.88	11.89	12.62	12.28	12.80
2015-10	ASAQX02CHG_01	9.78	8.99	12.40	9.51	6.71	7.63	7.22	7.89	7.53	8.42	8.22	9.04	10.73	11.11	12.01	11.00	11.36	13.97	12.35	12.54
2008-04	ASAZH01CHG_01	13.77	13.93	14.72	14.05	13.94	13.12	12.30	11.99	12.30	13.15	10.60	10.14	9.69	11.09	12.01	12.28	13.49	13.05	13.44	12.61

（续）

时间（年-月）	样地代码	土壤深度																			
		10 cm	20 cm	30 cm	40 cm	50 cm	60 cm	70 cm	80 cm	90 cm	100 cm	110 cm	120 cm	130 cm	140 cm	150 cm	160 cm	170 cm	180 cm	190 cm	200 cm
2008-06	ASAZH01CHG_01	9.96	12.21	13.41	9.97	14.51	13.73	12.91	12.08	11.45	11.08	9.61	9.90	9.46	11.64	12.71	11.91	12.48	12.75	12.79	12.34
2008-08	ASAZH01CHG_01	6.53	8.23	8.55	6.08	6.07	6.14	6.06	5.52	5.78	6.01	6.27	6.41	7.18	8.32	9.47	10.46	11.62	10.58	11.07	11.17
2008-10	ASAZH01CHG_01	16.06	15.87	14.87	15.05	16.23	14.01	12.85	11.98	10.22	7.81	7.13	7.13	6.65	7.04	7.53	7.84	7.86	8.14	8.41	9.44
2009-04	ASAZH01CHG_01	10.20	12.75	11.41	11.47	11.86	11.10	11.01	10.29	10.88	11.45	9.86	8.16	7.45	7.39	7.81	7.91	7.90	7.65	8.24	9.00
2009-06	ASAZH01CHG_01	3.86	5.70	7.11	7.65	9.25	9.04	9.08	9.99	9.81	9.96	10.05	7.73	7.00	7.25	7.51	7.61	7.16	7.42	8.40	9.01
2009-08	ASAZH01CHG_01	18.28	18.03	17.32	15.53	13.15	9.65	7.51	8.09	8.09	8.09	7.84	7.67	7.50	7.99	8.03	8.41	7.57	8.20	8.73	8.11
2009-10	ASAZH01CHG_01	11.15	13.04	12.68	12.93	13.47	13.34	13.64	13.09	13.09	12.72	12.64	11.20	10.30	9.36	8.42	8.82	8.48	8.39	8.91	9.20
2010-04	ASAZH01CHG_01	13.45	14.31	15.74	16.15	14.88	15.09	14.79	13.40	12.87	12.19	11.64	9.77	9.69	8.93	8.45	8.69	8.98	8.01	8.56	9.29
2010-06	ASAZH01CHG_01	7.91	10.54	11.80	12.95	13.29	13.67	13.80	12.97	13.25	12.48	11.97	11.84	9.82	10.12	8.28	8.53	8.59	8.57	8.40	8.48
2010-08	ASAZH01CHG_01	11.07	12.90	13.00	12.47	10.33	8.03	7.48	7.05	7.14	7.17	7.58	7.20	8.33	8.41	7.98	8.77	8.11	8.59	9.91	10.85
2010-10	ASAZH01CHG_01	11.12	10.64	10.66	10.37	11.93	11.57	11.54	10.96	9.41	9.31	9.08	8.11	8.15	8.43	7.85	8.14	8.39	8.38	8.91	9.57
2011-04	ASAZH01CHG_01	10.56	10.72	10.81	10.89	10.55	10.08	8.99	8.50	8.37	8.20	8.42	8.53	8.83	8.80	9.44	10.42	10.91	10.79	11.03	10.70
2011-06	ASAZH01CHG_01	8.16	10.48	11.62	11.94	12.34	10.91	11.35	11.54	11.56	10.91	10.47	10.39	10.65	9.97	10.99	11.34	11.62	11.48	10.20	9.91
2011-08	ASAZH01CHG_01	15.64	15.51	16.05	15.75	15.43	14.30	12.01	7.13	5.89	6.15	6.96	6.61	6.22	6.31	6.10	6.35	7.17	7.93	7.78	8.69
2011-10	ASAZH01CHG_01	16.33	16.96	17.20	17.00	17.91	18.34	18.02	17.66	17.65	16.80	16.29	15.42	14.32	14.04	13.89	12.93	12.00	10.31	9.54	8.91
2012-04	ASAZH01CHG_01	15.48	15.81	15.20	15.00	15.52	14.90	13.48	13.41	13.07	12.69	14.31	13.26	14.69	15.25	15.34	13.92	12.85	13.06	13.29	14.10
2012-06	ASAZH01CHG_01	5.62	7.48	8.96	8.76	9.72	10.98	11.78	11.87	12.58	12.12	13.04	13.69	14.32	14.43	14.30	17.95	18.03	16.73	15.69	14.75
2012-08	ASAZH01CHG_01	15.65	15.51	15.40	14.83	15.19	14.30	12.03	6.13	5.89	6.13	6.62	5.46	5.70	6.32	6.10	6.35	7.16	7.93	7.79	8.69
2012-10	ASAZH01CHG_01	14.33	14.79	14.80	14.74	14.60	14.46	14.27	13.17	12.31	11.78	11.61	12.44	12.57	13.08	12.45	12.19	13.87	15.24	13.95	12.79
2013-04	ASAZH01CHG_01	11.76	12.52	14.69	13.48	12.67	12.71	12.15	10.60	10.86	11.35	11.13	11.34	11.90	12.37	11.94	13.08	12.90	12.88	13.13	12.27
2013-06	ASAZH01CHG_01	17.08	17.63	17.99	16.50	14.83	13.99	11.73	10.98	10.81	10.42	9.95	10.73	10.64	10.74	7.53	8.11	8.53	8.40	8.25	8.33
2013-08	ASAZH01CHG_01	9.14	11.25	12.26	13.76	13.61	13.06	12.93	11.75	11.77	12.32	12.96	13.42	12.91	14.71	14.08	15.21	15.76	16.12	16.55	17.49
2013-10	ASAZH01CHG_01	14.30	15.24	16.13	15.93	16.23	16.12	15.46	15.41	15.43	15.70	15.50	15.63	15.23	15.02	15.42	15.16	15.45	15.61	15.82	15.63
2014-04	ASAZH01CHG_01	16.33	15.35	14.15	13.77	13.92	13.85	13.55	12.90	12.95	13.02	12.96	12.84	13.15	13.07	13.00	13.31	12.97	12.19	12.55	13.06
2014-06	ASAZH01CHG_01	6.06	6.64	7.34	9.00	10.04	10.59	10.64	11.53	11.99	12.54	12.37	12.40	12.30	12.97	12.42	12.13	12.07	12.43	12.88	12.48
2014-08	ASAZH01CHG_01	17.03	18.38	17.64	17.39	16.84	17.63	15.66	15.11	13.21	12.47	10.90	10.50	9.15	9.39	8.60	9.60	9.77	9.24	9.63	11.68

3.3.2.4　使用建议

使用建议（同 3.3.1.4）。

3.3.2.5　数据

土壤重量含水量（烘干法）见表 3-22。

3.3.3　地表水地下水水质状况

3.3.3.1　概述

农田生态系统水质的长期监测是农田生态系统水分观测的重要内容，可以反映出生态系统中水质现状及发展趋势，对整个农田生态系统水环境管理、污染源控制以及维护水环境健康等方面起着重要作用。通过对不同类型水的水质分析，可全面反映农业生产及人类活动对水质的影响。农田生态系统中长期连续的观测水质变化规律可以为我们制定合理的施肥和耕作提供数据支持。安塞站农田生态系统水质观测数据集包括地表水、地下水水质的数据，监测的水类型有流动地表水（河水）、浅层地下水（井水）。安塞站是旱作区，故未测定土壤水水质。

3.3.3.2　数据采集和处理方法

（1）数据采集

安塞站水质数据集采样地点及其观测场代码如下。

① 地表水采样点：延河河水水质观测点（ASAFZ10CLB_01）。

② 地下水采样点：水井（ASAFZ04CDX_01）观测场于 2014 年 9 月停止观测。

原始数据观测频率：地表水和地下水每月底定期采样，全年测定。采样方式为将水样装入 1 000 mL塑料瓶中冷冻保存，集中分析。

（2）数据测定

水质分析方法采用《中国生态系统研究网络（CERN）长期观测质量管理规范》丛书《陆地生态系统水环境观测质量保证与质量控制》的相关规定，样品采集和运输过程增加采样空白和运输空白，实验室分析测定时插入国家标准样品进行质控。

安塞站地表水、地下水的水质数据来源由两个部分组成：

①室内实验室主要测定水中的阴阳八大离子及总氮总磷矿化度等。

②水温、pH 、化学需氧量、水中溶解氧（DO）这 4 个指标，2008 年 4 月开始采用多参数水质分析仪（HACH 公司）进行现场采样分析。

（3）数据获取方法、数据计量单位、小数位数见表 3-23。

表 3-23　水质分析项目及方法

指标名称	单位	小数位数	数据获取方法
水温	℃	2	便携式多参数水质分析仪（HACH）
pH	无量纲	2	便携式多参数水质分析仪（HACH）
钙离子（Ca^{2+}）	mg/L	2	原子吸收分光光度法
镁离子（Mg^{2+}）	mg/L	2	原子吸收分光光度法
钾离子（K^{+}）	mg/L	2	原子吸收分光光度法
钠离子（Na^{+}）	mg/L	2	原子吸收分光光度法
碳酸根离子（CO_3^{2-}）	mg/L	2	酸碱滴定法
重碳酸根离子（HCO_3^-）	mg/L	2	酸碱滴定法
氯化物（Cl^-）	mg/L	2	硫氰酸汞法

（续）

指标名称	单位	小数位数	数据获取方法
硫酸根离子（SO_4^{2-}）	mg/L	2	硫酸盐比浊法
磷酸根离子（PO_4^{3-}）	mg/L	2	磷钼蓝分光光度法
硝酸根（NO_3^-）	mg/L	2	分光光度法
化学需氧量（高锰酸盐指数）	mg/L	2	重铬酸钾法（HACH）
水中溶解氧（DO）	mg/L	2	便携式多参数水质分析仪（HACH）
矿化度	mg/L	2	重量法
总氮（N）	mg/L	2	碱性过硫酸钾消解/紫外分光光度法
总磷（P）	mg/L	2	钼酸铵分光光度法

3.3.3.3 数据质量控制和评估

针对开展的水质观测项目，对于测试样品都有重复平行测试。数据整理和入库过程的质量控制方面，主要分为两个步骤：①对原始数据进行整理、使其格式统一。②通过一系列质量控制方法，去除随机数及系统误差。使用的质量控制方法，包括极值校验、八大离子加和法、阴阳离子平衡法、电导率校核、pH 校核等方法分析数据正确性，以保障数据的质量。

3.3.3.4 数据

地表水地下水水质状况见表 3-24。

3.3.4 地下水位

3.3.4.1 概述

观测地点位于安塞站川地综合试验场，地面高程 1 033 m，井深 13 m，采用人工手动观测，监测频次为 5 天/次，全年观测。该数据集数据范围为 2008 年 1 月至 2014 年 9 月，观测场于 2014 年 9 月停止观测。

3.3.4.2 数据采集和处理方法

用悬垂式水尺进行测量，采样时测绳系一个重物，一般使得放入井中的绳子可以拉直即可，根据以往测定深度或听到撞击水面以后，将绳子拉起来，同时用测绳量出地面到水浸湿的界限处，即地下水的埋深。每次测量测定两次，误差不得超过 2 cm，取其平均值。准备好加内盖的聚乙烯塑料瓶以备待用，采用测绳与汲水桶相结合的方法，取出井水，用井水清洗聚乙烯塑料瓶 3 次，然后将井水装入塑料瓶内，采样完成后及时收理好测绳、汲水桶等相关采样工具。

其观测计算方法如下：地下水位$=A-B$

其中，A 为地下水井所在位置地面海拔高度，B 为地下水埋深。

3.3.4.3 数据质量控制

本台站地下水位观测过程按照《陆地生态系统水环境观测规范》实施，人工测量地下水位，通过悬垂式水尺直接观测地下水埋深，就可获得地下水位。每次观测重复测量两次，间隔时间不少于 5 min，取其平均值，两次测量误差不超过 2 cm，否则重测。取两次水位的平均值进行记录。多年数据比对，删除异常值或标注说明。

数据产品处理方法：本次出版的数据在观测记录基础上进行整理加工，计算观测场地下水位的月平均值，当月观测的所有数据平均后所得的数据代表当月该观测场地下水位月平均值。根据质控后的数据，作为本数据产品的结果数据。

3.3.4.4 数据

地下水位见表 3-25。

表 3-24 地表水地下水水质状况

时间（年-月-日）	水质采样点代码	水温/℃	水质表现性状	pH	钙离子含量/(mg/L)	镁离子含量/(mg/L)	钾离子含量/(mg/L)	钠离子含量/(mg/L)	碳酸根离子含量/(mg/L)	重碳酸根离子含量/(mg/L)	氯化物/(mg/L)	硫酸根离子/(mg/L)	磷酸根离子/(mg/L)	硝酸根/(mg/L)	矿化度	化学需氧量(COD_{Cr})/(mg/L)	水中溶解氧	总氮/(mg/L)	总磷/(mg/L)
2008-01-30	ASAFZ10CLB_01	0.45	较清	8.55	4.68	25.77	1.08	106.54	10.35	144.04	81.71	121.09	0.00	2.45	472.50			2.46	
2008-02-28	ASAFZ10CLB_01	0.52	较清	8.43	6.08	32.95	1.36	133.18	10.28	176.35	108.31	139.50	0.00	3.20	557.00			2.79	0.10
2008-03-30	ASAFZ10CLB_01	15.80	较清	8.42	6.13	25.23	1.38	111.24	10.17	174.45	96.21	96.74	0.24	1.62	483.50			2.76	0.02
2008-04-30	ASAFZ10CLB_01	14.65	较清	8.30	12.75	33.70	1.77	157.87	9.22	222.59	152.97	148.78	0.19	1.58	693.00	85.00	8.27	3.10	7.47
2008-05-30	ASAFZ10CLB_01	16.70	浑浊	8.18	10.55	41.64	2.86	172.87	10.70	274.47	139.01	157.85	0.31	1.57	828.00	41.50	7.35	4.19	0.23
2008-06-30	ASAFZ10CLB_01	20.35	浑浊	8.30	8.26	37.32	2.48	220.36	12.54	254.66	136.96	219.35	0.16	1.17	823.00	43.50	6.57	2.69	8.47
2008-07-30	ASAFZ10CLB_01	24.55	较浑浊	7.79	8.47	21.01	2.67	108.45	6.97	177.53	54.29	93.10	0.00	2.18	516.00	58.00	6.72	2.03	1.67
2008-08-30	ASAFZ10CLB_01	16.15	较浑浊	8.15	8.47	24.58	3.21	123.76	7.04	206.21	87.67	115.41	0.02	1.82	561.50	105.50	8.13	1.53	
2008-09-30	ASAFZ10CLB_01	12.30	较浑浊	8.19	6.62	32.52	3.07	144.69	9.27	246.75	106.22	142.45	0.01	2.18	644.00	60.50	9.13	1.94	
2008-10-30	ASAFZ10CLB_01	5.40	较清	8.19	6.18	35.37	2.93	137.81	7.92	223.56	116.51	144.39	0.02	2.38	704.50	34.50	10.74	2.46	
2008-11-30	ASAFZ10CLB_01	1.00	较清	8.03	29.18	37.79	3.38	114.89	4.04	130.16	128.53	170.34	0.49	2.18	589.50	37.00	11.44	3.54	0.17
2008-12-30	ASAFZ10CLB_01	1.35	较清	7.87	51.62	61.33	6.50	299.50	2.82	300.87	291.99	340.86	0.81	3.74	1 291.00	59.50	10.43	8.69	0.40
2008-01-30	ASAZH01CDX_01	11.50	清	7.94	46.78	37.17	1.33	91.38	0.00	189.21	83.65	128.40	0.01	45.08	570.00			36.06	9.33
2008-02-28	ASAZH01CDX_01	12.20	清	8.32	52.50	45.87	1.74	103.81	7.59	218.86	129.84	200.99	0.01	57.21	833.00			70.01	
2008-03-30	ASAZH01CDX_01	13.70	清	8.81	49.22	36.17	1.45	105.18	11.30	209.62	97.39	124.78	0.00	46.94	748.50			53.55	
2008-04-30	ASAZH01CDX_01	12.35	清	7.79	62.30	41.40	1.40	104.87	10.59	262.55	97.07	165.47	0.01	45.18	720.00	9.50	5.44	40.82	
2008-05-30	ASAZH01CDX_01	13.90	清	7.61	72.14	52.07	2.04	160.29	19.46	382.04	140.14	212.53	0.00	63.33	1 138.00	4.00	5.41	94.59	
2008-06-30	ASAZH01CDX_01	14.55	清	7.46	74.53	50.21	2.28	153.12	15.32	391.87	138.71	210.87	0.01	61.47	1 084.00	15.00	4.47	93.56	
2008-07-30	ASAZH01CDX_01	14.50	清	7.25	43.45	71.65	2.77	99.34	0.00	369.91	115.26	167.98	0.00	55.82	1 011.00	14.50	6.14	55.95	
2008-08-30	ASAZH01CDX_01	12.55	清	7.10	51.18	52.08	1.32	36.75	3.04	305.66	56.68	107.65	0.02	36.28	597.00	5.50	5.43	36.10	
2008-09-30	ASAZH01CDX_01	11.65	清	7.05	56.18	57.27	1.20	36.89	6.34	299.81	63.37	108.38	0.02	34.82	667.00	34.50	5.01	35.19	
2008-10-30	ASAZH01CDX_01	10.00	清	7.19	48.20	58.98	1.31	40.69	5.34	285.04	70.38	110.91	0.00	35.66	649.00	10.50	5.36	36.08	
2008-11-30	ASAZH01CDX_01	8.10	清	7.40	42.57	58.69	1.78	69.38	3.60	207.79	99.40	142.94	0.00	24.95	638.00	12.00	7.43	24.32	
2008-12-30	ASAZH01CDX_01	6.30	清	7.56	53.07	76.93	2.81	123.24	3.45	268.69	135.39	215.89	0.00	47.23	998.00	29.00	7.87	48.08	
2009-01-30	ASAFZ10CLB_01	1.65	较清	7.69	23.63	59.85	4.49	311.75	4.00	151.36	358.00	276.00	0.12	2.27	589.00	38.50	10.41	5.74	3.43

（续）

时间（年-月-日）	水质采样点代码	水温/℃	水质表现性状	pH	钙离子含量/(mg/L)	镁离子含量/(mg/L)	钾离子含量/(mg/L)	钠离子含量/(mg/L)	碳酸根离子含量/(mg/L)	重碳酸根离子含量/(mg/L)	氯化物/(mg/L)	硫酸根离子/(mg/L)	磷酸根离子/(mg/L)	硝酸根/(mg/L)	矿化度	化学需氧量(COD_{Cr})/(mg/L)	水中溶解氧	总氮/(mg/L)	总磷/(mg/L)
2009-02-28	ASAFZ10CLB_01	1.15	较清	8.03	5.52	14.14	2.81	148.69	16.00	137.29	73.00	140.60	0.08	1.05	1 287.00	52.00	11.44	3.74	1.47
2009-03-30	ASAFZ10CLB_01	5.70	较清	8.02	7.95	18.03	3.72	169.36	17.00	146.44	76.60	171.80	0.18	1.16	728.00	41.50	10.06	5.53	5.83
2009-04-30	ASAFZ10CLB_01	14.55	较清	8.03	14.08	58.86	3.56	191.72	19.20	173.86	226.00	148.20	0.47	0.41	725.00	23.50	8.54	4.06	0.20
2009-05-30	ASAFZ10CLB_01	17.20	浑浊	7.92	13.46	29.72	2.81	117.00	0.00	198.31	125.00	108.00	0.58	0.77	526.00	35.00	7.55	3.03	0.19
2009-06-30	ASAFZ10CLB_01	22.20	浑浊	7.72	13.04	28.22	5.24	175.95	24.00	176.95	162.00	151.00	1.81	0.05	774.00	23.00	3.49	7.90	0.77
2009-07-30	ASAFZ10CLB_01	22.50	较浑浊	7.96	6.91	14.14	2.64	105.74	9.00	108.14	87.00	108.00	0.11	0.43	497.00	24.50	6.85	1.78	2.33
2009-08-30	ASAFZ10CLB_01	20.55	较浑浊	8.07	21.69	38.85	2.97	145.35	15.00	414.92	28.40	86.10	0.16	2.78	960.00	39.00	7.22	2.47	0.05
2009-09-30	ASAFZ10CLB_01	15.65	较浑浊	8.11	48.22	70.62	4.50	229.44	11.00	382.03	224.00	284.00	0.36	22.30	1 358.00	10.00	8.24	3.11	0.08
2009-10-30	ASAFZ10CLB_01	8.55	较清	8.21	22.67	42.05	3.48	163.74	7.00	318.44	155.00	149.00	0.17	0.87	922.00	12.00	10.23	3.29	3.73
2009-11-30	ASAFZ10CLB_01	1.60	较清	8.19	26.79	47.21	3.25	167.20		328.31	178.00	141.00	0.28	1.12	817.00	30.50	16.59	4.44	0.16
2009-12-30	ASAFZ10CLB_01	0.60	较清	7.91	77.96	69.38	5.07	240.89		432.88	319.00	264.00	0.28	2.01	1 594.00	117.00	11.07	8.24	0.39
2009-01-30	ASAZH01CDX_01	8.30	清	7.38	22.77	47.84	2.23	113.33	19.60	268.01	78.00	83.90	0.10	22.16	784.00	8.00	5.30	44.08	2.73
2009-02-28	ASAZH01CDX_01	8.55	清	7.53	29.75	63.90	3.40	174.34	22.00	261.70	110.90	147.00	0.07	138.43	1 281.00	39.00	5.69	69.37	0.02
2009-03-30	ASAZH01CDX_01	9.50	清	7.47	32.43	65.72	4.38	165.63	17.00	254.75	155.50	195.80	0.07	9.14	1 267.00	21.00	5.98	71.33	0.02
2009-04-30	ASAZH01CDX_01	11.40	清	7.44	42.04	80.02	6.90	221.82	23.00	268.47	173.00	309.00	0.10	46.54	1 606.00	18.50	5.44	87.93	2.73
2009-05-30	ASAZH01CDX_01	12.30	清	7.31	41.58	81.87	5.66	176.25	37.00	261.70	136.00	239.00	0.07	89.16	1 212.00	5.00	3.88	111.74	0.03
2009-06-30	ASAZH01CDX_01	14.25	清	7.19	40.00	79.56	4.53	255.71	11.00	241.02	223.00	222.00	0.07	254.70	1 573.00	37.00	2.37	94.64	2.37
2009-07-30	ASAZH01CDX_01	13.30	清	7.09	37.85	64.05	2.75	163.70	19.00	270.85	195.70	118.00	0.08	23.29	1 127.00	3.00	1.39	60.22	0.01
2009-08-30	ASAZH01CDX_01	16.15	清	7.09	55.37	78.25	3.03	201.59	19.56	286.78	240.30	146.00	0.11	245.18	1 385.00	10.50	1.70	62.94	0.02
2009-09-30	ASAZH01CDX_01	16.98	清	7.07	81.22	87.52	4.67	238.57	2.10	480.34	219.00	142.00	0.07	431.25	1 665.00	5.00	2.45	75.95	2.37
2009-10-30	ASAZH01CDX_01	12.05	清	7.29	83.35	95.31	4.37	243.18	3.50	510.85	224.00	205.00	0.07	339.26	1 740.00	10.00	3.29	90.55	1.07
2009-11-30	ASAZH01CDX_01	6.50	清	7.61	82.61	96.00	4.46	241.50	2.37	409.49	217.00	262.00	0.07	410.37	1 778.00	25.00	5.86	92.23	1.03
2009-12-30	ASAZH01CDX_01	7.65	清	7.72	82.95	95.16	4.66	296.94	3.15	500.34	254.00	264.00	0.08	408.70	1 789.00	5.50	6.85	91.18	0.01

（续）

时间（年-月-日）	水质采样点代码	水温/℃	水质表现性状	pH	钙离子含量/（mg/L）	镁离子含量/（mg/L）	钾离子含量/（mg/L）	钠离子含量/（mg/L）	碳酸根离子含量/（mg/L）	重碳酸根离子含量/（mg/L）	氯化物/（mg/L）	硫酸根离子/（mg/L）	磷酸根离子/（mg/L）	硝酸根/（mg/L）	矿化度	化学需氧量（COD_{Cr}）/（mg/L）	水中溶解氧	总氮/（mg/L）	总磷/（mg/L）
2010-01-30	ASAFZ10CLB_01	1.40	清	8.09	57.83	74.40	5.28	128.69	0.00	376.15	0.66	341.19	0.18	6.04	917.50	31.00	11.04	8.65	0.24
2010-02-28	ASAFZ10CLB_01	1.00	较浑浊	8.30	33.71	44.66	3.22	140.02	2.05	257.15	0.88	328.10	3.45	5.30	727.50	52.00	11.65	3.80	4.17
2010-03-30	ASAFZ10CLB_01	6.45	较浑浊	8.44	41.22	41.30	3.60	142.96	6.19	295.63	0.61	239.63	0.19	2.96	648.00	70.50	9.96	2.99	1.97
2010-04-30	ASAFZ10CLB_01	9.75	较浑浊	8.23	33.43	45.89	3.53	158.52	6.27	222.50	1.51	489.61	0.44	1.15	832.00	32.00	9.46	3.45	3.03
2010-05-30	ASAFZ10CLB_01	19.80	清	8.13	27.63	46.29	4.54	180.57	6.52	236.87	1.68	403.96	0.36	2.95	835.00	26.00	7.47	3.07	0.10
2010-06-30	ASAFZ10CLB_01	24.70	清	8.07	31.54	66.46	6.31	209.96	6.39	220.41	0.66	481.69	0.67	6.51	966.50	46.50	7.45	3.50	0.19
2010-07-30	ASAFZ10CLB_01	27.20	较浑浊	8.40	26.61	54.57	5.64	184.91	4.94	229.10	0.73	549.39	0.04	2.41	951.50	5.50	8.41	2.00	0.13
2010-08-30	ASAFZ10CLB_01	20.40	清	8.35	25.83	53.26	5.16	190.45	4.41	259.24	0.88	342.42	6.38	1.72	754.50	11.50	9.60	3.23	0.10
2010-09-30	ASAFZ10CLB_01	13.65	浑浊	8.31	29.25	50.02	4.54	169.44	11.03	258.43	1.35	522.01	0.13	6.68	912.00	13.00	8.51	3.52	7.67
2010-10-30	ASAFZ10CLB_01	6.10	清	8.21	31.86	55.81	4.06	176.86	13.78	277.43	0.78	401.15	7.23	3.30	991.00	27.50	10.46	3.33	0.03
2010-11-30	ASAFZ10CLB_01	0.70	清	8.11	42.09	62.63	5.17	215.14	16.64	327.48	0.59	415.49	0.44	6.61	907.00	8.50	10.94	6.42	0.11
2010-12-30	ASAFZ10CLB_01	0.90	清	8.81	69.13	90.18	7.64	197.93	21.35	404.74	0.67	606.91	0.41	8.55	1 263.00	42.00	12.65	8.98	0.21
2010-01-30	ASAFZ04CDX_01	8.10	清	7.76	88.83	129.84	6.04	263.36	27.52	412.30	0.60	587.74	0.04	132.31	1 814.00	85.00	7.60	85.25	9.67
2010-02-28	ASAFZ04CDX_01	8.85	清	7.73	89.72	118.37	6.05	268.10	28.54	333.13	0.64	654.41	3.98	134.33	1 708.00	10.00	7.34	85.12	8.67
2010-03-30	ASAFZ04CDX_01	9.90	清	7.73	70.62	119.29	6.09	256.19	22.43	349.70	0.53	576.61	3.23	114.27	1 656.00	2.00	7.05	85.66	5.33
2010-04-30	ASAFZ04CDX_01	11.20	清	7.59	77.61	137.19	6.23	253.94	18.86	379.06	0.57	691.76	0.10	99.51	1 745.50	17.00	6.63	84.49	3.33
2010-05-30	ASAFZ04CDX_01	13.45	清	7.53	85.56	137.79	5.95	255.78	22.42	328.75	1.24	668.21	0.03	130.38	1 477.50	12.50	7.17	79.66	0.00
2010-06-30	ASAFZ04CDX_01	15.65	清	7.47	63.38	114.72	6.34	230.74	8.45	401.65	0.51	695.59	2.54	162.14	1 584.00	5.00	5.27	84.30	6.67
2010-07-30	ASAFZ04CDX_01	15.05	清	7.43	91.75	142.92	6.38	297.98	0.00	382.41	0.99	1 062.15	3.01	51.06	1 739.00	3.50	5.00	83.34	0.01
2010-08-30	ASAFZ04CDX_01	14.15	清	7.46	61.02	111.20	4.84	211.54	0.00	273.89	0.41	562.07	0.05	120.57	1 158.50	11.00	4.98	59.80	0.04
2010-09-30	ASAFZ04CDX_01	10.15	清	7.52	94.12	167.48	7.11	322.12	8.52	470.63	0.71	946.52	0.03	188.89	1 826.00	9.50	6.93	90.99	0.01
2010-10-30	ASAFZ04CDX_01	10.40	清	7.34	87.82	116.08	5.31	232.79	4.52	317.13	0.80	848.83	3.39	189.00	1 710.00	14.00	5.40	61.86	0.02

（续）

时间（年-月-日）	水质采样点代码	水温/℃	水质表现性状	pH	钙离子含量/(mg/L)	镁离子含量/(mg/L)	钾离子含量/(mg/L)	钠离子含量/(mg/L)	碳酸根离子含量/(mg/L)	重碳酸根离子含量/(mg/L)	氯化物/(mg/L)	硫酸根离子/(mg/L)	磷酸根离子/(mg/L)	硝酸根/(mg/L)	矿化度	化学需氧量(COD_{Cr})/(mg/L)	水中溶解氧	总氮/(mg/L)	总磷/(mg/L)
2010-11-30	ASAFZ04CDX_01	9.10	清	7.68	82.66	132.09	6.73	275.89	3.97	428.84	0.54	656.65	0.03	220.26	1 750.00	28.50	6.58	81.03	2.27
2010-12-30	ASAFZ04CDX_01	7.70	清	8.35	86.85	134.69	6.47	276.25	10.90	409.68	0.57	641.90	3.15	275.03	1 668.50	30.00	7.23	80.58	1.07
2011-01-30	ASAFZ10CLB_01	2.50	清	8.44	6.26	0.63	0.45	5.47	0.00	23.58	4.11	6.18	0.00	3.25	65.00	43.50	12.32	1.90	0.05
2011-02-28	ASAFZ10CLB_01	2.20	较浑浊	8.03	9.76	19.58	2.55	90.45	8.86	103.03	87.10	93.63	0.00	12.38	381.00	70.00	11.62	2.57	1.17
2011-03-30	ASAFZ10CLB_01	4.25	较浑浊	8.79	10.59	13.73	1.54	49.71	0.00	97.74	45.90	46.95	0.00	5.75	288.50	105.00	10.78	1.82	3.07
2011-04-30	ASAFZ10CLB_01	11.55	较浑浊	8.97	11.74	23.13	2.97	102.75	0.00	134.71	146.00	111.31	0.00	5.68	479.00	92.50	9.98	2.34	0.01
2011-05-30	ASAFZ10CLB_01	16.05	较浑浊	8.90	13.69	29.14	3.61	150.67	5.43	147.97	238.00	132.47	0.00	6.74	615.50	17.00	8.89	3.12	0.04
2011-06-30	ASAFZ10CLB_01	23.70	清	8.73	10.61	22.56	4.21	133.77	5.38	150.46	186.00	124.74	0.00	8.70	520.50	31.50	6.75	1.41	1.47
2011-07-30	ASAFZ10CLB_01	20.65	较浑浊	8.68	14.46	14.71	2.61	72.56	0.00	121.63	81.20	78.13	0.00	6.17	375.50	513.00	7.33	5.81	1.77
2011-08-30	ASAFZ10CLB_01	20.10	清	8.87	8.77	25.40	3.86	118.50	7.74	143.35	179.00	118.87	0.00	6.58	513.00	29.50	7.46	1.83	0.03
2011-09-30	ASAFZ10CLB_01	12.95	浑浊	8.85	8.13	17.89	2.16	64.56	8.41	105.93	78.90	78.74	0.00	4.07	324.00	41.50	8.84	1.17	2.03
2011-10-30	ASAFZ10CLB_01	9.25	清	8.68	11.07	32.61	3.68	121.39	8.54	180.64	168.00	131.44	0.00	9.64	562.50	36.00	9.48	2.65	2.07
2011-11-30	ASAFZ10CLB_01	4.30	清	8.33	37.95	34.34	4.90	107.15	0.00	264.40	159.00	126.22	0.00	8.34	569.00	48.00	10.36	3.63	6.97
2011-12-30	ASAFZ10CLB_01	0.25	清	8.76	65.05	55.89	5.48	223.43	0.00	422.09	422.00	225.81	0.00	20.61	1 106.00	35.50	11.47	7.31	0.12
2011-01-30	ASAFZ04CDX_01	7.50	清	7.57	14.85	9.55	0.75	21.42	0.00	55.93	23.30	25.71	0.00	26.03	173.50	80.50	8.55	10.61	0.03
2011-02-28	ASAFZ04CDX_01	8.40	清	7.61	58.37	100.79	6.21	264.11	0.00	269.46	397.00	281.61	0.00	339.58	1 549.00	9.50	7.83	83.79	0.01
2011-03-30	ASAFZ04CDX_01	9.20	清	8.19	9.00	20.26	1.67	57.37	0.00	49.68	72.10	68.81	0.00	70.70	346.00	8.50	6.81	21.75	0.01
2011-04-30	ASAFZ04CDX_01	10.65	清	8.24	61.75	108.86	6.37	270.49	0.00	280.01	429.00	274.99	0.00	358.46	1 626.00	43.50	6.65	83.79	2.07
2011-05-30	ASAFZ04CDX_01	16.55	清	8.17	10.05	11.77	0.90	30.80	0.00	45.34	37.50	34.13	0.00	39.47	222.00	12.00	6.36	14.20	0.02
2011-06-30	ASAFZ04CDX_01	14.35	清	8.12	33.70	62.20	4.25	163.29	0.00	148.92	162.00	185.91	0.00	220.37	959.50	31.50	5.60	51.87	2.87
2011-07-30	ASAFZ04CDX_01	13.35	清	8.07	52.90	100.71	5.81	357.61	0.00	240.55	315.00	253.01	0.00	338.12	1 547.00	29.00	5.33	78.26	0.01
2011-08-30	ASAFZ04CDX_01	13.00	清	8.49	31.87	39.22	2.56	109.96	0.00	119.37	94.30	142.36	0.00	135.86	672.00	27.50	4.64	31.78	0.01

（续）

时间（年-月-日）	水质采样点代码	水温/℃	水质表现性状	pH	钙离子含量/（mg/L）	镁离子含量/（mg/L）	钾离子含量/（mg/L）	钠离子含量/（mg/L）	碳酸根离子含量/（mg/L）	重碳酸根离子含量/（mg/L）	氯化物/（mg/L）	硫酸根离子/（mg/L）	磷酸根离子/（mg/L）	硝酸根/（mg/L）	矿化度	化学需氧量（COD_{Cr}）/（mg/L）	水中溶解氧	总氮/（mg/L）	总磷/（mg/L）
2011-09-30	ASAFZ04CDX_01	11.90	清	7.95	39.03	77.54	4.96	209.44	0.00	213.13	318.00	230.93	0.00	258.49	1 236.00	53.50	3.47	61.33	1.17
2011-10-30	ASAFZ04CDX_01	10.65	清	7.89	36.69	63.15	4.33	117.64	0.00	258.38	165.00	134.97	0.00	175.41	914.50	28.50	5.21	42.18	7.33
2011-11-30	ASAFZ04CDX_01	9.50	清	7.93	75.30	80.55	4.84	160.31	0.00	421.51	182.00	201.09	0.00	194.37	1 121.50	26.00	7.14	56.19	0.02
2011-12-30	ASAFZ04CDX_01	6.85	清	8.40	81.82	91.15	5.15	186.84	0.00	418.56	227.00	224.03	0.00	214.66	1 264.50	13.50	8.22	62.78	0.01
2012-01-30	ASAFZ10CLB_01	20.60	清	8.79	25.22	38.24	4.86	153.76	2.65	215.78	131.00	142.69	0.00	10.95	650.00	7.14	7.46	3.96	4.77
2012-02-28	ASAFZ10CLB_01	9.85	浑浊	8.78	18.18	29.93	3.40	150.46	3.06	170.84	200.00	98.56	0.00	8.48	562.50	15.20	9.26	2.59	1.07
2012-03-30	ASAFZ10CLB_01	10.60	清	8.68	15.05	26.47	2.72	88.36	2.11	141.30	78.20	95.06	0.00	9.12	400.50	43.00	9.33	2.39	0.02
2012-04-30	ASAFZ10CLB_01	0.95	清	8.28	19.30	41.31	3.40	136.19	7.37	196.59	93.70	148.39	0.00	14.19	567.50	50.00	11.33	4.01	7.67
2012-05-30	ASAFZ10CLB_01	2.20	清	8.35	90.09	68.55	5.16	213.43	1.74	439.70	232.00	265.84	0.00	20.22	1 133.50	66.00	10.77	7.69	0.06
2012-06-30	ASAFZ04CDX_01	8.10	清	7.18	21.81	28.06	1.49	58.86	0.00	108.14	55.80	76.06	0.00	71.09	373.00	9.50	6.85	16.95	0.00
2012-07-30	ASAFZ04CDX_01	7.75	清	7.18	35.84	96.22	5.55	175.68	13.29	187.87	166.00	242.28	0.00	215.26	1 090.00	11.00	7.83	49.73	0.02
2012-08-30	ASAFZ04CDX_01	10.15	清	8.31	41.45	74.37	4.67	146.08	7.94	194.58	124.00	192.86	0.00	166.70	876.50	14.50	7.61	38.70	3.67
2012-09-30	ASAFZ04CDX_01	13.05	清	8.88	37.58	78.36	3.69	136.35	5.63	188.52	152.00	186.43	0.00	167.70	873.00	17.50	6.69	38.75	2.67
2012-10-30	ASAFZ04CDX_01	12.20	清	8.23	34.95	62.34	3.08	126.43	2.45	172.27	100.00	189.03	0.00	131.28	772.00	17.50	6.55	31.23	0.01
2012-11-30	ASAFZ04CDX_01	14.15	清	8.17	49.21	92.92	4.33	155.61	2.31	233.26	194.00	222.65	0.00	202.59	1 074.50	31.00	5.89	47.00	8.33
2012-12-30	ASAFZ04CDX_01	12.65	清	8.05	48.52	64.09	2.94	110.79	1.98	206.03	113.00	153.55	0.00	133.39	372.00	21.50	5.36	32.15	0.01
2012-01-30	ASAFZ04CDX_01	12.90	清	7.93	54.92	91.98	4.05	143.94	2.45	229.64	171.00	228.31	0.00	185.82	1 082.50	4.74	4.64	44.93	0.01
2012-02-28	ASAFZ04CDX_01	10.95	清	7.68	52.90	61.93	2.47	78.30	1.56	176.79	122.00	158.16	0.00	112.84	705.00	48.50	5.37	26.65	0.00
2012-03-30	ASAFZ04CDX_01	9.67	清	7.89	50.23	49.04	1.84	56.54	0.00	139.40	98.30	142.33	0.00	77.10	576.00	32.00	7.68	18.13	2.67
2012-04-30	ASAFZ04CDX_01	7.40	清	7.31	65.43	78.58	3.03	86.21	4.22	203.07	141.00	228.96	0.00	117.91	903.50	29.50	7.83	27.08	2.33
2012-05-30	ASAFZ04CDX_01	7.30	清	7.49	119.60	117.26	4.44	143.11	9.54	416.24	220.00	326.55	0.00	168.81	1 425.00	55.00	7.00	39.85	0.01
2012-06-30	ASAFZ10CLB_01	2.05	清	7.98	28.13	47.89	4.11	249.19	5.76	179.35	227.00	184.43	0.00	18.58	927.50	20.50	10.15	5.89	3.03

（续）

时间（年-月-日）	水质采样点代码	水温/℃	水质表现性状	pH	钙离子含量/（mg/L）	镁离子含量/（mg/L）	钾离子含量/（mg/L）	钠离子含量/（mg/L）	碳酸根离子含量/（mg/L）	重碳酸根离子含量/（mg/L）	氯化物/（mg/L）	硫酸根离子/（mg/L）	磷酸根离子/（mg/L）	硝酸根/（mg/L）	矿化度	化学需氧量（COD_{Cr}）/（mg/L）	水中溶解氧	总氮/（mg/L）	总磷/（mg/L）
2012-07-30	ASAFZ10CLB_01	2.35	较浑浊	8.07	14.53	25.04	2.33	80.80	3.55	141.53	69.10	83.32	0.00	9.54	379.50	71.00	11.62	2.41	4.53
2012-08-30	ASAFZ10CLB_01	6.95	较浑浊	8.77	21.03	26.66	2.47	87.60	1.98	174.99	61.30	87.33	0.00	10.41	334.00	89.50	9.90	2.53	2.77
2012-09-30	ASAFZ10CLB_01	16.50	较浑浊	8.26	17.74	25.67	2.44	103.03	2.25	148.21	73.50	96.74	0.00	6.05	398.50	28.00	8.15	1.64	0.05
2012-10-30	ASAFZ10CLB_01	16.50	较浑浊	8.81	16.16	31.02	2.74	145.56	1.98	141.50	160.00	123.44	0.00	4.61	556.00	11.00	7.56	1.20	1.03
2012-11-30	ASAFZ10CLB_01	21.70	清	8.72	17.97	21.42	2.89	77.57	2.21	143.95	55.90	84.74	0.00	6.29	338.00	12.75	7.09	1.97	1.97
2012-12-30	ASAFZ10CLB_01	21.45	较浑浊	8.46	24.75	18.25	2.49	55.44	2.11	146.71	65.90	55.74	0.00	11.85	187.00	16.50	7.00	2.99	1.53
2013-01-30	ASAFZ10CLB_01	2.05	清	7.64	24.55	28.40	1.95	73.54	4.13	166.29	88.40	95.52	0.00	8.65	420.50	18.00	10.74	2.44	0.03
2013-02-28	ASAFZ10CLB_01	2.80	清	8.17	23.94	29.34	2.06	77.89	5.35	162.65	102.70	83.38	0.00	8.44	428.50	11.50	7.62	2.39	2.27
2013-03-30	ASAFZ10CLB_01	7.00	浑浊	8.00	16.04	25.02	2.64	104.27	11.16	187.61	108.57	112.25	0.00	10.09	478.00	63.50	11.89	2.37	0.02
2013-04-30	ASAFZ10CLB_01	16.50	清	7.58	19.33	25.18	2.50	121.23	7.03	192.63	107.33	144.47	0.00	7.58	566.00	12.50	8.19	1.93	3.13
2013-05-30	ASAFZ10CLB_01	17.10	较浑浊	7.84	26.81	29.03	3.31	126.46	7.39	173.03	159.90	123.62	0.00	9.66	548.50	85.50	9.67	2.36	0.06
2013-06-30	ASAFZ10CLB_01	21.35	清	8.24	12.50	20.36	2.89	117.74	4.85	162.88	119.20	129.00	0.00	5.88	499.00	18.00	7.90	1.56	4.23
2013-07-30	ASAFZ10CLB_01	18.85	较混浊	8.18	21.45	29.12	3.26	112.12	6.67	198.91	124.67	125.87	0.00	14.29	590.50	1 756.00	7.20	3.64	0.03
2013-08-30	ASAFZ10CLB_01	18.65	较混浊	8.39	21.88	32.12	3.36	119.36	7.49	212.75	120.07	136.53	0.00	14.21	608.50	1 345.50	7.89	3.59	0.13
2013-09-30	ASAFZ10CLB_01	11.10	较混浊	8.34	19.77	23.09	2.21	72.97	9.66	153.24	71.90	95.60	0.00	9.90	396.50	221.50	8.84	2.27	5.07
2013-10-30	ASAFZ10CLB_01	10.67	较混浊	8.32	20.55	25.45	2.26	82.80	5.49	172.61	77.87	101.75	0.00	10.48	427.50	118.50	9.33	2.91	0.06
2013-11-30	ASAFZ10CLB_01	0.85	清	7.85	31.73	38.45	3.67	132.43	7.21	260.81	133.57	179.20	0.00	18.81	745.50	51.00	12.35	6.82	0.16
2013-12-30	ASAFZ10CLB_01	0.65	清	7.90	83.08	64.55	7.63	204.83	36.84	462.72	263.00	328.37	0.80	32.26	1 251.00	59.50	13.75	14.62	0.41
2013-01-30	ASAFZ04CDX_01	8.10	清	7.05	64.88	89.10	3.35	110.60	8.17	245.77	168.67	260.45	0.00	146.16	1 041.50	48.00	8.80	33.73	0.05
2013-02-28	ASAFZ04CDX_01	7.35	清	7.61	54.16	83.64	3.87	131.16	8.62	223.49	182.57	304.55	0.00	172.95	1 218.50	20.50	7.20	39.18	2.43
2013-03-30	ASAFZ04CDX_01	10.75	清	7.82	52.89	84.95	3.74	125.97	8.48	232.63	176.43	304.20	0.00	168.88	1 120.50	22.00	8.73	38.79	0.03
2013-04-30	ASAFZ04CDX_01	13.05	清	7.89	55.17	65.63	2.27	75.53	7.71	203.34	119.67	179.83	0.00	105.83	708.00	19.50	6.85	21.69	0.03

（续）

时间（年-月-日）	水质采样点代码	水温/℃	水质表现性状	pH	钙离子含量/(mg/L)	镁离子含量/(mg/L)	钾离子含量/(mg/L)	钠离子含量/(mg/L)	碳酸根离子含量/(mg/L)	重碳酸根离子含量/(mg/L)	氯化物/(mg/L)	硫酸根离子/(mg/L)	磷酸根离子/(mg/L)	硝酸根/(mg/L)	矿化度	化学需氧量(COD_{Cr})/(mg/L)	水中溶解氧	总氮/(mg/L)	总磷/(mg/L)
2013-05-30	ASAFZ04CDX_01	12.15	清	7.16	62.79	91.12	3.87	128.50	8.57	269.90	182.40	299.25	0.00	183.69	1 193.50	1 239.50	7.29	41.39	0.01
2013-06-30	ASAFZ04CDX_01	14.95	清	8.00	52.95	65.98	2.45	78.93	6.17	204.40	116.83	185.20	0.00	108.42	696.50	35.50	6.32	24.35	0.01
2013-07-30	ASAFZ04CDX_01	12.83	清	7.92	74.17	76.82	2.23	67.31	14.56	205.18	139.63	239.33	0.00	93.38	762.50	22.70	5.45	21.41	0.02
2013-08-30	ASAFZ04CDX_01	13.15	清	7.94	77.79	95.90	2.98	87.48	8.57	238.53	166.20	287.93	0.00	131.64	990.50	52.00	5.29	28.43	0.01
2013-09-30	ASAFZ04CDX_01	11.85	清	7.39	79.78	89.89	2.69	83.92	11.34	271.19	147.87	272.65	0.00	109.84	985.50	58.00	6.12	24.59	0.01
2013-10-30	ASAFZ04CDX_01	8.61	清	7.39	78.04	90.88	2.85	86.64	18.28	256.38	153.67	275.48	0.00	112.00	986.00	45.50	7.68	25.20	0.02
2013-11-30	ASAFZ04CDX_01	7.15	清	7.07	74.12	78.68	2.26	73.43	10.34	242.27	128.83	223.40	0.00	99.90	839.50	31.50	8.17	22.15	4.33
2013-12-30	ASAFZ04CDX_01	7.05	清	7.73	91.58	101.41	3.61	113.92	29.94	386.88	237.37	318.50	0.00	163.82	1 325.50	38.50	8.05	36.10	1.77
2014-01-30	ASAFZ10CLB_01	−0.60	较混浊	7.48	12.24	0.68	0.17	0.54	0.00	63.58	1.99	3.00	0.09	1.39	100.00	25.50	18.71	0.60	1.97
2014-02-28	ASAFZ10CLB_01	2.80	清	7.73	27.81	37.30	3.02	117.93	7.19	275.99	94.87	124.24	0.23	20.95	783.00	30.00	19.58	4.77	7.63
2014-03-30	ASAFZ10CLB_01	8.60	水浑浊	8.62	27.77	36.72	2.99	133.04	7.06	287.74	103.50	122.67	0.14	19.46	626.00	93.00	9.38	4.38	0.06
2014-04-30	ASAFZ10CLB_01	21.70	清	8.79	12.83	19.45	2.15	80.47	0.00	143.08	64.17	93.37	0.10	12.44	425.00	35.00	7.12	2.92	3.83
2014-05-30	ASAFZ10CLB_01	20.20	混浊	8.40	16.46	27.83	2.71	128.49	0.00	205.31	131.53	133.79	0.35	8.73	557.00	45.00	7.20	3.08	0.11
2014-06-30	ASAFZ10CLB_01	25.10	混浊	8.46	18.19	16.17	2.58	60.65	0.00	164.45	49.37	57.11	0.02	3.52	366.00	63.00	5.54	1.05	0.03
2014-07-30	ASAFZ10CLB_01	24.15	混浊	8.82	22.41	30.09	3.71	128.03	6.16	199.18	105.97	101.24	0.09	15.36	620.00	61.50	6.48	3.55	0.03
2014-08-30	ASAFZ10CLB_01	19.75	混浊	8.19	17.36	20.79	2.36	85.69	5.78	171.98	75.93	84.43	5.33	11.67	428.00	86.00	7.02	2.83	2.57
2014-09-30	ASAFZ10CLB_01	15.40	混浊	8.79	23.40	38.80	3.84	137.23	10.27	291.57	98.20	147.83	0.17	13.62	612.00	44.50	8.07	3.52	5.57
2014-10-30	ASAFZ10CLB_01	9.39	混浊	8.85	26.94	42.18	3.54	148.54	13.57	306.01	127.10	134.02	0.12	15.19	779.00	9.00	9.01	4.13	3.37
2014-11-30	ASAFZ10CLB_01	2.45	清	8.96	18.86	32.98	2.18	102.71	8.30	238.95	97.27	108.92	0.07	11.15	644.00	29.50	11.23	3.08	2.63
2014-12-30	ASAFZ10CLB_01	−0.90	清	8.43	46.70	65.34	5.47	217.03	24.10	449.36	169.93	236.20	0.60	31.06	1 168.00	7.00	9.24	10.35	0.21
2014-01-30	ASAFZ04CDX_01	2.45	清	6.86	2.25	0.29	0.25	0.19	0.00	14.23	1.06	2.32	0.05	0.99	16.00	20.00	11.01	0.42	0.01
2014-02-28	ASAFZ04CDX_01	2.65	清	6.98	8.77	0.57	0.48	1.95	0.00	42.30	2.05	9.71	0.05	4.02	80.00	21.50	12.75	1.37	1.03

（续）

时间（年-月-日）	水质采样点代码	水温/℃	水质表现性状	pH	钙离子含量/（mg/L）	镁离子含量/（mg/L）	钾离子含量/（mg/L）	钠离子含量/（mg/L）	碳酸根离子含量/（mg/L）	重碳酸根离子含量/（mg/L）	氯化物/（mg/L）	硫酸根离子/（mg/L）	磷酸根离子/（mg/L）	硝酸根/（mg/L）	矿化度	化学需氧量（COD_{Cr}）/（mg/L）	水中溶解氧	总氮/（mg/L）	总磷/（mg/L）
2014-03-30	ASAFZ04CDX_01	9.80	清	8.11	49.15	100.93	2.94	132.04	18.23	312.80	154.70	274.36	0.05	133.49	1 164.00	30.50	6.94	28.29	0.01
2014-04-30	ASAFZ04CDX_01	11.60	清	8.33	20.60	16.20	0.46	21.57	0.00	112.71	19.78	28.46	0.05	18.86	272.00	44.50	6.91	4.31	1.47
2014-05-30	ASAFZ04CDX_01	18.20	清	8.16	60.63	91.74	2.67	99.40	17.98	391.87	135.17	226.78	0.05	108.07	1 113.00	38.00	5.48	22.59	1.33
2014-06-30	ASAFZ04CDX_01	16.30	清	8.09	55.64	94.81	2.71	102.93	23.24	376.21	152.23	207.29	0.09	111.48	1 058.00	18.00	5.09	23.30	1.03
2014-07-30	ASAFZ04CDX_01	13.70	清	8.06	59.46	86.80	2.40	88.67	14.94	371.94	127.30	198.91	0.10	91.14	915.00	7.00	6.44	18.71	1.37
2014-08-30	ASAFZ04CDX_01	12.85	清	7.56	54.93	90.50	2.38	90.26	22.17	397.79	131.00	195.94	0.06	87.15	1 015.00	21.00	3.73	17.76	0.01
2014-09-30	ASAFZ04CDX_01	12.90	清	7.91	56.55	85.25	2.33	83.87	29.15	398.01	121.27	169.11	5.33	71.21	965.00	41.50	5.09	15.75	6.67
2015-01-30	ASAFZ10CLB_01	−0.20	清	8.52	26.43	35.15	2.06	88.64	0.00	202.33	72.00	120.00	0.13	18.53	481.00	65.50	11.20	4.34	0.02
2015-02-28	ASAFZ10CLB_01	1.60	清	8.84	34.72	40.77	2.63	98.89	6.98	269.13	80.00	110.00	0.25	17.24	574.00	62.00	10.97	3.79	0.07
2015-03-30	ASAFZ10CLB_01	13.20	清	8.74	38.90	41.41	2.73	104.43	9.98	287.19	72.00	110.00	0.12	14.89	705.50	42.50	8.22	3.29	0.04
2015-04-30	ASAFZ10CLB_01	19.40	清	8.78	35.32	48.32	3.43	127.20	9.78	291.43	108.00	145.00	0.21	17.65	677.00	41.50	7.28	3.83	0.05
2015-05-30	ASAFZ10CLB_01	20.20	混浊	8.96	32.83	47.19	3.47	144.74	6.49	272.44	117.00	175.00	0.24	13.43	667.00	45.50	9.40	3.03	0.08
2015-06-30	ASAFZ10CLB_01	22.70	混浊	8.48	32.48	48.62	4.10	143.10	5.69	289.19	115.00	180.00	0.42	10.24	699.00	44.50	5.31	3.10	0.13
2015-07-30	ASAFZ10CLB_01	30.20	混浊	8.18	15.20	15.23	4.84	58.23	0.00	104.14	47.00	70.00	0.04	8.51	320.00	114.50	4.87	1.87	0.01
2015-08-30	ASAFZ10CLB_01	18.50	混浊	8.83	32.32	41.70	4.06	123.65	5.65	258.33	114.00	165.00	0.20	10.71	643.00	249.50	7.40	2.33	0.04
2015-09-30	ASAFZ10CLB_01	13.80	混浊	8.71	36.62	43.48	4.62	113.41	0.00	315.09	100.00	120.00	0.26	18.14	622.00	166.50	7.80	3.94	0.08
2015-10-30	ASAFZ10CLB_01	4.60	混浊	8.48	41.21	48.94	7.15	128.36	4.97	331.01	111.00	155.00	0.13	15.20	688.00	177.50	10.59	3.49	0.04
2015-11-30	ASAFZ10CLB_01	2.80	清	8.87	46.75	54.41	10.48	139.00	9.42	354.57	147.00	150.00	0.30	14.16	765.00	41.50	10.94	4.60	0.08
2015-12-30	ASAFZ10CLB_01	−0.40	清	8.56	59.29	63.27	3.80	156.75	12.87	410.81	142.00	205.00	0.19	21.29	887.00	8.35	11.76	5.72	13.00

表 3-25　地下水位

单位：m

时间（年-月）	1 日	5 日	10 日	15 日	20 日	25 日
2008-01	12.62	12.50	12.90	12.35	12.18	12.00
2008-02	11.95	11.75	11.70	11.60	11.50	11.50
2008-03	12.00	12.20	12.10	11.80	12.00	12.00
2008-04	12.20	11.80	11.70	11.90	12.20	12.30
2008-05	12.05	12.10	12.14	12.20	12.25	12.33
2008-06	12.40	12.45	12.30	12.00	12.10	12.15
2008-07	12.00	11.90	12.00	12.10	12.00	11.80
2008-08	11.70	11.65	11.62	11.65	11.70	11.50
2008-09	11.30	11.10	11.80	11.60	11.80	11.50
2008-10	12.00	11.60	11.30	11.60	12.00	12.20
2008-11	11.80	12.00	11.60	11.80	11.60	11.30
2008-12	11.25	11.12	11.15	11.20	11.15	11.05
2009-01	11.82	11.50	11.90	11.85	11.88	11.78
2009-02	11.75	11.70	11.75	11.65	11.85	12.10
2009-03	11.85	12.10	12.10	11.85	12.00	12.00
2009-04	12.15	11.85	11.80	11.95	12.05	12.10
2009-05	12.10	12.00	12.10	12.15	12.25	12.40
2009-06	12.35	12.40	12.35	12.20	12.25	12.40
2009-07	12.30	12.20	12.15	12.10	12.15	12.20
2009-08	11.75	11.70	11.65	11.80	11.75	12.20
2009-09	11.70	11.50	11.70	11.55	11.75	12.00
2009-10	11.80	11.75	11.45	11.55	11.80	12.20
2009-11	11.75	11.85	11.65	11.90	11.85	12.20
2009-12	11.55	11.50	11.75	11.50	11.80	12.25
2010-01	12.50	12.50	12.40	12.30	12.50	12.40
2010-02	12.50	12.30	12.50	12.40	12.50	12.40
2010-03	12.20	12.40	12.30	12.10	12.20	12.40
2010-04	12.40	12.30	12.40	12.50	12.30	12.40
2010-05	12.10	12.00	12.20	12.30	12.40	12.50
2010-06	12.20	12.30	12.40	12.50	12.10	12.00
2010-07	12.40	12.00	12.30	12.40	12.20	12.40
2010-08	12.20	12.00	12.10	12.20	12.00	12.00
2010-09	12.50	12.00	12.20	12.40	12.10	12.50
2010-10	12.50	12.30	12.20	12.00	12.10	12.20
2010-11	12.20	12.00	12.30	12.00	12.10	12.00
2010-12	12.40	12.20	12.30	12.40	12.40	12.30
2011-01	12.00	12.10	12.10	12.10	12.00	12.00
2011-02	12.10	12.20	12.20	12.20	12.10	12.10

（续）

时间（年-月）	1日	5日	10日	15日	20日	25日
2011-03	12.20	12.20	12.30	12.10	12.20	12.20
2011-04	12.20	12.30	12.20	12.10	12.20	12.30
2011-05	12.20	12.00	12.20	12.30	12.40	12.30
2011-06	12.20	12.10	12.20	12.00	12.10	12.00
2011-07	12.10	12.00	12.20	12.10	12.20	12.00
2011-08	12.20	12.00	12.10	12.20	12.00	12.00
2011-09	12.00	12.00	12.10	12.10	12.10	12.20
2011-10	12.50	12.30	12.20	12.00	12.10	12.20
2011-11	12.00	12.00	12.30	12.00	12.10	12.00
2011-12	12.10	12.00	12.10	12.10	12.20	12.30
2012-01	12.00	12.00	12.00	12.00	12.00	12.00
2012-02	12.10	12.10	12.00	12.10	12.10	12.20
2012-03	12.10	12.00	12.00	12.10	12.20	12.20
2012-04	12.20	12.10	12.10	12.20	12.20	12.20
2012-05	12.00	12.20	12.20	12.20	12.10	12.20
2012-06	12.10	12.20	12.00	12.10	12.00	12.20
2012-07	12.00	12.10	12.10	12.20	12.10	12.20
2012-08	12.00	12.10	12.10	12.20	12.00	12.10
2012-09	12.00	12.10	12.10	12.10	12.20	12.10
2012-10	12.30	12.20	12.00	12.10	12.20	12.40
2012-11	12.00	12.30	12.00	12.10	12.00	12.00
2012-12	12.00	12.10	12.10	12.20	12.30	12.20
2013-01	12.10	12.20	12.00	12.10	12.00	12.00
2013-02	12.00	12.20	12.00	12.00	12.00	12.10
2013-03	12.00	12.10	12.20	12.00	12.10	12.00
2013-04	12.20	12.00	12.10	12.20	12.00	12.10
2013-05	12.20	12.00	12.00	12.10	12.20	12.10
2013-06	12.00	12.00	12.10	12.00	12.10	12.10
2013-07	12.00	12.20	12.10	12.00	12.00	12.10
2013-08	12.20	12.00	12.20	12.00	12.00	12.00
2013-09	12.00	12.00	12.20	12.00	12.00	12.10
2013-10	12.30	12.20	12.20	12.00	12.10	12.20
2013-11	12.10	12.20	12.00	12.00	12.10	12.20
2013-12	12.10	12.00	12.20	12.20	12.20	12.20
2014-01	12.10	12.00	12.00	12.00	12.20	12.30
2014-02	12.00	12.10	12.10	12.20	12.10	12.25
2014-03	12.00	12.00	12.00	12.10	12.10	12.20
2014-04	12.00	11.80	12.00	11.80	11.50	11.20

（续）

时间（年-月）	1 日	5 日	10 日	15 日	20 日	25 日
2014 - 05	11.50	11.70	11.90	12.10	12.00	11.90
2014 - 06	12.20	12.20	12.10	12.00	12.00	12.10
2014 - 07	12.00	12.00	12.00	11.90	11.80	11.67
2014 - 08	12.20	11.90	12.00	11.80	11.70	11.70
2014 - 09	11.67	11.80	11.80	11.80	11.70	11.60

3.3.5　土壤水分常数

3.3.5.1　概述

本数据集是安塞站 2010 年、2015 年土壤水分常数数据，综合观测场、辅助观测场每测 5 年 1 次，山地气象站、川地气象站每测 10 年 1 次。

具体观测场如下。

（1）川地综合观测场（ASAZH01）。

（2）川地土壤监测辅助观测场-空白（ASAFZ01）。

（3）川地土壤监测辅助观测场-秸秆还田（ASAFZ02）。

（4）山地辅助观测场（ASAFZ03）。

（5）川地气象观测场（ASAQX01）。

（6）山地气象观测场（ASAQX02）。

3.3.5.2　数据采集和处理方法

（1）数据采集

①样点选择。在观测场地内选择较为平整，并能代表该样地的样点。

②采样层次、设备、具体的采样过程和步骤。样点选择好后，挖一个深 2 m 的土壤剖面，在垂直剖面上用钢卷尺作为标尺，也可在剖面上画好刻度，采样步长为 10 cm，深度 2 m，总共 20 层。采原状土需用环刀和剖面刀，用剖面刀按层取土。

③将采集的土样拿回实验室以备分析。

（2）处理方法

测定土壤特征曲线使用的仪器：日立公司的高速冷冻离心机，仪器型号：CR21。将待测土装入底部有孔眼的离心管中，随之使其毛管饱和，方法是把有土样的离心管放置在一端浸入水中的湿纱布上，或直接放入薄层水中。毛管饱和历时 4～10 h，然后进行离心。离心方法：对土样施以不同转速，即测得不同水势下之持水率。通过计算，即得“土壤水分特征曲线”，即土壤持水压力曲线。

计算公式如下：

$$n=\sqrt{\frac{H}{1.118\times10^{-5}h\left(r_1-\frac{h}{2}\right)}}$$

其中：n 为转速（r/min），H 为土壤水势（bar①），h 为土壤试样高度（cm），r_1 为离心半径（cm）。

为测得土壤持水曲线，土样离心从低速向高速依次进行；每次离心后称重。全过程完成后，测定样品含水率，并以此推算各级转速下，即各级水势下之持水率，从而获得脱水条件下的土壤持水率与土壤水势的相关曲线。离心时间是根据本实验室在用离心机测定之前进行标定的不同离心力下的离心时间为

① 巴为非法定计量单位，1 bar=0.1 MPa。——编者注

准。测定结束后，再烘干样品，计算不同吸力下土壤含水量，绘制成曲线就是土壤水分特征曲线。

3.3.5.3 数据说明

各指标计量单位及数据获取方法见表 3-26。

表 3-26 土壤水分常数指标

指标名称	单位	小数位数	数据获取方法
土壤完全持水量	%	2	计算或实测
土壤田间持水量	%	2	计算或实测
土壤凋萎含水量	%	2	计算或实测
土壤孔隙度	%	2	计算或实测
容重	g/cm³	2	
水分特征曲线方程			拟合方法

3.3.5.4 数据质量控制

由土壤水分特征曲线计算得出土壤孔隙度、土壤容重、土壤凋萎等指标的测定和拟合，参考“黄土高原土壤水分性质及其分区”（水土保持研究，1985 年 02 期，李玉山）。

数据获取后，由台站按照 CERN 规范要求统一录入，每年定期向 CERN 水分分中心上报，由 CERN 水分分中心负责汇总、质控，并录入数据库。

3.3.5.5 数据

土壤水分常数见表 3-27。

表 3-27 土壤水分常数

时间（年-月-日）	样地代码	采样深度/cm	土壤完全持水量/%	土壤田间持水量/%	土壤凋萎含水量/%	土壤孔隙度总量/%	容重/（g/cm³）	特征曲线方程	备注
2010-11-15	ASAZH01ABC_01	10	37.09	16.79	5.50	55.98	1.24	S=10.729×θ/0.246 7	θ：土壤含水量/%
2010-11-15	ASAZH01ABC_01	20	34.83	16.74	5.89	52.03	1.35	S=10.778×θ/0.223 1	θ：土壤含水量/%
2010-11-15	ASAZH01ABC_01	30	35.49	19.99	6.03	48.07	1.46	S=10.91×θ/0.218 7	θ：土壤含水量/%
2010-11-15	ASAZH01ABC_01	40	40.62	20.79	5.61	55.85	1.26	S=10.56×θ/0.233 7	θ：土壤含水量/%
2010-11-15	ASAZH01ABC_01	50	35.00	17.22	5.58	53.05	1.32	S=10.526×θ/0.234 2	θ：土壤含水量/%
2010-11-15	ASAZH01ABC_01	60	34.79	17.61	3.58	43.61	1.34	S=8.292 1×θ/0.309 8	θ：土壤含水量/%
2010-11-15	ASAZH01ABC_01	70	37.19	18.96	7.29	53.85	1.30	S=12.672×θ/0.204 4	θ：土壤含水量/%
2010-11-15	ASAZH01ABC_01	80	39.03	17.16	6.47	55.24	1.27	S=11.267×θ/0.204 7	θ：土壤含水量/%
2010-11-15	ASAZH01ABC_01	90	35.14	18.92	6.17	52.10	1.34	S=10.061×θ/0.215 4	θ：土壤含水量/%
2010-11-15	ASAZH01ABC_01	100	41.51	18.25	5.89	57.03	1.21	S=10.924×θ/0.228 4	θ：土壤含水量/%
2010-11-15	ASAZH01ABC_01	110	38.45	19.90	6.68	54.64	1.29	S=11.637×θ/0.204 7	θ：土壤含水量/%
2010-11-15	ASAZH01ABC_01	120	37.96	21.21	6.58	53.67	1.31	S=11.42×θ/0.203 8	θ：土壤含水量/%
2010-11-15	ASAZH01ABC_01	130	36.93	20.70	6.29	53.35	1.33	S=11.302×θ/0.216 6	θ：土壤含水量/%
2010-11-15	ASAZH01ABC_01	140	39.54	21.14	7.29	48.85	1.33	S=12.439×θ/0.197 2	θ：土壤含水量/%
2010-11-15	ASAZH01ABC_01	150	41.39	18.17	6.40	53.81	1.22	S=11.587×θ/0.219 4	θ：土壤含水量/%
2010-11-15	ASAZH01ABC_01	160	38.21	18.47	6.80	50.03	1.34	S=12.524×θ/0.225 7	θ：土壤含水量/%
2010-11-15	ASAZH01ABC_01	170	38.59	18.82	6.39	49.36	1.32	S=11.504×θ/0.216 9	θ：土壤含水量/%
2010-11-15	ASAZH01ABC_01	180	33.03	20.61	6.10	47.49	1.39	S=10.844×θ/0.212 6	θ：土壤含水量/%
2010-11-15	ASAZH01ABC_01	190	38.80	19.26	6.02	52.27	1.27	S=11.179×θ/0.228 6	θ：土壤含水量/%

（续）

时间（年-月-日）	样地代码	采样深度/cm	土壤完全持水量/%	土壤田间持水量/%	土壤凋萎含水量/%	土壤孔隙度总量/%	容重/(g/cm³)	特征曲线方程	备注
2010-11-15	ASAZH01ABC_01	200	37.07	20.35	6.05	50.35	1.30	S=10.954×θ/0.219 4	θ：土壤含水量/%
2010-11-15	ASAFZ03ABC_01	10	44.66	22.69	6.38	56.93	1.17	S=12.129×θ/0.237 1	θ：土壤含水量/%
2010-11-15	ASAFZ03ABC_01	20	42.77	24.54	6.69	57.88	1.13	S=11.943×θ/0.214 1	θ：土壤含水量/%
2010-11-15	ASAFZ03ABC_01	30	38.22	16.57	5.36	48.47	1.41	S=9.743 4×θ/0.221	θ：土壤含水量/%
2010-11-15	ASAFZ03ABC_01	40	37.07	15.50	5.17	52.42	1.33	S=9.495 2×θ/0.224 3	θ：土壤含水量/%
2010-11-15	ASAFZ03ABC_01	50	40.54	18.58	4.49	53.00	1.25	S=9.211 7×θ/0.265 6	θ：土壤含水量/%
2010-11-15	ASAFZ03ABC_01	60	41.76	18.21	5.16	55.49	1.18	S=10.229×θ/0.253	θ：土壤含水量/%
2010-11-15	ASAFZ03ABC_01	70	40.20	18.57	5.26	53.92	1.23	S=10.166×θ/0.243 2	θ：土壤含水量/%
2010-11-15	ASAFZ03ABC_01	80	43.65	20.75	6.12	57.20	1.15	S=11.984×θ/0.248 4	θ：土壤含水量/%
2010-11-15	ASAFZ03ABC_01	90	43.98	22.96	9.78	47.17	1.43	S=17.384×θ/0.212 3	θ：土壤含水量/%
2010-11-15	ASAFZ03ABC_01	100	41.70	20.67	7.84	46.43	1.43	S=14.678×θ/0.231 8	θ：土壤含水量/%
2010-11-15	ASAFZ03ABC_01	110	41.50	19.67	6.93	48.76	1.37	S=13.644×θ/0.250 4	θ：土壤含水量/%
2010-11-15	ASAFZ03ABC_01	120	42.45	21.34	7.51	51.12	1.30	S=14.519×θ/0.243 3	θ：土壤含水量/%
2010-11-15	ASAFZ03ABC_01	130	41.92	21.21	7.58	50.56	1.30	S=14.566×θ/0.241	θ：土壤含水量/%
2010-11-15	ASAFZ03ABC_01	140	42.14	23.08	7.65	52.33	1.32	S=15.01×θ/0.249	θ：土壤含水量/%
2010-11-15	ASAFZ03ABC_01	150	38.67	23.03	7.88	48.19	1.31	S=14.458×θ/0.224 3	θ：土壤含水量/%
2010-11-15	ASAFZ03ABC_01	160	43.37	20.20	8.22	53.49	1.31	S=15.651×θ/0.237 7	θ：土壤含水量/%
2010-11-15	ASAFZ03ABC_01	170	43.59	20.93	8.10	53.80	1.28	S=15.655×θ/0.243 4	θ：土壤含水量/%
2010-11-15	ASAFZ03ABC_01	180	40.00	20.66	7.70	53.65	1.29	S=14.517×θ/0.234 1	θ：土壤含水量/%
2010-11-15	ASAFZ03ABC_01	190	43.53	21.44	7.98	54.30	1.25	S=15.04×θ/0.234 2	θ：土壤含水量/%
2010-11-15	ASAFZ03ABC_01	200	45.43	21.90	7.87	53.46	1.31	S=14.871×θ/0.235 2	θ：土壤含水量/%
2010-11-15	ASAQX01ABC_01	10	39.80	17.69	8.43	52.47	1.26	S=14.661×θ/0.204 4	θ：土壤含水量/%
2010-11-15	ASAQX01ABC_01	20	39.51	20.31	9.25	52.57	1.32	S=15.82×θ/0.198 2	θ：土壤含水量/%
2010-11-15	ASAQX01ABC_01	30	42.55	19.84	9.92	55.55	1.25	S=16.504×θ/0.188	θ：土壤含水量/%
2010-11-15	ASAQX01ABC_01	40	37.97	14.42	7.87	49.84	1.38	S=13.336×θ/0.194 6	θ：土壤含水量/%
2010-11-15	ASAQX01ABC_01	50	37.43	15.80	6.15	45.04	1.54	S=11.8×θ/0.240 4	θ：土壤含水量/%
2010-11-15	ASAQX01ABC_01	60	40.46	15.61	6.78	45.95	1.51	S=11.877×θ/0.207 1	θ：土壤含水量/%
2010-11-15	ASAQX01ABC_01	70	41.19	14.89	6.89	53.24	1.31	S=12.019×θ/0.205 6	θ：土壤含水量/%
2010-11-15	ASAQX01ABC_01	80	40.49	15.61	6.58	54.31	1.27	S=11.83×θ/0.216 8	θ：土壤含水量/%
2010-11-15	ASAQX01ABC_01	90	40.82	14.17	6.30	52.67	1.32	S=11.532×θ/0.223 3	θ：土壤含水量/%
2010-11-15	ASAQX01ABC_01	100	39.99	14.34	6.26	56.33	1.22	S=11.412×θ/0.221 9	θ：土壤含水量/%
2010-11-15	ASAQX01ABC_01	110	38.45	19.90	6.68	54.64	1.29	S=11.637×θ/0.204 7	θ：土壤含水量/%
2010-11-15	ASAQX01ABC_01	120	37.96	21.21	6.58	53.67	1.31	S=11.42×θ/0.203 8	θ：土壤含水量/%
2010-11-15	ASAQX01ABC_01	130	36.93	20.70	6.29	53.35	1.33	S=11.302×θ/0.216 6	θ：土壤含水量/%
2010-11-15	ASAQX01ABC_01	140	39.54	21.14	7.29	48.85	1.33	S=12.439×θ/0.197 2	θ：土壤含水量/%
2010-11-15	ASAQX01ABC_01	150	41.39	18.17	6.40	53.81	1.22	S=11.587×θ/0.219 4	θ：土壤含水量/%
2010-11-15	ASAQX01ABC_01	160	38.21	18.47	6.80	50.03	1.34	S=12.524×θ/0.225 7	θ：土壤含水量/%
2010-11-15	ASAQX01ABC_01	170	38.59	18.82	6.39	49.36	1.32	S=11.504×θ/0.216 9	θ：土壤含水量/%

（续）

时间（年-月-日）	样地代码	采样深度/cm	土壤完全持水量/%	土壤田间持水量/%	土壤凋萎含水量/%	土壤孔隙度总量/%	容重/(g/cm³)	特征曲线方程	备注
2010-11-15	ASAQX01ABC_01	180	33.03	20.61	6.10	47.49	1.39	S=10.844×θ/0.212 6	θ：土壤含水量/%
2010-11-15	ASAQX01ABC_01	190	38.80	19.26	6.02	52.27	1.27	S=11.179×θ/0.228 6	θ：土壤含水量/%
2010-11-15	ASAQX01ABC_01	200	37.07	20.35	6.05	50.35	1.30	S=10.954×θ/0.219 4	θ：土壤含水量/%
2010-11-15	ASAQX02ABC_01	10	41.15	16.94	6.01	56.52	1.14	S=11.641×θ/0.243 9	θ：土壤含水量/%
2010-11-15	ASAQX02ABC_01	20	35.20	16.91	6.04	50.67	1.33	S=11.199×θ/0.228	θ：土壤含水量/%
2010-11-15	ASAQX02ABC_01	30	36.06	17.83	6.13	42.23	1.50	S=11.667×θ/0.237 7	θ：土壤含水量/%
2010-11-15	ASAQX02ABC_01	40	33.19	17.37	5.89	47.91	1.40	S=10.918×θ/0.227 8	θ：土壤含水量/%
2010-11-15	ASAQX02ABC_01	50	35.01	17.93	5.86	47.77	1.41	S=10.871×θ/0.228 2	θ：土壤含水量/%
2010-11-15	ASAQX02ABC_01	60	35.73	18.60	6.73	49.77	1.32	S=12.363×θ/0.224 5	θ：土壤含水量/%
2010-11-15	ASAQX02ABC_01	70	36.92	20.67	6.48	44.28	1.39	S=12.348×θ/0.238 3	θ：土壤含水量/%
2010-11-15	ASAQX02ABC_01	80	38.47	21.54	6.92	50.55	1.32	S=13.508×θ/0.247 2	θ：土壤含水量/%
2010-11-15	ASAQX02ABC_01	90	40.40	21.60	7.79	54.27	1.27	S=14.194×θ/0.221 6	θ：土壤含水量/%
2010-11-15	ASAQX02ABC_01	100	41.40	23.80	6.93	53.09	1.28	S=13.293×θ/0.240 3	θ：土壤含水量/%
2010-11-15	ASAQX02ABC_01	110	41.50	19.67	6.93	48.76	1.37	S=13.644×θ/0.250 4	θ：土壤含水量/%
2010-11-15	ASAQX02ABC_01	120	42.45	21.34	7.51	51.12	1.30	S=14.519×θ/0.243 3	θ：土壤含水量/%
2010-11-15	ASAQX02ABC_01	130	41.92	21.21	7.58	50.56	1.30	S=14.566×θ/0.241	θ：土壤含水量/%
2010-11-15	ASAQX02ABC_01	140	42.14	23.08	7.65	52.33	1.32	S=15.01×θ/0.249	θ：土壤含水量/%
2010-11-15	ASAQX02ABC_01	150	38.67	23.03	7.88	48.19	1.31	S=14.458×θ/0.224 3	θ：土壤含水量/%
2010-11-15	ASAQX02ABC_01	160	43.37	20.20	8.22	53.49	1.31	S=15.651×θ/0.237 7	θ：土壤含水量/%
2010-11-15	ASAQX02ABC_01	170	43.59	20.93	8.10	53.80	1.28	S=15.655×θ/0.243 4	θ：土壤含水量/%
2010-11-15	ASAQX02ABC_01	180	40.00	20.66	7.70	53.65	1.29	S=14.517×θ/0.234 1	θ：土壤含水量/%
2010-11-15	ASAQX02ABC_01	190	43.53	21.44	7.98	54.30	1.25	S=15.04×θ/0.234 2	θ：土壤含水量/%
2010-11-15	ASAQX02ABC_01	200	45.43	21.90	7.87	53.46	1.31	S=14.871×θ/0.235 2	θ：土壤含水量/%
2010-11-15	ASAFZ01B00_01	10	38.94	15.33	6.04	54.15	1.27	S=11.501×θ/0.237 9	θ：土壤含水量/%
2010-11-15	ASAFZ01B00_01	20	42.30	15.47	6.15	57.59	1.17	S=11.467×θ/0.230 3	θ：土壤含水量/%
2010-11-15	ASAFZ01B00_01	30	38.11	17.15	7.08	49.27	1.41	S=12.383×θ/0.206 5	θ：土壤含水量/%
2010-11-15	ASAFZ01B00_01	40	39.36	15.27	7.26	52.80	1.35	S=12.173×θ/0.190 9	θ：土壤含水量/%
2010-11-15	ASAFZ01B00_01	50	40.58	16.90	7.41	51.11	1.35	S=13.16×θ/0.212 2	θ：土壤含水量/%
2010-11-15	ASAFZ01B00_01	60	40.18	16.72	7.20	51.28	1.39	S=13.378×θ/0.228 8	θ：土壤含水量/%
2010-11-15	ASAFZ01B00_01	70	40.43	19.37	6.92	50.65	1.39	S=12.511×θ/0.218 6	θ：土壤含水量/%
2010-11-15	ASAFZ01B00_01	80	41.17	16.26	6.49	52.44	1.33	S=11.847×θ/0.222 4	θ：土壤含水量/%
2010-11-15	ASAFZ01B00_01	90	37.54	14.89	5.51	54.28	1.28	S=10.234×θ/0.228 8	θ：土壤含水量/%
2010-11-15	ASAFZ01B00_01	100	37.57	17.72	5.35	55.38	1.26	S=10.317×θ/0.242 2	θ：土壤含水量/%
2010-11-15	ASAFZ01B00_01	110	38.45	19.90	6.68	54.64	1.29	S=11.637×θ/0.204 7	θ：土壤含水量/%
2010-11-15	ASAFZ01B00_01	120	37.96	21.21	6.58	53.67	1.31	S=11.42×θ/0.203 8	θ：土壤含水量/%
2010-11-15	ASAFZ01B00_01	130	36.93	20.70	6.29	53.35	1.33	S=11.302×θ/0.216 6	θ：土壤含水量/%
2010-11-15	ASAFZ01B00_01	140	39.54	21.14	7.29	48.85	1.33	S=12.439×θ/0.197 2	θ：土壤含水量/%
2010-11-15	ASAFZ01B00_01	150	41.39	18.17	6.40	53.81	1.22	S=11.587×θ/0.219 4	θ：土壤含水量/%

（续）

时间（年-月-日）	样地代码	采样深度/cm	土壤完全持水量/%	土壤田间持水量/%	土壤凋萎含水量/%	土壤孔隙度总量/%	容重/（g/cm³）	特征曲线方程	备注
2010-11-15	ASAFZ01B00_01	160	38.21	18.47	6.80	50.03	1.34	S=12.524×θ/0.225 7	θ：土壤含水量/%
2010-11-15	ASAFZ01B00_01	170	38.59	18.82	6.39	49.36	1.32	S=11.504×θ/0.216 9	θ：土壤含水量/%
2010-11-15	ASAFZ01B00_01	180	33.03	20.61	6.10	47.49	1.39	S=10.844×θ/0.212 6	θ：土壤含水量/%
2010-11-15	ASAFZ01B00_01	190	38.80	19.26	6.02	52.27	1.27	S=11.179×θ/0.228 6	θ：土壤含水量/%
2010-11-15	ASAFZ01B00_01	200	37.07	20.35	6.05	50.35	1.30	S=10.954×θ/0.219 4	θ：土壤含水量/%
2010-11-15	ASAFZ02B00_01	10	35.44	15.30	5.80	54.79	1.27	S=11.143×θ/0.241 1	θ：土壤含水量/%
2010-11-15	ASAFZ02B00_01	20	39.44	19.74	5.81	57.14	1.19	S=11.086×θ/0.238 4	θ：土壤含水量/%
2010-11-15	ASAFZ02B00_01	30	35.01	17.04	5.60	52.33	1.32	S=10.808×θ/0.242 6	θ：土壤含水量/%
2010-11-15	ASAFZ02B00_01	40	35.38	17.66	5.56	48.94	1.32	S=10.305×θ/0.228 1	θ：土壤含水量/%
2010-11-15	ASAFZ02B00_01	50	35.77	15.45	5.70	51.42	1.37	S=10.548×θ/0.227	θ：土壤含水量/%
2010-11-15	ASAFZ02B00_01	60	35.73	15.21	5.50	54.02	1.31	S=9.853 8×θ/0.215	θ：土壤含水量/%
2010-11-15	ASAFZ02B00_01	70	34.94	17.57	5.27	51.72	1.36	S=10.006×θ/0.236 6	θ：土壤含水量/%
2010-11-15	ASAFZ02B00_01	80	39.03	17.16	6.47	55.24	1.27	S=11.267×θ/0.204 7	θ：土壤含水量/%
2010-11-15	ASAFZ02B00_01	90	35.14	18.92	6.17	52.10	1.34	S=10.061×θ/0.215 4	θ：土壤含水量/%
2010-11-15	ASAFZ02B00_01	100	41.51	18.25	5.89	57.03	1.21	S=10.924×θ/0.228 4	θ：土壤含水量/%
2010-11-15	ASAFZ02B00_01	110	38.45	19.90	6.68	54.64	1.29	S=11.637×θ/0.204 7	θ：土壤含水量/%
2010-11-15	ASAFZ02B00_01	120	37.96	21.21	6.58	53.67	1.31	S=11.42×θ/0.203 8	θ：土壤含水量/%
2010-11-15	ASAFZ02B00_01	130	36.93	20.70	6.29	53.35	1.33	S=11.302×θ/0.216 6	θ：土壤含水量/%
2010-11-15	ASAFZ02B00_01	140	39.54	21.14	7.29	48.85	1.33	S=12.439×θ/0.197 2	θ：土壤含水量/%
2010-11-15	ASAFZ02B00_01	150	41.39	18.17	6.40	53.81	1.22	S=11.587×θ/0.219 4	θ：土壤含水量/%
2010-11-15	ASAFZ02B00_01	160	38.21	18.47	6.80	50.03	1.34	S=12.524×θ/0.225 7	θ：土壤含水量/%
2010-11-15	ASAFZ02B00_01	170	38.59	18.82	6.39	49.36	1.32	S=11.504×θ/0.216 9	θ：土壤含水量/%
2010-11-15	ASAFZ02B00_01	180	33.03	20.61	6.10	47.49	1.39	S=10.844×θ/0.212 6	θ：土壤含水量/%
2010-11-15	ASAFZ02B00_01	190	38.80	19.26	6.02	52.27	1.27	S=11.179×θ/0.228 6	θ：土壤含水量/%
2010-11-15	ASAFZ02B00_01	200	37.07	20.35	6.05	50.35	1.30	S=10.954×θ/0.219 4	θ：土壤含水量/%
2015-10-29	ASAFZ03ABC_01	10	43.9	19.69	6.9	58.81	1.09	θ=7.687 5 S/0.268 2	θ：土壤含水量/%
2015-10-29	ASAFZ03ABC_01	20	42.52	19.61	7.19	60.24	1.05	θ=7.982 7 S/0.256 3	θ：土壤含水量/%
2015-10-29	ASAFZ03ABC_01	30	38.63	17.93	6.84	56.47	1.15	θ=7.554 8 S/0.246 4	θ：土壤含水量/%
2015-10-29	ASAFZ03ABC_01	40	42.54	18.85	7.14	53.99	1.22	θ=7.891 7 S/0.248 3	θ：土壤含水量/%
2015-10-29	ASAFZ03ABC_01	50	42.98	18.53	7.1	56.48	1.15	θ=7.844 1 S/0.245 2	θ：土壤含水量/%
2015-10-29	ASAFZ03ABC_01	60	41.08	19.9	7.89	57.72	1.12	θ=8.680 6 S/0.236 6	θ：土壤含水量/%
2015-10-29	ASAFZ03ABC_01	70	38.14	19.81	8.19	57.94	1.11	θ=8.972 7 S/0.225 8	θ：土壤含水量/%
2015-10-29	ASAFZ03ABC_01	80	31.65	18.47	7.93	47.87	1.38	θ=8.656 2 S/0.216 1	θ：土壤含水量/%
2015-10-29	ASAFZ03ABC_01	90	37.03	17.77	6.48	50.05	1.32	θ=7.191 6 S/0.257 9	θ：土壤含水量/%
2015-10-29	ASAFZ03ABC_01	100	39.84	18.71	6.67	51.76	1.28	θ=7.421 4 S/0.263 7	θ：土壤含水量/%
2015-10-29	ASAFZ03ABC_01	110	41.83	19.93	7.5	52.79	1.25	θ=8.298 4 S/0.249 9	θ：土壤含水量/%
2015-10-29	ASAFZ03ABC_01	120	44.19	20.12	7.1	54.07	1.22	θ=7.912 4 S/0.266 1	θ：土壤含水量/%
2015-10-29	ASAFZ03ABC_01	130	39.19	19.49	7.02	54.16	1.21	θ=7.800 9 S/0.261 1	θ：土壤含水量/%

（续）

时间（年-月-日）	样地代码	采样深度/cm	土壤完全持水量/%	土壤田间持水量/%	土壤凋萎含水量/%	土壤孔隙度总量/%	容重/（g/cm³）	特征曲线方程	备注
2015-10-29	ASAFZ03ABC_01	140	43.25	19.4	6.91	53.71	1.23	θ=7.694 6 S/0.263 7	θ：土壤含水量/%
2015-10-29	ASAFZ03ABC_01	150	44.36	19.17	6.85	54.26	1.21	θ=7.619 6 S/0.263 1	θ：土壤含水量/%
2015-10-29	ASAFZ03ABC_01	160	45.96	19.51	6.97	54.07	1.22	θ=7.752 8 S/0.263 2	θ：土壤含水量/%
2015-10-29	ASAFZ03ABC_01	170	44.21	19.79	7.24	54.06	1.22	θ=8.035 5 S/0.257 1	θ：土壤含水量/%
2015-10-29	ASAFZ03ABC_01	180	44.98	19.67	7.17	54.43	1.21	θ=7.962 0 S/0.257 9	θ：土壤含水量/%
2015-10-29	ASAFZ03ABC_01	190	36.62	20.52	7.44	53.97	1.22	θ=8.266 2 S/0.259 3	θ：土壤含水量/%
2015-10-29	ASAFZ03ABC_01	200	44.19	20.57	7.88	55.12	1.19	θ=8.708 2 S/0.245 2	θ：土壤含水量/%
2015-10-29	ASAQX02ABC_01	10	42.8	16.9	5.56	55.56	1.18	θ=6.243 5 S/0.284	θ：土壤含水量/%
2015-10-29	ASAQX02ABC_01	20	33.04	15.87	5.97	52.31	1.26	θ=6.603 4 S/0.250 1	θ：土壤含水量/%
2015-10-29	ASAQX02ABC_01	30	32.16	14.84	5.4	49.12	1.35	θ=5.998 S/0.258 4	θ：土壤含水量/%
2015-10-29	ASAQX02ABC_01	40	33.74	14.57	4.99	47.82	1.38	θ=5.571 6 S/0.274 2	θ：土壤含水量/%
2015-10-29	ASAQX02ABC_01	50	35.22	15.96	5.58	47.1	1.4	θ=6.223 4 S/0.268 6	θ：土壤含水量/%
2015-10-29	ASAQX02ABC_01	60	33.47	16.03	5.33	49.39	1.34	θ=5.972 6 S/0.281 6	θ：土壤含水量/%
2015-10-29	ASAQX02ABC_01	70	39.16	17.09	5.52	52.77	1.25	θ=6.205 9 S/0.288 9	θ：土壤含水量/%
2015-10-29	ASAQX02ABC_01	80	43.97	18.12	5.95	53.64	1.23	θ=6.680 1 S/0.284 5	θ：土壤含水量/%
2015-10-29	ASAQX02ABC_01	90	42.28	18.13	6.01	54.2	1.21	θ=6.738 6 S/0.282 3	θ：土壤含水量/%
2015-10-29	ASAQX02ABC_01	100	42	17.84	5.93	54.92	1.19	θ=6.649 5 S/0.281 5	θ：土壤含水量/%
2015-10-29	ASAQX02ABC_01	110	42.17	18.12	6.19	53.84	1.22	θ=6.919 2 S/0.274 5	θ：土壤含水量/%
2015-10-29	ASAQX02ABC_01	120	39.81	17.86	6.16	53.65	1.23	θ=6.880 5 S/0.272	θ：土壤含水量/%
2015-10-29	ASAQX02ABC_01	130	42.14	18.75	6.3	54.43	1.21	θ=7.052 5 S/0.278 8	θ：土壤含水量/%
2015-10-29	ASAQX02ABC_01	140	41.63	19.06	6.7	53.75	1.23	θ=7.468 4 S/0.267 2	θ：土壤含水量/%
2015-10-29	ASAQX02ABC_01	150	42.57	18.05	6.02	53.77	1.23	θ=6.746 9 S/0.280 7	θ：土壤含水量/%
2015-10-29	ASAQX02ABC_01	160	42.64	18.13	6.15	54.1	1.22	θ=6.882 2 S/0.276 2	θ：土壤含水量/%
2015-10-29	ASAQX02ABC_01	170	45.12	18.61	6.08	53.99	1.22	θ=6.823 5 S/0.286 1	θ：土壤含水量/%
2015-10-29	ASAQX02ABC_01	180	41.95	17.78	5.66	53.66	1.23	θ=6.370 2 S/0.292 8	θ：土壤含水量/%
2015-10-29	ASAQX02ABC_01	190	43.07	18.66	6.22	53.1	1.24	θ=6.969 4 S/0.280 9	θ：土壤含水量/%
2015-10-29	ASAQX02ABC_01	200	43.27	17.68	5.84	52.66	1.25	θ=6.554 6 S/0.282 9	θ：土壤含水量/%

3.3.6 水面日蒸发量

3.3.6.1 概述

水面蒸发可以衡量农田生态系统所处地域的大气干燥程度，是农田生态系统水分监测的基础观测指标之一。观测场地要能代表和接近该站控制区的一般情况，反映该生态系统的气象特点，场地四周空旷平坦，以保证气流畅通。观测场附近的丘岗、建筑物、树木、篱笆等障碍物所造成的遮挡率应小于10%。

安塞站水面蒸发观测点（ASAQX01CZF_01）安装在川地气象场内，采用自动仪器观测，监测频率为1小时/次，监测指标包括小时蒸发量、水体温度，仅观测非冰冻期内每年4—10月的水面蒸发量。

3.3.6.2　数据采集和处理方法

安塞站采用 E601B 型水面蒸发皿自动观测系统，E601B 型蒸发器包括蒸发桶、水圈、传感器、静水桶组成。

蒸发皿实际水位由系统每 5 min 测量一次水位，所显示的水位变化数据，是每整点前一小时内因蒸发而失去的水层深度总量的累计值即为小时蒸发量。以毫米为单位，取 1 位小数。

该系统配有专门的软件，用于接收数据，现场监测控制，简单的数据查看。主要分为 3 个部分：①数据监控与下载。提供与采集器的连接，查看实时数据，加水控制，同步时钟，数据下载等功能。②数据查看与数据库转换。可以把下载的数据分割 ASCII 文本文档，转换为 Access 数据库文件。③数据图表浏览。可根据选择的数据画出折线图、饼图、面积图等图表。

3.3.6.3　数据质量控制

①蒸发桶的加水、汲水方法同水利电力部标准《水面蒸发观测规范》SD265—88 的规定方法，直接向蒸发桶注入清水或用虹吸管向外汲水。人工进行汲水操作时，应关闭记录器的电源，汲水之后再接通电源，仪器可按照初始化程序自动投入工作。装有加水自动控制装置的蒸发器可实现自动加水，每次加水、汲水后记录器会自动测量，记录蒸发桶的水位值，作为新的蒸发起始值。

②E-601 型蒸发器每年至少进行一次渗漏检验。应注意观察有无渗漏现象。如发现某一时段蒸发量明显偏大，而又没有其他原因时，应挖出检查。如有渗漏现象，应更换备用蒸发器，并查明或分析开始渗漏日期。根据渗漏强度决定资料的修正或取舍，并在记载簿中注明。

③经常检查器壁油漆是否剥落、生锈。一经发现器壁油漆剥落、生锈，应及时更换蒸发器，将已锈的蒸发器除锈和重新油漆后备用。

④逐日水面蒸发量与逐日降水量对照。对突出偏大、偏小确属不合理的水面蒸发量，参照有关因素和邻站资料予以改正。

⑤冰冻期则停止观测。

⑥出版质控后的日蒸发量数据。

3.3.6.4　数据

水面日蒸发量见表 3-28。

表 3-28　水面日蒸发量表

单位：mm

时间（年-日）	样地代码	4 月	5 月	6 月	7 月	8 月	9 月	10 月
2008-01	ASAQX01CZF_01	4.8	6.1	8.2	2.9	3.5	3.8	1.5
2008-02	ASAQX01CZF_01	4.0	5.4	6.4	4.2	2.7	3.5	1.6
2008-03	ASAQX01CZF_01	3.0	6.6	8.9	5.2	5.5	3.8	1.5
2008-04	ASAQX01CZF_01	2.8	5.7	4.6	5.2	5.8	2.9	1.8
2008-05	ASAQX01CZF_01	2.4	4.3	5.3	5.3	6.2	3.3	3.4
2008-06	ASAQX01CZF_01	3.0	3.8	2.8	5.7	3.4	3.4	1.8
2008-07	ASAQX01CZF_01	4.3	3.6	5.2	5.4	4.6	1.5	0.6
2008-08	ASAQX01CZF_01	2.3	2.4	5.3	5.5	4.0	2.1	0.9
2008-09	ASAQX01CZF_01	4.0	6.7	5.5	4.3	3.7	2.5	1.1
2008-10	ASAQX01CZF_01	3.0	3.7	4.2	5.1	4.5	2.3	1.9
2008-11	ASAQX01CZF_01	2.0	9.0	5.0	6.2	6.1	2.5	1.7
2008-12	ASAQX01CZF_01	2.3	6.5	5.4	4.5	0.6	0.8	1.5

（续）

时间（年-日）	样地代码	4月	5月	6月	7月	8月	9月	10月
2008-13	ASAQX01CZF_01	2.1	5.0	4.0	3.5	3.5	1.9	1.5
2008-14	ASAQX01CZF_01	2.9	5.7	2.6	1.2	3.2	1.5	3.1
2008-15	ASAQX01CZF_01	4.3	5.4	0.2	2.2	2.9	3.4	2.1
2008-16	ASAQX01CZF_01	2.8	5.4	1.2	3.1	1.1	3.7	1.9
2008-17	ASAQX01CZF_01	2.7	3.9	1.8	0.5	3.5	1.2	1.5
2008-18	ASAQX01CZF_01	1.2	3.9	3.2	1.5	4.4	3.8	2.4
2008-19	ASAQX01CZF_01	0.4	6.5	2.6	3.1	4.6	3.2	1.3
2008-20	ASAQX01CZF_01	0.0	6.5	3.5	3.1	0.4	3.6	0.6
2008-21	ASAQX01CZF_01	4.3	6.5	5.1	3.1	4.9	4.4	1.1
2008-22	ASAQX01CZF_01	6.0	4.9	4.8	3.3	4.3	4.0	1.3
2008-23	ASAQX01CZF_01	4.8	5.0	3.6	3.9	6.7	4.4	1.1
2008-24	ASAQX01CZF_01	6.0	4.3	4.6	6.0	2.2	4.1	2.6
2008-25	ASAQX01CZF_01	5.4	3.8	5.4	3.9	1.1	2.9	3.1
2008-26	ASAQX01CZF_01	4.4	3.4	4.1	5.1	2.1	1.1	0.9
2008-27	ASAQX01CZF_01	4.3	5.7	3.5	5.5	3.3	1.5	2.8
2008-28	ASAQX01CZF_01	4.3	5.7	3.7	5.0	1.5	0.0	0.6
2008-29	ASAQX01CZF_01	5.1	8.6	1.2	2.8	1.2	0.0	0.8
2008-30	ASAQX01CZF_01	3.9	6.2	2.0	3.3	2.5	2.2	1.8
2008-31	ASAQX01CZF_01		5.9		2.4	5.3		0.7
2009-01	ASAQX01CZF_01	3.5	7.7	5.0	9.0	2.0	2.9	3.0
2009-02	ASAQX01CZF_01	1.3	5.3	6.9	7.6	3.4	2.1	3.7
2009-03	ASAQX01CZF_01	2.2	6.8	6.0	7.4	4.3	2.1	2.3
2009-04	ASAQX01CZF_01	2.6	4.7	6.1	6.5	2.8	1.0	4.0
2009-05	ASAQX01CZF_01	4.5	5.3	6.6	5.9	2.8	0.4	3.0
2009-06	ASAQX01CZF_01	4.2	6.0	7.3	5.9	4.2	0.8	2.0
2009-07	ASAQX01CZF_01	4.3	6.5	5.3	2.5	4.0	1.9	0.8
2009-08	ASAQX01CZF_01	5.0	4.5	6.7	3.0	2.7	0.2	1.2
2009-09	ASAQX01CZF_01	3.5	2.2	9.0	4.9	0.8	0.1	1.5
2009-10	ASAQX01CZF_01	2.5	1.2	6.5	3.1	1.7	0.2	0.9
2009-11	ASAQX01CZF_01	3.0	1.0	5.5	3.4	2.9	1.1	0.5
2009-12	ASAQX01CZF_01	4.0	3.9	7.7	4.9	4.0	2.8	2.0
2009-13	ASAQX01CZF_01	4.0	1.1	6.0	4.6	5.5	2.5	3.0
2009-14	ASAQX01CZF_01	4.0	0.5	6.1	5.0	4.9	3.1	2.5
2009-15	ASAQX01CZF_01	6.0	1.5	5.5	2.1	4.0	4.0	2.5
2009-16	ASAQX01CZF_01	4.9	3.0	6.0	0.6	2.4	3.1	3.0
2009-17	ASAQX01CZF_01	4.9	3.5	4.0	1.4	2.3	2.8	3.2
2009-18	ASAQX01CZF_01	4.3	3.5	1.7	3.9	1.0	3.2	3.1
2009-19	ASAQX01CZF_01	7.4	4.5	4.3	3.5	4.5	2.9	3.0

（续）

时间（年-日）	样地代码	4 月	5 月	6 月	7 月	8 月	9 月	10 月
2009 - 20	ASAQX01CZF _ 01	4.5	3.9	5.2	3.4	0.5	5.5	2.5
2009 - 21	ASAQX01CZF _ 01	2.2	4.9	6.3	2.0	0.3	3.3	1.0
2009 - 22	ASAQX01CZF _ 01	3.2	5.8	8.7	2.3	1.1	2.6	0.9
2009 - 23	ASAQX01CZF _ 01	6.0	5.8	8.1	3.7	1.5	2.2	0.7
2009 - 24	ASAQX01CZF _ 01	5.0	5.0	8.1	6.0	1.4	2.0	2.0
2009 - 25	ASAQX01CZF _ 01	5.0	5.0	5.6	5.6	1.5	2.4	1.5
2009 - 26	ASAQX01CZF _ 01	5.5	6.5	5.3	2.8	1.5	2.9	1.0
2009 - 27	ASAQX01CZF _ 01	5.0	3.2	2.2	1.9	4.0	0.6	0.6
2009 - 28	ASAQX01CZF _ 01	4.9	1.0	4.6	4.5	3.5	0.9	0.4
2009 - 29	ASAQX01CZF _ 01	3.5	5.2	6.4	5.1	3.2	1.9	0.4
2009 - 30	ASAQX01CZF _ 01	2.3	5.8	8.5	4.0	4.0	2.0	0.4
2009 - 31	ASAQX01CZF _ 01		6.0		2.6	4.1		1.2
2010 - 01	ASAQX01CZF _ 01	6.9	4.5	4.2	6.0	5.0	3.0	1.2
2010 - 02	ASAQX01CZF _ 01	5.2	5.0	5.0	2.5	5.0	3.8	3.5
2010 - 03	ASAQX01CZF _ 01	3.5	2.8	5.0	4.5	5.0	3.1	3.5
2010 - 04	ASAQX01CZF _ 01	2.5	2.2	5.0	4.5	5.5	2.4	3.5
2010 - 05	ASAQX01CZF _ 01	3.4	5.5	6.0	7.5	7.0	0.9	3.0
2010 - 06	ASAQX01CZF _ 01	4.5	5.0	6.0	7.0	7.0	1.2	3.0
2010 - 07	ASAQX01CZF _ 01	3.0	4.0	3.7	3.2	5.8	2.3	3.0
2010 - 08	ASAQX01CZF _ 01	4.0	5.0	0.5	1.5	3.9	2.0	3.5
2010 - 09	ASAQX01CZF _ 01	3.5	8.5	2.3	0.9	3.4	2.7	3.0
2010 - 10	ASAQX01CZF _ 01	3.7	5.6	3.3	5.0	2.5	4.0	0.4
2010 - 11	ASAQX01CZF _ 01	2.0	6.0	4.2	5.0	2.0	4.2	2.5
2010 - 12	ASAQX01CZF _ 01	2.1	4.0	6.0	5.5	1.1	3.8	2.0
2010 - 13	ASAQX01CZF _ 01	4.6	2.2	5.7	7.5	2.0	3.7	1.8
2010 - 14	ASAQX01CZF _ 01	1.9	1.4	4.0	4.0	7.0	2.8	2.7
2010 - 15	ASAQX01CZF _ 01	2.0	2.8	6.5	3.0	6.0	2.5	2.5
2010 - 16	ASAQX01CZF _ 01	2.5	1.8	4.5	4.0	5.0	2.2	2.5
2010 - 17	ASAQX01CZF _ 01	2.6	2.5	6.7	6.5	5.5	2.8	2.5
2010 - 18	ASAQX01CZF _ 01	2.8	5.0	7.2	5.5	2.3	1.6	3.0
2010 - 19	ASAQX01CZF _ 01	2.5	5.0	6.7	4.5	1.1	1.8	3.0
2010 - 20	ASAQX01CZF _ 01	2.0	2.5	7.0	6.0	1.0	2.7	2.2
2010 - 21	ASAQX01CZF _ 01	1.0	3.9	7.5	7.5	2.2	4.8	1.1
2010 - 22	ASAQX01CZF _ 01	5.0	4.8	7.0	5.0	2.0	3.5	1.7
2010 - 23	ASAQX01CZF _ 01	3.1	4.5	7.0	1.1	4.0	3.2	0.5
2010 - 24	ASAQX01CZF _ 01	4.0	6.0	5.0	0.4	4.0	1.9	1.0
2010 - 25	ASAQX01CZF _ 01	4.0	4.5	6.0	1.5	4.0	2.1	1.1
2010 - 26	ASAQX01CZF _ 01	6.2	2.5	3.6	3.0	4.0	2.6	1.5

（续）

时间（年-日）	样地代码	4月	5月	6月	7月	8月	9月	10月
2010-27	ASAQX01CZF_01	6.5	1.5	4.0	3.2	4.0	3.0	1.0
2010-28	ASAQX01CZF_01	6.0	3.1	5.5	3.8	4.0	1.9	1.5
2010-29	ASAQX01CZF_01	6.0	4.0	5.0	5.5	4.0	1.3	1.5
2010-30	ASAQX01CZF_01	5.2	7.0	4.7	5.5	3.0	1.5	1.5
2010-31	ASAQX01CZF_01		5.8		6.6	3.5		1.5
2011-01	ASAQX01CZF_01	1.4	5.0	6.5	1.8	4.0	4.3	2.7
2011-02	ASAQX01CZF_01	1.8	4.0	6.5	0.7	5.5	0.9	2.5
2011-03	ASAQX01CZF_01	1.8	3.3	5.0	0.5	5.0	0.5	2.5
2011-04	ASAQX01CZF_01	2.5	3.5	6.0	1.1	3.7	2.0	0.5
2011-05	ASAQX01CZF_01	4.1	5.0	5.0	0.6	3.0	1.1	2.5
2011-06	ASAQX01CZF_01	4.3	6.0	5.0	1.5	3.5	0.9	3.0
2011-07	ASAQX01CZF_01	5.5	6.0	6.0	6.7	5.3	2.2	2.5
2011-08	ASAQX01CZF_01	4.0	1.8	7.0	6.7	4.3	3.3	1.4
2011-09	ASAQX01CZF_01	4.0	1.2	4.0	3.8	4.0	3.8	1.7
2011-10	ASAQX01CZF_01	5.0	3.0	4.5	4.8	6.0	3.0	0.8
2011-11	ASAQX01CZF_01	4.5	5.5	6.5	4.2	4.1	1.1	0.6
2011-12	ASAQX01CZF_01	3.5	6.0	7.0	4.2	5.4	2.6	1.5
2011-13	ASAQX01CZF_01	3.5	4.0	5.0	3.8	4.5	2.6	3.2
2011-14	ASAQX01CZF_01	5.0	4.5	5.5	5.0	4.0	2.8	3.3
2011-15	ASAQX01CZF_01	6.4	5.0	7.0	6.3	1.5	3.5	3.3
2011-16	ASAQX01CZF_01	4.2	6.0	5.5	4.7	2.5	1.0	3.2
2011-17	ASAQX01CZF_01	7.8	5.5	3.5	4.2	0.5	2.8	2.5
2011-18	ASAQX01CZF_01	5.7	5.7	5.5	3.8	0.5	1.2	2.1
2011-19	ASAQX01CZF_01	6.2	2.2	4.3	4.1	0.5	2.0	1.5
2011-20	ASAQX01CZF_01	2.0	1.8	4.2	3.7	1.0	2.0	1.7
2011-21	ASAQX01CZF_01	5.6	3.5	3.7	3.7	2.0	2.0	1.7
2011-22	ASAQX01CZF_01	8.1	4.0	1.3	5.2	1.9	3.0	0.8
2011-23	ASAQX01CZF_01	8.2	5.7	5.0	5.4	1.9	1.5	1.4
2011-24	ASAQX01CZF_01	6.5	4.5	7.0	2.9	3.0	2.0	2.0
2011-25	ASAQX01CZF_01	5.5	3.9	5.4	5.2	2.4	3.5	1.0
2011-26	ASAQX01CZF_01	6.6	4.3	3.0	5.0	3.5	2.5	0.7
2011-27	ASAQX01CZF_01	5.5	4.6	2.4	3.9	4.0	1.3	1.4
2011-28	ASAQX01CZF_01	4.0	4.1	6.5	3.4	3.6	0.4	1.5
2011-29	ASAQX01CZF_01	7.5	2.4	6.5	1.8	3.7	2.5	1.6
2011-30	ASAQX01CZF_01	8.1	5.5	4.5	3.3	4.0	3.0	1.5
2011-31	ASAQX01CZF_01		8.5		4.3	4.8		1.0
2012-01	ASAQX01CZF_01	2.4	0.0	3.8	6.1	2.1	1.2	1.9
2012-02	ASAQX01CZF_01	7.6	0.6	5.2	5.5	4.1	3.6	1.3

（续）

时间（年-日）	样地代码	4 月	5 月	6 月	7 月	8 月	9 月	10 月
2012 - 03	ASAQX01CZF _ 01	3.1	3.5	4.3	6.7	4.0	4.2	2.0
2012 - 04	ASAQX01CZF _ 01	5.5	3.8	5.2	4.8	3.7	3.7	1.5
2012 - 05	ASAQX01CZF _ 01	4.9	4.5	4.1	5.8	3.0	2.0	1.6
2012 - 06	ASAQX01CZF _ 01	3.8	4.3	5.1	5.5	2.5	0.6	2.1
2012 - 07	ASAQX01CZF _ 01	3.8	1.5	3.4	2.4	3.4	1.5	0.9
2012 - 08	ASAQX01CZF _ 01	4.0	3.6	5.0	2.0	3.4	2.3	1.1
2012 - 09	ASAQX01CZF _ 01	2.7	8.9	4.9	0.0	4.1	2.9	2.2
2012 - 10	ASAQX01CZF _ 01	1.9	4.2	8.1	1.4	4.3	1.4	2.5
2012 - 11	ASAQX01CZF _ 01	3.4	2.8	9.7	4.2	2.9	1.0	1.7
2012 - 12	ASAQX01CZF _ 01	3.2	9.3	9.2	5.4	2.5	4.2	1.7
2012 - 13	ASAQX01CZF _ 01	3.3	3.2	7.9	7.4	1.6	3.6	2.3
2012 - 14	ASAQX01CZF _ 01	3.4	5.4	8.2	3.7	0.7	3.4	1.2
2012 - 15	ASAQX01CZF _ 01	3.7	5.5	7.5	4.1	4.3	2.9	0.4
2012 - 16	ASAQX01CZF _ 01	2.4	7.4	9.2	3.5	3.3	1.8	2.5
2012 - 17	ASAQX01CZF _ 01	2.3	5.5	6.4	3.6	0.5	1.8	2.1
2012 - 18	ASAQX01CZF _ 01	2.9	4.6	5.7	4.0	0.0	2.7	1.4
2012 - 19	ASAQX01CZF _ 01	2.5	4.8	3.5	7.6	3.1	2.9	1.5
2012 - 20	ASAQX01CZF _ 01	2.8	5.5	7.5	2.2	2.4	1.8	1.2
2012 - 21	ASAQX01CZF _ 01	4.6	1.5	8.0	0.5	5.2	0.9	0.5
2012 - 22	ASAQX01CZF _ 01	4.3	3.8	5.2	2.9	5.0	2.4	1.7
2012 - 23	ASAQX01CZF _ 01	3.2	3.9	4.9	3.0	4.0	2.6	1.6
2012 - 24	ASAQX01CZF _ 01	9.4	2.8	1.1	0.8	4.0	1.5	1.6
2012 - 25	ASAQX01CZF _ 01	8.8	3.6	4.3	2.1	3.2	0.4	2.1
2012 - 26	ASAQX01CZF _ 01	7.1	3.8	3.2	2.2	3.0	2.2	1.5
2012 - 27	ASAQX01CZF _ 01	4.5	4.2	2.5	3.2	2.4	3.6	1.7
2012 - 28	ASAQX01CZF _ 01	5.3	3.9	0.8	2.0	3.3	3.5	1.5
2012 - 29	ASAQX01CZF _ 01	3.9	5.0	0.0	4.3	4.4	2.9	3.5
2012 - 30	ASAQX01CZF _ 01	2.4	5.6	4.6	1.9	4.1	2.6	2.9
2012 - 31	ASAQX01CZF _ 01		3.5		3.3	2.6		2.2
2013 - 01	ASAQX01CZF _ 01	5.3	4.5	4.0	3.3	4.8	4.7	2.8
2013 - 02	ASAQX01CZF _ 01	4.1	4.2	4.8	5.3	4.0	1.3	3.0
2013 - 03	ASAQX01CZF _ 01	2.6	4.4	4.5	3.0	4.0	2.0	1.5
2013 - 04	ASAQX01CZF _ 01	1.5	4.5	6.0	2.3	4.1	1.7	2.3
2013 - 05	ASAQX01CZF _ 01	7.0	3.3	5.5	4.7	4.1	3.0	2.5
2013 - 06	ASAQX01CZF _ 01	2.8	0.7	1.7	5.3	3.8	5.0	1.8
2013 - 07	ASAQX01CZF _ 01	4.3	0.4	3.5	5.0	1.8	3.1	1.9
2013 - 08	ASAQX01CZF _ 01	7.8	1.3	3.2	0.7	2.5	1.4	2.2
2013 - 09	ASAQX01CZF _ 01	7.6	6.4	5.4	0.0	3.7	2.7	2.4

（续）

时间（年-日）	样地代码	4月	5月	6月	7月	8月	9月	10月
2013-10	ASAQX01CZF_01	5.2	5.8	6.0	1.0	4.1	2.8	2.7
2013-11	ASAQX01CZF_01	5.0	5.8	6.0	1.0	2.4	2.6	2.8
2013-12	ASAQX01CZF_01	6.3	6.2	7.0	0.0	3.5	2.7	2.0
2013-13	ASAQX01CZF_01	7.9	5.8	5.0	0.0	3.4	3.4	2.3
2013-14	ASAQX01CZF_01	8.8	5.3	5.0	0.0	3.5	2.5	1.1
2013-15	ASAQX01CZF_01	5.8	5.3	5.0	0.2	4.1	0.0	1.6
2013-16	ASAQX01CZF_01	5.8	3.4	4.0	0.8	4.8	0.4	1.5
2013-17	ASAQX01CZF_01	5.0	1.5	4.0	2.6	5.6	0.6	1.6
2013-18	ASAQX01CZF_01	5.8	3.8	3.2	0.0	4.9	0.0	1.5
2013-19	ASAQX01CZF_01	2.0	7.8	5.0	2.6	4.0	1.2	2.8
2013-20	ASAQX01CZF_01	1.4	6.2	1.0	5.2	4.0	1.2	1.9
2013-21	ASAQX01CZF_01	2.4	4.7	0.1	3.4	3.9	0.9	1.3
2013-22	ASAQX01CZF_01	1.7	4.0	2.0	3.0	3.0	0.6	1.8
2013-23	ASAQX01CZF_01	5.2	4.1	3.5	4.0	1.5	2.2	0.0
2013-24	ASAQX01CZF_01	5.9	2.4	4.0	5.0	2.8	3.7	0.0
2013-25	ASAQX01CZF_01	5.3	2.0	4.5	2.3	1.8	3.1	0.0
2013-26	ASAQX01CZF_01	4.4	1.8	5.5	2.1	2.7	2.4	0.0
2013-27	ASAQX01CZF_01	4.2	3.7	6.0	0.2	1.4	2.3	0.0
2013-28	ASAQX01CZF_01	6.6	4.1	6.0	0.0	1.7	2.7	0.9
2013-29	ASAQX01CZF_01	4.3	5.1	6.0	0.0	5.0	2.8	1.6
2013-30	ASAQX01CZF_01	4.8	5.3	6.0	1.9	5.2	1.1	1.5
2013-31	ASAQX01CZF_01		3.3		4.3	4.0		0.0
2014-01	ASAQX01CZF_01	2.0	2.8	3.0	4.0	3.8	4.3	1.7
2014-02	ASAQX01CZF_01	2.5	4.0	5.0	3.0	1.6	4.7	2.7
2014-03	ASAQX01CZF_01	3.5	5.0	3.0	2.7	1.2	4.2	2.7
2014-04	ASAQX01CZF_01	3.0	6.0	3.0	2.4	1.1	4.4	2.7
2014-05	ASAQX01CZF_01	3.0	4.0	5.0	4.3	0.2	2.9	3.6
2014-06	ASAQX01CZF_01	3.6	4.0	6.0	6.0	2.2	2.0	2.4
2014-07	ASAQX01CZF_01	3.1	5.0	5.0	4.0	2.1	2.9	1.2
2014-08	ASAQX01CZF_01	4.0	6.0	4.8	2.9	0.9	2.8	1.1
2014-09	ASAQX01CZF_01	4.0	1.7	6.5	6.6	3.7	2.6	1.5
2014-10	ASAQX01CZF_01	2.0	2.2	4.5	2.2	2.4	2.8	1.9
2014-11	ASAQX01CZF_01	1.3	2.0	4.2	2.9	1.0	3.0	2.7
2014-12	ASAQX01CZF_01	1.3	4.0	5.0	4.2	1.6	3.3	1.4
2014-13	ASAQX01CZF_01	1.0	4.0	4.0	4.2	1.1	1.8	1.7
2014-14	ASAQX01CZF_01	3.0	4.0	2.4	3.6	2.3	1.7	2.2
2014-15	ASAQX01CZF_01	0.5	3.0	3.0	3.9	2.6	2.2	1.8
2014-16	ASAQX01CZF_01	1.2	4.0	5.0	5.0	3.2	3.0	1.6

（续）

时间（年-日）	样地代码	4 月	5 月	6 月	7 月	8 月	9 月	10 月
2014 - 17	ASAQX01CZF _ 01	1.3	4.0	4.5	4.0	2.0	3.0	1.4
2014 - 18	ASAQX01CZF _ 01	1.6	4.0	4.0	5.0	3.0	2.2	1.3
2014 - 19	ASAQX01CZF _ 01	3.2	3.9	5.6	4.0	3.5	2.5	1.2
2014 - 20	ASAQX01CZF _ 01	1.6	5.0	5.0	3.6	4.0	2.5	2.0
2014 - 21	ASAQX01CZF _ 01	1.2	5.0	3.0	3.7	4.1	2.5	2.0
2014 - 22	ASAQX01CZF _ 01	3.0	3.0	5.0	5.0	2.2	1.0	1.4
2014 - 23	ASAQX01CZF _ 01	3.1	2.0	3.0	4.1	3.0	2.4	2.2
2014 - 24	ASAQX01CZF _ 01	2.3	4.5	4.0	4.0	3.9	2.6	2.6
2014 - 25	ASAQX01CZF _ 01	3.7	4.0	3.8	5.0	4.6	2.6	2.2
2014 - 26	ASAQX01CZF _ 01	2.2	5.0	5.0	5.0	3.5	1.8	2.2
2014 - 27	ASAQX01CZF _ 01	2.8	7.0	3.0	5.0	3.8	1.2	1.8
2014 - 28	ASAQX01CZF _ 01	4.0	6.0	2.2	3.8	2.7	3.5	0.9
2014 - 29	ASAQX01CZF _ 01	3.8	5.0	3.0	3.1	2.8	2.0	0.3
2014 - 30	ASAQX01CZF _ 01	3.2	5.0	4.0	3.5	3.6	1.3	0.4
2014 - 31	ASAQX01CZF _ 01		2.0		2.8	5.6		1.9
2015 - 01	ASAQX01CZF _ 01	4.3	4.5	3.4	6.5	4.8	4.6	4.3
2015 - 02	ASAQX01CZF _ 01	3.1	3.8	3.9	5.5	2.2	4.0	2.8
2015 - 03	ASAQX01CZF _ 01	1.9	4.0	2.1	2.4	2.6	0.9	1.9
2015 - 04	ASAQX01CZF _ 01	2.1	4.0	5.1	4.7	2.8	2.1	1.9
2015 - 05	ASAQX01CZF _ 01	6.9	3.7	5.2	3.7	3.7	3.5	2.1
2015 - 06	ASAQX01CZF _ 01	2.9	2.8	4.1	3.9	4.3	3.5	1.1
2015 - 07	ASAQX01CZF _ 01	2.6	2.9	3.3	5.0	2.1	3.7	1.7
2015 - 08	ASAQX01CZF _ 01	2.4	2.6	4.1	5.4	4.6	1.4	3.9
2015 - 09	ASAQX01CZF _ 01	2.9	3.2	3.3	4.1	4.4	2.0	3.8
2015 - 10	ASAQX01CZF _ 01	3.7	1.7	3.7	4.9	2.6	0.9	3.7
2015 - 11	ASAQX01CZF _ 01	4.9	4.0	7.6	2.3	0.7	2.5	2.9
2015 - 12	ASAQX01CZF _ 01	5.6	3.8	7.2	5.8	0.0	4.0	2.2
2015 - 13	ASAQX01CZF _ 01	3.5	4.2	5.7	6.5	4.3	3.6	1.3
2015 - 14	ASAQX01CZF _ 01	3.0	5.3	4.4	6.7	4.2	3.3	1.4
2015 - 15	ASAQX01CZF _ 01	5.0	5.2	3.8	2.9	5.5	3.1	1.8
2015 - 16	ASAQX01CZF _ 01	4.8	4.7	3.1	3.4	5.0	2.1	2.0
2015 - 17	ASAQX01CZF _ 01	3.8	3.0	3.5	2.1	5.2	1.7	1.9
2015 - 18	ASAQX01CZF _ 01	5.8	6.1	5.4	2.3	3.6	2.0	2.0
2015 - 19	ASAQX01CZF _ 01	3.7	5.1	8.2	3.4	4.7	3.0	1.6
2015 - 20	ASAQX01CZF _ 01	2.9	4.7	4.6	2.5	4.8	2.4	2.0
2015 - 21	ASAQX01CZF _ 01	3.6	2.8	3.4	2.2	5.9	3.0	2.2
2015 - 22	ASAQX01CZF _ 01	4.4	2.4	3.2	2.8	4.6	2.0	1.1
2015 - 23	ASAQX01CZF _ 01	2.8	4.0	2.3	3.7	4.8	2.4	1.2

（续）

时间（年-日）	样地代码	4月	5月	6月	7月	8月	9月	10月
2015-24	ASAQX01CZF_01	2.9	3.8	1.9	3.6	3.8	2.0	1.5
2015-25	ASAQX01CZF_01	3.7	3.6	2.2	5.5	3.8	3.5	1.2
2015-26	ASAQX01CZF_01	2.4	4.0	3.8	4.9	2.6	2.8	1.0
2015-27	ASAQX01CZF_01	3.5	4.4	4.2	5.4	3.0	2.0	1.9
2015-28	ASAQX01CZF_01	5.1	4.0	2.5	6.9	3.4	0.3	1.7
2015-29	ASAQX01CZF_01	5.1	5.1	0.6	2.6	4.0	1.0	2.3
2015-30	ASAQX01CZF_01	4.8	5.4	3.1	2.9	1.9	1.7	1.9
2015-31	ASAQX01CZF_01		3.4		7.2	3.0		1.0

观测地点：安塞站川地气象场；仪器：E601B型。

3.3.7 雨水水质

3.3.7.1 概述

雨水采样桶布设于安塞川地气象站内，采用雨量筒收集，降水采样包括降雨和降雪，在降雨频次允许的情况下，每月至少收集3～5次水样进行混合。测定雨水中的指标：pH、矿化度、硫酸根、非溶性物质总含量等。自2013年开始，雨水水样集中由北京水分分中心统一测试分析。

3.3.7.2 数据采集和处理方法

（1）数据采集

安塞站雨水水质采样点代码：ASAQX01CYS_01。

样品收集前，洗净采样器，并用蒸馏水润洗。采集的雨水样品应该是降雨后混合均匀的含泥沙的混合水样，冷冻保存，集中分析。

每个月的混合样品用清洗干净的纯净水或矿泉水瓶装样（500 ml左右），并分为A瓶（测试用）和B瓶（备用），水样瓶质量保证运输过程中不会破裂和水渗漏为基本要求。

（2）数据测定

水质分析方法采用《中国生态系统研究网络（CERN）长期观测质量管理规范》丛书《陆地生态系统水环境观测质量保证与质量控制》的相关规定，样品采集和运输过程增加采样空白和运输空白。

数据获取方法、数据计量单位、小数位数见表3-29。

表3-29 雨水水质分析项目及方法

指标名称	单位	小数位数	数据获取方法
水温	℃	2	便携式多参数水质分析仪
pH	无量纲	2	便携式多参数水质分析仪
矿化度	mg/L	2	便携式多参数水质分析仪
硫酸根离子（SO_4^{2-}）	mg/L	2	硫酸盐比浊法

3.3.7.3 数据质量控制

针对开展的水质观测项目，对于测试样品都有重复平行测试。数据整理和入库过程的质量控制方面，主要分为两个步骤：①对原始数据进行整理、格式统一。②去除随机及系统误差。使用的质量控制方法包括极值校验、八大离子加和法、阴阳离子平衡法、电导率校核、pH校核等方法分析数据正确性，以保障数据的质量。数据产品处理方法：出版质控后的数据。

3.3.7.4 数据

雨水水质见表 3-30。

表 3-30 雨水水质

时间（年-月-日）	雨水采样器代码	水温/℃	pH	矿化度/（mg/L）	硫酸根/（mg/L）
2008-01-31	ASAQX01CYS_01	0.80	7.87	194.50	55.37
2008-02-28	ASAQX01CYS_01	1.80	7.98	110.50	19.10
2008-03-31	ASAQX01CYS_01	17.50	7.45	64.00	17.88
2008-04-30	ASAQX01CYS_01	13.50	7.72	82.00	2.09
2008-05-31	ASAQX01CYS_01	22.50	8.49		
2008-06-30	ASAQX01CYS_01	20.50	7.67	107.00	20.39
2008-07-31	ASAQX01CYS_01	26.80	7.73	59.00	20.73
2008-08-31	ASAQX01CYS_01	25.50	6.81	82.00	28.80
2008-09-30	ASAQX01CYS_01	15.85	6.34	37.00	8.72
2008-10-31	ASAQX01CYS_01	6.00	6.79	46.00	14.12
2009-02-28	ASAQX01CYS_01	8.50	6.71	240.00	29.40
2009-03-31	ASAQX01CYS_01	9.50	5.83	301.00	65.10
2009-04-30	ASAQX01CYS_01	11.40	6.87	81.00	23.90
2009-05-31	ASAQX01CYS_01	12.30	7.16	43.00	21.00
2009-06-30	ASAQX01CYS_01	14.25	7.12	60.00	32.80
2009-07-31	ASAQX01CYS_01	13.30	6.51	5.36	14.30
2009-08-31	ASAQX01CYS_01	16.15	7.45	6.49	46.20
2009-09-30	ASAQX01CYS_01	16.95	4.23	38.00	15.60
2009-10-31	ASAQX01CYS_01	16.50	7.24	41.00	22.17
2009-11-30	ASAQX01CYS_01	6.50	7.34	33.00	18.65
2009-12-31	ASAQX01CYS_01	7.65	7.63	181.00	47.90
2010-03-31	ASAQX01CYS_01	6.40	7.46	73.00	44.80
2010-04-30	ASAQX01CYS_01	9.50	6.77	4.50	315.49
2010-05-31	ASAQX01CYS_01	13.90	7.04	19.50	18.83
2010-06-30	ASAQX01CYS_01	13.30	7.01	83.00	11.83
2010-07-31	ASAQX01CYS_01	14.60	6.78	6.00	11.70
2010-08-31	ASAQX01CYS_01	14.00	6.56	58.00	11.35
2010-09-30	ASAQX01CYS_01	13.60	7.21	18.00	128.86
2010-10-31	ASAQX01CYS_01	6.50	7.85	46.00	20.00
2011-05-31	ASAQX01CYS_01	10.45	7.29	37.00	6.74
2011-07-31	ASAQX01CYS_01	13.78	7.54	58.50	3.29
2011-08-31	ASAQX01CYS_01	13.95	7.39	61.50	3.55
2011-09-30	ASAQX01CYS_01	15.08	4.88	35.50	1.43
2011-10-31	ASAQX01CYS_01	15.28	5.04	16.50	3.80
2011-11-30	ASAQX01CYS_01	7.50	7.04	25.00	5.78
2012-03-31	ASAQX01CYS_01	9.00	7.62	89.50	24.23

（续）

时间（年-月-日）	雨水采样器代码	水温/℃	pH	矿化度/（mg/L）	硫酸根/（mg/L）
2012-05-31	ASAQX01CYS_01	10.70	7.69	22.00	9.82
2012-06-30	ASAQX01CYS_01	11.90	7.76	11.50	1.12
2012-07-31	ASAQX01CYS_01	10.00	8.13	2.00	0.94
2012-08-31	ASAQX01CYS_01	10.15	8.17	13.00	1.37
2012-09-30	ASAQX01CYS_01	9.45	6.55	33.00	3.88
2012-12-31	ASAQX01CYS_01	−2.15	6.84	178.00	23.76
2013-04-30	ASAQX01CYS_01	9.65	9.51	148.10	30.67
2013-05-31	ASAQX01CYS_01	10.70	9.18	44.95	9.14
2013-06-30	ASAQX01CYS_01	10.85	8.22	83.04	11.36
2013-07-31	ASAQX01CYS_01	10.03	7.45	41.93	12.74
2013-08-31	ASAQX01CYS_01	9.80	7.10	30.99	4.06
2013-09-30	ASAQX01CYS_01	8.85	6.99	36.26	2.31
2013-10-31	ASAQX01CYS_01	7.06	6.93	25.00	8.70
2013-01-31	ASAQX01CYS_01	6.70	6.33	79.68	27.91
2013-02-28	ASAQX01CYS_01	6.55	8.64	153.00	56.70
2014-03-31	ASAQX01CYS_01	8.10	8.56	131.20	40.25
2014-04-30	ASAQX01CYS_01	9.10	8.68	36.94	8.21
2014-05-31	ASAQX01CYS_01	10.40	7.86	117.90	20.44
2014-06-30	ASAQX01CYS_01	16.15	7.31	53.30	11.55
2014-07-31	ASAQX01CYS_01	16.80	6.90	16.96	4.79
2014-08-31	ASAQX01CYS_01	17.90	7.03	24.10	5.49
2014-09-30	ASAQX01CYS_01	15.95	7.69	47.42	8.66
2014-10-31	ASAQX01CYS_01	7.50	8.17	171.70	58.22
2014-11-30	ASAQX01CYS_01	5.05	7.46	195.50	63.98
2014-12-31	ASAQX01CYS_01	−1.05	7.74	249.20	76.14
2015-01-31	ASAQX01CYS_01	0.10	6.91	21.06	5.28
2015-03-31	ASAQX01CYS_01	7.95	7.57	76.99	21.61
2015-04-30	ASAQX01CYS_01	9.70	7.19	137.80	45.17
2015-05-31	ASAQX01CYS_01	10.25	7.97	132.40	23.94
2015-06-30	ASAQX01CYS_01	15.75	8.53	95.99	22.70
2015-07-31	ASAQX01CYS_01	16.25	7.84	152.70	26.43
2015-08-31	ASAQX01CYS_01	17.45	7.94	94.53	16.15
2015-09-30	ASAQX01CYS_01	15.55	7.85	65.36	11.42
2015-10-31	ASAQX01CYS_01	7.25	7.39	148.10	22.78
2015-11-30	ASAQX01CYS_01	4.95	7.28	122.30	40.97
2015-12-31	ASAQX01CYS_01	0.55	7.76	86.95	18.30

3.4 川地气象观测场自动气象观测数据

3.4.1 概述

该观测场位于陕西省延安市安塞县墩滩，观测场地貌：川台地。观测场面积：35 m×25 m，地理坐标为 109°19′24″E，36°51′26″N；海拔为 1 033 m。

安塞站川地气象观测场采用芬兰产的“自动气象站 Milos 520”系统进行观测，作为气象数据的直接来源，仪器设定直接观测要素 23 项，间接观测要素 3 项，计算统计值 46 项，作成气象报表后观测数据合计数据值 72 项，其中露点温度、水汽压、海平面气压、2 min 平均风、10 min 最大风、10 min 平均风、1 h 极大风和各辐射量的极（大）值是技术处理得出的结果。观测项目见表 3-31。

本数据集整理的是安塞站川地自动气象观测站观测指标的月值数据。

表 3-31　安塞站气象自动观测站观测指标列表

指标	测定项目	频度和位置
气压	本站气压、最高本站气压、最高本站气压出现时间、最低本站气压、最低本站气压出现时间、计算海平面气压	1 次/h，距地面小于 1 m
风	2 min 平均风向、2 min 平均风速、10 min 平均风向、10 min 平均风速、10 min 最大风速时风向、10 min 最大风速、最大风速出现时间、1 h 风向、1 h 风速、极大风速、极大风速时风向、极大风速出现时间	每 2 min 1 次，每 10 min 1 次，1 次/h，10 m 风杆
温度	露点温度、气温、最高气温、最高气温出现时间、最低气温、最低气温出现时间	1 次/h，距地面 1.5 m
空气湿度	相对湿度、最小相对湿度、最小相对湿度出现时间	1 次/h，距地面 1.5 m
降水	降水总量、1 h 最大降水量	1 次/h，距地面 0.5 m
地温	定时地表温度、最高地表温度、最低地表温度、土壤温度	1 次/h，地表面 0 cm 处，地表面以下（5、10、15、20、40、60、100 m）
辐射	总辐射曝辐量、总辐射最大辐照度、总辐射最大辐照度出现时间、紫外辐射曝辐量、紫外辐射最大辐照度、光合有效辐射光量子数、光合有效辐射光通量密度、净全辐射曝辐量、净全辐射最大辐照度、净全辐射最大辐照度出现时间、直接辐射曝辐量、直接辐射最大辐照度、直接辐射最大辐照度出现时间、反射辐射曝辐量、反正辐射最大辐照度、反射辐射最大辐照度出现时间	1 次/h，距地面 1.5 m
日照	每日日照时数	1 次/min，距地面 1.5 m

3.4.2 数据采集和处理方法

3.4.2.1 数据采集

观测仪器采用芬兰 VAISALA 生产的 MILOS520 自动气象系统，M520 自动气象系统直接从各种传感器采集多种气象要素值。所有的传感器均通过传感器接口板 DMI50 与 M520 系统连接。气压传感器 DPA501 安装在 M520 母板上。地表以及土壤温度传感器通过 QLI50 采集器采集后，通过串口 4（PORT4）与 M520 系统相连接。M520 系统在正常工作状态下按照监测值生成 3 种不同类型的报告文件。它们分别是每分钟生成的瞬时值存储文件 INST _ CMA，每小时生成的常规气象要素值存储文件 CMA _ LOG 和每小时辐射要素值的存储文件 CMA - RAD。上述的 3 个文件均可以通过串口传送到外接电脑终端，测定参数见表 3-32。

表 3-32　MILOS 520 自动气象站测定参数

接口型号	名称	型号	测定范围	测定时间
DMI50（接口板 1）	风速（WS1）	WAA151	0～75 m/s	1 s
	风向（WD1）	WAV151	1～360 deg	1 s
	温度（TA1）	HMP45D	−50～+50 ℃	10 s
	相对湿度（RH1）	HMP45D	0～100 %	10 s
	雨量（PR1）	RG13	0～200 mm	10 s
	总辐射（SR1）	CM11	0～1500 W/m²	10 s
	紫外辐射（SR2）	CUV3	0～500 W/m²	10 s
	日照时数（SO1）	CSD2	ON/OFF	60 s
DMI50（接口板 3）	反射辐射（SR3）	CM6B	0～1 500 W/m²	10 s
	光合有效辐射（SR4）	LI−190SZ	0～3 000 μmol/（s·m²）	10 s
	净辐射（SR5）	QMN101	0～1 500 W/m²	10 s
	土壤热通量板		−500～500 W/m²	10 s
DPA501（接口板 8）	气压（PA1）	DPA501	500～1 100 hPa	10 s
串口 4	QLI50 采集器	（地表及 7 层土壤温度）QLI50		10 s

3.4.2.2　处理方法

采集的数据按月处理，由 CERN 大气分中心提供的数据采集和后期处理软件生成气象报表，由规范气象数据报表（A 报表）和（M 报表）以及数据质量控制表（气象规范 B 表）组成。

数据报表编制打开“生态气象工作站”，启动数据处理程序，数据处理程序将对观测数据进行自动处理、质量审核，按照观测规范最终编制出观测报表文件。

各指标月统计数据，主要包括气温、降水、相对湿度、气压、10 min 风速风向、土壤温度和辐射，原始数据有部分日、时观测值因仪器故障、停电等问题，本数据在整编过程中视数据缺失情况采用插补或人工观测数据替代的方式加以处理，无法插补和替代的，数据表中以“空格”表示。

3.4.3　数据价值/数据使用方法和建议

本数据集整理的是安塞站川地自动气象观测站观测指标的月值数据。

气象观测信息和数据是开展科学研究的基础，在 CERN 设计规范下实施气象、环境要素的监测目标是按照 CERN 指标体系的规定，实现对相应气象、辐射以及大气环境化学等要素的长期规范监测，实现观测数据的可靠性、可比性和数据格式的统一性，实现对所有监测工作及监测结果的规范和量化管理。按照《长期生态研究观测指标体系》和《生态系统大气环境观测规范》实施，为促进我国自然资源的可持续利用以及为国家关于资源、环境方面的重大决策提供科学依据。

3.4.4　气象数据表

3.4.4.1　逐月水气压

逐月水气压是经过技术处理得出的数据见表 3-33。

表3-33　逐月水气压

时间（年-月）	日平均值月平均/hPa	日最大值月平均/hPa	日最小值月平均/hPa	月极大值/hPa	极大值日期	月极小值/hPa	极小值日期
2008-01	2.0	2.6	1.7	3.9	11	0.8	23
2008-02	2.4	3.0	1.8	5.7	24	1.1	6
2008-03	4.2	5.5	2.9	10.1	19	1.2	1
2008-04	6.4	8.1	4.7	14.0	8	1.5	1
2008-05	7.1	9.7	4.9	17.1	26	1.6	11
2008-06	12.7	15.5	10.5	20.3	28	3.3	1
2008-07	17.1	19.5	14.0	24.0	31	5.4	5
2008-08	16.0	18.3	13.2	22.6	20	6.5	31
2008-09	13.2	15.3	11.0	20.5	21	5.4	4
2008-10							
2008-11	4.0	4.9	3.2	8.5	12	1.3	18
2008-12	1.9	2.4	1.6	4.4	3	0.3	21
2009-01	1.6	2.0	1.3	3.4	4	0.3	23
2009-02	3.6	4.6	2.5	7.6	8	0.5	20
2009-03	3.5	4.8	2.4	9.7	21	1.1	31
2009-04	6.5	8.4	4.5	14.0	11	1.3	1
2009-05	9.9	12.1	7.1	17.4	11	2.1	2
2009-06	10.2	13.6	7.2	25.0	18	3.6	23
2009-07	18.4	21.0	15.2	27.3	16	5.5	1
2009-08	17.9	20.2	15.3	25.6	25	8.7	10
2009-09	14.9	16.5	12.6	22.7	5	4.4	21
2009-10				15.2	7	3.6	13
2009-11	4.5	5.4	3.6	12.0	9	1.9	18
2009-12	2.8	3.5	2.1	5.9	10	0.8	20
2010-01	2.2	2.8	1.7	5.5	19	0.7	12
2010-02	3.6	4.5	3.0	8.9	26	1.3	17
2010-03	3.9	5.2	2.7	9.7	29	0.8	9
2010-04	5.1	6.8	3.4	13.1	20	1.0	1
2010-05	9.9	12.1	7.1	17.9	4	1.9	9
2010-06	13.4	16.0	10.7	25.2	30	5.2	17
2010-07	19.8	22.8	16.6	30.6	31	7.8	5
2010-08	18.8	21.6	15.5	29.0	1	7.6	14
2010-09	16.0	18.5	13.3	26.3	19	3.8	23
2010-10	8.1	9.6	6.3	14.2	10	3.0	25
2010-11				7.7	1	1.4	29
2010-12	1.5	2.1	1.2	7.9	25	0.4	15
2011-01		1.7	1.0	3.7	27	0.5	1
2011-02	2.9	3.7	2.3	6.7	25	0.9	2

（续）

时间（年-月）	日平均值月平均/hPa	日最大值月平均/hPa	日最小值月平均/hPa	月极大值/hPa	极大值日期	月极小值/hPa	极小值日期
2011-03	2.0	2.7	1.4	6.4	31	0.7	14
2011-04	4.3	5.7	2.6	12.4	21	1.0	10
2011-05	7.9	10.3	5.1	18.9	8	2.0	1
2011-06		14.3	9.5	20.1	22	4.7	1
2011-07	16.7	18.6	13.7	23.2	2	5.6	8
2011-08	17.1	19.1	14.9	26.6	15	10.0	9
2011-09	13.0	15.0	11.1	21.4	1	5.4	29
2011-10	8.7	10.1	7.0	15.2	8	3.2	24
2011-11	6.6	7.8	5.5	11.6	4	2.4	22
2011-12	3.0	3.6	2.5	6.2	5	1.3	10
2012-01	1.9	2.4	1.4	4.2	7	0.5	16
2012-02	2.0	3.0	1.5	10.9	1	0.4	7
2012-03	3.9	5.1	2.6	9.8	28	1.0	24
2012-04	5.0	6.7	3.3	14.0	30	1.3	25
2012-05	9.8	12.0	7.1	17.4	11	2.3	14
2012-06	12.4	14.2	9.9	21.3	25	3.5	10
2012-07	19.7	22.2	17.2	27.4	27	10.2	12
2012-08	18.2	20.8	15.7	24.3	11	6.5	21
2012-09	12.3	14.5	10.0	19.7	6	4.6	27
2012-10	7.7	9.5	5.9	14.0	4	2.1	16
2012-11	3.6	4.7	2.6	7.8	3	0.7	28
2012-12	2.4	3.1	1.9	5.3	16	0.7	30
2013-01	2.0	2.6	1.6	4.9	20	0.6	2
2013-02	2.7	3.6	1.8	5.9	5	0.6	28
2013-03	3.2	4.1	2.2	7.8	26	0.7	1
2013-04	4.4	6.0	3.2	11.9	28	0.7	9
2013-05	9.2	11.1	6.8	17.6	27	1.8	10
2013-06	14.4	17.0	10.9	23.2	18	4.1	10
2013-07	21.5	24.2	19.0	29.1	26	11.7	2
2013-08	20.7	23.5	17.9	26.7	11	9.4	29
2013-09	14.2	16.7	11.3	22.3	16	5.0	28
2013-10	8.8	10.8	6.8	15.2	7	2.3	19
2013-11	4.7	5.7	3.5	10.7	1	0.9	27
2013-12	2.2	2.7	1.9	4.1	2	1.1	12
2014-01	1.7	2.2	1.4	5.2	6	0.9	8
2014-02	3.6	4.5	3.0	7.3	25	0.9	3
2014-03	4.1	5.5	2.9	11.2	31	1.3	6
2014-04	8.6	10.3	6.4	14.7	15	2.1	3

（续）

时间（年-月）	日平均值月平均/hPa	日最大值月平均/hPa	日最小值月平均/hPa	月极大值/hPa	极大值日期	月极小值/hPa	极小值日期
2014-05	8.7	10.9	5.8	18.2	23	1.8	3
2014-06	14.6	17.1	11.5	21.5	30	3.5	8
2014-07	18.9	21.7	16.2	26.1	8	10.7	13
2014-08	17.0	19.3	14.4	25.0	1	8.3	24
2014-09	15.8	17.5	13.8	21.0	7	7.9	2
2014-10	9.4	11.0	7.5	16.3	1	3.8	15
2014-11	5.0	6.0	4.0	9.6	10	1.5	30
2014-12	1.8	2.4	1.4	5.8	28	0.7	31
2015-01	2.2	2.8	1.8	4.5	13	1.0	1
2015-02	2.9	3.7	2.1	6.7	20	0.6	22
2015-03	4.2	6.1	3.0	23.2	1	0.9	3
2015-04	6.5	8.3	4.6	16.3	30	1.7	16
2015-05	8.8	11.3	6.1	16.9	1	2.5	11
2015-06	13.2	15.7	10.3	23.8	30	4.3	5
2015-07	14.9	17.5	11.6	22.6	31	6.3	13
2015-08	14.5	17.1	11.6	25.5	2	6.5	17
2015-09	12.9	14.9	10.8	18.9	4	6.1	12
2015-10	7.5	9.4	5.9	16.1	7	2.6	9
2015-11	6.6	7.6	5.7	9.7	5	1.6	25
2015-12	3.1	3.8	2.5	5.9	13	1.2	3

3.4.4.2 逐月海平面气压

逐月海平面气压是经过技术处理得出的数据见表 3-34。

表 3-34 逐月海平面气压

时间（年-月）	日平均值月平均/hPa	日最大值月平均/hPa	日最小值月平均/hPa	月极大值/hPa	极大值日期	月极小值/hPa	极小值日期
2008-01	1 032.6	1 035.9	1 026.9	1 047.7	24	1 009.4	8
2008-02	1 030.8	1 035.3	1 024.0	1 043.9	8	1 008.8	21
2008-03	1 017.0	1 021.9	1 010.6	1 033.9	3	996.4	17
2008-04	1 011.5	1 016.3	1 005.5	1 031.1	23	990.3	7
2008-05	1 005.9	1 010.9	999.0	1 023.9	12	986.4	1
2008-06	1 002.5	1 006.4	997.5	1 015.6	4	990.9	28
2008-07	1 001.0	1 004.5	996.4	1 006.8	12	990.7	5
2008-08	1 005.0	1 008.2	1 000.2	1 018.2	31	995.8	8
2008-09	1 012.2	1 015.5	1 007.7	1 023.9	26	998.9	4
2008-10							
2008-11	1 025.9	1 030.3	1 019.4	1 041.4	27	1 009.6	2
2008-12	1 028.9	1 034.5	1 020.7	1 054.9	21	1 004.5	8

（续）

时间（年-月）	日平均值月平均/hPa	日最大值月平均/hPa	日最小值月平均/hPa	月极大值/hPa	极大值日期	月极小值/hPa	极小值日期
2009-01	1 030.9	1 036.7	1 022.4	1 053.7	23	1 006.6	27
2009-02	1 018.3	1 022.6	1 011.8	1 033.5	20	991.3	12
2009-03	1 017.1	1 022.7	1 010.2	1 040.6	13	994.7	17
2009-04	1 010.4	1 015.7	1 004.7	1 035.0	1	994.1	16
2009-05	1 009.3	1 013.9	1 003.7	1 025.1	2	992.8	7
2009-06	999.8	1 004.4	994.4	1 013.1	10	989.4	5
2009-07	999.9	1 003.3	992.6	1 008.6	1	885.9	6
2009-08	1 006.6	1 009.6	1 002.4	1 017.9	29	997.0	13
2009-09	1 011.5	1 014.6	1 007.7	1 024.3	21	1 001.4	5
2009-10				1 028.8	14	1 006.9	3
2009-11	1 025.4	1 029.6	1 019.5	1 045.8	17	1 000.7	6
2009-12	1 027.6	1 032.7	1 021.3	1 046.1	20	1 008.0	28
2010-01	1 027.0	1 032.2	1 019.5	1 047.1	22	1 006.5	1
2010-02	1 019.8	1 024.9	1 012.6	1 040.4	12	990.2	23
2010-03	1 018.9	1 024.5	1 011.6	1 048.2	9	995.0	21
2010-04	1 015.4	1 020.9	1 008.1	1 034.3	13	995.3	8
2010-05	1 006.7	1 011.2	1 000.7	1 017.5	18	989.7	4
2010-06	1 004.1	1 008.4	999.0	1 015.5	2	992.7	16
2010-07	1 002.7	1 036.4	997.1	1 997.4	19	989.6	30
2010-08	1 005.9	1 008.9	998.8	1 016.6	22	893.0	4
2010-09	1 011.1	1 014.7	1 006.2	1 026.6	22	995.4	20
2010-10	1 019.5	1 024.2	1 013.8	1 036.6	26	999.9	9
2010-11				1 032.6	3	1 009.7	26
2010-12	1 025.1	1 030.5	1 016.8	1 048.7	15	1 002.1	9
2011-01		1 039.5	1 028.6	1 051.3	15	1 017.1	12
2011-02	1 020.8	1 025.5	1 014.1	1 036.9	11	1 002.9	23
2011-03	1 024.6	1 030.3	1 016.6	1 042.1	15	998.8	12
2011-04	1 012.0	1 017.8	1 005.6	1 029.0	11	990.5	28
2011-05	1 008.1	1 012.6	1 002.4	1 023.5	13	990.4	7
2011-06		1 005.0	995.9	1 012.9	1	988.7	23
2011-07	1 000.8	1 004.3	996.6	1 008.5	11	992.2	26
2011-08	1 005.0	1 007.9	1 000.8	1 013.8	26	991.4	14
2011-09	1 013.5	1 016.5	1 009.4	1 026.6	19	999.0	1
2011-10	1 019.4	1 023.0	1 014.1	1 031.3	24	1 007.4	7
2011-11	1 022.4	1 025.6	1 017.9	1 035.4	30	1 011.3	10
2011-12	1 031.7	1 035.3	1 026.1	1 044.4	16	1 016.4	2
2012-01	1 029.4	1 033.7	1 022.7	1 044.8	4	1 010.3	31
2012-02	1 025.2	1 029.9	1 018.4	1 043.5	2	1 004.3	21

（续）

时间（年-月）	日平均值月平均/hPa	日最大值月平均/hPa	日最小值月平均/hPa	月极大值/hPa	极大值日期	月极小值/hPa	极小值日期
2012-03	1 019.1	1 023.5	1 012.8	1 032.3	11	999.6	17
2012-04	1 009.6	1 015.2	1 001.9	1 030.7	3	986.4	23
2012-05	1 007.8	1 012.3	1 002.0	1 017.9	30	996.8	18
2012-06	1 001.3	1 005.6	992.2	1 013.4	15	890.7	6
2012-07	999.7	1 002.5	995.9	1 007.8	18	990.1	3
2012-08	1 005.5	1 008.4	1 001.2	1 020.7	22	996.3	11
2012-09	1 014.7	1 018.0	1 009.8	1 031.8	28	1 002.8	19
2012-10	1 019.4	1 023.7	1 012.6	1 033.7	30	1 006.0	3
2012-11	1 022.9	1 027.6	1 015.2	1 033.8	16	1 003.4	2
2012-12	1 027.3	1 032.0	1 020.8	1 049.8	23	1 010.8	6
2013-01	1 028.0	1 033.5	1 020.0	1 051.5	3	1 009.3	30
2013-02	1 023.4	1 028.7	1 015.8	1 039.1	12	1 003.8	27
2013-03	1 014.4	1 020.0	1 006.3	1 036.5	2	993.8	8
2013-04	1 011.5	1 017.6	1 003.3	1 032.4	9	987.0	17
2013-05	1 006.3	1 010.8	1 000.6	1 019.8	29	988.7	21
2013-06	1 001.1	1 004.8	996.0	1 015.4	10	987.0	28
2013-07	999.7	1 002.1	996.2	1 006.5	29	988.1	1
2013-08	1 002.9	1 006.0	998.3	1 016.3	30	989.4	5
2013-09	1 012.8	1 015.8	1 008.0	1 029.3	25	998.2	13
2013-10	1 020.1	1 024.2	1 014.1	1 033.4	19	1 001.3	9
2013-11	1 025.8	1 030.1	1 019.6	1 040.6	28	1 011.0	7
2013-12	1 029.8	1 034.3	1 022.5	1 045.9	26	1 011.1	7
2014-01	1 027.3	1 032.4	1 019.5	1 044.5	12	1 002.4	31
2014-02	1 024.6	1 028.1	1 019.4	1 040.5	10	1 005.2	1
2014-03	1 018.1	1 023.0	1 010.6	1 035.2	20	999.2	26
2014-04	1 013.8	1 017.8	1 007.7	1 026.2	4	999.4	30
2014-05	1 007.6	1 013.1	1 001.5	1 026.9	2	993.0	8
2014-06	1 003.4	1 007.2	998.2	1 012.6	10	992.6	17
2014-07	1 002.5	1 005.8	997.7	1 011.0	26	991.6	29
2014-08	1 007.3	1 010.1	1 003.0	1 017.5	25	993.3	3
2014-09	1 011.3	1 014.0	1 007.4	1 020.0	18	999.2	5
2014-10	1 018.7	1 022.6	1 012.8	1 035.0	12	1 003.4	3
2014-11	1 024.2	1 028.1	1 018.4	1 037.7	2	1 009.0	4
2014-12	1 032.3	1 037.2	1 024.9	1 048.5	16	1 012.7	29
2015-01	1 028.8	1 033.6	1 021.7	1 043.8	1	1 008.2	23
2015-02	1 024.0	1 028.6	1 017.5	1 043.9	5	1 002.4	14
2015-03	1 019.2	1 024.2	1 012.0	1 037.0	10	992.5	30
2015-04	1 013.4	1 018.3	1 006.8	1 033.9	12	996.1	17

（续）

时间（年-月）	日平均值月平均/hPa	日最大值月平均/hPa	日最小值月平均/hPa	月极大值/hPa	极大值日期	月极小值/hPa	极小值日期
2015-05	1 007.0	1 012.1	999.8	1 022.9	4	990.2	13
2015-06	1 002.7	1 006.7	997.6	1 014.2	3	988.4	9
2015-07	1 001.7	1 005.8	996.2	1 011.6	9	991.7	28
2015-08	985.2	988.8	980.8	993.1	20	973.6	1
2015-09	991.6	995.0	987.7	1 005.0	12	980.5	21
2015-10	999.3	1 003.2	994.4	1 015.1	31	983.0	20
2015-11	999.9	1 002.8	996.1	1 012.9	26	987.2	14
2015-12	1 006.9	1 010.5	1 002.4	1 021.9	16	994.8	1

3.4.4.3 逐月大气压

逐月大气压数据获取方法：DPA501 数字气压表观测，每 10 s 采测 1 个气压值，每 min 采测 6 个气压值，去除一个最大值和一个最小值后取平均值，作为每分钟的气压值，正点时采测 0 min 的气压值作为正点数据存储。同时获取前 1 h 内的最高和最低气压值和出现时间进行存储。每日 20 时从每小时的最高和最低气压值及出现时间中挑选最高和最低气压值及出现时间中挑选出 1 d 内的最高和最低气压极值和出现时间存储。

数据产品观测层次：距地面小于 1 m。

原始数据质量控制方法如下。

（1）超出气候学界限值域 300～1 100 hPa 的数据为错误数据。

（2）所观测的气压不小于日最低气压且不大于日最高气压，当海拔高度大于 0 m 时，台站气压小于海平面气压；当海拔高度等于 0 m 时，台站气压等于海平面气压；当海拔高度小于 0 m 时，台站气压大于海平面气压。

（3）24 h 变压的绝对值小于 50 hPa。

（4）1 min 内允许的最大变化值为 1.0 hPa，1 h 内变化幅度的最小值为 0.1 hPa。

（5）某一定时气压缺测时，用前、后两定时数据内插求得，按正常数据统计，若连续两个或两个以上定时数据缺测时，不能内插，仍按缺测处理。

（6）一日中若 24 次定时观测记录有缺测时，该日按照 02、08、14、20 时 4 次定时记录做日平均，若 4 次定时记录缺测一次或以上，但该日各定时记录缺测 5 次或以下时，按实有记录作日统计，缺测 6 次或以上时，不做日平均。

数据产品处理方法：用质控后的日均值合计值除以日数获得月平均值。日平均值缺测 6 次或者以上时，不做月统计。数据见表 3-35。

表 3-35 逐月大气压

时间（年-月）	日平均值月平均/hPa	日最大值月平均/hPa	日最小值月平均/hPa	月极大值/hPa	极大值日期	月极小值/hPa	极小值日期
2008-01	903.9	906.2	901.1	913.8	24	890.9	8
2008-02	903.4	905.9	899.7	911.9	26	890.7	21
2008-03	896.6	899.0	893.3	905.9	3	884.6	17
2008-04	893.8	896.2	890.8	907.4	23	880.3	7
2008-05	891.0	893.4	887.0	902.6	12	878.2	1

（续）

时间（年-月）	日平均值月平均/hPa	日最大值月平均/hPa	日最小值月平均/hPa	月极大值/hPa	极大值日期	月极小值/hPa	极小值日期
2008-06	889.0	891.0	886.2	896.3	4	881.8	28
2008-07	888.5	890.0	886.4	892.4	29	882.4	5
2008-08	891.3	892.8	889.2	898.5	31	886.1	17
2008-09	895.9	897.6	893.8	904.1	26	887.0	21
2008-10							
2008-11	902.7	905.1	900.1	912.5	27	895.0	2
2008-12	902.3	905.9	898.0	919.8	21	888.0	8
2009-01	903.3	906.5	899.3	917.3	23	888.2	22
2009-02	895.7	898.4	892.1	904.3	20	875.2	12
2009-03	896.3	899.5	892.5	912.3	13	882.9	20
2009-04	893.3	896.1	890.4	907.5	1	883.2	17
2009-05	893.7	895.9	890.6	903.0	2	883.4	7
2009-06	887.3	889.2	884.7	895.7	10	881.2	5
2009-07	887.8	889.3	885.7	892.2	31	882.1	17
2009-08	892.6	894.1	890.4	900.5	29	886.8	18
2009-09	895.5	897.1	893.8	902.0	21	887.7	5
2009-10				906.7	13	894.3	3
2009-11	901.3	903.8	898.4	915.5	17	888.7	6
2009-12	901.0	904.3	897.5	912.4	20	887.6	28
2010-01	900.7	904.0	897.0	915.4	22	888.2	3
2010-02	895.9	898.9	892.3	910.0	12	877.7	23
2010-03	897.3	901.0	893.0	917.5	9	882.2	21
2010-04	896.2	899.3	891.8	906.6	13	884.3	8
2010-05	891.4	893.6	888.3	898.4	14	879.4	4
2010-06	890.8	892.3	888.3	898.3	4	883.2	16
2010-07	889.3	890.6	887.4	896.1	26	882.7	30
2010-08	892.6	894.1	890.5	899.8	23	883.7	1
2010-09	895.6	897.7	893.1	906.7	22	885.7	20
2010-10	900.1	902.5	897.7	911.8	26	887.4	9
2010-11				909.2	2	893.6	26
2010-12	899.1	902.5	895.3	915.0	15	886.4	9
2011-01		907.5	901.9	915.5	15	894.2	12
2011-02	896.7	899.1	893.5	907.2	11	886.7	7
2011-03	901.3	904.1	897.0	913.9	15	886.0	12
2011-04	894.5	897.4	890.9	905.2	10	880.2	29
2011-05	892.5	894.8	889.7	901.4	13	880.9	8
2011-06		889.8	885.6	894.1	1	881.7	23
2011-07	888.2	890.0	886.0	894.1	14	881.8	2

（续）

时间（年-月）	日平均值月平均/hPa	日最大值月平均/hPa	日最小值月平均/hPa	月极大值/hPa	极大值日期	月极小值/hPa	极小值日期
2011-08	891.3	892.8	889.3	896.7	20	883.6	14
2011-09	896.7	898.4	894.5	905.7	19	888.8	1
2011-10	900.1	902.0	897.6	907.8	2	892.2	30
2011-11	900.7	902.8	898.5	909.4	30	893.7	10
2011-12	905.2	907.3	902.5	914.6	8	895.5	2
2012-01	901.9	904.5	899.1	912.4	3	890.1	15
2012-02	899.4	902.0	896.0	911.0	2	886.8	21
2012-03	897.2	899.8	893.9	908.4	30	885.8	17
2012-04	892.4	895.1	888.3	904.8	3	877.0	23
2012-05	892.5	894.5	889.7	898.8	12	885.8	7
2012-06	888.1	889.8	885.3	895.0	15	880.8	23
2012-07	887.5	888.8	885.6	893.1	18	882.1	3
2012-08	892.0	893.4	889.7	900.7	22	886.5	11
2012-09	897.6	899.2	895.3	908.0	28	890.6	1
2012-10	899.7	901.8	896.5	907.9	30	893.0	3
2012-11	899.2	902.1	895.1	907.3	16	888.6	2
2012-12	900.6	903.8	896.9	915.9	23	891.1	6
2013-01	901.0	904.0	897.3	916.7	3	891.6	19
2013-02	899.1	902.2	895.0	908.3	8	887.3	28
2013-03	894.9	897.9	890.5	909.7	2	882.9	8
2013-04	893.7	896.6	889.0	904.7	9	879.3	17
2013-05	891.5	893.7	888.5	900.8	29	881.0	21
2013-06	888.3	890.0	885.7	897.6	10	880.0	28
2013-07	887.2	888.5	885.2	891.9	28	880.3	1
2013-08	890.1	891.7	887.7	897.9	30	881.4	5
2013-09	896.4	898.2	894.0	906.9	25	888.3	16
2013-10	900.8	903.0	898.0	909.6	19	890.5	9
2013-11	902.5	904.9	899.5	911.2	28	893.9	8
2013-12	902.9	905.4	899.7	914.1	26	892.9	7
2014-01	901.0	903.7	897.4	912.8	12	886.8	31
2014-02	899.4	901.5	896.6	906.7	10	889.7	1
2014-03	897.4	899.8	893.8	910.3	20	887.3	26
2014-04	895.9	897.9	892.5	903.7	3	887.8	23
2014-05	892.0	894.5	888.8	905.0	2	883.0	8
2014-06	889.8	891.4	887.3	894.5	6	883.6	17
2014-07	889.6	891.1	887.4	895.1	23	883.2	29
2014-08	892.9	894.3	890.9	898.5	19	884.8	3
2014-09	895.4	897.1	893.3	901.8	18	888.5	5

（续）

时间（年-月）	日平均值月平均/hPa	日最大值月平均/hPa	日最小值月平均/hPa	月极大值/hPa	极大值日期	月极小值/hPa	极小值日期
2014 - 10	899.7	901.7	897.1	912.3	12	890.1	3
2014 - 11	901.5	903.8	898.6	910.6	2	890.5	26
2014 - 12	904.8	907.7	901.2	914.9	16	893.5	29
2015 - 01	902.2	905.0	899.1	911.6	1	888.4	4
2015 - 02	899.5	901.9	896.2	913.3	4	887.0	14
2015 - 03	898.1	900.7	894.2	909.5	10	881.4	30
2015 - 04	895.4	898.0	891.9	910.0	12	880.4	2
2015 - 05	891.6	894.1	887.7	901.0	4	881.7	17
2015 - 06	889.2	891.1	886.5	898.0	3	880.7	9
2015 - 07	889.3	890.8	886.7	896.5	9	884.2	28
2015 - 08	874.3	875.6	872.3	879.4	9	867.8	1
2015 - 09	878.3	880.0	876.3	886.9	12	870.9	21
2015 - 10	882.5	884.6	880.0	893.2	31	872.6	20
2015 - 11	880.9	883.0	878.8	890.3	1	872.6	14
2015 - 12	883.9	886.1	881.8	892.5	16	875.8	1

3.4.4.4　逐月降水

数据获取方法：RG13H 型雨量计观测。每分钟计算出 1 min 降水量，正点时计算、存储 1 h 的累积降水量，每日 20 时存储每日累积降水。

数据产品观测层次：距地面 70 cm。

原始数据质量控制方法如下。

（1）降雨强度超出气候学界限值域 0～400 mm/min 的数据为错误数据。

（2）降水量大于 0 mm 或者微量时，应有降水或者暴雪天气现象。

（3）一日中各时降水量缺测数小时但不是全天缺测时，按实有记录做日合计。全天缺测时，不做日合计，按缺测处理。

数据产品处理方法：一月中降水量缺测 6 d 或以下时，按实有记录做月合计，缺测 7 d 或以上时，该月不做月合计。数据见表 3 - 36。

表 3 - 36　逐月降水

时间（年-月）	月合计值/mm	月小时降水极大值/mm	极大值日期
2008 - 01	8.2	1.2	13
2008 - 02	3.6	0.6	17
2008 - 03	17.2	2.2	20
2008 - 04	16.7	1.6	11
2008 - 05	6.8	1.4	18
2008 - 06	28.0	3	27
2008 - 07	51.8	5.8	14
2008 - 08	73.0	9.6	9
2008 - 09	115.6	8.8	23

（续）

时间（年-月）	月合计值/mm	月小时降水极大值/mm	极大值日期
2008 - 10			
2008 - 11	0.0	0	1
2008 - 12	0.0	0	1
2009 - 01	0.0	0	1
2009 - 02	3.2	0.4	8
2009 - 03	11.6	1.6	11
2009 - 04	15.8	5.2	10
2009 - 05	57.0	6	27
2009 - 06	14.6	3.4	18
2009 - 07	138.6	16.8	10
2009 - 08	119.8	8	16
2009 - 09	73.0	5.4	6
2009 - 10	6.2	1.6	2
2009 - 11	41.0	4	10
2009 - 12	1.4	0.2	7
2010 - 01	0.0	0.0	1
2010 - 02	11.4	1.8	28
2010 - 03	7.8	1.6	14
2010 - 04	45.2	2.4	20
2010 - 05	39.4	14.6	4
2010 - 06	40.4	6.4	30
2010 - 07	37.0	12.0	1
2010 - 08	138.6	20.4	11
2010 - 09	25.4	4.2	21
2010 - 10	23.8	4.6	10
2010 - 11	0.0	0.0	1
2010 - 12	0.0	0.0	1
2011 - 01	1.6	0.6	27
2011 - 02	6.8	0.8	26
2011 - 03	0.0	0.0	1
2011 - 04	12.2	2.6	1
2011 - 05	69.2	19.0	8
2011 - 06	9.6	1.8	27
2011 - 07	123.6	12.0	29
2011 - 08	119.4	25.4	15
2011 - 09	109.0	8.4	1
2011 - 10	45.8	4.2	11
2011 - 11	58.0	4.4	29

（续）

时间（年-月）	月合计值/mm	月小时降水极大值/mm	极大值日期
2011-12	0.2	0.2	5
2012-01	0.0	0.0	1
2012-02	0.6	0.2	24
2012-03	8.8	1.4	28
2012-04	6.6	1.2	11
2012-05	46.4	2.4	1
2012-06	80.4	12.0	24
2012-07	117.6	13.8	21
2012-08	71.8	6.8	17
2012-09	114.0	21.2	6
2012-10	6.0	2.0	9
2012-11	10.0	1.8	3
2012-12	2.0	0.4	20
2013-01	2.4	0.6	13
2013-02	3.6	1.0	18
2013-03	0.2	0.2	26
2013-04	16.8	3.8	19
2013-05	8.0	1.4	8
2013-06	66.0	10.4	20
2013-07	416.6	20.2	4
2013-08	107.8	22.2	24
2013-09	74.0	6.8	19
2013-10	19.6	1.4	14
2013-11	10.2	2.6	9
2013-12	0.0	0.0	1
2014-01	0.0	0.0	1
2014-02	14.6	1.6	7
2014-03	8.0	2.2	31
2014-04	61.6	7.2	24
2014-05	24.6	3.4	9
2014-06	65.0	10.2	30
2014-07	102.0	12.0	9
2014-08	112.0	13.4	6
2014-09	114.2	5.0	1
2014-10	12.0	4.8	3
2014-11	6.8	0.6	9
2014-12	0.4	0.4	9
2015-01	5.2	0.8	28

（续）

时间（年-月）	月合计值/mm	月小时降水极大值/mm	极大值日期
2015-02	3.6	0.4	19
2015-03	7.8	2.4	18
2015-04	26.4	3.8	1
2015-05	30.2	4.6	10
2015-06	27.4	3.8	21
2015-07	15.4	7.6	17
2015-08	39.6	6.4	26
2015-09	66.6	5.0	28
2015-10	47.8	5.4	6
2015-11	43.0	3.4	6
2015-12	9.8	1.0	13

3.4.4.5 逐月相对湿度

数据获取方法：采用 HMP45D 型温湿度传感器。每 10 s 测定 1 个温度和湿度值，每分钟采测 6 个温度和湿度值，去除一个最大值和一个最小值后取平均值，作为每分钟的温度和湿度值存储。正点时采测 0 min 的温度和湿度值作为正点数据存储，同时获取前 1 h 内的最高、最低温度值和最小相对湿度值及出现时间进行存储。每日 20 时从每小时的最高、最低气温和最小相对湿度值及出现时间中挑选出 1 d 内的最高、最低气温和最小相对湿度极值及出现时间存储。记录数据，温度保留 1 位小数，相对湿度取整数值。

数据产品观测层次：1.5 m。

原始数据质量控制方法如下。

（1）相对湿度介于 0～100%。

（2）定时相对湿度≥日最小相对湿度。

（3）干球温度≥湿球温度（结冰期除外）。

（4）某一定时相对湿度缺测时，用前、后两定时数据内插求得，按正常数据统计，若连续两个或两个以上定时数据缺测时，不能内插，仍按缺测处理。

（5）一日中若 24 次定时观测记录有缺测时，该日按照 2、8、14、20 时 4 次定时记录做日平均，若 4 次定时记录缺测 1 次或以上，但该日各定时记录缺测 5 次或 5 次以下时，按实有记录作日统计，缺测 6 次或 6 次以上时，不做日平均。

数据产品处理方法：用质控后的日均合计值除以日数获得月平均值。日平均值缺测 6 次或者 6 次以上时，不做月统计。数据见表 3-37。

表 3-37 逐月相对湿度

时间（年-月）	日平均值月平均/%	日最小值月平均/%	月极小值/%	极小值日期
2008-01	60		41	
2008-02	58		31	
2008-03	47		19	
2008-04	49		24	
2008-05	38		16	

（续）

时间（年-月）	日平均值月平均/%	日最小值月平均/%	月极小值/%	极小值日期
2008-06	56		32	
2008-07	64		36	
2008-08	68		38	
2008-09	75		48	
2008-10				
2008-11	55		25	
2008-12	43		20	
2009-01	41		19	
2009-02	53		27	
2009-03	42		20	
2009-04	44		21	
2009-05	55		28	
2009-06	42		18	
2009-07	68		41	
2009-08	77		50	
2009-09	81		53	
2009-10				
2009-11	71		44	
2009-12	63		35	
2010-01	49		25	
2010-02	62		35	
2010-03	48		25	
2010-04	46		19	
2010-05	55		25	
2010-06	57		28	
2010-07	70		38	
2010-08	74		42	
2010-09	78		47	
2010-10	68		33	
2010-11				
2010-12	34		15	
2011-01			25	
2011-02	50		25	
2011-03	29		12	
2011-04	33		12	

（续）

时间（年-月）	日平均值月平均/%	日最小值月平均/%	月极小值/%	极小值日期
2011-05	45		17	
2011-06			24	
2011-07	65		35	
2011-08	72		43	
2011-09	77		46	
2011-10	70		38	
2011-11	72		46	
2011-12	62		36	
2012-01	51		24	
2012-02	41		20	
2012-03	52		23	
2012-04	36		13	
2012-05	53		22	
2012-06	54		26	
2012-07	72		44	
2012-08	73		42	
2012-09	75		40	
2012-10	67		29	
2012-11	57		24	
2012-12	57		31	
2013-01	50		21	
2013-02	47		19	
2013-03	30		12	
2013-04	35		14	
2013-05	48		22	
2013-06	58		28	
2013-07	81		52	
2013-08	76		44	
2013-09	79		42	
2013-10	69		29	
2013-11	63		27	
2013-12	52		22	
2014-01	39		15	
2014-02	70		43	
2014-03	46		16	

（续）

时间（年-月）	日平均值月平均/%	日最小值月平均/%	月极小值/%	极小值日期
2014-04	64		29	
2014-05	50		18	
2014-06	64		29	
2014-07	73		40	
2014-08	77		41	
2014-09	84		52	
2014-10	73		35	
2014-11	65		34	
2014-12	45		19	
2015-01	53	25	15	7
2015-02	53	25	8	16
2015-03	46	19	8	12
2015-04	50	21	8	15
2015-05	51	18	9	12
2015-06	58	30	10	5
2015-07	57	25	10	13
2015-08	65	32	17	5
2015-09	74	46	23	1
2015-10	68	36	14	9
2015-11	82	60	25	2
2015-12	69	42	20	26

3.4.4.6 逐月气温

数据获取方法：HMP45D 温度传感器观测。每 10 s 采测 1 个温度值，每分钟采测 6 个温度值，去除一个最大值和一个最小值后取平均值，作为每分钟的温度值存储。正点时采测 0 min 的温度值作为正点数据存储。

数据产品观测层次：1.5 m。

原始数据质量控制方法如下。

（1）超出气候学界限值域－80～60 ℃的数据为错误数据。

（2）1 min 内允许的最大变化值为 3 ℃，1 h 内变化幅度的最小值为 0.1 ℃。

（3）日最低气温≤定时气温≤日最高气温。

（4）气温≥露点温度。

（5）24 h 气温变化范围<50 ℃。

（6）利用与台站下垫面及周围环境相似的一个或多个邻近站观测数据计算本站气温值，比较台站观测值和计算值，如果超出阈值即认为观测数据可疑。

（7）某一定时气温缺测时，用前、后两定时数据内插求得，按正常数据统计，若连续两个或两个以上定时数据缺测时，不能内插，仍按缺测处理。

（8）一日中若24次定时观测记录有缺测时，该日按照2、8、14、20时4次定时记录做日平均，若4次定时记录缺测1次或1次以上，但该日各定时记录缺测5次或5次以下时，按实有记录作日统计，缺测6次或6次以上时，不做日平均。

数据产品处理方法：用质控后的日均值合计值除以日数获得月平均值。日平均值缺测6次或者6次以上时，不做月统计。数据见表3-38。

表3-38 逐月气温

时间（年-月）	日平均值月平均/℃	日最大值月平均/℃	日最小值月平均/℃	月极大值/℃	极大值日期	月极小值/℃	极小值日期
2008-01	−8.05	−1.74	−12.28	10.80	8	−22.0	23
2008-02	−5.48	2.59	−11.83	13.10	21	−19.4	8
2008-03	6.93	15.82	−0.45	24.00	17	−7.2	3
2008-04	12.21	20.36	4.82	29.80	28	−2.6	2
2008-05	17.85	26.81	9.34	33.70	15	3.1	13
2008-06	20.49	28.16	14.01	33.70	26	7.0	2
2008-07	22.90	30.48	16.58	33.90	26	12.8	6
2008-08	20.80	28.57	14.98	34.90	3	7.2	31
2008-09	16.14	22.78	11.10	31.90	4	7.0	1
2008-10							
2008-11	2.95	11.73	−3.32	20.30	2	−10.5	27
2008-12	−4.22	5.41	−10.50	15.30	9	−21.0	22
2009-01	−5.99	4.32	−13.07	13.00	30	−22.0	24
2009-02	1.99	9.60	−3.93	17.20	10	−12.5	20
2009-03	6.04	14.46	−1.29	28.60	18	−10.0	6
2009-04	13.47	21.95	5.53	28.50	13	−5.7	1
2009-05	17.02	24.63	9.93	30.80	5	3.4	2
2009-06	22.57	31.59	14.06	37.40	25	10.3	2
2009-07	23.26	30.47	17.30	36.10	2	13.1	1
2009-08	20.42	27.23	15.45	33.40	14	10.3	31
2009-09	16.48	22.77	11.71	28.10	17	2.4	21
2009-10				25.60	1	1.2	14
2009-11	0.49	8.54	−4.78	25.90	6	−11.8	17
2009-12	−4.77	2.55	−10.11	9.10	23	−16.7	20
2010-01	−4.23	5.03	−10.63	13.10	1	−18.0	13
2010-02	−0.62	7.96	−6.62	20.50	23	−14.8	18
2010-03	4.58	12.39	−1.41	26.60	18	−12.1	10
2010-04	9.46	17.42	2.17	26.50	8	−6.7	13
2010-05	17.00	25.31	9.98	33.60	2	2.7	10
2010-06	21.49	29.57	13.63	35.50	21	10.3	6
2010-07	24.10	31.54	18.34	37.20	31	14.7	10
2010-08	21.80	28.23	17.08	33.90	3	11.5	28
2010-09	17.90	24.70	13.19	31.20	17	4.5	23

（续）

时间（年-月）	日平均值月平均/℃	日最大值月平均/℃	日最小值月平均/℃	月极大值/℃	极大值日期	月极小值/℃	极小值日期
2010-10	10.19	18.52	3.80	26.70	7	−1.2	29
2010-11				19.40	5	−7.3	28
2010-12	−3.94	5.66	−10.42	17.10	1	−18.9	31
2011-01		−2.97	−15.83	2.40	13	−21.4	29
2011-02	−0.71	7.90	−7.11	18.70	23	−16.8	1
2011-03	2.13	11.36	−5.42	23.00	12	−9.9	3
2011-04	12.91	21.66	4.58	30.80	28	−4.2	11
2011-05	16.76	24.68	9.27	31.40	17	3.0	13
2011-06		29.93	14.87	36.90	23	8.8	1
2011-07	22.43	29.61	16.45	34.90	15	10.4	8
2011-08	20.77	27.69	15.96	33.70	14	12.3	26
2011-09	15.01	21.25	11.07	30.70	1	5.8	30
2011-10	10.34	17.85	4.98	25.60	7	−1.5	24
2011-11	5.27	11.11	1.48	14.90	5	−5.7	23
2011-12	−3.38	2.96	−7.74	8.50	13	−13.0	16
2012-01	−6.27	2.22	−12.10	12.10	31	−18.2	25
2012-02	−3.50	4.39	−9.70	12.00	21	−17.1	7
2012-03	4.11	11.97	−1.76	21.00	31	−7.5	7
2012-04	12.95	22.52	4.29	29.20	22	−3.8	3
2012-05	17.44	25.92	9.85	31.00	19	3.1	14
2012-06	20.72	29.09	13.17	35.30	13	7.2	11
2012-07	23.12	29.80	18.09	35.20	29	14.4	22
2012-08	21.37	28.76	16.43	32.30	7	8.2	22
2012-09	14.62	22.60	9.52	27.90	19	1.4	29
2012-10	9.30	18.89	2.94	25.60	3	−4.3	30
2012-11	0.66	9.50	−5.06	19.10	2	−10.0	30
2012-12	−5.05	1.93	−10.35	8.10	2	−21.1	23
2013-01	−5.45	4.89	−12.49	13.80	29	−19.9	3
2013-02	−0.37	9.00	−6.63	18.10	27	−15.1	19
2013-03	8.59	18.76	0.25	29.30	8	−7.3	3
2013-04	11.99	21.80	3.20	32.80	17	−6.8	9
2013-05	18.25	26.81	10.90	36.20	21	1.5	10
2013-06	22.09	30.00	15.50	36.00	27	6.7	11
2013-07	22.38	28.61	18.37	33.70	5	15.7	23
2013-08	22.74	30.20	17.44	34.00	6	9.7	31
2013-09	16.06	23.67	11.50	31.50	13	3.5	25
2013-10	10.88	20.21	4.77	29.60	9	−1.9	24
2013-11	2.47	10.43	−2.64	16.80	7	−10.5	29

（续）

时间（年-月）	日平均值 月平均/℃	日最大值 月平均/℃	日最小值 月平均/℃	月极大值/ ℃	极大值 日期	月极小值/ ℃	极小值 日期
2013-12	−4.57	5.50	−10.63	12.40	2	−17.1	27
2014-01	−3.97	6.78	−10.77	17.80	30	−15.8	13
2014-02	−2.41	3.79	−6.76	17.70	1	−19.2	10
2014-03	6.59	16.15	−0.69	26.70	16	−6.3	13
2014-04	12.33	20.56	5.98	27.40	9	−0.2	4
2014-05	16.43	25.46	8.13	32.00	28	0.1	5
2014-06	20.53	29.07	13.77	33.60	26	7.8	11
2014-07	22.23	30.19	16.55	34.70	31	13.3	25
2014-08	19.55	27.14	14.75	34.00	1	8.6	25
2014-09	16.81	23.17	13.12	29.00	20	7.7	3
2014-10	11.12	19.83	5.60	26.00	24	−0.3	13
2014-11	3.41	10.59	−1.32	17.30	4	−6.7	28
2014-12	−5.45	3.65	−11.42	12.10	28	−15.7	22
2015-01	−4.39	5.35	−10.50	12.70	19	−17.4	30
2015-02	−0.79	7.71	−6.81	16.50	14	−13.4	5
2015-03	5.90	15.30	−1.23	24.80	30	−10.2	1
2015-04	12.16	21.53	4.71	30.80	29	−3.0	13
2015-05	16.95	26.56	8.91	32.60	13	0.8	12
2015-06	20.65	28.40	13.97	34.30	18	7.9	12
2015-07	23.33	32.66	15.60	37.70	31	12.1	19
2015-08	20.37	29.05	13.24	34.10	1	9.3	21
2015-09	15.94	22.07	10.33	28.70	2	5.2	13
2015-10	8.93	16.62	2.41	23.20	5	−3.9	27
2015-11	3.67	8.38	0.27	15.50	3	−10.4	26
2015-12	−3.91	2.35	−9.61	8.50	7	−18.1	17

3.4.4.7 逐月露点温度

逐月露点温度是经过技术处理得出的数据，见表3-39。

表3-39 逐月露点温度

时间（年-月）	日平均值 月平均/℃	日最大值 月平均/℃	日最小值 月平均/℃	月极大值/ ℃	极大值 日期	月极小值/ ℃	极小值 日期
2008-01	−15.24	−11.76	−17.07	−6.20	11	−24.70	23
2008-02	−13.32	−10.11	−16.30	−1.00	24	−21.50	6
2008-03	−5.86	−2.10	−10.92	7.10	19	−20.50	1
2008-04	−0.70	3.19	−5.32	12.00	8	−18.30	24
2008-05	0.79	5.80	−4.39	15.10	26	−17.20	11
2008-06	9.72	13.13	6.43	17.80	28	−8.20	1
2008-07	14.79	17.07	11.67	20.50	31	−1.80	5

（续）

时间（年-月）	日平均值月平均/℃	日最大值月平均/℃	日最小值月平均/℃	月极大值/℃	极大值日期	月极小值/℃	极小值日期
2008-08	13.79	16.05	10.76	19.50	20	0.90	31
2008-09	10.93	13.17	8.02	17.90	21	−1.70	4
2008-10							
2008-11	−6.53	−3.73	−9.79	4.60	12	−19.60	18
2008-12	−16.13	−12.95	−18.45	−4.40	3	−35.70	21
2009-01	−18.45	−15.55	−20.77	−7.90	4	−36.30	23
2009-02	−8.22	−4.46	−13.26	3.00	8	−29.40	20
2009-03	−8.57	−4.24	−13.45	6.50	21	−21.60	31
2009-04	−0.69	3.25	−6.13	12.00	11	−19.70	1
2009-05	5.70	9.24	0.65	15.30	11	−14.00	2
2009-06	6.27	10.89	1.14	21.10	18	−6.90	23
2009-07	15.62	17.90	12.54	22.60	16	−1.50	1
2009-08	15.58	17.52	13.07	21.50	25	5.10	10
2009-09	12.55	14.29	9.83	19.60	5	−4.50	21
2009-10				13.30	7	−7.10	13
2009-11	−5.09	−2.36	−7.94	9.70	9	−15.20	18
2009-12	−11.48	−8.15	−14.77	−0.50	10	−24.80	20
2010-01	−14.22	−10.95	−16.97	−1.50	19	−27.10	12
2010-02	−7.90	−5.06	−10.54	5.40	26	−19.80	17
2010-03	−7.67	−3.08	−12.39	6.60	29	−25.70	9
2010-04	−4.08	0.48	−9.67	11.00	20	−23.00	1
2010-05	5.64	9.22	0.69	15.80	4	−14.90	9
2010-06	11.01	13.85	7.63	21.20	30	−2.20	17
2010-07	17.11	19.66	14.20	24.40	31	3.40	5
2010-08	16.10	18.55	12.84	23.60	1	3.10	14
2010-09	13.51	15.87	10.50	21.90	18	−6.30	23
2010-10	3.57	6.09	−0.22	12.20	10	−9.30	25
2010-11				3.30	1	−18.50	29
2010-12	−18.72	−14.99	−21.78	3.70	25	−33.80	
2011-01		−17.06	−22.70	−6.50	27	−30.20	1
2011-02	−11.05	−7.95	−14.01	1.20	25	−24.10	13
2011-03	−16.11	−12.04	−20.18	0.70	31	−27.30	26
2011-04	−6.27	−2.12	−12.35	10.20	21	−22.80	10
2011-05	2.06	6.58	−4.11	16.70	8	−14.20	1
2011-06		11.98	5.57	17.60	22	−3.50	1
2011-07	14.45	16.24	11.02	19.90	2	−1.10	8
2011-08	15.00	16.75	12.87	22.10	15	7.10	9
2011-09	10.50	12.73	7.96	18.60	1	−1.70	29

（续）

时间（年-月）	日平均值月平均/℃	日最大值月平均/℃	日最小值月平均/℃	月极大值/℃	极大值日期	月极小值/℃	极小值日期
2011-10	4.34	6.87	1.19	13.30	8	−8.70	24
2011-11	0.28	2.90	−2.33	9.10	4	−12.10	22
2011-12	−10.25	−7.77	−12.76	0.30	5	−19.90	10
2012-01	−15.53	−12.67	−18.37	−5.00	7	−25.10	3
2012-02	−16.11	−12.21	−19.80	−2.10	24	−31.50	7
2012-03	−7.21	−3.34	−12.17	6.80	28	−22.10	24
2012-04	−4.24	−0.06	−9.67	12.00	30	−19.20	25
2012-05	5.72	9.12	0.70	15.30	11	−12.90	14
2012-06	9.39	11.60	5.91	18.60	25	−7.40	10
2012-07	17.17	19.04	14.89	22.60	27	7.40	12
2012-08	15.76	18.06	13.32	20.60	11	0.90	21
2012-09	9.52	12.27	6.27	18.10	9	−3.90	27
2012-10	2.24	5.63	−1.61	12.00	4	−13.60	16
2012-11	−8.12	−4.46	−12.14	3.40	3	−26.30	28
2012-12	−13.20	−9.90	−16.45	−2.00	16	−26.20	30
2013-01	−15.37	−12.33	−17.82	−2.90	20	−28.90	3
2013-02	−11.83	−7.71	−16.63	−0.40	5	−28.00	28
2013-03	−9.88	−6.29	−14.19	3.40	26	−25.90	1
2013-04	−6.51	−1.93	−10.85	9.50	28	−26.10	9
2013-05	4.20	7.68	−0.67	15.50	27	−15.70	10
2013-06	11.83	14.66	7.12	19.90	18	−5.30	10
2013-07	18.54	20.52	16.53	23.60	26	9.30	2
2013-08	17.80	19.96	15.46	22.20	11	6.10	29
2013-09	11.73	14.49	7.99	19.30	16	−2.70	28
2013-10	4.42	7.62	0.55	13.20	7	−12.50	19
2013-11	−4.93	−2.03	−8.95	8.00	1	−24.40	27
2013-12	−13.80	−11.50	−15.97	−5.20	2	−22.00	29
2014-01	−16.97	−14.18	−18.99	−2.20	6	−23.40	8
2014-02	−7.98	−4.89	−10.79	2.50	25	−23.50	3
2014-03	−6.28	−2.26	−10.88	8.70	31	−19.20	6
2014-04	3.89	6.85	−0.82	12.70	15	−13.60	3
2014-05	3.93	7.61	−1.90	16.00	23	−15.40	3
2014-06	12.14	14.86	8.23	18.70	30	−7.40	8
2014-07	16.50	18.72	14.02	21.80	7	8.00	13
2014-08	14.77	16.89	12.21	21.10	1	4.40	24
2014-09	13.67	15.36	11.54	18.30	7	3.50	2
2014-10	5.62	8.09	2.18	14.30	1	−6.40	15
2014-11	−3.43	−0.67	−6.69	6.40	10	−18.00	30

（续）

时间（年-月）	日平均值月平均/℃	日最大值月平均/℃	日最小值月平均/℃	月极大值/℃	极大值日期	月极小值/℃	极小值日期
2014 - 12	−16.42	−12.98	−19.13	−0.80	28	−26.40	31
2015 - 01	−13.72	−10.44	−16.02	−4.20	13	−22.70	1
2015 - 02	−10.81	−7.36	−14.62	1.20	20	−28.50	22
2015 - 03	−6.90	−2.80	−11.09	10.20	31	−23.60	3
2015 - 04	−0.46	3.49	−5.02	14.30	30	−16.30	16
2015 - 05	4.50	8.45	−0.72	14.90	1	−11.60	11
2015 - 06	10.16	13.27	6.11	20.30	30	−4.70	5
2015 - 07	12.61	15.28	8.79	19.50	31	0.50	13
2015 - 08	12.04	14.74	8.54	21.40	2	0.90	17
2015 - 09	10.40	12.76	7.76	16.70	4	−0.10	12
2015 - 10	2.04	5.39	−1.25	14.20	7	−11.00	9
2015 - 11	0.47	2.66	−1.71	6.60	5	−17.20	25
2015 - 12	−9.56	−7.05	−12.26	−0.40	13	−20.60	17

3.4.4.8　逐月地表温度

数据获取方法：QMT110 地温传感器。每 10 s 采测 1 次地表温度值，每分钟采测 6 次，去除 1 个最大值和 1 个最小值后取平均值，作为每分钟的地表温度值存储。正点时采测 0 min 的地表温度值作为正点数据存储。

数据产品观测层次：地表面 0 cm 处。

原始数据质量控制方法如下。

（1）超出气候学界限值域−90～90 ℃的数据为错误数据。

（2）1 min 内允许的最大变化值为 5 ℃，1 h 内变化幅度的最小值为 0.1 ℃。

（3）日地表最低温度≤定时观测地表温度≤日地表最高温度。

（4）地表温度 24 h 变化范围小于 60 ℃。

（5）某一定时地表温度缺测时，用前、后两定时数据内插求得，按正常数据统计，若连续两个或两个以上定时数据缺测时，不能内插，仍按缺测处理。

（6）一日中若 24 次定时观测记录有缺测时，该日按照 2、8、14、20 时 4 次定时记录做日平均，若 4 次定时记录缺测 1 次或 1 次以上，但该日各定时记录缺测 5 次或 5 次以下时，按实有记录作日统计，缺测 6 次或 6 次以上时，不做日平均。

数据产品处理方法：用质控后的日均值合计值除以日数获得月平均值。日平均值缺测 6 次或者 6 次以上时，不做月统计。数据见表 3 - 40。

表 3 - 40　逐月地表温度

时间（年-月）	日平均值月平均/℃	日最大值月平均/℃	日最小值月平均/℃	月极大值/℃	极大值日期	月极小值/℃	极小值日期
2008 - 01	−4.63	−0.03	−6.83	12.00	9	−14.10	2
2008 - 02	−3.07	1.35	−6.07	13.60	29	−9.20	20
2008 - 03	7.36	24.48	−1.15	37.60	30	−4.70	3
2008 - 04	15.99	37.62	3.48	56.70	28	−2.90	2

（续）

时间（年-月）	日平均值月平均/℃	日最大值月平均/℃	日最小值月平均/℃	月极大值/℃	极大值日期	月极小值/℃	极小值日期
2008 - 05	25.09	51.63	8.09	63.70	28	1.00	30
2008 - 06	25.93	47.44	13.54	64.70	4	5.20	3
2008 - 07	28.88	50.50	16.80	64.60	6	12.80	6
2008 - 08	25.60	45.24	15.25	65.30	8	7.00	31
2008 - 09	18.75	32.38	11.27	51.60	5	6.80	1
2008 - 10							
2008 - 11	3.47	20.91	−5.39	30.40	3	−12.00	27
2008 - 12	−4.47	13.08	−13.03	22.20	12	−22.40	22
2009 - 01	−5.94	14.41	−16.21	23.30	30	−25.10	24
2009 - 02	2.65	19.34	−6.88	31.90	11	−13.20	20
2009 - 03	9.18	30.36	−3.25	46.90	18	−10.50	6
2009 - 04	17.49	39.45	3.84	50.20	16	−8.00	1
2009 - 05	21.52	40.82	9.55	55.50	23	1.90	2
2009 - 06	28.64	52.58	13.46	64.00	25	9.30	20
2009 - 07	26.45	41.51	17.27	63.10	1	11.80	1
2009 - 08	23.54	37.59	15.74	54.90	13	10.50	31
2009 - 09	17.90	27.71	11.89	39.50	17	3.20	21
2009 - 10				34.70	2	0.90	14
2009 - 11	1.28	10.03	−3.43	30.00	7	−8.20	21
2009 - 12	−3.72	7.08	−9.40	12.60	23	−16.10	27
2010 - 01	−4.29	12.85	−12.38	17.80	30	−18.50	13
2010 - 02	−0.35	12.53	−6.49	23.60	21	−13.00	18
2010 - 03	5.82	21.66	−2.45	39.60	28	−10.60	10
2010 - 04	12.46	32.88	0.86	46.90	8	−6.70	13
2010 - 05	20.15	39.32	8.94	54.50	24	1.20	10
2010 - 06	27.22	48.89	13.61	62.20	21	10.40	10
2010 - 07	28.83	47.41	18.55	60.00	31	14.20	10
2010 - 08	24.94	38.32	17.19	57.60	3	11.30	28
2010 - 09	20.65	33.97	13.60	45.70	17	4.80	23
2010 - 10	12.08	26.33	3.61	39.80	7	−1.00	29
2010 - 11				27.30	5	−8.00	28
2010 - 12	−4.37	13.45	−12.46	24.60	25	−20.80	31
2011 - 01		3.84	−17.17	14.30	24	−22.30	23
2011 - 02	0.00	17.76	−9.28	31.50	23	−18.20	1
2011 - 03	5.28	27.60	−6.65	41.50	29	−11.00	24
2011 - 04	16.55	38.01	2.95	53.20	28	−4.90	11
2011 - 05	20.01	38.81	8.65	53.40	7	2.30	13
2011 - 06		46.13	14.52	57.50	24	8.60	1

（续）

时间（年-月）	日平均值月平均/℃	日最大值月平均/℃	日最小值月平均/℃	月极大值/℃	极大值日期	月极小值/℃	极小值日期
2011-07	26.36	42.04	16.81	57.00	17	10.30	8
2011-08	24.40	39.36	16.38	56.50	13	12.10	26
2011-09	16.82	26.85	11.43	43.40	1	5.30	30
2011-10	10.76	21.26	4.58	32.70	7	−0.50	24
2011-11	5.14	13.44	1.26	18.20	8	−5.60	23
2011-12	−2.26	5.97	−6.45	10.00	2	−11.10	25
2012-01	−4.85	9.49	−11.65	17.00	31	−16.50	24
2012-02	−1.93	13.66	−9.69	21.20	20	−16.40	7
2012-03	4.23	16.87	−2.06	32.60	27	−5.40	24
2012-04	14.92	35.85	3.15	47.30	29	−3.40	3
2012-05	21.49	41.77	9.49	56.00	19	2.40	14
2012-06	25.51	46.24	12.75	60.40	22	7.10	11
2012-07	25.91	39.46	18.29	56.30	13	13.80	22
2012-08	24.64	39.24	16.99	61.10	10	8.80	22
2012-09	16.69	27.83	10.29	34.20	19	2.10	29
2012-10	10.07	25.70	2.61	35.10	27	−4.90	30
2012-11	0.56	17.87	−6.51	29.90	1	−11.60	30
2012-12	−4.89	11.41	−12.43	20.80	10	−21.00	30
2013-01	−6.01	17.36	−15.56	29.90	29	−23.90	3
2013-02	0.23	23.42	−9.88	35.00	26	−16.90	12
2013-03	10.14	37.36	−3.70	52.50	27	−9.00	3
2013-04	15.89	41.98	1.03	56.50	17	−8.40	10
2013-05	22.34	46.92	9.09	65.30	21	0.10	10
2013-06	27.40	50.60	14.35	63.30	17	5.00	11
2013-07	24.80	36.42	18.39	56.40	1	15.20	23
2013-08	25.78	40.80	17.62	56.60	7	10.00	31
2013-09	18.01	30.70	11.43	45.40	13	3.30	25
2013-10	11.45	26.68	3.82	36.20	11	−2.10	24
2013-11	1.92	14.45	−3.42	22.30	2	−11.60	28
2013-12	−5.54	14.46	−13.20	18.60	5	−19.20	29
2014-01	−5.27	17.88	−14.35	27.40	30	−18.50	13
2014-02	−1.47	4.77	−4.51	28.70	1	−11.90	4
2014-03	6.66	22.82	−1.39	39.00	26	−5.30	14
2014-04	13.67	28.33	5.02	42.50	9	−1.40	5
2014-05	20.40	40.00	7.71	56.20	28	−0.70	4
2014-06	26.28	48.96	13.90	61.30	16	8.60	10
2014-07	25.09	40.09	16.50	61.50	27	13.30	13
2014-08	21.86	34.33	15.13	53.30	3	9.00	25

（续）

时间（年-月）	日平均值月平均/℃	日最大值月平均/℃	日最小值月平均/℃	月极大值/℃	极大值日期	月极小值/℃	极小值日期
2014-09	18.73	28.49	13.75	43.10	5	7.90	3
2014-10	11.52	22.03	5.70	29.50	2	0.80	15
2014-11	2.86	11.52	−0.76	18.50	5	−4.50	17
2014-12	−5.31	7.00	−11.01	13.70	28	−15.40	31
2015-01	−4.35	9.59	−10.34	16.70	23	−16.00	1
2015-02	−0.97	9.70	−6.09	19.70	17	−11.50	8
2015-03	5.62	20.71	−2.02	31.80	29	−8.60	1
2015-04	13.13	29.53	3.62	45.40	29	−2.70	13
2015-05	19.65	40.05	8.44	56.00	26	0.50	12
2015-06	25.08	45.03	13.43	59.60	19	7.50	5
2015-07	28.86	54.84	14.76	64.40	13	11.00	19
2015-08	25.13	45.95	13.49	58.40	6	9.20	22
2015-09	18.36	31.87	10.52	49.20	2	5.20	12
2015-10	10.21	23.54	2.65	35.30	5	−3.10	30
2015-11	4.49	12.03	0.76	20.50	2	−8.90	26
2015-12	−1.56	3.88	−4.72	14.70	7	−11.50	4

3.4.4.9 逐月 5 cm 地温

数据获取方法：QMT110 地温传感器。每 10 s 采测 1 次 5 cm 地温值，每分钟采测 6 次，去除 1 个最大值和 1 个最小值后取平均值，作为每分钟的 5 cm 地温值存储。正点时采测 0 min 的 5 cm 地温值作为正点数据存储。

数据产品观测层次：地面以下 5 cm。

原始数据质量控制方法如下。

（1）超出气候学界限值域−80～80 ℃的数据为错误数据。

（2）1 min 内允许的最大变化值为 1 ℃，2 h 内变化幅度的最小值为 0.1 ℃。

（3）5 cm 地温 24 h 变化范围小于 40 ℃。

（4）某一定时土壤温度（5 cm）缺测时，用前、后两定时数据内插求得，按正常数据统计，若连续两个或两个以上定时数据缺测时，不能内插，仍按缺测处理。

（5）一日中若 24 次定时观测记录有缺测时，该日按照 2、8、14、20 时 4 次定时记录做日平均，若 4 次定时记录缺测 1 次或 1 次以上，但该日各定时记录缺测 5 次或 5 次以下时，按实有记录作日统计，缺测 6 次或 6 次以上时，不做日平均。

数据产品处理方法：用质控后的日均值合计值除以日数获得月平均值。日平均值缺测 6 次或者 6 次以上时，不做月统计。数据见表 3-41。

表 3-41 逐月 5 cm 地温

时间（年-月）	日平均值月平均/℃	日最大值月平均/℃	日最小值月平均/℃	月极大值/℃	极大值日期	月极小值/℃	极小值日期
2008-01	−3.63	−2.27	−4.56	−0.30	28	−9.70	2
2008-02	−2.89	−1.64	−3.91	3.20	29	−6.60	8

（续）

时间（年-月）	日平均值月平均/℃	日最大值月平均/℃	日最小值月平均/℃	月极大值/℃	极大值日期	月极小值/℃	极小值日期
2008-03	5.46	11.75	1.61	18.20	17	−0.30	3
2008-04	13.50	20.53	8.05	28.90	28	2.30	2
2008-05	21.30	29.31	14.82	34.50	28	9.40	4
2008-06	23.62	30.61	18.14	35.90	25	13.50	7
2008-07	26.47	33.52	21.07	38.00	10	17.90	1
2008-08	24.07	30.97	19.02	37.70	8	11.90	31
2008-09	18.47	23.57	14.70	31.70	5	10.40	27
2008-10							
2008-11	3.86	8.02	1.08	15.00	3	−2.70	27
2008-12	−2.83	−0.25	−5.17	2.50	3	−11.00	31
2009-01	−5.02	−0.90	−8.22	1.80	30	−13.30	24
2009-02	1.04	4.98	−0.91	10.20	28	−3.60	20
2009-03	7.07	13.00	3.00	20.60	19	−1.50	5
2009-04	15.30	21.82	9.62	28.00	28	2.30	1
2009-05	19.55	25.86	14.49	31.70	7	8.70	17
2009-06	25.03	31.73	19.84	39.90	4	15.20	20
2009-07	25.17	30.15	21.39	35.40	2	18.20	14
2009-08	22.91	27.97	19.38	33.70	12	15.50	31
2009-09	18.34	22.53	15.18	26.60	17	9.10	21
2009-10				25.70	1	6.50	14
2009-11	2.26	4.20	0.69	16.50	7	−3.10	21
2009-12	−2.14	−0.80	−3.66	−0.10	1	−7.60	28
2010-01	−3.22	−0.96	−5.37	−0.50	18	−8.60	13
2010-02	−0.93	0.91	−2.34	7.60	27	−6.80	18
2010-03	4.28	7.92	1.81	14.60	28	−1.60	10
2010-04	10.66	15.89	6.45	21.80	30	1.60	13
2010-05	18.02	23.83	13.35	30.50	24	7.80	18
2010-06	24.50	30.80	19.02	36.10	21	14.50	10
2010-07	26.90	32.93	22.38	39.00	31	18.40	10
2010-08	24.69	29.98	20.81	36.60	3	15.90	27
2010-09	20.93	26.70	17.04	32.20	17	11.30	23
2010-10	12.45	17.58	8.28	23.60	7	3.00	29
2010-11				15.70	7	−0.90	28
2010-12	−2.47	1.04	−5.02	11.60	25	−11.50	31
2011-01		−3.77	−10.14	−1.40	21	−12.60	30
2011-02	−1.01	2.82	−3.69	9.00	24	−11.20	1
2011-03	4.07	10.73	−0.02	18.00	31	−3.20	1
2011-04	14.37	21.48	8.76	27.00	28	2.40	3

（续）

时间（年-月）	日平均值月平均/℃	日最大值月平均/℃	日最小值月平均/℃	月极大值/℃	极大值日期	月极小值/℃	极小值日期
2011-05	18.54	24.85	13.26	30.50	27	7.80	12
2011-06		30.65	19.93	34.90	24	15.10	1
2011-07	25.16	30.58	20.58	35.40	16	15.70	8
2011-08	23.59	28.99	19.79	34.90	13	15.90	26
2011-09	17.46	22.01	14.53	30.90	1	9.80	30
2011-10	11.68	16.46	8.25	23.00	7	3.40	29
2011-11	6.23	9.52	4.44	13.50	4	1.20	24
2011-12	−0.59	0.55	−1.79	5.10	2	−4.40	25
2012-01	−3.26	−1.24	−5.06	−0.60	30	−8.10	24
2012-02	−1.89	−0.58	−3.46	0.80	29	−6.80	8
2012-03	2.88	6.65	0.81	13.40	29	−0.20	1
2012-04	12.45	17.06	8.51	22.40	29	2.70	3
2012-05	19.36	25.19	14.41	29.60	19	9.80	14
2012-06	23.10	28.67	18.46	32.90	22	15.00	7
2012-07	25.18	30.20	21.42	34.70	5	17.80	22
2012-08	24.31	30.15	20.28	39.20	10	14.50	22
2012-09	17.41	22.42	14.01	26.20	8	7.90	29
2012-10	10.78	15.64	7.40	21.70	3	2.40	31
2012-11	1.73	3.66	0.69	11.30	2	−1.90	30
2012-12	−1.95	−0.95	−2.98	−0.10	3	−8.40	30
2013-01	−4.31	−2.16	−6.22	−0.40	30	−9.40	4
2013-02	−0.97	0.10	−2.00	4.40	27	−4.70	15
2013-03	5.69	10.25	2.50	16.90	28	−0.20	1
2013-04	12.54	18.11	8.01	23.20	26	2.40	6
2013-05	18.92	23.98	15.10	28.30	29	9.20	10
2013-06	23.82	29.47	19.38	34.50	30	13.50	11
2013-07	24.34	28.65	21.23	34.20	2	19.20	23
2013-08	25.38	31.52	21.15	36.10	22	15.10	31
2013-09	18.66	24.13	15.13	31.00	13	8.70	25
2013-10	12.31	18.24	8.28	24.30	9	3.00	24
2013-11	3.33	6.13	1.59	15.30	2	−3.20	29
2013-12	−2.66	−0.73	−4.58	−0.10	3	−8.50	29
2014-01	−3.55	−0.72	−5.76	1.00	31	−8.10	13
2014-02	−0.88	0.21	−1.60	6.00	25	−3.60	14
2014-03	5.44	12.24	1.71	22.00	26	−0.20	13

（续）

时间（年-月）	日平均值月平均/℃	日最大值月平均/℃	日最小值月平均/℃	月极大值/℃	极大值日期	月极小值/℃	极小值日期
2014-04	13.00	19.26	8.42	24.50	30	3.60	4
2014-05	18.45	26.10	12.12	33.50	28	5.20	4
2014-06	24.12	31.84	18.39	36.60	22	15.00	7
2014-07	24.58	31.65	19.69	39.50	27	16.90	13
2014-08	22.10	28.06	18.21	37.10	1	13.60	25
2014-09	19.27	24.13	16.33	30.60	4	12.60	3
2014-10	12.63	17.73	9.28	23.60	2	5.40	15
2014-11	4.31	7.98	2.38	12.60	5	−0.10	17
2014-12	−3.04	−0.34	−5.38	5.90	28	−8.20	22
2015-01	−2.94	−0.50	−5.09	0.30	24	−8.50	1
2015-02	−0.83	1.44	−2.46	5.60	17	−6.60	5
2015-03	4.85	11.05	1.22	20.80	29	−3.50	1
2015-04	12.75	20.30	7.27	29.00	29	1.90	13
2015-05	18.46	26.49	12.71	33.60	26	5.70	12
2015-06	23.13	30.46	17.70	36.20	19	13.40	5
2015-07	26.26	35.03	19.83	39.60	13	15.30	19
2015-08	24.01	33.67	17.00	40.50	1	12.40	27
2015-09	18.02	24.95	12.89	34.70	2	8.20	12
2015-10	10.19	17.50	5.37	25.10	5	0.40	30
2015-11	4.56	8.04	2.63	13.40	14	−4.70	26
2015-12	−1.08	−0.02	−2.32	3.90	1	−5.70	4

3.4.4.10　逐月 10 cm 地温

数据获取方法：QMT110 地温传感器。每 10 s 采测 1 次 10 cm 地温值，每分钟采测 6 次，去除 1 个最大值和 1 个最小值后取平均值，作为每分钟的 10 cm 地温值存储。正点时采测 0 min 的 10 cm 地温值作为正点数据存储。

数据产品观测层次：地面以下 10 cm。

原始数据质量控制方法如下。

（1）超出气候学界限值域−70～70 ℃的数据为错误数据。

（2）1 min 内允许的最大变化值为 1 ℃，2 h 内变化幅度的最小值为 0.1 ℃。

（3）10 cm 地温 24 h 变化范围小于 40 ℃。

（4）某一定时土壤温度（10 cm）缺测时，用前、后两定时数据内插求得，按正常数据统计，若连续两个或两个以上定时数据缺测时，不能内插，仍按缺测处理。

（5）一日中若 24 次定时观测记录有缺测时，该日按照 2、8、14、20 时 4 次定时记录做日平均，若 4 次定时记录缺测 1 次或 1 次以上，但该日各定时记录缺测 5 次或 5 次以下时，按实有记录作日统计，缺测 6 次或 6 次以上时，不做日平均。

数据产品处理方法：用质控后的日均值合计值除以日数获得月平均值。日平均值缺测 6 次或者 6

次以上时，不做月统计。数据见表 3 - 42。

表 3 - 42 逐月 10 cm 地温

时间（年-月）	日平均值月平均/℃	日最大值月平均/℃	日最小值月平均/℃	月极大值/℃	极大值日期	月极小值/℃	极小值日期
2008 - 01	−3.45	−2.33	−4.21	−0.70	28	−8.80	2
2008 - 02	−2.89	−2.10	−3.65	0.10	29	−6.20	8
2008 - 03	4.98	9.47	2.00	15.30	30	−0.20	1
2008 - 04	13.17	18.44	8.99	26.00	30	3.50	2
2008 - 05	20.82	26.80	15.96	30.80	28	10.90	4
2008 - 06	23.28	28.30	19.11	32.50	12	15.30	7
2008 - 07	26.15	31.47	21.96	35.30	27	18.70	18
2008 - 08	23.95	29.22	19.92	34.70	8	13.30	31
2008 - 09	18.50	22.37	15.54	29.20	5	11.10	27
2008 - 10							
2008 - 11	4.16	6.88	2.15	12.80	3	−1.20	28
2008 - 12	−2.41	−0.85	−4.02	1.90	3	−9.50	31
2009 - 01	−4.80	−1.97	−7.22	−0.40	30	−11.70	24
2009 - 02	0.75	3.30	−0.39	7.80	28	−1.70	20
2009 - 03	6.90	11.36	3.81	18.10	19	−0.30	5
2009 - 04	15.06	20.06	10.54	25.50	28	2.00	15
2009 - 05	19.32	24.18	15.43	29.20	7	10.20	17
2009 - 06	24.73	29.80	20.79	37.00	4	16.60	20
2009 - 07	25.01	28.86	22.10	33.20	2	19.50	14
2009 - 08	22.84	26.72	20.06	31.40	12	16.30	22
2009 - 09	18.40	21.52	16.03	24.60	17	11.00	21
2009 - 10				23.50	1	8.20	14
2009 - 11	2.57	3.95	1.49	14.20	7	−1.80	21
2009 - 12	−1.91	−0.90	−3.04	0.00	1	−6.90	28
2010 - 01	−3.13	−1.33	−4.86	−0.70	20	−7.80	13
2010 - 02	−1.08	0.11	−2.10	4.90	27	−6.00	18
2010 - 03	3.98	6.65	2.16	12.20	28	−0.40	10
2010 - 04	10.44	14.41	7.26	19.30	30	2.80	2
2010 - 05	17.71	22.11	14.16	27.90	24	9.30	18
2010 - 06	24.18	28.87	20.04	33.20	21	15.10	10
2010 - 07	26.62	31.19	23.14	36.60	31	19.20	10
2010 - 08	24.65	28.57	21.63	34.70	3	17.20	27
2010 - 09	20.98	25.17	17.93	29.90	17	13.30	23
2010 - 10	12.65	16.33	9.35	21.60	7	4.10	29
2010 - 11				13.40	2	0.10	28
2010 - 12	−1.99	0.22	−3.79	9.20	25	−9.80	31
2011 - 01		−4.42	−9.00	−2.80	21	−11.30	30

（续）

时间（年-月）	日平均值月平均/℃	日最大值月平均/℃	日最小值月平均/℃	月极大值/℃	极大值日期	月极小值/℃	极小值日期
2011-02	−1.24	0.74	−2.91	6.20	24	−10.00	1
2011-03	3.87	8.44	0.88	15.40	31	−1.30	1
2011-04	14.05	19.34	9.84	24.20	28	3.60	3
2011-05	18.31	23.10	14.31	27.60	27	9.40	12
2011-06		28.86	20.88	32.40	28	16.50	1
2011-07	25.07	29.23	21.51	33.20	16	17.30	8
2011-08	23.53	27.55	20.58	33.00	14	17.00	26
2011-09	17.64	20.98	15.37	28.40	1	11.20	30
2011-10	11.95	15.37	9.33	20.80	7	4.70	27
2011-11	6.49	8.77	5.12	12.60	4	1.80	24
2011-12	−0.23	0.55	−1.05	4.60	2	−3.50	25
2012-01	3.04	3.08	2.99	4.30	1	1.90	31
2012-02	1.53	1.57	1.50	2.00	1	1.30	21
2012-03	1.49	1.54	1.46	3.20	31	1.30	1
2012-04	7.10	7.22	6.99	10.40	30	3.20	1
2012-05	13.32	13.48	13.00	15.20	31	6.60	21
2012-06	17.02	17.11	16.97	18.50	26	15.20	1
2012-07	20.18	20.27	20.12	21.50	31	18.30	1
2012-08	21.69	21.73	21.66	22.30	13	21.20	25
2012-09	19.47	19.53	19.41	21.20	1	17.80	30
2012-10	15.37	15.47	15.26	17.80	1	12.80	31
2012-11	9.41	9.51	9.26	12.80	1	6.90	30
2012-12	5.11	5.16	5.05	6.90	1	3.70	31
2013-01	−4.12	−2.54	−5.64	−0.70	31	−8.50	4
2013-02	−1.03	−0.44	−1.73	1.20	27	−4.10	15
2013-03	5.20	8.47	2.82	15.00	30	−0.20	1
2013-04	12.28	16.48	8.78	20.90	26	3.50	6
2013-05	18.62	22.58	15.70	26.20	29	10.60	10
2013-06	23.48	27.87	19.99	32.50	30	14.80	11
2013-07	24.19	27.58	21.77	32.10	2	19.90	12
2013-08	25.32	29.90	22.05	33.50	22	16.70	31
2013-09	18.86	22.84	16.14	28.40	13	10.50	25
2013-10	12.62	16.73	9.53	21.90	9	4.60	24
2013-11	3.82	5.67	2.49	13.70	2	−1.70	29
2013-12	−2.21	−0.95	−3.51	−0.20	3	−7.40	29
2014-01	−3.35	−1.41	−5.04	−0.40	31	−7.10	13
2014-02	−0.92	−0.39	−1.35	2.60	25	−3.00	14
2014-03	5.04	9.93	2.13	18.70	26	−0.20	1

（续）

时间（年-月）	日平均值月平均/℃	日最大值月平均/℃	日最小值月平均/℃	月极大值/℃	极大值日期	月极小值/℃	极小值日期
2014-04	12.82	17.57	9.31	21.90	30	5.10	4
2014-05	18.14	23.91	13.28	30.40	28	7.00	4
2014-06	23.74	29.48	19.31	33.30	22	16.40	7
2014-07	24.34	29.65	20.57	34.90	27	18.20	13
2014-08	22.09	26.44	19.04	34.40	1	15.10	25
2014-09	19.29	22.97	16.97	28.30	8	14.20	3
2014-10	12.88	16.40	10.29	21.50	2	7.00	15
2014-11	4.75	7.15	3.20	11.00	5	0.90	28
2014-12	−2.45	−0.65	−4.11	4.10	28	−6.80	22
2015-01	−2.70	−1.04	−4.29	−0.50	24	−7.10	1
2015-02	−0.89	0.12	−1.79	2.50	17	−5.40	5
2015-03	4.38	8.60	1.79	17.50	29	−1.70	1
2015-04	12.44	17.90	8.18	25.50	29	3.20	13
2015-05	18.07	24.06	13.66	30.00	26	7.40	12
2015-06	22.59	28.05	18.46	32.10	19	14.60	5
2015-07	25.67	31.90	20.74	35.70	13	16.50	19
2015-08	23.93	28.74	19.94	33.00	1	16.40	27
2015-09	18.26	21.96	15.18	28.60	2	11.50	12
2015-10	10.69	14.57	7.83	19.90	5	3.00	30
2015-11	5.09	6.85	4.04	10.20	14	−0.50	26
2015-12	−0.41	−0.09	−0.81	2.80	1	−2.50	31

3.4.4.11 逐月 15 cm 地温

数据获取方法：QMT110 地温传感器。每 10 s 采测 1 次 15 cm 地温值，每分钟采测 6 次，去除 1 个最大值和 1 个最小值后取平均值，作为每分钟的 15 cm 地温值存储。正点时采测 0 min 的 15 cm 地温值作为正点数据存储。

数据产品观测层次：地面以下 15 cm。

原始数据质量控制方法如下。

（1）超出气候学界限值域−60～60℃的数据为错误数据。

（2）1 min 内允许的最大变化值为 1 ℃，2 h 内变化幅度的最小值为 0.1 ℃。

（3）15 cm 地温 24 h 变化范围小于 40 ℃。

（4）某一定时土壤温度（15 cm）缺测时，用前、后两定时数据内插求得，按正常数据统计，若连续两个或两个以上定时数据缺测时，不能内插，仍按缺测处理。

（5）一日中若 24 次定时观测记录有缺测时，该日按照 2、8、14、20 时 4 次定时记录做日平均，若 4 次定时记录缺测 1 次或 1 次以上，但该日各定时记录缺测 5 次或 5 次以下时，按实有记录作日统计，缺测 6 次或 6 次以上时，不做日平均。

数据产品处理方法：用质控后的日均值合计值除以日数获得月平均值。日平均值缺测 6 次或者 6 次以上时，不做月统计。数据见表 3-43。

表 3-43　逐月 15 cm 地温

时间（年-月）	日平均值月平均/℃	日最大值月平均/℃	日最小值月平均/℃	月极大值/℃	极大值日期	月极小值/℃	极小值日期
2008-01	−3.14	−2.33	−3.69	−1.00	28	−7.50	2
2008-02	−2.78	−2.23	−3.31	−0.20	25	−5.70	9
2008-03	4.46	7.34	2.39	12.70	30	−0.20	1
2008-04	12.80	16.45	9.87	23.20	30	4.80	2
2008-05	20.35	24.63	16.95	27.80	28	12.40	4
2008-06	22.95	26.46	19.98	29.90	12	16.60	16
2008-07	25.78	29.69	22.74	32.80	28	19.20	18
2008-08	23.85	27.67	20.84	32.50	8	14.80	31
2008-09	18.57	21.40	16.42	26.80	5	11.80	27
2008-10							
2008-11	4.58	6.42	3.14	11.20	3	−0.20	29
2008-12	−1.85	−0.89	−2.85	1.60	3	−7.90	31
2009-01	−4.44	−2.56	−6.15	−1.00	31	−9.90	24
2009-02	0.49	2.03	−0.20	5.60	28	−1.10	1
2009-03	6.74	9.95	4.55	15.70	19	0.10	6
2009-04	14.79	18.36	11.41	22.90	28	1.00	15
2009-05	19.09	22.65	16.30	26.90	7	11.60	17
2009-06	24.37	28.08	21.56	33.50	4	17.90	1
2009-07	24.85	27.71	22.75	31.10	2	20.60	14
2009-08	22.80	25.64	20.76	29.40	12	16.80	22
2009-09	18.51	20.69	16.88	22.90	1	12.80	21
2009-10				21.60	1	9.80	14
2009-11	3.01	3.94	2.31	12.30	7	−0.30	21
2009-12	−1.48	−0.82	−2.22	0.40	3	−5.90	28
2010-01	−2.91	−1.66	−4.18	−0.90	20	−6.80	13
2010-02	−1.13	−0.50	−1.76	2.20	27	−4.70	18
2010-03	3.70	5.62	2.45	10.10	28	−0.20	8
2010-04	10.22	13.08	8.04	16.90	30	3.90	2
2010-05	17.37	20.53	14.87	25.30	24	10.60	1
2010-06	23.82	27.20	20.89	30.80	23	15.70	10
2010-07	26.30	29.65	23.80	34.00	30	20.00	10
2010-08	24.63	27.37	22.41	33.00	3	18.50	27
2010-09	21.07	23.95	18.83	27.90	17	14.50	30
2010-10	12.93	15.39	10.48	19.80	7	5.50	29
2010-11				12.10	2	0.80	30
2010-12	−1.42	0.05	−2.65	7.90	25	−8.10	31
2011-01		−4.68	−7.90	−3.70	21	−10.00	30
2011-02	−1.39	−0.31	−2.40	3.50	24	−8.80	1

（续）

时间（年-月）	日平均值月平均/℃	日最大值月平均/℃	日最小值月平均/℃	月极大值/℃	极大值日期	月极小值/℃	极小值日期
2011-03	3.66	6.66	1.58	13.20	31	−0.30	1
2011-04	13.69	17.39	10.77	21.80	28	4.90	3
2011-05	18.08	21.52	15.25	25.30	28	10.90	12
2011-06		27.30	21.66	30.00	28	17.80	1
2011-07	24.96	27.92	22.41	31.20	26	18.70	8
2011-08	23.49	26.30	21.37	31.30	14	18.10	26
2011-09	17.89	20.25	16.25	26.40	1	12.60	19
2011-10	12.31	14.66	10.46	18.80	7	6.00	28
2011-11	6.84	8.39	5.89	12.10	5	2.60	24
2011-12	0.22	0.70	−0.26	4.50	1	−2.50	25
2012-01	−2.73	−1.67	−3.80	−0.80	1	−6.30	25
2012-02	−1.74	−1.02	−2.60	−0.30	24	−5.30	10
2012-03	2.01	3.67	1.00	9.70	29	−0.30	1
2012-04	11.87	14.41	9.76	18.80	29	4.30	3
2012-05	18.76	22.06	15.93	27.30	28	9.10	21
2012-06	22.51	25.66	20.00	27.90	22	16.80	7
2012-07	24.83	27.75	22.76	30.30	5	20.00	22
2012-08	24.20	27.21	21.98	32.80	10	18.00	22
2012-09	17.93	20.46	16.09	23.30	8	11.40	29
2012-10	11.44	13.77	9.55	18.30	3	4.90	31
2012-11	2.63	3.59	2.00	8.90	2	0.00	30
2012-12	−1.23	−0.76	−1.69	0.20	2	−6.20	30
2013-01	−3.86	−2.71	−5.05	−0.90	31	−7.60	4
2013-02	−1.01	−0.64	−1.49	−0.10	28	−3.50	15
2013-03	4.67	6.77	3.07	13.20	30	−0.20	1
2013-04	12.00	14.98	9.55	18.90	27	4.80	6
2013-05	18.28	21.20	16.19	24.50	5	11.80	10
2013-06	23.08	26.28	20.54	30.40	30	16.10	11
2013-07	24.04	26.55	22.31	30.00	1	20.40	12
2013-08	25.27	28.50	22.91	31.30	22	18.40	31
2013-09	19.11	21.87	17.17	26.00	13	12.30	25
2013-10	13.01	15.62	10.81	20.00	4	6.20	24
2013-11	4.41	5.72	3.44	12.40	2	−0.30	30
2013-12	−1.73	−0.93	−2.58	−0.10	1	−6.30	29
2014-01	−3.10	−1.73	−4.38	−0.60	31	−6.30	13
2014-02	−0.93	−0.64	−1.17	0.70	28	−2.60	11
2014-03	4.62	7.86	2.57	15.60	26	−0.20	4
2014-04	12.63	15.95	10.15	19.40	30	6.70	4

（续）

时间 （年-月）	日平均值月 平均/℃	日最大值月 平均/℃	日最小值月 平均/℃	月极 大值/℃	极大值 日期	月极 小值/℃	极小值 日期
2014 - 05	17.78	21.80	14.33	27.30	28	8.80	4
2014 - 06	23.29	27.48	20.15	30.00	22	17.90	7
2014 - 07	24.07	27.80	21.39	32.10	31	19.10	9
2014 - 08	22.08	25.10	19.84	31.80	1	16.70	25
2014 - 09	19.34	22.05	17.63	28.70	8	15.70	25
2014 - 10	13.20	15.43	11.33	19.90	2	8.50	15
2014 - 11	5.30	6.88	4.13	11.00	1	1.80	28
2014 - 12	−1.84	−0.65	−2.96	3.40	28	−5.50	22
2015 - 01	−2.40	−1.28	−3.56	−0.80	5	−5.80	1
2015 - 02	−0.87	−0.46	−1.38	0.50	20	−4.40	5
2015 - 03	3.88	6.55	2.16	14.50	30	−0.50	1
2015 - 04	12.08	15.79	9.06	22.10	29	4.70	13
2015 - 05	17.62	21.80	14.51	26.80	27	9.00	12
2015 - 06	22.01	25.92	19.09	29.00	18	15.90	5
2015 - 07	25.07	29.38	21.54	32.70	13	17.80	19
2015 - 08	23.93	27.62	20.82	31.70	1	17.60	27
2015 - 09	18.38	21.34	15.90	27.10	2	12.50	12
2015 - 10	10.91	13.97	8.63	18.60	5	3.90	30
2015 - 11	5.34	6.72	4.50	9.40	14	0.40	26
2015 - 12	−0.14	0.07	−0.37	2.90	1	−1.80	31

3.4.4.12　逐月 20 cm 地温

数据获取方法：QMT110 地温传感器。每 10 s 采测 1 次 20 cm 地温值，每分钟采测 6 次，去除 1 个最大值和 1 个最小值后取平均值，作为每分钟的 20 cm 地温值存储。正点时采测 0 min 的 20 cm 地温值作为正点数据存储。

数据产品观测层次：地面以下 20 cm。

原始数据质量控制方法如下。

（1）超出气候学界限值域−50～50 ℃的数据为错误数据。

（2）1 min 内允许的最大变化值为 1 ℃，2 h 内变化幅度的最小值为 0.1 ℃。

（3）20 cm 地温 24 h 变化范围小于 30 ℃。

（4）某一定时土壤温度（20 cm）缺测时，用前、后两定时数据内插求得，按正常数据统计，若连续两个或两个以上定时数据缺测时，不能内插，仍按缺测处理。

（5）一日中若 24 次定时观测记录有缺测时，该日按照 2、8、14、20 时 4 次定时记录做日平均，若 4 次定时记录缺测 1 次或 1 次以上，但该日各定时记录缺测 5 次或 5 次以下时，按实有记录作日统计，缺测 6 次或 6 次以上时，不做日平均。

数据产品处理方法：用质控后的日均值合计值除以日数获得月平均值。日平均值缺测 6 次或者 6 次以上时，不做月统计。数据见表 3 - 44。

表 3-44 逐月 20 cm 地温

时间（年-月）	日平均值月平均/℃	日最大值月平均/℃	日最小值月平均/℃	月极大值/℃	极大值日期	月极小值/℃	极小值日期
2008-01	−2.85	−2.25	−3.25	−1.20	28	−6.40	2
2008-02	−2.67	−2.24	−3.07	−0.20	27	−5.30	9
2008-03	4.03	6.07	2.55	11.10	30	−0.30	1
2008-04	12.47	15.17	10.34	21.30	30	5.50	2
2008-05	19.94	23.15	17.50	26.00	28	13.30	4
2008-06	22.68	25.35	20.48	28.30	12	17.00	16
2008-07	25.48	28.47	23.20	31.30	28	19.60	18
2008-08	23.79	26.68	21.46	31.00	8	15.90	31
2008-09	18.64	20.82	17.01	25.30	5	12.40	27
2008-10							
2008-11	4.91	6.31	3.82	10.40	4	0.30	29
2008-12	−1.41	−0.77	−2.04	1.60	3	−6.70	31
2009-01	−4.15	−2.81	−5.40	−1.30	31	−8.60	24
2009-02	0.30	1.27	−0.19	4.30	28	−1.30	1
2009-03	6.57	8.98	5.00	14.10	19	0.50	5
2009-04	14.54	17.22	11.95	21.30	28	1.00	15
2009-05	18.88	21.61	16.80	25.20	7	12.50	17
2009-06	24.08	26.93	22.02	31.00	4	18.50	1
2009-07	24.74	26.92	23.17	29.80	4	21.20	22
2009-08	22.78	24.91	21.27	28.10	8	17.30	22
2009-09	18.61	20.24	17.45	22.70	1	14.10	21
2009-10				20.40	1	10.90	14
2009-11	3.44	4.11	2.89	11.40	8	0.30	21
2009-12	−1.10	−0.64	−1.63	0.70	3	−5.10	28
2010-01	−2.71	−1.76	−3.68	−1.00	20	−5.90	13
2010-02	−1.12	−0.74	−1.55	0.50	27	−3.90	18
2010-03	3.47	4.89	2.57	9.00	30	−0.20	9
2010-04	10.05	12.24	8.46	16.60	25	4.60	2
2010-05	17.08	19.45	15.27	23.60	24	11.20	1
2010-06	23.50	26.08	21.37	29.30	23	16.20	10
2010-07	26.05	28.60	24.20	32.50	30	20.60	10
2010-08	24.62	26.69	22.92	31.70	3	19.40	27
2010-09	21.15	23.27	19.44	26.70	17	15.20	30
2010-10	13.18	14.94	11.28	18.70	7	6.40	29
2010-11				11.40	2	1.40	30
2010-12	−0.93	0.15	−1.83	7.70	25	−6.70	31
2011-01		−4.68	−7.05	−3.70	3	−8.90	30
2011-02	−1.48	−0.83	−2.14	1.70	24	−8.00	1

（续）

时间（年-月）	日平均值月平均/℃	日最大值月平均/℃	日最小值月平均/℃	月极大值/℃	极大值日期	月极小值/℃	极小值日期
2011-03	3.48	5.61	1.95	11.80	31	−0.20	1
2011-04	13.40	16.05	11.31	20.30	28	5.70	3
2011-05	17.90	20.41	15.80	23.70	28	11.90	12
2011-06		26.22	22.07	28.50	30	18.50	1
2011-07	24.88	27.07	22.96	29.90	26	19.60	8
2011-08	23.48	25.55	21.89	30.10	14	18.90	19
2011-09	18.11	19.91	16.87	25.50	1	13.30	19
2011-10	12.60	14.32	11.23	17.70	7	7.00	28
2011-11	7.14	8.35	6.43	11.90	5	3.20	24
2011-12	0.61	0.93	0.31	4.80	1	−1.70	25
2012-01	−2.44	−1.65	−3.25	−0.70	1	−5.60	25
2012-02	−1.65	−1.10	−2.29	−0.30	25	−4.70	10
2012-03	1.69	2.74	1.01	8.60	30	−0.30	1
2012-04	11.60	13.41	10.08	17.60	30	4.70	3
2012-05	18.49	20.97	16.35	27.10	28	9.00	21
2012-06	22.26	24.62	20.43	26.50	22	17.40	7
2012-07	24.69	26.91	23.14	28.70	5	20.80	22
2012-08	24.18	26.44	22.52	31.70	10	19.10	22
2012-09	18.18	20.08	16.79	22.90	1	12.50	29
2012-10	11.76	13.54	10.31	17.50	3	5.90	31
2012-11	3.07	3.77	2.55	8.50	1	0.40	30
2012-12	−0.79	−0.49	−1.08	0.50	1	−5.10	30
2013-01	−3.55	−2.73	−4.47	−1.10	31	−6.60	4
2013-02	−0.95	−0.69	−1.28	−0.20	27	−2.90	15
2013-03	4.27	5.69	3.17	12.10	30	−0.20	1
2013-04	11.79	13.98	10.00	17.80	28	5.60	6
2013-05	18.00	20.19	16.48	23.50	5	12.60	10
2013-06	22.77	25.18	20.88	29.10	30	17.00	11
2013-07	23.95	25.82	22.66	29.10	1	20.70	12
2013-08	25.24	27.62	23.45	29.80	22	19.50	31
2013-09	19.34	21.41	17.89	24.60	13	13.40	26
2013-10	13.35	15.27	11.72	19.10	4	7.40	25
2013-11	4.92	5.95	4.13	11.80	2	0.30	30
2013-12	−1.20	−0.69	−1.75	0.40	1	−5.30	29
2014-01	−2.80	−1.84	−3.78	−0.70	31	−5.40	13
2014-02	−0.87	−0.70	−1.03	−0.10	13	−2.30	11
2014-03	4.29	6.52	2.82	13.60	26	−0.10	1
2014-04	12.49	14.92	10.67	17.80	30	7.50	1

（续）

时间（年-月）	日平均值月平均/℃	日最大值月平均/℃	日最小值月平均/℃	月极大值/℃	极大值日期	月极小值/℃	极小值日期
2014-05	17.50	20.41	14.98	25.40	29	9.90	4
2014-06	22.94	26.02	20.61	28.00	22	18.70	7
2014-07	23.88	26.63	21.90	30.40	31	19.50	10
2014-08	22.10	24.30	20.36	30.30	1	17.80	25
2014-09	19.41	21.48	18.09	28.70	8	16.30	25
2014-10	13.48	15.08	12.06	19.10	2	9.60	14
2014-11	5.75	6.99	4.82	11.60	1	2.50	28
2014-12	−1.28	−0.46	−2.01	3.70	28	−4.40	22
2015-01	−2.12	−1.36	−2.96	−0.80	6	−4.70	1
2015-02	−0.81	−0.53	−1.14	−0.10	11	−3.50	5
2015-03	3.49	5.35	2.30	12.80	30	−0.20	1
2015-04	11.79	14.50	9.58	20.10	29	5.70	13
2015-05	17.29	20.42	14.98	24.70	27	10.00	12
2015-06	21.58	24.51	19.43	27.10	26	16.60	5
2015-07	24.61	27.83	21.98	30.60	13	18.60	19
2015-08	23.85	26.71	21.45	30.80	1	18.50	27
2015-09	18.42	20.76	16.47	25.70	2	13.40	12
2015-10	11.06	13.42	9.26	17.40	5	4.70	30
2015-11	5.51	6.61	4.84	8.80	14	1.00	26
2015-12	0.07	0.23	−0.08	3.00	1	−1.30	31

3.4.4.13 逐月 40 cm 地温

数据获取方法：QMT110 地温传感器。每 10 s 采测 1 次 40 cm 地温值，每分钟采测 6 次，去除 1 个最大值和 1 个最小值后取平均值，作为每分钟的 40 cm 地温值存储。正点时采测 0 min 的 40 cm 地温值作为正点数据存储。

数据产品观测层次：地面以下 40 cm。

原始数据质量控制方法如下。

（1）超出气候学界限值域−45～45 ℃的数据为错误数据。

（2）1 min 内允许的最大变化值为 0.5 ℃，2 h 内变化幅度的最小值为 0.1 ℃。

（3）40 cm 地温 24 h 变化范围小于 30 ℃。

（4）某一定时土壤温度（40 cm）缺测时，用前、后两定时数据内插求得，按正常数据统计，若连续两个或两个以上定时数据缺测时，不能内插，仍按缺测处理。

（5）一日中若 24 次定时观测记录有缺测时，该日按照 2、8、14、20 时 4 次定时记录做日平均，若 4 次定时记录缺测 1 次或 1 次以上，但该日各定时记录缺测 5 次或 5 次以下时，按实有记录作日统计，缺测 6 次或 6 次以上时，不做日平均。

数据产品处理方法：用质控后的日均值合计值除以日数获得月平均值。日平均值缺测 6 次或者 6 次以上时，不做月统计。数据见表 3-45。

表 3-45　逐月 40 cm 地温

时间（年-月）	日平均值月平均/℃	日最大值月平均/℃	日最小值月平均/℃	月极大值/℃	极大值日期	月极小值/℃	极小值日期
2008-01	−1.27	−1.16	−1.38	−0.60	1	−2.00	31
2008-02	−1.85	−1.71	−1.99	−0.40	27	−3.10	9
2008-03	2.36	2.56	2.14	7.50	31	−0.40	1
2008-04	10.92	11.30	10.52	15.50	30	6.80	2
2008-05	17.98	18.47	17.55	21.00	29	14.90	4
2008-06	21.16	21.54	20.65	23.50	13	17.90	17
2008-07	23.77	24.21	23.33	26.80	29	20.70	1
2008-08	23.18	23.67	22.50	26.80	9	18.90	31
2008-09	18.77	19.29	18.33	24.30	2	14.20	28
2008-10							
2008-11	6.45	6.71	6.14	9.90	1	2.30	30
2008-12	0.62	0.70	0.51	2.50	4	−2.10	31
2009-01	−2.50	−2.28	−2.79	−1.50	4	−4.40	25
2009-02	−0.25	−0.07	−0.31	1.90	11	−1.60	1
2009-03	5.67	6.09	5.38	10.10	24	1.30	1
2009-04	13.10	13.51	12.30	17.00	30	1.90	15
2009-05	17.63	18.04	17.19	20.40	8	14.70	17
2009-06	22.40	22.93	22.00	24.80	26	18.60	1
2009-07	23.81	24.17	23.39	26.30	7	22.10	22
2009-08	22.42	22.77	22.02	24.80	9	18.90	22
2009-09	18.87	19.27	18.60	24.30	19	17.10	22
2009-10				18.30	2	13.90	14
2009-11	5.48	5.68	5.26	10.30	9	2.20	29
2009-12	0.91	0.97	0.80	2.20	1	−1.40	31
2010-01	−1.36	−1.21	−1.54	−0.80	4	−2.30	14
2010-02	−0.74	−0.68	−0.80	−0.30	26	−1.40	1
2010-03	2.47	2.80	2.24	6.80	31	−0.30	1
2010-04	9.17	9.56	8.75	11.50	20	5.80	2
2010-05	15.50	15.82	15.12	19.50	31	11.20	1
2010-06	21.68	22.05	21.28	24.80	25	17.30	10
2010-07	24.55	24.95	24.11	27.70	31	21.80	10
2010-08	24.16	24.50	23.60	28.00	4	21.20	25
2010-09	21.17	21.65	20.69	23.70	21	17.30	30
2010-10	14.25	14.56	13.67	17.40	1	9.80	29
2010-11				10.80	3	3.70	30
2010-12	1.21	1.63	1.01	10.00	25	−1.80	31
2011-01		−3.44	−3.90	−1.70	1	−5.30	31
2011-02	−1.53	−1.43	−1.67	−0.30	27	−5.00	1

（续）

（年-月）	日平均值月平均/℃	日最大值月平均/℃	日最小值月平均/℃	月极大值/℃	极大值日期	月极小值/℃	极小值日期
2011-03	2.69	2.92	2.36	7.30	31	−0.30	1
2011-04	11.84	12.17	11.37	16.10	29	7.00	3
2011-05	16.73	17.03	16.20	19.80	31	14.00	13
2011-06		22.63	21.89	24.50	30	19.10	1
2011-07	23.94	24.24	23.43	26.10	27	21.10	8
2011-08	23.03	23.37	22.67	26.80	15	20.20	21
2011-09	18.75	19.05	18.43	22.90	2	16.00	19
2011-10	13.71	14.01	13.41	16.70	1	10.00	28
2011-11	8.45	8.81	8.29	11.70	6	5.60	25
2011-12	2.44	2.53	2.35	5.80	1	0.60	31
2012-01	−0.73	−0.63	−0.86	0.60	1	−2.20	25
2012-02	−1.02	−0.91	−1.20	−0.30	27	−2.30	9
2012-03	0.67	0.74	0.54	5.30	30	−0.30	1
2012-04	10.08	10.30	9.72	14.30	30	4.90	1
2012-05	16.94	17.30	16.27	19.30	21	9.40	21
2012-06	20.72	21.05	20.36	23.00	24	18.30	7
2012-07	23.54	23.83	23.20	25.30	30	20.90	1
2012-08	23.64	23.94	23.27	25.80	11	21.60	22
2012-09	18.91	19.21	18.57	22.70	1	15.50	30
2012-10	13.04	13.35	12.63	16.30	4	9.10	31
2012-11	5.07	5.23	4.81	9.30	1	2.40	30
2012-12	1.14	1.19	1.08	2.40	1	−0.80	31
2013-01	−1.84	−1.68	−2.08	−0.70	1	−2.70	10
2013-02	−0.62	−0.57	−0.69	−0.30	27	−1.10	15
2013-03	2.78	3.03	2.56	8.90	31	−0.30	1
2013-04	10.56	10.97	10.12	14.50	29	7.40	6
2013-05	16.37	16.70	16.12	19.20	31	13.60	1
2013-06	20.98	21.30	20.56	24.30	30	18.50	1
2013-07	23.18	23.44	22.88	25.00	2	21.30	13
2013-08	24.64	24.97	24.10	26.30	23	22.00	31
2013-09	19.99	20.30	19.63	22.60	1	16.50	26
2013-10	14.63	14.93	14.24	17.60	5	10.70	30
2013-11	7.08	7.26	6.79	11.50	2	2.90	30
2013-12	1.17	1.24	1.08	2.90	1	−1.20	31
2014-01	−1.26	−1.12	−1.46	−0.50	8	−2.30	18
2014-02	−0.49	−0.43	−0.53	−0.20	13	−0.90	11
2014-03	3.02	3.20	2.76	9.20	30	−0.20	1
2014-04	11.53	11.81	11.15	13.90	25	8.30	1

（续）

（年-月）	日平均值月平均/℃	日最大值月平均/℃	日最小值月平均/℃	月极大值/℃	极大值日期	月极小值/℃	极小值日期
2014-05	15.98	16.26	15.45	20.50	31	12.20	4
2014-06	21.12	21.52	20.66	23.20	27	19.60	1
2014-07	22.68	23.04	22.31	25.30	31	20.50	10
2014-08	21.80	22.10	21.32	25.90	3	19.80	17
2014-09	19.47	19.73	19.11	21.40	10	17.70	30
2014-10	14.50	14.73	14.13	18.00	2	12.20	25
2014-11	7.63	7.88	7.33	12.40	1	4.90	30
2014-12	1.12	1.40	1.02	6.00	28	−0.30	25
2015-01	−0.77	−0.66	−0.91	−0.30	1	−1.20	19
2015-02	−0.43	−0.37	−0.49	−0.10	26	−0.90	5
2015-03	2.28	2.48	2.08	8.50	31	−0.20	1
2015-04	10.37	10.69	10.00	14.90	30	7.90	13
2015-05	15.61	16.11	15.15	19.20	28	12.30	12
2015-06	19.52	19.92	19.11	22.00	28	17.40	4
2015-07	22.39	23.03	21.88	24.90	29	20.10	19
2015-08	23.63	24.58	22.71	28.40	1	20.30	31
2015-09	18.67	19.51	17.88	22.90	3	15.00	30
2015-10	11.72	12.58	10.98	15.40	6	6.90	30
2015-11	6.27	6.69	5.96	8.50	5	2.30	28
2015-12	0.97	1.03	0.91	3.20	1	0.10	30

3.4.4.14 逐月 60 cm 地温

数据获取方法：QMT110 地温传感器。每 10 s 采测 1 次 60 cm 地温值，每分钟采测 6 次，去除 1 个最大值和 1 个最小值后取平均值，作为每分钟的 60 cm 地温值存储。正点时采测 0 min 的 60 cm 地温值作为正点数据存储。

数据产品观测层次：地面以下 60 cm。

原始数据质量控制方法如下。

(1) 超出气候学界限值域−45～45 ℃的数据为错误数据。

(2) 1 min 内允许的最大变化值为 0.5 ℃，2 h 内变化幅度的最小值为 0.1 ℃。

(3) 60 cm 地温 24 h 变化范围小于 20 ℃。

(4) 某一定时土壤温度（60 cm）缺测时，用前、后两定时数据内插求得，按正常数据统计，若连续两个或两个以上定时数据缺测时，不能内插，仍按缺测处理。

(5) 一日中若 24 次定时观测记录有缺测时，该日按照 2、8、14、20 时 4 次定时记录做日平均，若 4 次定时记录缺测 1 次或 1 次以上，但该日各定时记录缺测 5 次或 5 次以下时，按实有记录作日统计，缺测 6 次或 6 次以上时，不做日平均。

数据产品处理方法：用质控后的日均值合计值除以日数获得月平均值。日平均值缺测 6 次或者 6 次以上时，不做月统计。数据见表 3-46。

表 3-46 逐月 60 cm 地温

时间（年-月）	日平均值月平均/℃	日最大值月平均/℃	日最小值月平均/℃	月极大值/℃	极大值日期	月极小值/℃	极小值日期
2008-01	0.11	0.14	0.05	1.10	1	−0.90	28
2008-02	−0.92	−0.85	−0.96	−0.30	29	−1.50	13
2008-03	1.62	1.72	1.49	6.10	31	−0.40	1
2008-04	9.74	9.93	9.48	13.30	30	6.10	1
2008-05	16.37	16.57	16.15	18.90	30	13.30	1
2008-06	19.80	19.93	19.53	21.20	14	18.20	17
2008-07	22.34	22.48	22.07	24.40	29	20.20	1
2008-08	22.49	22.65	22.14	24.70	9	19.80	31
2008-09	18.81	19.12	18.56	24.60	2	15.20	29
2008-10							
2008-11	7.73	7.85	7.58	10.60	1	3.90	30
2008-12	2.12	2.18	2.07	3.90	1	0.30	31
2009-01	−0.94	−0.87	−1.03	0.30	1	−2.00	26
2009-02	−0.17	0.00	−0.21	2.10	11	−1.10	1
2009-03	5.03	5.28	4.93	9.10	31	1.10	1
2009-04	11.91	12.11	11.34	15.10	30	2.10	15
2009-05	16.52	16.66	16.26	18.10	27	14.70	2
2009-06	20.89	21.16	20.69	22.80	27	17.30	1
2009-07	22.84	22.96	22.59	24.30	7	22.00	17
2009-08	22.00	22.13	21.82	23.40	9	19.60	23
2009-09	19.00	19.21	18.85	23.90	19	17.80	24
2009-10				18.00	1	15.10	14
2009-11	7.19	7.34	7.03	10.80	4	3.70	30
2009-12	2.37	2.42	2.30	3.70	1	0.60	31
2010-01	−0.09	−0.06	−0.13	0.60	1	−0.50	26
2010-02	−0.24	−0.22	−0.25	−0.10	25	−0.40	1
2010-03	2.16	2.39	2.03	6.00	31	−0.10	1
2010-04	8.45	8.65	8.24	10.20	25	5.80	1
2010-05	14.19	14.33	13.94	17.60	31	10.10	1
2010-06	20.07	20.19	19.83	22.70	30	17.40	10
2010-07	23.19	23.34	22.90	25.20	31	21.70	2
2010-08	23.52	23.64	23.19	25.90	4	21.40	4
2010-09	21.02	21.28	20.74	24.10	26	18.30	30
2010-10	15.09	15.21	14.76	18.20	1	11.40	30
2010-11				11.50	1	5.30	30
2010-12	2.82	3.21	2.69	11.50	25	0.60	31
2011-01		−1.47	−1.61	0.60	1	−3.00	31
2011-02	−1.16	−1.11	−1.22	−0.40	25	−3.00	1

（续）

时间（年-月）	日平均值月平均/℃	日最大值月平均/℃	日最小值月平均/℃	月极大值/℃	极大值日期	月极小值/℃	极小值日期
2011-03	2.30	2.42	2.13	6.00	31	−0.40	1
2011-04	10.53	10.65	10.28	14.30	30	6.00	1
2011-05	15.63	15.73	15.33	18.10	31	14.10	14
2011-06		20.89	20.53	22.90	23	17.90	1
2011-07	22.84	22.88	22.55	24.30	27	20.80	8
2011-08	22.48	22.61	22.29	25.00	15	20.60	21
2011-09	19.03	19.13	18.88	21.90	2	16.80	30
2011-10	14.47	14.59	14.37	16.90	1	11.30	30
2011-11	9.48	9.70	9.43	11.90	6	6.90	30
2011-12	3.90	3.98	3.82	6.90	1	1.90	31
2012-01	0.66	0.69	0.61	1.90	1	−0.30	29
2012-02	−0.32	−0.30	−0.35	−0.20	1	−0.60	10
2012-03	0.51	0.58	0.43	4.20	31	−0.20	1
2012-04	8.83	8.95	8.63	12.60	30	4.20	1
2012-05	15.55	15.76	15.07	17.40	31	8.60	21
2012-06	19.32	19.44	19.15	21.00	24	17.30	1
2012-07	22.35	22.46	22.16	23.70	30	19.80	1
2012-08	23.00	23.08	22.85	24.30	11	21.80	23
2012-09	19.23	19.33	19.08	22.20	1	16.60	30
2012-10	13.95	14.07	13.77	16.60	1	10.70	31
2012-11	6.69	6.80	6.51	10.70	1	4.00	30
2012-12	2.55	2.61	2.51	4.00	1	1.10	31
2013-01	−0.29	−0.23	−0.32	1.10	1	−0.70	18
2013-02	−0.24	−0.23	−0.25	−0.20	7	−0.40	1
2013-03	2.16	2.38	2.02	7.40	31	−0.20	1
2013-04	9.50	9.76	9.28	12.80	29	7.40	1
2013-05	14.99	15.15	14.87	17.50	31	12.50	1
2013-06	19.42	19.55	19.19	22.00	30	17.40	1
2013-07	22.31	22.41	22.17	23.10	28	21.30	14
2013-08	23.90	24.01	23.60	24.80	23	21.70	7
2013-09	20.30	20.40	20.16	22.60	1	17.70	27
2013-10	15.50	15.58	15.36	17.80	1	12.10	30
2013-11	8.70	8.81	8.56	12.20	2	4.90	30
2013-12	2.93	2.99	2.86	4.90	1	1.00	31
2014-01	0.18	0.21	0.14	1.00	1	−0.40	22
2014-02	0.07	0.09	0.05	0.20	13	−0.20	1
2014-03	2.65	2.74	2.50	7.60	30	0.20	1
2014-04	10.61	10.71	10.43	12.40	25	7.60	1

（续）

时间（年-月）	日平均值月平均/℃	日最大值月平均/℃	日最小值月平均/℃	月极大值/℃	极大值日期	月极小值/℃	极小值日期
2014-05	14.76	14.81	14.45	18.30	31	12.30	1
2014-06	19.62	19.74	19.42	21.10	27	18.30	1
2014-07	21.60	21.71	21.40	23.30	31	20.30	2
2014-08	21.34	21.45	21.10	24.00	4	20.10	18
2014-09	19.39	19.47	19.22	20.60	1	18.00	30
2014-10	15.17	15.19	14.99	18.00	1	13.00	30
2014-11	9.03	9.14	8.91	13.00	1	6.40	30
2014-12	2.97	3.25	2.88	7.70	28	1.30	29
2015-01	0.51	0.54	0.47	1.30	1	0.20	22
2015-02	0.24	0.26	0.22	0.40	28	0.10	10
2015-03	2.06	2.15	1.93	6.80	31	0.30	1
2015-04	9.28	9.38	9.09	12.80	30	6.80	1
2015-05	14.28	14.53	14.05	16.70	28	12.50	12
2015-06	17.95	18.05	17.77	19.70	28	16.30	1
2015-07	20.72	20.95	20.51	22.40	31	19.40	1
2015-08	22.91	23.10	22.61	25.80	2	20.80	31
2015-09	18.81	19.00	18.53	21.30	3	16.20	30
2015-10	12.73	12.93	12.40	16.20	1	8.90	31
2015-11	7.47	7.59	7.31	9.00	5	4.20	29
2015-12	2.37	2.42	2.32	4.40	1	1.30	31

3.4.4.15 逐月 100 cm 地温

数据获取方法：QMT110 地温传感器。每 10 s 采测 1 次 100 cm 地温值，每分钟采测 6 次，去除 1 个最大值和 1 个最小值后取平均值，作为每分钟的 100 cm 地温值存储。正点时采测 0 min 的 100 cm地温值作为正点数据存储。

数据产品观测层次：地面以下 100 cm。

原始数据质量控制方法如下。

（1）超出气候学界限值域−40～40℃的数据为错误数据。

（2）1 min 内允许的最大变化值为 0.1 ℃，1 h 内变化幅度的最小值为 0.1 ℃。

（3）100 cm 地温 24 h 变化范围小于 20 ℃。

（4）某一定时土壤温度（100 cm）缺测时，用前、后两定时数据内插求得，按正常数据统计，若连续两个或两个以上定时数据缺测时，不能内插，仍按缺测处理。

（5）一日中若 24 次定时观测记录有缺测时，该日按照 2、8、14、20 时 4 次定时记录做日平均，若 4 次定时记录缺测 1 次或 1 次以上，但该日各定时记录缺测 5 次或 5 次以下时，按实有记录作日统计，缺测 6 次或 6 次以上时，不做日平均。

数据产品处理方法：用质控后的日均值合计值除以日数获得月平均值。日平均值缺测 6 次或者 6 次以上时，不做月统计。数据见表 3-47。

表 3-47　逐月 100 cm 地温

时间（年-月）	日平均值月平均/℃	日最大值月平均/℃	日最小值月平均/℃	月极大值/℃	极大值日期	月极小值/℃	极小值日期
2008-01	2.39	2.43	2.32	3.50	1	0.80	28
2008-02	1.08	1.11	1.05	1.70	1	0.80	13
2008-03	1.89	1.97	1.83	4.90	31	0.80	1
2008-04	8.12	8.26	8.02	10.70	30	4.90	1
2008-05	13.85	14.03	13.82	16.20	30	10.70	1
2008-06	17.55	17.64	17.50	18.70	28	16.20	1
2008-07	20.01	20.09	19.96	21.50	31	18.70	1
2008-08	21.11	21.17	21.02	22.00	9	20.00	31
2008-09	18.78	19.00	18.71	24.50	2	16.70	30
2008-10							
2008-11	9.97	10.08	9.89	12.40	1	7.00	30
2008-12	4.84	4.90	4.78	6.90	1	3.10	31
2009-01	1.73	1.76	1.67	3.10	1	0.80	29
2009-02	1.23	1.35	1.21	2.70	11	0.80	1
2009-03	4.45	4.64	4.45	7.80	31	1.90	1
2009-04	10.13	10.30	9.84	12.80	30	2.70	15
2009-05	14.65	14.73	14.58	15.90	28	12.80	1
2009-06	18.38	18.59	18.33	21.00	20	15.80	1
2009-07	20.94	20.99	20.88	21.40	8	20.00	1
2009-08	21.03	21.10	21.00	21.70	14	19.90	25
2009-09	19.03	19.18	18.94	23.50	19	18.00	30
2009-10				18.00	1	16.30	14
2009-11	9.98	10.10	9.86	13.30	4	6.60	30
2009-12	4.95	5.01	4.88	6.60	1	3.30	31
2010-01	2.21	2.25	2.15	3.30	1	1.50	31
2010-02	1.43	1.44	1.42	1.60	1	1.40	5
2010-03	2.51	2.66	2.45	5.20	31	1.40	1
2010-04	7.44	7.59	7.37	9.10	30	5.20	1
2010-05	12.19	12.29	12.10	14.90	31	9.10	1
2010-06	17.41	17.52	17.33	19.80	30	14.90	1
2010-07	20.87	20.93	20.81	22.00	31	19.80	1
2010-08	22.11	22.16	21.96	23.00	7	20.90	29
2010-09	20.54	20.74	20.43	25.10	26	19.20	30
2010-10	16.36	16.44	16.13	19.20	1	13.50	31
2010-11				13.50	1	7.90	30
2010-12	5.64	6.00	5.52	13.60	25	3.50	31
2011-01		1.68	1.58	3.50	1	0.30	30
2011-02	0.37	0.40	0.35	0.80	28	0.00	4

（续）

时间（年-月）	日平均值月平均/℃	日最大值月平均/℃	日最小值月平均/℃	月极大值/℃	极大值日期	月极小值/℃	极小值日期
2011-03	2.60	2.67	2.53	4.90	31	0.70	1
2011-04	8.65	8.74	8.51	12.00	30	4.90	1
2011-05	13.74	13.80	13.65	15.60	31	12.00	1
2011-06		18.27	18.11	20.00	23	15.60	1
2011-07	20.75	20.74	20.63	21.90	29	19.60	9
2011-08	21.33	21.40	21.27	22.50	16	20.30	27
2011-09	19.24	19.30	19.18	20.80	2	17.50	30
2011-10	15.61	15.71	15.57	17.50	1	13.10	31
2011-11	11.29	11.48	11.28	13.10	1	9.00	30
2011-12	6.45	6.52	6.37	9.00	1	4.30	31
2012-01	3.04	3.08	2.99	4.30	1	1.90	31
2012-02	1.53	1.57	1.50	2.00	1	1.30	21
2012-03	1.49	1.54	1.46	3.20	31	1.30	1
2012-04	7.10	7.22	6.99	10.40	30	3.20	1
2012-05	13.32	13.48	13.00	15.20	31	6.60	21
2012-06	17.02	17.11	16.97	18.50	26	15.20	1
2012-07	20.18	20.27	20.12	21.50	31	18.30	1
2012-08	21.69	21.73	21.66	22.30	13	21.20	25
2012-09	19.47	19.53	19.41	21.20	1	17.80	30
2012-10	15.37	15.47	15.26	17.80	1	12.80	31
2012-11	9.41	9.51	9.26	12.80	1	6.90	30
2012-12	5.11	5.16	5.05	6.90	1	3.70	31
2013-01	2.22	2.29	2.19	3.70	1	1.50	28
2013-02	1.40	1.41	1.37	1.50	1	1.30	21
2013-03	2.33	2.48	2.25	5.70	31	1.30	1
2013-04	8.02	8.25	7.93	10.70	30	5.70	1
2013-05	12.87	12.99	12.87	15.20	31	10.70	1
2013-06	16.98	17.07	16.93	18.90	30	15.20	1
2013-07	20.57	20.65	20.51	21.60	30	18.90	1
2013-08	22.48	22.52	22.30	23.10	24	18.50	7
2013-09	20.59	20.65	20.53	22.40	1	18.60	30
2013-10	16.79	16.86	16.72	18.60	1	14.00	31
2013-11	11.31	11.41	11.22	14.00	1	8.20	30
2013-12	5.93	6.00	5.85	8.20	1	4.10	31
2014-01	2.88	2.92	2.83	4.10	1	2.00	31
2014-02	1.96	1.99	1.95	2.60	2	1.90	14

（续）

时间（年-月）	日平均值月平均/℃	日最大值月平均/℃	日最小值月平均/℃	月极大值/℃	极大值日期	月极小值/℃	极小值日期
2014-03	2.93	3.00	2.86	6.20	31	1.90	1
2014-04	9.18	9.25	9.10	11.00	30	6.20	1
2014-05	13.01	13.04	12.89	15.60	31	11.10	1
2014-06	17.33	17.37	17.28	18.60	28	15.60	1
2014-07	19.76	19.80	19.71	21.00	31	18.60	1
2014-08	20.41	20.47	20.34	21.60	4	19.90	18
2014-09	19.17	19.21	19.13	19.90	1	18.20	30
2014-10	16.19	16.21	16.08	18.20	1	14.10	31
2014-11	11.28	11.37	11.19	14.10	1	8.90	30
2014-12	6.00	6.28	5.93	10.40	28	4.00	31
2015-01	2.98	3.03	2.93	4.00	1	2.30	30
2015-02	2.09	2.11	2.06	2.30	1	1.90	23
2015-03	2.58	2.64	2.49	5.10	31	1.90	1
2015-04	7.85	7.94	7.77	10.50	30	5.10	1
2015-05	12.41	12.59	12.34	14.40	31	10.50	1
2015-06	15.79	15.84	15.74	17.30	30	14.40	1
2015-07	18.41	18.53	18.37	19.60	31	17.30	1
2015-08	21.09	21.14	21.05	22.00	3	20.30	30
2015-09	18.75	18.80	18.70	20.30	1	17.30	30
2015-10	14.50	14.59	14.41	17.30	1	12.10	31
2015-11	9.99	10.06	9.92	12.10	1	7.50	30
2015-12	5.36	5.42	5.31	7.50	1	3.90	31

3.4.4.16 逐月 10 min 平均风速

数据获取方法：WAA151 或者 WAC151 风速传感器观测，每秒采测 1 次风速数据，以 1 s 为步长求 3 s 滑动平均值，以 3 s 为步长求 1 min 滑动平均风速，然后以 1 min 为步长求 10 min 滑动平均风速。正点时存储 0 min 的 10 min 平均风速值。

数据产品观测层次：10 m 风杆。

原始数据质量控制方法如下。

（1）超出气候学界限值域 0～75 m/s 的数据为错误数据。

（2）10 min 平均风速小于最大风速。

（3）一日中若 24 次定时观测记录有缺测时，该日按照 02、08、14、20 时 4 次定时记录做日平均，若 4 次定时记录缺测 1 次或 1 次以上，但该日各定时记录缺测 5 次或 5 次以下时，按实有记录作日统计，缺测 6 次或 6 次以上时，不做日平均。

数据产品处理方法：用质控后的日均值合计值除以日数获得月平均值。日平均值缺测 6 次或者 6

次以上时，不做月统计。数据见表 3-48。

表 3-48 逐月 10 min 平均风速

时间（年-月）	月平均风速/（m/s）	月最多风向	最大风速（m/s）	最大风风向/°	最大风出现日期	最大风出现时间
2008-01	0.8	NE	3.9	39	28	12：00
2008-02	1.0	NE	5.1	47	25	15：00
2008-03	1.1	C	6.9	56	12	10：00
2008-04	1.1	C	6.7	38	8	15：00
2008-05	1.3	NE	6.6	54	3	06：00
2008-06	1.1	S	7.4	34	13	15：00
2008-07	0.9	C	5.8	34	5	12：00
2008-08	0.9	C	5.1	45	30	16：00
2008-09	0.8	C	4.2	32	22	13：00
2008-10						00：00
2008-11	0.9	NE	6.3	43	28	14：00
2008-12	1.1	NE	8.5	34	21	22：00
2009-01	1.1	NE	8.8	42	22	15：00
2009-02	1.0	C	6.1	69	14	12：00
2009-03	1.2	NE	6.2	36	23	21：00
2009-04	1.3	S	7.1	30	19	17：00
2009-05	1.1	C	8.4	41	16	16：00
2009-06	1.2	NE	6.3	33	21	16：00
2009-07	0.8	C	5.7	60	8	15：00
2009-08	0.7	C	5.6	28	14	15：00
2009-09	0.7	C	3.5	161	29	14：00
2009-10		C	2.9	39	1	13：00
2009-11	0.9	NE	3.9	32	16	14：00
2009-12	0.9	C	6.5	56	4	12：00
2010-01	1.0	C	5.6	40	3	14：00
2010-02	1.0	C	5.8	35	17	01：00
2010-03	1.3	NE	7.2	36	19	17：00
2010-04	1.4	NE	8.4	40	25	18：00
2010-05	1.0	C	6.4	53	17	18：00
2010-06	1.0	S	4.6	60	17	16：00
2010-07	0.8	C	4.6	102	31	16：00
2010-08	0.8	SSE	4.7	55	3	19：00
2010-09	0.8	C	6.9	52	21	06：00
2010-10	0.9	NE	5.7	47	24	12：00
2010-11		NE	3.1	34	7	16：00
2010-12	1.1	NNE	6.0	42	5	14：00
2011-01		NE	5.3	30	14	17：00

（续）

时间（年-月）	月平均风速/（m/s）	月最多风向	最大风速（m/s）	最大风风向/°	最大风出现日期	最大风出现时间
2011-02	1.0	C	5.3	33	13	21：00
2011-03	1.3	NE	8.0	52	13	18：00
2011-04	1.4	NNE	8.4	43	22	16：00
2011-05	1.1	S	8.1	37	18	13：00
2011-06		S	5.3	39	26	16：00
2011-07	0.8	S	6.2	91	26	19：00
2011-08	0.7	C	6.5	46	8	16：00
2011-09	0.7	C	4.1	39	17	13：00
2011-10	0.7	C	5.2	58	12	17：00
2011-11	0.7	C	4.8	27	22	15：00
2011-12	0.8	C	4.9	52	7	04：00
2012-01	0.9	NE	5.5	32	2	16：00
2012-02	1.0	NE	5.8	47	6	16：00
2012-03	1.0	NE	6.8	41	23	12：00
2012-04	1.3	NE	8.0	54	2	15：00
2012-05	1.0	SSW	7.2	35	12	02：00
2012-06	1.0	SSW	5.0	42	12	15：00
2012-07	0.7	C	3.3	62	13	15：00
2012-08	0.7	C	3.4	271	7	19：00
2012-09	0.7	C	5.0	43	12	12：00
2012-10	0.8	C	7.2	47	29	14：00
2012-11	1.0	NE	6.3	61	22	06：00
2012-12	0.9	C	6.0	43	28	18：00
2013-01	1.0	NE	5.6	57	24	23：00
2013-02	1.1	NE	7.5	70	28	13：00
2013-03	1.1	NE	7.3	54	9	11：00
2013-04	1.4	NE	7.6	59	5	22：00
2013-05	0.9	SSW	5.8	73	9	11：00
2013-06	0.9	SSW	7.3	50	6	18：00
2013-07	0.6	C	5.3	64	15	09：00
2013-08	0.6	C	4.4	45	16	12：00
2013-09	0.6	C	5.3	35	23	04：00
2013-10	0.7	C	5.5	19	7	16：00
2013-11	0.8	C	7.1	46	16	05：00
2013-12	1.0	NE	6.4	39	10	14：00
2014-01	1.0	NE	4.9	67	27	13：00
2014-02	0.8	C	5.2	40	26	18：00
2014-03	1.0	NE	7.1	64	12	22：00

（续）

时间（年-月）	月平均风速/（m/s）	月最多风向	最大风速（m/s）	最大风风向/°	最大风出现日期	最大风出现时间
2014-04	0.9	C	7.8	42	25	22：00
2014-05	1.1	NE	7.8	50	1	11：00
2014-06	0.8	C	7.5	40	21	21：00
2014-07	0.8	C	4.7	28	8	18：00
2014-08	0.7	C	5.0	36	23	18：00
2014-09	0.6	C	4.9	55	2	14：00
2014-10	0.8	C	5.5	64	11	09：00
2014-11	0.9	C	7.6	59	30	03：00
2014-12	1.2	NE	8.9	59	31	21：00
2015-01	1.0	C	6.4	46	5	03：00
2015-02	1.2	NE	6.0	68	12	14：00
2015-03	0.9	NE	8.4	53	3	22：00
2015-04	1.3	NE	8.1	33	16	22：00
2015-05	1.0	NE	6.9	59	10	10：00
2015-06	1.0	C	7.4	59	10	18：00
2015-07	0.9	SSW	4.9	213	20	16：00
2015-08	1.7	WSW	11.7	284	23	14：00
2015-09	1.8	WSW	14.2	272	30	18：00
2015-10	2.0	WSW	12.0	272	1	23：00
2015-11	1.6	E	12.0	273	25	10：00
2015-12	1.7	WSW	10.5	266	1	17：00

3.4.4.17 逐月太阳辐射总量及其累计值

数据获取方法：总辐射表观测。每 10 s 采测 1 次，每分钟采测 6 次辐照度（瞬时值），去除 1 个最大值和 1 个最小值后取平均值。正点（地方平均太阳时）0 min 采集存储辐照度，同时计存储曝辐量（累积值）。

指标：总辐射量、净辐射、反射辐射、光合有效辐射。

数据产品观测层次：距地面 1.5 m 处。

原始数据质量控制方法如下。

（1）总辐射最大值不能超过气候学界限值 2 000 W/m^2。

（2）当前瞬时值与前一次值的差异小于最大变幅 800 W/m^2。

（3）小时总辐射量≥小时净辐射、反射辐射和紫外辐射；除阴天、雨天和雪天外总辐射一般在中午前后出现极大值。

（4）小时总辐射累积值应小于同一地理位置大气层顶的辐射总量，小时总辐射累积值可以稍微大于同一地理位置在大气具有很大透过率和非常晴朗天空状态下的小时总辐射累积值，所有夜间观测的小时总辐射累积值小于 0 时用 0 代替。

（5）辐射曝辐量缺测数小时但不是全天缺测时，按实有记录做日合计，全天缺测时，不做日合计。

数据产品处理方法：一月中辐射曝辐量日总量缺测 9 d 或 9 d 以下时，月平均日合计等于实有记录之和除以实有记录天数。缺测 10 d 或 10 d 以上时，该月不做月统计，按缺测处理。数据见表3-49。

表 3-49　逐月太阳辐射总量及其累计值

时间（年-月）	总辐射总量月合计值/（MJ/m²）	反射辐射总量月合计值/（MJ/m²）	紫外辐射总量月合计值/（MJ/m²）	净辐射总量月合计值/（MJ/m²）	光合有效辐射总量月合计值/（mol/m²）	日照小时数月合计值/h
2008-01	183.730	113.894	6.417	−21.552	273.320	117
2008-02	350.822	124.644	12.423	60.237	549.865	198
2008-03	470.338	78.592	17.019	179.195	757.996	226
2008-04	513.117	74.979	19.605	207.401	898.607	213
2008-05	639.746	104.808	25.302	260.400	1 158.789	251
2008-06	550.792	91.750	23.070	240.908	1 040.088	199
2008-07	596.270	95.184	25.994	286.279	1 148.807	212
2008-08	524.840	87.261	23.334	238.884	1 026.100	188
2008-09	358.351	117.301	12.640	144.789	698.509	135
2008-10	383.381	216.154	5.335	134.566	697.007	165
2008-11	307.787	65.192	10.596	61.755	510.238	185
2008-12	283.925	63.473	8.931	19.058	416.812	190
2009-01	325.890	71.072	10.636	60.279	508.289	217
2009-02	274.399	60.176	9.562	71.739	411.674	139
2009-03	486.402	105.870	17.260	150.220	794.760	210
2009-04	522.518	110.678	19.655	180.751	894.931	205
2009-05	614.200	111.343	24.443	241.189	1 068.994	221
2009-06	656.806	119.038	26.317	276.340	1 226.066	250
2009-07	580.003	103.679	24.624	265.120	1 076.627	193
2009-08	490.007	91.457	20.932	228.669	876.288	165
2009-09	309.885	56.928	13.115	124.910	543.028	107
2009-11	270.763	83.599	8.873	24.231	439.895	160
2009-12	265.186	65.337	8.292	19.837	416.524	166
2010-01	301.219	69.765	8.608	39.534	434.786	207
2010-02	308.968	83.917	10.529	63.073	502.049	168
2010-03	409.746	81.252	14.479	129.909	706.102	162
2010-04	531.901	103.664	19.742	197.246	914.828	206
2010-05	587.859	124.853	23.236	242.334	1 086.762	210
2010-06	639.030	130.229	25.320	283.593	1 187.924	244
2010-07	586.072	115.502	25.042	267.267	1 090.063	192
2010-08	522.215	101.663	22.323	238.421	982.716	172
2010-09	413.333	86.495	17.376	174.062	774.015	139
2010-10	351.025	76.334	14.359	112.403	644.287	163
2011-01	281.712	82.767	8.735	24.660	444.307	168
2011-02	278.144	70.446	9.145	72.746	485.921	146

（续）

时间（年-月）	总辐射总量月合计值/（MJ/m²）	反射辐射总量月合计值/（MJ/m²）	紫外辐射总量月合计值/（MJ/m²）	净辐射总量月合计值/（MJ/m²）	光合有效辐射总量月合计值/（mol/m²）	日照小时数月合计值/h
2011-03	513.049	119.317	18.276	160.038	867.637	217
2011-04	591.021	127.807	22.077	218.729	1 005.594	240
2011-05	591.226	118.335	23.539	242.643	1 049.865	214
2011-06	623.536	125.068	24.883	282.370	1 121.347	204
2011-07	568.481	102.792	24.272	280.148	1 073.109	206
2011-08	522.197	99.314	22.120	258.460	978.854	178
2011-09	358.471	71.066	15.651	144.734	672.031	111
2011-10	340.244	69.740	13.626	109.789	607.458	159
2011-11	218.119	47.015	8.184	37.302	381.227	117
2011-12	233.467	56.098	7.610	7.730	362.245	151
2012-01	278.709	73.890	8.479	25.384	418.083	194
2012-02	306.428	72.175	9.453	68.142	485.257	166
2012-03	417.519	83.543	14.146	147.312	626.003	178
2012-04	570.435	108.761	20.789	237.409	950.327	236
2012-05	646.956	105.089	25.523	326.279	1 154.093	239
2012-06	621.022	100.650	25.106	306.812	1 120.017	225
2012-07	556.359	94.912	24.210	291.381	1 054.577	170
2012-08	540.518	104.235	23.297	271.819	1 000.087	186
2012-09	438.006	89.575	18.332	178.488	940.801	163
2012-10	333.641	69.101	13.658	93.112	822.802	146
2012-11	243.897	60.782	9.359	23.007	537.116	126
2012-12	186.034	62.022	6.654	−11.351	359.045	104
2013-01	222.549	62.820	7.309	−5.255	358.586	138
2013-02	244.025	68.833	8.269	33.369	418.884	125
2013-03	429.490	104.178	13.761	103.813	748.515	219
2013-04	604.522	133.100	22.678	228.419	1 170.867	238
2013-05	572.578	107.885	22.486	252.348	1 210.424	199
2013-06	596.502	101.923	24.481	301.907	1 316.657	206
2013-07	485.341	91.649	21.701	240.321	1 171.919	145
2013-08	582.974	112.842	23.829		1379.683	224
2013-09	384.891	78.744	15.781	164.188	1 283.625	142
2013-10	353.496	69.028	13.453	118.144	1 090.193	160
2013-11	231.747	50.740	8.792	27.628	755.987	113
2013-12	219.474	53.834	7.304	−16.757	490.330	136
2014-01	235.117	56.792	7.232	2.771	376.542	143
2014-02	196.327	95.469	6.844	8.806	361.695	72
2014-03	445.473	88.971	14.522	145.297	860.490	202
2014-04	468.770	83.571	17.628	200.455	1090.641	170

（续）

时间（年-月）	总辐射总量月合计值/（MJ/m²）	反射辐射总量月合计值/（MJ/m²）	紫外辐射总量月合计值/（MJ/m²）	净辐射总量月合计值/（MJ/m²）	光合有效辐射总量月合计值/（mol/m²）	日照小时数月合计值/h
2014 - 05	626.081	109.140	23.901	313.143	1 402.212	230
2014 - 06	586.373	107.236	23.344	304.648	1 240.335	187
2014 - 07	599.163	101.056	24.341	333.036	1 557.108	204
2014 - 08	476.317	81.339	19.741	244.384	1 588.039	157
2014 - 09	328.555	57.789	13.868	156.847	1034.975	94
2014 - 10	302.754	64.656	12.512	101.325	529.990	119
2014 - 11	216.350	52.146	8.389	34.010	344.513	102
2014 - 12	229.329	62.139	7.920	−2.710	363.492	134
2015 - 01	217.249	81.938	7.266	0.153	346.476	123
2015 - 02	270.328	74.725	9.602	58.700	429.891	128
2015 - 03	395.370	95.419	14.570	131.232	669.278	163
2015 - 04	504.538	113.797	19.947	206.455	831.547	178
2015 - 05	589.019	112.757	24.375	289.152	1 015.704	192
2015 - 06	542.438	105.811	23.221	264.668	958.488	161
2015 - 07	650.636	116.818	27.324	334.383	1 125.861	222
2015 - 08	599.134	146.374	31.272	219.796	1 169.336	252
2015 - 09	430.642	107.403	22.841	156.058	826.448	180
2015 - 10	413.141	93.079	19.895	132.381	756.812	216
2015 - 11	199.698	37.804	9.736	47.551	337.150	103
2015 - 12	258.334	130.109	10.980	−16.715	412.744	178

第4章

安塞站特色研究数据集

4.1 川地养分长期定位试验土壤水分数据集

4.1.1 试验设计

试验位于陕西省延安市安塞站川地试验场，试验场为长方形地块（20 m×25 m）。小区为（2.33 m×6.0 m）长方形，设9个施肥处理，重复3次，27个小区。保护行宽1 m，10～18号小区为土壤样品采集小区（图4-1）。

9区 MP	8区 MNP	7区 CK	6区 NP	5区 N	4区 P	3区 M	2区 MN	1区 BL
18区 BL	17区 M	16区 MN	15区 P	14区 CK	13区 N	12区 NP	11区 MNP	10区 MP
27区 MNP	26区 MN	25区 NP	24区 N	23区 BL	22区 CK	21区 P	20区 MP	19区 M

图4-1 小区布设图

处理如下：①CK（不施肥）②P（只施磷肥）③N（只施氮肥）④NP（氮、磷肥配合）⑤M（只施有机肥）⑥MP（有机肥、磷肥配合）⑦MN（有机肥、氮肥配合）⑧MNP（有机肥、氮肥、磷肥配合）⑨BL（裸地）

川地养分长期定位试验场土壤类型为堆积型黄绵土，作物为玉米→玉米→大豆轮作，一年一熟。无灌溉。作物收获后，人力翻耕土壤，冬季休闲，春季整地，人工播种作物。施肥：有机肥7 500 kg/hm^2，纯氮（N）97.5 kg/hm^2，磷肥（P_2O_5）75 kg/hm^2，有机肥和磷肥在播种时一次性施入，尿素分两次施入，作种肥时59 g/区，其余在拔节期或开花期作追肥。

4.1.2 样品采集

①土壤水分测定。于播种前、收获后各测土壤水分一次，取样深度200 cm，步长10 cm土钻取土样，测定小区10～18号，在每小区的中部土钻法采样，重复3次。步长为10 cm，深度0～200 cm。烘干法测定土壤水分。

②土壤样品采集。按不同处理，于作物收获后采取土样，10～18号小区为土壤样品采集小区，采用S形随机选7～8个点，混合后四分法采样，采样深度分0～20 cm、20～40 cm分别采样。进行土壤养分室内分析。分析项目包括：土壤有机质、全氮、全磷、速效钾、缓效钾、碱解氮、速效磷、硝态氮、铵态氮、pH。数据获取方法、数据计量单位、小数位数见表4-1。

表 4-1　土壤养分分析项目及方法

序号	指标名称	单位	小数位数	数据获取方法
1	土壤有机质	g/kg	2	重铬酸钾氧化法
2	全氮	g/kg	2	半微量凯式法
3	全磷	g/kg	2	硫酸－高氯酸消煮－钼锑抗比色法
4	全钾	g/kg	2	氢氟酸－高氯酸消煮－火焰光度法
5	速效氮（碱解氮）	mg/kg	2	碱扩散法
6	速效磷	mg/kg	2	碳酸氢钠浸提－钼锑抗比色法
7	速效钾	mg/kg	2	乙酸铵浸提－火焰光度法
8	缓效钾	mg/kg	2	硝酸浸提－火焰光度法
9	pH	无	2	电位法

③植株样品采集。作物收获时，以小区为单位，每区采样 20 株，拷种、测定植物生物量，按不同植株部位茎、叶、籽粒、根系等采样进行养分分析。分析指标与计量单位、数据获取方法、数据计量单位、小数位数见表 4-2。

表 4-2　植株养分分析项目及方法

序号	指标名称	单位	小数位数	数据获取方法
1	全碳	g/kg	2	重铬酸钾氧化法
2	全氮	g/kg	2	半微量凯式法
3	全磷	g/kg	2	硫酸—双氧水消煮—钼锑抗比色法
4	全钾	g/kg	2	硫酸—双氧水消煮—火焰光度法

4.1.3　数据质量控制和评估

土壤含水量数据，从数据产生的每个环节，进行质量保证。包括采样过程、室内分析以及数据录入。

开展数据的完整性、准确性和一致性检验与评估。完整性检验主要包括观测频度、数据缺失程度、元数据信息；在准确性检验方面，综合运用阈值法、过程趋势法、对比法及统计法等方法，检测、剔除土壤含水量时间序列中的异常值；一致性主要是数据采集方法一致性、单位与精度一致性检验，以保证土壤含水量数据的长期连续性、可比性。

4.1.4　数据

川地养分定位试验土壤水分数据见表 4-3。

表 4-3　川地养分定位试验土壤水分数据

单位：%

时间（年-月-日）	区号	处理	土壤深度																			
			10 cm	20 cm	30 cm	40 cm	50 cm	60 cm	70 cm	80 cm	90 cm	100 cm	110 cm	120 cm	130 cm	140 cm	150 cm	160 cm	170 cm	180 cm	190 cm	200 cm
1997-05-10	10	MP	9.79	12.61	12.82	13.53	12.71	12.17	12.33	12.31	12.42	13.41	12.86	12.47	12.58	11.38	11.35	12.04	12.08	13.48	13.01	12.81
1997-05-10	11	MNP	10.27	12.04	12.30	12.58	12.50	11.41	11.80	11.90	12.16	12.60	12.41	12.46	12.01	12.29	11.76	11.51	11.66	11.44	12.62	13.01
1997-05-10	12	NP	10.69	10.03	12.65	12.97	13.19	12.34	13.20	12.59	12.60	13.16	12.63	12.99	13.51	11.78	12.27	12.12	12.85	12.93	12.91	12.69
1997-05-10	13	N	10.03	12.60	12.77	13.94	13.84	12.26	12.48	11.88	13.25	13.98	13.38	13.59	13.16	12.58	12.14	11.63	11.94	11.92	12.23	12.60
1997-05-10	14	CK	11.03	13.03	13.66	13.18	13.07	12.56	12.28	13.08	12.88	13.03	13.77	13.93	13.22	11.72	11.42	11.91	11.86	12.36	12.99	16.08
1997-05-10	15	P	10.31	12.32	12.57	12.34	13.50	12.57	12.69	12.59	13.56	12.44	12.32	12.24	12.08	11.68	11.59	11.55	12.08	12.13	12.79	11.96
1997-05-10	16	MN	9.58	12.80	13.35	12.95	13.23	12.66	12.12	12.56	12.79	12.90	13.06	12.81	12.83	12.53	12.30	11.47	11.12	11.40	12.35	10.75
1997-05-10	17	M	11.26	13.48	13.40	13.39	13.14	12.22	11.72	12.36	12.83	12.42	11.65	11.44	13.20	12.36	11.89	11.49	11.75	11.92	9.58	9.75
1997-05-10	18	BL	11.29	12.21	12.33	13.39	12.92	12.60	12.22	12.58	12.43	12.24	10.65	11.98	12.76	11.81	13.21	11.68	11.48	11.38	12.03	/
1997-07-01	10	MP	4.14	6.63	9.67	10.43	11.30	11.09	11.56	11.23	12.17	12.49	12.58	13.99	11.75	15.53	11.50	11.79	11.65	13.49	13.28	12.86
1997-07-01	11	MNP	2.51	6.58	8.89	9.68	10.45	10.09	10.92	11.57	22.68	12.57	12.73	12.32	12.30	11.29	11.63	11.11	13.62	13.99	12.73	12.69
1997-07-01	12	NP	4.92	8.93	9.49	11.46	11.53	10.95	11.37	11.93	12.11	12.70	12.09	12.28	12.07	11.55	12.04	11.65	11.83	12.55	13.56	12.93
1997-07-01	13	N	2.56	7.55	8.07	9.42	9.96	10.31	10.85	11.25	11.86	12.76	13.48	12.99	15.00	12.65	11.80	11.98	12.31	12.43	12.32	13.10
1997-07-01	14	CK	1.15	5.44	7.04	9.80	10.03	11.22	11.07	11.49	12.04	12.16	11.97	11.38	12.50	12.17	11.84	11.82	12.08	12.19	10.98	10.99
1997-07-01	15	P	3.44	8.66	9.02	10.56	10.98	12.55	11.97	11.98	12.56	12.67	12.90	12.54	11.97	11.52	11.95	12.65	11.33	/	/	/
1997-07-01	16	MN	3.14	8.29	9.54	10.47	10.64	11.02	11.10	11.94	12.70	13.40	13.37	20.26	12.23	12.51	11.99	11.72	12.23	/	/	/
1997-07-01	17	M	2.56	8.44	9.10	10.01	10.52	11.06	10.69	11.07	10.94	13.32	14.64	11.96	12.60	12.44	12.50	11.72	11.46	11.63	10.37	12.23
1997-07-01	18	BL	5.89	8.22	9.09	9.67	9.93	10.97	11.44	12.20	10.66	11.73	11.87	11.94	11.21	12.78	13.31	11.67	11.86	11.40	11.07	11.47
1997-07-30	10	MP	8.45	8.51	9.13	9.37	9.32	10.11	9.83	10.54	10.87	11.55	12.35	11.64	10.94	11.20	10.79	11.30	11.51	11.62	12.25	11.78
1997-07-30	11	MNP	6.70	7.06	7.80	9.20	9.89	9.84	9.92	10.01	10.35	11.45	11.48	11.11	11.67	11.78	11.31	10.97	11.31	12.11	11.77	12.23
1997-07-30	12	NP	5.19	5.54	6.60	9.05	9.21	9.39	9.82	10.09	10.28	11.88	11.85	10.81	10.48	11.18	10.72	11.67	10.91	10.87	10.82	12.60
1997-07-30	13	N	6.96	6.88	8.95	9.14	9.44	9.70	11.00	11.26	11.31	11.85	11.89	11.15	10.87	11.03	10.81	11.53	11.57	12.52	12.74	10.80
1997-07-30	14	CK	4.95	9.87	6.60	7.41	8.86	9.34	9.71	9.69	11.20	11.43	11.12	11.40	11.41	10.27	10.55	10.49	10.56	11.25	11.23	11.11

（续）

时间（年-月-日）	区号	处理	土壤深度																			
			10 cm	20 cm	30 cm	40 cm	50 cm	60 cm	70 cm	80 cm	90 cm	100 cm	110 cm	120 cm	130 cm	140 cm	150 cm	160 cm	170 cm	180 cm	190 cm	200 cm
1997-07-30	15	P	7.36	8.84	8.85	9.37	9.34	9.54	9.88	10.47	10.70	10.94	11.37	10.65	10.70	10.14	10.43	10.49	10.23	10.55	10.03	10.56
1997-07-30	16	MN	6.30	7.24	8.68	9.16	9.51	10.01	10.18	10.59	10.70	10.33	11.66	10.72	11.70	11.70	10.68	11.23	11.15	11.32	11.16	11.12
1997-07-30	17	M	6.48	7.15	7.84	8.65	9.37	9.13	8.91	10.85	11.19	10.78	11.59	10.44	9.10	12.13	12.07	11.13	11.75	10.56	10.87	11.44
1997-07-30	18	BL	7.58	8.35	8.56	8.69	8.53	9.86	9.41	9.14	10.96	10.30	11.11	11.61	9.64	12.08	16.11	11.86	10.80	10.54	10.76	11.11
1997-08-29	10	MP	1.03	6.19	6.69	6.82	8.98	9.39	9.73	10.46	11.06	11.22	15.04	11.35	11.19	11.33	10.73	11.16	11.62	11.78	12.62	11.63
1997-08-29	11	MNP	2.31	4.79	5.44	7.30	8.29	9.14	10.06	10.59	11.04	12.24	11.76	11.39	13.14	11.79	11.25	11.39	10.89	11.28	12.95	12.38
1997-08-29	12	NP	1.89	4.76	5.21	7.64	8.68	8.64	9.05	9.77	11.15	10.83	11.30	11.58	10.81	10.95	11.11	12.31	10.85	12.33	11.11	12.97
1997-08-29	13	N	1.35	6.09	6.72	8.98	9.65	10.48	10.54	10.15	10.82	10.70	12.01	11.12	10.87	10.20	11.02	11.30	11.36	10.85	12.04	11.14
1997-08-29	14	CK	2.99	4.65	5.28	6.54	8.67	8.49	9.09	9.92	9.79	9.86	10.36	10.31	10.78	9.97	10.44	10.12	10.36	10.48	9.44	9.55
1997-08-29	15	P	2.09	6.70	7.03	8.15	9.37	9.11	9.88	10.03	10.11	10.60	10.59	10.83	12.66	10.45	10.72	11.41	10.88	9.15	10.49	10.57
1997-08-29	16	MN	2.36	4.84	8.47	10.52	10.07	10.23	10.80	11.25	10.82	11.19	12.62	11.40	9.50	11.03	10.03	10.32	10.97	9.41	11.05	10.53
1997-08-29	17	M	2.39	7.72	7.43	7.78	9.16	9.63	10.13	10.18	11.42	9.83	11.13	11.15	10.54	11.58	11.66	10.00	10.16	10.35	9.64	9.49
1997-08-29	18	BL	3.56	6.44	7.06	8.63	9.48	10.33	9.71	9.84	10.68	9.32	10.14	10.35	9.65	11.52	10.02	9.95	9.91	9.83	10.73	/
1997-10-13	10	MP	9.22	10.94	10.03	7.98	6.57	6.25	6.63	7.69	8.61	9.26	10.16	10.55	9.92	10.29	10.90	11.58	11.69	12.92	12.51	12.05
1997-10-13	11	MNP	9.49	11.13	9.78	7.34	5.96	5.57	6.18	6.91	8.10	8.65	9.07	9.86	9.62	10.99	10.01	10.52	11.48	12.39	10.56	12.11
1997-10-13	12	NP	10.20	10.87	9.90	9.34	7.75	7.06	7.84	9.21	8.88	9.38	10.13	10.24	10.38	10.53	10.47	10.95	11.31	12.51	12.44	12.44
1997-10-13	13	N	8.96	10.86	10.10	9.31	7.21	6.97	7.83	8.24	9.27	10.02	10.36	10.50	10.01	9.75	10.45	10.77	17.02	11.34	11.64	12.72
1997-10-13	14	CK	9.05	11.00	10.42	9.04	6.74	6.07	6.78	8.00	7.76	10.61	9.52	8.98	9.07	9.58	10.46	10.49	10.41	10.96	10.77	9.94
1997-10-13	15	P	10.06	11.53	10.88	9.36	7.17	6.06	6.29	5.55	5.91	6.97	7.64	6.21	9.16	9.98	9.70	10.50	11.28	8.78	8.77	9.03
1997-10-13	16	MN	9.60	11.44	11.59	11.29	10.62	10.29	9.37	9.01	10.93	10.34	11.14	11.13	10.24	11.35	11.74	11.22	11.36	/	/	/
1997-10-13	17	M	8.89	10.57	9.91	9.00	6.27	5.55	5.70	7.24	7.29	9.46	9.92	9.88	10.23	10.61	10.43	10.64	10.34	10.20	10.72	11.53
1997-10-13	18	BL	10.17	11.49	11.49	11.56	11.28	10.40	9.87	9.84	11.29	11.07	11.34	11.38	9.71	11.09	15.69	11.55	10.71	10.56	11.41	11.60
1998-04-17	10	MP	12.13	12.55	12.84	10.83	11.93	10.94	10.10	10.31	11.06	11.14	12.18	10.81	11.12	11.60	10.20	10.57	10.96	11.19	12.07	12.31
1998-04-17	11	MNP	11.15	12.23	12.06	11.57	10.80	9.98	9.56	9.65	10.36	11.43	10.71	10.50	11.26	9.83	10.43	10.75	10.46	12.14	11.82	13.76
1998-04-17	12	NP	12.16	11.69	11.16	11.38	10.06	9.14	8.76	9.55	10.28	10.74	10.48	10.26	10.36	9.95	9.61	10.03	10.92	10.78	11.56	12.08

（续）

时间（年-月-日）	区号	处理	土壤深度																			
			10 cm	20 cm	30 cm	40 cm	50 cm	60 cm	70 cm	80 cm	90 cm	100 cm	110 cm	120 cm	130 cm	140 cm	150 cm	160 cm	170 cm	180 cm	190 cm	200 cm
1998-04-17	13	N	11.91	12.65	11.97	11.98	11.88	11.20	12.76	10.46	10.41	10.67	11.72	9.79	10.06	10.44	10.16	10.15	11.00	11.41	12.29	9.44
1998-04-17	14	CK	11.28	12.31	11.21	11.09	9.76	8.40	7.79	8.39	9.66	9.48	10.15	9.16	9.75	9.64	9.51	9.75	10.45	10.44	/	/
1998-04-17	15	P	11.22	12.57	11.77	11.69	10.35	10.17	9.34	9.64	9.96	10.31	11.29	8.99	10.23	12.14	9.83	10.07	10.50	10.15	8.66	10.38
1998-04-17	16	MN	11.26	12.08	11.81	11.69	11.18	10.48	10.11	11.36	12.12	10.70	10.48	10.11	11.52	11.12	14.12	9.69	9.90	10.06	10.58	14.23
1998-04-17	17	M	10.89	11.94	11.38	11.78	10.73	8.46	7.51	8.56	8.79	10.55	10.11	9.60	9.37	8.18	10.60	9.74	9.81	10.42	10.64	11.25
1998-04-17	18	BL	12.35	12.78	12.93	12.91	11.98	11.38	10.05	10.46	11.01	11.56	11.76	11.69	10.25	10.32	14.31	10.47	11.09	10.94	12.47	11.39
1998-10-03	10	MP	13.85	12.70	10.90	9.60	9.14	7.86	8.26	7.58	8.96	9.69	10.52	10.56	10.23	14.89	10.47	10.81	11.55	12.28	11.79	12.29
1998-10-03	11	MNP	12.01	12.08	10.33	8.60	7.84	6.85	7.35	8.80	8.53	10.58	10.40	11.18	11.12	11.60	10.08	10.28	11.10	14.12	12.20	12.16
1998-10-03	12	NP	11.69	10.96	9.03	8.45	7.51	7.43	7.86	8.28	8.82	10.39	11.81	9.88	10.72	10.36	11.00	10.98	11.13	11.44	11.38	12.49
1998-10-03	13	N	11.02	10.97	10.75	8.49	7.81	7.55	7.27	6.80	7.36	7.85	9.51	9.62	10.66	10.04	10.85	10.20	10.80	10.84	11.47	14.28
1998-10-03	14	CK	12.32	11.22	10.59	9.48	7.85	7.38	7.60	7.88	7.78	7.39	8.70	8.89	7.78	9.72	9.62	10.52	10.36	11.22	11.06	10.56
1998-10-03	15	P	11.19	11.40	10.93	9.78	8.96	7.91	7.99	7.38	8.04	8.68	8.04	9.47	9.91	10.13	10.45	11.02	10.90	/	/	/
1998-10-03	16	MN	12.40	11.36	9.79	8.93	8.18	7.26	7.17	7.09	7.35	8.58	9.68	9.29	10.64	10.94	9.93	9.98	10.76	10.56	10.26	9.69
1998-10-03	17	M	11.53	10.99	10.29	8.74	8.07	8.35	6.84	7.27	9.44	9.73	11.26	9.96	9.84	10.77	10.49	10.69	10.12	11.05	9.73	10.37
1998-10-03	18	BL	8.19	9.73	9.73	10.62	11.05	10.57	10.86	12.31	12.14	11.48	11.89	12.39	12.15	12.86	12.96	12.08	12.30	11.49	11.90	11.97
1999-04-24	10	MP	8.27	10.06	9.48	9.83	9.03	9.41	8.27	8.28	8.27	10.26	10.83	10.21	9.82	10.23	10.28	11.19	11.69	12.96	11.78	11.56
1999-04-24	11	MNP	8.52	10.20	9.88	9.40	9.40	8.67	8.13	8.08	8.59	8.78	9.64	10.06	10.37	11.11	10.33	9.71	10.55	12.48	11.34	11.37
1999-04-24	12	NP	7.67	10.51	10.07	9.39	9.20	8.93	8.49	10.09	9.10	9.87	10.21	9.89	9.64	11.19	10.21	9.12	10.29	11.75	13.83	13.00
1999-04-24	13	N	5.72	10.30	10.03	9.72	9.42	9.29	8.87	10.59	11.16	9.37	10.63	10.57	9.69	9.47	9.61	10.18	10.59	10.39	10.94	12.70
1999-04-24	14	CK	9.75	10.05	9.71	9.23	8.72	8.53	8.65	8.58	8.23	8.60	8.72	9.00	8.65	8.78	9.36	9.78	10.67	10.28	9.73	9.91
1999-04-24	15	P	6.39	10.09	9.21	9.70	9.07	8.96	8.55	8.36	9.42	10.36	8.43	9.83	8.94	9.19	9.25	9.93	11.10	/	/	/
1999-04-24	16	MN	7.38	10.51	9.52	9.44	9.03	9.05	8.17	8.52	7.29	10.35	12.21	9.22	9.84	10.54	9.54	9.60	9.86	9.75	13.27	10.74
1999-04-24	17	M	5.26	10.23	9.87	9.75	9.68	8.77	8.05	7.89	8.52	8.49	9.47	9.37	9.90	9.58	10.41	10.03	10.97	10.83	9.75	8.77
1999-04-24	18	BL	9.32	11.07	10.96	11.39	10.43	10.61	9.71	10.15	11.11	9.60	10.64	10.89	8.84	7.62	11.74	10.64	10.86	10.46	10.10	10.46
1999-10-22	10	MP	7.25	9.61	8.46	6.98	7.53	7.01	7.34	7.45	7.11	7.72	7.79	7.68	8.32	8.11	8.46	6.63	8.96	10.25	10.57	10.26

（续）

时间（年-月-日）	区号	处理	土壤深度																			
			10 cm	20 cm	30 cm	40 cm	50 cm	60 cm	70 cm	80 cm	90 cm	100 cm	110 cm	120 cm	130 cm	140 cm	150 cm	160 cm	170 cm	180 cm	190 cm	200 cm
1999 - 10 - 22	11	MNP	7. 05	8. 60	6. 54	5. 37	5. 54	5. 33	5. 41	5. 37	5. 37	6. 28	6. 43	6. 47	7. 48	8. 20	8. 28	9. 13	9. 37	10. 38	11. 51	10. 31
1999 - 10 - 22	12	NP	8. 17	9. 56	8. 47	6. 64	5. 79	5. 89	5. 64	5. 47	5. 71	5. 86	6. 40	6. 07	6. 16	6. 92	7. 05	7. 65	8. 16	8. 84	9. 27	9. 76
1999 - 10 - 22	13	N	7. 90	8. 22	6. 75	5. 73	5. 32	5. 51	5. 60	5. 87	5. 82	5. 58	6. 22	6. 06	6. 02	6. 74	6. 89	7. 28	7. 77	8. 67	10. 22	10. 94
1999 - 10 - 22	14	CK	7. 87	8. 54	6. 78	6. 12	6. 13	6. 47	8. 30	6. 38	6. 03	6. 58	5. 98	6. 50	5. 94	6. 28	7. 10	7. 46	7. 94	8. 89	8. 23	8. 08
1999 - 10 - 22	15	P	7. 74	9. 61	8. 17	6. 75	6. 39	6. 46	7. 16	6. 54	6. 76	6. 59	6. 90	6. 97	6. 66	7. 86	6. 96	7. 83	6. 88	9. 91	12. 46	10. 48
1999 - 10 - 22	16	MN	5. 52	9. 05	7. 10	5. 58	7. 07	5. 56	5. 69	5. 67	8. 52	5. 88	6. 44	6. 03	5. 98	7. 14	8. 78	8. 00	8. 54	8. 52	9. 38	9. 24
1999 - 10 - 22	17	M	8. 47	9. 13	8. 50	6. 16	8. 89	8. 35	6. 02	5. 81	6. 28	6. 51	7. 44	6. 66	7. 36	8. 00	8. 32	8. 28	8. 66	8. 94	9. 49	9. 49
1999 - 10 - 22	18	BL	7. 32	9. 64	9. 09	8. 94	8. 28	9. 44	9. 24	8. 42	8. 46	9. 39	8. 95	10. 29	9. 18	9. 13	10. 91	9. 82	9. 72	9. 31	10. 45	9. 29
2000 - 05 - 15	10	MP	3. 70	8. 44	8. 16	7. 55	7. 44	6. 55	7. 27	6. 93	7. 45	7. 07	7. 89	8. 04	8. 63	8. 08	8. 02	8. 50	9. 10	9. 93	11. 28	10. 78
2000 - 05 - 15	11	MNP	3. 81	7. 99	7. 69	7. 11	6. 88	6. 74	6. 30	6. 43	6. 38	6. 92	7. 44	7. 37	7. 08	7. 65	8. 08	8. 37	9. 45	10. 38	10. 96	11. 00
2000 - 05 - 15	12	NP	3. 71	7. 28	7. 85	7. 17	6. 63	5. 98	7. 69	5. 90	6. 27	6. 25	7. 56	6. 79	6. 66	7. 49	7. 90	8. 76	9. 23	9. 82	9. 66	11. 02
2000 - 05 - 15	13	N	4. 91	8. 31	7. 99	7. 97	7. 61	6. 88	6. 52	6. 72	6. 55	6. 80	7. 25	7. 54	7. 38	7. 90	8. 02	9. 16	9. 08	9. 27	9. 84	8. 42
2000 - 05 - 15	14	CK	3. 76	6. 27	8. 12	8. 32	7. 78	7. 39	7. 10	6. 62	7. 13	7. 01	7. 56	7. 27	6. 86	7. 38	7. 76	8. 02	8. 48	8. 84	9. 56	/
2000 - 05 - 15	15	P	3. 10	7. 14	7. 99	7. 73	8. 12	6. 78	6. 27	6. 64	7. 43	7. 52	7. 53	7. 32	8. 37	7. 79	7. 24	8. 60	8. 40	9. 38	9. 57	9. 20
2000 - 05 - 15	16	MN	4. 29	7. 52	7. 83	7. 15	6. 44	6. 30	7. 63	6. 78	6. 86	6. 11	5. 99	6. 59	6. 67	6. 85	8. 26	7. 90	8. 08	8. 99	9. 01	9. 68
2000 - 05 - 15	17	M	3. 73	6. 78	7. 41	6. 81	6. 24	6. 06	7. 31	6. 02	5. 43	5. 97	7. 37	7. 31	6. 15	7. 12	8. 55	8. 05	8. 25	8. 69	9. 19	9. 45
2000 - 05 - 15	18	BL	6. 60	10. 06	9. 30	10. 02	9. 91	9. 49	9. 42	10. 45	11. 23	12. 07	11. 86	11. 44	11. 50	11. 08	12. 07	12. 24	10. 57	10. 71	10. 98	10. 47
2000 - 10 - 13	10	MP	16. 88	15. 85	14. 67	12. 33	8. 18	6. 37	6. 49	10. 31	7. 48	7. 60	7. 82	9. 41	7. 46	7. 93	8. 37	8. 60	9. 50	9. 86	10. 02	9. 73
2000 - 10 - 13	11	MNP	18. 99	15. 73	15. 03	13. 15	4. 88	5. 03	5. 43	5. 91	5. 98	5. 88	6. 23	6. 06	6. 65	6. 85	6. 97	7. 43	7. 68	8. 68	9. 08	9. 63
2000 - 10 - 13	12	NP	16. 02	15. 76	15. 01	12. 18	4. 98	4. 86	5. 01	5. 01	5. 63	6. 25	6. 07	6. 49	6. 13	6. 67	6. 95	7. 61	8. 21	8. 87	9. 18	8. 94
2000 - 10 - 13	13	N	16. 68	16. 22	14. 64	12. 00	4. 83	5. 34	5. 14	4. 96	5. 14	5. 46	5. 65	6. 12	6. 23	6. 54	6. 51	6. 31	6. 90	7. 17	7. 53	10. 16
2000 - 10 - 13	14	CK	16. 68	15. 57	14. 38	13. 69	10. 54	6. 85	6. 22	7. 65	6. 20	6. 07	6. 25	8. 11	6. 63	7. 01	6. 58	6. 94	8. 67	8. 62	6. 48	7. 41
2000 - 10 - 13	15	P	17. 60	17. 00	15. 58	13. 96	13. 48	9. 12	6. 91	6. 34	6. 14	6. 40	6. 64	6. 13	5. 83	6. 90	6. 22	6. 55	7. 72	8. 06	11. 00	7. 13
2000 - 10 - 13	16	MN	15. 86	15. 31	15. 64	12. 68	5. 66	5. 08	5. 28	4. 98	5. 30	5. 69	5. 90	6. 32	5. 63	6. 95	6. 37	7. 11	8. 13	8. 68	8. 19	8. 30
2000 - 10 - 13	17	M	16. 51	15. 18	15. 37	12. 80	10. 46	5. 71	5. 65	5. 99	5. 40	5. 66	6. 63	6. 90	7. 43	6. 72	7. 27	7. 04	7. 78	7. 97	/	/

（续）

时间（年-月-日）	区号	处理	土壤深度																			
			10 cm	20 cm	30 cm	40 cm	50 cm	60 cm	70 cm	80 cm	90 cm	100 cm	110 cm	120 cm	130 cm	140 cm	150 cm	160 cm	170 cm	180 cm	190 cm	200 cm
2000-10-13	18	BL	16.26	16.27	15.72	14.28	13.13	9.02	8.64	8.27	8.55	8.67	8.76	8.75	8.73	8.49	9.01	8.94	8.93	8.58	9.46	9.23
2001-05-06	10	MP	12.08	12.19	11.70	10.75	10.26	9.40	10.04	8.15	8.25	7.21	8.25	7.49	7.85	7.36	7.95	8.33	9.15	9.30	9.96	9.49
2001-05-06	11	MNP	11.27	12.42	11.30	10.17	10.21	8.42	6.27	7.04	6.46	6.78	7.06	6.59	7.33	7.14	7.73	7.61	8.82	11.10	9.10	7.84
2001-05-06	12	NP	9.17	11.13	11.44	11.48	10.50	8.97	7.89	7.46	6.82	6.82	6.32	5.91	6.12	6.48	7.00	7.88	8.22	8.63	8.35	9.28
2001-05-06	13	N	9.01	11.93	10.79	10.45	9.76	7.81	6.93	6.53	6.40	5.72	6.42	6.38	8.66	6.63	6.77	7.06	7.57	8.07	9.10	9.44
2001-05-06	14	CK	10.01	12.03	11.95	11.40	10.57	10.67	9.87	8.48	7.47	8.18	7.40	6.20	6.85	7.57	6.87	6.37	7.87	8.18	8.55	8.19
2001-05-06	15	P	9.74	12.57	12.04	11.74	11.28	10.60	9.60	8.72	7.85	7.44	7.31	6.82	6.68	6.61	6.57	7.32	7.60	7.38	6.59	6.69
2001-05-06	16	MN	10.84	11.86	11.59	10.61	10.08	8.53	6.83	6.28	6.37	5.70	6.26	6.48	6.31	7.25	7.46	7.33	7.40	8.40	/	/
2001-05-06	17	M	10.27	12.50	11.83	11.42	10.91	9.19	7.59	6.74	6.57	6.23	6.69	6.98	6.79	7.23	7.46	7.41	7.83	8.27	/	/
2001-05-06	18	BL	11.57	13.48	13.08	15.12	12.91	11.23	10.58	10.08	9.54	8.93	9.22	9.35	8.37	9.02	10.17	8.56	8.90	8.36	10.22	10.39
2001-10-25	10	MP	16.92	17.05	16.62	17.35	17.49	15.93	15.22	15.90	15.34	15.66	16.55	16.55	16.27	14.80	13.46	11.40	13.11	12.78	10.36	10.48
2001-10-25	11	MNP	17.35	16.62	16.93	16.49	16.88	16.26	15.82	16.12	15.61	15.69	15.77	16.42	16.63	15.29	15.38	14.69	14.31	13.58	13.90	12.64
2001-10-25	12	NP	15.79	16.12	16.02	15.99	16.45	16.11	15.73	15.39	15.45	16.03	16.18	15.84	15.15	14.99	15.08	14.46	13.35	12.36	11.26	10.49
2001-10-25	13	N	15.15	15.45	15.21	17.27	16.52	17.06	16.22	15.69	17.24	15.39	16.28	14.82	13.92	13.38	11.67	8.50	8.15	8.81	9.23	10.91
2001-10-25	14	CK	15.22	16.28	16.03	16.98	16.86	16.64	16.23	15.98	16.22	16.24	17.31	14.74	15.01	13.90	11.18	9.28	8.23	8.34	9.57	12.26
2001-10-25	15	P	14.66	15.54	15.96	16.20	16.41	16.24	15.70	15.29	15.57	15.84	15.59	14.40	13.36	13.43	8.75	7.31	7.56	9.74	5.19	7.41
2001-10-25	16	MN	15.85	16.01	15.26	17.00	16.83	16.37	15.57	15.79	15.84	15.14	11.77	15.40	13.00	12.91	12.80	9.21	8.06	7.92	/	/
2001-10-25	17	M	16.77	16.07	16.40	17.64	17.04	17.54	15.49	15.65	17.50	15.58	16.02	14.97	13.80	14.82	14.28	13.06	11.10	8.75	8.61	8.53
2001-10-25	18	BL	14.52	15.28	16.11	17.82	16.96	15.83	15.38	16.33	16.92	14.22	15.80	18.28	14.67	17.37	16.67	14.06	14.31	12.45	12.42	9.16
2002-04-05	10	MP	18.23	19.09	18.15	15.14	14.50	13.31	11.90	12.60	13.29	13.63	14.62	13.99	13.53	13.65	13.11	11.78	12.06	12.05	13.10	12.56
2002-04-05	11	MNP	17.26	17.79	16.34	14.87	18.34	12.57	12.60	12.92	14.26	13.43	13.59	13.04	12.83	13.35	13.78	12.58	12.87	13.09	13.08	13.59
2002-04-05	12	NP	17.84	18.66	16.64	15.81	14.19	12.93	12.79	12.71	13.57	13.92	12.37	13.60	13.11	12.09	12.71	12.52	12.77	12.77	13.09	13.09
2002-04-05	13	N	17.87	19.82	16.25	16.25	14.07	13.00	13.46	13.73	13.84	14.30	14.04	14.52	13.20	12.88	12.38	14.85	12.32	11.95	12.91	10.15
2002-04-05	14	CK	18.32	18.07	16.72	15.62	14.11	13.21	14.89	14.00	14.64	13.42	13.91	12.75	11.52	12.47	12.31	11.85	11.45	11.52	11.00	10.67
2002-04-05	15	P	17.97	18.90	16.97	16.94	14.69	13.28	13.83	13.49	13.12	13.75	12.64	12.14	12.41	12.81	11.87	11.26	11.47	10.70	10.06	10.41

（续）

时间（年-月-日）	区号	处理	土壤深度																			
			10 cm	20 cm	30 cm	40 cm	50 cm	60 cm	70 cm	80 cm	90 cm	100 cm	110 cm	120 cm	130 cm	140 cm	150 cm	160 cm	170 cm	180 cm	190 cm	200 cm
2002-04-05	16	MN	18.18	18.19	17.21	16.01	14.45	13.13	12.64	13.73	14.12	13.42	13.48	13.29	11.32	12.68	12.43	11.62	11.03	10.87	10.12	10.47
2002-04-05	17	M	17.09	18.01	16.80	16.02	15.21	15.02	12.65	12.92	13.64	14.00	15.42	15.62	12.40	13.06	13.08	11.89	12.66	11.42	11.18	11.80
2002-04-05	18	BL	18.52	18.19	16.60	15.31	15.32	13.18	12.72	13.55	12.88	14.09	12.64	13.85	13.61	14.90	12.98	15.40	13.43	12.20	12.81	12.45
2002-11-02	10	MP	17.55	16.65	16.40	17.31	17.38	16.91	17.00	16.51	16.32	17.51	18.80	19.35	17.27	16.55	15.42	14.89	14.91	15.52	15.32	14.27
2002-11-02	11	MNP	15.59	16.44	15.29	16.55	16.13	15.15	15.81	16.00	17.17	17.88	18.27	18.51	16.77	16.20	16.68	16.69	17.89	17.35	17.42	16.17
2002-11-02	12	NP	12.59	14.05	13.15	13.32	12.65	10.87	8.02	6.87	6.52	7.02	6.18	6.58	6.28	6.75	7.36	8.02	9.47	10.67	10.55	11.63
2002-11-02	13	N	12.98	12.72	12.86	12.11	11.90	8.17	6.88	7.24	7.21	7.20	7.36	7.64	8.03	8.77	9.19	12.95	10.34	10.98	11.81	11.62
2002-11-02	14	CK	12.66	13.70	13.47	13.82	13.15	13.13	12.46	12.37	10.56	9.37	9.14	9.40	8.51	8.70	9.37	9.87	10.98	13.81	15.22	13.36
2002-11-02	15	P	13.16	14.22	14.05	13.90	13.16	12.94	11.82	11.12	11.20	10.86	9.91	9.54	9.04	8.78	9.51	9.56	9.87	10.71	8.89	10.29
2002-11-02	16	MN	13.30	12.80	12.47	11.84	9.74	7.19	6.75	5.90	5.75	6.09	6.18	5.40	5.60	6.15	6.45	7.88	8.89	8.57	/	/
2002-11-02	17	M	14.10	14.02	13.50	13.28	11.93	10.70	7.85	6.79	5.96	6.63	7.09	6.84	6.63	6.94	8.49	7.58	8.85	9.28	9.05	8.78
2002-11-02	18	BL	14.27	14.22	13.37	13.68	13.56	14.15	12.65	13.11	15.93	11.68	12.79	14.27	11.81	13.77	11.81	12.47	12.24	11.61	12.02	11.40
2003-04-24	10	MP	14.16	14.06	13.72	12.01	12.72	12.66	13.38	12.40	11.72	14.59	13.87	13.92	12.74	11.56	11.89	12.51	13.19	13.36	13.21	12.77
2003-04-24	11	MNP	11.55	13.63	12.41	12.46	12.78	12.34	12.57	12.77	12.67	14.64	14.34	13.81	13.47	12.82	12.09	12.12	13.50	14.11	13.60	13.34
2003-04-24	12	NP	11.42	11.33	11.57	12.34	11.43	10.13	8.99	10.34	9.23	9.03	9.16	7.71	8.58	8.19	8.71	8.71	9.62	10.58	11.04	10.60
2003-04-24	13	N	9.50	10.17	10.20	6.33	14.29	9.30	8.95	7.67	7.55	8.23	8.05	7.37	7.63	7.59	8.01	8.85	9.81	9.88	10.97	11.66
2003-04-24	14	CK	10.52	12.32	11.78	12.18	12.35	11.69	10.88	10.61	10.18	10.24	9.51	9.11	9.28	12.51	9.59	9.41	9.34	10.10	10.23	9.70
2003-04-24	15	P	11.33	11.42	10.56	12.20	10.82	10.46	10.81	10.55	11.06	11.00	10.40	9.82	9.49	8.62	8.60	9.95	8.61	/	/	/
2003-04-24	16	MN	4.30	11.21	10.29	10.21	9.58	8.82	7.42	7.08	6.02	6.67	6.06	4.79	6.17	6.20	5.65	6.49	7.44	7.71	/	/
2003-04-24	17	M	9.64	11.24	11.22	10.88	10.30	9.30	8.46	7.52	7.18	6.80	6.55	6.91	6.68	7.30	7.90	7.82	8.16	9.35	8.88	7.41
2003-04-24	18	BL	10.55	12.19	12.02	12.45	11.84	11.48	11.14	11.71	12.11	10.16	11.50	11.19	10.01	10.92	10.90	12.04	9.69	10.61	11.11	9.83
2003-10-29	10	MP	15.30	16.97	17.18	17.36	17.83	17.92	17.60	17.29	17.71	18.49	18.19	17.35	17.87	17.98	17.36	17.18	17.41	17.81	17.21	17.21
2003-10-29	11	MNP	13.90	17.09	15.77	15.25	16.47	15.04	16.62	16.96	17.80	18.47	17.97	17.81	17.52	16.95	16.79	16.38	16.88	18.85	18.23	17.60
2003-10-29	12	NP	15.25	16.51	16.24	16.88	16.09	16.42	15.93	16.52	16.00	16.26	16.86	16.52	15.34	15.06	15.42	14.61	14.32	13.67	13.64	11.08
2003-10-29	13	N	13.41	15.99	15.33	16.86	15.95	17.13	15.88	15.96	17.44	17.15	17.80	18.09	15.52	16.15	14.89	14.28	14.25	12.04	11.66	10.70

（续）

时间（年-月-日）	区号	处理	土壤深度																			
			10 cm	20 cm	30 cm	40 cm	50 cm	60 cm	70 cm	80 cm	90 cm	100 cm	110 cm	120 cm	130 cm	140 cm	150 cm	160 cm	170 cm	180 cm	190 cm	200 cm
2003-10-29	14	CK	13.09	15.38	16.12	16.07	16.65	16.34	16.01	16.73	17.25	17.85	16.43	14.58	16.36	18.15	15.51	15.83	14.81	14.77	14.45	15.97
2003-10-29	15	P	13.53	15.51	15.54	16.64	17.33	16.65	17.42	17.28	17.07	17.35	16.97	16.84	15.84	17.71	17.74	17.06	16.68	14.32	13.56	12.37
2003-10-29	16	MN	13.74	15.83	15.95	15.97	16.66	16.56	15.99	15.95	18.00	17.07	16.51	15.90	14.80	14.41	13.64	13.31	11.45	12.10	/	/
2003-10-29	17	M	12.36	15.27	15.14	17.04	16.58	16.77	16.27	16.06	16.84	16.94	17.22	16.41	15.40	17.31	15.75	14.90	14.50	15.13	14.31	12.32
2003-10-29	18	BL	14.45	15.80	14.81	16.87	16.02	15.88	15.69	16.14	16.69	16.83	18.60	17.69	16.89	21.26	18.09	18.42	17.29	15.30	17.53	17.37
2004-04-18	10	MP	6.88	13.44	15.41	15.04	14.81	14.23	15.90	14.45	13.24	15.05	14.49	15.51	14.52	13.44	12.98	12.66	13.07	16.57	14.13	13.78
2004-04-18	11	MNP	5.96	15.27	14.82	15.09	14.56	13.51	13.96	13.38	15.11	14.54	14.70	15.57	14.59	13.16	14.07	13.79	13.73	13.25	14.38	13.97
2004-04-18	12	NP	9.61	13.56	13.76	14.42	13.43	13.04	12.62	12.64	13.06	14.40	13.82	13.45	16.46	12.83	12.93	12.59	12.76	12.59	12.30	12.73
2004-04-18	13	N	9.24	12.08	13.10	14.15	14.23	13.35	12.63	12.98	15.24	13.45	13.47	13.42	14.87	15.15	13.22	13.00	12.83	12.92	13.32	12.78
2004-04-18	14	CK	5.92	12.16	13.22	15.46	14.29	13.92	13.25	13.58	13.96	13.95	14.37	13.35	14.52	13.05	13.12	12.91	12.94	13.13	12.47	12.83
2004-04-18	15	P	4.89	13.65	14.50	14.85	15.86	15.91	15.25	14.32	14.85	13.84	15.55	14.07	13.12	13.83	13.44	13.69	13.42	9.41	/	/
2004-04-18	16	MN	8.96	13.93	14.19	11.37	15.39	11.64	15.01	14.61	14.71	15.98	15.93	13.91	12.39	13.09	10.32	12.21	12.82	11.40	12.39	/
2004-04-18	17	M	9.82	12.93	14.19	14.22	14.30	13.95	13.56	12.73	12.75	13.68	14.46	14.87	15.08	14.47	14.52	14.45	13.15	13.53	12.15	10.06
2004-04-18	18	BL	4.75	14.88	13.84	15.50	15.73	15.24	13.66	14.30	14.26	12.41	12.66	13.84	13.05	15.18	14.57	13.10	13.01	12.42	12.08	12.30
2004-10-15	10	MP	12.34	12.44	13.72	13.83	16.59	14.56	15.11	14.36	14.64	15.72	16.04	15.63	15.85	14.70	16.44	14.55	16.30	17.95	15.51	15.23
2004-10-15	11	MNP	11.77	13.72	15.06	16.67	16.09	14.98	15.30	14.58	15.08	14.70	15.76	15.77	15.36	15.78	14.51	14.55	13.90	14.86	14.48	14.65
2004-10-15	12	NP	11.36	13.53	13.43	14.64	13.64	13.82	13.59	14.19	14.21	16.43	14.76	14.18	14.98	14.67	13.85	13.74	14.91	15.19	14.29	14.69
2004-10-15	13	N	12.99	13.47	12.84	13.67	14.13	14.62	13.78	13.41	13.71	14.30	14.64	14.62	14.43	13.92	13.28	13.20	13.15	13.44	13.47	15.65
2004-10-15	14	CK	12.45	13.30	13.00	13.41	13.81	13.62	13.81	13.51	13.59	13.80	13.66	13.37	13.18	12.74	13.19	12.85	13.01	13.96	14.75	13.47
2004-10-15	15	P	12.66	13.17	13.16	12.32	14.54	14.22	14.84	14.68	13.81	15.03	14.20	13.83	13.88	14.21	14.03	14.57	14.76	10.35	13.69	17.67
2004-10-15	16	MN	12.97	13.28	15.24	13.19	12.89	13.75	13.28	12.89	14.04	13.02	13.24	13.11	12.02	15.59	12.38	12.09	12.41	11.86	11.63	11.76
2004-10-15	17	M	12.05	13.43	12.98	12.73	13.44	13.14	12.51	12.18	13.09	13.10	11.89	12.47	12.94	13.97	11.67	12.63	12.54	11.63	11.18	10.78
2004-10-15	18	BL	12.57	13.55	12.93	14.09	13.04	13.36	19.74	14.54	15.33	14.36	13.34	14.87	15.27	16.39	14.66	13.77	13.37	13.32	13.24	14.13
2005-04-22	10	MP	7.13	13.62	13.31	13.58	13.26	13.08	12.31	12.79	12.75	13.95	14.54	14.78	15.08	13.08	12.08	13.76	13.52	14.19	13.47	13.82
2005-04-22	11	MNP	13.80	13.84	13.53	14.34	13.70	13.53	12.28	12.67	13.08	13.43	13.14	13.72	12.36	12.64	11.78	11.86	12.75	13.31	13.39	13.10

（续）

时间（年-月-日）	区号	处理	土壤深度																			
			10 cm	20 cm	30 cm	40 cm	50 cm	60 cm	70 cm	80 cm	90 cm	100 cm	110 cm	120 cm	130 cm	140 cm	150 cm	160 cm	170 cm	180 cm	190 cm	200 cm
2005-04-22	12	NP	12.44	13.30	12.72	14.07	13.84	12.12	13.01	12.46	12.03	13.13	12.61	13.21	12.43	13.41	12.18	11.75	12.27	13.16	12.76	13.09
2005-04-22	13	N	11.13	12.74	12.68	14.54	13.98	12.71	12.59	12.35	13.59	12.91	13.29	12.09	12.44	12.97	11.82	11.96	12.47	11.91	12.85	13.80
2005-04-22	14	CK	12.74	12.70	12.94	13.00	13.23	12.33	12.68	14.64	13.34	13.62	12.57	13.11	12.79	15.17	12.23	12.42	12.68	12.96	15.45	15.61
2005-04-22	15	P	11.49	12.78	12.45	12.74	13.63	12.79	12.47	12.34	13.52	12.85	12.22	12.59	11.69	11.81	14.75	11.91	11.67	11.70	10.69	10.75
2005-04-22	16	MN	13.07	12.96	15.70	13.64	13.27	12.34	12.40	11.91	13.07	12.95	14.20	13.20	11.94	12.35	11.10	11.27	14.94	11.79	11.34	11.83
2005-04-22	17	M	12.87	12.44	13.41	13.32	12.85	12.10	11.99	11.69	12.15	10.75	11.30	11.59	11.16	11.77	12.20	11.27	11.64	11.43	11.99	12.04
2005-04-22	18	BL	10.35	12.82	13.10	9.31	9.95	12.46	11.59	12.07	13.70	11.59	11.26	12.25	12.01	11.48	11.98	11.93	11.34	11.15	12.42	10.89
2005-10-19	10	MP	19.14	18.81	18.22	18.43	17.88	18.63	16.52	14.63	14.82	14.49	15.04	13.67	13.81	12.85	12.50	12.78	13.10	13.26	13.51	13.24
2005-10-19	11	MNP	18.85	18.38	18.10	17.11	15.75	15.15	14.13	11.93	12.57	11.89	10.84	10.52	10.15	10.16	11.74	11.54	12.32	12.31	13.34	13.03
2005-10-19	12	NP	21.43	18.10	17.69	17.27	15.94	15.53	15.08	14.77	15.21	14.34	13.99	13.35	12.64	12.08	12.07	12.00	12.49	13.45	12.84	13.68
2005-10-19	13	N	18.93	17.68	16.19	16.95	16.19	15.92	15.61	15.33	14.91	14.20	14.32	12.59	12.69	12.95	11.63	11.50	12.48	12.64	11.86	14.63
2005-10-19	14	CK	16.44	18.18	17.66	18.47	17.57	16.73	17.36	16.48	16.32	16.91	15.92	14.30	14.21	14.05	13.53	12.72	12.75	12.58	12.57	12.22
2005-10-19	15	P	16.55	17.19	17.33	17.52	17.15	16.59	16.20	16.78	16.13	16.31	15.31	12.79	14.44	12.97	13.17	12.84	10.98	12.34	12.07	12.23
2005-10-19	16	MN	16.41	16.15	17.08	16.38	15.67	14.85	13.85	12.55	12.33	9.84	9.64	9.36	8.29	9.60	10.73	9.62	10.28	/	/	/
2005-10-19	17	M	19.07	17.12	17.39	16.73	16.06	15.34	14.96	14.23	15.61	13.64	13.06	12.32	10.85	10.22	12.65	11.04	11.27	12.14	/	/
2005-10-19	18	BL	15.28	16.70	16.70	18.21	17.32	17.40	15.68	16.14	16.56	15.75	15.26	15.72	16.45	17.03	15.59	16.08	14.36	13.57	12.84	13.38
2006-04-23	10	MP	11.26	12.08	13.59	13.84	14.26	16.75	14.78	12.75	13.31	14.00	14.65	13.33	13.76	12.90	11.78	13.12	12.80	12.30	13.69	13.50
2006-04-23	11	MNP	6.42	11.97	13.11	13.24	14.54	13.54	13.05	12.59	12.94	13.24	12.81	12.20	11.97	13.35	10.85	11.01	11.99	12.29	12.69	12.26
2006-04-23	12	NP	9.78	13.46	12.69	14.51	13.18	12.66	12.64	13.33	12.67	13.09	13.63	12.64	12.54	13.78	11.98	11.61	12.30	12.42	12.48	12.57
2006-04-23	13	N	6.36	13.76	12.80	13.57	13.40	13.27	13.44	13.58	13.33	13.61	13.93	13.29	12.07	12.67	11.75	12.53	11.79	12.10	13.14	12.13
2006-04-23	14	CK	11.41	12.81	14.46	13.74	14.12	13.72	13.15	13.72	13.60	14.15	14.46	14.27	11.95	12.04	12.27	11.65	12.08	12.40	12.27	17.38
2006-04-23	15	P	8.80	11.80	13.03	13.60	15.46	13.92	14.39	12.60	13.19	13.81	13.59	12.44	11.98	11.79	12.08	11.65	11.68	12.01	12.11	11.49
2006-04-23	16	MN	12.61	13.48	13.82	13.26	13.59	13.09	12.23	11.78	12.05	11.70	11.89	11.21	10.65	10.45	11.01	10.30	10.77	10.45	10.56	10.70
2006-04-23	17	M	8.68	14.40	14.07	14.94	14.98	12.98	12.38	12.51	12.75	13.05	11.77	11.96	11.49	13.11	12.54	15.63	11.68	10.75	9.70	10.33
2006-04-23	18	BL	5.95	12.41	13.26	14.02	14.40	13.61	12.80	12.65	13.49	13.35	12.27	12.33	13.61	13.10	13.49	12.52	11.93	12.09	12.94	12.02

（续）

时间（年-月-日）	区号	处理	土壤深度																			
			10 cm	20 cm	30 cm	40 cm	50 cm	60 cm	70 cm	80 cm	90 cm	100 cm	110 cm	120 cm	130 cm	140 cm	150 cm	160 cm	170 cm	180 cm	190 cm	200 cm
2006-10-26	10	MP	11.74	12.49	14.32	15.21	15.48	14.70	14.09	13.38	12.63	13.03	12.00	11.79	10.94	10.37	9.50	10.22	11.51	11.71	11.54	11.91
2006-10-26	11	MNP	10.56	13.58	12.78	13.78	14.07	13.62	12.69	11.73	10.54	9.03	7.95	7.24	7.99	8.46	9.05	9.10	10.52	11.86	11.82	11.91
2006-10-26	12	NP	12.20	13.62	13.76	14.37	14.68	13.80	13.39	12.74	12.49	12.04	11.38	9.52	9.95	10.07	9.29	11.60	9.76	10.92	11.40	11.46
2006-10-26	13	N	11.85	13.57	13.86	15.08	15.16	15.60	15.03	14.89	15.04	13.17	13.13	11.65	12.03	11.85	11.36	11.10	13.00	11.29	11.71	11.84
2006-10-26	14	CK	12.12	14.31	13.93	15.64	15.98	15.68	15.71	14.88	16.61	15.76	14.73	14.77	14.54	13.20	13.54	13.21	13.13	13.46	14.26	15.82
2006-10-26	15	P	12.78	14.06	13.63	14.75	14.97	15.17	15.36	14.33	15.27	15.06	13.96	13.58	13.56	12.92	12.55	12.67	12.78	11.92	13.10	11.48
2006-10-26	16	MN	10.68	12.11	12.91	13.31	12.68	12.22	11.39	11.33	12.68	9.41	8.47	6.96	7.12	7.79	8.19	8.87	10.17	10.56	11.65	10.64
2006-10-26	17	M	12.15	13.50	14.16	14.05	14.26	14.31	13.28	12.89	13.53	12.52	12.07	11.76	10.22	11.07	10.55	10.51	10.52	10.38	9.50	13.13
2006-10-26	18	BL	10.98	12.75	13.11	14.25	13.92	13.82	13.17	14.61	13.61	14.20	13.07	14.73	14.13	13.48	14.38	13.29	13.29	15.40	13.17	11.66
2007-04-21	10	MP	10.95	14.36	13.76	13.60	13.58	13.58	13.18	12.98	12.67	13.31	13.13	12.25	13.12	13.43	12.30	12.34	13.01	13.07	13.21	13.14
2007-04-21	11	MNP	4.82	13.26	13.99	13.39	12.99	12.42	11.88	10.73	10.28	10.22	9.79	9.53	9.12	8.67	9.04	12.94	10.91	11.67	11.65	11.51
2007-04-21	12	NP	9.41	13.47	12.65	13.88	12.90	13.01	12.29	14.63	11.75	13.04	12.34	11.02	11.26	10.24	9.98	9.86	10.42	10.90	11.32	11.75
2007-04-21	13	N	5.88	11.83	13.28	13.77	13.74	13.15	13.06	12.90	12.99	12.75	12.71	13.29	11.80	11.60	10.77	11.17	11.11	11.53	11.99	12.18
2007-04-21	14	CK	7.84	13.12	14.29	14.49	14.55	13.85	14.29	13.93	14.72	14.90	14.58	14.67	15.33	13.72	15.17	12.64	12.19	12.12	11.59	10.62
2007-04-21	15	P	7.69	14.09	14.36	15.59	15.36	15.90	13.75	13.69	13.13	14.66	12.57	12.89	13.12	13.45	12.52	12.66	12.05	9.92	10.94	10.57
2007-04-21	16	MN	6.61	11.94	14.16	13.37	14.86	13.10	12.17	12.48	12.37	11.06	12.31	10.68	9.88	9.50	8.51	9.15	9.66	9.83	10.08	10.13
2007-04-21	17	M	8.48	14.18	15.02	14.43	13.73	13.16	12.33	12.44	12.53	12.74	12.21	12.14	11.96	10.85	11.56	10.40	10.67	11.46	11.54	10.26
2007-04-21	18	BL	10.88	12.89	13.69	14.78	13.76	13.57	13.53	13.20	13.52	12.41	12.26	12.77	13.17	12.73	13.41	11.88	11.65	11.65	11.72	10.61
2007-10-25	10	MP	20.25	19.03	17.77	17.28	18.36	17.99	16.90	17.12	15.99	16.46	15.67	13.74	12.16	9.69	8.72	9.89	10.31	10.57	12.32	11.32
2007-10-25	11	MNP	19.70	18.73	17.20	16.71	18.04	17.33	17.53	17.25	17.79	17.37	15.97	14.35	13.54	10.41	9.10	9.07	10.28	13.01	11.24	11.70
2007-10-25	12	NP	18.28	16.95	17.01	17.51	16.59	17.08	16.34	16.75	16.32	16.17	16.14	15.20	14.56	13.06	10.66	8.82	9.48	10.33	10.40	11.30
2007-10-25	13	N	17.07	16.88	17.41	17.00	18.64	16.85	16.63	17.97	19.16	17.90	17.86	15.88	16.55	15.18	15.43	14.79	14.99	13.29	13.22	14.26
2007-10-25	14	CK	16.14	16.37	16.53	17.60	18.21	17.44	17.23	17.79	17.18	16.42	17.62	16.56	15.85	15.40	15.41	14.26	14.32	13.02	13.26	12.58
2007-10-25	15	P	17.72	17.17	16.52	17.03	16.46	17.36	18.91	17.01	18.19	18.04	16.01	14.93	13.77	13.38	10.10	9.73	10.19	10.50	/	/
2007-10-25	16	MN	18.11	16.64	17.04	17.61	18.01	16.51	17.23	18.12	17.17	17.00	15.80	15.25	13.90	13.14	10.77	9.17	9.49	/	/	/

（续）

时间（年-月-日）	区号	处理	土壤深度																			
			10 cm	20 cm	30 cm	40 cm	50 cm	60 cm	70 cm	80 cm	90 cm	100 cm	110 cm	120 cm	130 cm	140 cm	150 cm	160 cm	170 cm	180 cm	190 cm	200 cm
2007-10-25	17	M	17.74	17.03	17.59	17.29	16.76	16.97	16.86	17.12	15.36	17.35	16.21	16.24	14.20	16.80	15.48	13.50	11.02	9.75	11.41	8.57
2007-10-25	18	BL	16.21	16.98	16.96	17.67	17.38	17.80	16.46	16.98	16.91	18.46	16.89	18.09	17.52	19.49	19.15	15.00	15.65	15.56	14.48	13.96
2008-04-24	10	MP	9.53	15.46	14.10	13.99	13.81	13.89	12.88	13.56	13.94	14.62	14.33	13.90	15.95	11.99	11.66	12.59	11.91	16.15	12.27	12.47
2008-04-24	11	MNP	10.76	14.37	14.69	13.64	13.60	14.12	13.53	14.04	14.32	14.20	14.41	13.22	13.43	12.91	12.21	11.39	11.73	12.93	13.24	11.98
2008-04-24	12	NP	13.50	13.41	13.56	12.64	14.17	13.41	13.78	13.27	12.52	14.24	13.47	13.82	13.69	13.49	12.65	12.29	12.09	14.04	12.54	12.47
2008-04-24	13	N	10.06	14.37	13.81	15.25	13.96	13.36	14.10	13.41	14.39	15.07	14.31	14.25	13.73	13.67	13.79	13.61	12.69	12.69	13.11	9.66
2008-04-24	14	CK	12.26	12.60	13.44	14.98	14.80	13.57	13.68	14.61	16.15	15.21	14.40	14.62	13.97	12.56	12.72	12.74	12.58	12.52	13.57	15.35
2008-04-24	15	P	12.19	13.88	14.08	14.97	14.42	13.77	13.83	15.24	15.76	14.06	14.56	13.43	12.58	11.83	11.88	12.09	12.04	11.35	9.91	10.44
2008-04-24	16	MN	12.70	13.99	14.87	14.60	13.90	13.89	14.09	13.63	12.95	13.35	14.93	13.01	12.35	13.71	13.65	12.00	11.83	10.89	11.73	10.87
2008-04-24	17	M	12.68	14.13	14.95	14.17	14.57	13.51	13.06	13.81	13.84	12.12	13.36	13.51	12.85	12.63	12.17	9.92	11.75	12.20	11.51	10.12
2008-04-24	18	BL	10.51	12.43	13.41	14.38	15.79	13.28	13.87	13.20	13.30	13.77	11.97	12.88	14.24	15.11	14.05	13.08	12.95	11.94	12.70	10.88
2008-10-16	10	MP	18.56	15.72	15.54	15.55	16.16	14.39	12.10	11.59	6.71	6.96	7.38	6.98	7.01	6.81	7.01	7.15	7.85	8.90	9.95	10.48
2008-10-16	11	MNP	15.80	15.54	15.63	15.35	15.43	13.64	12.43	7.05	6.91	5.97	6.96	5.71	6.09	5.89	5.87	7.48	6.88	8.82	10.34	10.22
2008-10-16	12	NP	12.82	14.62	14.54	15.16	15.63	14.56	12.49	11.10	9.68	6.30	6.26	5.66	5.97	12.69	6.42	7.22	8.09	9.02	9.68	10.42
2008-10-16	13	N	15.93	14.62	15.21	15.26	16.21	15.66	14.41	13.54	11.97	12.03	8.72	7.97	7.39	9.42	8.08	8.47	9.28	10.23	11.21	13.63
2008-10-16	14	CK	12.47	15.34	14.91	16.21	16.15	15.65	14.93	16.42	14.05	12.32	12.36	11.02	11.37	9.29	8.96	9.82	11.00	11.12	10.88	10.99
2008-10-16	15	P	14.59	15.31	15.32	16.30	15.34	15.34	13.95	13.04	12.23	10.78	8.17	7.64	7.80	9.40	8.22	9.66	10.10	8.81	9.55	10.36
2008-10-16	16	MN	13.24	14.14	14.93	14.96	14.66	17.02	12.70	11.49	10.52	7.52	6.27	6.70	5.00	6.34	7.24	8.40	8.22	8.56	/	/
2008-10-16	17	M	13.11	14.20	15.32	16.27	15.30	14.30	13.08	11.84	9.56	6.98	6.68	7.14	7.00	8.20	7.57	7.64	8.27	8.96	7.72	8.45
2008-10-16	18	BL	12.71	13.40	15.64	15.57	16.34	16.16	15.92	15.41	16.60	14.53	13.82	12.44	15.33	14.18	13.92	14.46	11.97	11.52	13.63	11.91
2009-04-29	10	MP	7.73	12.26	11.57	12.14	11.82	11.95	10.94	10.01	9.35	8.80	8.67	8.45	7.09	7.41	7.48	7.90	8.41	9.59	9.73	10.74
2009-04-29	11	MNP	6.07	12.26	9.50	11.41	11.99	11.13	10.34	10.32	8.92	7.93	7.24	7.08	6.35	6.94	7.83	7.60	8.71	9.26	10.04	9.62
2009-04-29	12	NP	4.46	11.40	11.53	12.18	11.94	11.06	10.14	10.46	10.99	9.92	8.82	8.36	7.87	7.90	7.02	7.93	8.20	8.62	9.41	9.56
2009-04-29	13	N	5.57	11.48	12.33	12.24	12.32	13.90	11.42	10.91	11.18	10.96	11.30	9.82	9.95	10.23	9.15	9.24	10.67	10.21	10.80	12.85
2009-04-29	14	CK	4.15	12.19	12.47	11.87	13.28	12.31	12.69	11.51	11.34	12.30	12.22	11.59	10.01	10.09	10.91	12.27	11.66	11.54	11.35	11.90

（续）

时间（年-月-日）	区号	处理	土壤深度																			
			10 cm	20 cm	30 cm	40 cm	50 cm	60 cm	70 cm	80 cm	90 cm	100 cm	110 cm	120 cm	130 cm	140 cm	150 cm	160 cm	170 cm	180 cm	190 cm	200 cm
2009-04-29	15	P	4.79	11.73	11.75	12.35	13.01	12.35	12.05	11.33	11.54	11.04	12.71	10.87	10.04	11.19	10.64	10.52	10.31	11.79	10.21	8.09
2009-04-29	16	MN	3.21	11.73	11.70	12.05	11.33	10.76	10.17	9.99	10.32	11.34	8.56	8.11	7.52	7.25	7.33	9.51	8.27	8.12	/	/
2009-04-29	17	M	5.77	11.96	12.17	12.63	12.23	11.19	10.57	11.57	10.30	9.51	9.07	8.84	8.28	8.26	8.34	8.14	8.88	9.59	9.73	8.56
2009-04-29	18	BL	2.82	11.04	12.18	12.15	14.33	12.00	11.38	11.80	13.21	12.12	10.69	12.41	12.25	11.44	12.42	11.15	10.96	10.44	11.18	10.72
2009-10-22	10	MP	12.44	14.69	13.40	13.18	13.80	13.66	14.27	14.41	13.79	13.19	13.22	11.36	10.28	8.84	8.23	9.03	8.83	10.54	11.25	10.22
2009-10-22	11	MNP	11.01	12.33	12.72	12.55	13.67	12.83	14.79	13.18	12.56	13.28	10.80	8.63	7.69	7.48	7.34	8.02	8.54	9.33	10.09	10.67
2009-10-22	12	NP	10.63	12.76	12.69	13.68	13.75	13.17	12.31	12.23	12.22	12.44	12.41	12.15	12.23	10.19	9.39	8.80	8.56	8.98	9.25	10.08
2009-10-22	13	N	11.32	12.54	13.20	14.10	14.48	13.49	13.38	13.59	13.70	15.21	15.25	13.11	13.68	11.93	11.88	10.95	10.88	10.79	11.02	12.28
2009-10-22	14	CK	10.20	12.97	14.59	15.68	16.91	17.66	17.35	16.89	16.07	16.61	16.23	15.45	14.19	14.09	14.29	13.62	13.35	13.45	11.83	12.79
2009-10-22	15	P	11.99	13.49	14.47	15.42	14.77	14.86	15.08	15.26	15.09	15.25	15.44	14.91	14.23	14.23	15.12	14.49	13.92	13.51	/	/
2009-10-22	16	MN	9.35	11.68	12.49	12.85	12.54	12.47	12.44	13.20	13.14	12.68	12.24	10.87	10.01	9.08	9.54	8.17	8.94	8.14	8.83	9.76
2009-10-22	17	M	12.00	13.41	13.75	13.47	14.10	13.91	14.68	13.61	13.52	12.72	12.75	12.35	11.17	11.01	11.76	10.19	9.54	9.68	9.04	
2009-10-22	18	BL	11.49	13.82	14.00	14.29	15.29	15.20	15.62	15.84	15.14	15.95	13.41	17.09	15.51	18.54	15.79	18.09	17.06	15.27	15.01	12.30
2010-05-04	10	MP	13.94	16.21	16.27	14.48	15.34	15.07	13.75	12.71	12.90	13.35	13.39	11.33	10.90	10.49	10.02	9.05	10.38	10.05	10.19	10.70
2010-05-04	11	MNP	15.36	15.23	16.01	15.05	15.62	14.88	13.54	13.18	12.19	11.94	11.32	10.11	10.18	9.65	9.81	11.27	8.33	8.80	10.25	9.90
2010-05-04	12	NP	13.74	14.80	15.38	15.10	15.51	14.77	14.23	13.35	12.89	12.68	12.26	11.63	10.53	10.71	9.88	9.75	10.39	10.86	11.85	10.61
2010-05-04	13	N	14.35	15.32	15.84	15.69	15.51	14.99	15.28	14.32	14.03	14.54	15.11	13.76	13.20	12.24	11.92	11.16	11.04	11.28	11.13	11.98
2010-05-04	14	CK	15.12	15.71	15.31	16.23	16.44	15.75	15.23	15.26	15.38	14.89	15.30	13.86	13.69	12.59	12.47	12.60	12.27	12.01	12.61	13.92
2010-05-04	15	P	14.02	16.00	15.88	15.37	15.70	15.40	18.64	16.75	14.82	13.62	14.77	13.55	13.66	12.38	12.59	11.96	17.70	11.44	11.42	10.07
2010-05-04	16	MN	14.05	15.66	16.65	16.07	15.76	14.83	14.09	13.90	14.62	13.31	12.67	12.00	10.09	10.80	11.21	9.64	9.14	8.79	9.89	9.92
2010-05-04	17	M	15.30	16.11	15.60	14.74	15.80	14.59	14.17	15.03	16.20	13.14	12.95	12.57	11.71	14.22	11.27	10.77	10.75	10.62	/	/
2010-05-04	18	BL	12.83	14.73	16.20	16.23	16.07	15.06	14.29	14.97	14.40	15.10	12.82	13.14	13.61	13.60	11.97	12.45	12.22	12.65	12.23	11.36
2010-10-13	10	MP	14.82	14.20	12.15	11.55	11.81	12.62	11.84	11.65	10.88	10.80	9.69	8.86	7.73	8.13	8.09	9.27	9.35	9.55	11.09	10.79
2010-10-13	11	MNP	14.48	13.43	12.00	11.18	13.02	11.80	11.47	11.03	10.25	9.61	8.91	8.36	8.73	9.21	9.08	9.67	9.55	11.06	11.16	11.23
2010-10-13	12	NP	13.65	12.72	11.18	10.91	11.69	11.51	12.00	10.59	10.15	10.32	9.39	8.87	8.96	9.17	8.74	9.64	10.17	9.84	10.24	11.44

（续）

时间（年-月-日）	区号	处理	土壤深度																			
			10 cm	20 cm	30 cm	40 cm	50 cm	60 cm	70 cm	80 cm	90 cm	100 cm	110 cm	120 cm	130 cm	140 cm	150 cm	160 cm	170 cm	180 cm	190 cm	200 cm
2010-10-13	13	N	13.13	13.30	11.94	12.03	12.50	13.64	12.35	13.56	11.21	10.77	12.00	11.52	9.40	9.47	9.24	9.55	10.05	10.42	10.24	12.78
2010-10-13	14	CK	13.87	13.69	12.11	12.12	12.85	11.90	12.66	12.06	11.52	12.01	11.60	11.33	7.95	10.31	9.62	10.86	10.06	10.97	10.88	10.40
2010-10-13	15	P	14.09	13.35	11.27	10.82	12.75	11.53	11.06	10.05	10.37	10.10	7.26	7.35	7.12	8.99	8.66	9.19	9.78	10.12	9.96	9.94
2010-10-13	16	MN	15.49	14.22	12.30	12.11	13.67	11.77	11.41	10.59	10.40	10.35	9.30	8.26	8.23	8.83	9.78	8.50	9.90	9.69	/	/
2010-10-13	17	M	14.28	12.59	11.91	11.67	12.62	11.81	11.79	11.22	10.77	10.83	9.79	9.17	8.71	8.77	8.96	9.41	9.13	9.30	9.44	10.09
2010-10-13	18	BL	12.80	12.65	12.24	11.56	12.89	12.91	12.39	12.21	14.04	13.85	13.90	12.85	13.05	11.98	12.68	15.12	12.27	12.42	11.66	12.62
2011-04-25	10	MP	8.56	11.73	11.62	11.08	11.58	11.31	10.61	10.86	10.28	10.71	9.24	11.39	8.91	9.31	9.06	10.74	10.00	10.11	10.57	11.22
2011-04-25	11	MNP	11.89	11.20	10.64	11.15	12.39	10.97	10.79	9.16	9.26	9.33	8.81	8.93	8.47	8.51	8.57	8.64	9.54	9.77	10.23	10.41
2011-04-25	12	NP	11.29	11.12	10.76	11.75	11.25	11.04	10.34	9.75	9.90	9.78	9.40	9.24	9.40	9.28	9.92	9.53	9.78	10.16	10.99	10.30
2011-04-25	13	N	11.23	10.82	11.93	12.10	12.52	12.58	11.88	12.78	11.67	11.67	11.58	11.25	11.34	10.72	9.88	9.90	10.28	10.55	10.92	11.69
2011-04-25	14	CK	10.67	11.58	11.29	12.15	12.00	11.59	11.21	11.29	11.35	10.74	10.56	9.76	10.01	10.30	9.67	9.91	10.15	10.48	11.66	11.96
2011-04-25	15	P	10.31	10.82	11.24	11.49	11.62	11.08	10.80	10.38	9.76	9.40	9.69	8.86	7.34	8.64	9.32	9.00	9.65	9.42	8.95	8.57
2011-04-25	16	MN	11.33	12.03	11.84	11.76	11.96	11.80	10.88	10.79	11.53	11.15	10.86	10.56	10.92	10.56	10.24	9.00	9.75	10.13	9.73	9.76
2011-04-25	17	M	12.27	12.66	12.89	13.06	13.18	13.02	11.29	11.27	11.09	11.45	10.98	11.63	11.32	10.56	11.32	10.43	9.93	10.46	10.34	9.87
2011-04-25	18	BL	10.32	11.71	12.39	12.97	12.90	12.40	11.44	13.34	11.71	11.80	11.62	12.28	13.21	12.47	12.83	11.81	11.16	10.98	11.05	11.70
2011-10-21	10	MP	18.56	19.34	16.74	16.53	17.11	17.50	17.48	16.30	15.68	15.73	16.31	14.91	13.42	11.73	9.29	8.39	9.51	9.08	9.88	10.42
2011-10-21	11	MNP	16.85	17.46	17.33	17.33	16.97	17.50	16.55	15.53	15.42	15.19	14.92	14.56	12.88	9.89	10.03	8.07	8.50	10.21	10.13	10.17
2011-10-21	12	NP	16.39	16.72	17.06	16.75	16.57	16.49	15.65	15.24	16.36	16.70	16.30	15.68	15.21	13.01	11.68	9.23	8.86	9.65	9.43	9.92
2011-10-21	13	N	16.71	16.80	17.28	17.47	17.51	16.38	16.44	16.51	16.77	17.11	17.36	16.69	16.17	15.55	14.74	14.54	13.73	11.90	11.99	12.82
2011-10-21	14	CK	16.48	17.39	17.02	17.98	17.57	17.76	17.52	16.94	18.30	17.37	17.40	16.95	16.51	14.73	15.44	15.34	14.38	14.37	12.08	11.18
2011-10-21	15	P	16.08	17.46	17.24	17.57	18.29	18.09	18.02	18.20	17.89	17.57	18.12	15.83	16.20	15.99	15.20	15.58	15.62	15.08	/	/
2011-10-21	16	MN	16.70	16.91	16.72	17.03	16.83	17.36	16.09	15.81	16.71	16.59	16.18	15.26	14.08	14.10	13.20	11.23	9.84	9.06	/	/
2011-10-21	17	M	16.96	17.83	17.69	17.13	19.14	17.81	16.74	16.19	18.63	16.89	16.95	17.08	14.84	15.56	15.21	15.08	14.68	13.01	12.21	12.95
2011-10-21	18	BL	15.28	16.31	17.40	16.48	16.53	16.12	16.74	15.85	16.87	16.11	16.65	16.81	16.49	17.17	16.97	16.15	15.15	16.21	15.62	12.44

注：“/”表示石头层。

4.2 坡地养分长期定位试验土壤水分数据集

4.2.1 试验设计

该试验位于陕西省延安市安塞县墩山，试验场面积 740 m^2（37 m×20 m）。分 2 个区组，每区组 10 个小区，小区为长方形（3 m×7 m），小区投影面积为 20 m^2。设 10 个施肥处理，重复 2 次，其中 11～20 号小区为土壤样品采集区（图 4-2）。

1 裸地	2 N0P0	3 N0P1	4 N0P2	5 N1P0	6 N1P1	7 N1P2	8 N2P0	9 N2P1	10 N2P2
11 N2P2	12 N2P1	13 N2P0	14 N1P2	15 N1P1	16 N1P0	17 N0P2	18 N0P1	19 N0P0	20 裸地

图 4-2 试验小区布设图

试验场土壤类型为侵蚀型黄绵土。作物种植制度为谷子→糜子→谷子→大豆轮作，一年一熟。无灌溉。作物收获后，人力翻耕土壤，冬季休闲，春季人工整地。施肥处理为（N2P2、N2P1、N2P0、N1P2、N1P1、N1P0、N0P2、N0P1、N0P0），施纯（N）：N1（55 kg/hm^2）、N2（114 kg/ hm^2）、P1（P_2O_5）（45 kg/ hm^2）、P2（P_2O_5）（90 kg/ hm^2），N0、P0 表示不施肥。

4.2.2 样品采集

①土壤采样方法。作物收获后，以小区为单位，采用 S 形方式随机选 7～8 个点，混合后四分法取样。采样深度：0～15 cm、15～30 cm。

②土壤测定项目。表层土壤速效养分、碱解氮、速效磷、速效钾、有机质、全氮、全磷、全钾等。

③播前和收获后分别测定土壤水分含量。0～200 cm，测定步长：10 cm。每小区的中部，土钻法采样。于作物播种前和收获后各测定土壤水分一次。

数据获取方法、数据计量单位、小数位数见表 4-4。

表 4-4 土壤养分分析项目及方法

序号	指标名称	单位	小数位数	数据获取方法
1	土壤有机质	g/kg	2	重铬酸钾氧化法
2	全氮	g/kg	2	半微量凯式法
3	全磷	g/kg	2	硫酸-高氯酸消煮-钼锑抗比色法
4	全钾	g/kg	2	氢氟酸-高氯酸消煮-火焰光度法
5	速效氮（碱解氮）	mg/kg	2	碱扩散法
6	速效磷	mg/kg	2	碳酸氢钠浸提-钼锑抗比色法

（续）

序号	指标名称	单位	小数位数	数据获取方法
7	速效钾	mg/kg	2	乙酸铵浸提-火焰光度法
8	缓效钾	mg/kg	2	硝酸浸提-火焰光度法
9	pH	无	2	电位法

④植株样品采集：作物收获时，以小区为单位，每区采样 20 株，拷种、测定植物生物量，按不同植株部位茎、叶、籽粒、根系等采样进行养分分析。分析指标与计量单位、数据获取方法、数据计量单位、小数位数见表 4－5。

表 4－5　植株养分分析项目及方法

序号	指标名称	单位	小数位数	数据获取方法
1	全碳	g/kg	2	重铬酸钾氧化法
2	全氮	g/kg	2	半微量凯式法
3	全磷	g/kg	2	硫酸-双氧水消煮-钼锑抗比色法
4	全钾	g/kg	2	硫酸-双氧水消煮-火焰光度法

4.2.3　数据质量控制和评估

土壤含水量数据，从数据产生的每个环节，进行质量保证。包括采样过程、室内分析以及数据录入。

开展数据的完整性、准确性和一致性检验与评估。完整性检验主要包括观测频度、数据缺失程度、元数据信息；在准确性检验方面，综合运用阈值法、过程趋势法、对比法及统计法等方法，检测、剔除土壤含水量时间序列中的异常值；一致性主要是数据采集方法一致性、单位与精度一致性检验，以保证土壤含水量数据的长期连续性、可比性。

4.2.4　数据

坡地养分长期定位试验土壤水分数据见表 4－6。

表 4－6　坡地养分长期定位试验土壤水分数据

单位：%

时间（年-月-日）	区号	处理	土壤深度																			
			10 cm	20 cm	30 cm	40 cm	50 cm	60 cm	70 cm	80 cm	90 cm	100 cm	110 cm	120 cm	130 cm	140 cm	150 cm	160 cm	170 cm	180 cm	190 cm	200 cm
1996-06-01	11	N2P2	3.79	6.61	7.84	8.27	9.03	8.37	9.31	9.37	9.40	9.45	9.11	9.07	8.74	8.35	8.33	8.44	9.22	9.3	10.19	10.21
1996-06-01	12	N2P1	3.63	7.94	7.90	8.99	8.69	8.75	8.81	8.88	9.23	9.32	9.27	9.22	9.05	9.14	8.5	8.56	8.56	8.2	8.05	8.77
1996-06-01	13	N2P0	4.48	7.10	8.22	8.76	8.67	9.41	9.22	9.07	9.02	9.34	9.27	9.13	9.19	8.65	8.52	8.53	8.42	8.2	7.73	8.1
1996-06-01	14	N1P2	3.06	7.27	7.87	8.21	8.42	8.45	9.15	8.79	9.47	9.17	9.25	9.3	9.02	8.8	8.42	8.17	8.08	8.75	8.52	8.52
1996-06-01	15	N1P1	5.49	7.96	8.45	8.56	8.84	8.92	9.46	9.28	9.48	9.60	9.99	9.41	9.48	8.96	8.53	8.44	8.29	8.52	8.62	8.56
1996-06-01	16	N1P0	3.77	7.61	8.65	8.71	8.83	9.15	9.42	9.24	9.47	9.65	9.73	9.83	10.13	9.37	8.89	9.05	9.55	8.95	8.98	9.69
1996-06-01	17	N0P2	3.86	8.14	9.21	9.60	8.75	9.14	9.06	8.89	9.29	9.44	9.7	9.65	9.78	9.98	9.93	10.05	9.32	8.96	8.46	8.59
1996-06-01	18	N0P1	2.56	7.77	8.48	9.24	8.65	8.71	8.96	8.98	8.93	8.96	9.3	9.5	9.79	9.82	9.81	9.54	9.51	8.89	9.48	8.4
1996-06-01	19	N0P0	5.87	8.54	9.19	9.86	9.70	9.27	9.23	9.89	8.94	9.15	9.4	9.66	9.93	9.97	10.07	9.81	10.05	9.97	9.81	9.13
1996-06-01	20	裸地	3.06	7.51	8.60	9.08	9.43	9.21	8.85	8.62	8.42	8.91	9.18	9.31	9.67	9.8	9.23	10.39	10.81	10.53	10.51	10.44
1996-08-11	11	N2P2	15.70	14.44	13.56	14.34	15.22	15.65	15.58	15.91	15.75	15.47	15.03	14.63	14.44	13.91	13.65	13.36	12.78	13.01	13.17	12.88
1996-08-11	12	N2P1	15.36	15.31	13.86	13.63	13.55	14.66	14.48	15.25	15.06	14.97	15.13	14.79	14.44	15.05	13.39	12.68	12.77	12.69	12.18	12.68
1996-08-11	13	N2P0	17.80	17.42	14.89	14.57	14.54	14.98	14.15	14.79	14.53	14.74	13.68	14.64	13.88	14.09	13.27	12.92	12.69	12.51	13.79	12.95
1996-08-11	14	N1P2	16.83	14.93	14.70	14.28	14.29	14.23	14.75	15.14	15.64	15.35	15.29	15.26	15.16	14.17	14.30	13.39	13.36	12.81	13.52	13.58
1996-08-11	15	N1P1	15.92	15.70	14.19	14.70	15.12	14.81	15.42	15.42	15.75	15.03	15.84	14.21	14.44	14.51	13.39	13.08	13.08	13.01	14.61	14.54
1996-08-11	16	N1P0	17.05	15.37	14.44	14.62	14.43	15.47	14.75	15.10	15.13	14.38	15.35	14.73	14.32	14.25	13.49	13.65	13.08	13.11	13.12	13.16
1996-08-11	17	N0P2	17.93	17.73	15.49	13.11	12.77	13.50	13.55	14.10	14.07	14.09	14.40	14.32	14.40	14.67	14.61	13.55	13.50	13.17	13.09	12.81
1996-08-11	18	N0P1	17.06	16.92	15.82	13.19	11.99	12.98	12.85	12.93	13.71	13.84	13.84	14.17	14.89	14.77	14.65	13.97	14.11	13.66	13.27	12.99
1996-08-11	19	N0P0	15.67	16.21	16.26	15.47	13.87	13.98	13.72	13.55	13.94	14.18	14.37	14.48	15.30	15.29	14.66	14.99	14.22	13.60	13.29	13.38
1996-08-11	20	裸地	16.25	16.45	17.52	17.59	15.57	14.03	14.09	13.50	13.89	13.57	13.94	14.03	14.21	14.30	15.41	15.06	15.36	14.56	14.29	13.83
1996-09-21	11	N2P2	11.32	10.55	9.88	9.76	10.31	10.84	11.27	11.54	12.40	12.24	11.82	11.51	11.78	11.53	11.35	11.73	11.40	11.70	12.56	13.42
1996-09-21	12	N2P1	12.08	10.51	10.11	10.20	10.53	10.42	10.96	11.63	11.42	12.60	12.24	12.44	12.45	12.15	12.06	11.65	11.31	11.74	11.77	11.85
1996-09-21	13	N2P0	12.07	11.13	10.21	11.01	9.76	10.93	11.22	11.81	11.93	12.25	12.62	12.48	12.25	12.09	12.07	11.96	11.62	11.86	12.80	12.83
1996-09-21	14	N1P2	11.85	12.61	9.66	9.89	10.11	10.59	10.64	11.49	12.04	12.00	12.13	12.25	12.26	11.93	11.94	11.69	11.71	11.48	12.29	12.63
1996-09-21	15	N1P1	10.56	12.00	10.26	10.56	11.14	10.81	11.37	11.77	12.14	12.02	12.71	12.49	12.61	12.19	12.16	11.85	11.89	11.70	12.54	12.11

（续）

时间（年-月-日）	区号	处理	土壤深度																			
			10 cm	20 cm	30 cm	40 cm	50 cm	60 cm	70 cm	80 cm	90 cm	100 cm	110 cm	120 cm	130 cm	140 cm	150 cm	160 cm	170 cm	180 cm	190 cm	200 cm
1996-09-21	16	N1P0	12.27	11.15	10.66	10.73	11.08	11.85	11.62	12.13	12.43	12.62	12.84	13.09	12.90	13.08	12.36	12.17	11.46	11.60	11.69	12.00
1996-09-21	17	N0P2	12.47	12.75	12.27	11.74	10.76	10.69	11.29	11.53	12.26	12.28	12.42	12.64	12.94	12.92	13.05	12.30	11.74	12.32	12.28	11.39
1996-09-21	18	N0P1	12.71	12.43	11.91	11.68	10.58	10.73	10.90	11.37	12.37	12.74	12.30	13.11	13.17	13.49	13.06	12.76	12.48	12.56	11.97	11.78
1996-09-21	19	N0P0	12.45	12.41	11.96	11.60	11.60	11.33	11.65	11.72	11.36	12.32	13.10	12.72	13.69	13.45	13.55	13.27	13.60	13.29	12.95	12.50
1996-09-21	20	裸地	11.82	12.22	11.89	12.81	12.62	11.84	11.57	11.85	12.12	12.33	12.61	12.80	13.10	13.78	14.15	14.20	14.45	14.09	13.81	13.63
1996-10-17	11	N2P2	14.01	9.93	9.24	9.00	9.64	10.22	10.78	10.90	11.13	10.73	10.88	10.75	10.06	10.39	10.09	10.34	10.57	10.49	10.79	12.06
1996-10-17	12	N2P1	13.14	9.85	9.29	9.22	9.54	9.85	10.26	11.03	10.93	11.16	11.20	11.01	11.55	11.72	10.99	10.81	10.58	10.52	11.52	12.36
1996-10-17	13	N2P0	14.86	11.53	9.84	9.98	9.98	10.23	9.77	11.03	11.33	11.37	11.22	11.36	11.60	11.32	11.24	10.89	10.99	11.28	11.59	12.22
1996-10-17	14	N1P2	15.39	12.17	9.23	9.67	9.32	9.77	10.79	10.99	11.22	11.23	11.29	11.35	11.06	11.16	11.39	11.57	11.41	11.82	11.71	12.10
1996-10-17	15	N1P1	15.29	12.05	9.29	9.37	9.68	10.50	11.38	11.13	11.23	11.37	11.72	11.65	10.98	11.11	10.93	10.90	10.50	10.22	11.67	11.71
1996-10-17	16	N1P0	14.95	11.42	9.58	9.75	10.31	10.44	10.56	10.28	11.39	11.51	11.86	12.17	11.83	11.94	11.86	11.38	11.24	11.20	11.57	11.76
1996-10-17	17	N0P2	14.73	12.57	11.05	10.13	10.01	10.07	10.72	10.98	11.30	11.83	11.71	12.45	12.49	12.28	11.76	11.85	11.71	11.32	11.28	11.58
1996-10-17	18	N0P1	14.70	12.86	10.85	10.34	10.25	10.10	10.58	10.86	11.54	11.81	11.75	12.04	12.31	12.15	12.30	12.59	12.27	11.91	11.09	11.16
1996-10-17	19	N0P0	14.76	12.03	10.90	10.53	10.43	10.52	10.44	10.49	10.84	10.54	11.46	11.76	12.19	12.50	12.41	12.73	12.49	12.29	12.39	12.34
1996-10-17	20	裸地	14.87	11.46	9.47	10.83	10.20	10.12	10.01	10.44	10.61	10.76	10.86	11.06	11.62	12.58	12.84	13.13	12.55	13.00	12.93	12.67
1997-05-03	11	N2P2	6.50	7.82	8.84	9.42	9.60	9.81	9.95	9.80	9.56	9.82	9.86	9.78	9.02	8.77	8.53	8.67	8.52	8.69	9.37	9.63
1997-05-03	12	N2P1	8.69	8.70	9.08	9.17	9.38	9.52	9.64	9.59	9.40	9.65	9.56	9.64	9.75	9.27	8.77	8.55	8.54	8.50	8.54	9.50
1997-05-03	13	N2P0	5.77	8.81	8.92	9.8	9.39	10.15	9.71	9.38	9.68	9.73	9.90	9.47	9.33	9.18	9.30	9.06	8.91	8.90	9.60	9.99
1997-05-03	14	N1P2	6.34	8.42	8.96	9.17	9.58	9.75	9.69	9.47	9.73	9.93	9.97	9.75	9.46	9.26	9.08	8.76	9.13	8.84	9.92	10.62
1997-05-03	15	N1P1	4.37	8.17	8.94	8.93	9.32	9.68	9.87	9.71	9.82	9.93	10.04	9.88	9.87	9.16	9.30	9.00	8.79	8.47	9.52	10.22
1997-05-03	16	N1P0	7.08	9.10	9.61	9.67	9.19	9.45	8.94	9.36	9.45	9.60	10.03	10.28	10.06	10.00	9.59	8.79	9.39	9.27	8.66	8.72
1997-05-03	17	N0P2	4.92	8.55	9.94	9.83	9.40	9.26	9.02	9.54	9.62	9.80	9.81	10.12	10.00	9.23	9.98	9.86	9.38	9.28	8.95	9.14
1997-05-03	18	N0P1	6.20	8.00	9.29	10.24	9.82	9.35	9.14	8.51	9.17	9.39	10.22	10.61	10.59	10.78	10.55	10.52	9.98	10.04	9.70	9.44
1997-05-03	19	N0P0	5.26	8.79	9.62	10.07	10.09	9.62	9.52	9.39	9.55	9.81	10.06	10.15	10.53	10.97	11.00	10.81	10.73	10.25	10.08	10.17
1997-05-03	20	裸地	5.70	9.27	9.43	11.02	10.96	9.45	9.53	9.18	9.46	9.75	9.95	9.97	10.01	10.64	10.65	11.16	11.22	11.07	11.77	11.03

（续）

时间（年-月-日）	区号	处理	土壤深度																			
			10 cm	20 cm	30 cm	40 cm	50 cm	60 cm	70 cm	80 cm	90 cm	100 cm	110 cm	120 cm	130 cm	140 cm	150 cm	160 cm	170 cm	180 cm	190 cm	200 cm
1997-06-28	11	N2P2	0.92	3.83	5.05	6.19	7.96	8.22	8.59	9.12	9.13	9.40	9.42	8.87	8.62	8.53	8.27	8.73	8.83	8.66	9.42	10.08
1997-06-28	12	N2P1	2.97	4.26	6.41	7.83	8.20	8.48	8.78	8.57	9.18	9.02	9.06	9.37	9.08	8.92	8.89	8.79	8.69	9.03	9.23	10.20
1997-06-28	13	N2P0	1.37	5.56	6.50	7.65	8.25	8.28	9.46	8.49	8.82	9.00	9.30	9.19	9.21	9.25	8.91	8.87	8.50	8.68	9.52	9.89
1997-06-28	14	N1P2	1.67	5.78	7.21	7.58	8.10	8.65	9.25	9.85	9.32	9.33	9.38	9.41	9.31	8.86	8.67	8.79	8.72	9.27	9.40	9.19
1997-06-28	15	N1P1	1.39	6.28	7.32	7.97	8.50	8.49	8.74	8.90	9.25	9.65	9.57	9.67	9.66	9.23	9.03	8.94	8.85	9.00	8.90	9.64
1997-06-28	16	N1P0	1.51	6.81	7.33	7.85	8.09	8.55	8.67	9.03	9.31	9.15	9.55	9.75	9.89	9.72	9.64	9.12	8.97	8.70	8.83	9.07
1997-06-28	17	N0P2	1.55	6.25	7.90	8.39	8.20	8.14	8.58	9.01	9.32	9.60	9.72	9.77	9.91	9.94	9.95	9.58	9.24	9.22	9.19	9.35
1997-06-28	18	N0P1	1.35	5.47	7.32	7.99	8.05	9.28	8.62	8.90	9.09	9.13	9.44	9.21	10.16	10.16	10.17	9.63	11.42	9.14	9.08	9.51
1997-06-28	19	N0P0	1.70	6.57	7.85	8.82	9.06	8.61	8.46	8.79	9.01	9.14	9.73	10.09	10.42	10.53	10.82	10.56	10.42	10.03	9.85	9.51
1997-06-28	20	裸地	1.52	4.07	4.64	5.98	6.87	7.29	7.87	8.31	8.88	9.00	9.29	9.57	9.78	10.41	10.17	10.44	10.87	10.81	10.97	10.27
1997-07-26	11	N2P2	6.45	7.20	7.35	7.51	7.58	7.98	8.22	8.56	8.86	8.90	8.77	8.82	8.57	8.31	8.54	8.40	8.47	8.95	10.00	10.24
1997-07-26	12	N2P1	5.50	6.09	6.96	7.83	7.66	7.95	8.30	8.66	8.89	9.19	8.87	8.62	8.83	8.82	8.76	7.66	7.84	8.55	8.72	8.58
1997-07-26	13	N2P0	6.41	6.71	6.53	6.83	7.77	8.40	8.66	8.84	8.88	8.70	8.85	8.74	8.49	8.35	8.60	8.57	8.70	8.85	8.80	9.82
1997-07-26	14	N1P2	5.05	5.19	6.09	6.70	6.95	7.93	8.15	8.55	8.70	8.89	9.95	9.01	8.92	8.58	8.54	8.56	8.89	9.21	9.42	9.65
1997-07-26	15	N1P1	6.56	7.72	7.56	7.95	8.24	8.26	8.23	8.59	8.96	9.35	9.38	9.42	9.00	8.62	8.94	8.94	8.74	9.08	9.37	9.93
1997-07-26	16	N1P0	5.77	7.49	7.52	7.91	8.19	8.36	8.50	8.77	9.35	9.33	9.55	9.80	9.48	9.68	9.09	8.71	8.91	8.72	9.14	9.05
1997-07-26	17	N0P2	6.91	6.84	7.11	7.45	7.64	7.83	8.20	8.85	9.15	9.59	9.71	9.87	9.78	9.89	9.44	9.14	9.01	9.11	9.82	9.52
1997-07-26	18	N0P1	6.13	6.40	6.58	7.18	7.64	7.93	8.25	8.59	8.92	9.29	9.40	9.85	10.16	9.99	9.89	9.94	9.14	9.12	9.40	7.88
1997-07-26	19	N0P0	6.29	7.77	7.94	8.55	8.82	8.38	8.32	8.46	8.88	9.39	9.77	9.90	10.12	10.39	10.44	10.17	9.95	10.28	9.76	9.67
1997-07-26	20	裸地	6.75	7.06	6.11	6.30	6.51	7.25	7.49	7.82	7.97	8.52	8.95	9.43	9.66	10.07	10.28	10.28	10.80	10.72	10.12	10.29
1997-08-27	11	N2P2	3.51	6.23	6.37	7.09	7.88	8.28	8.76	9.06	9.34	9.31	8.66	8.65	8.44	8.26	8.33	8.78	8.93	9.07	9.34	10.50
1997-08-27	12	N2P1	3.85	4.77	4.64	5.50	5.69	6.91	7.80	8.27	8.61	8.76	9.04	9.18	9.03	8.94	8.46	8.87	8.77	9.18	9.64	10.30
1997-08-27	13	N2P0	2.97	6.36	8.07	7.59	7.65	7.97	8.29	8.25	8.28	8.59	8.60	8.54	8.68	8.28	8.19	8.22	8.28	8.86	9.29	9.28
1997-08-27	14	N1P2	3.02	3.84	3.77	5.15	5.22	7.08	8.44	8.35	8.49	8.67	8.75	8.63	8.40	8.44	8.72	8.09	8.27	8.38	8.76	9.15
1997-08-27	15	N1P1	2.72	4.94	6.65	7.53	8.02	8.46	8.68	9.00	9.11	9.32	9.26	9.00	8.66	8.72	8.49	8.60	8.43	8.74	8.27	8.95

（续）

时间（年-月-日）	区号	处理	土壤深度																			
			10 cm	20 cm	30 cm	40 cm	50 cm	60 cm	70 cm	80 cm	90 cm	100 cm	110 cm	120 cm	130 cm	140 cm	150 cm	160 cm	170 cm	180 cm	190 cm	200 cm
1997-08-27	16	N1P0	2.25	5.33	6.01	6.82	7.34	7.47	7.72	8.38	8.68	9.02	9.33	9.12	8.86	8.69	8.88	8.52	9.68	8.43	8.36	8.84
1997-08-27	17	N0P2	2.78	4.89	5.56	6.12	6.89	7.01	7.60	7.95	8.05	8.30	8.81	8.99	9.17	9.14	9.22	8.85	8.57	8.52	8.55	8.73
1997-08-27	18	N0P1	3.47	5.41	4.84	6.39	6.82	6.84	7.47	7.82	7.88	8.29	8.41	8.57	8.90	9.17	8.92	8.72	8.87	8.46	8.44	8.81
1997-08-27	19	N0P0	3.80	4.12	6.42	7.66	7.20	6.94	7.23	7.58	7.64	7.94	8.20	8.55	8.93	8.67	9.18	9.29	8.96	8.93	8.59	8.48
1997-08-27	20	裸地	5.00	5.74	7.03	7.27	7.13	7.06	7.08	7.14	7.36	7.34	7.74	8.27	8.56	8.84	8.88	9.14	9.77	9.73	9.19	9.44
1997-10-14	11	N2P2	7.56	8.40	8.86	8.49	8.13	7.34	6.13	6.76	7.29	7.36	7.49	7.59	7.23	7.59	8.65	7.85	8.16	8.27	9.18	9.09
1997-10-14	12	N2P1	7.65	8.85	9.19	8.43	8.12	7.07	6.59	6.74	7.13	7.71	8.06	8.17	8.08	8.12	8.13	7.88	8.08	8.05	7.81	9.28
1997-10-14	13	N2P0	8.10	9.35	9.59	8.70	7.46	6.82	6.63	7.09	7.48	7.95	7.73	7.99	7.87	7.75	7.79	7.74	7.84	8.40	8.10	9.59
1997-10-14	14	N1P2	7.82	9.37	8.33	7.99	8.05	5.61	5.67	6.16	6.57	6.90	7.02	7.65	7.41	7.27	7.66	7.06	7.56	8.01	8.42	9.16
1997-10-14	15	N1P1	8.07	8.69	8.88	8.37	7.75	6.50	6.22	6.88	7.48	8.10	7.92	8.37	8.39	8.04	8.00	8.29	8.42	8.27	9.30	9.01
1997-10-14	16	N1P0	8.56	8.92	8.96	8.69	8.49	8.22	8.08	7.97	8.18	8.39	8.39	8.28	8.23	8.47	8.00	7.77	8.73	8.14	8.27	8.51
1997-10-14	17	N0P2	8.15	9.41	9.64	8.43	6.99	6.23	6.34	6.82	7.34	7.83	8.09	8.38	8.54	8.68	8.85	8.54	8.73	8.41	8.52	8.30
1997-10-14	18	N0P1	7.80	9.29	9.87	8.49	6.81	5.27	6.10	6.82	7.75	8.29	8.12	8.60	8.74	9.08	9.16	8.95	8.86	8.76	8.59	8.29
1997-10-14	19	N0P0	7.81	8.89	9.00	8.54	7.28	6.15	6.60	7.04	7.66	8.21	8.7	8.58	9.54	9.63	9.9	9.59	9.69	9.34	9.1	9.05
1997-10-14	20	裸地	7.11	8.74	9.60	9.06	7.93	7.48	7.47	7.55	7.92	7.77	8.06	8.44	8.92	9.37	9.67	10.00	9.96	9.77	9.79	9.39
1998-04-19	11	N2P2	7.67	8.57	8.52	8.47	8.67	8.21	8.19	7.51	7.06	6.95	7.40	7.24	6.92	6.93	6.94	7.07	6.94	7.03	7.71	8.96
1998-04-19	12	N2P1	9.45	8.65	8.65	9.04	8.76	8.40	8.06	7.76	7.67	8.14	8.05	7.51	8.31	8.25	7.74	7.24	7.25	7.77	9.30	8.55
1998-04-19	13	N2P0	10.16	9.79	9.44	8.60	8.51	8.19	7.11	7.55	7.29	7.48	7.17	7.42	7.01	7.07	6.80	7.04	7.30	7.42	8.47	8.41
1998-04-19	14	N1P2	8.48	9.20	9.07	8.30	7.92	7.68	7.12	7.06	7.04	7.19	7.44	7.31	7.20	7.20	7.40	7.08	7.30	7.15	7.33	8.55
1998-04-19	15	N1P1	9.64	9.29	8.56	9.05	8.94	8.66	8.29	7.99	7.92	7.98	8.08	8.08	7.90	7.68	7.60	7.71	7.42	7.48	7.57	8.61
1998-04-19	16	N1P0	9.20	9.04	8.84	8.88	8.81	8.64	7.99	7.82	7.47	7.91	8.10	8.21	8.01	8.00	7.43	7.41	7.44	7.52	8.61	7.41
1998-04-19	17	N0P2	9.39	9.66	9.55	8.81	8.25	7.65	7.18	7.73	7.28	7.55	7.73	7.89	8.10	8.00	7.80	7.88	8.13	7.56	8.52	7.47
1998-04-19	18	N0P1	9.44	9.90	9.78	9.72	8.20	7.19	7.04	6.90	7.23	7.45	7.78	7.75	8.23	7.89	8.67	8.65	8.16	7.90	8.44	7.41
1998-04-19	19	N0P0	9.22	9.80	9.96	10.43	9.06	5.22	7.83	7.59	7.78	7.89	8.15	8.22	8.62	8.81	8.96	9.28	8.80	8.74	9.05	8.11
1998-04-19	20	裸地	8.69	8.54	8.91	9.04	8.66	7.42	7.22	6.76	6.81	7.58	7.54	7.47	7.73	7.84	8.59	8.84	9.13	8.73	8.70	8.48

（续）

时间（年-月-日）	区号	处理	土壤深度																			
			10 cm	20 cm	30 cm	40 cm	50 cm	60 cm	70 cm	80 cm	90 cm	100 cm	110 cm	120 cm	130 cm	140 cm	150 cm	160 cm	170 cm	180 cm	190 cm	200 cm
1998-10-06	11	N2P2	10.11	9.43	9.32	8.90	8.77	8.99	9.45	9.75	10.08	10.18	10.10	9.83	9.64	9.67	9.37	9.55	9.38	9.76	10.03	9.49
1998-10-06	12	N2P1	10.48	10.05	9.35	9.59	9.82	10.41	10.78	10.92	11.30	11.27	11.07	11.26	10.86	10.59	10.28	9.98	10.13	9.42	9.38	9.19
1998-10-06	13	N2P0	12.08	10.68	9.53	8.94	9.07	9.51	9.18	9.84	8.98	9.94	10.40	10.03	10.10	9.81	9.46	9.08	9.46	9.50	10.00	9.91
1998-10-06	14	N1P2	10.97	9.87	8.93	8.62	8.83	9.55	9.82	9.94	10.31	10.28	10.36	10.51	10.06	10.03	9.56	9.45	8.98	9.10	9.83	9.55
1998-10-06	15	N1P1	10.54	10.04	9.52	9.84	10.17	10.09	10.79	10.85	11.34	11.09	11.25	11.12	10.93	10.88	10.32	10.12	10.46	9.73	9.67	10.31
1998-10-06	16	N1P0	10.13	9.80	9.10	9.16	9.87	9.96	10.98	11.41	11.51	12.10	11.84	11.29	12.13	11.78	10.92	10.59	10.38	10.33	10.19	10.30
1998-10-06	17	N0P2	10.69	10.43	9.93	9.60	9.94	10.21	10.62	10.86	11.05	11.12	11.67	11.67	11.52	11.12	10.67	10.29	10.49	10.18	9.92	9.88
1998-10-06	18	N0P1	10.42	10.03	10.28	10.32	9.42	9.92	10.70	10.70	11.51	11.20	11.23	11.41	10.18	9.98	10.51	9.90	10.29	10.16	9.83	9.27
1998-10-06	19	N0P0	9.66	9.80	9.13	9.27	9.28	8.95	8.84	8.90	9.76	9.97	10.24	10.24	10.71	10.75	10.86	9.60	10.49	10.05	9.64	7.08
1998-10-06	20	裸地	10.78	10.42	10.27	11.45	10.82	10.59	10.27	10.46	10.62	10.57	10.17	10.27	11.46	11.35	11.46	11.80	11.97	11.11	10.75	11.78
1999-04-26	11	N2P2	4.17	7.53	8.44	8.99	9.81	9.42	9.29	9.37	9.35	9.25	8.68	8.48	8.44	7.94	7.97	8.06	8.29	9.07	9.33	9.56
1999-04-26	12	N2P1	5.83	7.65	8.57	8.87	8.72	8.93	9.26	9.46	9.42	9.63	9.33	8.95	8.57	8.54	8.41	7.99	8.46	8.96	8.89	8.23
1999-04-26	13	N2P0	5.56	7.84	8.40	8.58	8.40	8.55	8.69	8.75	8.89	8.90	9.22	9.21	8.98	8.77	8.58	8.25	8.02	8.54	9.12	9.08
1999-04-26	14	N1P2	6.86	7.91	8.35	8.32	8.43	8.72	9.03	9.42	9.57	9.66	9.39	9.35	8.80	9.24	9.19	8.01	8.07	8.44	8.37	8.37
1999-04-26	15	N1P1	5.81	7.88	8.29	8.81	9.04	8.97	8.93	9.48	9.50	9.70	9.72	9.20	9.41	9.37	9.09	8.75	8.47	8.42	8.70	9.28
1999-04-26	16	N1P0	5.94	8.57	8.31	8.71	9.12	9.04	9.26	9.44	9.67	10.01	10.03	10.04	10.12	9.71	10.06	10.66	9.89	8.97	9.16	9.06
1999-04-26	17	N0P2	6.90	8.40	9.99	8.73	8.72	8.54	8.76	8.90	9.56	9.59	10.13	10.08	10.02	9.83	9.38	9.41	9.18	9.08	8.79	8.47
1999-04-26	18	N0P1	5.01	8.45	8.80	8.75	8.40	8.50	8.60	8.87	9.27	9.23	9.17	9.75	10.08	9.71	9.46	9.84	9.32	8.53	9.21	8.51
1999-04-26	19	N0P0	5.64	8.30	8.89	8.69	8.96	8.36	8.54	8.37	9.02	8.72	9.23	9.27	9.65	9.87	10.07	9.71	9.65	9.25	9.27	9.02
1999-04-26	20	裸地	4.52	8.05	9.16	9.69	9.85	8.99	8.70	8.84	8.90	8.76	8.86	9.53	9.31	9.61	9.67	10.17	10.09	9.96	9.84	9.88
1999-10-25	11	N2P2	3.89	6.60	5.80	4.93	4.26	4.45	4.60	4.88	5.45	5.69	5.87	6.31	6.35	6.75	6.86	7.14	7.32	7.94	7.52	7.16
1999-10-25	12	N2P1	4.59	7.49	6.76	5.12	4.52	4.75	5.04	5.29	5.80	6.27	6.51	6.71	7.10	6.94	6.96	6.81	7.14	7.28	7.65	7.64
1999-10-25	13	N2P0	5.39	7.42	6.94	6.11	5.18	5.25	5.96	6.62	6.95	7.51	7.64	7.37	7.55	7.26	7.41	7.44	7.55	7.90	7.75	8.20
1999-10-25	14	N1P2	3.99	6.58	6.20	4.89	4.10	4.26	4.54	4.83	5.22	5.76	5.93	6.18	6.37	6.59	6.55	6.91	7.13	7.20	7.72	8.64
1999-10-25	15	N1P1	3.98	6.96	6.04	5.04	4.52	4.50	4.93	5.41	6.15	6.65	6.92	7.72	7.10	7.54	7.44	7.28	7.69	7.76	7.77	7.97

（续）

时间（年-月-日）	区号	处理	土壤深度																			
			10 cm	20 cm	30 cm	40 cm	50 cm	60 cm	70 cm	80 cm	90 cm	100 cm	110 cm	120 cm	130 cm	140 cm	150 cm	160 cm	170 cm	180 cm	190 cm	200 cm
1999-10-25	16	N1P0	4.09	7.95	7.91	7.80	7.53	7.94	8.23	8.49	8.81	8.98	9.14	8.85	8.92	9.10	8.65	8.90	8.55	9.04	8.39	8.55
1999-10-25	17	N0P2	5.10	7.63	8.01	6.10	5.32	5.31	5.69	6.05	6.47	6.67	7.13	7.31	8.06	8.14	8.11	7.99	7.88	7.89	7.95	7.85
1999-10-25	18	N0P1	5.69	7.48	7.67	6.66	6.47	6.53	6.81	7.15	7.56	7.85	8.19	8.52	8.66	8.94	8.89	8.84	8.51	8.54	8.43	7.83
1999-10-25	19	N0P0	4.58	7.48	7.33	6.77	6.63	6.33	6.60	6.91	7.26	7.73	7.82	8.22	8.50	8.56	9.01	9.23	8.93	8.47	8.59	8.51
1999-10-25	20	裸地	4.63	6.99	6.93	6.48	6.44	6.29	6.62	6.98	7.30	7.34	7.75	7.92	8.39	8.91	9.02	9.40	9.35	9.22	9.25	8.75
2000-06-08	11	N2P2	8.71	9.35	8.03	5.88	6.19	4.91	4.89	4.84	4.83	5.5	5.83	6.21	5.9	6	6.48	6.17	6.43	6.87	7.33	7.48
2000-06-08	12	N2P1	8.47	9.41	7.53	6.16	5.21	5.26	5.27	5.66	5.96	6.28	6.41	6.36	6.60	6.57	6.40	6.51	6.52	6.90	6.97	8.13
2000-06-08	13	N2P0	10.51	9.72	7.49	5.73	5.76	5.78	5.99	6.22	5.64	6.73	6.99	6.65	6.79	6.61	6.54	6.47	6.67	6.93	7.19	7.73
2000-06-08	14	N1P2	10.46	9.08	7.20	4.69	4.27	4.46	4.46	4.98	5.64	5.90	5.89	5.98	5.96	5.96	6.16	5.97	6.51	6.53	6.78	7.69
2000-06-08	15	N1P1	10.21	7.81	6.17	5.18	5.32	5.37	6.06	5.88	6.27	6.68	6.76	7.14	6.98	6.91	6.87	6.54	6.71	6.55	6.59	7.1
2000-06-08	16	N1P0	10.01	9.86	8.34	7.30	7.18	7.05	7.39	7.65	8.15	8.31	7.89	7.92	8.02	7.82	7.65	7.67	7.30	7.27	7.14	7.13
2000-06-08	17	N0P2	9.00	11.34	8.34	6.35	5.72	5.87	6.23	6.60	6.90	7.15	7.27	7.57	7.82	7.52	7.23	7.38	7.78	7.13	7.48	7.35
2000-06-08	18	N0P1	9.90	9.85	8.50	6.39	5.98	5.91	5.81	6.60	6.58	6.63	6.90	7.33	7.23	7.32	7.46	7.61	7.29	7.09	6.72	7.12
2000-06-08	19	N0P0	10.25	9.76	8.83	7.28	5.94	5.87	6.10	5.68	6.40	6.11	6.77	6.58	7.24	7.39	7.56	7.64	7.67	7.62	7.68	7.47
2000-10-16	20	裸地	9.61	9.28	8.01	6.43	6.16	6.03	6.37	6.22	6.60	6.48	6.76	6.85	7.37	7.53	8.13	8.26	8.52	8.50	8.29	8.42
2000-10-17	11	N2P2	11.47	11.66	11.28	10.96	9.97	7.53	4.37	4.47	4.75	5.13	5.40	5.59	6.07	5.98	5.91	5.98	6.29	6.84	7.07	7.66
2000-10-17	12	N2P1	12.32	11.90	11.96	11.66	9.28	7.96	4.93	5.20	5.39	5.68	4.98	5.76	6.12	6.15	5.73	6.01	5.77	6.07	6.37	6.98
2000-10-17	13	N2P0	13.15	12.98	12.76	12.34	10.84	10.29	9.13	8.24	7.89	8.13	7.86	8.33	7.50	6.99	6.54	6.67	6.79	6.99	7.35	7.31
2000-10-17	14	N1P2	12.93	12.51	11.57	11.26	9.68	8.17	3.86	4.25	4.45	4.91	5.37	5.28	5.38	5.43	5.44	5.69	5.78	5.41	5.58	5.88
2000-10-17	15	N1P1	12.58	11.66	11.84	11.24	10.28	9.25	6.38	4.95	5.23	5.88	6.18	6.00	6.20	6.05	6.46	5.98	5.99	6.08	6.30	7.00
2000-10-17	16	N1P0	12.42	12.24	12.24	11.76	11.22	11.18	10.65	10.04	9.48	8.81	8.66	8.26	7.85	7.66	7.40	6.86	6.80	6.52	6.56	7.34
2000-10-17	17	N0P2	13.62	13.45	13.59	11.38	11.20	11.01	10.88	10.25	9.66	8.81	8.35	7.92	7.82	7.80	7.33	7.25	7.10	6.79	6.67	6.70
2000-10-17	18	N0P1	14.00	13.56	12.29	6.63	10.19	9.40	8.97	8.02	7.17	6.84	6.73	6.83	7.01	4.19	5.74	6.63	6.44	6.52	6.63	6.12
2000-10-17	19	N0P0	12.80	13.86	14.53	13.30	11.16	9.83	9.05	8.33	7.69	7.42	7.37	7.26	7.42	7.38	7.37	7.40	7.14	6.97	6.79	6.67
2000-10-17	20	裸地	12.55	13.21	12.82	14.22		11.88		4.91	8.02	6.71	6.74	5.45	9.87	16.29	7.32		7.90	7.48	7.55	7.70

（续）

时间（年-月-日）	区号	处理	土壤深度																			
			10 cm	20 cm	30 cm	40 cm	50 cm	60 cm	70 cm	80 cm	90 cm	100 cm	110 cm	120 cm	130 cm	140 cm	150 cm	160 cm	170 cm	180 cm	190 cm	200 cm
2001-05-02	11	N2P2	10.47	11.02	9.92	9.57	8.79	8.57	8.28	7.92	7.82	6.96	6.86	6.55	6.61	6.54	6.60	6.60	6.52	6.52	7.19	7.31
2001-05-02	12	N2P1	11.05	11.37	9.80	9.13	8.55	8.47	8.21	8.18	7.80	7.54	7.03	7.14	6.84	6.77	7.47	6.26	6.17	6.70	6.92	6.14
2001-05-02	13	N2P0	10.86	6.73	10.51	9.52	9.16	8.87	9.27	9.06	8.89	9.00	8.97	8.02	7.56	7.27	6.71	6.56	6.49	6.98	7.38	8.28
2001-05-02	14	N1P2	11.08	9.65	9.63	9.05	8.57	7.54	8.14	8.03	7.82	7.36	7.13	6.55	6.25	6.22	6.73	5.75	5.89	6.22	6.77	7.07
2001-05-02	15	N1P1	11.50	10.44	10.22	9.91	9.27	9.06	9.05	8.62	8.83	8.17	7.78	7.36	6.92	6.84	5.69	6.49	6.59	6.54	6.81	7.17
2001-05-02	16	N1P0	11.23	10.47	10.65	10.19	9.65	9.41	9.97	9.45	9.93	9.79	9.68	9.69	10.39	8.60	8.60	7.41	6.00	7.54	7.88	8.09
2001-05-02	17	N0P2	11.83	10.93	10.11	9.51	9.14	9.09	9.11	9.56	9.73	9.50	9.64	9.51	9.40	9.10	8.58	8.06	8.19	8.04	6.57	8.26
2001-05-02	18	N0P1	11.75	11.32	10.98	9.70	9.14	8.68	8.67	8.96	9.02	9.17	9.20	9.38	9.12	8.69	8.55	8.30	7.83	7.66	7.55	7.70
2001-05-02	19	N0P0	11.24	11.73	11.24	9.94	9.01	8.38	8.31	8.73	8.62	8.54	8.67	8.89	8.91	8.77	8.55	10.27	7.73	7.67	7.25	6.94
2001-05-02	20	裸地	10.53	10.68	11.12	11.76	10.69	9.33	8.68	8.75	8.61	8.26	8.56	8.50	8.55	8.73	8.74	9.84	8.65	8.81	10.35	8.40
2001-10-21	11	N2P2	12.60	12.88	13.39	12.88	13.66	14.50	14.72	15.48	15.06	14.91	14.28	13.96	13.44	13.00	12.57	12.58	12.37	12.26	12.68	12.11
2001-10-21	12	N2P1	13.37	12.64	12.31	13.10	13.91	14.11	14.16	14.47	15.06	14.72	14.97	14.61	14.41	13.92	13.90	13.06	12.59	12.13	11.74	10.95
2001-10-21	13	N2P0	14.27	13.69	12.23	13.58	14.65	14.48	14.90	15.03	15.07	15.19	15.08	14.51	14.58	13.89	13.27	13.20	13.20	12.68	12.42	12.44
2001-10-21	14	N1P2	13.38	13.06	12.83	13.11	12.59	14.22	14.39	14.47	15.02	14.83	15.36	14.77	15.48	14.06	13.27	12.79	12.34	12.10	12.08	11.72
2001-10-21	15	N1P1	13.55	12.79	13.29	13.69	13.75	14.74	14.90	14.44	14.86	0.00	14.64	14.19	13.63	13.68	13.56	12.88	12.51	12.48	12.13	12.50
2001-10-21	16	N1P0	12.93	12.33	12.92	13.35	13.70	14.27	14.17	14.93	15.31	15.42	15.17	15.44	14.34	14.28	13.97	13.69	13.42	12.67	13.43	12.99
2001-10-21	17	N0P2	13.15	13.52	13.44	12.59	14.01	12.06	14.39	13.40	14.54	14.80	15.16	15.15	14.68	14.56	14.11	13.60	12.68	12.77	13.30	13.03
2001-10-21	18	N0P1	14.37	14.23	13.58	13.78	13.98	13.50	14.35	14.51	14.51	14.44	14.62	14.68	14.88	14.47	14.53	13.50	13.73	13.56	12.87	13.08
2001-10-21	19	N0P0	13.09	14.72	17.06	14.76	14.76	15.53	14.79	15.56	16.00	14.69	14.64	15.08	14.66	15.02	14.92	14.51	14.18	13.64	12.94	12.00
2001-10-21	20	裸地	12.79	13.32	14.86	15.04	14.28	13.17	13.58	13.91	15.28	13.84	14.55	14.05	14.21	14.79	15.29	15.94	15.23	14.58	14.36	13.80
2002-04-05	11	N2P2	17.80	15.36	12.95	11.13	11.10	10.48	10.61	11.00	11.76	11.63	11.16	10.81	10.10	10.50	9.42	9.69	9.43	10.43	10.77	10.59
2002-04-05	12	N2P1	19.00	16.62	11.90	11.60	11.77	11.42	12.81	13.57	13.23	14.29	12.25	12.10	12.02	11.99	11.45	11.19	11.28	10.98	11.14	11.34
2002-04-05	13	N2P0	19.57	15.57	10.62	10.46	10.57	10.16	10.58	10.83	10.65	11.18	11.09	11.08	10.60	10.62	10.40	10.26	10.25	10.31	10.74	11.52
2002-04-05	14	N1P2	18.22	15.41	9.57	10.30	10.51	9.73	10.75	11.51	11.17	11.41	11.48	11.50	10.65	10.55	10.89	10.01	10.45	10.46	11.45	10.93
2002-04-05	15	N1P1	18.42	15.35	12.90	10.94	10.71	10.59	10.59	10.87	10.68	11.16	11.12	11.01	11.06	10.78	10.42	10.24	10.49	10.26	11.41	11.77

（续）

时间（年-月-日）	区号	处理	土壤深度																			
			10 cm	20 cm	30 cm	40 cm	50 cm	60 cm	70 cm	80 cm	90 cm	100 cm	110 cm	120 cm	130 cm	140 cm	150 cm	160 cm	170 cm	180 cm	190 cm	200 cm
2002-04-05	16	N1P0	18.65	14.94	11.50	10.35	10.22	10.22	10.47	10.68	11.20	10.69	11.27	11.39	11.13	10.83	10.35	10.13	10.14	10.36	10.44	10.33
2002-04-05	17	N0P2	18.51	16.94	13.15	9.92	10.08	9.80	9.99	10.66	10.84	10.71	11.12	11.19	11.21	10.73	11.06	12.20	10.87	10.58	10.38	10.61
2002-04-05	18	N0P1	19.23	15.11	11.38	10.18	10.40	9.63	9.88	10.11	10.72	10.87	10.88	11.23	10.80	11.38	11.75	10.75	10.70	10.25	10.36	10.29
2002-04-05	19	N0P0	17.44	13.69	12.68	10.78	18.89	12.09	10.54	10.98	10.94	11.86	11.18	11.30	11.69	11.98	11.87	11.54	11.45	8.94	9.65	10.60
2002-04-05	20	裸地	17.63	15.47	12.44	11.61	11.35	9.36	9.75	9.99	10.10	10.29	13.71	10.77	11.51	11.39	11.93	11.85	11.95	11.89	11.50	11.59
2002-11-01	11	N2P2	9.26	9.93	9.91	9.59	9.60	9.07	8.67	8.63	8.35	8.46	8.46	8.24	8.18	8.12	8.29	7.94	7.77	7.82	7.77	7.92
2002-11-01	12	N2P1	10.28	10.65	10.09	9.99	9.18	9.18	8.86	8.13	8.00	7.79	8.58	8.66	8.37	8.29	8.20	8.35	7.90	7.96	8.34	9.14
2002-11-01	13	N2P0	8.92	11.37	10.60	10.46	10.02	9.72	9.70	9.77	9.93	10.09	10.13	10.33	10.36	9.93	11.12	11.61	11.29	10.69	10.98	10.34
2002-11-01	14	N1P2	9.97	11.45	11.40	10.27	9.58	9.74	9.79	10.00	10.14	10.24	10.36	9.55	9.72	9.57	9.70	9.37	9.50	9.65	10.17	10.71
2002-11-01	15	N1P1	9.96	10.97	10.69	10.68	10.41	10.31	10.26	10.52	10.59	10.77	10.63	10.77	11.01	10.56	10.20	10.03	10.16	9.63	9.97	10.03
2002-11-01	16	N1P0	10.65	11.11	10.53	10.36	10.10	10.35	10.12	10.63	10.52	10.54	10.64	10.79	10.79	9.95	10.84	10.34	9.95	10.13	9.85	9.66
2002-11-01	17	N0P2	10.61	11.35	11.26	10.69	10.30	9.65	9.98	9.75	10.22	10.10	10.67	10.76	10.84	10.76	10.65	10.23	10.46	10.03	10.01	10.33
2002-11-01	18	N0P1	10.30	11.30	11.17	11.05	10.03	9.45	9.60	9.57	10.30	10.41	10.48	10.91	11.04	11.02	11.13	10.79	11.22	11.48	10.52	10.51
2002-11-01	19	N0P0	10.04	11.30	11.14	11.70	11.39	10.03	9.91	10.40	10.32	10.35	10.17	10.98	11.02	11.63	11.90	12.04	11.44	11.16	11.05	10.75
2002-11-01	20	裸地	10.26	11.22	10.94	11.76	12.00	10.87	10.46	10.51	10.75	11.01	11.30	11.16	11.38	12.03	11.95	12.26	12.43	12.32	12.24	12.17
2003-04-24	11	N2P2	11.13	11.86	12.94	13.63	14.28	14.80	14.63	14.62	14.63	14.32	14.38	14.36	14.08	12.93	12.36	12.18	11.69	12.27	11.80	10.41
2003-04-24	12	N2P1	11.94	11.93	11.67	13.37	13.03	13.77	14.43	14.42	14.89	14.80	14.88	14.62	14.29	14.26	13.99	13.85	13.42	13.04	12.76	12.51
2003-04-24	13	N2P0	11.26	12.63	12.32	13.02	13.93	13.54	14.77	14.71	15.55	14.95	14.00	14.61	14.96	14.73	13.61	14.67	13.67	14.73	13.84	15.55
2003-04-24	14	N1P2	10.62	11.64	12.31	13.23	13.13	13.52	13.81	14.76	14.66	14.78	15.23	14.84	14.66	14.20	15.18	13.76	13.31	13.52	13.33	13.33
2003-04-24	15	N1P1	10.32	12.08	12.03	12.44	12.58	13.71	14.23	14.19	14.52	15.14	14.70	14.83	14.67	13.78	14.23	13.87	13.72	13.40	14.48	13.45
2003-04-24	16	N1P0	10.93	11.54	11.91	12.69	14.13	14.42	14.76	14.75	15.20	15.18	15.70	15.64	15.59	14.92	14.69	14.03	14.04	13.78	13.75	14.70
2003-04-24	17	N0P2	11.00	12.05	12.81	13.19	13.46	13.98	13.91	15.09	16.29	15.73	15.49	16.06	15.45	15.34	14.45	14.00	14.32	14.01	13.53	14.15
2003-04-24	18	N0P1	11.00	12.05	12.81	13.19	13.46	13.98	13.91	15.09	16.29	15.73	15.49	16.06	15.45	15.34	14.45	14.00	14.32	14.01	13.53	14.15
2003-04-24	19	N0P0	9.77	12.48	14.21	15.55	14.34	14.54	15.47	14.89	13.83	13.38	14.09	14.94	15.21	15.58	15.31	15.13	14.60	14.55	14.40	13.52
2003-04-24	20	裸地	11.83	13.41	12.69	12.64	13.69	13.47	13.88	13.98	14.03	13.77	14.02	14.06	15.03	15.25	15.06	15.76	15.30	14.95	15.36	14.96

（续）

时间（年-月-日）	区号	处理	土壤深度																			
			10 cm	20 cm	30 cm	40 cm	50 cm	60 cm	70 cm	80 cm	90 cm	100 cm	110 cm	120 cm	130 cm	140 cm	150 cm	160 cm	170 cm	180 cm	190 cm	200 cm
2003-10-27	11	N2P2	11.13	11.86	12.94	13.63	14.28	14.80	14.63	14.62	14.63	14.32	14.38	14.36	14.08	12.93	12.36	12.18	11.69	12.27	11.80	10.41
2003-10-27	12	N2P1	11.94	11.93	11.67	13.37	13.03	13.77	14.43	14.42	14.89	14.80	14.88	14.62	14.29	14.26	13.99	13.85	13.42	13.04	12.76	12.51
2003-10-27	13	N2P0	11.26	12.63	12.32	13.02	13.93	13.54	14.77	14.71	15.55	14.95	14.00	14.61	14.96	14.73	13.61	14.67	13.67	14.73	13.84	15.55
2003-10-27	14	N1P2	10.62	11.64	12.31	13.23	13.13	13.52	13.81	14.76	14.66	14.78	15.23	14.84	14.66	14.20	15.18	13.76	13.31	13.52	13.33	13.33
2003-10-27	15	N1P1	10.32	12.08	12.03	12.44	12.58	13.71	14.23	14.19	14.52	15.14	14.70	14.83	14.67	13.78	14.23	13.87	13.72	13.40	14.48	13.45
2003-10-27	16	N1P0	10.93	11.54	11.91	12.69	14.13	14.42	14.76	14.75	15.20	15.18	15.70	15.64	15.59	14.92	14.69	14.03	14.04	13.78	13.75	14.70
2003-10-27	17	N0P2	11.00	12.05	12.81	13.19	13.46	13.98	13.91	15.09	16.29	15.73	15.49	16.06	15.45	15.34	14.45	14.00	14.32	14.01	13.53	14.15
2003-10-27	18	N0P1	11.08	11.81	11.65	13.11	12.89	14.50	13.79	13.96	13.97	13.90	14.81	14.35	14.82	15.05	15.15	15.03	14.24	14.25	13.92	14.20
2003-10-27	19	N0P0	9.77	12.48	14.21	15.55	14.34	14.54	15.47	14.89	13.83	13.38	14.09	14.94	15.21	15.58	15.31	15.13	14.60	14.55	14.40	13.52
2003-10-27	20	裸地	11.83	13.41	12.69	12.64	13.69	13.47	13.88	13.98	14.03	13.77	14.02	14.06	15.03	15.25	15.06	15.76	15.30	14.95	15.36	14.96
2004-06-06	11	N2P2	10.48	8.19	8.64	8.66	8.84	9.18	9.73	9.90	9.85	9.52	9.67	9.91	9.57	9.66	9.51	9.74	10.29	10.18	10.47	10.70
2004-06-06	12	N2P1	9.72	9.82	9.20	9.48	9.43	10.20	10.28	10.43	10.77	10.65	10.77	11.01	10.29	10.32	10.04	10.05	10.16	10.15	10.26	11.05
2004-06-06	13	N2P0	9.46	8.64	9.43	9.82	9.79	10.17	10.44	10.51	10.56	10.43	10.53	10.76	10.02	9.99	9.64	9.95	10.03	10.11	10.24	10.83
2004-06-06	14	N1P2	11.84	8.38	8.77	9.20	9.24	10.08	9.96	10.39	10.66	10.63	10.80	11.92	11.14	10.50	10.75	10.98	11.27	11.20	11.29	11.35
2004-06-06	15	N1P1	11.40	8.94	9.21	9.64	9.86	10.37	10.60	10.63	10.69	10.91	10.93	10.26	9.75	10.05	10.33	9.89	10.47	10.51	10.65	10.92
2004-06-06	16	N1P0	12.26	9.09	9.21	9.74	10.10	10.35	10.68	10.33	10.56	10.78	11.11	11.50	12.21	12.04	11.90	11.93	12.08	11.71	11.26	10.70
2004-06-06	17	N0P2	10.90	8.46	8.71	9.01	9.24	9.42	9.87	9.82	10.37	10.22	10.88	10.92	11.10	11.05	10.66	10.34	10.18	10.10	10.04	10.60
2004-06-06	18	N0P1	12.56	8.58	9.40	9.26	9.43	9.53	9.71	9.77	10.40	9.97	10.30	10.98	10.97	11.20	11.29	11.37	11.02	10.72	10.60	10.29
2004-06-06	19	N0P0	6.85	7.23	7.54	7.69	8.77	9.04	9.52	9.37	9.69	9.70	10.03	10.49	11.17	11.02	10.76	11.47	11.37	11.26	10.62	10.94
2004-06-06	20	裸地	12.85	9.71	9.95	10.40	10.34	9.87	9.80	9.99	9.75	9.74	10.45	10.77	11.17	11.48	11.90	11.80	11.97	11.90	12.08	11.60
2004-10-14	11	N2P2	8.95	8.73	9.20	9.64	10.34	10.63	11.27	11.33	11.22	11.34	10.64	10.30	9.85	10.00	9.26	9.02	8.81	8.26	9.92	9.14
2004-10-14	12	N2P1	9.20	8.58	8.78	9.81	10.16	10.49	10.73	11.10	11.30	11.39	12.01	12.28	11.71	10.77	10.15	10.43	10.26	9.31	9.86	10.04
2004-10-14	13	N2P0	10.39	10.22	10.56	11.66	10.58	10.55	11.52	11.52	11.96	12.21	11.13	11.63	11.19	11.17	10.83	10.68	10.82	10.43	11.43	11.39
2004-10-14	14	N1P2	10.99	10.40	10.30	10.38	13.81	11.13	11.03	11.58	11.94	12.15	12.02	11.68	11.47	11.36	11.56	11.25	10.80	10.88	11.87	12.11
2004-10-14	15	N1P1	9.95	9.56	9.90	10.23	10.39	11.13	11.71	11.45	11.84	12.30	12.12	11.72	11.60	11.68	11.80	10.92	11.16	11.07	11.33	11.54

（续）

时间（年-月-日）	区号	处理	土壤深度																			
			10 cm	20 cm	30 cm	40 cm	50 cm	60 cm	70 cm	80 cm	90 cm	100 cm	110 cm	120 cm	130 cm	140 cm	150 cm	160 cm	170 cm	180 cm	190 cm	200 cm
2004-10-14	16	N1P0	9.91	10.49	9.88	10.39	10.50	10.98	11.11	11.28	11.30	11.87	12.36	12.54	11.77	11.63	11.39	11.31	11.36	10.11	10.48	10.52
2004-10-14	17	N0P2	11.25	10.46	10.30	10.53	10.34	10.51	10.76	11.11	11.56	11.36	11.71	14.81	11.68	11.67	11.32	10.99	10.78	10.44	10.46	10.21
2004-10-14	18	N0P1	12.55	10.26	10.64	10.68	10.06	10.27	10.59	10.68	10.81	11.15	10.96	11.17	11.58	11.47	11.64	11.45	11.79	10.45	10.31	9.96
2004-10-14	19	N0P0	10.24	10.19	11.15	10.55	10.13	10.61	10.81	11.13	11.16	11.33	11.65	15.63	11.63	11.74	11.81	11.77	10.98	11.31	11.57	10.94
2004-10-14	20	裸地	7.09	10.99	11.58	11.70	11.21	10.65	10.88	9.71	11.05	10.99	11.42	11.07	11.29	11.62	12.26	12.42	12.65	12.34	12.32	12.04
2005-05-21	11	N2P2	8.71	8.24	8.16	8.43	8.76	8.92	9.28	9.31	9.54	9.56	8.99	9.06	9.38	8.77	8.71	8.38	8.27	8.20	8.16	8.78
2005-05-21	12	N2P1	10.00	9.88	9.45	9.21	9.40	9.83	9.71	10.38	9.88	9.87	10.03	10.19	9.68	9.80	10.12	10.10	9.97	9.45	8.82	9.01
2005-05-21	13	N2P0	10.92	9.74	9.20	8.75	8.72	9.17	9.47	9.62	9.36	9.52	9.54	9.02	9.27	9.14	9.13	8.81	9.21	8.58	9.04	9.18
2005-05-21	14.	N1P2	10.84	10.27	9.50	8.91	8.65	9.40	9.73	10.03	9.71	9.86	10.04	9.63	9.66	9.53	9.14	8.90	8.96	8.53	9.95	11.19
2005-05-21	15	N1P1	10.41	9.41	8.55	8.56	8.67	9.37	9.37	9.42	9.69	9.59	9.91	9.79	9.88	9.61	8.54	9.19	9.08	9.10	8.92	9.23
2005-05-21	16	N1P0	10.14	9.74	9.36	9.17	9.49	9.47	10.05	9.88	9.78	10.11	9.95	9.81	10.12	9.62	9.84	9.68	10.00	9.50	9.05	9.23
2005-05-21	17	N0P2	11.45	10.00	9.77	10.44	9.06	9.56	10.30	10.31	10.04	10.19	10.77	10.77	10.07	10.30	10.57	9.73	9.50	8.94	9.56	9.81
2005-05-21	18	N0P1	9.82	9.83	8.66	8.78	8.61	8.53	8.99	9.23	9.06	9.42	9.48	9.37	9.68	9.89	10.35	10.68	10.65	10.02	9.98	9.91
2005-05-21	19	N0P0	10.98	10.45	10.28	10.69	9.16	8.54	8.67	9.30	8.98	9.18	9.74	9.82	9.93	9.99	10.43	10.21	10.00	9.93	9.55	9.12
2005-05-21	20	裸地	11.37	10.10	9.89	9.51	9.43	9.03	9.44	9.26	9.16	9.14	9.74	9.76	10.00	10.53	11.23	11.13	10.63	10.78	10.67	10.43
2005-10-09	11	N2P2	13.28	13.68	14.03	13.86	12.88	13.29	12.31	12.48	12.23	11.03	10.78	9.01	8.22	8.20	7.87	7.98	8.15	8.11	8.04	7.87
2005-10-09	12	N2P1	12.53	12.63	12.63	13.20	13.42	13.68	13.79	13.60	13.75	12.89	12.54	11.44	11.17	10.64	10.14	9.10	9.73	10.02	10.10	10.26
2005-10-09	13	N2P0	12.82	15.24	13.97	14.06	14.16	13.90	14.01	13.86	13.86	13.36	12.92	12.41	11.81	11.76	11.39	10.73	10.01	10.53	10.70	10.99
2005-10-09	14	N1P2	11.92	13.01	14.20	13.73	13.58	13.50	13.41	13.41	13.13	13.06	13.00	12.64	11.17	10.91	10.29	10.86	11.12	10.54	11.20	11.21
2005-10-09	15	N1P1	11.74	13.48	13.90	10.58	13.93	13.67	14.35	14.38	14.07	13.90	12.99	12.68	11.63	11.42	10.63	10.60	9.92	10.32	10.82	10.72
2005-10-09	16	N1P0	9.86	13.35	14.49	16.07	14.13	14.31	14.39	14.56	14.89	14.70	14.00	14.18	13.53	13.28	12.61	12.00	11.38	11.56	11.48	11.32
2005-10-09	17	N0P2	11.77	12.96	12.51	12.38	13.24	14.35	14.03	14.05	13.70	14.43	14.58	14.04	13.92	13.49	12.97	11.54	10.72	10.22	10.37	10.33
2005-10-09	18	N0P1	13.71	13.58	14.54	13.59	13.51	13.24	13.56	13.25	13.86	13.83	13.68	13.63	13.58	13.01	12.32	11.90	11.77	11.00	10.29	9.74
2005-10-09	19	N0P0	13.05	14.60	12.60	12.99	13.14	13.22	13.27	13.28	13.84	13.83	14.10	14.17	14.59	13.66	14.00	13.62	11.57	11.43	8.92	10.63

（续）

时间（年-月-日）	区号	处理	土壤深度																			
			10 cm	20 cm	30 cm	40 cm	50 cm	60 cm	70 cm	80 cm	90 cm	100 cm	110 cm	120 cm	130 cm	140 cm	150 cm	160 cm	170 cm	180 cm	190 cm	200 cm
2005-10-09	20	裸地	12.26	12.92	13.45	13.78	12.94	13.04	12.46	12.96	12.78	13.02	13.05	13.30	13.77	13.78	13.31	13.09	12.66	12.20	11.79	11.24
2006-04-23	11	N2P2	8.65	7.43	8.56	9.51	9.54	9.71	10.00	9.31	9.62	9.87	9.56	9.32	9.03	9.01	8.84	8.58	8.43	7.81	8.29	8.46
2006-04-23	12	N2P1	6.66	7.86	9.51	9.51	10.06	10.30	10.38	10.01	10.17	10.28	9.98	10.38	10.01	9.69	9.15	9.23	8.56	8.62	8.40	9.54
2006-04-23	13	N2P0	6.81	7.26	10.29	10.00	9.79	9.79	9.83	10.29	11.07	10.62	10.82	10.25	10.49	10.30	9.75	9.08	9.18	9.38	8.72	9.48
2006-04-23	14	N1P2	8.24	9.69	10.25	9.81	10.40	10.11	10.11	10.28	10.54	10.49	10.21	10.29	10.05	10.00	9.95	9.13	9.21	9.20	9.02	9.26
2006-04-23	15	N1P1	7.93	9.68	9.87	10.22	9.99	10.39	10.31	10.49	10.77	10.73	11.04	11.13	10.41	10.54	9.78	9.65	9.48	9.39	9.39	9.38
2006-04-23	16	N1P0	7.70	9.23	10.10	10.33	10.61	10.37	10.21	10.34	10.98	10.69	10.90	11.09	10.40	10.83	10.35	9.83	10.10	9.43	9.27	9.27
2006-04-23	17	N0P2	8.47	9.70	10.11	10.54	9.91	9.80	10.11	9.97	10.37	10.60	10.80	10.84	9.57	10.89	10.06	9.84	9.28	9.43	8.85	9.12
2006-04-23	18	N0P1	8.62	9.43	12.07	10.90	10.74	9.86	9.56	9.63	10.22	10.49	10.29	10.30	10.34	11.12	10.81	10.51	10.01	9.94	9.89	9.39
2006-04-23	19	N0P0	8.69	9.93	10.00	11.05	11.74	10.54	9.64	9.81	10.00	10.39	10.77	10.65	10.80	10.78	10.88	10.92	10.93	10.09	10.25	10.03
2006-04-23	20	裸地	7.48	9.28	10.16	11.92	10.96	10.63	9.83	9.77	9.81	10.16	10.12	10.34	10.38	10.65	10.84	10.07	10.56	11.09	10.87	10.91
2006-10-26	11	N2P2	8.47	9.36	9.62	10.23	10.63	10.79	10.96	10.98	10.93	10.83	10.68	9.91	9.85	9.38	9.52	8.55	8.66	8.16	7.96	8.07
2006-10-26	12	N2P1	8.94	9.46	10.19	10.99	11.11	11.01	11.85	12.14	11.41	12.01	12.07	11.86	11.84	11.03	11.15	10.68	10.22	10.06	9.82	9.48
2006-10-26	13	N2P0	8.58	10.02	10.61	11.30	11.37	10.45	11.02	12.26	12.03	12.53	12.42	12.16	11.76	11.54	11.06	11.30	11.00	10.98	11.27	11.92
2006-10-26	14	N1P2	7.19	9.36	10.47	10.56	11.20	11.50	11.43	11.77	11.64	11.96	11.95	12.10	11.50	11.31	10.73	11.16	10.59	10.66	11.20	10.58
2006-10-26	15	N1P1	7.40	9.16	10.25	9.99	11.48	11.51	11.77	12.50	12.49	12.44	12.68	12.02	11.53	11.37	11.15	11.25	10.99	11.09	10.95	11.34
2006-10-26	16	N1P0	8.33	10.50	10.35	10.94	11.03	11.82	12.01	11.85	12.81	12.80	12.80	12.82	12.37	12.23	11.78	11.65	10.97	11.05	11.07	11.06
2006-10-26	17	N0P2	8.17	11.12	10.68	10.83	12.16	12.32	12.88	12.79	12.37	12.31	12.24	12.33	12.38	12.02	11.90	11.70	12.26	11.75	11.24	11.00
2006-10-26	18	N0P1	7.02	9.40	10.26	11.19	10.76	10.88	11.32	11.50	11.85	11.82	12.13	12.48	12.42	12.56	12.59	12.22	11.62	11.24	10.97	10.86
2006-10-26	19	N0P0	8.01	9.99	10.49	11.41	11.07	10.80	11.23	11.36	12.13	12.72	12.57	12.32	12.56	12.91	12.97	11.96	12.30	12.33	11.89	10.34
2006-10-26	20	裸地	8.17	9.82	10.75	11.60	11.80	10.96	10.99	10.86	11.15	11.32	11.88	11.94	11.89	12.37	12.77	12.97	12.52	12.32	12.48	12.30
2007-04-22	11	N2P2	5.91	7.73	10.06	10.69	10.29	10.81	10.94	10.96	10.75	10.67	10.36	9.98	9.93	9.40	8.43	8.16	8.05	7.95	8.56	8.30
2007-04-22	12	N2P1	5.20	9.83	10.36	10.34	10.56	11.27	10.84	10.56	10.68	10.69	10.58	10.41	10.44	9.49	10.10	9.41	9.15	8.70	8.97	9.58

（续）

时间（年-月-日）	区号	处理	土壤深度																			
			10 cm	20 cm	30 cm	40 cm	50 cm	60 cm	70 cm	80 cm	90 cm	100 cm	110 cm	120 cm	130 cm	140 cm	150 cm	160 cm	170 cm	180 cm	190 cm	200 cm
2007-04-22	13	N2P0	5.35	9.91	10.63	10.92	10.15	10.62	11.07	10.47	10.53	10.65	10.72	10.53	9.79	10.06	10.07	9.47	9.59	9.57	9.72	9.29
2007-04-22	14	N1P2	6.81	11.62	10.85	10.61	10.96	10.91	11.15	10.84	11.25	11.15	11.26	10.58	9.91	9.51	9.86	9.45	10.27	9.20	9.80	9.56
2007-04-22	15	N1P1	4.10	10.51	10.00	10.09	11.25	10.90	11.60	11.18	11.21	11.11	11.08	10.71	10.61	10.41	10.01	9.66	9.48	9.36	9.47	10.63
2007-04-22	16	N1P0	6.63	10.37	10.04	10.92	11.17	11.24	11.27	11.20	11.37	11.22	11.64	11.21	11.33	10.82	10.36	10.16	9.93	10.10	10.35	9.82
2007-04-22	17	N0P2	1.21	10.02	11.19	10.78	10.17	10.25	10.59	10.56	10.43	10.73	11.20	11.28	11.23	10.85	10.43	9.91	9.69	9.56	9.59	9.86
2007-04-22	18	N0P1	4.32	10.85	9.98	10.12	10.42	10.40	10.30	10.45	11.19	12.51	12.79	12.72	11.85	11.42	10.88	10.62	9.69	9.49	9.27	8.83
2007-04-22	19	N0P0	4.77	10.76	10.68	11.51	10.67	10.50	10.52	10.50	10.62	10.17	10.96	11.35	11.46	11.48	11.57	10.92	11.09	10.63	10.26	9.98
2007-04-22	20	裸地	6.98	10.23	13.07	13.24	11.94	10.40	9.98	16.31	10.26	10.30	10.59	10.91	11.01	11.35	11.53	11.42	11.35	11.10	10.92	10.88
2007-10-25	11	N2P2	13.03	12.84	13.12	13.68	14.10	14.66	14.75	15.04	15.54	15.10	15.14	14.60	14.06	13.14	12.51	12.39	12.18	12.17	10.42	9.49
2007-10-25	12	N2P1	13.25	12.33	12.70	13.22	13.44	13.89	14.39	14.77	14.73	14.90	15.16	14.84	14.18	13.94	13.23	12.58	11.87	11.63	10.95	10.23
2007-10-25	13	N2P0	14.77	14.39	13.46	13.90	13.79	13.24	13.48	13.02	14.38	15.50	15.81	15.15	15.40	14.43	14.06	13.95	14.02	14.02	14.79	14.46
2007-10-25	14	N1P2	14.62	13.61	13.08	13.71	14.09	15.40	14.92	14.87	15.21	15.07	15.20	14.88	14.86	14.24	14.22	14.18	14.11	13.91	13.82	13.73
2007-10-25	15	N1P1	13.71	12.98	12.94	13.03	13.21	14.36	14.57	20.35	15.24	15.20	15.25	15.27	14.95	15.05	15.27	14.16	14.63	13.79	13.34	14.00
2007-10-25	16	N1P0	14.86	13.16	13.23	13.98	13.99	14.20	15.09	14.28	14.29	16.14	15.52	15.82	15.50	16.05	14.93	14.81	14.58	15.67	15.60	13.83
2007-10-25	17	N0P2	13.51	13.99	13.70	12.35	13.65	13.60	14.30	14.93	15.14	14.51	15.33	15.61	15.43	15.63	15.53	14.70	13.80	14.18	13.81	13.52
2007-10-25	18	N0P1	15.98	14.26	14.45	14.47	12.70	13.22	13.62	14.02	14.55	15.18	15.39	15.51	15.13	15.77	15.55	15.78	14.25	15.06	13.83	12.95
2007-10-25	19	N0P0	14.94	14.10	16.56	13.26	12.63	13.82	14.35	14.61	14.82	14.53	14.92	15.85	15.68	16.39	16.55	15.07	15.81	15.71	14.93	14.21
2007-10-25	20	裸地	13.93	14.34	13.92	15.79	15.11	14.31	14.34	14.23	14.11	14.45	14.93	15.13	15.58	15.89	16.61	16.93	16.78	16.12	16.44	15.32
2008-06-01	11	N2P2	1.84	6.55	7.00	7.82	8.45	8.66	9.09	9.25	9.61	9.48	9.74	9.25	10.14	9.26	9.32	9.46	9.50	9.51	10.34	10.64
2008-06-01	12	N2P1	1.41	6.32	7.49	7.64	8.28	8.40	9.02	9.16	9.34	10.08	9.49	9.71	9.63	9.12	8.89	8.82	8.95	8.85	9.24	9.74
2008-06-01	13	N2P0	1.04	3.99	3.69	2.16	7.46	8.47	9.45	9.55	9.91	10.12	10.20	8.96	9.42	9.61	9.64	9.24	9.24	9.39	9.77	9.75
2008-06-01	14	N1P2	2.31	6.92	7.61	11.20	9.35	9.00	9.56	10.03	11.20	11.86	11.72	14.55	9.06	6.79	11.65	11.44	10.76	11.54	11.65	11.23
2008-06-01	15	N1P1	1.11	5.52	6.44	7.83	8.03	8.59	8.70	9.25	9.72	10.05	10.00	10.30	9.89	10.18	9.84	9.43	9.62	10.00	11.32	10.15

（续）

时间（年-月-日）	区号	处理	土壤深度																			
			10 cm	20 cm	30 cm	40 cm	50 cm	60 cm	70 cm	80 cm	90 cm	100 cm	110 cm	120 cm	130 cm	140 cm	150 cm	160 cm	170 cm	180 cm	190 cm	200 cm
2008-06-01	16	N1P0	3.22	5.78	7.07	7.34	7.83	8.19	8.80	9.16	9.53	9.85	10.30	10.65	10.70	10.95	10.25	9.93	10.22	9.98	9.70	11.06
2008-06-01	17	N0P2	2.16	7.17	7.66	8.95	9.54	9.45	9.39	9.90	10.09	10.19	10.37	10.39	11.06	10.97	10.30	10.32	10.63	10.32	10.30	10.73
2008-06-01	18	N0P1	1.38	5.68	7.15	7.92	8.05	9.15	9.19	9.30	10.01	10.19	10.42	11.04	10.77	11.17	11.10	11.03	10.81	10.80	10.37	10.32
2008-06-01	19	N0P0	3.74	6.79	7.21	8.98	9.38	9.22	9.10	9.51	9.76	9.92	9.94	10.51	11.04	11.22	11.22	11.43	13.28	10.82	10.67	10.49
2008-06-01	20	裸地	1.94	5.12	7.31	7.59	8.63	8.96	9.15	9.11	9.42	9.37	9.42	10.14	10.14	11.12	10.89	11.28	11.64	11.65	11.25	11.48
2008-10-16	11	N2P2	8.62	10.95	11.01	11.59	12.36	12.75	12.71	12.67	12.47	11.81	11.32	10.56	9.60	8.96	8.03	7.58	7.64	7.80	8.26	8.88
2008-10-16	12	N2P1	9.13	10.77	11.36	12.26	13.87	13.46	12.37	12.61	12.22	12.13	11.90	11.36	10.88	9.34	8.04	7.42	7.13	7.36	6.78	8.28
2008-10-16	13	N2P0	8.50	11.20	11.46	11.61	11.82	12.98	12.62	12.12	11.14	10.39	9.89	7.63	6.37	6.48	6.54	6.55	7.18	8.12	11.61	8.21
2008-10-16	14	N1P2	10.19	11.28	11.96	13.05	13.11	13.57	13.45	13.36	13.40	13.50	13.28	12.93	12.56	12.12	11.65	10.73	10.09	9.50	8.83	8.68
2008-10-16	15	N1P1	9.77	11.44	11.97	12.88	12.71	13.37	13.18	13.48	13.16	13.35	13.03	12.78	11.78	12.01	11.48	10.90	10.16	9.32	8.89	8.73
2008-10-16	16	N1P0	8.87	11.92	12.00	12.04	12.67	13.25	13.71	13.62	13.87	14.12	14.10	13.75	15.17	13.30	12.47	11.70	11.75	11.10	10.14	9.79
2008-10-16	17	N0P2	10.40	11.32	11.95	12.36	12.82	13.21	12.77	13.47	13.30	13.15	13.47	13.60	13.39	13.30	12.81	12.47	11.62	11.19	11.15	10.63
2008-10-16	18	N0P1	8.90	11.92	12.84	12.89	13.24	13.59	12.58	12.90	12.95	12.80	12.76	12.68	12.99	13.14	12.67	12.68	11.93	13.22	11.21	9.95
2008-10-16	19	N0P0	11.21	12.14	12.59	14.33	13.63	13.59	13.64	13.45	13.26	13.26	13.41	13.39	13.94	14.29	14.38	14.44	13.52	9.03	12.39	11.99
2008-10-16	20	裸地	9.39	11.10	12.91	13.92	14.79	12.96	12.79	13.66	13.18	12.95	13.42	13.13	13.49	11.59	12.91	16.72	12.93	12.55	12.36	11.55
2009-04-29	11	N2P2	2.44	8.21	8.42	8.12	8.43	9.03	9.33	9.32	9.16	9.70	9.86	9.35	9.54	9.25	9.18	8.63	8.33	9.04	9.40	9.71
2009-04-29	12	N2P1	3.36	8.14	8.45	9.41	9.70	10.13	9.66	9.89	9.96	9.76	10.16	9.82	9.20	9.99	8.86	8.22	8.14	7.57	7.57	7.55
2009-04-29	13	N2P0	4.55	7.75	8.26	8.82	8.99	9.06	9.31	9.13	9.31	9.45	9.37	8.84	8.66	8.40	8.06	7.55	7.46	7.41	7.73	7.81
2009-04-29	14	N1P2	5.81	8.96	9.15	9.14	10.58	10.43	11.50	10.21	10.59	11.15	10.53	10.62	9.97	9.82	9.36	8.74	9.66	8.51	9.20	9.06
2009-04-29	15	N1P1	5.03	9.04	8.14	9.46	9.89	10.10	9.90	10.08	10.62	10.33	10.18	10.29	9.86	9.59	9.08	9.28	9.06	9.12	9.10	10.43
2009-04-29	16	N1P0	5.56	8.34	8.73	9.21	9.54	9.34	10.02	10.12	10.90	11.16	10.66	10.26	10.69	10.32	10.16	9.08	9.30	9.36	9.19	8.90
2009-04-29	17	N0P2	1.53	8.73	8.91	8.89	8.84	9.05	9.48	9.57	9.96	10.63	9.96	10.35	10.30	10.11	10.20	9.82	9.71	9.48	9.69	8.89
2009-04-29	18	N0P1	4.30	8.98	9.12	9.09	9.16	9.29	9.20	9.08	9.56	9.93	10.00	10.38	10.41	10.46	10.42	10.68	9.83	9.26	9.18	8.95

（续）

时间（年-月-日）	区号	处理	土壤深度																			
			10 cm	20 cm	30 cm	40 cm	50 cm	60 cm	70 cm	80 cm	90 cm	100 cm	110 cm	120 cm	130 cm	140 cm	150 cm	160 cm	170 cm	180 cm	190 cm	200 cm
2009-04-29	19	N0P0	3.48	9.64	9.73	10.45	9.49	9.15	9.25	8.94	9.83	9.72	9.92	9.64	9.55	9.71	9.72	9.82	9.35	9.46	9.18	9.53
2009-04-29	20	裸地	6.53	9.02	9.73	10.21	9.70	8.94	8.97	9.22	9.43	9.39	10.09	10.13	10.38	10.83	10.77	11.04	10.76	10.65	10.68	10.73
2009-10-17	11	N2P2	5.03	7.87	9.27	9.75	10.08	10.57	10.97	11.51	11.74	11.73	11.73	11.54	11.07	11.07	10.75	10.49	10.43	10.26	9.57	9.77
2009-10-17	12	N2P1	5.77	8.48	9.46	10.27	10.85	10.87	11.37	11.51	12.02	12.16	11.93	11.93	11.70	11.51	11.65	11.05	11.09	10.39	10.07	10.44
2009-10-17	13	N2P0	7.01	8.35	9.22	10.40	10.56	10.17	11.43	11.36	12.04	11.95	12.20	12.27	12.18	11.63	10.99	10.75	10.57	11.48	10.75	10.45
2009-10-17	14	N1P2	5.34	7.93	9.37	8.83	10.65	11.08	11.57	11.73	11.33	12.34	12.79	12.97	13.05	12.41	12.16	11.22	11.84	11.69	11.85	11.55
2009-10-17	15	N1P1	6.66	7.91	10.35	10.21	10.56	11.24	11.86	12.58	13.34	12.99	13.43	12.65	12.26	12.62	12.87	13.55	12.48	12.73	12.00	12.17
2009-10-17	16	N1P0	8.68	9.85	10.19	10.67	10.70	11.56	11.86	11.14	11.26	12.27	13.39	14.35	13.83	14.45	13.75	13.94	13.98	12.80	12.67	12.26
2009-10-17	17	N0P2	8.15	9.75	10.56	10.19	10.66	11.24	11.55	11.81	12.51	12.47	12.93	12.80	12.86	12.90	12.82	12.62	12.70	11.78	12.08	11.91
2009-10-17	18	N0P1	7.34	9.12	9.60	10.65	11.13	10.89	11.36	11.60	12.06	12.83	12.86	13.10	13.41	13.05	13.37	12.78	12.83	13.16	12.26	11.82
2009-10-17	19	N0P0	9.07	11.09	11.19	11.57	10.91	11.37	11.80	10.84	11.24	12.35	13.20	12.97	13.45	13.73	14.06	13.73	13.56	13.10	12.93	12.90
2009-10-17	20	裸地	7.39	9.48	9.65	10.83	11.56	11.72	11.56	11.59	11.84	12.15	12.20	12.33	12.44	13.15	13.26	12.64	13.47	14.72	13.88	13.56
2010-05-09	11	N2P2	9.83	10.96	10.96	11.93	11.77	12.02	12.38	12.30	11.92	11.50	11.25	10.89	10.52	10.17	9.82	9.66	9.45	10.13	9.58	10.26
2010-05-09	12	N2P1	11.00	11.09	12.01	11.18	12.11	12.25	11.74	11.76	11.83	11.56	11.81	11.21	10.79	10.60	10.52	10.04	8.87	8.52	9.13	9.63
2010-05-09	13	N2P0	10.20	11.12	11.20	12.47	11.12	10.19	10.72	10.70	10.61	10.58	10.36	10.51	10.43	10.00	9.25	9.14	8.63	8.88	8.76	9.08
2010-05-09	14	N1P2	7.96	10.13	10.97	10.49	11.39	11.84	12.40	11.49	12.48	12.46	10.99	10.74	10.71	10.16	9.95	10.37	9.77	10.25	9.37	10.70
2010-05-09	15	N1P1	9.75	10.37	11.96	10.64	10.89	11.23	10.91	11.02	11.07	11.35	10.75	10.41	9.95	9.90	9.36	9.22	9.30	8.70	8.92	8.75
2010-05-09	16	N1P0	9.21	11.98	11.73	12.16	12.03	12.31	12.73	12.51	12.27	12.22	12.33	13.23	11.30	11.48	11.05	10.99	10.34	9.95	9.79	9.87
2010-05-09	17	N0P2	7.03	12.26	13.02	11.77	11.67	11.85	12.69	11.74	11.83	11.80	11.50	11.81	11.86	11.59	10.87	11.52	10.61	10.08	9.94	10.13
2010-05-09	18	N0P1	5.89	11.89	13.31	12.73	11.15	11.15	11.24	10.94	11.61	11.42	11.50	11.77	11.94	11.65	11.54	11.02	10.68	10.20	10.00	9.81
2010-05-09	19	N0P0	6.44	11.67	13.84	13.38	11.73	11.70	11.88	11.58	11.30	11.47	11.74	11.76	11.86	11.92	11.93	11.68	11.53	10.92	10.47	10.31
2010-05-09	20	裸地	7.34	11.55	12.13	12.07	11.75	11.40	11.47	11.14	10.84	10.74	10.81	10.90	11.29	11.88	11.67	12.25	11.84	11.75	11.72	11.20
2010-10-14	11	N2P2	10.35	9.68	9.13	9.29	9.55	9.24	9.35	9.61	9.61	9.33	8.99	9.09	8.91	8.16	7.96	7.71	7.92	7.66	8.55	8.66

（续）

时间（年-月-日）	区号	处理	土壤深度																			
			10 cm	20 cm	30 cm	40 cm	50 cm	60 cm	70 cm	80 cm	90 cm	100 cm	110 cm	120 cm	130 cm	140 cm	150 cm	160 cm	170 cm	180 cm	190 cm	200 cm
2010-10-14	12	N2P1	10.56	10.24	9.92	9.75	9.86	10.32	11.08	11.11	11.11	10.82	10.57	9.89	9.44	9.09	8.92	8.52	8.38	8.17	8.22	9.00
2010-10-14	13	N2P0	10.60	10.27	9.65	9.48	10.03	10.13	10.28	10.62	10.58	10.47	10.70	10.62	10.40	9.63	9.42	9.43	9.13	8.89	9.20	8.95
2010-10-14	14	N1P2	10.80	10.38	9.97	9.93	9.96	10.28	10.97	11.03	11.28	11.80	11.10	10.73	10.67	10.51	10.34	9.90	10.11	9.98	10.10	10.13
2010-10-14	15	N1P1	10.81	9.99	9.68	10.00	9.90	10.59	10.94	11.15	11.51	11.70	11.53	11.56	11.48	11.65	10.57	10.77	9.01	10.28	10.17	9.90
2010-10-14	16	N1P0	11.12	11.22	10.23	10.19	10.06	10.84	11.29	11.51	11.81	12.03	12.17	12.13	11.98	11.31	11.58	11.07	10.83	11.37	10.54	10.63
2010-10-14	17	N0P2	10.37	10.00	9.92	10.17	10.41	10.32	10.69	10.80	10.82	10.74	11.05	11.35	11.66	11.55	10.60	10.77	10.88	10.25	10.18	10.06
2010-10-14	18	N0P1	10.39	10.24	10.30	10.43	9.78	10.21	10.26	10.56	10.42	10.82	11.34	11.56	11.83	11.93	11.97	12.08	11.01	10.97	10.80	10.56
2010-10-14	19	N0P0	10.27	9.81	9.77	10.14	10.91	10.44	10.77	11.37	11.91	10.96	11.21	12.12	11.90	11.96	12.14	12.36	12.01	12.22	11.99	11.65
2010-10-14	20	裸地	8.35	7.59	7.85	7.70	8.72	9.42	9.55	9.46	9.56	9.58	9.55	9.93	10.26	10.31	10.85	10.94	11.04	11.33	11.32	10.80
2011-05-01	11	N2P2	2.61	7.06	7.96	8.26	8.68	8.81	8.76	8.62	8.64	8.52	8.61	8.60	8.16	8.03	7.49	7.99	7.68	7.87	7.80	8.32
2011-05-01	12	N2P1	8.17	8.84	9.59	9.83	10.26	10.47	10.48	10.44	10.49	10.58	10.82	10.09	10.31	10.50	9.75	9.71	9.00	8.84	8.86	9.45
2011-05-01	13	N2P0	7.58	8.57	9.55	10.34	10.64	11.30	10.92	11.19	11.22	10.86	11.14	10.94	10.88	10.32	9.99	9.95	10.12	10.48	10.34	9.48
2011-05-01	14	N1P2	6.88	9.23	9.59	10.43	10.13	10.58	10.77	10.57	10.60	10.33	10.05	9.85	9.92	9.27	8.81	9.08	9.29	9.46	9.84	10.19
2011-05-01	15	N1P1	5.33	9.42	9.74	9.79	9.90	10.64	11.08	10.82	10.84	10.49	9.73	10.32	9.54	9.07	9.07	8.74	8.56	8.82	9.31	10.19
2011-05-01	16	N1P0	4.66	9.01	9.32	9.97	9.75	10.44	10.29	9.88	10.85	10.48	10.69	10.77	10.36	10.46	9.77	9.73	9.15	9.92	9.55	9.08
2011-05-01	17	N0P2	8.82	9.47	10.35	9.55	9.84	10.20	10.12	10.36	10.09	10.31	10.23	10.43	9.93	10.39	10.06	9.31	9.55	9.26	9.99	9.49
2011-05-01	18	N0P1	5.43	9.74	10.81	10.57	9.49	10.18	10.16	10.43	10.45	10.77	12.14	11.47	11.69	12.08	12.07	12.15	11.83	12.07	11.62	11.67
2011-05-01	19	N0P0	5.64	9.13	10.71	11.01	10.46	11.32	11.59	11.16	11.40	11.06	11.68	12.32	12.50	12.69	12.70	12.56	12.51	12.28	12.33	12.13
2011-05-01	20	裸地	5.75	9.43	10.08	10.43	10.20	10.13	10.14	9.77	9.72	9.60	10.08	10.33	10.62	10.67	10.81	11.07	11.03	10.69	11.03	10.39
2011-10-16	11	N2P2	12.73	13.78	13.11	13.63	14.51	14.62	14.42	14.88	14.41	14.72	14.07	14.19	12.80	12.65	12.31	12.44	12.28	12.47	12.73	12.21
2011-10-16	12	N2P1	14.45	14.12	13.94	14.34	14.22	14.64	14.87	14.81	14.60	14.74	14.42	14.14	14.12	12.99	13.08	12.44	12.23	12.77	13.14	13.68
2011-10-16	13	N2P0	14.83	14.27	13.91	14.38	13.94	14.54	14.97	14.69	14.86	14.47	14.64	14.77	14.29	13.81	13.66	13.35	12.57	12.62	12.68	13.43
2011-10-16	14	N1P2	14.10	14.12	13.74	13.71	13.30	14.37	14.67	15.02	14.99	14.64	14.47	14.08	13.98	13.63	13.35	13.08	12.37	12.95	13.32	12.89

（续）

时间（年-月-日）	区号	处理	土壤深度																			
			10 cm	20 cm	30 cm	40 cm	50 cm	60 cm	70 cm	80 cm	90 cm	100 cm	110 cm	120 cm	130 cm	140 cm	150 cm	160 cm	170 cm	180 cm	190 cm	200 cm
2011-10-16	15	N1P1	13.69	12.11	13.52	13.67	14.27	14.56	14.16	15.14	14.77	14.74	14.36	13.07	14.21	13.35	12.97	12.91	12.96	12.66	13.32	13.11
2011-10-16	16	N1P0	13.93	14.10	14.04	13.72	14.43	14.30	14.78	14.98	15.17	15.22	14.99	14.79	14.67	14.78	13.62	13.28	13.62	13.50	13.10	13.02
2011-10-16	17	N0P2	14.97	15.66	13.85	13.92	13.71	13.34	14.47	14.70	14.85	14.57	14.36	14.47	14.40	13.93	14.13	13.85	12.70	12.77	12.92	12.90
2011-10-16	18	N0P1	15.45	14.83	14.36	14.30	13.33	13.21	13.82	13.95	14.55	14.36	14.77	14.60	14.93	15.12	14.91	13.85	13.45	13.64	12.96	12.28
2011-10-16	19	N0P0	16.84	14.99	15.48	14.84	13.04	13.16	13.92	13.97	13.94	14.53	14.31	13.54	14.97	13.92	14.31	14.78	13.94	13.90	13.24	12.62
2011-10-16	20	裸地	13.15	14.27	13.48	14.46	14.71	13.26	13.45	13.25	12.84	12.56	13.05	12.46	12.73	12.52	13.09	13.45	13.31	13.15	12.77	12.32

注：空格表示数据缺失。

4.3 坡地梯田养分长期定位试验土壤水分数据集

4.3.1 试验设计

坡地梯田养分长期定位试验场位于陕西省延安市安塞县，试验场建于1992年，为长方形地块，总面积为2 000 m^2。分4个区组，每区组设9个小区，共计36个小区，小区为长方形（3.5 m×8.57 m）。施肥处理：9个，重复4次，其中10～18号小区为土壤采样区（图4-3）。

MP	8 MNP	7 CK	6 NP	5 NK	4 PK	3 NPK	2 M	1 MN
18 MNP	17 M	16 NK	15 NPK	14 CK	13 NK	12 PK	11 MN	10 MP
27 M	26 MN	25 NPK	24 PK	23 NP	22 NK	21 CK	20 MP	19 MNP
36 MN	35 MP	34 PK	33 NK	32 NPK	31 CK	30 NP	29 MNP	28 M

图4-3 坡地梯田养分长期定位试验小区布设图

注：MP为有机肥＋磷肥，MNP为有机肥＋氮肥＋磷肥，NP为氮肥＋磷肥，NK为氮肥＋钾肥，PK为磷肥＋钾肥，NPK为氮肥＋磷肥＋钾肥，M为有机肥，MN为有机肥＋氮肥，CK为不施肥，M为有机肥7 500 kg/hm^2，N为纯氮53 kg/ hm^2，P为P_2O_5 26 kg/hm^2，K为K_2O 60 kg/hm^2。

试验场土壤类型为堆积型黄绵土。作物种植制度：谷子→糜子→谷子→大豆，一年一熟。无灌溉。作物收获后，畜力翻耕土壤，冬季休闲，春季人工整地。施肥制度：有机肥（M）7 500 kg/ hm^2，纯氮（N）97 kg/ hm^2，P_2O_5（P）75 kg/ hm^2，K_2O（K）60 kg/ hm^2，有机肥和磷肥在播种时一次性施入，尿素分两次施入，作种肥时127 g/区，其余在拔节期（开花期）作追肥。以不同的施肥方式试验为主（如NP、MP、PK、MNP、MN、M、NK、NPK、CK等，CK表示不施肥）。

4.3.2 样品采集

①土壤水分测定。土钻法采样，在每小区的中部取样，重复3次，表层至200 cm，步长：10 cm；频度：于作物播种前和收获后各测定土壤水分一次。

②土壤样品采集。以小区为单位，用S形方式随机选7～8个点，混合后四分法取样。采样深度0～20 cm、20～40 cm。

③测定项目。表层土壤速效养分：碱解氮、速效磷、速效钾、有机质、全氮、全磷、全钾等。

数据获取方法、数据计量单位、小数位数见表4-7。

表4-7 土壤养分分析项目及方法

序号	指标名称	单位	小数位数	数据获取方法
1	土壤有机质	g/kg	2	重铬酸钾氧化法
2	全氮	g/kg	2	半微量凯式法
3	全磷	g/kg	2	硫酸—高氯酸消煮—钼锑抗比色法
4	全钾	g/kg	2	氢氟酸—高氯酸消煮—火焰光度法
5	速效氮（碱解氮）	mg/kg	2	碱扩散法
6	速效磷	mg/kg	2	碳酸氢钠浸提—钼锑抗比色法

（续）

序号	指标名称	单位	小数位数	数据获取方法
7	速效钾	mg/kg	2	乙酸铵浸提—火焰光度法
8	缓效钾	mg/kg	2	硝酸浸提—火焰光度法
9	pH	无	2	电位法

④植株样品采集。作物收获时，以小区为单位，每区采样 20 株，拷种、测定植物生物量，按不同植株部位茎、叶、籽粒、根系等采样进行养分分析。

⑤分析指标与计量单位。数据获取方法、数据计量单位、小数位数见表 4-8。

表 4-8　植株养分分析项目及方法

序号	指标名称	单位	小数位数	数据获取方法
1	全碳	g/kg	2	重铬酸钾氧化法
2	全氮	g/kg	2	半微量凯式法
3	全磷	g/kg	2	硫酸－双氧水消煮－钼锑抗比色法
4	全钾	g/kg	2	硫酸－双氧水消煮－火焰光度法

4.3.3　数据质量控制和评估

土壤含水量数据，从数据产生的每个环节进行质量保证。包括采样过程、室内分析以及数据录入。

开展数据的完整性、准确性和一致性检验与评估。完整性检验主要包括观测频度、数据缺失程度、元数据信息；在准确性检验方面，综合运用阈值法、过程趋势法、对比法及统计法等方法，检测、剔除土壤含水量时间序列中的异常值；一致性主要是数据采集方法一致性、单位与精度一致性检验，以保证土壤含水量数据的长期连续性、可比性。

4.3.4　数据

坡地梯田养分长期定位试验土壤水分数据见表 4-9。

表 4-9 坡地梯田养分长期定位试验土壤水分数据

单位：%

时间（年-月-日）	区号	处理	土壤深度																			
			10 cm	20 cm	30 cm	40 cm	50 cm	60 cm	70 cm	80 cm	90 cm	100 cm	110 cm	120 cm	130 cm	140 cm	150 cm	160 cm	170 cm	180 cm	190 cm	200 cm
1996-06-03	1	MN	4.52	8.12	8.01	7.72	9.08	8.96	9.37	9.75	10.19	10.26	10.55	10.49	10.56	10.73	10.79	9.88	11.85	11.62	12.49	12.55
1996-06-03	2	M	4.14	9.02	10.27	11.00	11.21	11.25	11.26	11.63	11.60	12.53	12.68	13.50	14.03	13.80	14.81	14.31	14.10	14.37	14.70	14.83
1996-06-03	3	NPK	7.05	11.63	15.04	13.15	13.15	13.26	12.93	11.57	12.99	12.24	12.75	12.78	13.19	13.55	13.81	13.74	13.20	12.48	13.82	13.48
1996-06-03	4	PK	5.10	12.30	13.13	13.73	12.98	13.13	12.76	12.33	13.39	13.57	15.11	17.17		13.44	13.53	13.21	13.14	12.23	12.12	11.91
1996-06-03	5	NK	4.81	11.25	11.46	11.71	11.26	11.81	11.10	11.33	10.86	11.13	10.96	10.24	10.55	10.60	10.72	10.68	10.43	10.60	10.79	11.05
1996-06-03	6	NP	6.19	10.04	10.28	9.85	10.37	10.15	9.57	9.69	9.82	9.90	10.25	10.18	10.26	10.15	10.30	10.16	9.85	10.01	9.58	11.70
1996-06-03	7	CK	8.37	10.39	10.54	11.57	10.22	10.07	10.04	9.96	10.32	10.46	10.30	10.36	10.09	10.16	10.24	11.46	12.28	13.34	15.73	13.50
1996-06-03	8	MNP	3.81	9.43	11.04	11.20	12.45	12.52	13.04	13.86	13.71	13.02	13.34	12.92	12.01	11.44	12.00	11.41	11.47	10.54	10.61	10.63
1996-06-03	9	MP	7.26	10.82	11.47	12.05	12.30	12.36	12.46	13.86	13.71	13.63	13.03	13.55	13.50	13.50	12.83	13.06	13.24	13.51	13.81	14.18
1996-06-03	28	M	4.64	10.06	10.49	9.79	9.92	11.04	11.38	9.99	9.08	9.64	9.53	9.82	10.11	10.31	10.56	10.58	10.78	10.96	10.99	10.86
1996-06-03	29	MNP	6.78	9.50	9.29	9.53	9.74	10.07	9.95	10.11	10.40	10.75	10.96	11.22	11.03	11.44	11.49	12.01	11.54	12.19	12.33	12.42
1996-06-03	30	NP	3.40	9.28	10.46	11.09	10.79	10.80	11.33	11.51	11.85	12.64	12.86	13.62	14.04	14.27	14.42	15.28	14.87	15.39	16.29	15.15
1996-06-03	31	CK	7.72	11.01	11.98	12.37	13.28	13.45	12.89	12.07	14.15	14.39	14.88	14.61	14.22	14.25	14.33	14.23	14.08	14.26	14.58	14.59
1996-06-03	32	NPK	5.08	12.08	13.12	13.12	12.93	12.77	12.68	12.70	13.91	13.42	13.53	14.25	13.73	14.49	14.91	13.16	14.55	14.21	17.36	18.25
1996-06-03	33	NK	6.49	11.31	11.68	11.51	12.68	13.32	11.99	13.29	14.21	13.94	13.95	13.91	14.22	13.24	13.07	15.08	14.53	15.72	13.36	13.45
1996-06-03	34	PK	6.50	12.78	15.27	16.51	14.85	13.73	13.40	13.33	13.32	13.59	13.84	13.36	13.61	13.10	12.97	13.27	14.62	16.36	15.76	15.49
1996-06-03	35	MP	4.84	12.00	13.10	13.04	15.09	14.47	13.67	13.78	13.14	13.11	13.98	13.63	13.73	13.69	13.98	13.82	13.92	14.52	16.18	16.05
1996-06-03	36	MN	5.33	8.56	8.86	9.47	10.25	10.53	10.98	11.02	11.40	11.75	11.82	11.83	12.36	12.77	13.81	14.07	14.62	14.34	14.59	15.00
1996-08-13	1	MN	13.33	14.50	16.09	16.48	17.21	17.84	17.55	18.62	18.63	19.13	18.75	18.58	18.73	17.97	18.63	19.34	19.16	18.90	19.74	19.43
1996-08-13	2	M	14.06	16.39	19.04	18.57	19.31	19.51	20.34	20.94	21.36	21.74	21.25	20.98	21.56	20.63	19.80	19.72	19.43	18.76	18.29	19.27
1996-08-13	3	NPK	14.58	16.00	17.76	19.99	19.08	19.89	20.06	21.16	21.10	20.49	20.57	19.74	20.30	20.20	19.68	20.04	19.61	20.14	21.12	22.15
1996-08-13	4	PK	12.85	14.64	16.02	20.89	20.76	20.55	20.67	21.05	20.27	19.05	19.39	18.89	18.76	19.02	19.19	18.44	17.49	17.58	17.60	17.68
1996-08-13	5	NK	13.81	18.55	17.87	19.05	18.19	16.37	18.04	16.92	17.10	17.05	16.76	16.87	17.79	17.84	17.54	17.46	17.85	17.49	17.42	17.56
1996-08-13	6	NP	15.08	17.51	18.59	17.00	15.88	16.93	16.35	16.71	16.86	16.31	16.53	16.51	16.11	15.59	15.22	15.08	15.23	16.99	20.94	21.99
1996-08-13	7	CK	13.15	15.55	15.27	14.89	15.46	15.28	14.92	14.23	15.73	15.60	15.38	15.52	15.48	15.88	16.84	17.17	17.36	17.31	16.03	15.75
1996-08-13	8	MNP	14.98	17.30	17.72	17.83	18.66	18.95	18.52	17.83	16.42	17.72	17.01	17.12	16.21	15.75	17.29	15.50	15.46	14.62	14.77	14.65

（续）

时间（年-月-日）	区号	处理	土壤深度																			
			10 cm	20 cm	30 cm	40 cm	50 cm	60 cm	70 cm	80 cm	90 cm	100 cm	110 cm	120 cm	130 cm	140 cm	150 cm	160 cm	170 cm	180 cm	190 cm	200 cm
1996-08-13	9	MP	13.65	15.83	15.69	16.49	17.11	16.98	19.23	19.60	19.31	18.61	18.58	18.30	18.28	17.28	17.10	17.30	17.61	17.19	16.73	17.56
1996-08-13	28	M	15.01	17.44	14.82	14.91	15.74	15.76	17.42	17.89	15.84	13.99	14.26	14.11	14.96	15.13	14.51	14.99	14.80	15.05	14.79	14.87
1996-08-13	29	MNP	15.39	16.26	14.55	14.94	15.95	16.44	16.63	17.27	17.55	17.77	18.83	18.21	18.50	18.62	17.75	18.26	18.60	18.42	17.35	17.27
1996-08-13	30	NP	13.84	15.62	16.42	16.66	17.57	18.01	18.11	17.18	18.65	17.46	19.18	18.95	17.91	19.50	19.83	20.13	20.60	20.41	19.87	19.98
1996-08-13	31	CK	13.01	16.73	16.77	18.03	18.67	19.30	19.77	20.42	19.95	21.29	21.26	21.48	21.45	21.12	20.72	19.53	19.56	19.33	19.25	19.30
1996-08-13	32	NPK	15.94	19.49	20.56	21.59	21.33	20.17	20.63	19.78	19.42	19.48	19.60	19.48	19.34	19.90	18.74	19.59	17.94	18.01	18.29	18.69
1996-08-13	33	NK	15.54	20.17	19.98	20.25	20.19	19.55	19.67	19.32	19.79	20.10	19.69	20.33	18.69	18.53	18.67	19.29	19.82	20.03	18.93	17.29
1996-08-13	34	PK	16.23	18.05	19.47	21.26	20.34	20.13	18.93	18.68	18.82	19.43	18.96	19.75	19.79	19.38	18.74	17.86	19.02	18.29	20.68	19.73
1996-08-13	35	MP	15.37	16.59	18.22	20.10	19.67	20.88	20.16	19.88	18.65	19.44	19.09	19.08	19.95	19.04	19.76	19.47	19.87	19.60	20.05	20.24
1996-08-13	36	MN	13.22	14.36	14.23	15.40	17.12	17.58	16.34	17.35	17.13	17.62	18.15	17.96	18.48	18.55	18.30	18.97	18.27	18.93	18.98	19.69
1996-10-06	1	MN	15.66	13.91	10.30	10.34	10.03	10.87	11.16	11.91	12.40	12.91	13.49	13.48	14.05	14.45	14.49	14.12	14.10	14.55	14.22	15.06
1996-10-06	2	M	17.41	14.00	13.74	13.85	13.87	14.03	15.06	15.71	15.65	16.05	16.34	17.67	18.12	17.88	18.64	18.29	18.54	18.67	18.91	19.26
1996-10-06	3	NPK	14.95	12.90	12.44	12.43	13.19	14.12	13.87	14.57	15.31	15.53	15.39	15.49	16.71	16.46	15.80	16.05	16.27	16.74	16.89	17.55
1996-10-06	4	PK	16.88	16.21	16.48	15.30	14.95	15.82	14.91	15.00	15.64	15.71	15.87	17.14	19.69	16.10	16.36	15.93	15.04	15.53	15.39	14.82
1996-10-06	5	NK	15.00	13.05	13.20	13.65	13.48	13.48	12.78	12.58	13.01	12.85	12.82	12.75	13.23	13.29	13.53	13.71	13.86	13.96	13.77	13.49
1996-10-06	6	NP	14.80	11.74	11.49	13.74	12.23	11.53	11.75	11.91	12.08	12.63	12.73	12.61	12.79	12.80	13.16	12.94	12.52	12.67	12.60	15.22
1996-10-06	7	CK	16.00	13.02	12.40	12.15	12.15	12.12	12.54	12.60	13.53	13.63	13.13	13.24	12.97	13.47	12.91	13.58	16.08	15.86	16.82	18.21
1996-10-06	8	MNP	14.77	12.37	12.49	12.92	13.19	13.87	14.72	14.73	14.51	14.92	13.85	13.73	13.45	13.40	13.82	13.62	13.71	13.70	13.46	13.78
1996-10-06	9	MP	15.56	13.49	12.76	13.49	13.95	13.74	14.51	16.17	16.11	15.93	16.70	16.27	16.32	16.39	16.25	15.95	16.51	16.36	16.50	16.08
1996-10-15	1	MN	8.92	10.54	9.58	10.30	11.14	11.74	12.58	12.86	12.55	12.48	13.20	13.10	14.05	14.27	14.12	14.44	14.20	14.27	14.42	15.41
1996-10-15	2	M	9.23	12.18	12.95	12.92	13.28	14.01	15.35	16.21	16.07	16.50	16.50	17.82	18.21	17.85	18.39	18.01	18.40	17.35	17.42	16.73
1996-10-15	3	NPK	9.25	12.53	13.83	13.41	13.24	13.56	14.16	14.69	15.47	15.45	16.78	16.23	19.01	16.93	17.51	17.31	16.74	17.07	17.62	17.72
1996-10-15	4	PK	10.01	11.57	11.67	14.08	15.71	15.09	15.12	16.56	20.62	18.61	16.95	16.06	15.46	15.23	14.99	14.52	15.42	14.94	14.33	15.09
1996-10-15	5	NK	8.59	11.71	15.06	15.02	14.02	13.56	13.40	13.64	13.30	12.84	13.57	14.41	13.50	13.58	13.80	14.05	13.99	13.96	14.25	14.40
1996-10-15	6	NP	9.78	11.28	11.27	11.72	11.68	11.55	11.77	11.87	11.40	11.67	12.74	12.90	12.89	12.96	13.00	12.59	13.04	13.01	13.49	15.72

（续）

时间（年-月-日）	区号	处理	土壤深度																			
			10 cm	20 cm	30 cm	40 cm	50 cm	60 cm	70 cm	80 cm	90 cm	100 cm	110 cm	120 cm	130 cm	140 cm	150 cm	160 cm	170 cm	180 cm	190 cm	200 cm
1996-10-15	7	CK	10.03	12.06	12.02	12.43	12.26	12.49	12.69	13.52	13.15	12.82	13.23	13.10	12.98	12.98	13.14	14.15	15.05	20.76	21.80	20.48
1996-10-15	8	MNP	10.97	12.69	13.51	13.32	13.92	14.70	14.95	15.04	15.76	14.18	13.60	13.59	13.83	13.79	13.24	13.57	13.32	13.39	13.39	14.01
1996-10-15	9	MP	10.98	12.66	13.81	13.10	13.79	14.57	15.52	16.02	15.06	16.28	15.70	15.43	15.60	16.08	16.01	16.46	16.37	16.51	16.16	16.43
1996-10-15	28	M	8.64	11.57	11.48	12.25	11.98	11.59	10.96	10.76	12.25	12.65	11.89	12.10	13.33	13.27	13.74	14.29	14.58	15.15	14.70	14.75
1996-10-15	29	MNP	11.11	11.85	10.33	10.95	10.69	10.92	11.41	11.79	10.92	12.83	13.13	14.09	14.12	14.34	14.57	15.53	14.75	14.67	14.70	14.86
1996-10-15	30	NP	10.54	12.25	11.50	11.70	11.49	12.70	13.44	13.50	13.83	14.24	14.50	15.38	17.18	17.32	17.72	18.53	18.47	18.65	19.30	19.09
1996-10-15	31	CK	9.94	12.42	13.86	13.84	13.95	15.64	15.66	16.16	17.58	17.89	18.10	17.84	17.64	17.23	17.62	17.44	17.23	17.89	17.72	17.66
1996-10-15	32	NPK	10.38	11.77	14.90	15.87	15.97	16.44	16.74	17.52	17.05	17.03	16.76	15.91	15.86	16.03	16.84	17.22	18.58	17.91	16.42	15.69
1996-10-15	33	NK	10.94	13.64	15.26	15.71	14.69	15.31	15.33	16.38	16.08	16.33	16.23	16.71	16.29	16.45	16.92	16.51	16.94	17.11	18.10	19.67
1996-10-15	34	PK	9.92	12.61	14.46	13.66	16.10	17.77	16.93	16.08	17.85	15.69	15.84	15.49	16.61	18.04	17.27	17.62	16.46	15.87	16.40	17.74
1996-10-15	35	MP	10.73	12.11	12.97	13.05	15.11	16.27	16.59	16.51	17.40	17.25	16.50	15.78	16.06	17.05	16.36	16.30	17.03	16.91	16.33	17.13
1996-10-15	36	MN	9.94	10.24	10.72	10.91	11.83	12.44	12.68	12.97	13.35	13.41	14.04	13.76	14.42	14.89	14.54	15.64	15.35	16.44	17.15	17.36
1997-05-06	1	MN	8.39	10.45	13.45	10.70	11.07	12.37	12.37	11.31	11.44	11.75	12.22	12.28	12.27	12.60	12.34	12.29	12.48	13.05	13.18	13.89
1997-05-06	2	M	7.23	12.56	9.42	11.87	13.47	11.85	14.32	14.54	15.22	14.76	16.14	16.21	15.63	14.87	15.74	15.25	14.81	14.73	14.64	14.65
1997-05-06	3	NPK	9.61	11.28	14.41	13.19	16.04	13.09	13.13	14.20	14.01	14.40	14.55	15.05	14.36	14.54	14.62	14.51	15.11	14.61	15.14	15.31
1997-05-06	4	PK	10.36	13.76	14.64	14.01	14.65	14.47	15.41	15.20	15.14	15.43	14.24	13.38	14.07	13.37	13.87	13.30	13.40	13.15	13.07	12.38
1997-05-06	5	NK	9.07	11.57	14.48	15.29	14.64	12.89	12.84	11.93	12.24	12.13	11.90	11.43	11.96	11.93	11.86	12.21	12.23	12.31	12.35	12.41
1997-05-06	6	NP	9.67	10.82	15.94	12.58	13.30	11.07	10.82	11.05	11.29	11.24	11.21	11.29	11.38	11.28	11.21	10.81	11.46	11.49	14.19	18.02
1997-05-06	7	CK	10.67	11.45	10.99	11.40	11.50	11.41	11.32	11.16	11.32	11.04	11.35	11.41	11.19	11.19	11.51	12.19	14.93	17.94	18.67	17.34
1997-05-06	8	MNP	12.37	13.43	14.02	14.23	14.51	14.38	14.46	14.15	14.13	13.78	13.15	13.34	12.57	12.53	12.20	12.24	12.24	11.82	13.31	12.36
1997-05-06	9	MP	10.42	11.39	11.94	12.33	14.74	14.27	15.11	15.66	15.60	15.40	15.14	14.63	14.55	14.90	14.43	14.42	14.74	15.31	14.98	15.51
1997-05-09	28	M	9.25	12.39	11.50	11.76	11.49	11.42	11.26	11.22	12.12	12.70	12.54	10.42	9.62	10.07	9.92	9.87	11.10	11.28	11.44	11.79
1997-05-09	29	MNP	9.82	10.54	11.86	10.15	10.25	10.19	10.27	10.91	11.28	11.30	11.63	12.01	12.33	12.42	11.79	12.48	12.65	13.09	13.04	12.72
1997-05-09	30	NP	7.85	10.51	10.99	11.22	11.51	11.71	11.56	11.09	12.04	12.46	12.56	12.55	13.79	14.74	15.55	15.53	16.28	16.55	16.43	16.55
1997-05-09	31	CK	8.93	10.97	11.49	12.20	12.13	12.03	12.94	13.61	13.68	14.22	15.01	15.20	15.70	15.86	16.85	15.87	15.46	15.58	14.97	15.34

（续）

时间（年-月-日）	区号	处理	土壤深度																			
			10 cm	20 cm	30 cm	40 cm	50 cm	60 cm	70 cm	80 cm	90 cm	100 cm	110 cm	120 cm	130 cm	140 cm	150 cm	160 cm	170 cm	180 cm	190 cm	200 cm
1997-05-09	32	NPK	7.46	10.33	13.01	14.47	14.78	14.88	15.09	15.47	15.71	15.02	14.72	15.87	14.53	14.49	15.04	15.19	15.54	14.52	14.00	14.43
1997-05-09	33	NK	9.07	13.07	14.10	14.74	14.57	13.85	14.77	13.56	13.57	13.77	14.30	14.16	17.25	17.24	15.06	14.30	14.55	16.69	16.91	16.92
1997-05-09	34	PK	9.30	11.46	13.20	14.13	14.73	14.74	15.52	15.90	15.18	14.23	14.04	15.06	14.96	14.70	15.39	15.73	15.06	14.78	14.75	16.51
1997-05-09	35	MP	10.50	10.94	11.18	11.59	12.45	12.62	13.20	13.14	16.25	17.11	16.03	14.51	15.51	15.02	14.11	14.55	14.59	14.84	14.91	14.91
1997-05-09	36	MN	8.43	9.43	10.01	10.22	10.28	10.41	11.15	11.61	11.69	11.98	12.14	12.10	11.93	12.17	12.42	12.66	12.55	13.38	13.64	13.71
1997-07-27	28	M	9.04	8.88	8.82	9.07	9.11	8.81	8.56	9.03	9.08	8.93	9.44	9.57	8.97	9.10	10.47	10.34	11.14	11.28	10.31	11.82
1997-07-27	29	MNP	8.06	8.80	8.68	8.86	9.21	9.27	9.60	10.28	10.37	10.33	10.65	11.31	10.76	10.83	11.18	14.77	12.84	13.61	14.34	16.04
1997-07-27	30	NP	6.02	9.00	8.55	8.47	9.14	10.13	10.84	11.50	12.23	13.08	13.66	14.78	14.86	15.45	15.44	15.19	16.02	14.19	13.98	13.19
1997-07-27	31	CK	6.46	11.48	12.57	13.06	13.38	13.72	13.83	14.25	14.30	13.86	13.57	13.22	13.32	13.28	14.57	14.79	14.47	14.38	14.84	14.71
1997-07-27	32	NPK	7.31	11.02	11.15	11.12	11.36	12.55	13.04	13.12	13.28	12.45	13.53	13.09	13.24	13.95	14.58	15.39	16.80	16.32	13.80	13.26
1997-07-27	33	NK	9.74	11.16	10.78	12.55	13.98	12.44	12.78	12.21	12.22	12.15	13.13	16.68	16.86	16.21	16.08	13.34	12.94	12.76	12.56	12.14
1997-07-27	34	PK	9.54	11.63	11.65	12.08	11.81	12.79	13.33	14.17	13.11	12.55	12.61	12.47	13.28	14.15	14.86	13.82	13.29	12.61	12.74	12.55
1997-07-27	35	MP	8.50	13.23	12.18	12.03	11.91	12.14	12.20	12.60	12.99	12.87	13.10	13.91	13.66	14.03	14.04	14.30	14.27	14.20	15.07	13.62
1997-07-27	36	MN	8.81	9.74	9.61	10.01	10.00	10.43	10.91	11.31	11.60	12.43	12.97	14.18	14.63	12.69	14.36	14.77	14.18	13.97	13.64	13.50
1997-09-03	28	M	2.46	6.19	9.13	10.42	10.61	11.22	10.18	11.54	10.73	11.80	9.43	10.10	9.71	10.23	10.49	10.60	10.62	10.76	10.64	11.18
1997-09-03	29	MNP	1.78	7.58	7.03	7.40	9.72	10.15	10.53	10.69	11.51	11.33	11.64	11.68	11.94	11.51	11.74	12.53	13.40	14.14	14.47	14.53
1997-09-03	30	NP	3.86	7.32	8.15	9.58	11.06	10.81	11.36	12.41	12.65	13.80	13.85	14.78	15.20	15.63	15.66	15.49	15.20	14.81	13.51	13.51
1997-09-03	31	CK	9.16	9.62	12.07	12.54	11.68	13.62	14.27	14.43	14.32	14.84	14.61	14.15	14.18	14.23	14.00	14.44	14.52	14.65	14.81	15.06
1997-09-03	32	NPK	4.27	9.30	10.15	10.93	12.21	12.30	12.73	12.89	13.80	13.87	13.77	13.84	13.85	13.62	14.22	13.66	15.83	16.75	18.57	16.93
1997-09-03	33	NK	3.95	9.10	10.01	10.79	11.43	11.75	11.81	12.15	12.96	13.17	13.33	14.67	14.50	13.84	13.61	14.78	13.63	14.56	15.84	17.10
1997-09-03	34	PK	5.59	10.28	12.23	12.35	13.31	13.27	12.24	12.97	12.78	13.87	14.33	14.68	14.49	14.42	14.10	13.61	14.38	17.19	16.30	15.38
1997-09-03	35	MP	5.79	8.80	9.59	10.44	10.87	11.91	12.70	14.29	13.34	14.15	14.17	16.58	14.72	15.50	15.83	14.71	14.20	14.62	13.58	12.80
1997-09-03	36	MN	3.80	5.63	6.72	7.70	8.82	10.14	10.91	11.26	11.54	12.78	13.18	13.32	14.44	14.57	14.48	14.31	14.49	13.88	13.77	13.65
1997-09-05	1	MN	3.99	8.00	10.32	10.41	11.40	12.20	12.19	11.20	11.07	11.23	11.75	11.90	11.82	10.97	11.10	11.86	11.93	12.29	12.84	13.27
1997-09-05	2	M	2.32	6.40	8.38	8.47	10.59	11.03	12.60	12.71	12.65	12.27	14.10	15.18	15.47	15.37	15.04	15.33	15.76	15.15	15.46	14.51

（续）

时间（年-月-日）	区号	处理	土壤深度																			
			10 cm	20 cm	30 cm	40 cm	50 cm	60 cm	70 cm	80 cm	90 cm	100 cm	110 cm	120 cm	130 cm	140 cm	150 cm	160 cm	170 cm	180 cm	190 cm	200 cm
1997-09-05	3	NPK	3.80	9.69	10.36	10.40	11.34	11.39	11.70	12.47	12.67	12.94	13.03	13.18	15.14	14.27	13.64	13.79	13.45	13.65	14.13	13.81
1997-09-05	4	PK	7.55	10.85	11.08	12.01	12.66	12.46	11.85	13.70	12.35	13.36	13.30	12.94	15.20	15.13	14.43	13.60	14.03	13.21	12.74	12.87
1997-09-05	5	NK	4.66	9.08	12.69	10.82	12.06	12.15	11.55	12.03	12.57	11.86	11.28	10.97	11.19	11.25	11.39	11.03	11.18	11.17	11.41	11.39
1997-09-05	6	NP	4.62	8.87	9.41	9.84	9.83	9.70	9.97	10.06	10.30	10.38	10.44	10.38	10.63	10.36	10.39	10.03	9.80	9.96	10.20	14.90
1997-09-05	7	CK	3.49	8.45	8.34	8.66	9.15	9.53	9.69	10.14	10.15	10.18	10.36	10.25	10.38	10.35	10.56	10.42	12.30	13.72	18.53	16.62
1997-09-05	8	MNP	3.04	6.48	7.15	8.32	10.02	11.03	11.91	13.16	13.87	13.88	12.83	12.51	12.90	11.91	12.06	11.73	12.33	11.73	11.35	11.70
1997-09-05	9	MP	2.90	5.06	5.73	6.39	6.62	7.89	9.61	10.37	11.12	11.48	12.45	12.41	13.94	14.06	14.18	13.93	13.31	13.47	13.75	13.85
1997-10-19	28	M	7.63	10.64	9.68	9.32	9.49	10.21	8.79	8.78	8.93	9.03	9.54	9.61	9.68	10.23	10.84	10.62	10.46	11.13	11.45	11.95
1997-10-19	29	MNP	6.96	10.92	9.54	9.46	9.49	9.78	9.68	10.33	10.49	10.81	10.99	11.51	11.88	11.28	11.27	12.00	12.39	12.40	12.22	14.39
1997-10-19	30	NP	7.64	9.86	10.90	10.66	10.82	11.22	11.51	11.44	12.54	12.96	14.21	14.21	14.79	15.34	15.07	15.57	15.64	14.85	15.40	13.61
1997-10-19	31	CK	8.25	11.17	12.51	12.70	13.23	14.03	13.88	13.97	15.06	15.06	14.46	15.22	15.04	14.69	14.46	14.26	14.61	14.47	14.39	14.81
1997-10-19	32	NPK	9.62	13.52	13.66	13.87	14.32	13.07	13.06	13.02	13.03	13.41	13.53	13.92	14.11	13.63	13.03	13.82	14.06	15.60	19.48	18.07
1997-10-19	33	NK	7.88	11.09	11.40	11.88	12.39	13.15	14.05	14.31	13.03	11.90	12.21	12.38	12.96	13.69	14.21	14.78	13.36	13.87	12.67	12.59
1997-10-19	34	PK	10.64	13.56	12.57	12.71	13.30	13.66	14.99	15.68	14.02	13.85	14.80	12.95	13.33	14.06	15.15	14.37	14.04	13.43	13.42	13.28
1997-10-19	35	MP	10.61	12.20	13.86	13.35	12.89	12.47	12.75	12.48	12.95	12.90	13.64	13.46	14.60	14.12	13.81	12.42	17.49	15.99	15.16	14.06
1997-10-19	36	MN	7.15	10.12	9.73	9.77	9.74	9.70	9.53	9.78	10.28	10.58	10.98	12.15	12.57	12.86	14.01	14.96	13.84	13.32	17.74	13.65
1997-10-19	1	MN	8.17	10.17	9.34	8.93	9.45	9.23	8.34	10.08	10.22	10.16	11.02	11.20	11.30	11.12	10.97	11.81	11.93	11.61	11.92	12.04
1997-10-19	2	M	6.10	10.01	10.70	10.81	10.44	10.51	10.79	11.91	11.89	12.59	13.50	14.64	14.20	13.57	14.94	14.93	15.45	15.29	14.82	14.34
1997-10-19	3	NPK	9.72	12.27	13.47	12.91	13.00	12.10	12.58	12.83	13.05	13.41	13.22	14.15	12.48	14.65	15.00	15.54	13.73	13.93	14.10	14.11
1997-10-19	4	PK	9.27	13.51	13.81	14.63	14.60	12.95	12.77	12.04	13.49	14.82	15.99	14.53	16.63	13.82	13.73	13.37	13.25	12.49	12.22	12.23
1997-10-19	5	NK	9.56	13.05	11.35	12.86	12.20	12.10	11.81	11.16	11.04	11.15	10.81	10.51	10.73	11.23	11.08	11.07	11.16	11.27	11.11	11.41
1997-10-19	6	NP	9.01	11.96	11.24	11.58	10.82	10.99	11.01	10.54	10.68	10.47	10.71	10.56	10.55	10.61	10.67	10.52	10.5	9.95	10.82	13.08
1997-10-19	7	CK	9.16	11.19	10.93	11.01	10.60	10.48	10.59	10.59	11.24	10.62	10.52	10.28	10.65	10.74	10.92	10.63	10.66	12.18	14.51	17.09
1997-10-19	8	MNP	8.92	11.43	11.62	11.76	11.52	10.91	12.09	12.26	12.28	12.68	12.00	11.97	12.13	11.87	11.12	10.87	10.72	11.30	13.35	11.99
1997-10-19	9	MP	8.32	10.61	11.53	11.28	11.84	11.55	12.04	12.81	12.89	12.59	12.49	12.61	12.99	12.83	12.82	13.05	13.34	13.32	13.46	14.09

（续）

时间（年-月-日）	区号	处理	土壤深度																			
			10 cm	20 cm	30 cm	40 cm	50 cm	60 cm	70 cm	80 cm	90 cm	100 cm	110 cm	120 cm	130 cm	140 cm	150 cm	160 cm	170 cm	180 cm	190 cm	200 cm
1998-04-22	1	MN	4.72	12.07	9.97	9.72	9.45	8.91	9.37	9.38	9.52	9.64	9.98	10.11	10.37	10.71	10.49	11.22	10.98	11.17	11.19	11.31
1998-04-22	2	M	6.59	10.63	10.98	11.37	11.82	11.98	11.93	11.81	12.35	12.53	13.15	13.19	13.62	13.68	14.23	14.43	13.89	13.71	13.51	13.07
1998-04-22	3	NPK	5.37	13.00	12.41	12.59	12.45	12.08	12.24	12.55	12.89	13.37	13.30	13.86	13.56	13.17	12.98	13.33	14.56	13.70	13.96	14.75
1998-04-22	4	PK	7.26	14.39	14.90	14.09	13.48	12.81	14.14	13.12	13.53	12.83	16.77	16.16	12.90	12.63	12.11	11.35	11.95	11.76	11.30	11.06
1998-04-22	5	NK	10.75	13.06	12.49	12.32	11.83	11.99	11.45	11.69	10.71	10.44	10.16	10.04	10.12	9.79	10.12	9.98	10.42	10.34	10.03	9.83
1998-04-22	6	NP	9.83	11.79	11.11	11.69	11.11	10.32	10.42	9.99	10.02	9.88	10.04	10.63	9.89	9.76	8.48	9.13	9.47	10.27	10.53	12.85
1998-04-22	7	CK	11.86	11.16	11.45	11.07	11.04	10.52	10.42	10.43	10.06	10.29	10.26	10.10	9.97	9.93	9.89	10.70	10.41	12.37	16.09	17.62
1998-04-22	8	MNP	10.33	11.62	11.83	11.77	11.41	11.68	11.54	11.49	11.82	12.30	12.33	12.68	12.41	12.08	12.18	11.33	11.77	11.39	11.43	10.40
1998-04-22	9	MP	10.12	10.82	10.92	11.96	11.76	12.23	12.04	12.05	12.43	12.09	13.13	12.76	12.70	12.74	12.19	12.68	12.72	12.58	13.27	13.33
1998-04-22	28	M	10.29	9.87	10.01	10.67	10.35	9.99	8.77	8.36	8.74	9.17	9.37	9.39	9.56	8.49	10.38	10.40	10.66	11.07	11.14	11.43
1998-04-22	29	MNP	10.40	9.10	10.70	10.61	11.13	11.19	10.99	11.32	11.55	12.01	11.67	11.64	11.87	11.94	12.29	12.37	12.29	12.70	13.64	14.29
1998-04-22	30	NP	8.71	11.42	11.36	11.67	12.25	14.18	12.73	12.86	13.15	14.15	14.52	14.64	15.08	14.75	15.43	15.61	14.63	13.55	13.38	13.89
1998-04-22	31	CK	8.60	11.26	13.74	13.68	13.69	13.75	13.68	14.32	14.30	14.34	14.54	13.10	13.43	14.10	14.05	13.89	14.29	14.27	14.36	15.15
1998-04-22	32	NPK	8.31	14.20	14.21	13.86	13.92	13.75	13.87	14.00	12.90	13.30	12.88	13.33	12.48	13.94	13.96	13.98	14.67	16.67	15.99	14.38
1998-04-22	33	NK	8.89	12.35	12.25	12.47	12.89	14.18	13.79	14.30	13.20	12.58	12.20	12.13	12.92	14.14	15.36	14.62	14.55	14.67	12.03	12.75
1998-04-24	34	PK	11.67	13.79	14.48	13.17	13.38	12.99	13.64	13.56	13.25	13.81	13.23	13.31	13.34	14.60	13.77	14.43	14.27	13.43	13.13	12.67
1998-04-24	35	MP	10.06	12.84	14.18	15.53	14.16	13.44	13.15	12.83	13.09	13.50	13.14	13.56	13.64	13.14	13.57	13.01	14.20	15.27	17.45	13.99
1998-04-24	36	MN	8.06	10.02	10.69	10.67	10.92	10.87	10.88	10.80	10.84	11.27	11.39	12.01	12.62	13.45	14.31	14.56	14.25	13.67	13.47	13.31
1998-10-08	1	MN	11.49	11.39	8.55	8.02	7.36	8.02	8.50	9.01	9.33	10.16	9.94	10.73	11.10	11.40	11.78	11.75	12.05	11.91	12.24	12.47
1998-10-08	2	M	9.71	10.94	10.73	10.21	9.95	9.96	10.51	10.53	11.34	12.23	11.70	12.31	14.30	14.51	15.18	15.10	15.63	15.22	15.69	15.46
1998-10-08	3	NPK	12.38	12.68	10.99	10.01	8.75	8.54	8.83	9.52	10.66	10.97	12.04	12.40	13.46	13.93	14.53	14.17	13.57	13.80	13.89	15.03
1998-10-08	4	PK	12.17	13.64	12.81	11.92	12.02	13.31	12.39	13.67	14.07	17.55	16.56	13.23	13.45	14.00	12.60	12.75	12.56	12.80	12.80	12.77
1998-10-08	5	NK	12.65	12.29	12.09	9.44	8.36	8.66	9.20	10.30	10.40	10.47	10.79	10.60	11.07	11.03	10.54	10.64	11.13	11.32	11.50	11.48
1998-10-08	6	NP	10.03	10.37	9.44	8.54	7.90	7.47	8.09	8.77	8.51	10.03	10.35	10.56	10.66	11.06	11.04	10.92	10.87	10.90	10.36	10.84
1998-10-08	7	CK	11.04	12.13	11.69	11.86	11.80	11.30	11.27	11.34	11.32	11.49	11.70	11.70	11.66	11.66	11.38	11.21	12.22	12.74	13.92	15.71

（续）

时间（年-月-日）	区号	处理	土壤深度																			
			10 cm	20 cm	30 cm	40 cm	50 cm	60 cm	70 cm	80 cm	90 cm	100 cm	110 cm	120 cm	130 cm	140 cm	150 cm	160 cm	170 cm	180 cm	190 cm	200 cm
1998-10-08	8	MNP	11.91	10.78	9.99	8.78	7.80	7.60	7.82	8.06	8.39	9.68	10.45	11.35	11.75	11.50	12.10	11.34	11.08	11.27	10.71	11.59
1998-10-08	9	MP	10.36	9.16	9.00	7.98	7.12	7.29	8.35	9.48	10.68	12.05	12.49	12.51	13.23	13.13	12.78	12.84	12.90	13.32	11.27	11.27
1998-10-08	28	M	11.09	11.39	9.33	8.82	8.48	6.81	6.97	7.31	8.42	8.85	9.41	9.51	9.92	10.26	10.94	11.03	11.57	11.96	11.59	11.92
1998-10-08	29	MNP	10.70	7.95	7.89	6.72	5.89	5.86	6.09	6.20	6.54	7.41	8.04	8.98	9.84	10.57	11.10	12.15	12.62	14.35	13.64	15.33
1998-10-08	30	NP	10.26	9.82	9.11	8.21	7.31	7.79	8.47	10.05	11.72	12.93	12.99	14.26	14.06	15.34	16.39	14.87	13.74	13.72	14.35	14.99
1998-10-08	31	CK	11.42	13.61	14.66	15.09	14.26	14.96	15.47	15.90	15.38	15.29	16.19	14.74	14.89	15.26	14.56	15.62	15.78	14.81	15.95	15.64
1998-10-08	32	NPK	11.54	11.62	10.53	9.71	9.29	9.14	9.75	10.27	11.15	12.05	12.48	15.62	13.72	12.73	12.89	14.22	14.87	15.47	16.86	15.55
1998-10-10	33	NK	10.74	11.27	10.53	12.32	12.04	12.43	11.18	10.88	11.05	12.56	13.22	13.56	13.99	12.65	13.38	13.20	13.22	13.05	12.47	12.06
1998-10-10	34	PK	11.05	13.84	12.66	12.44	12.50	12.77	13.33	13.39	13.90	13.76	12.59	12.93	13.85	13.79	14.75	14.33	14.51	13.67	14.96	13.13
1998-10-10	35	MP	9.50	10.61	11.04	10.70	9.07	8.32	8.47	8.92	9.37	10.25	12.22	11.71	12.30	12.99	13.01	11.38	18.28	16.61	14.69	14.70
1998-10-10	36	MN	10.07	10.18	9.26	9.02	8.51	7.91	9.02	9.15	10.83	11.23	12.76	13.83	14.37	13.97	13.81	13.53	13.03	13.53	13.56	14.02
1999-04-30	10	MP	2.93	7.83	6.91	6.79	6.90	6.63	7.13	7.56	8.50	8.72	8.85	8.88	9.28	9.91	10.13	10.43	11.26	10.83	11.13	11.19
1999-04-30	11	MN	4.75	9.52	9.80	9.84	9.87	10.27	10.88	11.00	10.72	11.08	11.23	11.34	12.69	13.02	13.60	14.04	14.37	14.70	14.74	14.56
1999-04-30	12	PK	5.66	10.93	11.95	12.62	14.21	14.12	13.99	15.73	13.93	13.66	13.03	12.76	12.78	13.12	13.72	13.83	13.49	14.23	14.83	13.67
1999-04-30	13	NP	4.89	9.39	9.88	10.25	10.38	10.70	10.77	10.92	11.22	12.73	12.73	12.70	17.54	13.93	13.63	13.90	14.33	12.56	12.67	12.18
1999-04-30	14	CK	7.96	12.29	12.14	12.37	14.42	14.26	13.38	12.73	12.29	12.04	12.06	11.92	10.52	10.56	10.98	10.76	10.78	10.91	10.59	10.69
1999-04-30	15	NPK	6.62	9.25	9.44	9.18	9.02	8.89	9.45	9.80	9.07	9.00	9.52	10.00	9.22	9.64	9.79	10.01	10.07	9.97	9.72	9.51
1999-04-30	16	NK	8.21	11.28	11.13	10.48	10.66	10.52	10.30	10.07	9.84	9.88	9.93	9.93	10.17	10.15	10.49	10.25	10.16	10.36	10.30	10.09
1999-04-30	17	M	7.07	9.91	10.61	10.87	10.93	10.69	11.40	11.65	11.90	12.46	12.78	12.50	13.06	12.74	12.26	11.83	12.34	12.31	11.62	10.75
1999-04-30	18	MNP	5.23	8.24	8.13	8.24	8.27	8.67	9.21	9.88	10.31	11.01	11.57	12.38	12.48	12.07	12.23	11.85	11.91	12.22	12.21	12.15
1999-05-02	19	MNP	4.77	8.32	6.83	6.58	6.54	6.36	6.55	6.98	7.09	8.23	8.41	9.06	9.45	10.11	10.76	11.03	10.99	11.13	11.06	11.33
1999-05-02	20	MP	7.84	8.68	7.97	8.27	8.62	8.73	9.04	9.36	9.45	10.08	9.98	10.39	11.26	11.12	13.41	12.85	13.57	14.72	12.37	15.27
1999-05-02	21	CK	6.19	10.87	12.41	12.15	13.63	13.74	14.67	14.10	14.79	15.10	15.15	14.26	13.26	13.08	13.52	13.97	14.87	14.90	14.42	15.16
1999-05-02	22	NK	6.51	11.90	12.11	11.21	11.31	11.80	11.66	11.98	12.05	13.34	12.85	13.86	14.46	13.52	13.34	13.57	13.31	13.43	13.60	14.03
1999-05-02	23	NP	6.04	10.07	10.88	12.06	10.96	10.85	10.92	11.38	12.74	13.30	12.80	13.08	13.47	13.38	12.60	12.11	12.08	12.08	11.38	12.47

（续）

时间（年-月-日）	区号	处理	土壤深度																			
			10 cm	20 cm	30 cm	40 cm	50 cm	60 cm	70 cm	80 cm	90 cm	100 cm	110 cm	120 cm	130 cm	140 cm	150 cm	160 cm	170 cm	180 cm	190 cm	200 cm
1999-05-02	24	PK	7.62	12.88	11.40	11.32	12.51	12.75	15.38	14.61	13.19	12.09	11.85	12.35	11.68	11.41	11.08	10.87	10.59	10.83	10.74	10.94
1999-05-02	25	NPK	5.00	9.56	9.26	9.36	9.62	10.07	11.60	11.25	10.79	10.63	10.82	10.20	9.81	10.23	9.79	9.80	9.60	10.27	9.90	10.09
1999-05-02	26	MN	5.24	9.75	9.93	9.79	9.97	10.33	11.67	13.66	12.92	12.13	12.19	11.34	10.89	11.84	11.54	10.85	12.05	10.77	10.56	10.79
1999-05-02	27	M	8.30	11.16	11.85	13.15	13.19	12.74	12.83	12.28	12.06	13.15	11.97	12.67	12.81	13.40	12.70	13.20	13.84	14.08	13.49	13.84
1999-10-26	10	MP	5.22	8.55	7.30	5.69	5.68	5.88	6.54	6.16	6.89	6.71	6.49	7.30	7.71	8.41	8.66	9.07	9.36	9.84	10.07	10.30
1999-10-26	11	MN	6.13	8.26	8.01	7.27	6.85	7.00	7.26	8.06	8.39	13.75	8.44	8.73	9.67	10.34	11.01	11.50	11.76	12.37	12.79	13.36
1999-10-26	12	PK	6.99	9.73	10.04	11.48	12.41	11.25	12.23	12.77	13.41	13.87	14.27	14.38	12.65	13.66	13.89	13.90	12.89	12.66	12.87	13.46
1999-10-26	13	NP	5.64	9.41	8.60	7.48	6.65	6.50	6.66	6.87	7.49	8.45	9.04	10.43	10.19	12.26	11.78	11.72	11.52	12.10	12.85	13.61
1999-10-26	14	CK	9.28	11.72	12.14	14.06	15.20	13.47	12.83	12.51	13.33	12.44	13.50	13.83	13.77	13.68	12.90	12.54	12.92	14.35	15.84	16.09
1999-10-26	15	NPK	6.55	8.00	7.27	6.78	6.37	6.65	6.51	5.99	5.77	5.60	5.53	5.71	6.02	6.14	6.99	7.74	8.02	8.49	8.84	9.11
1999-10-26	16	NK	7.56	9.27	8.37	7.42	6.91	7.03	6.54	6.16	6.67	6.46	6.59	7.28	7.65	8.18	8.35	6.47	8.80	9.16	9.27	9.44
1999-10-26	17	M	6.70	8.73	9.72	9.12	8.26	7.90	8.42	8.98	9.73	9.25	10.55	11.12	11.44	11.65	12.03	12.28	12.59	11.34	13.15	12.59
1999-10-26	18	MNP	6.91	6.54	6.06	5.67	5.49	5.54	6.06	6.24	6.42	6.67	7.03	7.35	7.73	8.39	9.21	9.50	9.77	10.22	11.07	11.30
1999-10-26	19	MNP	5.89	6.56	5.75	5.30	3.90	4.24	4.32	4.52	4.84	5.22	5.57	5.94	6.73	7.48	8.22	8.88	9.26	9.80	9.79	10.10
1999-10-26	20	MP	7.43	7.82	7.70	6.97	6.33	6.41	6.81	7.23	7.97	7.96	8.74	8.94	9.82	10.36	10.02	11.83	11.77	11.60	12.32	12.68
1999-10-26	21	CK	9.22	11.17	11.22	11.54	12.67	13.28	13.52	13.82	13.56	13.83	13.41	12.98	13.08	13.12	12.57	12.75	12.86	13.25	13.69	13.69
1999-10-26	22	NK	7.04	8.84	7.91	7.06	6.81	7.14	7.61	7.84	7.99	9.10	9.76	10.00	10.98	11.10	11.28	11.45	11.96	11.94	12.49	13.22
1999-10-26	23	NP	6.62	8.62	8.19	7.65	7.23	7.54	7.42	7.54	7.38	8.04	9.07	9.95	11.30	12.88	13.02	12.43	11.55	11.86	11.04	11.43
1999-10-26	24	PK	7.50	10.95	10.20	10.64	10.66	11.91	15.00	12.83	11.90	11.93	11.61	11.49	11.34	10.33	10.13	10.01	9.98	9.90	10.04	9.89
1999-10-26	25	NPK	7.31	8.76	9.21	8.64	8.13	6.98	6.45	7.03	6.47	6.42	6.89	6.73	6.93	7.25	7.61	8.18	8.64	8.88	8.95	9.01
1999-10-26	26	MN	7.17	8.85	8.50	8.45	8.06	8.28	8.49	9.16	9.06	9.23	9.47	10.27	10.26	10.37	10.14	10.23	10.72	11.28	9.94	9.80
1999-10-26	27	M	6.70	9.06	10.36	10.45	10.05	10.88	11.21	11.71	11.55	11.24	11.52	11.92	12.14	12.40	12.87	12.71	13.08	13.65	13.49	13.64
2000-06-08	1	MN	12.25	8.87	7.42	5.53	5.43	5.8	6.04	6.43	6.87	7.31	7.91	8.45	9.01	8.9	8.99	9.56	9.18	9.4	9.81	10.33
2000-06-08	2	M	11.09	11.29	10.67	9.28	8.01	8.26	9.54	9.76	10.52	11.09	11.21	11.84	12.54	12.80	12.97	12.87	13.01	13.20	13.41	12.57
2000-06-08	3	NPK	11.98	12.00	9.74	6.87	6.47	6.60	6.93	7.37	8.05	8.66	9.06	10.29	10.81	11.99	11.39	11.90	11.61	11.54	12.33	14.53

（续）

时间（年-月-日）	区号	处理	土壤深度																			
			10 cm	20 cm	30 cm	40 cm	50 cm	60 cm	70 cm	80 cm	90 cm	100 cm	110 cm	120 cm	130 cm	140 cm	150 cm	160 cm	170 cm	180 cm	190 cm	200 cm
2000-06-08	4	PK	13.63	13.69	13.98	12.72	12.53	11.67	10.83	11.08	11.35	11.64	12.46	16.87	12.52	12.72	12.53	11.42	11.09	11.12	10.72	10.78
2000-06-08	5	NK	12.31	12.04	9.65	7.01	6.97	6.99	6.91	7.06	7.25	7.29	7.67	8.68	8.42	8.69	8.73	8.84	9.03	9.22	9.39	9.43
2000-06-08	6	NP	11.09	10.51	7.18	6.10	6.10	6.26	6.16	5.88	5.99	6.26	6.10	6.75	6.99	7.17	7.50	7.75	7.98	7.85	8.00	8.49
2000-06-08	7	CK	12.01	11.57	10.56	10.69	9.91	9.45	8.43	8.63	8.81	8.88	9.22	9.37	8.99	9.12	9.38	9.28	9.24	9.64	11.20	12.39
2000-06-08	8	MNP	11.30	11.51	8.15	9.40	7.38	7.61	7.61	7.67	7.96	8.50	8.98	8.58	9.52	9.80	9.73	10.17	8.58	10.57	10.23	9.59
2000-06-08	9	MP	10.79	10.62	8.85	7.57	7.35	7.84	7.72	9.13	10.27	10.27	10.28	10.88	10.58	11.33	11.02	11.18	11.07	11.25	11.56	11.45
2000-06-10	28	M	9.66	9.03	8.14	6.23	5.90	6.09	7.04	6.27	5.51	6.23	6.69	6.93	7.15	7.78	7.96	8.13	8.50	8.65	9.20	9.54
2000-06-10	29	MNP	5.83	11.40	7.63	5.64	5.58	6.12	6.68	6.60	7.21	7.28	7.98	8.39	8.79	8.80	9.79	9.93	10.12	11.23	11.99	13.26
2000-06-10	30	NP	9.51	10.48	9.45	7.67	7.16	8.16	8.86	9.67	10.54	11.14	11.78	11.97	13.53	13.58	12.66	12.59	12.43	12.46	11.51	12.24
2000-06-10	31	CK	12.82	13.39	13.41	13.69	13.31	13.41	12.82	11.87	11.84	12.50	12.68	12.53	12.68	12.78	14.84	13.29	14.39	12.61	15.40	12.79
2000-06-10	32	NPK	10.53	11.04	9.34	7.45	7.19	7.93	8.13	8.71	8.63	8.86	9.26	9.85	10.22	10.56	11.59	12.34	14.61	12.11	12.31	11.37
2000-06-10	33	NK	10.25	10.13	9.00	8.19	7.26	7.49	8.52	9.52	9.59	9.67	9.36	9.67	11.00	12.11	14.17	13.02	12.33	12.71	11.00	10.96
2000-06-10	34	PK	13.99	13.55	13.45	12.06	11.88	11.41	11.51	11.16	12.75	12.34	11.68	11.47	11.89	12.49	13.32	13.57	13.64	13.09	12.14	11.51
2000-06-10	35	MP	12.35	13.20	13.01	13.64	11.85	10.64	10.05	10.12	10.90	11.49	11.39	11.49	11.82	13.57	12.51	13.03	12.92	14.00	14.21	12.96
2000-06-10	36	MN	9.66	9.80	8.19	7.33	6.19	6.57	6.85	7.01	6.48	7.68	7.84	8.80	9.01	10.87	10.85	11.40	12.27	12.34	12.65	12.12
2000-10-17	1	MN	11.47	14.37	13.77	10.95	10.17	6.82	5.80	8.20	7.46	9.75	7.50	7.93	7.73	7.86	8.49	8.63	9.10	9.03	8.90	8.80
2000-10-17	2	M	13.49	14.25	11.49	14.01	13.51	13.17	12.80	12.22	11.47	9.15	8.47	9.04	10.57	11.23	12.39	11.56	12.89	11.56	12.56	13.05
2000-10-17	3	NPK	14.74	14.97	14.02	13.99	13.74	11.76	9.99	9.55	9.32	9.48	10.26	10.11	10.09	9.26	10.14	11.39	11.52	11.41	11.18	11.24
2000-10-17	4	PK	14.30	15.77	16.50	15.96	15.99	14.70	14.18	14.40	14.03	13.34	14.63	13.67	12.58	12.56	11.98	11.83	11.20	11.27	10.75	10.76
2000-10-17	5	NK	13.72	13.71	14.03	12.05	8.82	6.37	5.98	7.00	6.57	6.96	7.23	7.38	7.40	7.59	7.95	7.99	8.01	8.71	8.48	7.90
2000-10-17	6	NP	8.28	13.03	13.15	12.33	11.14	9.44	6.43	4.97	4.67	4.59	4.72	4.78	4.86	5.37	6.08	6.09	6.26	6.83	6.75	7.10
2000-10-17	7	CK	7.42	15.11	14.13	14.85	14.16	13.18	12.59	11.87	12.08	11.41	10.79	10.65	10.67	10.15	10.02	9.56	9.56	9.74	10.37	11.84
2000-10-17	8	MNP	12.05	13.65	11.89	12.83	12.70	9.63	6.63	6.34	6.39	6.34	6.54	6.70	6.92	4.55	5.84	7.43	8.18	8.24	7.95	7.79
2000-10-17	9	MP	8.23	14.84	13.80	14.54	14.81	13.59	13.26	13.18	12.44	11.48	11.17	11.12	10.88	11.35	10.99	10.54	10.50	10.61	10.86	11.16
2000-10-18	28	M	10.81	15.42	14.70	14.21	13.00	11.63	11.08	10.42	9.58	6.90	6.69	6.35	6.66	6.58	7.08	7.26	7.66	7.73	8.00	8.38

（续）

时间（年-月-日）	区号	处理	土壤深度																			
			10 cm	20 cm	30 cm	40 cm	50 cm	60 cm	70 cm	80 cm	90 cm	100 cm	110 cm	120 cm	130 cm	140 cm	150 cm	160 cm	170 cm	180 cm	190 cm	200 cm
2000-10-18	29	MNP	14.16	13.17	12.54	12.31	7.12	10.75	6.42	6.61	6.83	7.31	7.48	8.15	8.43	9.13	10.03	11.65	11.35	12.45	12.74	13.49
2000-10-18	30	NP	13.55	13.75	13.45	13.10	12.40	9.01	7.38	8.20	9.74	10.18	10.98	12.38	12.66	13.29	14.02	13.00	12.38	11.82	13.45	13.05
2000-10-18	31	CK	16.27	17.54	18.24	17.98	17.81	17.76	17.70	17.20	16.18	15.86	14.84	14.73	14.29	14.32	14.72	14.23	14.63	13.91	13.99	13.99
2000-10-18	32	NPK	14.17	15.53	14.59	14.20	13.29	11.02	7.98	8.06	8.74	8.66	8.92	9.01	9.81	11.05	11.13	11.89	11.51	12.40	11.17	11.15
2000-10-18	33	NK	14.40	15.34	16.26	17.06	15.08	16.77	12.77	10.99	9.36	10.19	11.20	14.48	13.64	13.43	11.75	11.68	10.97	10.75	10.74	10.90
2000-10-18	34	PK	16.77	16.82	18.36	17.34	16.53	16.66	15.88	15.82	14.60	14.22	14.18	14.01	14.42	14.08	14.12	14.54	14.98	12.87	12.39	12.34
2000-10-18	35	MP	16.47	16.17	16.22	15.71	15.67	14.96	14.68	14.57	14.19	13.63	12.93	12.85	13.14	13.87	15.72	13.50	13.39	13.55	11.56	11.44
2000-10-18	36	MN	13.22	13.91	14.04	13.37	11.76	10.55	7.79	8.28	9.37	10.18	11.19	12.84	13.02	12.79	12.61	12.39	12.61	11.67	11.80	12.04
2001-05-07	1	MN	11.06	10.41	10.58	9.94	9.44	9.40	8.86	8.80	8.80	8.74	8.86	8.77	8.99	9.04	9.24	9.26	9.48	9.68	10.23	10.27
2001-05-07	2	M	10.82	11.49	11.46	11.00	11.39	11.44	11.09	11.21	10.85	10.66	10.79	10.32	10.15	11.41	11.64	11.92	12.45	12.61	12.85	12.97
2001-05-07	3	NPK	10.94	12.99	13.29	13.78	14.19	14.67	14.10	13.93	11.99	12.05	11.79	11.57	11.81	11.73	11.61	12.12	11.38	12.37	6.91	12.37
2001-05-07	4	PK	12.28	12.36	13.49	14.27	13.15	13.52	13.00	13.03	13.02	12.52	12.64	12.72	17.28	15.50	18.06	16.03	13.98	13.45	15.02	11.90
2001-05-07	5	NK	12.56	11.95	16.92	17.53	14.70	12.46	11.63	10.72	10.53	10.54	9.86	9.56	9.46	9.50	9.32	9.15	9.25	9.32	10.15	9.39
2001-05-07	6	NP	10.50	12.17	11.86	11.47	10.82	9.75	9.31	9.22	8.37	8.01	7.89	7.82	8.80	8.03	8.22	8.01	8.32	8.18	8.35	10.56
2001-05-07	7	CK	10.26	11.82	12.41	11.69	11.07	10.81	10.42	10.16	10.27	10.03	10.26	10.00	9.92	9.80	9.59	9.56	9.76	9.99	9.78	13.14
2001-05-07	8	MNP	12.03	12.83	13.07	12.74	12.76	12.86	12.11	11.46	10.32	10.44	10.10	9.74	9.51	10.16	10.17	9.96	9.78	9.30	9.37	9.25
2001-05-07	9	MP	10.76	11.92	12.45	12.54	12.62	12.49	12.70	12.43	11.94	12.16	11.61	11.55	11.20	11.62	11.30	11.46	11.64	11.46	11.73	11.79
2001-05-07	28	M	11.14	13.12	10.71	9.74	9.40	9.64	9.18	9.04	8.93	9.08	9.07	9.32	9.12	8.77	9.45	15.36	9.69	9.59	9.94	10.23
2001-05-07	29	MNP	11.55	10.13	10.18	9.68	9.51	9.12	8.42	8.35	8.43	8.21	8.29	8.23	8.61	9.05	8.82	9.02	9.57	9.51	9.81	10.25
2001-05-07	30	NP	11.37	12.06	12.10	11.31	11.03	11.19	12.17	11.90	11.89	11.52	12.86	12.71	13.31	13.21	13.67	13.83	14.69	14.25	13.83	12.64
2001-05-07	31	CK	10.47	13.60	15.14	20.30	15.83	14.58	14.71	14.49	13.95	13.95	14.16	13.06	12.87	12.72	13.25	13.96	13.30	14.45	13.96	13.19
2001-05-07	32	NPK	12.98	14.12	13.81	12.43	12.32	12.54	12.47	11.95	11.87	12.78	11.70	12.52	11.73	11.29	11.77	11.73	13.96	12.69	13.67	13.45
2001-05-07	33	NK	12.43	13.14	5.26	14.86	15.26	12.70	12.41	28.69	11.92	11.61	12.06	12.14	14.14	12.87	12.16	11.70	11.21	10.76	10.13	10.88
2001-05-07	34	PK	12.62	13.61	13.59	14.40	13.31	12.89	12.74	13.18	13.01	12.88	13.73	17.10	14.58	14.23	12.98	11.98	11.90	11.59	11.44	11.67
2001-05-07	35	MP	13.26	13.81	13.71	13.47	12.94	13.43	13.02	12.94	13.44	13.18	13.12	13.52	13.83	13.97	15.50	12.02	11.67	11.20	10.92	11.42

（续）

时间（年-月-日）	区号	处理	土壤深度																			
			10 cm	20 cm	30 cm	40 cm	50 cm	60 cm	70 cm	80 cm	90 cm	100 cm	110 cm	120 cm	130 cm	140 cm	150 cm	160 cm	170 cm	180 cm	190 cm	200 cm
2001-05-07	36	MN	12.34	11.79	12.36	11.64	12.17	12.05	12.10	11.73	11.22	11.38	12.97	12.77	12.67	12.94	11.79	11.81	11.87	12.23	12.42	12.63
2001-10-25	1	MN	15.21	15.99	13.70	12.80	14.24	12.97	12.79	14.31	14.84	14.35	14.40	15.05	14.55	14.46	14.68	13.39	14.29	14.08	13.42	12.83
2001-10-25	2	M	13.86	14.38	15.48	15.52	16.23	16.55	18.12	17.66	18.83	18.41	18.04	18.77	18.43	18.49	18.38	18.83	18.79	18.52	19.28	19.55
2001-10-25	3	NPK	16.46	16.58	19.01	18.94	17.96	17.91	17.10	17.36	16.78	16.76	16.69	16.90	17.14	19.72	17.16	16.69	15.95	15.36	14.95	14.79
2001-10-25	4	PK	17.98	18.02	17.24	17.04	17.90	18.59	18.65	19.03	20.15	18.56	18.17	17.71	17.07	16.43	15.96	16.11	15.55	15.35	14.91	16.75
2001-10-25	5	NK	15.52	16.66	17.08	13.00	17.47	17.00	16.58	16.01	15.07	14.86	13.69	13.78	13.68	13.25	13.13	13.20	12.65	12.26	11.43	11.08
2001-10-25	6	NP	14.92	15.54	16.12	15.94	15.23	14.95	14.73	14.71	14.39	14.19	14.42	14.38	14.20	13.90	13.77	12.98	13.06	12.85	13.03	12.95
2001-10-25	7	CK	14.61	14.96	15.30	16.25	15.20	14.39	14.89	15.53	14.96	15.16	15.19	15.12	15.26	14.87	14.43	14.48	15.25	17.43	15.95	18.48
2001-10-25	8	MNP	15.17	16.31	17.36	18.01	15.33	15.19	15.24	15.90	15.77	15.98	15.71	15.73	15.43	14.82	14.42	14.01	13.52	12.89	12.81	13.13
2001-10-25	9	MP	15.68	14.83	15.14	15.44	16.34	16.02	16.85	17.45	17.63	17.81	18.05	18.75	18.31	17.98	16.99	17.13	16.58	16.17	16.26	15.61
2001-10-25	28	M	16.88	18.23	16.91	16.47	14.71	14.57	17.55	13.40	13.08	13.27	14.61	15.61	15.68	16.56	15.31	14.65	14.21	37.82	14.38	13.18
2001-10-25	29	MNP	15.68	16.17	15.04	15.18	15.53	16.24	16.42	16.72	16.35	19.21	16.43	16.63	15.97	15.76	15.26	15.86	15.95	14.90	15.13	15.12
2001-10-25	30	NP	14.30	15.70	15.87	16.99	17.29	17.61	17.64	18.42	18.99	18.40	19.12	19.42	18.45	19.82	19.41	19.21	18.44	18.21	16.32	16.44
2001-10-25	31	CK	15.40	17.38	17.60	20.18	18.85	20.39	19.29	20.69	19.60	19.47	19.78	20.10	18.06	18.47	18.74	22.10	18.29	19.43	18.20	18.54
2001-10-25	32	NPK	15.56	17.02	17.31	18.93	18.97	18.59	18.85	17.68	17.36	16.97	17.26	14.96	16.90	17.07	17.86	16.77	15.60	14.65	13.91	14.14
2001-10-25	33	NK	16.08	17.00	17.80	20.23	19.87	18.75	18.03	17.33	17.42	17.37	17.62	19.34	21.10	18.72	17.55	17.04	16.34	15.65	15.37	14.19
2001-10-25	34	PK	15.98	17.07	17.18	17.09	17.79	18.80	18.54	19.13	17.81	17.88	17.46	16.98	19.20	18.67	17.99	16.94	17.10	16.34	15.63	15.37
2001-10-25	35	MP	16.86	18.91	17.46	17.67	18.14	18.78	18.30	18.40	18.48	18.44	18.45	18.33	18.34	17.20	17.63	18.00	17.88	17.66	16.88	16.02
2001-10-25	36	MN	14.29	14.82	15.22	15.49	15.46	15.87	16.16	17.35	18.14	17.65	18.45	19.62	19.26	19.11	18.11	17.62	16.85	16.49	16.33	16.34
2002-04-08	1	MN	16.49	17.11	13.04	12.23	12.26	11.67	11.47	11.02	12.26	12.32	12.61	13.15	13.18	13.19	10.78	12.39	13.43	13.22	13.48	13.38
2002-04-08	2	M	14.99	15.23	15.16	14.70	14.20	13.82	13.54	14.22	14.67	14.96	15.77	16.87	16.87	16.76	16.94	17.17	16.76	16.65	17.32	17.43
2002-04-08	3	NPK	14.77	18.54	18.18	17.58	17.09	15.76	14.94	14.51	14.60	14.49	15.35	15.60	15.58	15.61	15.23	15.73	15.51	15.25	14.94	15.10
2002-04-08	4	PK	15.37	16.85	17.97	18.59	18.27	15.32	15.19	14.91	15.90	15.08	16.45	19.02	16.48	15.56	15.06	14.70	14.09	14.00	13.90	13.56
2002-04-08	5	NK	15.92	16.97	17.39	16.19	15.29	14.94	14.27	13.87	12.84	12.88	12.59	12.23	12.15	12.56	12.00	11.69	12.08	12.06	12.07	12.05
2002-04-08	6	NP	14.51	15.74	15.13	14.70	13.99	13.40	12.86	12.25	12.12	12.08	11.96	12.15	12.04	12.21	11.94	11.97	11.50	11.33	10.97	11.06

（续）

时间（年-月-日）	区号	处理	土壤深度																			
			10 cm	20 cm	30 cm	40 cm	50 cm	60 cm	70 cm	80 cm	90 cm	100 cm	110 cm	120 cm	130 cm	140 cm	150 cm	160 cm	170 cm	180 cm	190 cm	200 cm
2002-04-08	7	CK	14.76	15.38	14.38	13.75	13.15	12.38	12.40	11.77	11.60	11.76	11.74	11.86	12.12	11.80	12.67	12.09	12.35	13.02	14.19	15.25
2002-04-08	8	MNP	15.72	16.62	16.80	15.91	15.13	14.79	15.02	14.57	15.01	15.78	15.18	15.89	14.91	13.92	14.38	14.51	12.77	12.52	12.80	14.34
2002-04-08	9	MP	15.48	14.52	15.31	15.37	15.02	14.59	14.58	14.40	15.16	15.14	15.61	15.06	14.97	15.28	14.79	14.85	14.64	14.92	15.20	15.15
2002-04-08	28	M	16.00	17.11	13.36	12.88	12.84	11.41	11.32	11.34	11.90	11.73	11.73	13.14	13.64	12.97	13.29	13.73	13.32	13.42	13.15	13.19
2002-04-08	29	MNP	14.84	15.80	14.68	13.09	13.88	13.01	12.69	17.61	12.36	13.09	12.95	13.22	13.00	13.44	14.05	15.51	14.28	15.42	14.32	15.52
2002-04-08	30	NP	14.66	15.26	14.62	14.44	14.62	14.80	14.42	15.10	14.99	16.56	17.31	17.20	17.81	17.31	16.96	16.63	16.02	15.10	15.02	15.16
2002-04-08	31	CK	14.54	16.30	17.62	18.36	17.25	15.92	15.84	15.50	15.77	15.83	16.72	16.10	15.84	14.90	15.58	16.57	16.37	15.90	15.79	15.69
2002-04-08	32	NPK	15.24	31.00	17.89	16.71	16.32	15.22	14.92	17.72	15.44	14.68	16.12	15.78	14.95	14.50	15.18	16.19	16.27	17.35	16.16	15.58
2002-04-08	33	NK	15.85	16.47	16.42	16.45	17.35	17.04	16.57	16.01	16.06	15.15	15.01	14.72	18.42	16.94	16.14	14.80	14.31	14.04	13.32	13.91
2002-04-08	34	PK	15.64	17.57	16.36	15.72	15.10	14.99	15.08	15.05	15.36	15.75	15.12	14.95	15.13	15.13	16.86	15.37	16.76	15.39	14.68	15.10
2002-04-08	35	MP	16.80	18.35	17.26	17.54	16.01	15.41	14.72	14.82	14.98	15.43	15.19	15.67	14.91	16.13	16.04	15.38	17.15	16.52	16.00	14.48
2002-04-08	36	MN	15.53	15.38	14.35	14.06	13.55	13.09	12.86	12.99	13.33	13.48	13.94	14.42	14.24	15.83	16.45	16.60	16.47	15.94	14.71	13.90
2002-11-02	1	MN	13.25	11.85	11.17	8.80	9.81	8.14	7.16	6.56	7.17	8.07	8.93	9.86	10.28	10.77	10.88	11.24	11.69	11.96	12.12	12.44
2002-11-02	2	M	11.38	12.72	12.62	11.94	11.35	10.52	9.44	9.97	10.56	12.06	12.29	13.70	14.65	15.62	15.74	15.36	16.96	15.19	17.01	14.94
2002-11-02	3	NPK	12.75	15.07	14.98	13.64	12.40	11.67	10.31	10.39	10.70	11.98	12.05	12.46	15.49	16.25	14.35	14.17	13.86	14.80	14.17	14.66
2002-11-02	4	PK	11.04	15.61	15.22	13.67	13.03	12.90	12.35	12.37	12.44	16.56	15.55	15.72	14.49	13.05	12.59	13.34	13.24	12.70	12.90	12.71
2002-11-02	5	NK	11.53	13.56	13.34	13.46	12.15		10.99	9.13	9.56	9.49	10.16	10.43	10.70	10.77	11.08	11.01	11.49	11.60	11.69	12.00
2002-11-02	6	NP	11.84	12.43	12.09	12.66	11.18	9.88	8.62	8.76	9.02	9.59	10.12	10.31	10.62	10.73	10.71	10.69	10.47	10.50	12.16	14.83
2002-11-02	7	CK	13.64	12.93	13.01	12.45	12.15	11.65	11.63	11.49	11.54	11.72	11.76	11.69	11.92	11.90	11.98	11.63	11.76	14.32	13.70	16.31
2002-11-02	8	MNP	11.96	13.09	13.38	12.84	11.69	10.55	9.45	9.18	9.74	10.95	12.18	11.78	13.11	13.36	12.49	12.74	11.97	13.01	11.26	11.47
2002-11-02	9	MP	12.89	12.48	12.49	12.30	12.04	10.41	10.24	11.30	11.44	12.56	13.14	13.06	13.38	13.17	13.34	13.30	13.30	13.57	14.02	14.04
2002-11-02	28	M	13.43	13.85	10.91	10.02	9.59	9.46	9.62	8.71	9.50	9.20	9.65	9.88	10.60	10.91	11.08	11.23	11.73	12.55	12.46	12.97
2002-11-02	29	MNP	13.51	14.11	11.51	11.50	12.13	10.37	8.54	7.55	7.55	8.57	9.39	10.30	11.07	11.10	11.45	12.22	12.95	13.54	14.87	15.05
2002-11-02	30	NP	12.43	13.10	12.80	11.85	12.18	10.92	10.32	10.28	11.47	12.36	13.49	14.23	14.73	15.35	15.97	15.49	15.15	15.20	14.89	14.63
2002-11-02	31	CK	11.98	14.45	15.33	15.12	14.98	14.98	15.81	15.53	15.82	15.60	14.48	15.96	14.98	15.03	16.13	15.36	15.40	16.58	14.70	18.63

（续）

时间（年-月-日）	区号	处理	土壤深度																			
			10 cm	20 cm	30 cm	40 cm	50 cm	60 cm	70 cm	80 cm	90 cm	100 cm	110 cm	120 cm	130 cm	140 cm	150 cm	160 cm	170 cm	180 cm	190 cm	200 cm
2002-11-02	32	NPK	12.38	13.92	13.93	13.03	12.47	11.85	10.74	9.66	10.27	10.94	11.58	12.62	12.77	12.87	12.82	14.59	15.40	17.02	14.30	15.19
2002-11-02	33	NK	12.38	13.53	14.12	13.61	14.01	13.02	12.52	12.25	11.12	11.15	12.61	11.28	12.46	13.73	14.84	13.41	14.35	12.94	13.22	13.09
2002-11-02	34	PK	13.57	14.32	13.87	13.26	12.72	12.82	12.40	12.60	12.78	13.23	13.52	14.19	14.14	14.11	16.15	14.89	14.15	13.38	13.32	13.34
2002-11-02	35	MP	12.54	13.41	14.77	13.73	12.32	11.53	11.05	11.09	12.08	12.38	12.55	13.58	13.54	13.76	14.06	16.17	16.27	14.87	14.67	14.35
2002-11-02	36	MN	11.55	11.99	11.48	11.81	10.91	10.25	8.88	8.13	9.00	10.00	10.65	10.89	13.26	14.09	14.29	13.58	13.69	13.63	13.46	13.68
2003-05-16	1	MN	16.22	14.45	10.14	9.60	8.50	8.03	8.40	8.57	8.54	8.50	9.21	9.32	9.94	10.40	10.77	10.83	10.83	10.44	10.87	11.49
2003-05-16	2	M	15.82	14.01	12.82	11.73	11.34	11.13	10.37	12.03	12.25	11.39	13.06	14.04	13.75	14.29	15.35	14.05	15.17	14.15	13.77	13.01
2003-05-16	3	NPK	13.85	15.25	14.23	13.47	12.61	12.46	11.45	11.30	11.42	11.75	11.61	12.54	12.61	13.09	13.24	13.47	13.16	13.23	12.96	13.51
2003-05-16	4	PK	16.24	14.12	14.74	13.47	12.54	12.19	12.16	14.03	14.62	15.01	13.90	14.25	13.24	12.54	11.93	11.75	11.71	11.56	11.09	11.01
2003-05-16	5	NK	15.28	14.38	14.34	14.27	13.17	12.34	11.86	11.01	10.31	10.05	9.92	10.17	10.66	10.38	10.12	10.66	10.57	10.65	10.74	10.76
2003-05-16	6	NP	14.47	13.24	12.54	12.15	12.96	10.52	9.44	9.27	9.50	9.68	9.59	9.84	10.15	10.01	10.00	9.72	10.59	10.76	12.03	12.53
2003-05-16	7	CK	13.70	9.71	12.08	11.62	11.08	10.45	10.15	10.33	10.40	10.48	10.38	10.47	10.62	11.36	10.33	10.51	10.96	12.97	13.65	15.56
2003-05-16	8	MNP	14.51	14.92	14.14	13.10	12.67	11.82	11.60	11.24	11.25	11.28	12.00	11.30	12.41	11.28	10.65	10.23	10.20	11.15	11.61	10.24
2003-05-16	9	MP	14.20	12.15	12.02	11.44	10.81	10.21	10.04	10.16	10.44	10.41	11.11	11.68	11.89	12.68	12.59	13.02	12.89	13.16	13.13	13.64
2003-05-16	28	M	15.37	12.87	11.18	9.94	9.59	10.10	8.25	8.27	9.11	8.93	9.40	9.34	10.04	10.13	10.51	9.69	10.50	10.81	11.21	11.46
2003-05-16	29	MNP	15.91	11.51	11.38	10.73	9.96	9.70	9.71	9.33	9.53	9.81	9.88	10.25	10.82	10.65	10.89	11.38	11.10	12.47	13.26	13.68
2003-05-16	30	NP	13.55	11.89	11.65	11.39	10.82	11.51	11.75	11.89	12.24	13.01	13.07	15.09	14.39	14.98	14.67	14.40	15.26	15.39	14.47	12.93
2003-05-16	31	CK	13.72	14.60	13.71	14.47	13.90	13.80	13.60	14.13	14.49	13.42	13.39	13.67	13.44	13.59	13.86	14.44	14.18	14.08	14.87	14.71
2003-05-16	32	NPK	14.62	13.88	13.49	12.60	12.31	12.89	12.12	12.09	12.32	12.08	12.05	12.06	12.53	12.97	13.37	14.23	16.22	14.06	13.48	13.64
2003-05-16	33	NK	13.99	13.66	13.78	13.23	13.43	13.37	12.31	11.90	11.54	11.38	12.22	11.98	12.94	15.04	13.51	13.00	14.12	12.78	12.70	12.11
2003-05-16	34	PK	14.35	14.59	14.54	13.05	13.11	12.78	13.28	11.99	12.53	12.77	12.65	12.82	13.23	14.68	14.39	13.26	13.51	12.73	12.77	12.85
2003-05-16	35	MP	15.61	15.96	15.02	15.46	13.52	12.08	12.01	11.86	12.36	12.51	12.44	12.81	12.78	15.20	13.51	13.04	13.49	14.97	14.43	12.68
2003-05-16	36	MN	13.49	12.20	11.71	11.48	10.61	10.24	10.34	10.30	10.59	11.76	12.92	13.79	14.01	13.45	13.08	13.06	12.99	12.76	12.53	12.88
2003-10-27	1	MN	14.27	15.06	15.94	15.55	14.60	14.62	16.12	16.41	16.23	16.74	17.20	17.42	16.18	16.32	15.61	16.30	15.74	16.99	16.50	16.36
2003-10-27	2	M	14.05	14.44	18.16	18.72	17.51	17.26	19.67	20.34	20.35	20.09	20.57	20.25	19.42	19.27	19.33	18.99	18.66	18.16	18.20	17.36

（续）

时间（年-月-日）	区号	处理	土壤深度																			
			10 cm	20 cm	30 cm	40 cm	50 cm	60 cm	70 cm	80 cm	90 cm	100 cm	110 cm	120 cm	130 cm	140 cm	150 cm	160 cm	170 cm	180 cm	190 cm	200 cm
2003-10-27	3	NPK	13.74	15.54	19.13	18.36	20.00	15.80	18.45	17.40	18.39	19.00	18.51	18.58	18.63	18.35	18.08	17.63	17.86	16.92	18.33	18.76
2003-10-27	4	PK	13.52	14.51	16.09	17.15	17.25	19.36	20.82	20.07	19.99	18.99	18.07	18.22	16.99	17.36	16.70	16.64	15.94	16.93	17.39	17.13
2003-10-27	5	NK	14.00	15.68	16.94	16.26	16.89	15.59	15.59	15.82	15.58	15.84	15.71	15.83	15.98	16.00	15.15	15.32	15.51	14.85	15.08	14.78
2003-10-27	6	NP	12.50	15.47	18.04	16.15	16.03	15.21	15.30	15.39	15.48	15.30	14.90	15.45	15.20	14.92	14.52	14.41	14.44	17.17	20.19	20.90
2003-10-27	7	CK	11.94	14.21	14.29	14.05	14.72	15.04	15.32	15.32	15.51	14.97	15.36	15.25	14.79	16.42	15.83	20.15	21.77	19.60	19.56	16.66
2003-10-27	8	MNP	14.44	16.95	18.11	18.63	18.64	17.75	18.20	17.43	16.88	16.47	16.59	16.33	14.74	15.08	15.84	14.36	14.33	13.66	13.81	13.34
2003-10-27	9	MP	14.02	15.12	15.27	16.37	16.93	17.22	17.06	17.58	17.76	18.09	18.36	17.88	18.31	15.77	18.10	18.01	16.82	16.48	16.86	16.47
2003-10-27	28	M	14.70	15.95	18.55	18.75	17.01	17.55	17.14	17.82	16.90	19.44	19.44	17.05	16.30	14.20	12.91	12.32	12.33	13.36	12.85	12.68
2003-10-27	29	MNP	12.31	15.73	14.24	15.69	16.02	15.98	16.89	15.47	16.88	16.88	17.19	17.16	16.93	16.57	17.37	17.31	17.18	17.52	16.75	17.29
2003-10-27	30	NP	11.27	13.96	15.92	16.25	16.83	16.34	16.61	16.94	18.07	18.50	18.70	19.24	19.77	19.57	20.47	20.59	20.74	19.93	20.65	19.84
2003-10-27	31	CK	12.66	15.21	17.21	17.67	16.86	17.92	18.59	20.76	20.24	20.60	20.25	20.08	19.55	19.18	19.19	19.68	19.40	19.04	19.38	19.45
2003-10-27	32	NPK	13.42	17.73	19.10	18.82	19.89	20.33	21.02	18.52	18.65	18.19	18.40	18.47	19.83	21.01	19.83	18.97	17.58	15.25	17.08	17.55
2003-10-27	33	NK	13.23	16.82	16.28	17.87	18.27	19.78	19.38	19.11	20.37	18.36	17.75	19.74	17.68	18.26	19.12	18.56	16.85	17.79	17.12	16.17
2003-10-27	34	PK	12.03	18.52	18.71	17.99	17.97	19.42	18.35	17.93	18.58	18.83	19.62	19.24	18.11	18.45	18.18	18.16	18.17	18.36	19.01	17.97
2003-10-27	35	MP	13.62	17.39	18.53	19.11	19.60	20.70	19.44	18.95	18.77	17.66	17.78	17.79	18.40	17.93	18.30	18.43	18.06	16.90	17.56	19.81
2003-10-27	36	MN	12.72	13.99	15.10	14.65	15.49	16.16	16.00	16.74	16.08	16.82	17.11	16.82	17.07	17.73	17.90	17.96	19.28	18.41	17.61	17.02
2004-06-06	1	MN	14.74	12.55	11.06	11.33	12.44	12.33	12.11	11.94	11.97	12.73	12.62	12.81	13.90	13.99	13.44	13.61	14.36	13.99	14.04	14.23
2004-06-06	2	M	16.99	11.78	12.36	12.23	12.92	13.92	13.87	14.26	15.38	15.57	16.61	17.06	18.36	17.14	15.17	16.77	16.09	15.75	15.79	15.06
2004-06-06	3	NPK	15.22	14.19	13.68	13.60	13.60	15.55	14.07	14.00	13.94	14.40	14.79	15.48	15.38	15.39	15.34	15.07	15.55	15.60	15.58	16.01
2004-06-06	4	PK	14.33	13.60	14.32	12.83	13.05	13.71	14.60	14.35	14.40	14.02	15.94	14.65	14.25	14.31	14.16	14.33	13.65	13.51	13.40	13.68
2004-06-06	5	NK	14.39	13.70	13.11	13.05	13.38	13.63	12.73	12.50	12.34	12.00	12.16	12.51	11.96	12.30	12.74	12.27	12.22	12.66	12.67	12.60
2004-06-06	6	NP	15.34	12.28	12.69	12.13	12.12	11.83	11.61	11.63	11.35	11.55	11.95	11.97	11.80	12.19	11.81	12.52	11.51	11.85	14.97	16.26
2004-06-06	7	CK	11.13	11.79	11.93	12.05	12.33	11.40	11.75	11.69	11.19	11.50	11.63	11.76	11.87	11.91	11.70	11.98	14.48	12.83	13.06	16.33
2004-06-06	8	MNP	14.34	13.03	13.35	13.20	12.84	14.15	14.75	14.17	14.55	14.99	14.57	14.57	15.52	16.25	14.98	14.47	13.48	13.20	14.22	13.09
2004-06-06	9	MP	12.50	11.17	11.00	11.18	11.63	10.97	11.49	12.70	13.99	14.25	14.69	15.30	15.36	14.85	14.90	14.62	14.78	14.70	14.95	15.23

（续）

时间（年-月-日）	区号	处理	土壤深度																			
			10 cm	20 cm	30 cm	40 cm	50 cm	60 cm	70 cm	80 cm	90 cm	100 cm	110 cm	120 cm	130 cm	140 cm	150 cm	160 cm	170 cm	180 cm	190 cm	200 cm
2004-06-06	28	M	12.98	13.15	11.06	10.83	11.18	11.24	10.41	10.59	11.16	10.82	9.60	11.73	11.88	12.33	12.15	13.09	13.32	13.69	13.83	13.66
2004-06-06	29	MNP	13.79	11.66	11.00	11.29	11.84	12.47	12.30		12.33	12.71	13.05	13.20	13.36	14.26	14.40	14.78	15.04	16.21	17.35	17.15
2004-06-06	30	NP	12.27	12.21	11.81	11.97	13.08	14.41	13.68	14.47	14.50	15.97	15.94	16.38	17.00	17.33	17.01	17.31	15.99	15.84	15.52	16.50
2004-06-06	31	CK	10.31	15.42	13.75	15.08	15.50	15.89	15.69	16.00	16.09	16.60	17.05	15.62	14.98	15.54	15.66	16.10	16.49	16.70	16.44	16.40
2004-06-06	32	NPK	13.49	13.85	16.05	15.52	14.08	14.67	14.94	14.67	15.14	14.37	15.37	15.27	15.07	16.76	15.80	16.12	16.83	15.00	16.01	15.08
2004-06-06	33	NK	14.33	14.41	14.93	14.47	14.58	15.03	16.45	15.15	14.58	14.82	14.28	14.68	15.76	15.80	16.09	16.37	15.35	14.98	14.52	13.88
2004-06-06	34	PK	14.25	13.76	16.05	15.21	14.61	15.00	14.91	15.26	14.40	15.54	18.35	15.75	14.57	15.38	15.87	17.24	16.95	16.29	15.90	15.62
2004-06-06	35	MP	14.10	12.92	15.84	15.77	14.84	13.93	13.80	13.76	14.00	14.06	15.41	15.28	15.11	15.55	15.75	15.84	17.91	17.70	17.53	19.16
2004-06-06	36	MN	12.70	11.47	11.59	11.62	12.03	12.63	12.33	12.46	12.82	13.65	14.50	15.19	15.96	16.22	16.18	16.53	15.58	16.07	14.93	15.50
2004-11-07	1	MN	6.91	11.38	10.80	10.89	11.04	11.00	11.50	12.65	11.98	13.13	13.17	13.78	13.57	13.55	14.01	14.81	14.73	15.01	14.67	14.78
2004-11-07	2	M	10.85	12.75	13.24	13.41	14.33	15.34	14.67	15.56	16.06	13.54	17.12	17.59	17.61	17.79	18.07	18.02	17.75	17.56	16.45	15.91
2004-11-07	3	NPK	10.66	15.01	14.99	14.96	15.24	15.96	14.86	15.55	15.50	15.50	15.30	15.65	16.05	17.38	17.95	16.40	16.14	17.19	18.94	17.52
2004-11-07	4	PK	12.64	14.99	15.12	13.90	14.86	18.12	16.43	15.72	20.50	20.79	16.84	16.63	15.63	16.06	15.07	14.54	14.82	14.73	15.18	14.90
2004-11-07	5	NK	13.23	15.35	14.05	13.67	14.24	13.84	14.27	14.07	13.57	13.53	13.07	13.14	13.24	13.70	13.26	13.38	13.60	13.79	13.77	13.93
2004-11-07	6	NP	11.33	13.02	12.72	12.79	12.65	12.19	12.30	12.57	12.86	12.79	13.00	13.07	13.16	12.99	12.88	13.08	12.46	12.86	14.82	17.85
2004-11-07	7	CK	12.34	11.59	11.51	11.67	11.59	11.88	12.30	12.51	13.02	13.04	13.01	13.15	12.92	13.46	14.60	17.50	18.89	22.95	20.81	18.93
2004-11-07	8	MNP	13.76	12.87	13.89	14.93	15.53	15.81	16.17	15.59	15.07	14.70	15.34	13.42	13.37	13.55	13.65	13.19	13.59	13.94	13.71	13.99
2004-11-07	9	MP	12.50	11.46	11.55	12.05	12.19	12.68	12.72	13.30	13.87	14.16	14.46	15.40	16.20	16.37	16.50	16.19	16.17	16.00	16.34	16.78
2004-11-07	28	M	13.22	14.66	10.90	11.01	11.04	11.54	11.16	11.78	13.60	10.86	11.36	11.48	11.69	11.92	12.18	12.66	12.69	12.90	12.84	13.30
2004-11-07	29	MNP	11.73	12.08	10.33	10.79	11.20	11.94	12.22	13.05	12.98	13.30	13.59	13.62	14.18	13.82	14.11	15.50	15.50	15.16	17.35	17.07
2004-11-07	30	NP	10.25	11.74	11.96	12.71	13.20	13.99	14.61	14.64	15.34	17.12	16.94	18.09	18.02	18.39	18.39	18.83	19.32	17.63	16.61	17.32
2004-11-07	31	CK	11.86	13.30	14.83	15.17	16.06	15.88	17.09	17.01	17.95	17.64	17.61	17.38	17.41	17.07	16.59	16.57	16.79	16.96	17.44	18.42
2004-11-07	32	NPK	11.40	13.98	15.53	16.05	15.41	15.07	14.97	15.10	15.29	15.11	15.73	15.97	16.42	15.87	16.41	17.28	18.64	19.50	18.50	18.52
2004-11-07	33	NK	10.36	13.46	14.11	14.76	14.99	15.50	15.62	15.41	16.41	15.52	15.17	15.43	15.36	16.55	15.51	16.12	16.25	16.43	16.19	15.70
2004-11-07	34	PK	12.41	15.10	16.21	16.00	15.12	16.18	15.88	15.31	16.02	15.97	16.18	17.46	16.95	17.30	19.11	16.55	19.24	17.28	17.29	16.27

（续）

时间（年-月-日）	区号	处理	土壤深度																			
			10 cm	20 cm	30 cm	40 cm	50 cm	60 cm	70 cm	80 cm	90 cm	100 cm	110 cm	120 cm	130 cm	140 cm	150 cm	160 cm	170 cm	180 cm	190 cm	200 cm
2004-11-07	35	MP	11.68	14.59	15.58	16.86	16.30	15.72	14.90	15.23	16.46	15.39	16.48	15.18	16.26	14.74	16.09	16.50	17.29	17.33	18.71	18.09
2004-11-07	36	MN	10.38	11.10	10.96	11.26	11.68	12.21	12.43	12.91	13.14	13.64	14.04	15.08	14.60	16.05	16.86	17.29	16.18	16.86	15.80	16.17
2005-05-21	10	MP	12.14	10.64	9.91	9.88	10.25	10.29	10.40	9.69	10.71	10.43	10.91	10.89	11.11	11.77	11.83	12.28	12.22	12.51	12.99	12.90
2005-05-21	11	MN	13.00	12.32	11.59	11.33	11.56	11.85	11.60	11.74	11.97	12.09	12.55	12.75	12.79	13.46	14.23	14.69	15.05	15.78	16.00	16.25
2005-05-21	12	PK	11.69	13.22	14.03	13.95	15.89	15.21	14.99	15.12	13.99	13.89	13.63	15.06	15.23	14.32	15.11	15.14	15.01	15.30	15.87	15.21
2005-05-21	13	NP	11.88	13.39	13.06	13.20	13.78	13.24	13.62	14.02	14.37	14.08	14.69	13.93	14.45	14.46	14.45	15.31	15.11	14.88	15.09	15.51
2005-05-21	14	CK	12.70	13.74	13.60	14.12	13.78	13.52	14.25	14.65	14.44	13.63	13.01	13.06	12.98	12.74	13.60	13.01	13.09	12.19	11.80	11.86
2005-05-21	15	NPK	12.73	13.63	15.80	13.56	13.34	13.66	12.99	12.16	12.10	12.01	11.96	11.27	11.63	11.66	11.35	11.83	11.98	12.00	11.78	11.65
2005-05-21	16	NK	12.54	13.35	13.58	13.38	13.32	13.86	12.02	11.58	11.89	11.33	11.41	11.48	11.41	11.60	11.50	11.53	11.61	11.55	11.16	11.38
2005-05-21	17	M	14.15	14.24	13.33	12.94	13.63	13.27	13.89	13.32	13.56	14.11	14.17	14.68	13.61	13.85	14.05	13.68	13.37	12.61	13.01	12.73
2005-05-21	18	MNP	11.57	10.91	10.55	10.99	11.04	11.30	11.25	11.49	11.62	13.04	13.12	12.97	13.97	14.29	15.02	14.04	13.71	14.09	14.08	13.77
2005-05-21	19	MNP	13.32	11.26	9.83	9.88	10.27	10.44	10.42	10.38	10.96	11.44	11.60	12.21	12.49	12.34	12.70	12.93	12.62	11.93	12.83	13.41
2005-05-21	20	MP	12.96	12.77	11.55	11.58	11.32	11.72	11.91	12.16	12.27	13.21	12.52	14.56	15.59	15.64	15.99	16.36	16.65	17.05	18.28	17.09
2005-05-21	21	CK	11.19	12.77	15.18	17.06	15.94	16.36	16.46	14.96	14.84	14.15	13.76	15.82	14.06	14.36	14.52	15.09	15.66	17.14	15.58	15.16
2005-05-21	22	NK	11.98	13.22	14.44	14.18	14.08	14.76	14.33	14.65	14.23	14.93	15.92	15.30	14.24	14.15	14.49	15.74	14.99	16.05	15.77	15.49
2005-05-21	23	NP	12.51	13.67	14.14	13.92	14.39	14.05	14.38	14.11	14.25	14.53	14.99	14.01	13.46	13.20	13.07	12.92	12.58	12.83	12.36	12.16
2005-05-21	24	PK	12.60	14.86	14.56	14.79	14.04	13.85	13.25	13.01	13.48	13.74	11.77	12.35	11.43	11.84	11.22	11.53	11.76	11.87	12.00	12.07
2005-05-21	25	NPK	13.42	13.99	13.72	13.76	16.20	14.03	15.90	13.01	12.95	12.89	12.02	11.89	11.74	11.19	11.54	11.56	11.54	11.65	11.99	11.89
2005-05-21	26	MN	8.66	12.92	13.36	13.41	14.50	14.82	15.52	17.20	14.74	14.58	13.96	13.00	13.43	13.00	12.69	12.29	12.70	11.98	11.70	11.53
2005-05-21	27	M	13.34	12.56	12.74	13.60	13.50	11.69	14.68	13.80	13.81	14.06	13.46	13.13	13.34	14.15	14.20	14.18	14.76	14.57	15.23	15.27
2005-10-10	10	MP	15.55	15.91	15.48	14.92	13.68	14.89	12.58	11.17	10.52	9.97	9.44	9.85	10.51	10.65	11.03	11.11	11.25	11.70	12.14	10.48
2005-10-10	11	MN	12.78	14.75	14.42	14.13	14.15	13.84	13.00	12.68	10.29	8.57	9.19	10.80	10.98	11.16	11.79	12.18	12.96	13.14	13.81	13.92
2005-10-10	12	PK	13.04	15.53	16.96	15.21	16.24	16.63	18.34	19.19	18.40	18.12	17.82	18.75	18.99	18.42	18.62	17.40	16.70	16.92	15.42	16.07
2005-10-10	13	NP	15.14	18.73	17.45	17.06	16.72	16.23	16.54	16.95	16.40	16.22	16.05	15.75	15.36	15.75	15.11	15.14	15.18	15.73	16.50	17.97
2005-10-10	14	CK	16.55	17.83	18.54	18.56	18.81	17.54	17.37	18.45	18.48	19.15	18.32	19.03	18.55	17.81	16.53	16.48	16.21	15.49	15.07	14.81

（续）

时间（年-月-日）	区号	处理	土壤深度																			
			10 cm	20 cm	30 cm	40 cm	50 cm	60 cm	70 cm	80 cm	90 cm	100 cm	110 cm	120 cm	130 cm	140 cm	150 cm	160 cm	170 cm	180 cm	190 cm	200 cm
2005-10-10	15	NPK	14.37	17.32	16.61	16.28	15.99	15.87	15.42	15.13	14.94	14.44	13.92	12.97	12.64	12.57	12.24	13.96	12.28	12.12	12.32	13.04
2005-10-10	16	NK	14.42	17.65	18.37	17.80	17.87	17.71	16.77	16.42	15.01	15.92	15.61	14.53	14.29	14.46	13.96	12.98	12.86	12.77	12.85	12.81
2005-10-10	17	M	13.47	18.44	17.76	16.63	16.35	15.83	15.74	14.16	15.35	14.98	14.52	15.50	15.56	13.67	13.27	14.02	13.89	13.61	12.82	14.26
2005-10-10	18	MNP	13.17	14.18	14.19	14.49	14.30	14.14	13.86	12.65	12.13	10.99	11.32	11.34	11.65	12.56	12.68	14.73	14.63	15.02	15.41	14.53
2005-10-10	19	MNP	14.41	14.66	14.81	14.37	14.77	13.68	14.36	14.57	15.12	14.60	14.24	14.11	13.86	13.81	13.82	14.15	14.01	13.62	13.68	13.89
2005-10-10	20	MP	15.45	16.10	16.15	15.78	15.37	15.49	15.97	15.88	15.55	16.04	16.64	17.09	16.73	17.51	17.36	17.37	19.11	18.28	18.06	17.62
2005-10-10	21	CK	14.65	17.91	19.73	20.04	19.70	19.95	18.98	19.78	19.84	17.85	16.92	17.12	18.05	17.93	18.06	18.41	17.97	18.06	17.90	17.80
2005-10-10	22	NK	14.89	18.79	17.28	16.88	16.99	17.24	16.98	16.46	16.69	16.21	16.11	15.88	16.09	15.86	15.84	16.71	15.95	16.08	16.28	19.15
2005-10-10	23	NP	16.93	18.15	17.98	16.78	16.94	16.98	16.53	18.65	17.08	16.84	16.84	15.58	15.21	15.74	15.74	15.52	15.11	14.59	14.34	14.86
2005-10-10	24	PK	15.46	19.52	19.56	17.95	16.83	16.64	16.96	16.11	15.90	15.22	15.10	14.38	14.45	14.47	14.71	14.44	14.69	14.80	14.86	14.52
2005-10-10	25	NPK	14.88	20.61	14.91	17.18	14.66	13.40	12.94	12.92	12.17	11.38	11.54	11.67	12.06	12.22	12.31	12.72	12.54	12.45	12.41	12.71
2005-10-10	26	MN	15.84	17.93	18.79	17.57	15.62	15.45	14.39	13.57	14.02	13.38	13.15	12.04	11.94	12.86	12.13	12.45	12.64	12.44	12.64	12.84
2005-10-10	27	M	16.76	18.97	18.17	19.73	17.14	16.90	15.94	15.74	15.22	16.41	16.82	16.74	16.62	17.03	17.60	16.71	17.43	17.57	18.00	18.22
2006-04-23	10	MP	8.17	11.43	11.06	10.86	12.05	12.35	11.16	11.04	11.38	10.76	10.00	10.13	10.44	10.57	10.50	10.92	11.08	11.09	11.10	11.44
2006-04-23	11	MN	6.90	11.69	11.25	11.48	11.60	11.64	11.82	11.68	11.94	12.12	11.86	11.71	11.84	12.23	12.77	14.23	13.36	14.62	14.69	15.77
2006-04-23	12	PK	6.27	12.99	12.97	13.62	13.74	14.94	15.13	15.03	15.80	16.08	16.15	17.03	15.56	16.24	14.90	14.99	14.57	14.26	15.10	14.92
2006-04-23	13	NP	7.86	13.00	13.90	13.52	13.74	13.54	13.77	14.48	15.48	16.59	14.41	14.59	14.08	14.35	14.19	14.36	16.76	14.87	14.99	15.95
2006-04-23	14	CK	7.81	13.59	14.13	14.46	14.01	14.01	13.82	13.91	14.00	14.11	15.51	14.48	14.99	16.28	15.19	13.70	13.65	13.18	13.32	13.40
2006-04-23	15	NPK	9.47	13.61	14.11	13.51	14.38	13.69	13.89	14.22	15.27	14.21	13.86	13.21	12.92	12.72	12.51	12.17	11.61	11.84	12.13	11.97
2006-04-23	16	NK	12.26	14.77	14.37	14.49	14.27	14.47	15.00	14.97	14.67	14.78	13.58	13.08	12.91	12.62	12.03	11.74	12.30	11.98	12.02	11.92
2006-04-23	17	M	8.70	15.03	15.36	14.19	14.84	14.64	14.26	13.67	13.59	14.13	14.29	14.17	12.99	14.23	14.30	14.24	14.61	13.41	14.56	13.58
2006-04-23	18	MNP	7.02	10.99	11.42	11.25	11.38	11.66	11.87	11.99	11.97	12.06	12.59	13.00	13.47	14.10	14.50	14.48	15.15	15.02	14.93	15.15
2006-04-23	19	MNP	5.54	13.30	11.00	10.83	10.73	10.54	11.00	11.48	11.52	12.07	11.92	12.16	10.85	12.22	12.76	12.73	12.63	12.98	13.93	13.43
2006-04-23	20	MP	9.07	12.28	12.58	12.67	12.28	12.08	12.24	13.19	13.15	13.11	14.72	15.73	15.69	16.28	15.46	16.97	17.43	17.72	17.25	18.31
2006-04-23	21	CK	9.59	13.37	15.90	16.09	15.91	16.28	16.03	16.47	15.59	14.90	16.90	15.37	14.42	14.57	14.53	14.95	16.59	15.96	16.99	16.46

（续）

时间（年-月-日）	区号	处理	土壤深度																			
			10 cm	20 cm	30 cm	40 cm	50 cm	60 cm	70 cm	80 cm	90 cm	100 cm	110 cm	120 cm	130 cm	140 cm	150 cm	160 cm	170 cm	180 cm	190 cm	200 cm
2006-04-23	22	NK	10.65	14.49	14.48	14.56	14.04	14.59	14.58	15.18	15.39	14.57	15.21	14.40	14.29	14.66	15.01	14.70	14.70	15.00	16.01	16.71
2006-04-23	23	NP	10.34	11.95	13.95	13.99	13.66	14.29	14.54	16.85	16.17	14.12	14.25	14.94	13.65	13.51	13.51	13.22	13.08	12.70	12.27	12.23
2006-04-23	24	PK	10.25	15.33	17.16	15.72	15.22	14.46	13.30	13.38	12.99	12.84	12.47	12.06	12.17	12.26	11.88	12.30	12.05	12.26	12.42	12.57
2006-04-23	25	NPK	10.39	14.78	14.91	13.69	14.54	14.78	12.88	13.02	12.56	13.34	12.12	12.32	11.85	11.73	12.04	11.91	11.94	11.93	12.23	12.10
2006-04-23	26	MN	10.36	14.26	14.37	15.06	14.44	17.96	16.99	15.62	14.55	13.86	13.86	14.20	13.23	12.83	13.27	13.01	11.67	12.83	12.00	11.62
2006-04-23	27	M	8.49	13.93	14.75	13.88	13.51	13.75	14.07	13.91	14.41	14.81	14.88	14.81	15.99	15.88	15.41	15.86	16.05	16.82	16.68	14.95
2006-10-25	10	MP	11.52	11.26	11.66	11.96	11.71	11.14	10.50	10.23	10.01	9.79	9.99	10.10	10.42	10.68	11.01	11.17	11.65	11.97	11.96	12.60
2006-10-25	11	MN	11.39	10.75	12.49	12.61	12.99	12.72	12.78	13.20	12.79	12.55	12.64	13.08	12.83	13.08	13.84	14.84	14.22	16.42	16.34	16.19
2006-10-25	12	PK	12.61	13.67	14.51	15.95	16.55	16.99	16.33	16.06	15.03	14.68	14.24	14.31	14.47	14.79	14.62	15.35	15.63	16.65	15.79	15.42
2006-10-25	13	NP	12.26	14.46	14.35	15.07	15.78	15.96	16.10	15.42	14.73	14.62	14.41	14.66	15.85	15.38	15.87	19.22	15.54	17.20	14.74	14.09
2006-10-25	14	CK	11.31	14.83	14.32	14.55	18.74	16.93	16.45	15.59	15.49	14.88	15.56	15.18	14.62	14.42	15.12	15.36	13.96	14.29	15.50	15.05
2006-10-25	15	NPK	11.18	14.93	14.20	16.99	14.29	13.83	13.38	12.40	13.01	11.14	11.23	11.19	11.14	11.24	11.54	11.43	11.57	11.51	11.35	11.49
2006-10-25	16	NK	11.35	14.62	15.60	14.88	15.11	13.78	13.98	13.65	13.64	13.20	12.89	12.77	12.73	12.76	12.84	12.99	12.87	12.61	12.76	12.59
2006-10-25	17	M	12.69	13.69	13.31	13.78	13.80	12.28	12.21	13.50	13.54	13.22	13.12	13.11	14.40	13.89	13.81	14.02	13.97	13.77	13.24	11.90
2006-10-25	18	MNP	9.00	12.43	12.44	12.79	13.02	12.62	12.44	12.17	12.21	12.16	12.46	12.71	12.94	13.81	13.79	14.41	14.57	14.20	13.55	13.05
2006-10-25	19	MNP	11.00	11.78	9.63	12.10	10.61	11.22	11.35	10.90	10.92	10.77	10.38	10.69	11.55	11.21	10.83	11.31	11.93	11.79	12.12	12.31
2006-10-25	20	MP	10.36	12.59	12.42	12.32	12.87	12.48	12.25	12.30	12.55	12.37	13.00	14.40	14.01	15.54	15.67	16.23	16.73	16.43	17.45	17.44
2006-10-25	21	CK	11.09	15.17	16.24	16.40	17.31	16.62	16.78	16.89	16.87	16.53	14.96	14.80	15.69	15.01	15.22	15.31	15.79	16.86	16.66	16.86
2006-10-25	22	NK	11.35	14.25	13.98	15.49	15.03	15.30	15.52	15.58	14.93	15.53	16.21	15.40	15.76	14.64	14.96	15.54	15.77	15.80	17.07	17.87
2006-10-25	23	NP	10.90	15.11	15.33	14.90	17.66	15.87	15.36	15.19	15.95	15.78	16.21	15.63	15.53	14.84	14.36	13.88	14.24	13.70	13.54	13.11
2006-10-25	24	PK	10.90	14.10	14.74	15.38	15.66	15.86	15.35	13.83	13.43	12.87	12.09	12.20	12.18	11.99	11.56	11.90	11.72	11.76	11.79	11.87
2006-10-25	25	NPK	11.13	14.40	14.75	15.72	14.79	13.97	13.60	13.11	12.34	12.06	12.31	12.04	11.67	11.62	11.44	11.65	11.98	11.99	12.17	12.08
2006-10-25	26	MN	11.13	14.41	14.64	15.45	15.32	15.90	16.50	16.11	15.18	13.92	13.48	12.64	12.63	12.56	12.39	12.10	11.70	12.05	12.00	12.12
2006-10-25	27	M	11.91	14.35	14.98	16.07	16.51	15.67	14.79	13.88	14.00	14.29	13.54	14.04	14.18	14.49	14.63	15.10	15.41	15.06	15.06	15.73
2007-04-22	10	MP	8.09	11.20	10.17	10.48	10.73	11.04	10.95	10.84	9.71	9.47	9.79	9.72	9.69	9.99	10.01	10.09	10.50	11.02	10.98	11.25

（续）

时间（年-月-日）	区号	处理	土壤深度																			
			10 cm	20 cm	30 cm	40 cm	50 cm	60 cm	70 cm	80 cm	90 cm	100 cm	110 cm	120 cm	130 cm	140 cm	150 cm	160 cm	170 cm	180 cm	190 cm	200 cm
2007-04-22	11	MN	10.06	12.66	11.79	11.76	11.80	12.21	12.62	11.82	12.09	12.73	12.24	12.11	12.15	12.39	12.29	13.01	13.52	13.90	14.53	14.53
2007-04-22	12	PK	4.42	10.65	11.93	11.93	14.02	14.78	14.07	14.83	15.02	15.03	15.39	15.31	14.10	14.59	14.94	13.86	13.91	14.52	13.76	14.61
2007-04-22	13	NP	4.61	13.14	15.93	14.47	14.92	15.45	13.37	13.30	14.49	14.37	14.07	14.50	15.39	14.01	15.34	13.42	14.83	16.76	18.69	16.82
2007-04-22	14	CK	7.67	12.98	12.85	14.29	13.22	13.35	13.74	14.56	16.84	17.32	16.07	14.13	15.74	15.01	13.68	12.67	13.20	13.00	12.42	12.45
2007-04-22	15	NPK	9.05	13.79	13.85	13.79	13.53	13.60	16.39	16.86	14.76	13.25	13.49	13.05	12.35	12.56	12.07	11.66	11.53	11.59	11.61	11.27
2007-04-22	16	NK	7.49	12.60	13.22	13.60	14.36	13.91	14.26	15.11	14.64	14.67	13.48	13.24	12.88	12.97	12.78	11.81	11.80	11.50	11.26	11.40
2007-04-22	17	M	5.82	13.07	14.23	13.77	13.98	13.58	13.34	13.26	13.43	13.13	12.96	13.52	13.38	13.90	13.39	13.59	13.77	13.29	13.43	12.82
2007-04-22	18	MNP	6.73	11.17	11.10	11.41	11.53	11.91	12.19	12.24	11.91	12.29	12.28	12.23	12.48	13.44	14.31	13.90	14.14	14.61	14.28	14.00
2007-04-22	19	MNP	8.77	8.45	7.27	9.86	10.53	10.79	11.11	11.00	11.26	11.24	10.85	11.34	11.39	11.68	11.75	11.79	12.05	12.68	12.03	12.01
2007-04-22	20	MP	7.00	12.23	12.14	12.16	12.46	13.11	12.67	12.95	14.29	14.14	13.27	14.30	13.72	13.96	14.49	15.63	15.77	15.34	14.39	13.85
2007-04-22	21	CK		13.47	14.93	15.37	15.32	14.11	14.16	13.71	13.96	14.16	13.86	14.14	14.60	14.46	15.19	14.78	15.42	14.50	14.83	14.44
2007-04-22	22	NK	7.54	14.45	13.88	13.78	14.40	15.32	14.46	15.37	14.56	15.90	14.75	14.49	14.85	14.14	14.14	14.33	15.95	17.02	13.92	14.85
2007-04-22	23	NP	8.04	12.88	15.82	14.88	16.50	19.12	16.76	14.04	13.53	13.73	13.25	13.26	13.13	13.13	12.38	11.90	12.14	11.92	11.88	11.66
2007-04-22	24	PK	6.77	15.07	15.16	12.94	12.64	13.12	12.77	13.25	12.83	12.22	11.48	11.31	11.25	11.26	11.42	11.41	11.56	11.53	11.77	11.73
2007-04-22	25	NPK	10.34	14.08	14.85	13.52	13.26	12.44	12.51	13.14	11.81	11.81	11.21	11.25	11.33	11.48	11.34	11.51	11.53	11.71	11.76	10.95
2007-04-22	26	MN	7.83	14.42	13.57	14.84	16.34	16.53	15.05	14.08	16.19	13.96	13.06	12.74	12.74	12.34	12.10	12.00	11.76	11.76	11.42	11.29
2007-04-22	27	M	8.44	14.79	14.19	13.84	13.62	13.66	13.63	13.40	13.56	13.52	13.90	13.85	14.18	14.07	14.49	14.62	15.25	15.28	15.38	16.28
2007-11-09	10	MP	13.59	17.58	15.93	15.32	17.30	0.00	15.82	16.03	15.74	15.89	14.15	14.19	14.16	14.32	14.75	14.52	14.60	14.64	14.62	14.58
2007-11-09	11	MN	11.48	13.73	14.19	14.70	15.23	15.97	15.88	16.31	16.38	16.81	16.75	16.32	17.09	16.74	17.24	16.13	16.74	17.54	18.00	18.02
2007-11-09	12	PK	11.04	15.33	15.97	16.80	18.14	19.43	19.83	19.57	19.69	19.20	17.84	18.59	17.92	17.41	17.30	17.35	17.89	17.61	17.38	17.22
2007-11-09	13	NP	13.67	15.66	16.13	16.55	17.67	17.72	19.10	18.95	17.93	17.73	18.25	17.77	17.97	17.89	16.99	17.57	17.06	17.03	16.36	16.13
2007-11-09	14	CK	12.18	16.88	17.11	17.07	17.74	17.05	17.18	17.28	17.72	17.09	16.76	16.68	16.42	16.39	15.86	15.69	15.39	15.09	15.09	14.32
2007-11-09	15	NPK	14.01	17.14	20.66	19.32	18.56	17.52	17.60	17.27	17.13	16.19	15.56	15.24	14.98	14.86	14.29	14.52	14.04	14.19	13.90	13.86
2007-11-09	16	NK	12.81	16.49	16.67	16.50	17.05	16.00	16.73	16.11	16.42	16.64	16.04	16.02	15.61	15.85	15.14	14.87	14.68	14.97	14.53	14.46
2007-11-09	17	M	11.78	16.78	16.64	16.91	17.33	17.15	16.60	17.26	17.85	17.50	17.36	16.98	17.44	17.02	16.86	16.11	16.63	16.87	15.62	15.26

（续）

时间（年-月-日）	区号	处理	土壤深度																			
			10 cm	20 cm	30 cm	40 cm	50 cm	60 cm	70 cm	80 cm	90 cm	100 cm	110 cm	120 cm	130 cm	140 cm	150 cm	160 cm	170 cm	180 cm	190 cm	200 cm
2007-11-09	18	MNP	12.36	13.52	13.39	14.21	14.49	15.07	15.89	16.06	16.07	16.16	16.11	17.89	17.49	17.61	17.15	16.72	17.72	16.97	17.09	16.67
2007-11-09	19	MNP	13.25	13.54	14.40	14.28	14.85	15.14	13.97	14.18	14.81	14.15	14.14	14.54	14.62	14.77	15.42	14.98	15.37	15.23	14.56	14.77
2007-11-09	20	MP	12.46	14.75	15.25	15.19	15.42	16.13	15.91	16.34	16.39	16.58	16.69	17.45	17.71	17.97	16.56	17.79	18.63	18.12	18.79	18.75
2007-11-09	21	CK	13.39	17.22	18.54	17.22	18.83	19.46	20.50	19.71	19.60	19.39	18.46	18.15	17.76	17.78	17.92	18.53	18.41	17.98	17.79	18.61
2007-11-09	22	NK	12.90	15.76	17.19	17.09	18.33	19.52	18.19	18.33	18.83	18.98	18.20	18.54	18.69	18.23	17.47	17.80	17.50	17.76	18.56	18.48
2007-11-09	23	NP	13.79	19.01	18.18	17.48	17.19	18.59	17.87	17.12	20.50	17.92	18.62	17.61	17.30	16.22	16.21	16.22	16.12	15.74	15.40	16.07
2007-11-09	24	PK	12.20	17.12	18.10	16.61	18.53	19.55	16.87	16.78	16.69	18.16	18.07	16.93	17.01	16.14	15.64	15.33	15.06	15.00	15.22	14.36
2007-11-09	25	NPK	14.01	16.58	16.93	15.84	16.29	17.77	18.59	20.09	18.28	17.64	17.49	17.76	16.24	15.46	15.93	14.72	14.77	14.47	14.23	13.64
2007-11-09	26	MN	13.72	17.01	16.17	16.96	17.23	17.73	18.01	17.90	18.60	18.84	17.50	17.40	18.00	17.10	16.29	16.77	15.79	14.98	14.39	14.06
2007-11-09	27	M	13.09	16.72	16.80	17.94	18.56	18.87	18.91	19.40	18.79	18.64	17.82	17.13	17.51	16.80	16.94	16.74	17.15	17.41	17.41	17.18
2008-06-07	10	MP	6.05	10.49	10.68	11.59	10.86	11.47	10.34	10.22	9.74	10.11	10.65	10.89	11.14	11.22	11.48	11.64	11.95	11.92	12.22	12.17
2008-06-07	11	MN	5.58	10.50	11.08	11.31	11.64	11.80	11.64	11.77	11.86	12.08	12.26	12.51	13.04	13.68	13.75	14.14	14.23	15.18	15.35	16.86
2008-06-07	12	PK	6.21	10.76	12.52	11.73	12.78	12.76	13.69	12.37	14.26	14.44	13.37	13.36	15.15	14.30	14.29	13.90	14.61	14.34	16.43	14.68
2008-06-07	13	NP	7.81	12.06	12.40	12.20	12.82	13.23	12.56	12.73	13.40	13.36	13.70	12.82	13.38	15.23	14.51	14.64	16.41	16.19	14.99	14.52
2008-06-07	14	CK	9.62	12.02	9.98	12.27	12.45	13.14	12.66	13.78	15.51	14.35	13.65	13.16	12.92	13.02	13.04	12.19	11.49	11.65	11.25	11.66
2008-06-07	15	NPK	9.44	10.69	11.42	10.92	15.20	14.04	13.15	11.96	12.78	11.42	11.94	11.72	11.69	11.72	11.52	11.74	11.52	11.51	11.48	11.14
2008-06-07	16	NK	10.39	12.84	13.30	13.38	13.29	13.14	13.56	13.45	11.81	11.91	12.49	12.39	11.74	11.22	11.26	11.14	11.48	11.38	11.20	11.37
2008-06-07	17	M	6.04	11.76	10.36	12.89	13.57	12.63	12.68	11.26	13.25	13.56	13.83	13.81	13.95	14.53	14.04	13.50	13.18	12.46	12.26	12.20
2008-06-07	18	MNP	5.93	9.75	9.92	10.69	11.04	10.83	11.29	11.68	11.60	11.66	12.59	13.07	13.56	13.91	14.21	14.08	14.34	13.87	13.72	14.14
2008-10-16	10	MP	13.83	15.64	14.11	15.29	15.00	12.90	12.37	13.46	12.39	10.36	9.57	8.68	9.98	9.86	10.10	9.85	10.52	10.19	10.98	11.25
2008-10-16	11	MN	12.96	13.82	13.22	13.80	14.07	13.86	13.40	13.62	13.62	11.91	12.64	12.92	12.61	13.33	13.15	13.16	13.19	13.48	13.63	13.02
2008-10-16	12	PK	11.10	15.63	16.43	15.72	17.23	17.28	19.21	18.95	19.01	19.25	18.13	18.77	18.85	18.50	13.91	16.56	16.10	15.81	16.17	15.98
2008-10-16	13	NP	10.98	14.99	17.86	16.44	16.13	17.67	15.99	16.68	16.23	16.02	16.78	16.33	15.53	16.95	15.68	15.17	15.06	16.49	16.07	19.79
2008-10-16	14	CK	12.80	16.34	17.08	17.71	18.69	17.51	16.54	18.11	18.90	20.12	18.76	18.27	16.51	16.11	15.97	15.29	15.43	14.61	14.37	14.35
2008-10-16	15	NPK	13.44	15.71	17.67	16.59	16.80	17.27	15.80	15.42	15.76	14.35	14.21	13.32	13.18	12.81	12.84	12.59	11.86	11.48	11.66	11.62

（续）

时间（年-月-日）	区号	处理	土壤深度																			
			10 cm	20 cm	30 cm	40 cm	50 cm	60 cm	70 cm	80 cm	90 cm	100 cm	110 cm	120 cm	130 cm	140 cm	150 cm	160 cm	170 cm	180 cm	190 cm	200 cm
2008-10-16	16	NK	13.86	16.19	16.53	16.29	17.88	15.74	17.36	17.27	16.03	15.29	14.74	14.90	14.50	14.41	13.05	13.15	12.61	13.69	12.95	12.82
2008-10-16	17	M	12.96	16.40	16.75	16.62	17.11	16.54	16.60	16.19	16.42	15.06	15.85	14.41	15.80	15.84	15.05	15.10	14.55	14.26	13.48	12.79
2008-10-16	18	MNP	10.67	13.39	14.00	14.56	14.44	14.43	13.84	13.57	13.14	13.03	12.83	13.19	13.75	14.17	14.63	26.80	14.51	14.43	14.02	13.78
2009-04-29	10	MP	12.21	11.47	9.71	10.55	10.91	10.94	10.62	10.58	10.99	9.62	10.31	10.18	10.33	10.37	10.57	11.02	11.29	11.59	12.09	11.90
2009-04-29	11	MN	8.22	10.36	10.01	10.08	10.69	10.27	10.82	11.21	11.60	11.28	11.76	12.03	12.24	12.11	12.34	12.06	12.14	12.77	13.86	13.82
2009-04-29	12	PK	4.13	11.08	11.30	12.76	13.29	13.97	13.65	13.99	14.95	15.29	16.26	16.65	16.61	15.68	14.65	14.41	13.94	14.06	14.91	14.51
2009-04-29	13	NP	6.31	12.18	13.60	13.85	13.81	12.94	13.19	13.18	13.63	13.93	15.23	14.55	14.09	14.10	14.55	14.24	15.42	15.82	17.53	16.94
2009-04-29	14	CK	5.46	13.16	13.33	14.18	13.31	13.32	13.23	14.33	15.96	14.56	13.84	13.42	13.53	12.67	12.50	12.33	12.69	11.95	11.65	11.42
2009-04-29	15	NPK	6.77	12.60	13.76	14.80	15.18	13.90	12.46	11.88	11.79	12.17	11.60	11.65	11.42	11.07	11.32	11.56	11.20	11.03	11.31	11.10
2009-04-29	16	NK	4.99	11.51	12.51	13.53	13.81	13.64	12.97	12.13	12.02	12.14	12.22	11.78	11.74	11.30	11.31	11.12	10.67	10.71	10.83	10.79
2009-04-29	17	M	2.46	8.56	10.97	13.80	12.74	13.98	12.89	13.22	13.03	13.40	13.48	13.70	13.86	13.98	13.52	13.13	11.57	13.85	12.31	12.63
2009-04-29	18	MNP	2.76	10.07	10.69	11.24	10.91	11.04	10.96	11.41	11.24	11.29	11.92	11.95	12.50	13.36	13.82	14.08	14.63	13.89	13.82	13.69
2009-04-29	19	MNP	5.27	10.22	9.54	9.85	9.09	10.68	10.37	10.46	10.83	10.91	11.44	11.66	11.77	11.61	11.81	11.93	11.84	11.83	12.48	11.92
2009-04-29	20	MP	3.23	11.41	11.31	11.10	11.74	11.80	12.00	11.95	12.45	12.69	12.74	13.68	14.08	13.48	14.39	15.58	15.73	16.41	16.04	16.56
2009-04-29	21	CK	6.69	14.19	15.06	13.85	13.93	16.22	14.68	19.96	13.49	13.38	13.29	13.89	14.15	14.34	14.50	15.65	14.91	15.15	15.52	15.25
2009-04-29	22	NK	8.28	12.73	12.72	13.91	13.82	13.76	14.73	14.00	14.97	14.59	13.68	15.50	14.91	14.26	14.52	13.92	14.91	15.11	14.19	14.84
2009-04-29	23	NP	12.34	13.69	12.21	12.68	13.79	13.73	13.29	13.76	13.74	13.85	13.01	13.08	12.63	12.60	12.50	11.77	11.62	11.40	10.89	12.05
2009-04-29	24	PK	5.32	13.16	13.88	15.54	15.35	12.99	13.27	12.26	12.69	12.40	11.83	11.94	12.21	11.65	11.77	11.81	12.94	11.65	11.59	11.37
2009-04-29	25	NPK	4.78	12.86	12.10	13.66	12.46	12.48	12.35	11.77	11.30	10.88	10.92	10.91	10.84	10.69	10.87	10.86	11.06	11.08	11.21	11.24
2009-04-29	26	MN	7.33	12.77	11.48	12.86	14.59	14.17	15.56	14.95	15.04	13.40	12.76	12.35	12.40	12.41	13.48	13.76	10.85	11.08	11.00	11.07
2009-04-29	27	M	6.47	11.21	14.34	14.60	13.73	11.34	12.51	12.88	12.89	12.87	13.38	13.04	13.78	13.89	13.87	13.81	14.66	13.94	14.95	14.55
2009-10-18	10	MP	8.99	10.83	11.17	12.91	12.84	13.85	12.14	13.56	12.78	13.40	13.09	13.65	13.47	13.70	13.56	14.50	14.64	14.84	14.42	15.01
2009-10-18	11	MN	8.12	11.45	11.65	12.10	13.33	13.92	13.86	14.69	14.68	14.99	15.32	15.19	14.92	16.14	15.81	16.66	17.58	17.63	18.32	18.52
2009-10-18	12	PK	10.79	15.23	15.02	14.96	15.38	16.99	16.85	18.92	17.79	17.59	16.86	18.04	16.91	17.51	18.60	17.37	17.43	17.53	17.83	17.80
2009-10-18	13	NP	11.32	13.91	14.54	15.37	16.34	15.39	17.51	17.26	16.54	16.92	16.09	18.68	17.21	17.13	16.98	16.53	16.34	17.58	17.39	16.82

（续）

时间（年-月-日）	区号	处理	土壤深度																			
			10 cm	20 cm	30 cm	40 cm	50 cm	60 cm	70 cm	80 cm	90 cm	100 cm	110 cm	120 cm	130 cm	140 cm	150 cm	160 cm	170 cm	180 cm	190 cm	200 cm
2009-10-18	14	CK	13.64	15.55	16.15	17.90	16.15	16.29	16.73	16.95	16.99	18.01	16.77	16.30	15.70	15.47	15.44	15.49	15.46	15.43	14.34	14.13
2009-10-18	15	NPK	10.26	13.51	15.84	15.58	16.82	17.27	15.78	15.17	14.65	15.23	14.78	14.31	14.10	14.10	14.18	13.86	13.35	14.72	13.20	13.71
2009-10-18	16	NK	9.36	14.19	14.71	15.46	16.33	15.84	15.86	15.84	15.03	15.01	15.28	15.13	14.80	14.03	14.31	14.51	14.10	14.00	14.06	14.03
2009-10-18	17	M	7.59	12.99	14.70	14.60	15.15	15.35	15.57	16.07	16.18	15.99	16.18	15.97	16.38	16.03	15.99	15.83	15.15	14.74	14.39	16.94
2009-10-18	18	MNP	6.92	10.26	11.09	11.72	12.73	12.98	13.36	13.56	14.28	14.44	15.92	15.58	15.94	16.60	16.74	15.82	16.78	15.44	15.46	15.18
2009-10-18	19	MNP	7.61	10.06	10.53	11.71	12.53	12.51	13.11	13.45	14.14	14.18	14.72	14.82	14.66	14.86	14.95	14.36	14.25	15.92	15.15	15.57
2009-10-18	20	MP	9.44	12.04	9.79	12.56	13.41	13.74	14.49	14.88	15.62	15.00	17.20	16.32	17.19	17.04	16.62	18.38	17.72	18.02	17.99	16.31
2009-10-18	21	CK	9.99	13.65	16.79	17.38	16.36	15.51	15.61	15.99	16.08	16.30	16.67	16.65	15.83	16.89	17.70	18.07	17.52	17.37	16.83	16.43
2009-10-18	22	NK	9.92	13.35	15.19	15.06	15.36	16.20	16.24	15.97	15.29	15.49	16.51	16.67	17.91	18.48	18.42	18.37	17.71	16.75	16.14	15.71
2009-10-18	23	NP	9.09	13.44	14.66	17.68	16.25	15.98	16.61	15.26	16.91	15.25	15.56	14.88	14.62	14.37	14.36	13.87	13.75	13.84	13.89	13.73
2009-10-18	24	PK	12.19	14.26	14.29	14.94	14.83	15.34	13.97	12.87	13.34	13.29	12.83	13.33	13.95	14.05	14.13	14.62	14.29	15.82	15.16	13.61
2009-10-18	25	NPK	9.16	12.64	12.66	13.04	12.36	13.06	12.29	12.36	12.88	12.75	13.21	13.34	13.20	13.39	13.44	13.61	13.18	12.79	12.00	11.84
2009-10-18	26	MN	11.04	14.67	14.08	14.50	15.51	14.69	14.38	14.06	13.29	13.33	14.14	12.89	13.43	12.81	13.19	13.27	13.04	12.74	12.98	13.12
2009-10-18	27	M	8.35	14.00	15.05	14.38	15.03	14.81	14.86	15.13	16.53	15.68	15.70	16.33	15.92	16.44	16.59	16.30	16.51	17.36	17.45	17.27
2010-05-10	10	MP	14.07	14.60	13.71	12.97	14.54	13.50	13.66	14.07	13.83	12.76	10.58	10.68	10.67	10.57	11.60	11.89	11.94	12.20	12.34	11.10
2010-05-10	11	MN	13.66	13.40	14.24	13.96	13.98	14.06	13.85	13.72	13.67	13.59	13.29	13.84	13.95	13.72	13.57	13.82	14.59	14.83	14.02	15.53
2010-05-10	12	PK	12.38	14.62	16.27	15.67	16.29	17.55	16.54	17.05	17.47	17.75	17.03	16.88	15.90	15.41	14.91	15.21	15.07	15.12	14.97	12.80
2010-05-10	13	NP	13.12	14.93	16.17	17.20	16.13	16.94	15.83	15.88	16.00	15.83	15.72	15.34	15.20	15.26	14.86	16.04	15.58	18.70	18.33	17.71
2010-05-10	14	CK	13.92	16.35	16.51	16.44	16.14	16.28	16.60	17.00	17.43	14.62	16.03	14.79	14.49	14.12	13.74	13.68	13.72	13.82	12.85	11.94
2010-05-10	15	NPK	8.95	17.86	17.95	17.02	18.51	17.84	18.89	16.40	15.77	14.47	14.17	14.03	13.73	13.55	13.24	12.72	12.29	12.64	12.55	12.04
2010-05-10	16	NK	10.51	15.89	17.05	16.84	17.02	19.97	16.28	15.40	14.86	14.37	13.89	14.44	13.49	13.15	13.33	12.79	12.32	12.29	12.11	12.33
2010-05-10	17	M	10.42	15.85	16.96	16.28	16.21	15.84	15.79	15.37	15.32	15.73	14.63	14.57	15.71	15.96	15.32	14.58	14.52	14.61	14.38	13.34
2010-05-10	18	MNP	9.80	14.63	13.70	13.95	14.26	14.07	14.03	13.82	13.66	13.91	13.92	14.52	14.33	15.14	14.06	15.20	15.23	15.63	15.11	15.26
2010-05-10	19	MNP	14.09	15.11	14.67	12.95	13.15	13.22	12.24	12.63	12.50	12.72	12.81	13.13	13.58	13.73	13.62	13.61	13.68	12.11	13.56	13.57
2010-05-10	20	MP	13.75	14.93	15.38	15.54	15.16	15.29	14.81	14.54	15.25	14.35	14.31	15.56	15.61	16.99	17.39	16.95	17.67	18.30	18.86	17.26

（续）

时间（年-月-日）	区号	处理	土壤深度																			
			10 cm	20 cm	30 cm	40 cm	50 cm	60 cm	70 cm	80 cm	90 cm	100 cm	110 cm	120 cm	130 cm	140 cm	150 cm	160 cm	170 cm	180 cm	190 cm	200 cm
2010-05-10	21	CK	13.95	15.52	17.55	18.21	19.02	18.73	18.29	18.00	17.67	17.32	16.22	16.07	15.40	15.98	16.13	16.24	17.06	16.27	16.90	16.64
2010-05-10	22	NK	14.27	16.08	16.40	16.35	17.01	17.20	17.30	16.20	16.27	16.28	16.40	15.75	15.79	16.09	15.55	15.69	15.65	16.13	16.32	17.02
2010-05-10	23	NP	13.91	16.56	18.47	17.03	16.96	16.81	16.89	16.83	17.06	17.07	17.08	16.55	15.50	15.52	14.87	14.57	14.60	14.05	13.82	13.03
2010-05-10	24	PK	8.77	17.15	19.99	17.97	17.29	17.77	16.79	15.81	15.45	16.12	14.16	13.44	13.22	13.22	13.01	12.86	12.92	14.39	12.87	13.13
2010-05-10	25	NPK	12.00	16.62	18.61	17.26	16.35	16.13	15.05	14.98	14.17	14.26	13.60	13.13	13.35	13.54	13.04	12.87	12.66	12.88	13.17	12.70
2010-05-10	26	MN	13.07	16.91	18.22	17.34	17.23	17.74	17.42	17.44	16.26	16.51	16.44	16.06	15.52	15.01	14.96	13.98	13.19	13.29	12.81	14.02
2010-05-10	27	M	13.49	17.28	18.79	18.64	17.77	17.30	16.36	15.89	16.62	15.87	16.02	16.11	15.81	15.99	16.26	16.20	16.11	16.05	15.46	16.00
2010-10-16	10	MP	12.92	12.09	12.25	11.76	11.68	12.28	11.22	13.04	11.03	9.86	9.38	9.54	9.92	10.39	10.44	11.02	11.02	11.53	11.99	12.13
2010-10-16	11	MN	11.23	10.70	10.81	10.48	10.80	10.62	11.30	11.52	11.19	11.13	11.20	11.24	11.44	12.05	12.45	12.75	12.98	13.27	14.17	14.62
2010-10-16	12	PK	10.39	11.99	11.48	11.73	12.97	14.22	14.55	14.69	13.88	14.30	15.18	14.21	13.92	13.32	13.84	13.92	14.43	14.21	14.45	14.43
2010-10-16	13	NP	12.07	13.78	13.75	15.08	14.19	14.33	14.91	14.62	15.47	15.80	16.83	16.09	16.46	15.52	15.10	15.64	15.81	18.86	16.60	16.19
2010-10-16	14	CK	12.21	13.08	14.22	14.86	13.71	14.86	14.28	14.88	15.12	14.88	14.94	14.29	14.78	14.10	13.58	13.32	13.33	12.24	12.51	12.60
2010-10-16	15	NPK	14.25	13.97	14.09	14.25	14.97	14.33	14.16	14.76	13.94	13.25	12.88	12.70	12.61	13.38	12.87	12.87	12.40	12.55	12.75	12.54
2010-10-16	16	NK	12.16	13.89	13.68	13.96	12.98	12.79	12.58	12.79	12.43	12.08	11.86	11.99	11.80	12.08	11.96	12.06	11.87	11.96	11.80	11.82
2010-10-16	17	M	14.23	13.69	12.55	12.81	13.00	13.00	13.08	13.23	13.10	13.24	13.33	13.46	13.79	13.10	12.62	12.89	12.42	11.88	13.80	12.80
2010-10-16	18	MNP	11.94	10.12	10.31	11.01	11.00	11.00	12.09	13.01	13.16	13.79	13.54	14.28	14.53	13.94	14.08	13.63	13.76	13.71	13.86	14.40
2010-10-16	19	MNP	11.57	10.79	9.34	9.07	9.17	8.81	9.86	9.81	9.66	9.93	10.17	9.73	9.33	11.28	10.19	11.52	11.70	12.30	12.17	12.09
2010-10-16	20	MP	11.67	10.73	9.12	8.93	9.14	9.36	9.51	9.91	10.47	10.57	11.52	12.63	12.56	13.73	14.40	14.81	15.71	15.30	15.74	15.31
2010-10-16	21	CK	10.59	13.02	14.44	14.45	16.23	14.85	14.95	15.24	14.27	12.95	12.98	13.93	13.74	13.57	14.15	14.51	14.40	14.76	15.56	17.15
2010-10-16	22	NK	10.65	12.97	15.80	13.30	13.37	14.40	12.98	13.34	13.86	13.13	14.24	13.43	13.36	13.81	14.09	16.67	14.22	14.29	14.47	15.05
2010-10-16	23	NP	9.47	12.24	12.89	12.20	13.28	13.13	12.40	13.06	13.45	15.61	14.67	13.80	13.25	12.64	12.37	12.22	13.10	12.26	11.99	11.91
2010-10-16	24	PK	11.75	11.91	11.85	11.13	12.25	11.90	11.26	10.15	10.14	9.81	8.85	9.60	9.60	10.07	10.24	10.28	10.09	11.51	10.90	10.93
2010-10-16	25	NPK	10.12	12.27	11.40	11.17	12.43	13.69	14.18	11.33	11.02	11.63	10.96	10.83	11.17	10.90	10.76	11.00	11.66	12.41	12.92	13.78
2010-10-16	26	MN	12.76	13.21	12.28	12.19	12.30	12.11	12.67	12.31	12.02	12.42	12.41	12.51	13.59	13.33	13.64	14.40	12.26	12.49	12.36	12.24
2010-10-16	27	M	12.50	12.44	12.13	12.81	13.07	12.59	12.24	12.59	13.27	12.48	11.79	11.80	12.52	13.01	13.15	13.78	14.20	14.73	14.12	14.23

（续）

时间（年-月-日）	区号	处理	土壤深度																			
			10 cm	20 cm	30 cm	40 cm	50 cm	60 cm	70 cm	80 cm	90 cm	100 cm	110 cm	120 cm	130 cm	140 cm	150 cm	160 cm	170 cm	180 cm	190 cm	200 cm
2011-05-02	10	MP	7.46	10.22	9.36	10.03	10.12	10.87	10.86	11.28	11.15	11.62	9.46	10.00	10.16	10.32	10.38	10.64	10.71	10.75	11.59	11.19
2011-05-02	11	MN	7.40	10.43	9.99	9.88	10.41	10.90	10.47	10.97	11.01	10.73	11.09	11.18	11.23	11.54	12.01	12.20	12.52	12.94	13.93	14.23
2011-05-02	12	PK	6.63	9.35	10.74	11.33	11.76	12.75	13.35	12.54	13.14	14.67	15.23	15.97	15.58	15.66	14.97	13.94	14.01	14.23	14.78	14.43
2011-05-02	13	NP	7.68	10.84	13.98	14.06	13.57	13.35	13.14	13.23	13.27	13.89	14.15	13.94	16.12	15.39	14.30	14.36	14.29	14.05	14.69	15.02
2011-05-02	14	CK	9.85	12.38	14.16	14.45	14.12	14.16	13.80	14.93	14.13	14.03	14.94	17.25	15.59	14.36	13.76	13.97	15.01	13.26	12.29	12.01
2011-05-02	15	NPK	5.97	12.46	13.42	13.60	15.43	17.59	13.94	13.64	12.70	12.91	12.45	11.40	12.38	12.60	12.47	12.00	11.88	11.75	11.32	11.38
2011-05-02	16	NK	6.05	12.76	14.00	13.56	13.28	12.87	14.04	12.06	12.52	13.15	11.82	11.67	11.39	11.34	11.16	11.13	11.09	11.18	11.14	11.22
2011-05-02	17	M	5.30	11.72	14.18	12.73	13.02	13.09	12.92	13.33	13.23	13.50	12.82	13.48	14.07	13.89	11.73	12.46	11.70	11.57	11.78	11.66
2011-05-02	18	MNP	3.16	10.87	10.17	11.86	11.82	12.29	11.40	11.44	11.46	11.34	11.80	12.30	12.85	13.41	13.46	14.19	14.53	15.01	14.06	14.38
2011-05-02	19	MNP	7.23	7.79	9.53	9.23	10.03	10.42	10.74	10.55	10.91	11.04	10.69	11.07	11.38	11.61	11.93	11.63	11.99	11.88	12.00	12.50
2011-05-02	20	MP	8.72	9.64	9.78	10.30	10.68	10.73	10.73	10.56	10.90	10.84	11.02	11.87	11.86	12.82	13.48	13.72	14.30	14.74	14.97	15.09
2011-05-02	21	CK	9.81	12.22	14.19	14.46	15.00	15.25	13.45	14.03	12.45	13.03	13.13	13.18	13.52	13.51	13.64	14.41	14.68	13.72	13.37	14.09
2011-05-02	22	NK	8.41	9.64	11.48	12.05	12.18	13.03	13.11	13.30	13.05	13.28	13.21	12.83	13.74	15.21	13.55	14.88	14.18	14.37	14.79	15.18
2011-05-02	23	NP	8.77	10.09	12.45	13.12	13.23	12.86	13.44	12.66	12.82	12.84	13.96	13.51	14.16	14.36	14.14	13.31	13.05	12.63	12.41	12.96
2011-05-02	24	PK	4.53	11.14	13.29	14.33	13.13	13.37	13.15	12.74	11.71	12.72	11.66	11.54	10.23	10.27	10.61	10.95	10.52	11.52	10.83	10.74
2011-05-02	25	NPK	6.58	10.74	11.06	12.89	15.40	12.97	11.88	11.56	11.01	11.38	10.75	10.56	10.06	10.08	10.50	10.24	10.68	10.55	10.67	10.58
2011-05-02	26	MN	5.58	12.24	12.08	11.96	12.80	13.69	15.01	15.46	14.04	12.48	11.60	11.65	11.14	10.78	11.18	10.80	10.96	11.60	11.01	10.76
2011-05-02	27	M	4.19	11.48	12.50	13.18	13.53	14.82	11.29	10.58	13.08	11.98	12.45	12.99	12.66	13.10	13.44	13.01	13.46	13.85	13.80	14.67
2011-10-16	10	MP	16.46	17.55	15.66	17.59	16.59	16.01	18.70	16.44	14.83	15.21	14.76	14.51	14.95	15.04	14.90	15.71	15.57	15.81	15.61	15.22
2011-10-16	11	MN	16.48	15.83	16.35	16.01	16.23	16.67	16.53	17.03	17.24	17.02	17.10	17.58	17.22	16.68	16.92	16.54	17.25	18.17	18.11	18.10
2011-10-16	12	PK	15.87	16.55	18.67	19.42	20.14	21.22	20.96	20.87	21.20	20.76	20.91	19.86	19.07	19.20	18.83	18.13	18.02	17.95	18.56	18.26
2011-10-16	13	NP	16.17	19.48	19.03	18.41	18.15	17.59	17.37	18.13	18.34	18.34	18.64	18.67	21.01	18.40	18.03	14.01	17.72	18.56	18.65	18.75
2011-10-16	14	CK	15.73	16.66	17.99	18.55	18.92	19.21	19.02	18.62	19.21	19.12	19.58	19.67	19.61	18.54	18.52	17.56	17.10	16.75	16.44	15.99
2011-10-16	15	NPK	16.74	18.29	18.13	18.44	21.11	20.00	19.42	18.83	17.93	17.44	18.05	16.78	16.01	15.55	15.60	15.07	14.95	15.69	15.06	14.62
2011-10-16	16	NK	16.14	18.08	18.16	18.47	18.27	16.87	18.12	18.28	17.52	17.11	17.55	16.44	16.23	15.93	16.05	15.16	15.12	14.99	14.34	14.29

（续）

时间（年-月-日）	区号	处理	土壤深度																			
			10 cm	20 cm	30 cm	40 cm	50 cm	60 cm	70 cm	80 cm	90 cm	100 cm	110 cm	120 cm	130 cm	140 cm	150 cm	160 cm	170 cm	180 cm	190 cm	200 cm
2011-10-16	17	M	16.24	17.78	18.97	18.46	18.03	18.31	18.87	18.22	18.89	19.20	17.84	18.49	18.28	17.88	18.18	16.88	16.40	17.18	15.74	17.04
2011-10-16	18	MNP	15.10	15.70	15.55	15.53	16.45	16.88	16.67	16.23	17.03	16.65	17.24	16.90	17.81	16.93	18.13	18.77	18.22	18.47	18.69	17.87
2011-10-16	19	MNP	15.74	16.54	15.60	15.09	15.27	15.80	16.36	16.21	16.65	16.68	16.32	17.10	17.02	16.75	16.69	16.77	16.98	16.68	16.86	16.88
2011-10-16	20	MP	15.96	16.75	16.52	17.16	17.52	17.58	17.96	17.35	17.44	17.82	17.57	18.06	18.52	19.28	19.86	19.89	20.07	19.79	20.81	20.57
2011-10-16	21	CK	15.42	18.82	19.78	20.07	17.36	20.62	20.23	20.13	20.62	20.04	19.48	18.14	18.10	18.75	18.64	18.70	19.86	18.83	18.56	18.74
2011-10-16	22	NK	16.25	17.74	18.10	18.29	18.96	19.54	19.99	19.26	19.50	19.55	19.04	19.06	17.97	17.53	18.35	18.44	18.58	18.66	17.59	18.13
2011-10-16	23	NP	15.85	18.58	19.57	18.83	20.49	20.32	21.61	21.26	19.98	19.91	19.38	17.71	17.65	17.59	17.06	15.84	16.54	16.11	15.48	15.50
2011-10-16	24	PK	14.98	17.41	17.55	18.45	17.21	17.45	17.67	16.62	16.62	16.41	16.00	15.56	15.51	15.44	15.15	15.30	15.62	15.53	15.58	15.58
2011-10-16	25	NPK	15.68	18.31	18.99	18.37	17.64	18.47	18.14	17.58	17.47	17.06	16.96	16.10	15.51	15.44	15.50	15.92	15.87	15.97	15.78	15.60
2011-10-16	26	MN	16.96	19.92	20.59	19.32	18.91	18.44	18.18	17.67	16.98	17.45	17.35	16.25	15.82	15.58	15.77	16.00	15.24	15.44	15.53	15.14
2011-10-16	27	M	16.37	17.32	17.48	17.51	17.99	17.81	18.50	19.30	19.25	19.33	19.75	19.51	19.77	19.22	19.44	19.40	18.22	20.33	19.96	19.73

注：空格表示数据缺失。

图书在版编目（CIP）数据

中国生态系统定位观测与研究数据集．农田生态系统卷．陕西安塞站：2008～2015 / 陈宜瑜总主编；王国梁等主编．—北京：中国农业出版社，2021.11

ISBN 978-7-109-28515-6

Ⅰ．①中…　Ⅱ．①陈…　②王…　Ⅲ．①生态系—统计数据—中国②农田—生态系—统计数据—安塞县—2008-2015　Ⅳ．①Q147②S181

中国版本图书馆CIP数据核字（2021）第136336号

ZHONGGUO SHENGTAI XITONG DINGWEI GUANCE YU YANJIU SHUJUJI

中国农业出版社出版

地址：北京市朝阳区麦子店街18号楼

邮编：100125

责任编辑：陈　亭

版式设计：李　文　　责任校对：吴丽婷

印刷：中农印务有限公司

版次：2021年11月第1版

印次：2021年11月北京第1次印刷

发行：新华书店北京发行所

开本：889mm×1194mm　1/16

印张：20.25

字数：560千字

定价：98.00元
